高等学校计算机专业核心课
名师精品·系列教材

教育部高等学校软件工程专业教学指导委员会
软件工程专业系列教材

计算机组成原理

微课版

华中科技大学计算机科学与技术学院 **组编**
谭志虎 **主编**
秦磊华 吴非 肖亮 **副主编**

COMPUTER ORGANIZATION
AND ARCHITECTURE

人民邮电出版社
北京

图书在版编目（CIP）数据

计算机组成原理 ：微课版 / 谭志虎主编. -- 北京 ：人民邮电出版社，2021.3（2024.6重印）
高等学校计算机专业核心课名师精品系列教材
ISBN 978-7-115-55801-5

Ⅰ．①计… Ⅱ．①谭… Ⅲ．①计算机组成原理－高等学校－教材 Ⅳ．①TP301

中国版本图书馆CIP数据核字(2020)第263502号

内 容 提 要

本书利用组合逻辑、同步时序逻辑电路设计的相关知识，从逻辑门开始逐步构建运算器、存储器、数据通路和控制器，最终集成为完整的 CPU 原型系统，使读者从设计者的角度理解计算机部件构成及运行的基本原理，掌握软硬件协同的概念。

全书共 9 章，主要内容包括计算机系统概述、数据信息的表示、运算方法与运算器、存储系统、指令系统、中央处理器、指令流水线、总线系统、输入输出系统。

本书可作为高等学校计算机相关专业“计算机组成原理”课程的教材，也可作为硕士研究生入学考试的参考书，还可作为计算机工程技术人员的参考书。

◆ 主　　编　谭志虎
　副 主 编　秦磊华　吴　非　肖　亮
　责任编辑　许金霞
　责任印制　王　郁　马振武
◆ 人民邮电出版社出版发行　　北京市丰台区成寿寺路 11 号
　邮编　100164　　电子邮件　315@ptpress.com.cn
　网址　https://www.ptpress.com.cn
　三河市中晟雅豪印务有限公司印刷
◆ 开本：787×1092　1/16
　印张：24　　　　2021 年 3 月第 1 版
　字数：632 千字　　2024 年 6 月河北第12 次印刷

定价：69.80 元

读者服务热线：(010)81055256　印装质量热线：(010)81055316
反盗版热线：(010)81055315
广告经营许可证：京东市监广登字 20170147 号

序 言 PREFACE

今天，高校正在加速推动计算机人才培养体系升级，如何培养大学生解决实际问题的实践能力，是其中的难点。实践能力不是仅仅靠教师“教”就能教出来的，还需要教师创造一个实践环境，让学生在实践过程中通过“学、做、练、悟”逐步形成。而且，不同的学生有不同的实践能力倾向，教师需要让学生在这样一个实践环境中发现和展现自己的能力禀赋。学生的实践能力不是一次性铸就的，而是需要一个循序渐进、长期实践、不断探索的过程。如何培养学生的系统实践能力是高校计算机教育长期试图解决但还远远没有解决好的问题。

近年来，我们持续推动实践教学改革，在大规模开放在线课程（MOOC）和开源创新的启发下提出了大规模开放在线实践（MOOP）的理念。实际上，在计算机发展过程中，开源社区较早地孕育了 MOOP 实践模式，它的出现甚至比我们大学信息化的平台还要早。开源社区围绕开源项目开展群体协作创新实践，参与者通过参与项目、快速反馈、持续迭代实现实践能力的快速成长。在这个过程中，出现了像林纳斯 · 托瓦兹（Linux Kernel 的创始人）这样从学生开始在项目实践中成长出来的新一代产业领袖精英，这应该是我们今天实践教育需要主动推动去做的事。

华中科技大学谭志虎教授的《计算机组成原理（微课版）》一书正是这一理念的大胆探索与创新实践。这本书以计算机系统能力的培养为目标，对理论知识进行系统化的梳理，很好地构建了学生计算机系统能力的理论和实践体系。可喜的是，这本书不仅仅局限于理论知识的图文讲解，还与“计算机硬件系统设计”MOOC 视频课程、“自己动手画 CPU”MOOP 实践课程无缝衔接，实现了理论学习与实训实践的有机融合。作者通过重点难点的微课和慕课，以在线视频的方式实现线上线下课堂教学联动，提升学生的学习体验，夯实计算机系统能力的理论基础；通过头歌（EduCoder）平台配套丰富的在线虚拟仿真实验，基于高专业度的开源仿真软件引导、支撑，以游戏闯关的方式，帮助学生完成CPU 设计实践，实现线上线下实践教学联动，有效地突破了硬件实验运行难、检查难、指导难的困局。

这本书是一本计算机系统能力培养领域中不可多得的知识体系完整、实践案例新颖、配套资源丰富的参考书籍。它不仅包括传统意义上的理论教材，还包括实时在线的实践案例。我相信，这本书的出版将为高校“计算机组成原理”课程的实践教育升级发挥示范引导作用。

中国科学院院士　王怀民

2021 年 1 月

前言 FOREWORD

党的二十大报告指出，教育、科技、人才是全面建设社会主义现代化国家的基础性、战略性支撑。计算机组成原理作为计算机专业核心基础课程，主要讨论计算机各大功能部件组成的基本原理及其互连构成整机的技术，在计算机系统能力培养目标中起着重要的承上启下作用。其前导课程为“数字逻辑”和“汇编语言程序设计”，后续课程为“计算机系统结构”和“计算机接口技术”。该课程的理论实践教学应注重站在贯穿计算机硬件系列课程的角度，引导学生利用前导课的基本知识设计计算机主要功能部件并构成整机系统，加强学生计算机系统设计能力的培养。

☆本书特色

1. 立足经典知识体系，培养计算机系统能力

本书综合了编者多年的教学实践经验，借鉴吸收了国内外经典教材的优点，重点阐述核心内容，同时关注计算机系统领域的新发展。全书以培养计算机系统能力为目标，基于经典知识体系精心组织内容，尽量补齐核心理论原理的实现细节，让抽象的原理不再晦涩难懂，保证重点难点都能通过实验进行快速的验证和实践，帮助学生利用数字逻辑的相关知识，从逻辑门开始逐步设计功能部件直至完整的 CPU 系统，旨在帮助学生从程序运行的角度，深入理解计算机硬件系统。

2. 闯关式在线仿真实验，轻松破解硬件实验难题

本书秉承做中学的教学理念，让学生在 CPU 的设计实现过程中将理论与实践相结合，巩固理论基础，积累工程实践经验，提升计算机系统能力。核心知识点均配套有丰富的虚拟仿真实验，无须任何硬件平台即可开展实验，且全部发布在头歌（EduCoder）在线实训平台上并面向全国开放，通过游戏闯关的实验方式提升学生学习的获得感和成就感。结合 EduCoder 在线实训平台的 SPOC 课堂，可实现实验自动测试、检查和评分，教师可轻松管控学生实验的全过程，有效破解了硬件实验难、指导难、检查难的困局。目前，已有

40 多所高校利用该平台开设了实验课程，1 万多名学生在线完成了真实的课程实验。

3. 精品在线资源同步导学，完备教辅资源助力教学

本书的重点难点均配有微课视频，通过视频讲解大大降低了学生学习的难度，提升学习体验。每章都配备了详尽的在线思维导图对内容进行总结，方便读者进行知识梳理。编者还在中国大学 MOOC 开设有国家在线一流课程“计算机组成原理”“计算机硬件系统设计”慕课课程，方便读者进行理论知识和实践训练的系统学习与自主学习。本书为教师提供了丰富的教学资源，包括教学大纲、教案、习题答案、实训题库等，同时还提供 1000 多页精美的 PPT 课件，重点难点均采用动画展示，方便教师快速开展高质量的教学。

4. 紧扣考研大纲，精选历年真题，快速突破重难点

本书紧扣全国硕士研究生招生考试大纲，知识点覆盖全面，关注历年真题中所强调的重点内容和知识细节，每章习题都收纳了近 10 年的考研真题，部分章节还直接使用考研真题作为例题进行了讲解，帮助考研学子快速突破“计算机组成原理”的重点难点，非常适合作为计算机专业考研复习的参考资料。

☆使用指南

本书详细阐述了计算机各主要功能部件及其组成的原理，以数据信息和控制信息的表示、存储、处理为主线组织全书的内容。授课教师可按模块结构组织教学，可以根据 32 ～ 72 学时的教学需要对部分章节内容进行灵活取舍。书中标注为 * 的章节内容为扩展内容，可以直接跳过而不影响学习或教学的连贯性。各章配套实验在理论知识讲授或自学完毕后即可开展线上实验。关于本书的理论与实验教学学时安排可参考下表，表中“●”为必选实验，不同学校可根据学生具体情况选择其他扩展实验内容。

章	教学内容	学时	配套实验	学时
第 1 章	计算机系统概述	2	● Logisim 新手上路实验	1
第 2 章	数据信息的表示	6	○ 汉字编码转换 ○ 奇偶校验编解码设计 ○ 海明编解码设计 ○ CRC 并行编解码设计 ○ 校验码流水传输机制设计	4

续表

章	教学内容	学时	配套实验	学时
第 3 章	运算方法与运算器	8	● 可控加减法电路设计 ○ 32 位快速加法器设计 ○ 原码、补码一位乘法器设计 ○ 阵列乘法器设计 ○ 乘法流水线设计 ● MIPS ALU 设计	4 ~ 8
第 4 章	存储系统	12	● 存储扩展之汉字字库设计 ● MIPS 寄存器堆设计 ○ MIPS RAM 设计 ○ cache 硬件控制器设计 ○ 虚拟存储器模拟仿真实验	4 ~ 8
第 5 章	指令系统	4	○ MIPS 汇编程序设计	2
第 6 章	中央处理器	10	● 三级时序发生器设计 ● MIPS 硬布线控制器设计 ● MIPS 微程序控制器设计 ○ 支持中断的 MIPS 处理器设计	4 ~ 8
第 7 章	指令流水线 *	6	○ 理想流水线设计 ○ 气泡流水线设计 ○ 重定向流水线设计 ○ 分支预测机制实现 ○ 流水中断机制实现	4 ~ 32
第 8 章	总线系统	2	○ AHB-Lite 总线设计	2
第 9 章	输入输出系统	4	○ 程序查询与中断控制程序实现	2

☆致谢

感谢安徽大学刘峰老师，武汉纺织大学曾西洋老师，成都信息工程大学刘双虎老师，北京工商大学段大高老师，天津理工大学赵德新老师，河南大学王冬、胡萍老师，浙江工业大学沈瑛老师，闽南师范大学田谦益老师对本书书稿的认真审阅，感谢他们对本书提出的修改建议。

感谢天津理工大学赵德新老师，武汉纺织大学高晓清、曾西洋、李明老师，闽南师范大学田谦益、方金生老师，武汉工程大学邹君老师，丽江文化旅游学院丁爱芬老师，中南民族大学何秉娇、汪红老师，中国地质大学樊媛媛老师，青岛理工大学巩玉玺老师，仰恩大学于娟老师，浙江水利水电学院严求真老师，中山大学宋喜佳老师，宁夏大学新华分校马伟老师，淮北师范大学郭桂芳老师，吕梁学院武彩红、张鲜玉老师，华东理工大学冷春霞老师、山东女子学院吴玉新老师，华中科技大学桑红石老师，黄淮学院王晓涓老师，河南财政金融学院董乐老师，南阳理工大学胡玉娟老师，吉利学院李春生老师，桂林电子科技大学熊桂平老师，华中科技大学张家荣、范泽君、杨洋洋、张全意、李想、蒋韬、周文翔、黄文略、谭滨瀚、曾文杰、严牧田、毕彰谦、刘汉鹏、徐陌新、车春池、王俪晔、刘虹、傅超鑫、杨志军、周斌斌，南京大学王嘉宁，青岛大学谈笑，青岛科技大学尹豪飞，贵州理工大学唐欢语，浙江理工大学徐城阳，南京信息工程大学李梓靖、谢贻诚，中国地质大学张永成，杭州电子科技大学陈宏照，武汉理工大学丁嘉星、王昱豪，长江大学胡警，浙江财经大学龚错睿、杨秋逸，西北工业大学宋可飞、华东理工大学赵澄姣、郭若琛、刘浩然，成都信息工程大学杨文崇，华南理工大学的李屹荣，西安外国语大学贺天喜等同学对本书的认真勘误。

感谢人民邮电出版社、华中科技大学计算机学院及华中科技大学教务处对本书编写的大力支持与帮助，尤其要感谢许金霞编辑，本书合作过程非常愉快。最后感谢在我身后默默支持的家人，谢谢你们！

由于编者水平有限，书中难免有错误和不当之处，敬请同行和广大读者批评指正，QQ：130757，邮箱地址：stan@hust.edu.cn，欢迎来函交流、索取课程相关教辅资源。

作　者

2023 年 7 月于华中科技大学

目 录 CONTENTS

01 第 1 章 计算机系统概述 1

02 第 2 章 数据信息的表示 19

03 第 3 章 运算方法与运算器 57

04 第 4 章 存储系统 95

05 第 5 章 指令系统 153

06 第 6 章 中央处理器 186

07 第 7 章 指令流水线 254

08 第 8 章 总线系统 287

09 第 9 章 输入输出系统 321

参考文献 372

01 第 1 章 计算机系统概述

本章知识导图

电子计算机的诞生是当代最为卓越的科学成就之一，它的发明与应用推动人类文明超高速发展，成为当今新技术革命浪潮中最活跃的因素，也成为衡量世界各国现代化科学技术水平的重要标志。

本章将重点分析计算机硬、软件系统的组成及功能、计算机性能指标和评价，使读者能从总体上对计算机的构成及各主要部件的功能有一个初步的了解，并能具有整体概念，为后续知识的学习奠定基础。

1.1 计算机发展历程

计算机是一种能够按照事先存储的程序，自动、高速、准确地对相关信息进行处理的电子设备。从数据表示来看，计算机可分为数字计算机和模拟计算机。今天的计算机以数字计算机为主，本书的主要研究对象也是数字计算机。

1.1.1 国外计算机发展概况

1946 年 2 月，电子数字计算机 ENIAC（Electronic Numerical Integrator And Computer，电子数字积分计算机）在美国宾夕法尼亚大学诞生，它标志着科学技术的发展进入了新的时代——电子计算机时代。从电子计算机的诞生到现在，这 70 多年的时间里，计算机的发展经历了以下 4 个阶段。

1. 电子管计算机（1946—1958 年）

第一代计算机的基本电子器件为电子管。其主存先后采用水银延迟线、磁鼓、磁芯，存储容量只有几千个存储单元，运算速度为每秒几千次至几万次。输入输出设备为穿孔卡片或穿孔纸带。第一代计算机体积大、功耗高、可靠性较差，主要应用于科学计算，编程语言为机器语言。

2. 晶体管计算机（1958—1964 年）

第二代计算机的基本电子器件为晶体管。其主存采用磁芯存储器，存储容量增至 10 万个存储单元以上，磁鼓、磁盘被用作辅助存储器（辅存），输入输出设备为穿孔卡片或打印机，运算速度为每秒数十万次到数百万次。相对于电子管计算机，其体积和功耗均有明显减小。其应用领域从科学计算扩展到数据处理，编程语言主要是汇编语言，并开始使用 FORTRAN、COBOL 和 ALGOL 等高级语言。

3. 集成电路计算机（1964—1971 年）

第三代计算机的基本电子器件普遍采用集成电路。其主存采用半导体存储器，以磁盘为辅存，主存和辅存容量显著增加，出现了键盘、鼠标、显示器等外部设备，操作系统得到广泛应用。计算机运算速度一般为每秒数百万次至数千万次。计算机的体积和功耗均显著减小，可靠性大大提高。在此期间，出现了向大型和小型两极发展的趋势，典型的有 1964 年 IBM 公司的 360 计算机、1971 年 DEC 公司的 PDP-11 计算机，以及 1974 年 CRAY 公司的第一台向量计算机 CRAY-1。与此同时，计算机类型开始出现多样化和系列化；微程序、流水线和并行性等技术也陆续被引入计算机设计中；软件技术与外部设备快速发展，应用领域不断扩大。

4. 超大规模集成电路计算机（1971 年至今）

第四代计算机普遍采用了超大规模集成电路，以微处理器为特征，运算速度从 MIPS（每秒 10^6 条指令）级提高到 GIPS（每秒 10^9 条指令）级甚至 TIPS（每秒 10^{12} 条指令）水平。超大规模集成电路进一步减小了计算机的体积和功耗，提升了计算机的性能。1981 年，采用 Intel 8086 系列芯片的 IBM PC（Person Computer，个人计算机）诞生；计算机出现了精简指令系统计算机 RISC（如 1985 年推出的 MIPS 机）和复杂指令系统计算机 CISC（如 1978 年推出的 SPARC）两个发展方向。与此同时，多机并行处理与网络化也成为这一时代计算机的重要特征，大规模并行处理系统、分布式系统、计算机网络的研究和实施进展迅速；系统软件的发展不仅实现了计算机运行的自动化，而且正在向工程化和智能化迈进。

1.1.2 摩尔定律

1965 年，Intel 创始人之一戈登・摩尔（Gordon Moore）在 *Cramming More Components onto Integrated Circuits* 一文中对集成电路上可容纳的晶体管数目、性能和价格等发展趋势进行了预测，其主要内容可概括为：“当价格不变时，集成电路上可容纳的晶体管数量大约 18～24 个月翻一番，性能也将提升一倍。”这就是著名的摩尔定律。

摩尔定律已被集成电路 40 多年的发展历史准确无误地验证。近年来由于工艺和技术的发展，半导体工艺已接近集成电路极限，集成电路的发展开始逐渐偏离摩尔定律的预测，从 2013 年开始逐步放缓至 3 年翻一番，摩尔定律放缓已成了行业的共识。但这些都不能否定摩尔定律的深远影响和巨大贡献。摩尔定律的意义和影响表现在：

（1）单个芯片集成度提高后，其成本变化不大，因此总体成本明显下降；

（2）高集成度的芯片中，电路间的距离更近，其连线更短，工作速度可以更高；

（3）增加了芯片内部的连线，从而减少了外部连线，可靠性得以提高；

（4）计算机体积越来越小，减少了电能的消耗，适应性更好。

1.1.3 集成电路工艺发展概况

集成电路生产主要分为 IC 设计、IC 制造和 IC 封测三大环节。IC 设计主要根据芯片的设计目的进行逻辑设计和规则制定，并根据设计图制作掩模以供后续光刻阶段使用；IC 制造将芯片电路图从掩模转移至晶圆上，实现预定的芯片功能，包括光刻、刻蚀、离子注入、薄膜沉积、化学机械研磨等步骤；IC 封测完成对芯片的封装和性能、功能的测试。

光刻是半导体芯片生产流程中最复杂、最关键的工艺步骤，耗时长、成本高。光刻的工艺水平直接决定芯片的制程水平和性能。基本光刻工艺流程有：清洗、前烘、底胶、软烘、曝光、显影、坚膜、刻蚀和去胶。光刻的基本原理是在硅片表面覆盖一层具有高度光敏感性的光刻胶，再用紫外光透过掩模照射到晶圆表面，被光线照射到的光刻胶会发生反应，通过蚀刻曝光或未受曝光的部分来形成沟槽，然后进行沉积、蚀刻、掺杂等操作，架构出不同材质的线路，生成基础轮廓，从而实现半导体器件在晶圆表面的构建过程。光刻工艺贯穿半导体器件和集成电路制造工艺的始终，当代超大规模集成电路的制造需要几十次乃至上百次的光刻才能完成。

光刻的最小线条尺寸是其发展水平的重要标志。受光衍射的制约，任何一台光刻机所能刻制的最小尺寸，基本上都与它所用光源的波长成正比。科学家们发明了诸如浸入式光刻、相位掩模等技术来克服光衍射的影响。晶体管制程工艺中的关键指标是指晶体管栅极的最小线宽，随着光刻技术的发展，晶体管制程工艺经历了 130nm、90nm、65nm、45nm、32nm、28nm、22nm、14nm、10nm、7nm、5nm 等阶段。目前高端光刻机技术被荷兰 ASML 公司垄断，中国的上海微电子装备（集团）有限公司目前只能制造 90nm 制程的光刻机，预计下一代是 28nm，但这和最新的 5nm 制程工艺相比还有巨大的差距。

晶体管制程水平越先进，三极管的体积越小，进入纳米级的量子尺寸时，经典物理学将会失效，三极管的漏电流问题成为难以解决的技术障碍，这也是摩尔定律放缓的主要原因。有效地提高晶体管开关响应速度、减少漏电流是目前晶体管制程工艺最大的挑战。

1.1.4　我国计算机发展概况

我国计算机的研制起步于 20 世纪 50 年代，也经历了从电子管、晶体管、中小规模集成电路到超大规模集成电路的发展过程。

1958 年和 1959 年我国分别研制出第一台小型电子管数字计算机（103 计算机）和第一台大型通用电子管数字计算机（104 计算机），填补了我国计算机技术的空白，是我国计算机发展的重要里程碑。

1964 年，我国成功研制出第一台 441-B 晶体管通用电子计算机，1965 年 6 月又研制出了全国产化的 109 乙晶体管大型通用数字计算机。

1971 年，我国第一台小规模集成电路通用数字电子计算机 111 机研制成功。20 世纪 70 年代我国又先后出现了 DJS-130 系列小型机、DJS-11 机（150 机）、180 系列小型机、DJS-050 系列和 DJS-060 系列微机等。

1983 年，中国科学院计算技术研究所成功研制的大型向量机——757 机，运算速度达到 1000 万次 / 秒。同年，国防科技大学成功研制的“银河 - I ”巨型计算机，运算速度达 1 亿次 / 秒。

1985 年，我国第一台支持中文且实现量产的国产微机长城 0520CH 正式研制成功。

1992 年，国防科技大学成功研制出“银河 - Ⅱ”通用并行巨型机，峰值速度达 4 亿次 / 秒浮点运算。

1995 年，国家智能机中心推出了国内第一台具有大规模并行处理机（MPP）结构的并行机“曙光 1000”，峰值速度达 25 亿次 / 秒浮点运算。

2009 年，国防科技大学使用国产龙芯芯片成功研制的“天河一号”超级计算机，峰值速度高达 1206 万亿次 / 秒。2010—2015 年，天河系列计算机获全球超级计算机 500 强六连冠。

2016 年 6 月，使用自主芯片制造的“神威太湖之光”取代“天河二号”登上榜首。

我国超级计算机经历了向量机及共享存储、大规模并行机、集群、异构集群以及超大规模异构集群等几大技术发展阶段，在全球超级计算机 500 强排行榜的排名不断提升，我国的超级计算机技术发展水平取得了质的飞跃。到目前为止，我国是继美国、日本之后的第三大超级计算机的生产国。

但需要注意的是，我国计算机产业在关键技术（如 CPU 设计、芯片制造、系统软件、基础软件、工业软件等）方面还存在严重的短板，我国信息产业的自主可控还有很长的路需要走。计算机组成原理是讲述 CPU 内部结构和原理的课程，是我们投身信息产业自主可控的敲门砖，学好本课程的意义不言而喻。

1.2 计算机系统的组成

一台完整的计算机包括硬件和软件两部分，另外还有一部分固化的软件称为固件（Firmware），固件兼具软件和硬件的特性，常见的如个人计算机中的 BIOS。硬件与软件结合才能使计算机正常运行并发挥作用。因此，对计算机的理解不能仅局限于硬件部分，应该把它看作一个包含软件系统与硬件系统的完整系统。

1.2.1 计算机硬件系统

计算机硬件系统是构成计算机系统的电子线路和电子元件等物理设备的总称。硬件是构成计算机的物质基础，是计算机系统的核心。

20 世纪 40 年代中期，美国科学家冯 • 诺依曼（Von Neumann）大胆地提出了采用二进制作为数字计算机数制基础的理论。相比十进制，二进制的运算规则更简单，“0”和“1”两个状态更容易用物理状态实现，适合采用布尔代数的方法实现运算电路。除此之外，冯 • 诺依曼还提出了存储程序和程序控制的思想。存储程序就是将解题的步骤编制成程序，然后将程序和运行程序所需要的数据以二进制的形式存放到存储器中，方便执行。而程序控制则是指计算机中的控制器逐条取出存储器中的指令并按顺序执行，控制各功能部件进行相应的操作，完成数据的加工处理。存储程序和程序控制是冯 • 诺依曼结构计算机的主要设计思想，人们把冯 • 诺依曼的这些理论称为冯 • 诺依曼体系结构。

按照冯 • 诺依曼的设计思想，计算机的硬件系统包含运算器、控制器、存储器、输入设备和输出设备五大部件。运算器与控制器又合称为中央处理器（Central Processing Unit，CPU）；CPU 和存储器通常称为主机（Host）；输入设备和输出设备统称为输入输出设备，因为它们位于主机的外部，所以有时也称为外部设备。图 1.1 所示为冯 • 诺依曼体系结构。

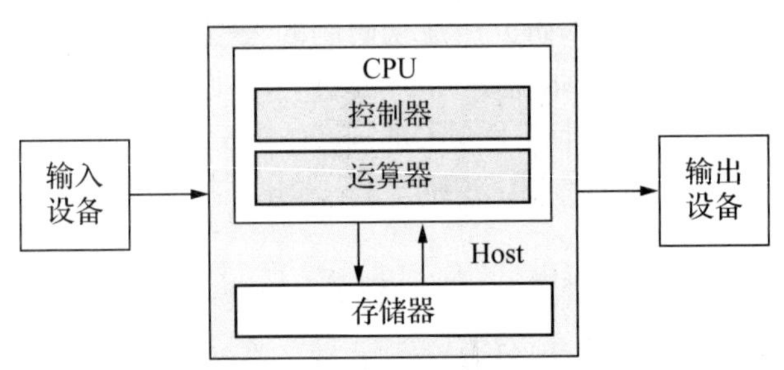

图 1.1　冯 • 诺依曼体系结构

下面将对图 1.1 所示的各部分的功能进行简要分析。

1. 存储器

存储器的主要功能是存放程序和数据。程序是计算机操作的依据，数据是计算机操作的对象。不管是程序还是数据，在存储器中都是用二进制形式表示的，它们被统称为信息。为实现自动计算，这些信息必须预先放在主存储器中才能被 CPU 读取。

目前，计算机的主存储器都是半导体存储器。存储体由许多个存储单元组成，信息按单元存放。存储单元按某种顺序编号，每个存储单元都对应一个编号，称为单元地址。存储单元地址与存储在其中的信息一一对应。每个存储单元的单元地址只有一个且固定不变，而存储在其中的信息则可改变。图 1.2 所示为一个存储器的组成框图。

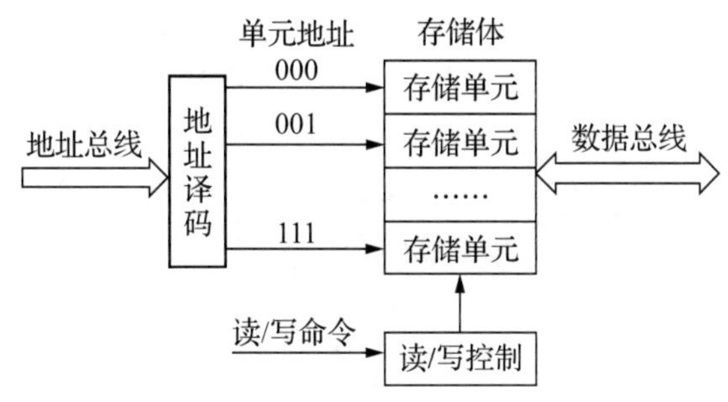

图 1.2　存储器组成框图

向存储单元存入或从存储单元取出信息，都称为访问存储器。访问存储器时，先由地址译码器将送来的单元地址进行译码，找到相应的存储单元；然后由读 / 写控制电路确定访问存储器的方式，即取出（读）或存入（写）；再按规定的方式完成取出或存入操作。

与存储器有关的部件还有地址总线与数据总线。它们分别为访问存储器传递地址信息和数据信息，地址总线是单向的，数据总线是双向的。有关存储器的详细内容将在第 4 章讲述。

2. 运算器

运算器是一种用于信息加工处理的部件，它对数据进行算术运算和逻辑运算。算术运算是按照算术规则进行的加、减、乘、除等运算。逻辑运算一般泛指非算术运算，如比较、移位、逻辑加、逻辑乘、逻辑取反及异或等。

运算器通常由算术逻辑单元（ALU）和一系列寄存器组成。图 1.3 所示为一个最简单的运算器示意图。ALU 是具体完成算术与逻辑运算的部件；寄存器用于存放运算操作数；累加器除存放运算操作数外，在连续运算中，还用于存放中间结果和最后结果，累加器也由此而得名。寄存器与累加器中的原始数据既可从存储器获得，也可以来自其他寄存器；累加器的最后结果既可存放到存储器中，也可送入其他寄存器。

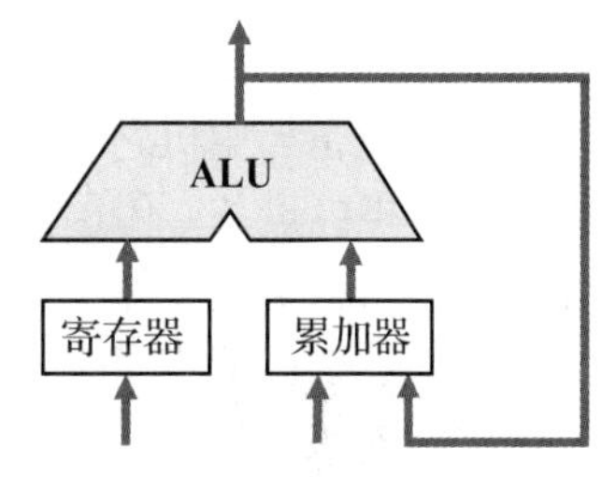

图 1.3　运算器示意图

一般将运算器一次运算能处理的二进制位数称为**机器字长**，它是计算机的重要性能指标。常用的计算机字长有 8 位、16 位、32 位及 64 位。寄存器、累加器及存储单元的长度一般与机器字长相等。现代计算机的运算器具有多个寄存器，如 8 个、16 个、32 个，多的有上百个，这些寄存器统称为通用寄存器组。设置通用寄存器组可以减少访问存储器的次数，提高运算器的运算速度。有关运算器的详细内容将在第 3 章中叙述。

3. 控制器

控制器是整个计算机的指挥中心，它可使计算机各部件协调的工作。控制器工作的实质就是解释程序，它每次从存储器读取一条指令，经过分析译码产生一串操作命令，再发给各功能部件控制各部件动作，使整个机器连续地、有条不紊的运行，以实现指令和程序的功能。

计算机中有两股信息在流动：一股是控制流信息，即操作命令，它分散流向各个功能部件；另一股是数据流信息，它受控制流信息的控制，从一个部件流向另一个部件，在流动的过程中被相应的部件加工处理。

控制流信息的发源地是控制器。控制器产生控制流信息的依据来自以下 3 个方面，如图 1.4 所示。一是存放在指令寄存器中的机器指令，它是计算机操作的主要依据。二是状态寄存器，用于存放反映计算机运行的状态信息。计算机在运行过程中，会根据各部件的即时状态，决定下一步操作是按顺序执行指令还是按分支转移执行指令。三是时序电路，它能产生各种时序信号，使控制器的操作命令被有序地发送出去，以保证整个机器协调的工作。关于指令系统和控制器的详细内容将分别在第 5 章和第 6 章讲述。

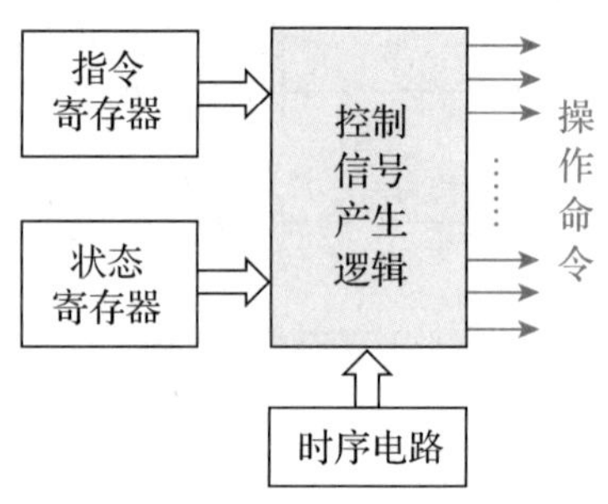

图 1.4　控制器结构图

4. 输入设备

输入设备就是将信息输入计算机的外部设备，它将人们熟悉的信息形式转换成计算机能接收并识别的信息形式。输入的信息有数字、字母、符号、文字、图形、图像、声音等多种形式；送入计算机的只有一种形式，就是二进制数据。一般输入设备用于原始数据和程序的输入。

常用的输入设备有键盘、鼠标、扫描仪及模 / 数（A/D）转换器等。A/D 转换器能将模拟量转换成数字量。模拟量是指用连续物理量表示的数据，如电流、电阻、压力、速度及角度等。

输入设备与主机之间通过接口连接。设置接口主要有以下几个方面的原因。一是输入设备大多数是机电设备，传送数据的速度远远低于主机，因此需用接口进行数据缓冲。二是输入设备所用的信息格式与主机不同，例如，通过键盘输入的字母、数字先由键盘接口转换成 8 位二进制码（ASCII 码），再拼接成主机认可的字长送入主机。因此，需用接口进行信息格式的转换。三是接口还可以向主机报告设备运行的状态、传达主机的命令等。

5. 输出设备

输出设备就是将计算机运算结果转换成人们和其他设备能接收和识别的信息形式的设备，如字符、文字、图形、图像、声音等。输出设备与输入设备一样，需要通过接口与主机连接。常用的输出设备有打印机、显示器、数 / 模（D/A）转换器等。

外存储器也是计算机中重要的外部设备，它既可以作为输入设备，也可以作为输出设备，此外，它还有存储信息的功能，因此，它常常作为辅存使用。计算机的存储管理软件将它与主存一起管理，作为主存的补充。常见的外存储器有磁盘、光盘与磁带机，它们与输入输出设备一样，也要通过接口与主机相连。

总之，计算机硬件系统是运行程序的基本组成部分，人们通过输入设备将程序与数据存入存储器，计算机运行时，控制器从存储器中逐条取出指令，将它们解释成控制命令去控制各部件的动作。数据在运算器中被加工处理，处理后的结果通过输出设备输出。

关于输入输出系统和输入输出设备的详细内容将在第 9 章讲述。

6. 系统互连

计算机硬件系统各功能部件还需要有组织地以某种方式连接起来，从而实现数据流信息和控制流信息在不同部件之间的流动及数据信息的加工处理。在现代计算机中使用较多的就是总线互连方案，这种方式实现简单，扩展容易。

总线（Bus）是连接两个或多个设备（部件）的公共信息通路。它主要由数据线、地址线和控制线组成。CPU 连接计算机中各主要部件的总线称为系统总线。基于单总线结构的系统互连如图 1.5 所示。

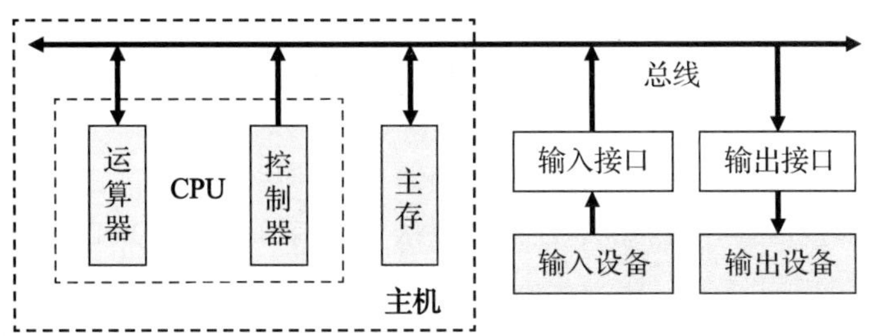

图 1.5 基于单总线结构的系统互连

图 1.5 中的所有设备均与总线相连。由于总线是多个设备的公共连接线，因此同一时刻只能允许一个设备向总线发送信息，但可以允许多个设备同时接收来自总线的信息。关于总线的详细内容将在第 8 章讲述。

1.2.2 计算机软件系统

计算机软件将解决问题的思想、方法和过程用程序进行描述，因此，程序是软件的核心组成部分。程序通常存储在存储介质中，人们可以看到存储程序的存储介质，而程序则是无形的。

一台计算机中全部程序的集合统称为这台计算机的软件系统。计算机软件按其功能分成**应用软件**和**系统软件**两大类。应用软件是用户为解决某种应用问题而编制的一些程序，如科学计算程序、自动控制程序、数据处理程序、情报检索程序等。随着计算机的广泛应用，应用软件的种类及数量越来越多、功能也越来越强大。系统软件用于对计算机系统进行管理、调度、监视和服务等，其目的是方便用户、提高计算机使用效率、扩充系统的功能。通常将系统软件分为以下几类。

1. 操作系统

操作系统是管理计算机中各种资源、自动调度用户作业、处理各种中断的软件。操作系统管理的资源通常有硬件、软件和数据信息。操作系统的规模和功能，随不同的要求而异。常见操作系统包括 UNIX、Windows、Linux、Android、iOS 等。目前国产主流操作系统有深度系统（Deepin）、银河麒麟、中标麒麟和鸿蒙等。国产的嵌入式操作系统 RT-Thread 已经广泛应用于物联网设备（如租借充电宝的控制设备、网络摄像头、智能手环等），填补了我国在嵌入式操作系统方面的空白。

2. 程序设计语言及语言处理程序

程序设计语言是用于书写计算机程序的语言，其基础是一组记号和一组规则。程序设计语言通常分为 3 类：机器语言、汇编语言和高级语言。

（1）机器语言

机器语言是用二进制代码表示的计算机能直接识别和执行的一种机器指令的集合。它是计算机设计者通过计算机硬件结构赋予计算机的操作功能。

每台机器的指令格式和代码所代表的含义都是事先规定好的，故机器语言也称为面向机器的语言，不同硬件结构的计算机的机器语言一般是不同的。机器语言程序执行速度快，但由于对机器的依赖程度高，因此编程烦琐、硬件透明性差、直观性差、容易出错。

（2）汇编语言

为了克服机器语言难读、难编、难记和易出错的缺点，人们发明了便于记忆和描述指令功能的汇编语言。汇编语言是一种用助记符表示的面向机器的计算机语言。相比机器语言编程，汇编语言编程更加灵活，在一定程度上简化了编程过程。使用汇编语言编程必须对处理器内部架构有充分的了解，汇编程序必须利用汇编器转换成机器指令才能执行。

（3）高级语言

高级语言是与人类自然语言相接近且能为计算机所接受的，语意确定、规则明确、自然直观和通用易学的计算机语言。目前广泛使用的高级语言有 Basic、FORTRAN、Pascal、C/C++、Java、Python 等。

高级语言是面向用户的程序设计语言，需要通过相应的语言翻译程序才可变成计算机硬件能识别并执行的目标程序。其根据执行方式可分为解释型与编译型两类。**解释型语言**采用边解释、边执行的方法，不生成目标程序，如 Basic、Java 语言；**编译型语言**必须先将源程序翻译成目标程序才能执行，典型的如 C 语言等。

语言翻译程序主要包括编译程序、汇编程序、解释程序和其他软件操作程序。编译程序负责将高级语言翻译成汇编代码，也称为**编译器**；汇编程序负责将汇编语言翻译成机器语言目标程序，也称为**汇编器**；解释程序用于将源程序中的语句按执行顺序逐条翻译成机器指令并执行，且不生成目标程序，也称为**解释器**。图 1.6 所示为常见的 C 语言源程序转换成最终目标程序的过程，除了常见的编译和汇编以外，这里还增加了预处理和多目标程序链接的过程。

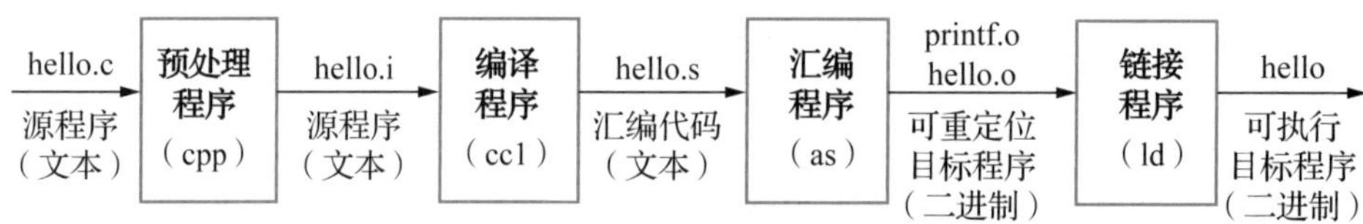

图 1.6　C 语言源程序转换为目标程序的过程

3. 数据库管理系统

数据库管理系统（Data Base Management System，DBMS）又称数据库管理软件。数据库是为了满足数据处理和信息管理的需要，在文件系统的基础上发展起来的，在信息处理、情报检索、办公自动化和各种管理信息系统中起着重要的支撑作用。常见的数据库管理系统包括 Oracle、SQL Server、DB2、PostgreSQL、MySQL 等。常见的国产数据库包括华中科技大学的达梦数据库、中国人民大学的金仓数据库、天津南大通用数据技术有限公司的 GBase、华为 GaussDB 等。

1.3　计算机系统的层次结构

使用抽象的方法进行简化设计是计算机系统结构的伟大思想之一。借助分层抽象的方法对复杂系统问题进行求解，在抽象的最高层，可以使用问题环境的语言，以概括的方式叙述问题的解；在抽象的较低层，则采用过程化的方式进行描述。

1.3.1　系统层次结构

计算机系统的层次结构是 1960 年后引入计算机领域的概念，是计算机中使用抽象方法的具体例子。

图 1.7 所示的结构将计算机系统的层次结构分成 6 个抽象层次，与计算机相关的不同人员位于不同的抽象层次。下面先对各层的特性进行简要的描述。

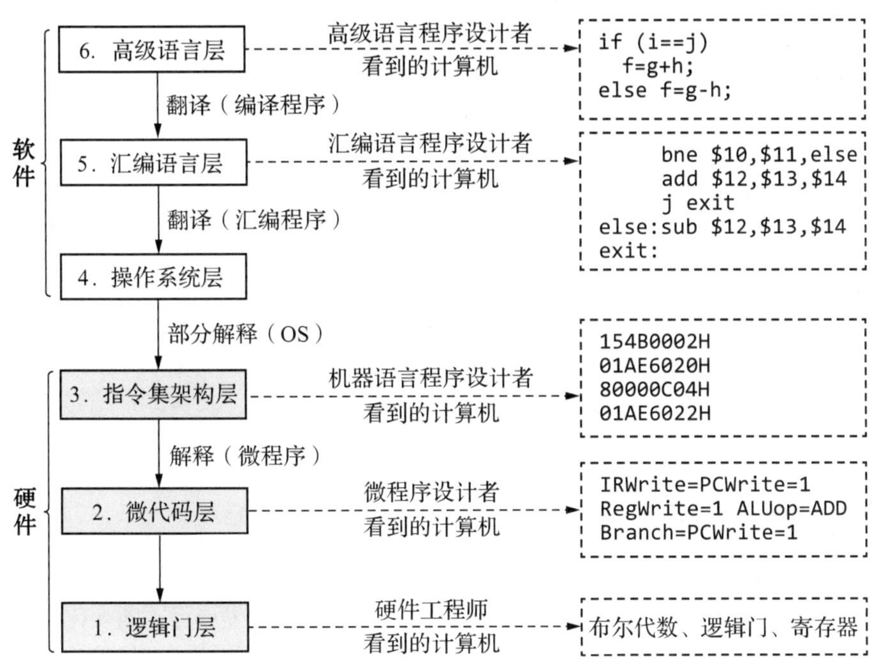

图 1.7　计算机系统的层次结构

第 6 层是高级语言层，是面向用户的抽象层次。用户使用与机器无关的高级语言编程，编程过程中不需要知道机器的技术细节，只需掌握高级语言的语法规则、算法和数据结构等就可以编程。高级语言大大降低了学习和使用计算机的难度，便于计算机的应用与推广。

第 5 层是汇编语言层。该层为用户提供基于助记符表示的汇编语言编程。汇编语言与机器结构直接相关，用户必须在了解机器内部的详细技术细节（如寄存器、寻址方式等）后才能编程。本层的编程难度比高级语言层难度大。

第 4 层是操作系统层。该层用于对计算机系统的硬件和软件资源进行统一管理和调度，提高计算机系统的使用效率，方便用户使用计算机。

第 3 层是指令集架构层。该层可通过机器语言编写程序实现对计算机硬件的控制，也称为传统机器层或 ISA（Instruction Set Architecture）层，是计算机中软件系统与硬件系统之间的界面和纽带。一方面，用户在该层可用二进制表示的机器语言编程控制计算机的硬件系统；另一方面，该层之上的软件系统的各种程序必须转换成该层的机器语言形式才能被底层的硬件执行。与高级语言层和汇编语言层相比，该层的编程更加烦琐。

第 2 层为微代码层。该层是实际的机器层，该层的用户使用微指令编写微程序，用户所编写的微程序由硬件直接执行，注意只有采用微程序设计的计算机系统才有这一层。

第 1 层为逻辑门层。该层是计算机系统最底层的硬件系统，由逻辑门、触发器等逻辑电路组成，它是由逻辑设计者采用布尔代数设计的硬件内核。

上述关于计算机系统的 6 层结构中，第 1、2、3 层是硬件层，是计算机系统的基础和核心，计算机的所有功能最终都由硬件来完成；第 4、5、6 层是软件层，第 4 层是面向机器的，它是为满足高层的需要而设置的；第 5、6 层是面向应用的，它们是为程序员解决应用问题而设置的。

1.3.2 各层之间的关系

计算机系统层次结构中，高层是低层功能的扩展，低层是高层的基础。站在不同的层次观察计算机系统会得到不同的概念。例如，程序员在第 6 层看到的计算机是一个处理高级语言的机器；系统操作员将第 4 层看作系统的资源；而硬件设计人员在第 1、2 层看到的计算机是电子线路和逻辑器件集。从高级语言、汇编语言、机器语言和微程序设计者角度看到的分别是完成相同功能的高级语言程序、汇编语言程序、机器语言程序和计算机硬件电路的操作控制信号。第 6 层的高级语言程序只有翻译成第 2 层的微操作控制信号才能被计算机识别和执行。

计算机结构的层次划分不是绝对的。机器指令系统级与操作系统级的界面又称硬、软件交互界面，随着软件硬化和硬件软化而动态变化。操作系统和其他系统软件的界面也有动态变化的趋势。例如，数据库软件也起到了部分操作系统的功能。

随着本课程学习的不断深入，读者可以通过不断审视较低层次的抽象来了解计算机系统内部的工作原理。在计算机系统层次结构中，读者所处的层次越低，就会发现越多的在更高层中被隐藏的技术细节。

1.3.3 软件和硬件的逻辑功能等价性

计算机硬件实现的往往是最基本的算术运算和逻辑运算功能，而其他功能大多通过软件的扩充得以实现。不过硬件和软件在功能上的分配关系随着技术的发展而不断变化。部分功能既可以由硬件实现，也可以由软件实现，从用户的角度来看，它们在功能上是等价的。这一等价性被称为软、硬件逻辑功能的等价性。例如，浮点数运算既可以用专门的浮点运算器硬件实现，也可以通过一段子程序实现，这两种实现方法在功能上完全等效，不同的只是执行时间的长短而已，显然硬件实现的性能要高于软件实现的性能。

软件和硬件逻辑功能的等价性是计算机系统设计的重要依据，软件和硬件的功能分配及其界面的确定是计算机系统结构研究的重要内容。当研制一台计算机时，设计者必须明确分配每一级的任务，确定哪些功能使用硬件实现，哪些功能使用软件实现。软件和硬件功能界面的划分是由设计目标、性能价格比、技术水平等综合因素决定的。

随着大规模集成电路技术的发展，软件硬化或固化是必然趋势。例如，目前 PC 主板上的 BIOS 芯片就是将基本输入输出系统程序（BIOS）固化在只读存储器（ROM）中实现的。它在形式上是硬件，但其实际内容是软件。

1.4 计算机性能指标和评价

计算机的性能是由多方面因素共同决定的，对计算机的性能进行评价是一项具有挑战性的工作，并且由于硬件设计者采用了大量先进的性能改进方法，因此性能评价变得更加困难。本节将介绍评价计算机性能的常用技术指标，并就这些指标对计算机性能的影响进行简要分析。

1.4.1 基本性能指标

1. 字长

计算机的字长一般是指 CPU 一次处理的数据位数，用二进制数的长度来衡量。字长一般与计算机内部寄存器、运算器、数据总线的位宽相等。

字长一般以字节(Byte)为基本单位，不同计算机的字长可以不同，有的计算机还支持变字长，如支持半字长、全字长、双字长和多字长等，不过它们都是字节的整数倍。早期的计算机字长较短，一般为 16 位，现代计算机字长一般为 32 位或 64 位。

字长对计算机性能有如下几方面的影响。

（1）影响计算精确度。字长越长，计算精确度就越高，反之计算精确度就越低。

（2）影响数据的表示范围和精度。字长越长，定点数的表示范围就越大，浮点数的表示范围越大、精度也越高。

2. 主存容量

主存容量是指主存能存储的最大信息量，一般用 $M \times N$ 表示，其中 M 表示存储单元数，也称字容量；N 表示每个存储单元存储的二进制位数，也称位容量。主存容量常用单位的定义如表 1.1 所示。

表 1.1 主存容量常用单位的定义

单位	存储容量	最少地址线	单位	存储容量	最少地址线
KB（Kilobyte）	1024B	10 根	TB（Terabyte）	1024GB	40 根
MB（Megabyte）	1024KB	20 根	PB（Petabyte）	1024TB	50 根
GB（Gigabyte）	1024MB	30 根			

增加主存容量能减少程序运行期间访问辅存的次数，有利于提高程序的执行速度，也有利于计算机性能的提高。

1.4.2 与时间有关的性能指标

时间是衡量计算机系统性能最基本的标准，执行同一程序所需要的时间越少，表明该计算机的性能越高。需要特别强调的是，一段程序的执行往往要经过硬盘访问、内存访问、I/O 操作、操作系统开销和 CPU 执行等多个阶段，因此一段程序的执行时间（也称响应时间）是由硬盘访问时间、内存访问时间、I/O 操作时间、操作系统开销时间和 CPU 执行时间等几部分构成的。

CPU 执行时间也称 CPU 时间，是指 CPU 真正花费在该程序上的时间，又包括执行用户程序本身所花费的 CPU 时间（用户 CPU 时间）和为执行程序而花费在操作系统上的时间（系统 CPU 时间），很难精确区分一个程序执行过程中的用户 CPU 时间和系统 CPU 时间。在没有特别说明的情况下，我们将基于用户 CPU 时间进行计算机性能评价。

1. 时钟周期

时钟周期是计算机中最基本的、最小的时间单位。在一个时钟周期内，CPU 仅完成一个最基本的动作。时钟周期是时钟频率的倒数，也称为节拍周期或 T 周期，随着 CPU 主频的提高，对应的时钟周期将变短，例如，主频 1GHz（10^9Hz）的 CPU 时钟周期为 1ns。

2. CPI

CPI（Clock Cycles Per Instruction）是指执行每条指令所需要的平均时钟周期数。由于指令功能不同且相同功能的指令还可能有不同的寻址方式，因此，指令执行时所需要的时钟周期数也可能不同。CPI 既可表示每条指令执行所需要的时钟周期数，也可指一类指令（如算术运算类指令）或一段程序中所有指令执行所需时钟周期数的平均值。

假设程序中包含的总指令条数用 IC 表示，程序执行所需时钟周期数为 m，时钟周期为 T，频率为 f，则根据上述 CPI 的定义可得：

$$\mathrm{CPI}=\frac{m}{\mathrm{IC}} \tag{1-1}$$

若能知道某程序中每类指令的使用频率（用 P_i 表示）、每类指令的 CPI（用 CPI_i 表示）、每类指令的条数（用 IC_i 表示），则程序的 CPI 可表示为：

$$\mathrm{CPI}=\sum_{i=1}^{n}(\mathrm{CPI}_i\times P_i)=\sum_{i=1}^{n}(\mathrm{CPI}_i\times\frac{\mathrm{IC}_i}{\mathrm{IC}}) \tag{1-2}$$

3. CPU 时间

根据上述有关 CPU 时间的定义和描述，某段程序的 CPU 时间 T_{cpu} 可表示为：

$$T_{\mathrm{cpu}}=m\times T=\frac{m}{f} \tag{1-3}$$

考虑 CPI 后，CPU 时间还可表示为：

$$T_{\mathrm{cpu}}=\mathrm{CPI}\times\mathrm{IC}\times T=\frac{\mathrm{CPI}\times\mathrm{IC}}{f} \tag{1-4}$$

从式（1-1）～式（1-4）可以看出 CPU 时间与下列 3 个因素紧密相关。

（1）时钟频率。时钟频率取决于 CPU 的实现技术和工艺，时钟频率越高，程序执行速度就越快。

（2）CPI。CPI 取决于计算机的实现技术和指令集结构，CPI 越小，程序执行速度越快。

（3）指令条数。当 CPI 和时钟周期固定时，程序指令条数越少，执行速度就越快。完成相同功能的程序所包含的指令条数主要与指令系统的设计和编译技术有关。

4. IPC

IPC（Instructions Per Cycle）是指每个时钟周期 CPU 能执行的指令条数，是 CPI 的倒数。由于指令流水线技术以及多核技术的发展，目前 IPC 的值已经可以大于 1，反过来 CPI 的值也可以小于 1。IPC 和 CPI 指标与 ISA 指令集、处理器微体系结构、计算机系统组成、操作系统效率以及应用软件的设计紧密相关，其具体值并不能用于直接比较计算机的性能，基于真实场景负载的应用性能测试结果更能反映计算机的性能。

5. MIPS

MIPS（Million Instructions Per Second）即每秒百万条指令，更大的单位有 GIPS（Giga Instructions Per Second）。可用每秒执行完成的指令数量作为衡量计算机性能的一个指标，不过要注意这个指标衡量的指令数量是以百万为单位的。

根据 MIPS 的定义，可用下面的公式计算 MIPS：

$$\mathrm{MIPS}=\frac{\mathrm{IC}}{T_{\mathrm{cpu}}\times10^6} \tag{1-5}$$

将式（1-4）代入式（1-5）可得：

$$\mathrm{MIPS}=\frac{f}{\mathrm{CPI}}=\mathrm{IPC}\times f \tag{1-6}$$

这里时钟频率 f 的单位为 MHz。公式（1-6）就是常说的 CPU 全性能公式，该公式最早由 Intel 提出，从该公式可以看出，计算机性能与指令的 CPI 和主频有直接的关系，主频越高，MIPS 值越高；CPI 越小，MIPS 值越高。

计算机厂家会通过运行人工合成的指令序列测试峰值 MIPS，通常这些测试指令的 CPI 最小，且运行时会尽量减少分支跳转和 cache 缺失。但峰值 MIPS 和实际负载中的 MIPS 会存在很大差别，该值并不能反映计算机的真实性能。为了解决峰值 MIPS 指标的滥用问题，出现了第三方的基准测试程序，基准测试程序通过在不同的计算机上运行相同的测试程序来比较计算机性能，通常这些测试程序能较好地反映计算机实际应用的工作负载。

常见的基准测试程序有 Whetstone、Dhrystone，前者主要用于测试浮点运算性能；而后者主要用于测试整数编译器及 CPU 处理整数指令和控制功能的有效性，不能测试浮点运算性能。Dhrystone 用 C 语言编写，包括各种赋值语句、各种数据类型和数据区、各种控制语句、过程调用和参数传送、整数运算和逻辑操作。表 1.2 所示为不同年份处理器或计算机的 Dhrystone MIPS 性能参数以及相关制程工艺。

表 1.2 不同年份计算机 MIPS 性能参数

年份	CPU 型号	晶体管	制程工艺	主频	Dhrystone MIPS	IPC	IPC/ 核
1951	UNIVAC	5200 电子管		2.25MHz	0.002	0.008	
1961	IBM Stretch	150000		3.30MHz	1.200	0.364	
1971	Intel 4004	2300	10000nm	0.74MHz	0.092*	0.124	
1975	Cray-1	N/A	6000nm	80.0MHz	160	2	
1976	Zilog Z80	8500	4000nm	4.00MHz	0.580	0.145	
1978	Intel 8086	29000	3000nm	5.00MHz	0.330	0.066	
1982	Intel 286	134000	1500nm	12MHz	1.28	0.107	
1985	Intel i386DX	275000	1500nm	16MHz	2.15	0.134	
1989	Intel i486DX	1200000	1000nm	25MHz	8.7	0.348	
1994	Intel Pentium	3.1million	800nm	100MHz	188	1.88	
2003	Pentium 4 Extreme	169million	130nm	3.20GHz	9726	3	
2006	Intel Core 2 Extreme X6800（2-core）	291million	65nm	2.93GHz	27079	9.2	4.6
2006	Intel Core 2 Extreme X6700（4-core）	582million	65nm	2.66GHz	49161	18.4	4.6
2013	Intel Core i7-4770K	1.4billion	22nm	3.90GHz	133740	34.29	8.57
2018	Intel Core i9-9900K	N/A	14nm	4.70GHz	412090	87.68	10.69
2020	AMD Ryzen Threadripper 3990X	39.54billion	7nm	4.35GHz	2356230	541.66	8.46

* 非 Dhrystone 测试结果。

需要注意的是，就算是相同的基准测试程序，MIPS 性能也可能不同，因为它还取决于基准测试程序的编程语言。表 1.3 所示为 2007 年英特尔生产的 Intel Core2 CPU 使用不同编程语言得到的 Whetstone 测试结果，可以看出不同编译器之间存在较大的差异。即使是相同的编程语言，厂家也可以针对自身硬件特性进行针对性的编译优化，以得到最有利的测试结果。

表 1.3 Intel Core2 CPU 的 MIPS 测试

	Basic 解释器	Basic 编译器	FORTRAN	Java	C/C++
Whetstone MIPS	59	347	347	1534	2403

6. MFLOPS

MFLOPS（Million Floating-Point Operations Per Second）是指计算机每秒执行浮点运算的次数，而不是 MIPS 所衡量的每秒执行的指令条数。如某系统的运算速度为 2MFLOPS，表示该系统的浮点运算速度为每秒 200 万次。更大的单位有 GFLOPS、TFLOPS、PFLOPS。

MFLOPS 不是计算机实际执行程序的速度，而是计算机在理论上能达到的浮点运算处理速度。与 MIPS 类似，MFLOPS 用程序中浮点运算次数除以程序在特定输入时的执行时间得到：

$$\text{MFLOPS}=\frac{\text{IC}_{\text{flops}}}{T_{\text{cpu}}\times 10^6} \tag{1-7}$$

与 MIPS 相似，MFLOPS 也不能全面反映计算机系统的性能。在应用时要注意 MFLOPS 仅反映浮点运算速度，MFLOPS 的值与所使用的测试程序相关，不同测试程序中包含的浮点运算的量不同，测试得到的结果也不相同。对体系结构相同或相近的两个系统采用相同的程序计算 MFLOPS，MFLOPS 值越大，表明该系统的浮点运算能力越强。

计算机的性能很难用某一个指标来精确衡量，上述几个衡量计算机性能的指标之间也不是完全独立的，改变其中的一项指标可能会影响到其他指标。

1.4.3 CPU 性能公式应用

本小节通过几个具体实例简要分析上述与时间相关的性能指标在计算机性能评价中的应用。

例 1.1　某程序的目标代码主要由 4 类指令组成，它们在程序中所占的比例和各自的 CPI 如表 1.4 所示，试回答下列问题。

表 1.4　各类指令所占的比例及 CPI

指令类型	CPI	所占比例
算术逻辑运算指令	1	60%
访存指令	2	18%
转移指令	4	12%
其他指令	8	10%

（1）求该程序的 CPI。

（2）若该 CPU 的主频为 400MHz，求该机的 MIPS。

解：

（1）根据 CPI 公式有：

$$\text{CPI}=\sum_{i=1}^{n}(\text{CPI}_i\times P_i)=1\times 0.6+2\times 0.18+4\times 0.12+8\times 0.1=2.24$$

（2）根据 MIPS 公式有：

$$\text{MIPS}=\frac{f}{\text{CPI}}=\frac{400}{2.24}=178.6$$

例 1.2　若计算机 A 和 B 是基于相同指令集设计的两种不同类型的计算机，A 的时钟周期为 2ns，某程序在 A 上运行时的 CPI 为 3。B 的时钟周期为 4ns，同一程序在 B 上运行时的 CPI 为 2。对这个程序而言，计算机 A 与 B 哪个更快？快多少？

解：根据公式（1-4）有：$T_{\text{cpuA}}=\text{CPI}_\text{A}\times\text{IC}\times T_\text{A}$　　$T_{\text{cpuB}}=\text{CPI}_\text{B}\times\text{IC}\times T_\text{B}$

$$\frac{T_{\text{cpuA}}}{T_{\text{cpuB}}}=\frac{\text{CPI}_\text{A}\times\text{IC}\times T_\text{A}}{\text{CPI}_\text{B}\times\text{IC}\times T_\text{B}}=\frac{3\times\text{IC}\times 2}{2\times\text{IC}\times 4}=0.75$$

很显然，计算机 A 的执行时间更短，运行速度更快。

例 1.3　设某计算机中 A、B、C 3 类指令的 CPI 如表 1.5 所示。

表 1.5　各类指令的 CPI

指令	A	B	C
CPI	1	2	3

现有两种不同的编译器将同一高级语言的语句编译成两种不同类型的代码序列，其中包含上述 3 类指令的数量如表 1.6 所示。

表 1.6　不同代码中 3 类指令的数量

代码序列	代码中 3 类指令的数量		
	A	B	C
1	2	1	2
2	4	1	1

请求解下列问题。

（1）两种代码序列的 CPI 分别是多少?

（2）哪种代码的执行速度快?

解：

（1）根据公式 $\mathrm{CPI}=\sum_{i=1}^{n}(\mathrm{CPI}_i \times P_i)$，可求出两类代码序列的 CPI 为：

$$\mathrm{CPI}_1=1\times\frac{2}{5}+2\times\frac{1}{5}+3\times\frac{2}{5}=2$$

$$\mathrm{CPI}_2=1\times\frac{4}{6}+2\times\frac{1}{6}+3\times\frac{1}{6}=1.5$$

（2）设 T 为 CPU 的时钟周期，IC 为指令条数

根据式（1-4）有 $T_{\mathrm{cpu}}=\mathrm{CPI}\times\mathrm{IC}\times T$，可求出两类代码序列的运行时间为：

$$T_{\mathrm{cpu1}}=2\times5\times T=10T \qquad T_{\mathrm{cpu2}}=1.5\times6\times T=9T$$

可见代码序列 2 的执行速度快。

本例说明，仅通过编译后目标代码中包含的指令条数的多少不足以评价计算机的性能。本例中代码 2 所包含的指令条数比代码 1 所包含的指令条数多，尽管 CPU 的主频不受编译系统影响，但由于代码 2 中 CPI 小的指令所占比例更高，因此指令条数多的代码 2 的执行速度比指令条数少的代码 1 的执行速度更快。

1.4.4　性能测试及其工具

对一台计算机的性能进行科学合理的评估是一项非常有意义的工作。计算机系统设计者要利用性能评估对计算机中新增功能的有效性进行评价；厂家在计算机销售过程中要使用该性能指标进行宣传；计算机用户在购买计算机时要根据该性能指标进行合理的选择。

计算机的各功能部件都有相应的测试程序来测试其性能。下面列举了一些目前较为流行的计算机性能测试软件，读者可以根据需要下载相应的测试软件进行相关的测试。

- 硬盘测试软件：CrystalDiskMark、ATTO Disk Benchmark、HD Tune、IOmeter 等。
- 光驱测试软件：Nero InfoTool、Nero CD-DVD Speed 等。
- 显卡测试软件：3DMark、FurMark、GPU-Z、Fraps、SiSoftware Sandra 等。
- CPU 测试软件：CPU-Z、SiSoftware Sandra、Geekbench、Fritz、Super PI 等。

- **内存测试软件**：SiSoftware Sandra、MemTest、PassMark PerformanceTest 等。
- **综合性测试软件**：SiSoftware Sandra、鲁大师、安兔兔等。

为了方便对计算机的综合性能进行评价，在 20 世纪 70 年代开始陆续出现了一些基准测试程序，把应用程序中使用频率最高的那些核心程序作为评价计算机性能的标准程序，又称为基准程序（Benchmark）。不同的基准测试程序的侧重点不同：有的测试 CPU 性能，有的测试文件服务器性能，有的测试输入输出设备性能，有的测试网络通信速度等。目前国际上流行的基准测试程序主要有 Dhrystone、Whetstone、Linpack、SPEC、NPB 等。

1.5 课程学习的建议

计算机组成原理是一门计算机各专业的核心基础课程。通过该课程的学习，学生应理解计算机核心组成部件（运算器、控制器、存储器等）的内部结构、工作原理、设计与实现方法并能具有整机的概念，奠定坚实的智能硬件及计算机系统的设计实现基础。另外，随着处理器并行性和内存层次性的普及，性能编程的需求更加明确；同时，对移动设备、云计算和大规模数据中心而言，满足程序能效问题的需求也非常迫切。只有对计算机系统及其原理有深刻的认识，才能掌握代码运行的更多细节，编制出符合时代技术要求的程序。智能硬件及计算机系统的设计与实现能力、性能编程等都是我国实现信息产业自主可控和“中国制造 2025”所需的核心能力。因此，计算机类专业的学生必须学好该课程。希望本书能够有助于学生建立构造观、系统观、工程观。

1. 构造观

本课程的教学目标之一就是帮助学生在理解并掌握运算器、控制器等核心功能部件的结构及工作原理的基础上，掌握运算器、控制器等功能部件及简单计算机系统的设计方法，具有功能部件和智能硬件及其系统的设计能力。建议大家利用 Logisim 等仿真软件设计教材中的相关电路，如校验编解码电路、多功能运算器、寄存器堆、控制器等功能部件，并在此基础上设计简单的计算机系统，实现特定的功能。

2. 系统观

总体上来看，系统观就是要研究硬件系统与软件系统的协同与互动。一方面，从程序员的角度审视计算机的硬件系统，研究并分析计算机功能部件采用不同结构和设计方法可能会给程序执行的正确性和执行性能带来什么样的影响。例如，分析 CPU 设计中采用溢出检测电路并设置溢出标志位对保证程序执行正确性有何影响。又例如，分析运算器设计中采用阵列乘法器与 Booth 乘法速度有何差别。从原理上来说，可以对任何硬件都从程序员的角度来审视。另一方面，从硬件工程师的角度来审视程序设计的优化问题，即探究如何利用硬件的特性提升程序运行的性能和效率，如利用已有的硬件知识探讨 C 语言程序设计中选择变量类型的依据。详细的系统观内容在教材的不同章节会有相关的分析与说明。

3. 工程观

工程观强调培养学生软硬件协同视角下的计算机系统开发和实现能力，训练学生考虑工程制约因素、选择恰当技术和工具进行工程优化的意识，关注工程实施过程中科学要素、技术要素及非技术要素的协调与融合。第一，强调在构造观基础上的工程实现，如基于 FPGA 开发板的功能部件实现、流水线 CPU 的实现、支持操作系统的计算机系统的实现等。第二，关注所实现功能部件或系统的性能，如基于 FPGA 的功能部件或系统的实现中，思考消耗 FPGA 的逻辑单元数、系统能达到的最大速率等。第三，从工程的角度考查文档质量、完成项目的时间进度、测试用例的覆盖度等因素。第四，多使用开源的测试工具对系统进行测试，并对测试的结果进行分析与应用。

习题 1

1.1　解释下列名词。

摩尔定律　汇编器　编译器　解释器　链接器　时钟周期　机器字长　主存容量　CPI　IPC MIPS　MFLOPS　CPU 时间

1.2　选择题（考研真题）。

（1）[2018] 冯・诺依曼结构计算机中数据采用二进制编码表示，其主要原因是 _______。

Ⅰ. 二进制运算规则简单

Ⅱ. 制造两个稳态的物理器件较为容易

Ⅲ. 便于逻辑门电路实现算术运算

A. 仅Ⅰ、Ⅱ　　B. 仅Ⅰ、Ⅲ　　C. 仅Ⅱ、Ⅲ　　D. Ⅰ、Ⅱ、Ⅲ

（2）[2019] 下列关于冯・诺依曼结构计算机基本思想的叙述中，错误的是 _______。

A. 程序的功能都通过中央处理器执行指令实现

B. 指令和数据都用二进制表示，形式上无差别

C. 指令按地址访问，数据都在指令中直接给出

D. 程序执行前，指令和数据需预先存放在存储器中

（3）[2016] 将高级语言源程序转换为机器级目标代码文件的程序称为 _______。

A. 汇编程序　　B. 链接程序　　C. 编译程序　　D. 解释程序

（4）[2015] 计算机硬件能够直接执行的是 _______。

Ⅰ. 机器语言程序　　Ⅱ. 汇编语言程序　　Ⅲ. 硬件描述语言程序

A. 仅Ⅰ　　B. 仅Ⅰ、Ⅱ　　C. 仅Ⅰ、Ⅲ　　D. Ⅰ、Ⅱ、Ⅲ

（5）[2011] 下列选项中，描述浮点数操作速度指标的是 _______。

A. MIPS　　B. CPI　　C. IPC　　D. MFLOPS

（6）[2010] 下列选项中，能缩短程序执行时间的措施是 _______。

I. 提高 CPU 时钟频率　　Ⅱ. 优化数据通路结构　　Ⅲ. 对程序进行编译优化

A. 仅Ⅰ和Ⅱ　　B. 仅Ⅰ和Ⅲ　　C. 仅Ⅱ和Ⅲ　　D. Ⅰ、Ⅱ、Ⅲ

（7）[2013] 某计算机主频为 1.2GHz，其指令分为 4 类，它们在基准程序中所占比例及 CPI 如表 1.7 所示。

表 1.7　各类指令在基准程序中所占比例及 CPI

指令类型	所占比例	CPI	指令类型	所占比例	CPI
A	50%	2	C	10%	4
B	20%	3	D	20%	5

该机的 MIPS 数是 _______。

A. 100　　B. 200　　C. 400　　D. 600

（8）[2012] 假定基准程序 A 在某计算机上的运行时间为 100 秒，其中 90 秒为 CPU 时间，其余为 I/O

时间。若 CPU 速度提高 50%，I/O 速度不变，则运行基准程序 A 所耗费的时间是 ______。

A. 55 秒　　B. 60 秒　　C. 65 秒　　D. 70 秒

（9）[2014] 程序 P 在机器 M 上的执行时间是 20 秒，编译优化后，P 执行的指令数减少到原来的 70%，而 CPI 增加到原来的 1.2 倍，则 P 在 M 上的执行时间是 ______。

A. 8.4 秒　　B. 11.7 秒　　C. 14.0 秒　　D. 16.8 秒

（10）[2017] 假定计算机 M1 和 M2 具有相同的指令集体系结构（ISA），主频分别为 1.5GHz 和 1.2GHz。在 M1 和 M2 上运行某基准程序 P，平均 CPI 分别为 2 和 1，则程序 P 在 M1 和 M2 上运行时间的比值是 ______。

A. 0.4　　B. 0.625　　C. 1.6　　D. 2.5

1.3 冯 • 诺依曼结构计算机的基本思想是什么？按此思想设计的计算机硬件系统应由哪些部件组成？它们各有何作用？

1.4 计算机系统从功能上可划分为哪些层次？各层次在计算机系统中起什么作用？

1.5 假定某计算机 1 和计算机 2 以不同的方式实现了相同的指令集，该指令集中共有 A、B、C、D 4 类指令，它们所占的比例分别为 40%、20%、15% 和 25%。计算机 1 和计算机 2 的时钟频率分别为 600MHz 和 800MHz，各类指令在两计算机上的 CPI 如表 1.8 所示。

表 1.8　各类指令在两计算机上的 CPI

指令类型	A	B	C	D
CPI1	2	3	4	5
CPI2	2	2	3	4

求两计算机的 MIPS 各为多少？

1.6 若某程序编译后生成的目标代码由 A、B、C、D 4 类指令组成，它们在程序中所占比例分别为 40%、20%、15%、25%。已知 A、B、C、D 四类指令的 CPI 分别为 1、2、2、2。现需要对程序进行编译优化，优化后的程序中 A 类指令数量减少了一半，而其他指令数量未发生变化。假设运行该程序的计算机 CPU 主频为 500MHz。回答下列各题。

（1）优化前后程序的 CPI 各为多少？

（2）优化前后程序的 MIPS 各为多少？

（3）通过上面的计算结果，你能得出什么结论？

实践训练

调查主流 CPU 厂商常用的性能测试工具，从网上下载合适的计算机系统性能测试工具对计算机进行性能测试，尝试对比分析不同性能测试工具对同一计算机进行测试的不同结果。结合自己所学的知识，分析性能测试软件的关键是什么。

第 2 章　数据信息的表示

本章知识导图

计算机内部流动的信息可以分为两大类：一类为数据信息，另一类为控制信息。数据信息是计算机加工处理的对象，而控制信息则用于控制数据信息的加工处理。数据信息的表示将直接影响到运算器的设计，进而也可能影响计算机的结构和性能。本章主要讨论数据信息的表示。

2.1　数据表示的作用

数据表示的作用是将数据按照某种方式组织起来，以便计算机硬件能直接识别和使用。在设计和选择计算机内的数据表示方式时，一般需要综合考虑以下几方面的因素。

（1）数据的类型：满足应用对数据类型的要求，一般要支持数值数据和非数值数据，前者如小数、整数、实数等，后者如 ASCII 码和汉字等。

（2）表示的范围和精度：满足应用对数据范围和精确度的要求，这要通过选择适当的数据类型与字长来实现。

（3）存储和处理的代价：应尽量使设计出的数据格式易于表示、存储和处理；易于设计处理数据的硬件，如运算器设计等需要综合考虑性能需求和硬件开销。

（4）软件的可移植性：从保护用户软件投资的角度看，应使设计的数据格式在满足应用需求的前提下，符合相应的规范，方便软件在不同计算机之间的移植。

二进制由于数码最少、容易与简单的物理状态对应、算术逻辑运算电路更容易实现等优势成为现代计算机中数据表示的不二之选，采用二进制可以表示任何数据信息。

2.2　数值数据的表示

数值数据有确定的值，它表示数的大小，能在数轴上找到它们的位置。非数值数据一般为符号和文字，它没有值的含义。本节仅讨论计算机中数值数据的表示方法。

2.2.1　数的机器码表示

二进制数与十进制数一样有正负之分。书写时可以用“+”和“-”来表示数据的符号，这种数据书写格式也称为**真值**。由于数据只有正、负两种符号，因此在计算机中很自然就采用二进制的 0 和 1 来表示数据的符号，由符号和数值一起编码表示的二进制数称为**机器数**或**机器码**。常用的定点数机器码有原码、反码、补码和移码等，不同的机器码具有不同的特点。

1. 原码

原码就是符号化的数值，其编码规则简单直观：正数符号位用 0 表示，负数符号位用 1 表示，数值位保持不变。表 2.1 所示为原码数据的表示方法。

表 2.1　原码数据的表示方法

	真值 x	原码 $[x]_原$	真值 x	原码 $[x]_原$
正数	$x=+0.x_1x_2\cdots x_n$	$[x]_原=0.x_1x_2\cdots x_n$	$x=+x_1x_2\cdots x_n$	$[x]_原=0x_1x_2\cdots x_n$
负数	$x=-0.x_1x_2\cdots x_n$	$[x]_原=1.x_1x_2\cdots x_n$	$x=-x_1x_2\cdots x_n$	$[x]_原=1x_1x_2\cdots x_n$

例如：$x=+0.1101$，则 $[x]_原=\mathbf{0}.1101$；$x=+1101$，则 $[x]_原=\mathbf{0}1101$

$x=-0.1111$，则 $[x]_原=\mathbf{1}.1111$；$x=-1111$，则 $[x]_原=\mathbf{1}1111$

若定点小数 x 的原码形式为 $x_0.x_1x_2\cdots x_n$，其中 x_0 为符号位，位权值为 1。按原码增加一个符号位的定义，该定点小数原码的公式为：

$$[x]_原=\begin{cases}x & 0\leqslant x<1\\ 1+|x| & -1<x\leqslant 0\end{cases}\tag{2-1}$$

设定点整数 x 的原码形式为 $x_0x_1x_2\cdots x_n$，其中 x_0 为符号位，位权值为 2^n。按原码增加一个符号位的定义，该整数原码的公式为：

$$[x]_原=\begin{cases}x & 0\leqslant x<2^n\\ 2^n+|x| & -2^n<x\leqslant 0\end{cases}\tag{2-2}$$

对于数据 0，原码有“+0”和“−0”两个编码，以定点整数为例：

$$[+0]_原=\mathbf{0}000\cdots0\quad [-0]_原=\mathbf{1}000\cdots0$$

原码数据表示简单直观，只需将符号位加上二进制数的绝对值即可。但原码存在两个机器 0，这会给数据运算带来麻烦。另外原码的加减法运算复杂，符号位不能直接参与运算。加法运算需要“同号求和，异号求差”，减法运算需要“异号求和，同号求差”，求差时还需要先比较大小，然后用大数减去小数，最后结果的符号选择也相对复杂。显然，利用原码作为机器数在实现加减法运算方面是不方便的，原码在计算机中目前仅仅用于表示浮点数的尾码。

2. 反码

反码又称 1 的补码，其符号位和原码相同，真值为正数时，反码和原码相同；真值为负数时，反码数值位为真值数值位取反。表 2.2 所示为反码数据的表示方法。

表 2.2　反码数据的表示方法

	真值 x	反码 $[x]_反$	真值 x	反码 $[x]_反$
正数	$x=+0.x_1x_2\cdots x_n$	$[x]_反=0.x_1x_2\cdots x_n$	$x=+x_1x_2\cdots x_n$	$[x]_反=0x_1x_2\cdots x_n$
负数	$x=-0.x_1x_2\cdots x_n$	$[x]_反=1.\bar{x}_1\bar{x}_2\cdots \bar{x}_n$	$x=-x_1x_2\cdots x_n$	$[x]_反=1\bar{x}_1\bar{x}_2\cdots \bar{x}_n$

例如：$x=+0.1101$，则 $[x]_反=\mathbf{0}.1101$；$x=+1101$，则 $[x]_反=\mathbf{0}1101$

$x=-0.1111$，则 $[x]_反=\mathbf{1}.0000$；$x=-1111$，则 $[x]_反=\mathbf{1}0000$

根据反码的编码规则，当真值 x 为负数时，$[x]_反+|x|$ 的值是一个全 1 的编码，这也是 1 的补码的来历。全 1 的编码在定点小数中值为 $2-2^{-n}$，在定点整数中值为 $2^{n+1}-1$，利用这个特性很容易得出反码的公式。

若定点小数 x 的反码形式为 $x_0.x_1x_2\cdots x_n$，其中 x_0 为符号位，则反码的公式为：

$$[x]_反=\begin{cases}x & 0\leqslant x<1\\ (2-2^{-n})+x & -1<x\leqslant 0\end{cases}\tag{2-3}$$

若定点整数 x 的反码形式为 $x_0x_1x_2\cdots x_n$，其中 x_0 为符号位，则反码的公式为：

$$[x]_{反}=\begin{cases}x & 0\leqslant x<2^n\\(2^{n+1}-1)+x & -2^n<x\leqslant 0\end{cases} \tag{2-4}$$

对于数据 0，反码也有“+0”和“-0”的两个编码，以定点整数为例：

$$[+0]_{反}=0000\cdots0\quad[-0]_{反}=1111\cdots1$$

反码的符号位和原码相同，当真值为负数时，数值位需要逐位取反。同样反码也存在 +0 和 -0 两个 0。反码的加减运算较原码略简单，其符号位可以直接参与运算，加法运算直接将反码相加即可，但最高位进位要从运算结果最低位相加（循环进位）。减法运算只需要将被减数的反码加上减数负数的反码即可，同样也要采用循环进位的运算方法。但尽管如此，现代计算机中并没有采用反码进行数据表示和运算，这是因为人们找到了更好的编码——补码。

3. 补码

（1）模的概念

补码又称为模 2 的补码，要理解补码表示，首先要理解模的概念。

模（或称**模数**）是一个数值计量系统的计量范围，记作 mod 或 M。以时钟为例说明模的概念，时钟的最大刻度是 12，12 就是时钟的模，超过计量范围的数都应该自动舍弃模数，模数和 0 等价，12 小时制中超过 12 点的时间都要自动减去模数 12，例如 24 小时制中的 16:00 和下午 4 点是等价的，这种关系可记为：

$$16\equiv 12+4\equiv 4\pmod{12}$$

假设时钟上的时间为上午 11 点整，为了将时间调整到 3 点，既可以沿逆时针方向拨 8 个小时，也可以沿顺时针方向拨 4 个小时。若将向逆时针方向拨动时针记为负，向顺时针方向拨动时针记为正，则 -8 和 +4 相对模 12 是等效的，这种关系可记为：

$$-8\equiv 12-8\equiv +4\pmod{12}$$

也可以说 -8 与 4 对模 12 是互补的，或者说以 12 为模时 -8 的补码为 4。同理 -2 的补码是 10，-5 的补码是 7。

不难发现，负数的补码可以用模数加上该负数获得，采用补码表示后减法运算可以用加法运算代替，且符号位也可以直接参与运算，这是补码相对原码的最大优势，具体如下：

$$9-8\equiv 9+(12-8)\equiv 13\equiv 1\pmod{12}$$
$$3-4\equiv 3+(12-4)\equiv 11\equiv -1\pmod{12}$$

（2）补码的定义

计算机中的二进制数据都有字长的限制，数据最高位进位的位权值就是模数，运算结果超过模数的部分都会被自动舍弃，所以计算机二进制数据的运算属于典型的有模运算，非常适合采用补码进行表示和运算。

设定点小数 x 的补码形式为 $x_0.x_1x_2\cdots x_n$，其中 x_0 为符号位，模为最高位进位的权值，故其模为 2，$[x]_{补}$表示定点小数 x 的补码，即机器数，x 为真值，则补码的公式为：

$$[x]_{补}=\begin{cases}x & 0\leqslant x<1\\2+x & -1\leqslant x\leqslant 0\end{cases}\pmod 2 \tag{2-5}$$

设定点整数 x 的补码形式为 $x_0x_1x_2\cdots x_n$，其中 x_0 为符号位，共 n+1 位，则模数为 2^{n+1}，则补码的公式为：

$$[x]_{补}=\begin{cases}x & 0\leqslant x<2^n\\2^{n+1}+x & -2^n\leqslant x\leqslant 0\end{cases}\pmod{2^{n+1}} \tag{2-6}$$

补码规则简单来说就是 $x \geqslant 0$ 时，补码等于真值；$x \leqslant 0$ 时，真值加上模数就是补码。

例 2.1　设 x=+0.0101，则 $[x]_{补}$=**0**.0101

设 x=−0.0101，则 $[x]_{补}$=2+(−0.0101)=**1**.1011

设 x=−0.0000，则 $[x]_{补}$=2+(−0.0000)=**0**.0000

设 x=−1.0000，则 $[x]_{补}$=2+(−1.0000)=**1**.0000

例 2.2　设某计算机的字长为 8 位，分别求真值 $x=(-10101)_2$、真值 x=−128 的补码。

$[x]_{补}=2^8+(-10101)$=100000000−10101=**1**110 1011　(mod 2^8)

$[x]_{补}=2^8+(-128)$=256−128=128=**1**000 0000　(mod 2^8)

对于数据 0，补码“+0”和“−0”的编码相同，以定点整数为例：

$[+0]_{补}=[-0]_{补}$=**0**000…0

由于补码 0 的表示唯一，因此会有一个多余的编码状态，在定点小数中可表示 −1，在定点整数中可表示 -2^n，相比原码和反码多表示了一个数。

补码符号位的定义和原码相同，当真值为正数时，补码符号位为 0，数据位和真值相同。当真值为负数时，补码符号位为 1，数据位部分需要利用模数做减法，相对还是比较麻烦的，通常可以采用以下两种简便方法来求负数的补码。

反码法：当 $x < 0$ 时，符号位为 1，补码数据位等于真值数据位逐位取反，末位加一，这种方法可以通过比较补码和反码公式证明。该方法非常适合利用硬件求补码，通常在运算电路中逐位取反和末位加一是非常容易实现的。

例 2.3　设 x=−1000，则 $[x]_{补}$=**1**0111+0001=**1**1000

设 x=−0001，则 $[x]_{补}$=**1**1110+0001=**1**1111

设 x=−0.0001，则 $[x]_{补}$=**1**.1110+0.0001=**1**.1111

扫描法：当 $x < 0$ 时，符号位为 1，对真值数据位从右到左顺序扫描，右起第一个 1 及其右边的 0 保持不变，其余各位求反。这种方法非常适合手动计算，在转换过程中不需要考虑“反码法”中末位加一的进位问题，读者可以尝试用扫描法再次计算例 2.3，看看是否更简单。

反过来由补码求真值也可以采用上述简便方法，若符号位为 0，则真值的符号为正，数值部分不变；若符号位为 1，则真值的符号为负，数值部分的各位可以采用反码法或扫描法得到。

例 2.4　设 $[x]_{补}$=**1**1000，则 x=−(0111+0001)=−1000　（反码法）

设 $[x]_{补}$=**1**1000，则 x=−1000　（扫描法）

设 $[x]_{补}$=**1**1111，则 x=−(0000+0001) =−0001　（反码法）

设 $[x]_{补}$=**1**1111，则 $x=-\overline{111}1$=−0001　（扫描法）

补码的表示相对原码更加复杂，但其只有唯一的 0，符号位可以直接参与运算，运算时符号位的进位作为模会被自动舍弃，其独特的表示方法使得减法运算可以转换成加法运算，大大方便了二进制运算。目前计算机中普遍采用补码表示有符号整数，如 C 语言中的 char、short、int、long 型整数都是采用补码进行表示的。

（3）变形补码

变形补码也称**双符号补码**，采用两个二进制位来表示数据的符号，其余与补码相同。符号位为 00 时表示正数，符号位为 11 时表示负数。对定点小数而言，采用变形补码后，其模为 4。因此，变形补码也称为“**模 4 补码**”。对定点整数而言，采用变形补码后，其模为 2^{n+2}（n 为数值位的位数）。

定点小数变形补码的定义如下：

$$[x]_{补}=\begin{cases}x & 0\leqslant x<1\\ 4+x & -1\leqslant x\leqslant 0\end{cases} \quad (\text{mod } 4) \tag{2-7}$$

定点整数变形补码的定义如下：

$$[x]_{补}=\begin{cases}x & 0\leqslant x<2^n\\ 2^{n+2}+x & -2^n\leqslant x\leqslant 0\end{cases} \quad (\text{mod } 2^{n+2}) \tag{2-8}$$

例 2.5　设 x=−0.0101，则其变形补码 $[x]_{补}$=**11**.1011。

设某计算机字长为 8 位，某真值 x= −10101 的变形补码为：

$$[x]_{补}=2^8+(-10101)=100000000-10101=\mathbf{11}101011$$

注意负数变形补码的数值位也可以使用反码法或扫描法求解。

变形补码运算溢出的检测容易，运算时符号位最高位永远表示正确的符号位，符号位为 01 表示运算出现正溢出，符号位为 10 表示运算出现负溢出。这种溢出肉眼可见，非常适合手工运算，但实际计算机中因为成本问题主要采用单符号溢出检测方案。

4. 移码

移码只用于定点整数的表示，通常用于表示浮点数的阶码。其编码方式是直接将真值 x 加一个常数偏移量（bias）。增加常数相当于将 x 沿数轴正方向平移一段距离，移码保持了真值数据的大小顺序，所以移码可以直接比较大小，这也为浮点运算的对阶操作带来了方便。移码公式如下所示：

$$[x]_{移}=x+\text{bias} \tag{2-9}$$

较为常用的偏移量是 2^n，设整数 x 的移码形式为 $x_0x_1x_2\cdots x_n$，则移码的定义为：

$$[x]_{移}=x+2^n \qquad -2^n\leqslant x<2^n \tag{2-10}$$

与补码不同的是，移码对正数和负数的编码方式相同，都是将真值平移，如图 2.1 所示；而补码只对负数增加一个模数常量并进行平移处理。

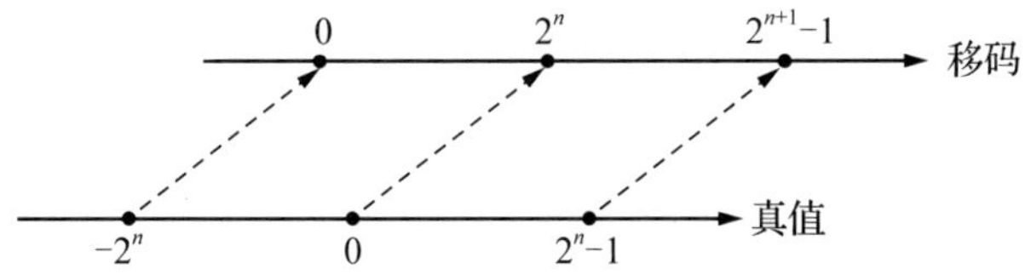

图 2.1　移码在数轴上的表示

例 2.6　假设某计算机的字长为 8 位，采用移码表示整数。

当 x=+1010110，则 $[x]_{移}=2^7+1010110=\mathbf{1}1010110$

当 x=−1010110，则 $[x]_{移}=2^7-1010110=\mathbf{0}0101010$

从式（2-6）和式（2-10）可得：

$$[x]_{补}=2^n+[x]_{移} \qquad (\text{mod } 2^{n+1}) \tag{2-11}$$

2^n 正好对应符号位的 1，所以移码在符号位加 1 就变成了补码，移码和补码符号位相反，数值位相同。正数的移码符号位为 1，负数的移码符号位为 0。表 2.3 所示为 8 位字长情况下定点整数的补码和移码，对比表中同一数的补码和移码数据表示，不难发现移码表示具有下列特点：

（1）移码的符号位中 0 表示负数，1 表示正数；

（2）同一数值的移码和补码除符号位相反外，其他各位相同；

（3）移码中 0 的表示也唯一，具体表示为 **1**0000…0。

将移码作为浮点数的阶码具有下列优点。

（1）移码通过偏移的方法把真值映射到正数域中，这样可直接按无符号数规则比较两个移码表示数据的大小，便于浮点数的比较。

（2）有利于简化“浮点机器 0”的判断。从表 2.3 所示可知，当移码的各位均为 0 时，对应的阶码值最小。此时，当尾数为全 0 时，对应的就是浮点机器 0。

移码表示规则简单，0 的表示唯一，但运算相对较为复杂，由于所有数都整体平移，因此要对运算结果进行修正，修正量为偏移量，相关内容本书中不做介绍。

表 2.3　真值的补码和移码表示对照表

真值（十进制）	二进制表示	补码表示（8 位）	移码表示（8 位）
-128	-10000000	10000000	00000000
-127	-1111111	10000001	00000001
...	...	...	...
-1	-0000001	11111111	01111111
0	0000000	00000000	10000000
1	0000001	00000001	10000001
...	...	...	...
126	1111110	01111110	11111110
127	1111111	01111111	11111111

图 2.2 所示为 4 种不同机器码在数轴上的数据表示。从图中我们可以得出以下结论。

（1）原码、反码的表示区间在数轴上是对称的，二者都存在 +0 和 -0 两个 0。

（2）补码、移码的表示区间在数轴上是不对称的，0 的表示是唯一的，它们相对原码和反码在数轴最左侧多表示了一个数。

（3）原码、反码、补码的符号位相同，正数的机器码相同。

（4）整数的补码、移码的符号位相反，数值位相同。

（5）负数的反码、补码末位相差 1。

（6）原码很容易判断大小，而负数的反码、补码很难直接判断大小，可以采用如下规则进行快速判断：数值部分越大，真值越大（更靠近 0），绝对值越小。补码最大负数为全 1，编码为 1111，真值为 -1；最小负数为 1000，真值为 -8。

（7）移码保持了原有大小顺序，可以直接比较大小，这也是移码最大的优势。全 0 的移码 0000 是最小数 -8，全 1 的移码 1111 的移码是最大数 +7。

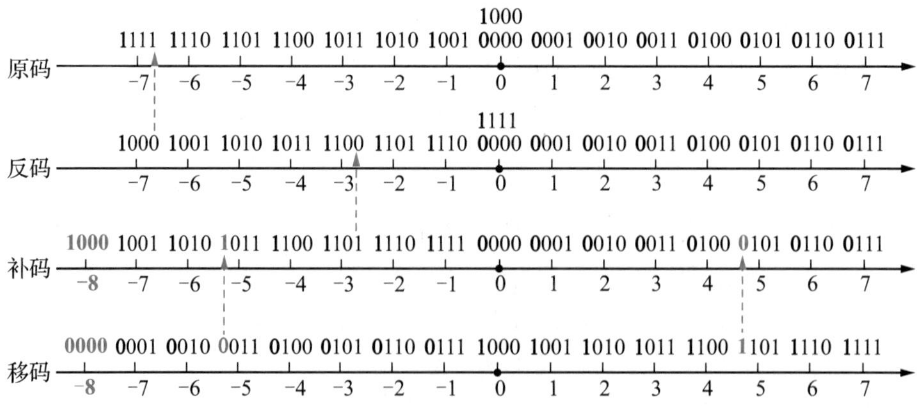

图 2.2　4 位不同机器码在数轴上的表示

2.2.2　定点数表示

定点数表示法约定计算机中所有数据的小数点位置固定，其中，将小数点的位置固定在数据的最高数位之前（或符号位之后）的数据表示称为**定点小数**，而将小数点固定在最低数位之后的数据表示称为**定点整数**。另外，由于小数点位置固定，因此小数点不必再用符号表示，其位置也无须存储。

1. 定点小数

设定点小数 $x=x_0.x_1x_2\cdots x_n$，则其在计算机中的表示形式如图 2.3 所示。

符号位 x_0 用来表示数的正负，小数点的位置是固定的，在计算机中并不用去表示它。$x_1 \sim x_n$ 是数值的有效部分，也称为尾数；x_1 为最高有效位。在计算机中定点小数主要用于表示浮点数的尾数，并没有高级语言数据类型与之相对应。

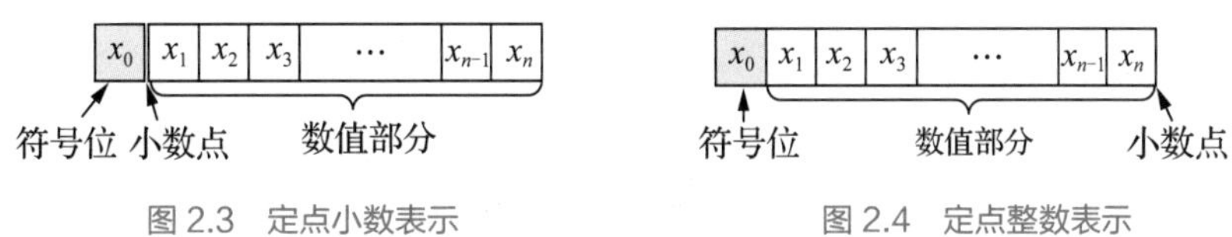

图 2.3　定点小数表示　　　图 2.4　定点整数表示

2. 定点整数

设定点整数 $x=x_0x_1x_2\cdots x_n$，则其在计算机中的表示形式如图 2.4 所示。在 C 语言中 char、short、int、long 型都属于定点整数。

定点数能表示的数据范围与下列因素有关。

（1）机器字长。字长越长，其表示的数据范围就越大。

（2）所采用的机器数表示方法。通过前面对几种不同机器数的分析可知，补码和移码表示所能表示的数据范围比原码和反码所能表示的数据范围要多一个数。

3. 定点数表示范围

由上可知，定点数的数据表示范围与机器字长以及机器码有关，若计算机字长为 n+1（包含一位符号位），则可以表示 2^{n+1} 个数据状态。采用不同机器码进行数据表示时，对应的数据表示范围如表 2.4 所示。

表 2.4　定点数表示范围

	定点小数			定点整数			
	原码	反码	补码	原码	反码	补码	移码
最大正数	0.111…11 $(1-2^{-n})$	0.111…11 $(1-2^{-n})$	0.111…11 $(1-2^{-n})$	0111…11 (2^n-1)	0111…11 (2^n-1)	0111…11 (2^n-1)	1111…11 (2^n-1)
最小正数	0.000…01 (2^{-n})	0.000…01 (2^{-n})	0.000…01 (2^{-n})	0000…01 (1)	0000…01 (1)	0000…01 (1)	1000…01 (1)
0	0.000…00 1.000…00	0.000…00 1.111…11	0.000…00	0000…00 1000…00	0000…00 1111…11	0000…00	1000…00
最大负数	1.000…01 (-2^{-n})	1.111…10 (-2^{-n})	1.111…11 (-2^{-n})	1000…01 (-1)	1111…10 (-1)	1111…11 (-1)	0111…11 (-1)
最小负数	1.111…11 $-(1-2^{-n})$	1.000…00 $-(1-2^{-n})$	1.000…00 -1	1111…11 $-(2^n-1)$	1000…00 $-(2^n-1)$	1000…00 (-2^n)	0000…00 (-2^n)

定点数表示范围中的每一个数都可以对应数轴上的一个刻度，刻度在数轴上是均匀分布的，

对于定点整数，最小刻度间距是 1，而定点小数则为 2^{-n}。当数据超出计算机所能表示的数据范围时称为溢出。当数据大于最大正数时，发生正上溢；当数据小于最小负数时，发生负上溢，具体如图 2.5 所示。

而定点小数还存在精度的问题，所有不在数轴刻度上的纯小数都超出了定点小数所能表示的精度，无法表示，此时定点小数发生精度溢出，只能采用舍入的方式近似表示。

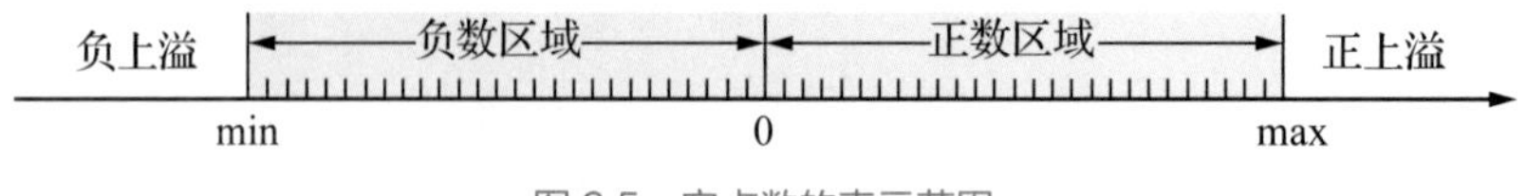

图 2.5　定点数的表示范围

2.2.3　浮点数表示

1. 浮点数的表示形式

浮点数中的小数点位置并不固定，也就是小数点位置可以浮动，这也是浮点数得名的原因。为了扩大浮点数的表示范围和提高其表示精度，二进制浮点数表示采用了类似十进制科学记数法的表示方法，任意一个二进制数 N 都可表示成如下形式：

$$N = 2^E \times M = 2^{\pm e} \times (\pm 0.m) \tag{2-12}$$

采用这种方法，二进制浮点数可表示成阶码 E（Exponent）和尾数 M（Mantissa）两部分，其中阶码 E 是定点整数，而尾数 M 是定点小数。阶码的位数决定数据表示的范围，阶码的位数越多，能表示的数据范围就越大，而阶码的值决定了小数点的位置；尾数的位数决定数据表示的精度。阶码长度相同时，分配给尾数的数位越多，数据表示的精度就越高。浮点数数据的一般格式如图 2.6 所示。注意阶码和尾数均可采用不同的机器码进行表示，对应的浮点数表示范围也会略有不同。

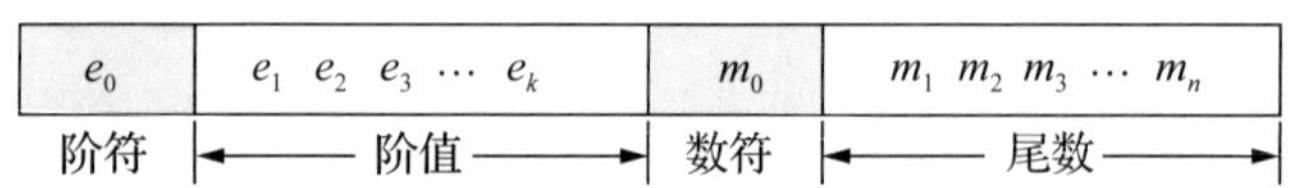

图 2.6　浮点数数据格式

2. 浮点数表示范围

显然当阶码为最大值，尾数为最大值时，浮点数为正数最大值；而当阶码为最小值，尾数为正数最小值时，浮点数为正数最小值，这个值也就是浮点数的最小精度。同理，当阶码为最大值，尾数为最小负数时，浮点数为负数最小值；而当阶码为最小值，尾数为负数最大值时，浮点数为负数最大值。

浮点数有效扩大了数据表示范围，但受计算机字长限制，浮点数仍然存在溢出现象。图 2.7 所示为浮点数的有效表示范围，图中“负数区域”“正数区域”及“0”是可表示的数据区域。当浮点数绝对值超过正数最大值时发生上溢，左、右两侧分别对应负上溢和正上溢，分别表示负无穷和正无穷；当非 0 浮点数绝对值小于正数最小值时，发生下溢。若运算结果发生上溢，浮点运算器件会显示溢出标志；若运算结果发生下溢，虽然此时数据不能被精确表示，但由于发生下溢时数的绝对值很小，可作为机器 0 处理。同样，当一个浮点数在正、负数区域中但并不在某个数轴刻度上时，也会出现精度溢出的问题，此时只能用近似数表示。

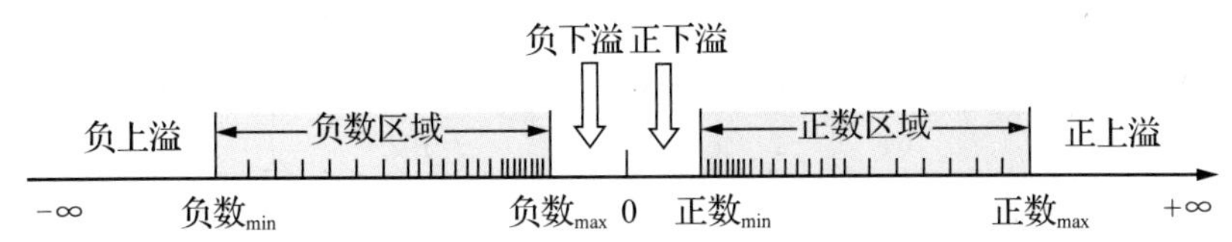

图 2.7　浮点数的表示范围

浮点数采用阶码和尾数的方式表示，阶码每变化一个刻度，数据就变大一倍，所以浮点数在数轴上的刻度并不是均匀分布的，越往数轴的左右两端，刻度越稀疏，这就是浮点数密度变化。

3. 浮点数的规格化

同一浮点数如果采用图 2.6 所示的浮点数格式，可能存在多种表示形式，如 0.01111×2^{101} 还可以表示成 0.11110×2^{100}。尾数小数点的位置不同，就会有不同的尾数和阶码组合，这将给浮点数的表示带来麻烦。为了使浮点数的表示形式唯一并进一步提高数据的表示精度，通常要求浮点数在数据表示时对尾数进行规格化处理。所谓**规格化处理**就是使得尾数真值最高有效位为 1，也就是尾数的绝对值应大于或等于 $(0.1)_2$ 或 $(0.5)_{10}$。

对于非规格化尾数，需要对其进行**规格化操作**，即根据具体形式通过将非规格化尾数进行算术左移或右移，并同步减少或增加阶码值的操作进行规格化，对应的规格化方法分别称为左移规格化和右移规格化。

除使尾数绝对值大于 0.5 外，还有一种规格化数也经常使用，就是使得尾数绝对值大于 1、小于 2，这种规格化数参考了十进制科学记数法的表示方法，任意一个十进制数 N 都可表示为：

$$N=10^E\times M \qquad (1\leqslant|M|<10) \tag{2-13}$$

注意十进制科学记数法中尾数绝对值应该大于 1、小于 10。而任意一个二进制数 N 也可表示成如下形式，注意尾数绝对值应大于 1、小于 2：

$$N=2^E\times M=2^{\pm e}\times(\pm1.m) \qquad (1\leqslant|M|<2) \tag{2-14}$$

大于 0.5 和大于 1 的规格化数在本质上没有太大的区别，二者尾数真值最高有效位都是 1，在实际表示时可以采用与定点数小数点一样的表示策略，无须单独表示最高有效位上的 1，需要进行数据运算时再恢复最高有效位的表示，被隐藏的这一位又称为**隐藏位**。

4. IEEE754 浮点数标准

在图 2.6 所示的浮点数一般格式中，既没有规定阶码和尾数的位数，也没有规定阶码和尾数采用的机器码形式。对同一个浮点数编码，如果阶码和尾数位数的划分不同，或阶码和尾数被看成不同的机器数，其所对应的浮点数真值就可能不同，这种情况严重影响了软件的可移植性。为此，20 世纪 70 年代，美国电气及电子工程师协会（IEEE）成立委员会专门研究浮点数标准，并于 1985 年发布了浮点数标准 IEEE754，该标准至今仍被主流计算机所采用。IEEE 754 的主要设计者威廉 • 卡亨（William Kahan）教授因此贡献获得 1989 年图灵奖。

IEEE754 标准主要包括 32 位单精度浮点数和 64 位双精度浮点数，分别对应 C 语言中的 **float** 型和 **double** 型数据。2008 年该标准重新进行了修订，不同的浮点数数据格式规范如表 2.5 所示。

表 2.5　IEEE754 数据格式规范

标准	C 语言类型	位宽	基数	阶码位数	阶码偏移值	尾数位数	最大值量级
半精度 *	_Float16	16	2	5	15	10	10^5
单精度	float	32	2	8	127	23	10^{38}
扩展单精度		⩾ 43	2	⩾ 11		⩾ 31	

续表

标准	C 语言类型	位宽	基数	阶码位数	阶码偏移值	尾数位数	最大值量级
双精度	double	64	2	11	1023	52	10^{308}
扩展双精度	浮点运算器内部	≥ 79	2	≥ 15		≥ 63	
四精度 *	long double	128	2	15	16383	112	10^{4932}
八精度 *	暂未支持	256	2	19	262143	236	10^{78913}
Decimal32*	_Decimal32	32	10	6	101	20	10^{96}
Decimal64*	_Decimal64	64	10	8	398	50	10^{384}
Decimal128*	_Decimal128	128	10	12	6176	110	10^{6144}

注：标星号的浮点数格式为 IEEE754-2008 新增标准。

下面以 32 位单精度浮点数为例详细描述 IEEE754 二进制浮点数标准，十进制浮点数标准将在下一小节进行介绍。

5. IEEE754 单精度浮点数

IEEE754 标准中所有二进制浮点数都由符号位 S、阶码 E 和尾数 M 三部分组成，16、32、64、128、256 等不同精度的二进制浮点数的阶码、尾数位宽均不相同，阶码所采用的移码偏移量也不同，具体可以参考表 2.5 中的定义。32 位单精度浮点数的具体形式如图 2.8 所示，其中符号位为 1 位，阶码为 8 位，尾数为 23 位。

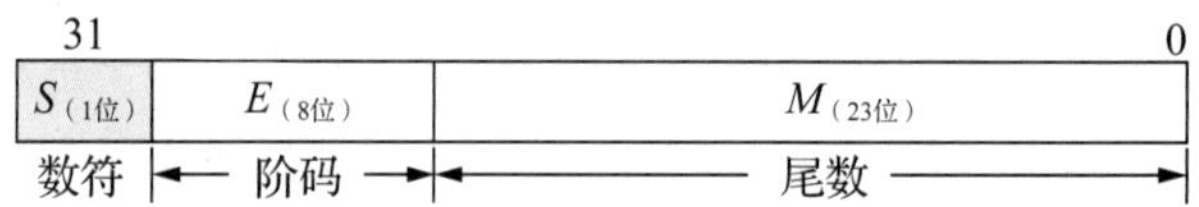

图 2.8　IEEE754 32 位浮点数格式

关于 32 位单精度浮点数格式的几点说明如下。

（1）阶码 E 采用移码表示，注意其偏移量是 127 而不是标准移码的 128。偏移量越大，移码最大值、最小值越小，非规格化数精度越高，规格化数表示范围越小。采用偏移量 127 表示的精度低一点，但范围略大一点。但不管采用哪种偏移量，浮点数表示的范围和精度都可以满足当时主流浮点计算的应用需求。采用 127 偏移量的最主要的原因是使得任何一个规格化数的倒数能用另外一个浮点数表示，而采用 128 偏移量表示的最小规格化数的倒数会发生溢出。

（2）尾数 M 为定点小数，小数点固定在 M 最左侧，且小数点左边还有一个隐藏的 1，因此尾数的实际有效位为 24 位，完整的尾数形式为 $1.M$，进行浮点数表示时只保存 M，节省的比特位可以用于提高尾数的精度。尾数部分是绝对值表示，尾数的符号位也就是浮点数的符号位 S，为 1 时表示负数，为 0 时表示正数，所以浮点数的尾数可以看作原码表示。

（3）S、E、M 字段的取值不同，则表示的浮点数不同，表 2.6 所示为单精度浮点数在不同 S、E、M 取值下的具体表示意义。

表 2.6　IEEE754 单精度浮点数规范

符号位 S（1 位）	阶码 E（8 位）	尾数 M（23 位）	浮点数真值	说明
0/1	255	$M \neq 0$	NaN 非数	运算异常（0/0）
0/1	255	0	$+\infty/-\infty$	正、负无穷
0/1	1 ~ 254	M	$(-1)^s \times 2^{E-127} \times 1.M$	规格化数
0/1	0	$M \neq 0$	$(-1)^s \times 2^{-126} \times 0.M$	非规格化
0/1	0	0	+0/-0	两个机器 0

（4）从表 2.6 所示可以看出，阶码 E 为 255 时浮点数可以表示无穷大或非数 NaN。非 0 浮点数除 0 运算的结果就是无穷大，所以浮点数除 0 不会像整型数除 0 一样产生严重错误。而非数 NaN 则用于表示 0/0、∞/∞、0×∞、负数的平方根等，部分非数运算结果可能会产生异常。

（5）阶码和尾数均为 0 时表示机器 0，由于浮点数尾数采用原码表示，因此存在 +0 和 −0 两个 0。

当阶码 $1 \leqslant E \leqslant 254$ 时，浮点数为规格化数，规格化数公式为：

$$N = (-1)^s \times 2^{E-127} \times 1.M \tag{2-15}$$

当阶码 E=0 且 M≠0 时，浮点数为**非规格化数**，引入非规格化数的目的是进一步提高浮点数的表示精度，非规格化数公式为：

$$N = (-1)^s \times 2^{-126} \times 0.M \tag{2-16}$$

根据以上公式可知单精度浮点数规格化和非规格化的绝对值最大数和最小数，具体如表 2.7 所示。

表 2.7　IEEE754 浮点数表示范围

格式	绝对值最小数	绝对值最大数
单精度规格化 $(-1)^s \times 1.M \times 2^{E-127}$	E_{min}=1，M=0 $f = 1.0 \times 2^{1-127} = 2^{-126}$	E_{max}=254，M=1111…11 $f = 2^{254-127} \times (2-2^{-23}) \approx +3.4 \times 10^{38}$
单精度非规格化 $(-1)^s \times 0.M \times 2^{-126}$	E=0，M=0000…01 $f = 2^{-23} \times 2^{-126} = 2^{-149}$	E=0，M=1111…11 $f = (1-2^{-23}) \times 2^{-126}$
双精度规格化 $(-1)^s \times 1.M \times 2^{E-1023}$	E_{min}=1，M=0 $f = 1.0 \times 2^{1-1023} = 2^{-1022}$	E_{max}= 2046，M=1111…11 $f = 2^{2046-1023} \times (2-2^{-52}) \approx +1.8 \times 10^{308}$
双精度非规格化 $(-1)^s \times 0.M \times 2^{-1022}$	E = 0，M=0000…01 $f = 2^{-52} \times 2^{-1022} = 2^{-1074}$	E=0，M=1111…11 $f = (1-2^{-52}) \times 2^{-1022}$

同样由于 IEEE754 浮点数采用阶码和尾数的形式表示浮点数，因此浮点数在数轴上的刻度分布并不像定点数一样是均匀的，图 2.9 所示是单精度浮点数在数轴上的刻度分布，0 右边的阴影区是非规格化数区域，越往右浮点数的分布越稀疏。

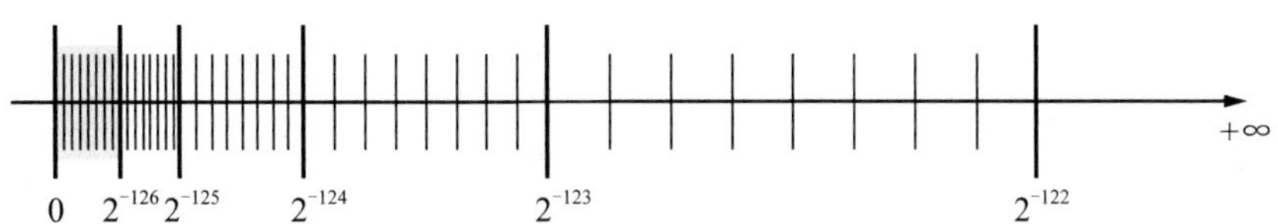

图 2.9　IEEE754 单精度浮点数在数轴上的刻度分布

浮点数密度变化导致小数和大数相加时小数可能会被“吸收”，这个特性导致浮点数的加法运算不满足结合律，如式（2-17）所示。该式左侧项的运算结果可能为 0，而右侧项运算结果等于小数，造成该问题的主要原因是大数和小数相加时会发生精度溢出，小数可能会被大数“吸收”。

$$(大数a + 小数b) - 大数a \neq (大数a - 大数a) + 小数b \tag{2-17}$$

6. 单精度浮点数与真值之间的转换流程

IEEE754 中 32 位浮点数与对应真值之间的转换流程如图 2.10 所示。

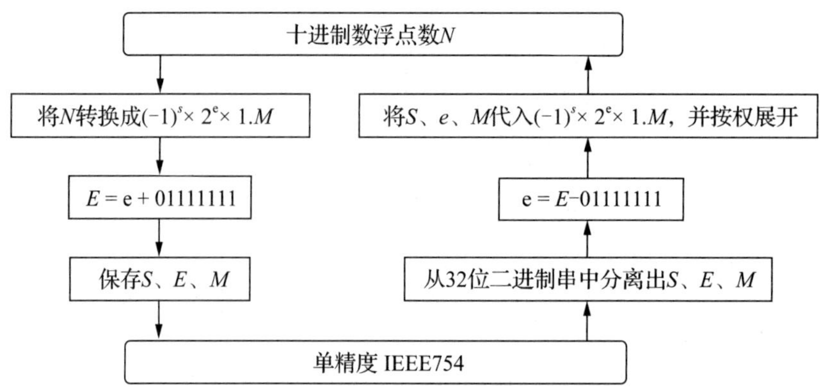

图 2.10　单精度浮点数与真值之间的转换流程

例 2.7　将十进制数 20.59375 转换成 IEEE754 单精度浮点数的十六进制机器码。

解：首先分别将整数和小数部分转换成二进制数：

$(20.59375)_{10}=(10100.10011)_2$

移动小数点，使尾数变成 **1**.*M* 的形式：

$10100.10011=\mathbf{1}.010010011\times 2^4$

可得：

$S=0$，$E=\text{e}+127=4+127=131=10000011$，$M=010010011$

最后得到 32 位浮点数的二进制存储格式为：

31		0
0	1000 0011	010 0100 1100 0000 0000 0000
数符	阶码	尾数

最终的机器码 = $(0100\ 0001\ 1010\ 0100\ 1100\ 0000\ 0000\ 0000)_2=(41A4C000)_{16}$

例 2.8　求 IEEE754 单精度浮点数 $(C1360000)_{16}$ 对应的十进制值。

解：将十六进制数 $(C1360000)_{16}$ 展开成二制数为 1100 0001 0011 0110 0000 0000 0000 0000

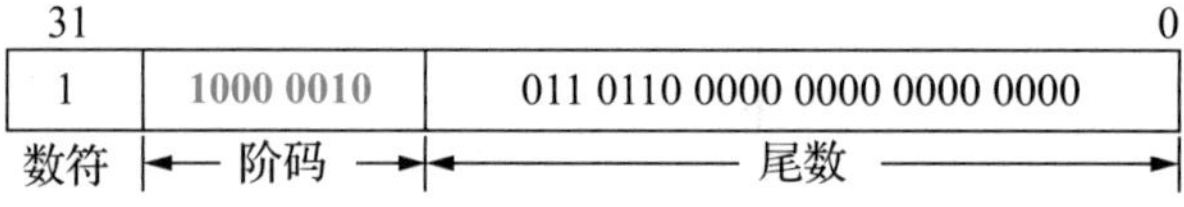

从浮点数 32 位二进制串中分离出 *S*、*E*、*M*：

$S=1$、$E=1000\ 0010$、$M=011\ 011$

进一步计算可得：

$\text{e}=E-127=10000010-01111111=00000011=(3)_{10}$

实际尾数为：$1.M=1.011011$

可得：$N=(-1)^S\times 1.M\times 2^{\text{e}}=-(1.011011)\times 2^3$

$=-(1011.011)_2=-(11.375)_{10}$

值得注意的是，十进制小数大多不能精确转换成二进制数，如 0.1、0.2、0.3、0.4 等数在转换成二进制小数时都会变成循环小数，即使有再多的尾数位也无法精确表示这些十进制数。通常只能采用舍入的方式近似表示，因此会带来数据表示的误差。这种误差会在计算的过程中不断累积放大，如采用双精度浮点数运算，则 $0.1+0.1+0.1-0.3\neq 0$，$0.7-0.2\neq 0.5$，$3.3/1.1\neq 3$，这显然违背常理。这种误差可能会导致严重的后果。

正因为二进制浮点数并不能精确表示所有十进制数，所以程序员使用二进制浮点数编程时一定要非常小心，要充分考虑浮点数运算可能带来的计算误差，尽量避免对浮点数进行直接比较，在一些对误差极其敏感的情况下，建议采用十进制浮点数进行运算。

2.2.4　十进制编码 *

计算机中的数据只能是二进制数，而人们习惯使用的是十进制数。因此，输入计算机中的十进制数需要转换成二进制数；数据输出时，应将二进制数转换成十进制数。但在转换和运算的过程中可能会引起精度的损失，为减少二进制数与十进制数之间的转换，避免二进制运算带来的精度误差，可以采用二进制数码来精确表示十进制数。

1. 十进制整数

表示十进制整数的方法有 BCD 码、BID 码和 DPD 码 3 种。

（1）BCD 码（Binary Coded Decimal）

BCD 码编码较为简单，用 4 位二进制数表示 0 ～ 9 这 10 个数，由于 4 位二进制数能表示 16 种不同状态，因此需要从中选取 10 种来表示十进制数 0 ～ 9，选取的方法有多种，常见的有 8421 码、2421 码、余 3 码等。

8421 码是一种**有权编码**，即表示十进制数的 4 位二进制数码的每一位都有确定的权值。其从高位到低位的权值分别为 8、4、2、1，故称为 8421 码。8421 码编码简单，0000 ～ 1001 分别表示十进制的 0 ～ 9，这 10 个 4 位二进制数按权展开后相加的值正好分别对应 0 ～ 9。其余 6 种编码为非法编码。

2421 码则是另外一种有权编码，其 4 位二进制数的权值从左到右依次是 2、4、2、1。需要关注的是 2421 码不具有单值性，即从权值考虑，1011 和 0101 都可表示十进制数 5，为了避免不一致性，2421 码规定不用 0101 ～ 1010 这 6 个编码。另外，2421 码编码具有自补的特点，即各位取反后正好为该数对 9 的补码。

余 3 码是通过对 8421 码的每个数码加 3 形成的一种无权编码。8421 码、2421 码以及余 3 码的编码情况如表 2.8 所示。

表 2.8　十进制数的 8421 码、2421 码和余 3 码

十进制数	8421 码	2421 码	余 3 码	十进制数	8421 码	2421 码	余 3 码
0	0000	0000	0011	5	0101	1011	1000
1	0001	0001	0100	6	0110	1100	1001
2	0010	0010	0101	7	0111	1101	1010
3	0011	0011	0110	8	1000	1110	1011
4	0100	0100	0111	9	1001	1111	1100

这 3 种编码在进行算术运算时都需要进行结果的校正，运算器相对比较复杂。对 8421 码实现算术运算时，如果两数之和大于 10，则运算结果需要加 6 修正，并向高位进位；2421 码运算对结果的修正问题比 8421 码更为复杂；余 3 码进行加法时如不产生进位，则运算结果需要减 3；若产生进位，则将进位送入高位，当前位加 3 校正。

（2）BID 码（Binary Integer Decimal）

BCD 码采用 4 位二进制数表示一位十进制数，编码效率只有 10/16，这直接导致十进制数的表示范围变小。**BID** 码就是十进制整数的二进制表示，直接用二进制整数编码表示十进制整数

的值。这种编码常用于十进制浮点数的尾数表示，好处是尾数部分可以直接利用已有的二进制运算单元进行运算，编码效率最高，但在进行数据表示时还需要进行十进制和二进制的转换。

（3）DPD 码（Densely Packed Decimal）

DPD 码又称紧凑十进制编码，BCD 码利用 4 位二进制数表示一位十进制数，而 DPD 码利用 10 个二进制位表示 3 位十进制数，编码效率为 1000/1024，大大提升了编码效率。DPD 码编码格式如表 2.9 所示，从该表可知 3 位十进制数转换成 10 位二进制编码时要根据每位十进制数字的大小选择不同的编码规则。而 10 位二进制编码要转换成 3 位十进制数时要根据 b6、b5、b3、b2、b1 的值选择不同的规则进行转换。相对 BID 码，DPD 码更方便转换成十进制的浮点数字符串，硬件实现也只需要 2 ～ 3 个门电路延迟，不过 DPD 码需要专门的运算单元来进行计算。DPD 码也可以用于十进制浮点数的尾数表示。

表 2.9　DPD 码编码格式

10 个二进制位										3 位十进制数			3 位十进制数表示范围	说明
b9	b8	b7	b6	b5	b4	b3	b2	b1	b0	D2	D1	D0		
a	b	c	d	e	f	0	g	h	i	0abc	0def	0ghi	(0 ～ 7)(0 ～ 7)(0 ～ 7)	3 个小数
a	b	c	d	e	f	1	0	0	i	0abc	0def	100i	(0 ～ 7)(0 ～ 7)(8 ～ 9)	两小一大
a	b	c	g	h	f	1	0	1	i	0abc	100f	0ghi	(0 ～ 7)(8 ～ 9)(0 ～ 7)	
g	h	c	d	e	f	1	1	0	i	100c	0def	0ghi	(8 ～ 9)(0 ～ 7)(0 ～ 7)	
g	h	c	0	0	f	1	1	1	i	100c	100f	0ghi	(8 ～ 9)(8 ～ 9)(0 ～ 7)	两大一小
d	e	c	0	1	f	1	1	1	i	100c	0def	100i	(8 ～ 9)(0 ～ 7)(8 ～ 9)	
a	b	c	1	0	f	1	1	1	i	0abc	100f	100i	(0 ～ 7)(8 ～ 9)(8 ～ 9)	
x	x	c	1	1	f	1	1	1	i	100c	100f	100i	(8 ～ 9)(8 ～ 9)(8 ～ 9)	3 个大数

2. 十进制浮点数

二进制浮点数的最大问题是不能精确表示十进制数，不精确的二进制浮点数表示会给运算带来很多误差问题。如财务结算中 ¥0.7 × 1.05 = ¥0.735，按四舍五入应该是 ¥0.74。而如果采用不精确的双精度浮点数进行计算则 ¥0.7 × 1.05 = ¥0.73499999999999999 ≈ ¥0.73，误差 1 分钱，这显然和手动运算结果不相符，这种误差还会因为多次运算的累积而放大，这将给财务结算带来严重后果。所以在财务金额运算中是不允许采用二进制浮点数的，十进制浮点数的表示和运算不可或缺。

以前进行精确财务金额计算的方法主要是使用数据库中的十进制数据类型，或者编程语言中的十进制运算库，如 Java 中的 BigDecimal 类，这些都是采用软件的方法进行表示和实现的，相对会消耗较多的运算资源。各种解决方案的标准并不统一，为此 2008 年 IEEE754 标准重新进行了修订，引入了十进制浮点数，又称 DFP（Decimal Floating Point）编码，IEEE754-2008 中的十进制浮点数包括 32 位、64 位、128 位 3 种形式，其基本格式如图 2.11 所示。

十进制浮点数机器码的最高位为符号位 S，*comb* 字段为 5 位组合字段，后续分别是部分阶码字段 E 和部分尾数字段 T。*comb* 字段中还包含了阶码和尾数的部分数据位，其格式比较特殊，共包括 3 种格式，格式①中高两位为阶码 E 的最高有效位，低 3 位表示尾数字段 T 的最高有效位（0 ～ 7）；格式②中高两位为 11，后续两位为阶码 E 的最高有效位，最低位为 0 表示 T 字段的最高有效位为 1000（8），为 1 表示 1001（9）；格式③表示无穷大或非数。根据 3 种格式可知阶码的最高两位只能是 00 ～ 10 这 3 个值，阶码状态组合数为 3×2^k，其中 k 为 E 字段位宽。最终十进制浮点数的值可以表示为：

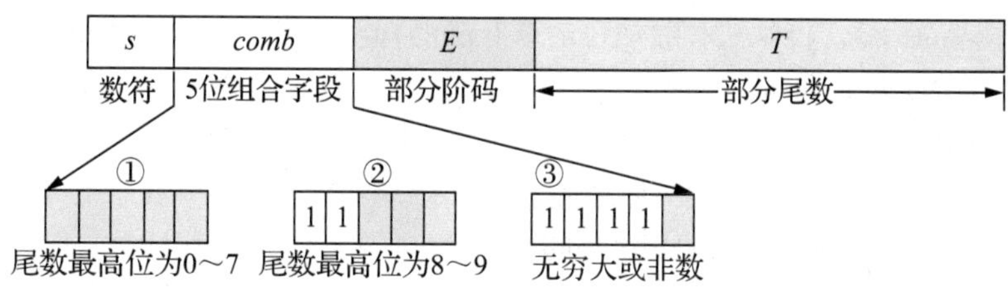

图 2.11　IEEE754-2008 中的十进制浮点数格式

$$N = (-1)^s \times 10^{E-bias} \times T \tag{2-18}$$

和二进制浮点数不同的是，这里的基数为 10。另外十进制浮点数的尾数不是定点小数，而是定点整数，小数点固定在最右侧，不需要规格化处理，同一个数可能有多种表示形式。不进行规格化处理的目的是保持原数据的精度，而不是每个十进制浮点数后面都有很多个无用的 0，如 12.34 不会表示成 12.3400000…0 的形式。

阶码部分采用二进制表示，32 位、64 位、128 位十进制浮点数的移码偏移量分别为 101、398、6176。尾数部分 IEEE754-2008 中并没有规定具体的实现方式，既可以采用 DPD 码，也可以采用 BID 码，实现方式不同尾数表示的范围也不一样。表 2.10 所示为不同位宽十进制浮点格式采用 DPD 码的参数。

表 2.10　不同位宽十进制浮点格式的参数

位宽	*E* 位宽	*T* 位宽	*bias*	*E* 状态数	*E* 范围	尾数 10 进制精度	$\|N\|_{min}\neq0$	$\|N\|_{max}$
32	6	20	101	$192=3\times2^6$	−101 ～ 90	7=3×20/10+1	1×10^{-101}	9.999999×10^{96}
64	8	50	398	$768=3\times2^8$	−398 ～ 369	16=3×50/10+1	1×10^{-398}	$9.999...9\times10^{384}$
128	12	110	6176	$12288=3\times2^{12}$	−6176 ～ 6111	34=3×110/10+1	1×10^{-6176}	$9.999...9\times10^{6144}$

早期 COBOL、C#、Visual Basic 均定义了专属的十进制数据类型，GNU C 中已按照 ISO/IEC WDTR24732 的 N1312 草案并遵循 IEEE754-2008 标准实现了 _Decimal32、_Decimal64 和 _Decimal128 这 3 个十进制浮点数据类型，并在 GCC 中进行了相应的实现。

2007 年 IBM 公司发布的 POWER 6 处理器是业界首款在硬件上支持十进制浮点运算的处理器，在此前涉及十进制和浮点十进制的运算都是由软件完成的，内置十进制浮点运算能力将大大提升复杂的税收、金融和 ERP 程序的运行效率。

2.2.5　计算机中的数据类型

了解了定点数和浮点数的表示规范，下面介绍一下计算机中的实际数据表示和存储格式。计算机中的数据以二进制的形式存储在寄存器或存储器中，这些数据到底是定点数还是浮点数？如果是定点数，到底是有符号数还是无符号数呢？

1. 汇编语言中的数据类型

首先从汇编语言的角度去看数据表示问题，汇编语言中的变量就是寄存器和存储器中的操作数。这些操作数只是由 0 和 1 构成的二进制串，本身并没有特别的意义。这些操作数到底是定点数还是浮点数，是有符号数还是无符号数完全取决于指令操作符。

学习汇编语言时大家首先接触的都是整型指令，使用这些指令处理寄存器和存储器中的操作数时按定点整数进行处理，如 x86 指令集中常见的 ADD、SUB、MOV 等指令；如果是浮点指令，如 FADD、FSUB、FMUL、FDIV 分别表示浮点加、减、乘、除，则指令处理的操作数是浮点数据。由于补码的符号位也可以参与运算，因此定点数的加法和减法并不区分无符号和有符号数，

x86 中采用了相同的指令。但乘法和除法在运算方法上有较大的区别，所以 x86 中无符号乘除法用 MUL、DIV 指令实现，而有符号乘除法用 IMUL、IDIV 指令实现。

同样，在 MIPS32 以及 RISC-V32 指令集中定点、浮点运算，有符号、无符号运算也是由指令操作码决定的。不同指令集中的数据运算类型如表 2.11 所示，需要注意的是 MIPS32 中虽然有符号加减法和无符号加减法分别使用了不同的指令，但实际在实现相应运算时只是溢出处理方式不同而已，有符号加减法运算溢出时会产生溢出自陷，而无符号加减法运算不会产生溢出信号。另外 MIPS32 和 RISC-V 中的浮点运算指令区分了单精度和双精度。

综上所述，汇编语言中的数据类型取决于指令操作码。存储在寄存器、存储器中的操作数本身没有数据类型，对该数进行何种数据类型的操作完全取决于指令。同一个操作数，既可以当作有符号数，也可以当作无符号数；既可以是定点数，也可以是浮点数。

表 2.11　汇编语言中不同指令集的数据运算类型

ISA	无符号运算	有符号运算	浮点运算
x86	ADD/SUB 加减		FADD/FSUB 加减
	MUL/DIV 乘除	IMUL/IDIV 乘除	FMUL/FDIV 乘除
MIPS32	ADDU/SUBU 加减	ADD/SUB 加减	ADD.S ADD.D/SUB.S SUB.D 加减
	MULTU/DIVU 乘除	MULT/DIV 乘除	MUL.S MUL.D/DIV.S DIV.D 乘除
RISC-V32	ADD/SUB 加减		FADD.S FADD.D/FSUB.S FSUB.D 加减
	MULHU/DIVU 乘除	MULH/DIV 乘除	FMUL.S FMUL.D/FDIV.S FDIV.D 乘除

2. 高级语言中的数据类型

再来看看高级语言中的数据类型，以 C 语言为例，常见的整型数据类型有 char、short、int、long 4 种，浮点数据类型有 float、double 两种。4 种整型数据的数据宽度分别为 8 位、16 位、32 位、64 位，默认为有符号整数，在整型数据之前加上“unsigned”声明就可以表示无符号数据。

有符号整数采用补码表示和存储，无符号数据多一个符号位，可用于表示数据。不同数据类型的运算会在编译器的翻译下变成不同类型的汇编指令，如有符号乘法和无符号乘法对应不同的汇编指令，整数加法和浮点加法的汇编指令也是不一样的。

（1）C 语言整型数据表示范围

为便于描述有符号和无符号整型数据，图 2.12 给出了 4 位整数表示的循环圈，其他位宽的整型数据表示原理也完全相同。图 2.12（a）所示为无符号数循环圈，从图中可以看出，真值和二进制机器码相等，当两个数相加结果大于 $2^4-1=15$ 时，结果将在循环圈顶部沿顺时针方向循环，运算结果将小于两个相加数，产生无符号溢出。同理，当两个数据相减结果小于 0 时，结果将在循环圈顶部沿逆时针方向循环，运算结果将大于被减数，也会产生无符号溢出。

图 2.12（b）所示是采用补码表示的 4 位有符号数循环圈，当真值为正数时，二进制数的机器码和十进制数的真值相同，−1 的机器码是全 1，补码公式为 $2^4-1=1111$（模为 2^4），−2 的机器码为 $2^4-2=1110$。最大正数是 $2^3-1=7$，两个正数相加如果大于这个数值，则会在循环圈底部沿顺时针方向进入负数区域，运算结果不正确，产生正上溢。最小负数是 $-2^3=-8$，两个负数相加结果如果小于最小负数，则会在循环圈底部沿逆时针方向进入正数区域，结果会变成正数，运算结果也不正确，产生负上溢。

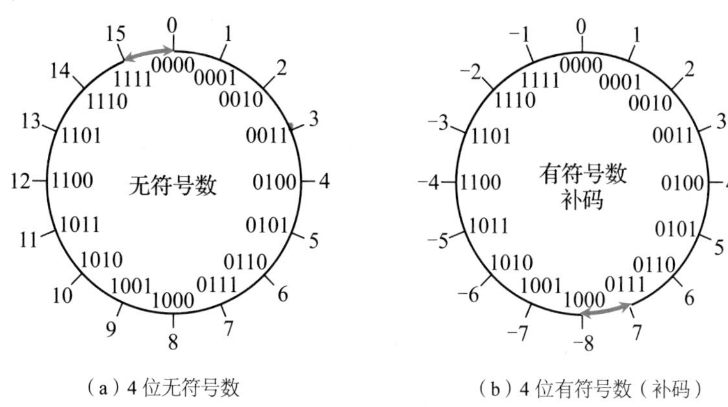

（a）4 位无符号数　　（b）4 位有符号数（补码）

图 2.12　4 位整数表示的循环圈

无论是无符号数还是有符号数，实际上 C 语言程序并不检测数据在加、减、乘等运算中产生的溢出现象。程序员应尽量避免出现这种情况，对溢出应通过程序进行判断。

8 位、16 位、32 位、64 位的整型变量的数据表示原理和溢出机制与 4 位整数表示完全一样，其对应取值范围如表 2.12 所示，程序员应该掌握这些常用数据类型的表示范围，以避免程序在运行过程中出现运算溢出导致无法预料的结果。

表 2.12　整型变量的取值范围

值		char（8 位）	short（16 位）	int（32 位）	long（64 位）
无符号最大值	机器码	0xFF	0x FFFF	0x FFFF FFFF	0x FFFF FFFF FFFF FFFF
	真值	255	65,535	4,294,967,295	18,446,744,073,709,551,615
有符号最大值	机器码	0x7F	0x 7FFF	0x 7FFF FFFF	0x 7FFF FFFF FFFF FFFF
	真值	127	32,767	2,147,483,647	9,223,372,036,854,775,807
有符号最小值	机器码	0x80	0x 8000	0x 8000 0000	0x 8000 0000 0000 0000
	真值	-128	-32,768	-2,147,483,648	-9,223,372,036,854,775,808
-1	机器码	0xFF	0x FFFF	0x FFFF FFFF	0x FFFF FFFF FFFF FFFF
0	机器码	0x00	0x 0000	0x 0000 0000	0x 0000 0000 0000 0000

（2）C 语言数据表示实例

下面我们利用一段程序来具体了解一下 C 语言中的数据表示。

```
#include "stdio.h"
union    // 该联合体中所有变量共享 4 字节存储空间，但不同变量字节数不同
{
   int i;    unsigned int ui; float f;    // i、ui、f 共享 4 字节存储空间，机器码相同，数据类型不同
   short s;   unsigned short us;           // s、us 共享双字节存储空间，机器码相同，数据类型不同
   char c;  unsigned char uc;              // c、uc 共享单字节存储空间、机器码相同，数据类型不同
} t;
void hex_out(char a)   // 输出 8 位数据的十六进制值
{
   const char HEX[]="0123456789ABCDEF";
   printf("%c%c", HEX[(a&0xF0)>>4],HEX[a&0x0F]);
}
void out_1byte(char *addr)                 // 用十六进制输出地址中的 8 位数据机器码
{
   hex_out (*(addr +0));
}
```

```
void out_2byte(char *addr)           // 用十六进制输出地址中的 16 位数据机器码
{   // 小端模式先输出高字节
  hex_out (*(addr +1));  hex_out (*(addr +0));
}
void out_4byte(char *addr)           // 用十六进制输出地址中的 32 位数据机器码
{     // 小端模式先输出高字节
 hex_out (*(addr +3));  hex_out (*(addr +2));  hex_out (*(addr +1));  hex_out (*(addr +0));
}
void main()
{
  t.i=0xC77FFFFF;                    // 直接通过机器码赋值，联合体中所有变量共享该机器码
  out_4byte(&t.i);                   // 输出 i 的机器码和真值，& 表示引用变量的内存地址
  printf(" = %d \n",t.i);            // C77FFFFF = -947912705
  out_4byte(&t.ui);                  // 输出 ui 的机器码和真值
  printf(" = %u \n",t.ui);           // C77FFFFF = 3347054591
  out_4byte(&t.f);                   // 输出 f 的机器码和真值
  printf(" = %f\n",t.f);             // C77FFFFF = -65535.996094
  out_2byte(&t.s);                   // 输出 s 的机器码和真值
  printf(" = %d \n",t.s);            // FFFF = -1   整数采用补码表示
  out_2byte(&t.us);                  // 输出 us 的机器码和真值
  printf(" = %u \n",t.us);           // FFFF = 65535
  out_1byte(&t.c);                   // 输出 c 的机器码和真值
  printf(" = %d\n",t.c);             // FF = -1
  out_1byte(&t.uc);                  // 输出 uc 的机器码和真值
  printf(" = %d\n",t.uc);            // FF = 255
}
```

以上主程序的执行结果详见注释，可以发现相同的机器码，有符号数和无符号数的真值不同，定点数和浮点数的真值也完全不同。计算机采用补码表示有符号整数，所以 16 位 short 型机器码为 FFFF 时，补码真值为 -1，无符号数真值为 65535。8 位 char 型机器码为 FF 时，补码真值为 -1，无符号数真值为 255。

（3）C 语言运算溢出实例

再来看看 C 语言中整型数据运算溢出的例程。

```
void main()
{
  short s1=32767,s2=-32768,s;                  //-32768 为 16 位最小负数，32767 为 16 位最大正数
  unsigned char uc1=128,uc2=255,uc;            //255 为 8 位无符号最大值
  s=s1+1;
  printf(" %d + 1 = %d\n",s1,s);               // 输出 32767 + 1 = -32768   正正得负，正上溢
  s=s2-3;
  printf(" %d - 3 = %d\n",s2,s);               // 输出 -32768 - 3 = 32765   负负得正，负上溢
  uc=uc1+uc2;
  printf(" %d + %d = %d\n",uc1,uc2,uc);        // 输出 128 + 255 = 127   越加越小，无符号溢出
  uc=uc1-uc2;
  printf(" %d - %d = %d\n",uc1,uc2,uc);        // 输出 128 - 255 = 129   越减越大，无符号溢出
}
```

从以上程序的输出结果看，4 次运算都发生了溢出，得到了不正确的结果，但该程序在执行过程中不会进行任何提示，所以程序员在编写程序时一定要十分注意溢出问题。

（4）C 语言整型数据类型转换

不同类型的数据可以互相进行强制类型转换，基本转换原则是尽量保持数的真值不变。

首先来看看整型数据之间的转换，不同类型整型数据的表示范围不一样，很有可能当前数据转换后并不能被精确表示，此时就只能尽量保持二者机器码相同或机器码部分相同。

① 相同字长的整型数据转换。此时只是有符号类型和无符号类型之间的相互转换，这种转换只需要保持机器码不变即可。以 8 位整型数为例，8 位无符号整型数据的表示范围是 [0，255]，而 8 位有符号整数的表示范围是 [-128，127]，如果要转换的数据在二者的交集中，也就是在 [0，127] 中，则转换后的数据与原值相同，否则就会出现比较奇怪的现象，具体如下例。

```
main()
{
  unsigned char uc1=255,uc;
  char c1=-127,c;
  c=(char) uc1;        //相同宽度数据转换，无符号转有符号，强制类型转换可以省略，机器码不变
  out_1byte(&uc1); printf(" = uc1 = %u  \n",uc1);      //输出原数据的机器码和真值 FF = uc1 = 255
  out_1byte(&c);   printf(" = c = %d  \n",c);          //输出转换后的机器码和真值 FF = c = -1

  uc=c1;               //相同宽度数据转换，有符号转无符号，机器码不变
  out_1byte(&c1);  printf(" = c1  = %d  \n",c1);       //输出原数据的机器码和真值 81 = c1 = -127
  out_1byte(&uc);  printf(" = uc = %u  \n",uc);        //输出转换后的机器码和真值 81 = uc = 129
}
```

从程序执行结果中可以看出转换前后的机器码并没有改变，但解释成的真值却发生了较大的变化，所以对于相同位宽数据的类型转换，只是数据解释方式的转换。

② 小字长转大字长。此时需要根据原数据是否是有符号数进行不同的位扩展。如果原数据是无符号类型，则进行零扩展；否则进行符号扩展，扩展数据的高位部分利用原数据符号位填充，具体如下例。

```
main ()
{
  unsigned char uc=254;
  char c=uc;
  int i;   unsigned ui;
  i=uc;                        //无符号小字长转有符号大字长，机器码零扩展
  ui=uc;                       //无符号小字长转无符号大字长，机器码零扩展
  out_1byte(&uc); printf(" = uc = %d  \n",uc);  //输出原数据的机器码和真值  FE = uc = 254
  out_4byte(&i);  printf(" = i  = %d  \n",i);   //输出转换后的机器码和真值  000000FE = i = 254
  out_4byte(&ui); printf(" = ui = %u  \n",ui);  //输出转换后的机器码和真值  000000FE = ui = 254
  i=c;                         //有符号小字长转有符号大字长，机器码符号扩展
  ui=c;                        //有符号小字长转无符号大字长，机器码符号扩展
  out_1byte(&c);  printf(" = c = %d  \n",c);    //输出原数据的机器码和真值  FE = c = -2
  out_4byte(&i);  printf(" = i = %d  \n",i);    //输出转换后的机器码和真值  FFFFFFFE = i = -2
  out_4byte(&ui); printf(" = ui = %u  \n",ui);  //输出转换后的机器码和真值 FFFFFFFE = ui = 4294967294
}
```

③ 大字长转小字长。此时大概率会损失表示范围，转换时要格外小心，通常编译器会直接将机器码截短处理。下面例子中转换前的 32 位整数 -61439 因为机器码被截短处理，符号位都发生了变化，最终变成了 4097。

```
main()
{
  int i=0xFFFF1001;
  short s;   unsigned short us;
  s=i;                  // 大字长转小字长，机器码被截短
  us=i;                 // 大字长转小字长，机器码被截短
  out_4byte(&i);  printf(" = i =  %d  \n",i);     // 输出原数据的机器码和真值 FFFF1001 = i = -61439
  out_2byte(&s);  printf(" = s = %d  \n",s);      // 输出转换后的机器码和真值 1001 = s = 4097
  out_2byte(&us); printf(" = us = %u  \n",us);    // 输出转换后的机器码和真值 1001 = us = 4097
}
```

（5）C 语言中的浮点数据类型

C 语言中的浮点数据类型主要有 float、double 两种，分别对应 IEEE754 标准中的单精度和双精度浮点数标准。部分 C 语言编译器还支持 IEEE754-2008 中新增的半精度浮点数 _Float16、4 精度浮点数 long double，还有的 C 语言编译器可以支持十进制浮点数据类型 _Decimal32、_Decimal64、_Decimal128。

int、float、double 之间也可以进行强制类型转换，这 3 种类型数据的机器码并不相同，而且它们变量的表示范围和精度不一样，所以在转换过程中编译器只能保证数值尽量相等，很多时候只是近似值，下面分几种情况进行讨论。

① **float→double**：由于 double 型数据的尾数、阶码宽度都比 float 型大，因此其表示范围更大、精度更高，转换后的 double 型数据与原 float 型数据完全相等。

② **double→float**：大数转换时可能发生溢出，高精度数转换时会发生舍入。

③ **float/double→int**：小数部分会舍入，大数转换时可能会溢出。

④ **int→float**：两种类型都是 32 位，所表示的状态数是一样的，二者在数轴上表示的数据并不完全重叠，float 型用其中一部分状态表示了更大的整数和小数；int 型中一些比较大的整数无法用 float 型精确表示。浮点数尾数连隐藏位在内一共 24 位，当 int 型有效数据超过 24 位时，就可能无法精确转换成 24 位浮点数的尾数，此时会发生精度溢出，需要进行舍入处理。

⑤ **int→double**：浮点数尾数字段为 53 位，可以精确表示所有 32 位整数。

基于以上分析，我们可以对表 2.13 所示的 C 语言表达式进行逻辑判断。

表 2.13　数据类型转换实例

C 语言表达式	恒成立	原因
i==(int)(float)i	否	int → float 会发生精度溢出
i==(int)(double)i	是	int 是 double 型的子集
f==(float)(int)f	否	小数会舍入
f==(float)(double)f	是	float 型是 double 型的子集
d==(float)d	否	double → float 会发生溢出或舍入
f==-(-f)	是	浮点数采用原码表示，单目运算的功能只是符号取反
(d+f)-d==f	否	浮点数不满足结合律，小数加大数的和可能还是大数

例 2.9　已知 $f(n)=\sum_0^n 2^i=2^{n+1}-1=11\cdots1B$，计算 f(*n*) 的 C 语言函数 f1 如下。

```
int f1( unsigned n)
{
   int sum=1, power=1;
   for(unsigned i=0; i<= n-1; i ++)
   {
```

```
        power * = 2;
        sum += power;
    }
    return sum;
}
```

将 f1 中的 int 型数据都改为 float 型数据，可得到计算 f(*n*) 的另一个函数 f2。假设 unsigned 和 int 型数据都占 32 位，float 型数据采用 IEEE754 单精度标准。请回答下列问题。

（1）当 *n*=0 时，f1 会出现死循环，为什么？若将 f1 中的变量 *i* 和 *n* 都定义为 int 型，则 f1 是否还会出现死循环？为什么？

（2）f1(23) 和 f2(23) 的返回值是否相等？机器数各是什么（用十六进制表示）？

（3）f1(24) 和 f2(24) 的返回值分别为 33 554 431 和 33 554 432.0，为什么不相等？

（4）f(31)=$2^{32}-1$，而 f1(31) 的返回值却为 −1，为什么？若要使 f1(*n*) 的返回值与 f(*n*) 相等，则最大的 *n* 是多少？

（5）f2(127) 的机器数为 7F80 0000H，对应的值是什么？若要使 f2(*n*) 的结果不溢出，则最大的 *n* 是多少？

解：

（1）由于 *i* 和 *n* 是 unsigned 型，*n*=0 时，*n*−1 的机器数为全 1，值是 $2^{32}-1$，为无符号整型最大值，for 循环判断条件“i<=n−1”永真，因此会出现死循环。如果将 *i* 和 *n* 改为 int 类型，则 *n*−1=−1，for 循环判断条件“i<=n−1”不成立，直接退出循环，此时不会出现死循环。

（2）不考虑数据表示范围，f(23)=1111 1111 1111 1111 1111 1111B，共 24 个 1，该数可以用 int 型数据表示，所以 f1(23) 的机器码是 00FF FFFFH。该数也可以转换成 float 型，尾数为 1.111 1111 1111 1111 1111 1111，去掉隐藏位正好可以用 23 位全“1”的尾数表示；其阶码 =23+127=150=**1001 0110**，符号位为 0，所以浮点数机器码如图 2.13 所示。

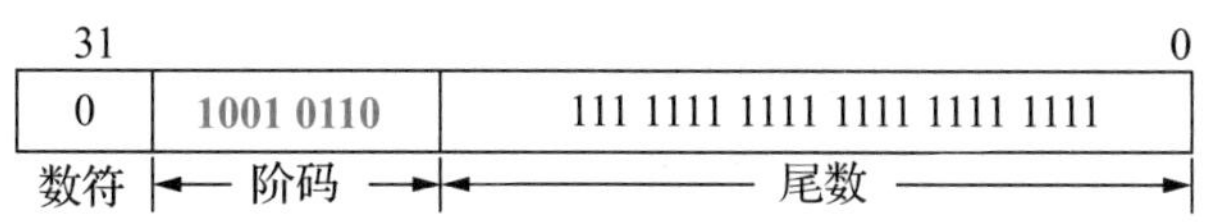

图 2.13　浮点数机器码

f2(23) 的最终机器码为 4B7F FFFFH。运算结果的真值在浮点数没有发生精度溢出时都是一样的。

（3）当 *n*=24 时，f(24)=1 1111 1111 1111 1111 1111 1111 B，共 25 个 1，而 float 型数连隐藏位在内只有 24 位有效位，舍入后数值增大，此时浮点数的最小刻度间距是 2，所以 f2(24) 比 f1(24) 大 1。

（4）f1(31) 实现时得到的机器数为 32 个 1，作为 int 型数据解释时其值为 −1，即 f1(31) 的返回值为 −1。因为 int 型最大可表示的数是 $2^{31}-1$，也就是 31 个全 1 的数，故使 f1(*n*) 的返回值与 f(*n*) 相等的最大 *n* 值是 30。

（5）f2 的返回值为 float 型，机器数 7F80 0000H 的阶码为 255，尾数为 0，在 IEEE754 标准中表示无穷大，对应的值是 +∞。当 *n*=126 时，f(126)=$2^{127}-1=1.1\cdots1\times2^{126}$，对应阶码为 127+126=253，尾数部分舍入后阶码加 1，最终阶码为 254，是 IEEE754 单精度格式表示的最大阶码。故使 f2 结果不溢出的最大 *n* 值为 126。

2.3 非数值数据的表示

非数值数据没有数值大小之分，也称字符数据，如符号和文字等。

2.3.1 字符表示

国际上广泛采用 ASCII 码（American Standard Code for Information Interchange）表示字符。它选用了常用的 128 个符号，其中包括 33 个控制字符、10 个十进制数码、52 个英文大写和小写字母、33 个专用符号。目前广泛采用键盘输入方式实现信息输入。当通过键盘输入字符时，编码电路按字符键的要求给出与字符相应的二进制数码串。计算机处理输出结果时，则把二进制数码串按同一标准转换成字符，由显示器显示或打印机打印出来。表 2.14 所示为 ASCII 字符编码表。

这 128 个字符正好使用 7 个比特位表示，由于计算机中数据存储以字节为单位，故字节最高位（Most Significant Bit，MSB）为 0。

从表 2.14 中看出：0100000(**20H**) 开始是空格等可打印字符，0～9 这 10 个数字是从 0110000(**30H**) 开始的一个连续区域，大写英文字母是从 1000001(**41H**) 开始的一个连续区域，小写英文字母是从 1100001(**61H**) 开始的一个连续区域。在数码转换时，可以利用上述连续编码的特性，从一个 ASCII 的编码求出另一个 ASCII 的编码。例如。将 5 转换成 ASCII 码时，只需将 0 的 ASCII 字符 30H 加上 5 即可。同理，计算英文字符的 ASCII 编码也只需要记住“A”和“a”的 ASCII 编码即可。

2.3.2 汉字编码

随着计算机的发展，一些非英语国家也开始使用计算机，此时 128 个字符就不够用了，例如法国就将 ASCII 编码扩展为 8 位用于表示法语，称为扩展 ASCII 编码。汉字数量众多，为此汉字编码采用了双字节编码，为与 ASCII 编码兼容并区分，汉字编码双字节的最高位 MSB 都为 1，也就是实际使用了 14 位来表示汉字。这就是 1980 年颁布的国家标准 GB2312，也称国标码。

表 2.14 ASCII 字符编码表

位数				$w_{7\sim5}$	000	001	010	011	100	101	110	111
w_4	w_3	w_2	w_1	行列	0	1	2	3	4	5	6	7
0	0	0	0	0	(NUL)	(DLE)	空格	0	@	P	`	p
0	0	0	1	1	(SOH)	(DC1)	!	1	A	Q	a	q
0	0	1	0	2	(STX)	(DC2)	″	2	B	R	b	r
0	0	1	1	3	(ETX)	(DC3)	#	3	C	S	c	s
0	1	0	0	4	(EOT)	(DC4)	$	4	D	T	d	t
0	1	0	1	5	(ENQ)	(NAK)	%	5	E	U	e	u
0	1	1	0	6	(ACK)	(SYN)	&	6	F	V	f	v
0	1	1	1	7	(BEL)	(ETB)	′	7	G	W	g	w
1	0	0	0	8	(BS)	(CAN)	(	8	H	X	h	x
1	0	0	1	9	(HT)	(EM)	)	9	I	Y	i	y
1	0	1	0	A	(LF)	(SUB)	*	:	J	Z	j	z
1	0	1	1	B	(VT)	(ESC)	+	;	K	[	k	{
1	1	0	0	C	(FF)	(FS)	,	<	L	\	l	|

续表

位数				$W_{7\sim5}$	000	001	010	011	100	101	110	111
W_4	W_3	W_2	W_1	行列	0	1	2	3	4	5	6	7
1	1	0	1	D	(CR)	(GS)	-	=	M	]	m	}
1	1	1	0	E	(SO)	(RS)	.	>	N	^	n	~
1	1	1	1	F	(SI)	(US)	/	?	O	_	o	DEL

GB2312 编码理论上能表示 2^{14}=16384 个编码，而实际上仅包含了 7445 个字符，其中 6763 个常用汉字、682 个全角非汉字字符。为了检索方便，该标准采用 94×94=8836 的二维矩阵对字符集中的所有汉字字符进行了编码，矩阵的每一行称为“区”，每一列称为“位”，区号和位号都从 1 开始编码，采用十进制表示，所有字符都在矩阵中有唯一的位置，这个位置可以用区号和位号组合表示，称为汉字的**区位码**，区位码“1818”是“膊”字，如图 2.14 所示。区位码和 GB2312 机内码之间可以互相转换：**区位码 +A0A0H=GB2312** 机内码。但区位码比 GB2312 编码更为直观简单，而且在存储汉字字形码字库时空间浪费最小，检索更方便。

区位码	1	2	3	4	5	6	7	8	9	10	11	12	13	14	15	16	17	18	19	20
16区	啊	阿	埃	挨	哎	唉	哀	皑	癌	蔼	矮	艾	碍	爱	隘	鞍	氨	安	俺	按
17区	薄	雹	保	堡	饱	宝	抱	报	暴	豹	鲍	爆	杯	碑	悲	卑	北	辈	背	贝
18区	病	并	玻	菠	播	拨	钵	波	博	勃	搏	铂	箔	伯	帛	舶	脖	膊	渤	泊
19区	场	尝	常	长	偿	肠	厂	敞	畅	唱	倡	超	抄	钞	朝	嘲	潮	巢	吵	炒
20区	础	储	矗	搐	触	处	揣	川	穿	椽	传	船	喘	串	疮	窗	幢	床	闯	创

图 2.14　汉字区位码表

GB2312 标准中包含的汉字较少，很多生僻字无法表示，很快 GB2312 标准中没有使用的一些码位也开始用于表示汉字，但后来还是不够用，为此直接不再要求低字节最高位必须是 1，扩展之后的标准称为 GBK 标准（1995）。该标准兼容了 GB2312 标准，同时新增了近 20000 个新的汉字和符号，包括繁体字。后来少数民族文字也被列入该标准中，新增了 4 字节的汉字编码，也就是 GB18030 标准（2005）。该标准兼容 GB2312 标准，基本兼容 GBK 标准，共包括 70244 个汉字，支持少数民族文字。国际上还有 UTF 编码、Unicode 两个汉字标准，目前这两个编码标准已经统一为 Unicode。该标准力图为世界上所有的语言提供统一编码标准，包括 UTF-8、UTF-16、UTF-32 等多个标准。同一汉字的不同编码会有区别，表 2.15 所示为不同汉字的不同编码，可以看出 GB 系列标准的编码在两字节编码上是兼容的，另外有些生僻字在 GB2312 标准中并没有编码。

1. 汉字处理流程

计算机要对汉字信息进行处理，首先要解决汉字输入的问题，这是由汉字输入码完成的；汉字输入计算机后，会被转换成汉字机内码，**汉字机内码**是计算机内部存储、处理加工和传输汉字时所用的统一编码。前面介绍的 GB 系列标准、Unicode 标准都属于汉字机内码。相对于汉字机内码，汉字输入码称为**外码**。如果需要显示和打印汉字，还可能要将汉字的机内码转换成字形码。

表 2.15　不同的汉字编码标准

	GB2312	GBK	GB18030	Unicode	BIG5
啊	B0A1	B0A1	B0A1	554A	B0DA
甴	无	AE68	AE68	7534	无
囧	无	87E5	87E5	56E7	CCAA8
龘	无	FD93	FD93	9F98	F9DD5

2. 汉字输入码

汉字输入码就是使用英文键盘输入汉字时的编码。到目前为止，国内外提出的汉字输入编码达上百种，可归为以下 4 类。

- **流水码**：用数字组成的等长编码，如国标码、区位码。
- **音码**：根据汉字读音组成的编码，如拼音码，常见的有全拼、简拼、双拼等。
- **形码**：根据汉字的形状、结构特征组成的编码，如五笔字型码。
- **音形码**：将汉字的读音与其结构特征综合而成的编码，如自然码、钱码等。

拼音码易学易用，无须学习复杂的规则，是目前应用最广泛的输入法，其中双拼输入法的输入速度已经可以和以速度著称的五笔字型码媲美，如小鹤双拼。

3. 汉字字形码

字形码是汉字的输出码，也称**字型码**。最初计算机输出汉字时都采用图形点阵的方式，所谓点阵就是将字符（包括汉字图形）看成一个矩形框内一些横竖排列的点的集合，有笔画的位置用黑点表示，无笔画的位置用白点表示。在计算机中可用一组二进制数表示点阵，用 0 表示白点，用 1 表示黑点。常见汉字字形点阵有 16×16、24×24、32×32、48×48，点阵越大，汉字显示和输出质量越高。一个 32×32 点阵的汉字字形码需要使用 1024 位 =128 个字节表示，这 128 个字节中的信息是汉字的数字化信息，即汉字字模，相比机内码，其占用较大的存储空间。图 2.15 所示为 32×32 点阵的“华”字的字模。

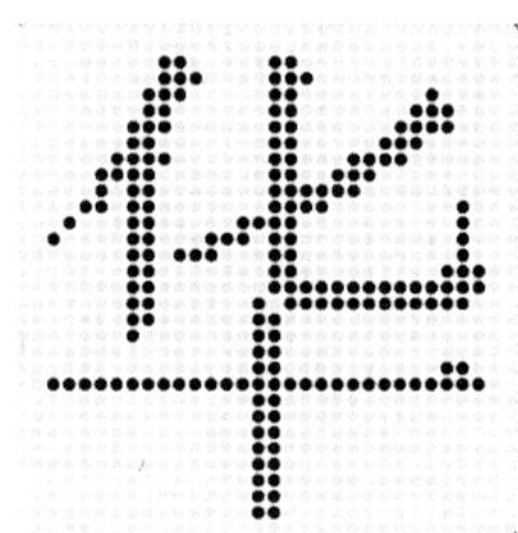

图 2.15　汉字“华”的 32×32 点阵信息

每一个汉字都有相应的字形码，甚至不同字体汉字的字形码也不同。汉字字形码按区位码的顺序排列，以二进制文件形式存放在存储器中，构成汉字字模字库，简称**汉字库**。最早的计算机中还有专门存放汉字库的扩展卡，称为汉卡；针式打印机中也有专门存放汉字字形码的字库。早期计算机中显示、打印汉字均采用字形码，图形界面普及后光栅矢量字体逐渐替代了字形码，不同字体、不同字形汉字的输出依靠数学公式绘制，但字形码输出在一些 LED 广告屏、针式打印机产品中仍然比较常见。

2.4　数据信息的校验

校验码概述

受元器件质量、电路故障、噪声干扰等因素的影响，计算机在对数据进行处理、传输和存储过程中难免出现错误。如何发现并纠正上述过程中的数据错误，是计算机系统设计者必须面临的考验。为此人们提出了校验码解决方案。

校验码是具有发现错误或纠正错误能力的数据编码。校验码是用于提升数据在时间（存储）和空间两个维度上的传输可靠性的机制，其主要原理是在被校验数据（原始数据）中引入部分冗余信息（校验数据），使得最终的校验码（原始数据 + 校验数据）符合某种编码规则；当校验码中某些位发生错误时，会破坏预定规则，从而使得错误可以被检测，甚至可以被纠正，如图 2.16 所示。校验码在生活中有很多的应用，如身份证号、银行卡号、商品条形码、ISBN 号等。

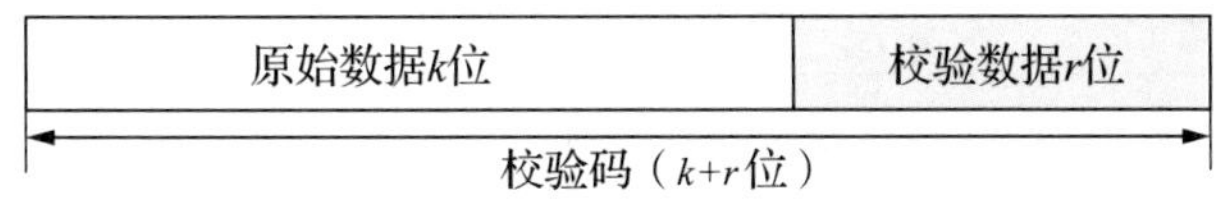

图 2.16　校验码构成

在实际使用过程中，数据校验的主要流程是由发送方对原始数据按照预定编码规则进行编码，生成包含冗余信息的校验码，校验码经过不可靠的传输或存储后，由接收方利用解码模块解析并判断校验码是否符合预定的编码规则，如不符合编码规则表明编码在传输或存储的过程中发生了错误，需要纠错或者重传，如图 2.17 所示。

图 2.17　数据校验流程

2.4.1　码距与校验

在信息编码中，两个编码对应二进制位不同的个数称为码距，又称海明距离。如 10101 和 00110 从第一位开始依次有第 1 位、第 4 位、第 5 位等 3 位不同，则码距为 3。一个有效编码集中，任意两个码字的最小码距称为该编码集的码距。校验码的目的就是扩大码距，从而通过编码规则来识别错误代码。码距越大，抗干扰能力、纠错能力越强，数据冗余越大，编码效率越低，选择码距时应考虑信息出错概率、系统容错率以及硬件开销等因素。

例 2.10　现有两种编码体系，分别分析它们各自的码距。

（1）设用 4 位二进制数表示 16 种状态，从 0000 ～ 1111。

（2）4 位二进制数可表示 0000、0011、0101、0110、1001、1010、1100、1111 共 8 种状态。

解：

（1）根据码距定义，4 位二进制数表示 16 种状态时的最小码距为 1，任何一个合法编码发生一位错误时，就会变成另外一个合法编码，所以这种编码不具备检测错误的能力。

（2）第二种编码方式的最小码距为 2。8 个编码中的任何一个编码中发生一位错误时，如 0000 变成 1000，就会从合法编码变成无效编码，所以这种编码可以识别一位错误。但发生两位错误时合法编码可能变成另外一个合法编码，如 0000 变成 0011，所以它对两位错误无法检测。

码距是编码体系中的重要概念，从上例不难看出，增大码距能把一个不具备检错能力的编码变成具有检错能力的编码。校验码就是利用这一原理，在正常编码的基础上，通过增加冗余校验信息来到达增大码距的目的，使其具有检错功能，甚至具有纠错的能力。

根据信息论原理，码距 d 与校验码的检错和纠错能力的关系如表 2.16 所示。

表 2.16　码距与检错、纠错能力

	码距	检错、纠错能力
1	$d \geqslant e+1$	可检测 e 个错误
2	$d \geqslant 2t+1$	可纠正 t 个错误
3	$d \geqslant e+t+1$ && $e > t$	可检测 e 个错误并纠正 t 个错误

根据上述关系可得到不同码距的校验码对应的检错与纠错能力，如表 2.17 所示。

表 2.17　不同码距的检错、纠错能力

码距	检错（e）	纠错（t）	检错（e）且纠错（t）
1	0	0	0，0
2	1	0	1，0
3	2	1	1，1
4	3	1	2，1
5	4	2	2，1
6	5	2	3，2
7	6	3	3，3

从表 2.17 所示可知，要提高校验码的检错和纠错能力，就必须增大码距，而增大码距又必须增加更多的校验位，这会带来时间和成本上的开销。因此，在使用数据校验码时，应综合考虑校验码的开销与纠错、检错能力之间的关系，并根据应用环境的错误特征和应用对可靠性的要求，选择性价比高的校验码。下面将主要讨论奇偶校验、海明校验和循环冗余校验等 3 种校验码。

2.4.2 奇偶校验

奇偶校验是一种常见的简单校验码，通过检测二进制代码中 1 的个数的奇偶性（分别对应奇校验和偶校验）进行数据校验。

1. 简单奇偶校验

奇偶校验的编码规则是增加一位校验位 P，使得最终的校验码中数字 1 的个数为奇数或偶数，其最小码距为 2。奇校验的编码规则是让整个校验码（包含原始数据和校验位）中 1 的个数为奇数，而偶校验则是偶数。表 2.18 所示为奇、偶校验编码的具体例子，可以通过原始数据的奇偶性很快得到校验编码，从表中可以看出全 0 编码始终是合法的偶校验编码。

表 2.18　奇、偶校验举例

原始数据（7 位）	奇校验码（8 位）	偶校验码（8 位）
000 0000	0000 0001	0000 0000
111 1111	1111 1110	1111 1111
101 1001	1011 0011	1011 0010

以上只是从编码规则的角度手动计算奇偶校验位，我们更关心的是如何使用逻辑电路自动产生奇、偶校验位，设被校验信息 $D=D_1D_2\cdots D_n$，校验位为 P，根据定义，很容易得出奇偶校验编码电路的逻辑表达式如下。

$$\text{偶校验位 } P = D_1 \oplus D_2 \oplus D_3 \cdots \oplus D_n \tag{2-19}$$

$$\text{奇校验位 } P = \overline{D_1 \oplus D_2 \oplus D_3 \cdots \oplus D_n} \tag{2-20}$$

显然电路中用异或门计算了编码中 1 值个数的奇偶性，最终生成的校验码为 $D_1D_2...D_nP$，接收方收到发送方传输的校验码 $D_1'D_2'\cdots D_n'P'$ 后，利用如下公式生成检错位 G。

$$\text{偶校验检错位：} G = D'_1 \oplus D'_2 \oplus D'_3 \cdots \oplus D'_n \oplus P' \tag{2-21}$$

$$\text{奇校验检错位：} G = \overline{D'_1 \oplus D'_2 \oplus D'_3 \cdots \oplus D'_n \oplus P'} \tag{2-22}$$

这里检错位也是采用异或门计算了校验码中 1 的个数的奇偶性，若 G=1，表示编码不符合奇偶性，则表示接收的信息一定有错，数据应丢弃。若 G=0，则表示传送没有出错，严格地说是没有出现奇数位错。奇偶校验能够检测出任意奇数位的错误，但无法检测偶数位的错误。表 2.19

所示为偶校验具体检错的例子。

表 2.19 偶校验检错举例

偶校验码（8 位）	错误模式	出错数据	检错位 G	说明
0000 0000	1 位错	0010 0000	1	有错
0000 0000	3 位错	0010 0101	1	有错
0000 0000	5 位错	1111 1000	1	有错
0000 0000	7 位错	1111 1110	1	有错
0000 0000	2 位错	0101 0000	0	无奇数位错
1010 1010	4 位错	0101 1010	0	无奇数位错
1111 1111	6 位错	1001 0000	0	无奇数位错

2. 交叉奇偶校验

简单奇偶校验只有一个校验组、一个校验位，故只能提供一位检错信息进行错误检查，无法纠错。如果将原始数据信息按某种规律分成若干个校验组，每个数据位至少位于两个以上的校验组，当校验码中的某一位发生错误时，能在多个检错位中被指出，使得偶数位错误也可以被检查出，甚至还可以指出最大可能是哪位出错，从而将其纠正，这就是**多重奇偶校验**的原理。

多重奇偶校验最典型的例子是交叉奇偶校验，其基本原理是将待编码的原始数据信息构造成行列矩阵式结构，同时进行行和列两个方向的奇偶校验。表 2.20 所示是一个 4 行 7 列的传输数据组，R_3 ~ R_0 每行产生一个偶校验位 P_r，C_6 ~ C_0 每列产生一个偶校验位 P_c，所有行校验数据 P_r 和列校验数据 P_c 还有一个公共的校验位，这里将生成 G_{r3}、G_{r2}、G_{r1}、G_{r0}、G_{pc} 共 5 个行检错位，从而构成行检错码，G_{C6}、G_{C5}、G_{C4}、G_{C3}、G_{C2}、G_{C1}、G_{C0}、G_{pr} 共 8 个列检错位构成列检错码。

表 2.20 交叉偶校验

	C_6	C_5	C_4	C_3	C_2	C_1	C_0	P_r
R_3	1	0	1	0	1	1	0	0
R_2	1	1	1	0	1	1	0	1
R_1	0	0	1	0	0	0	1	0
R_0	1	1	0	0	1	0	0	1
P_c	1	0	1	0	1	0	1	0

当 R_1 的 C_3 出错时，行、列两个检错码都会报错，如果能假定是一位错，则可以直接通过行、列检错码的值定位出错位。当 R_1 的 C_3 和 C_4 同时出错时，R_1 的行校验组的检错码不会发生变化，因此检测不到这种错误；但此时 C_3、C_4 的列检错码会发生变化，可以检测双位错。交叉校验编码可以检测出所有奇数位错、所有双位错和所有 3 位错，可以检测出大多数 4 位错（4 个出错位正好位于矩形 4 个顶点除外）。

综上所述，交叉奇偶校验能检测出所有 3 位或 3 位以下的错误、奇数位错误、大部分偶数位错误，能纠正一位错误和部分多位错误，大大降低了误码率，适用于中、低速传输系统和反馈重传系统，被广泛用于通信和某些计算机外部设备中。

海明码设计

2.4.3 海明校验

简单奇偶校验将整个被校验的信息分成一组，且只设置一位校验位，因此检错能力弱，无纠错能力。1950 年，理查德 • 海明（*Richard Hamming*）

提出了海明校验，海明校验本质上是一种多重奇偶校验，它是一种既能检错也能纠错的校验码（Error-Correcting Codes，ECC）。其编码规则如下。

（1）原始数据信息被分成若干个偶校验组，每组设置一位偶校验位，每个数据位都会位于两个以上的校验组以提高检错率，所有校验组的检错位的值构成**检错码**。

（2）检错码值为 0 表示大概率无错误，不为 0 时检错码的值表示出错位的位置。

有多种类型的海明校验，本书只介绍能纠正一位错误的海明码，这种编码又称为 SEC（Single-bit Error Correction）码，其最小码距为 3。

1. 校验位的位数

设海明校验码 $H_n \cdots H_2 H_1$ 共 n 位，包含原始信息 $D_k \cdots D_2 D_1$ 共 k 位，称为（n，k）码，校验位分别是 $P_r \cdots P_2 P_1$，包含 r 个偶校验组，$n = k + r$。每个原始数据位至少位于两个以上的校验组。r 个校验组的 r 位检错信息构成一个检错码 $G_r \cdots G_2 G_1$，假定 0 值表示无错，其他值表示海明码一位错的出错位置，则检错码可指出 2^r-1 种一位错。为了能指出 n 位海明编码中的所有一位错，n、k、r 间应满足如下关系：

$$n = k + r \leqslant 2^r - 1 \tag{2-23}$$

如果 $r=3$，根据式（2-23）可推导出 $k \leqslant 4$，即 4 位数据信息应包含 3 位校验位才能构成海明码。同理可以推算出 k 与 r 的不同组合关系，如表 2.21 所示。由表可知，数据位为 8 位时，校验位为 4 位，数据位每增加一倍，校验位只增加一位，k 值越大，编码效率越高。这种特性使得海明码在内存和磁盘存储中的应用非常广泛，也就是常见的 ECC 纠错码。

表 2.21　k 与 r 的不同组合关系

k	1	2 ～ 4	5 ～ 11	12 ～ 26	27 ～ 57	58 ～ 120	…
r	2	3	4	5	6	7	…
编码效率	33%	40% ～ 57%	56% ～ 73%	71% ～ 84%	82% ～ 90%	89% ～ 95%	…

2. 编码分组规则

设原始数据为 $D_k \cdots D_2 D_1$，则校验位 $P_r \cdots P_2 P_1$ 如何映射到海明码 $H_n \cdots H_2 H_1$ 的各位中，才能满足海明码利用检错码的值给出一位错位置的要求呢？

以表 2.22 所示为例，海明码 $H_n \cdots H_2 H_1$ 的各位均有对应的位置编号，见表中第二行，注意编号不能从 0 开始，这是因为检错码为 0 时表示海明码无错。假定只有一位错发生，如果是 H_1 出错，则检错码 $G_r \cdots G_2 G_1$=0001；由于检错码中只有 G_1=1，表明 G_1 组有一位出错，如果出错位是数据位应该引起多个校验组的检错位出错，因此这里不可能是数据位出错，而应该是 G1 组的校验位出错，H_1 位置应该放置 G1 组的校验位 P_1，故将 P_1 填写在 H_1 列的映射中；同时在 H_1 列的 G1 校验组行中标记“√”，表示 H_1 参与了校验组 G1 的校验。

表 2.22　海明编码分组规则

海明码	H_1	H_2	H_3	H_4	H_5	H_6	H_7	H_8	H_9	H_{10}	H_{11}	H_{12}	H_{13}	H_{14}	H_{15}	…
检错码 / 位置	0001	0010	0011	0100	0101	0110	0111	1000	1001	1010	1011	1100	1101	1110	1111	…
映射关系	P_1	P_2	D_1	P_3	D_2	D_3	D_4	P_4	D_5	D_6	D_7					…
G1 校验组	√		√		√		√		√		√					…
G2 校验组		√	√			√	√			√	√					…
G3 校验组				√	√	√	√									…
G4 校验组								√	√	√	√					…
G5 校验组																…

同理，H_2、H_4、H_8、...... 等幂次方位上应该分别存放 P_2、P_3、P_4、......，也就是所有校验位都应该存放在幂次方位上，在对应编码所在的校验组行中标记上"√"。校验位位置映射完成后，剩余的非幂次方位则用来存放数据信息位，可以将 D_1、D_2、D_3、…、D_k 等数据位依次填入（顺顺可自定义），从而完成编码映射。

数据位如何参与分组呢？以 H_3 中的 D_1（H_3/D_1）为例，假设 H_3 出错，检错码 $G_r \cdots G_2G_1$ 应等于位置码 0011，则表明 G1、G2 校验组出错，H_3/D_1 应参与 G1、G2 两个校验组的校验，在 H_3 列的 G1、G2 校验组行中分别标记上"√"，表示 H_3 参与了 G1、G2 两个校验组的校验。

以此类推，可以根据海明码各位的位置值将所有数据位参与校验组的信息在表中逐一明晰，最终生成任意长度海明码的分组规则。表 2.22 中 H_{12} ～ H_{16} 分组信息尚未完成，读者可以自行补齐相关信息。

实际设计海明码时，可以根据数据位的长度直接截短或扩展该表格，根据表格得到海明码分组信息后，校验位以及检错码的值可以利用偶校验公式直接得到。

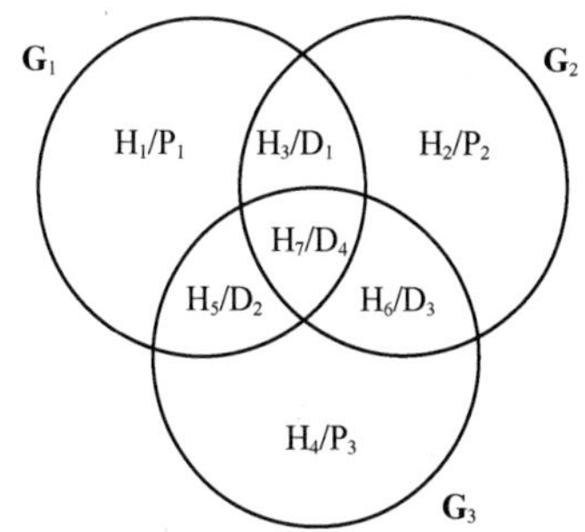

图 2.18　（7，4）海明码分组示意图

假设 k=4，根据规则 r=3，对应编码为（7，4）码，最小码距为 3。根据表格中各校验组的信息可知海明码校验组分组为：G1(P_1，D_1，D_2，D_4)、G2(P_2，D_1，D_3，D_4)、G3(P_3，D_2，D_3，D_4)，具体如图 2.18 所示。从图中可知 D_1、D_2、D_3 都参加了两个校验组的校验，而 D_4 则参加了 3 个校验组的校验。

根据校验分组规则以及偶校验编码定义，可得各校验位和检错位的逻辑表达式（注：加撇的信息位为接收端数据）：

$$P_1 = D_1 \oplus D_2 \oplus D_4 \qquad G_1 = P'_1 \oplus D'_1 \oplus D'_2 \oplus D'_4$$
$$P_2 = D_1 \oplus D_3 \oplus D_4 \qquad G_2 = P'_2 \oplus D'_1 \oplus D'_3 \oplus D'_4$$
$$P_3 = D_2 \oplus D_3 \oplus D_4 \qquad G_3 = P'_3 \oplus D'_2 \oplus D'_3 \oplus D'_4$$

3. 检错与纠错

当检错码 $G_r \cdots G_2G_1$=0 时表示海明码大概率正确，之所以不是 100% 正确的原因是当出错位数大于等于最小码距时，检错码也可以为 0，图 2.18 所示的 D_1、D_2、D_3 同时发生错误时，3 个校验组同时发生了偶数位错，检错码值为 0，无法检错。

当检错码 $G_r \cdots G_2G_1 \neq 0$ 时表示海明码发生错误，在假设一位错的前提下，可以利用检错码的值找到编码中的出错位置并取反纠正错误。具体实现时可以将检错码的值利用译码器生成为多路出错信号，未出错的位线输出为 0，出错位的线输出为 1，与海明码进行异或后就可以得到正确的编码。

以上编码只有在假定一位错时才能进行纠错，当出现两位错时，假设图 2.18 所示的 H_3、H_5 同时发生错误，由于 H_3 参与了 G1、G2 组的检验，H_5 参与了 G1、G3 组的检验，G1 组发生了两位错，检错位为 0，而 G2、G3 组均发生了一位错，故对应的检错码应该是 110，和 H_6 出错的检错码重叠，此时无法区分是一位错还是两位错。造成这种问题的根本原因是码距有限，检错码的状态数不足以区分两种错误模式，因此海明码的纠错是有假设前提的。

4. 扩展海明码

为解决传统海明码无法区分一位错和两位错的问题，人们又发明了 SECDED（Single-bit Error Correction Double-bit Errors Detection）码，也称为扩展海明码。扩展海明码的最小码距为 4，这种编码可以同时检测两位错，并能纠正一位错，也就是该编码能区分一位错和两位错。具体实现方法是为海明码再增加一个总偶校验位 P_{all}，用于区分一位错和两位错，总偶校验位 P_{all} 和总偶校验检错码 G_{all} 的公式如下：

$$P_{all}=(D_1\oplus D_2\cdots\oplus D_k)\oplus(P_1\oplus P_2\cdots\oplus P_r) \tag{2-24}$$

$$G_{all}=P'_{all}\oplus(D'_1\oplus D'_2\cdots\oplus D'_k)\oplus(P'_1\oplus P'_2\cdots\oplus P'_r) \tag{2-25}$$

假设无 3 位以上错，如果总偶校验检错码值 G_{all} 为 1，表示出现奇数位错，此时就是一位错，此时如果海明检错码 G=0，则表示总校验位 P_{all} 发生错误，数据部分正确。如 G≠0，则表示数据位发生一位错，可以根据检错码的值进行纠错；如 G_{all} 值为 0，且海明检错码 G=0，则表示无错误发生；如 G≠0，则表示发生两位错，具体如图 2.19 所示。当然这种方法也仅仅适用于信道相对可靠、无 3 位以上错发生的情况。

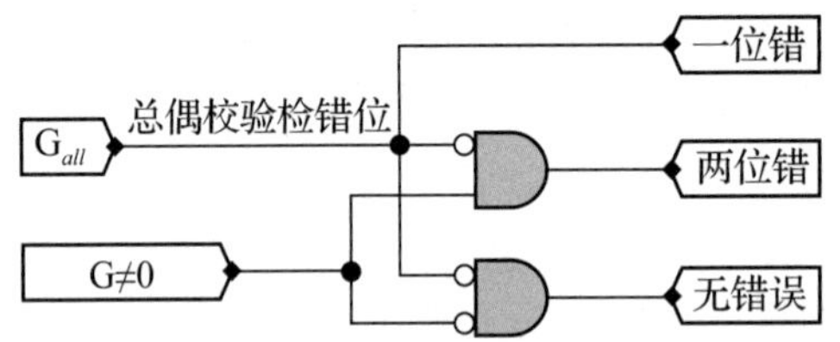

图 2.19　SECDED 码检错附加电路

由于计算机内存中实际发生 3 位错的概率非常低，因此服务器中常用的 ECC 校验内存就采用了 SECDED 码，它可以检测内存条的两位错并纠正一位错。数据宽度为 64 位的内存会引入 7 位的海明校验位以及一位总校验位，所以标称 16GB 的 ECC 实际内存容量应该为 18GB。

例 2.11　设 7 位 ASCII 信息 $D_7\cdots D_2D_1$=1101010，给出能纠一位错的海明码方案；在假设没有 3 位错的前提下，尝试分析该编码能否区分一位错和两位错。

解：

k=7，则 r=3。根据表 2.22 所示可以得到对应海明码的分组方案如下：

G1(P_1，D_1，D_2，D_4，D_5，D_7)　　G2(P_2，D_1，D_3，D_4，D_6，D_7)

G3(P_3，D_2，D_3，D_4)　　G4(P_4，D_5，D_6，D_7)

根据校验分组规则以及偶校验编码定义，可得各校验位的逻辑表达式和实际值：

$P_1=D_1\oplus D_2\oplus D_4\oplus D_5\oplus D_7=0\oplus1\oplus1\oplus0\oplus1=1$　　1101010

$P_2=D_1\oplus D_3\oplus D_4\oplus D_6\oplus D_7=0\oplus0\oplus1\oplus1\oplus1=1$　　1101010

$P_3=D_2\oplus D_3\oplus D_4=1\oplus0\oplus1=0$　　1101010

$P_4=D_5\oplus D_6\oplus D_7=0\oplus1\oplus1=0$　　1101010

最终得到海明码 $H_{11}\cdots H_2H_1=D_7D_6D_5P_4D_4D_3D_2P_3D_1P_2P_1$=11001010011，如表 2.23 所示。

表 2.23　（11，4）海明码

H_{11}	H_{10}	H_9	H_8	H_7	H_6	H_5	H_4	H_3	H_2	H_1
D_7	D_6	D_5	P_4	D_4	D_3	D_2	P_3	D_1	P_2	P_1
1	1	0	0	1	0	1	0	0	1	1

如果 D_6、D_7 同时出错，根据分组情况，G4 组发生偶数位错、G3 组无错误、G2 组发生偶数位错、G1 组发生一位错，所以最终的检错码 $G_4G_3G_2G_1$=0001。这个编码和 G1 组中的校验位 P_1 出错时的检错码一致，因此该编码也不能区分一位错和两位错，可以通过引入总偶校验位的方式来解决这个问题。

2.4.4　循环冗余校验

CRC码设计

循环冗余校验（Cyclic Redundancy Check，CRC）是一种基于模 2 运算建立编码规则的校验码，在磁存储和计算机通信方面应用广泛。

1. 模 2 运算

（1）模 2 加、减法运算

模 2 加、减运算就是没有进位和借位的二进制加法和减法运算。

$$0\pm 0=0,\quad 0\pm 1=1,\quad 1\pm 0=1,\quad 1\pm 1=0$$

相同的两个二进制数的模 2 加法与模 2 减法的结果相同，采用异或门即可实现。

（2）模 2 乘法运算

模 2 乘法运算即根据模 2 加法运算求部分积之和，运算过程中不考虑进位。

例 2.12　按模 2 乘法运算法则求 1101 与 101 之积。

运算	说明
1 1 0 1	被乘数
× 1 0 1	乘数
1 1 0 1	部分积 1
0 0 0 0	部分积 2
1 1 0 1	部分积 3
1 1 1 0 0 1	部分积之和

（3）模 2 除法运算

模 2 除法运算即根据模 2 减法求部分余数。上商原则是：

① 部分余数首位为 1 时，商上 1，按模 2 运算减除数；

② 部分余数首位为 0 时，商上 0，减 0；

③ 部分余数位数小于除数的位数时，该余数为最后余数。

例 2.13　被除数为 10010，除数为 101，按模 2 除法规则完成除法运算。

运算	说明
1 0 1	商
1 0 1) **1** 0 0 1 0	首位为 1
1 0 1	模 2 减，商 1
0 1 1	首位为 0
0 0 0	减 0，商 0
1 1 0	首位为 1
1 0 1	模 2 减，商 1
1 1	最后余数

2. 编码规则

设 CRC 码长度共 n 位，其中原始数据信息为 $C_{k-1}C_{k-2}\cdots C_1C_0$ 共 k 位，校验位 $P_{r-1}P_{r-2}\cdots P_0$ 共 r 位，称为（n，k）码，则 CRC 码为 $C_{k-1}C_{k-2}\cdots C_1C_0P_{r-1}P_{r-2}\cdots P_0$。和海明码一样，CRC 码也需要满足如下关系式：

$$n=k+r\leqslant 2^r-1 \tag{2-26}$$

（1）对于一个给定的（n，k）码，假设待发送的 k 位二进制数据用信息多项式 $M(x)$ 表示，有：

$$M(x)=C_{k-1}x^{k-1}+C_{k-2}x^{k-2}+\cdots+C_1x+C_0 \tag{2-27}$$

（2）将 $M(x)$ 左移 r 位，可表示成 $M(x)\cdot 2^r$，右侧空出的 r 位用来放置校验位。

（3）选择一个 $r+1$ 位的生成多项式 $G(x)$，其最高次幂等于 r，最低次幂等于 0。

（4）用 $M(x)\cdot 2^r$ 按模 2 的运算规则除以生成多项式 $G(x)$ 所得的余数 $R(x)$ 作为校验码。设商为 $Q(x)$，将余数 $R(x)$ 放置到 $M(x)\cdot 2^r$ 右侧空出的 r 位上，就形成了 CRC 校验码，其多项式为：

$$M(x)\cdot 2^r + R(x) = [Q(x)G(x) + R(x)] + R(x) = Q(x)G(x) + [R(x) + R(x)] \tag{2-28}$$

按模 2 的运算规则 $R(x) + R(x) = 0$，所以：

$$M(x)\cdot 2^r + R(x) = Q(x)G(x) \tag{2-29}$$

上式表明，CRC 码一定能被生成多项式 $G(x)$ 整除，这就是 CRC 的编码规则。

例 2.14　求有效信息 110 的 CRC 码，生成多项式 $G(x) = 11101$。

解：$M(x) = x^2 + x = 110$　$G(x) = x^4 + x^3 + x^2 + 1 = 11101$

$M(x)\cdot 2^4 = x^6 + x^5 = 110\underline{0000}$（空出 4 个 0 用于存放校验码）

按模 2 除法：

```
                 1 0 1
           _____________
 1 1 1 0 1 ) 1 1 0 0 0 0 0
             1 1 1 0 1
             ---------
               0 1 0 1 0
               0 0 0 0 0
               ---------
                 1 0 1 0 0
                 1 1 1 0 1
                 ---------
                   1 0 0 1
```

商 $Q(x) = 101$，余数 $R(x) = 1001$

最后得到的 CRC 码为：$M(x)\cdot 2^4 + R(x) = 110\ \underline{1001}$

3. CRC 编、解码电路 *

模 2 除法逻辑既可以用硬件实现，也可以用软件实现。图 2.20 所示为一种 CRC 串行编、解码电路的实现原理图。该电路的核心功能就是求 CRC 码的余数。待编码的 n 位数据从右侧 D_{in} 端串行输入，经过 n-1 个时钟周期后可以计算出最终的余数 $R_3R_2R_1R_0$。

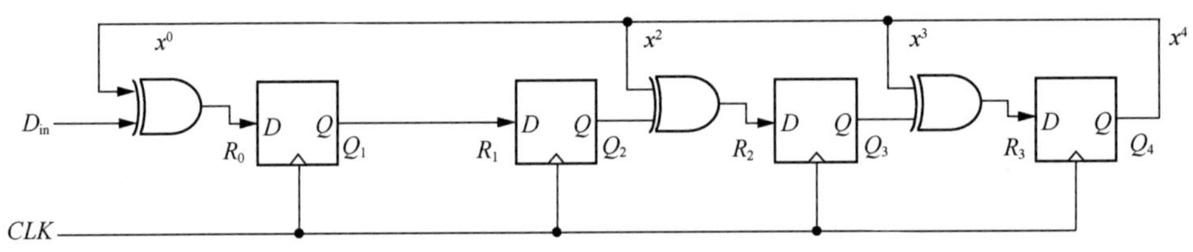

图 2.20　CRC 串行编、解码电路（$G(x)$=11101）

电路中 D 触发器的初始状态均为 0，所有异或门与 Q_4 进行异或，最开始 Q_4=0，所有异或门异或 0 相当于数据直通，整体电路变成一个同步右移电路。模 2 运算中首位为 0，不够减，直接左移一位；当串行输入中第一个为 1 的数字传输到 Q_4 时，此时所有异或门异或上 1，这个操作就是模 2 除法中首位为 1，商上 1，够除，被除数与除数进行模 2 的减法——异或操作。这里有异或门的位置相当于生成多项式对应位为 1 的位置，无异或门的位置相当于生成多项式对应位置为 0 的位置。注意图中 x 幂次方的标记，首位运算结果一定是 0，不存在异或门，所以图中的生成多项式为 11101。

不同生成多项式的 CRC 编解码电路的区别只是 D 触发器数目的多少、异或门数目以及位置的不同而已，读者可以尝试设计其他生成多项式的串行编、解码电路。串行 CRC 编、解码电路结构简单，但时间复杂度较高，需要 $n-1$ 个时钟周期才能完成 n 位数据的 CRC 编、解码运算。在高速通信领域应用中，串行编码结构无法胜任，现在普遍采用快速的并行 CRC 编、解码电路。

4. CRC 编、解码流程

图 2.21 所示的发送方将原始数据信息 $a_k \cdots a_2 a_1$ 左移 r 位后送入 CRC 编码电路中，根据模 2 运算除以 $r+1$ 位的生成多项式 $g_r \cdots g_1 g_0$，将 r 位余数 $b_r \cdots b_1$ 与原始数据 $a_k \cdots a_2 a_1$ 拼接成 CRC 校验码，再经过不可靠链路传输到接收方；接收方将接收到的可能出错的 CRC 码 $c_k \cdots c_2 c_1 d_r \cdots d_1$ 传送至 CRC 解码电路中，同样根据模 2 运算除以 $r+1$ 位的生成多项式 $g_r \cdots g_1 g_0$，将 r 位余数 $S_r \cdots S_1$ 送入决策逻辑，决策逻辑根据余数值判断是否有错。若余数为 0，表明传输无错误接收该数据（注意：也有一定概率误判）；若余数不为 0，表示数据出错，再由决策逻辑根据余数的值决定是否纠错或者直接丢弃该数据，或者要求发送方重传。

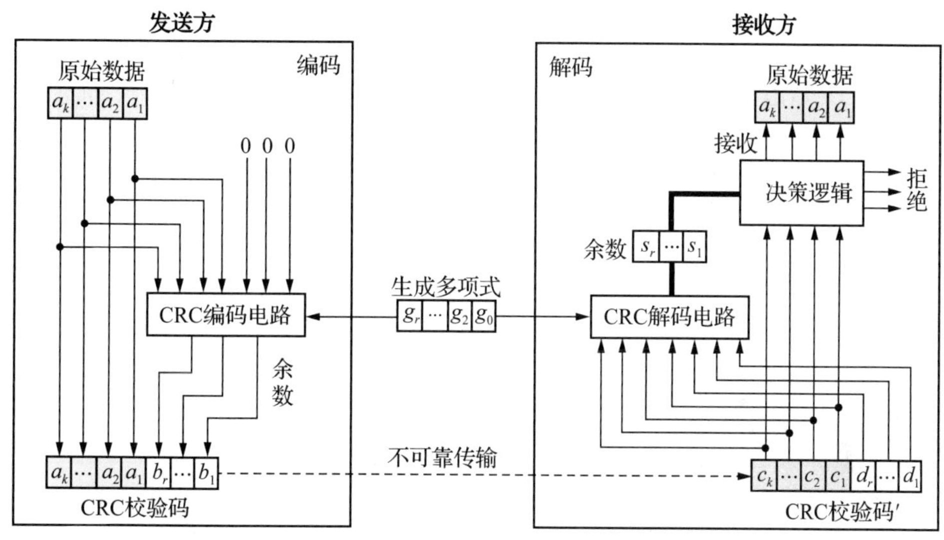

图 2.21　CRC 码传输

5. CRC 编码特性

CRC 编码的非 0 余数具有循环特性。即将余数左移一位除以生成多项式，将得到下一个余数，继续重复在新余数基础上左移一位除以生成多项式，余数最后能循环为最开始的余数。以 (7，3) 码为例，生成多项式为 11101，数据位为 3 位，校验位为 4 位，7 位编码中不同位出错时余数如表 2.24 所示，表中第一行数据为 $x_7x_6 \cdots x_2x_1$=0000000，前 3 位为数据，后 4 位为校验码，该编码余数为 0，为无错误编码。第二行编码相对第一行数据 x_1 位出错，余数为 0001；左移一位继续除 11101，余数将为 0010，这是 x_2 位出错的余数；将 0010 左移一位继续除 11101，余数为 0100，这是 x_3 位出错的余数；持续左移做除法，计算到第 8 行的余数时，余数将回滚为 0001，这就是循环冗余校验码名称的来由。

表 2.24　（7，3）码的出错模式（$G(x)$=11101）

#	x_7	x_6	x_5	x_4	x_3	x_2	x_1	余数				余数值	出错位
1	0	0	0	0	0	0	0	0	0	0	0	0	无
2	0	0	0	0	0	0	**1**	0	0	0	1	1	1

续表

#	x_7	x_6	x_5	x_4	x_3	x_2	x_1	余数				余数值	出错位
3	0	0	0	0	0	**1**	0	0	0	1	0	2	2
4	0	0	0	0	**1**	0	0	0	1	0	0	4	3
5	0	0	0	**1**	0	0	0	1	0	0	0	8	4
6	0	0	**1**	0	0	0	0	1	1	0	1	13	5
7	0	**1**	0	0	0	0	0	0	1	1	1	7	6
8	**1**	0	0	0	0	0	0	1	1	1	0	14	7
9	0	0	0	0	0	**1**	**1**	**0**	**0**	**1**	**1**	3	1+2
10	0	0	0	0	**1**	**1**	0	0	1	1	0	6	2+3
11	0	0	0	**1**	**1**	0	0	1	1	0	0	12	3+4
12	**1**	**1**	**1**	0	0	0	0	0	1	0	0	4	5+6+7

上表中所有一位错的余数均不同，且都具有可循环的特性。如果能确定是一位错，则可利用该特性设计相应的组合逻辑电路进行纠错。

模2除法的余数满足结合律：多个一位错的余数按模2相加可得到多位错的余数，例如表2.24中第9行x_1、x_2同时出错的余数等于x_1、x_2一位错的余数之和（0001+0010=0011），据此规律，将所有一位错的余数值1、2、4、8、13、7、14两两组合得到所有两位错的情况，如表2.25所示。

表2.25　（7，3）CRC码的两位错余数（$G(x)$=11101）

出错位（余数）	1（1）	2（2）	3（4）	4（8）	5（13）	6（7）	7（14）
1（1）		3	5	9	12	6	15
2（2）			6	10	15	5	12
3（4）				12	9	3	10
4（8）					5	15	6
5（13）						10	3
6（7）							9
7（14）							

从表中可以发现，所有两位错余数均不为0，但存在重复情况，且与表2.24中一位错余数均不同。由此说明（7，3）码可以区分一位错和两位错，在无3位错的前提下可以检查出两位错并纠正一位错。另外表2.24中最后一行给出了x_5、x_6、x_7三位全错的余数，和第4行中x_3出错的余数相同，所以（7，3）码无法区分一位错和3位错。当然（7，3）码的编码效率是较低的，实际使用的CRC码中k值较大，r值较小，编码效率高，主要用于检错而不是纠错。

6. 生成多项式

生成多项式是由发送方和接收方共同约定的。在发送方利用生成多项式对信息多项式做模2除法生成校验码时，接收方利用生成多项式对收到的编码做模2除法以检测和确定错误位置。注意不是任何一个多项式都可以作为生成多项式，CRC校验中的生成多项式有如下特殊要求：

（1）生成多项式的最高位和最低位必须为1；

（2）当CRC校验码任何一位发生错误时，被生成多项式进行模2除后余数应不为0；

（3）不同位发生的错误，余数不同；

（4）对余数继续做模2除法，应使余数循环。常用生成多项式如表2.26所示。

表2.26　常用生成多项式

CRC码	用途	多项表达式
CRC-1	奇偶校验	$x+1$

续表

CRC 码	用途	多项表达式
CRC-3	GSM 移动网络	x^3+x+1
CRC-4	ITU-T G.704	x^4+x+1
CRC-5-ITU	ITU-T G.704	$x^5+x^4+x^2+1$
CRC-5-EPC	二代 RFID	x^5+x^3+1
CRC-5-USB	USB 令牌包	x^5+x^2+1
CRC-6-GSM	GSM 移动网络	$x^6+x^5+x^3+x^2+x+1$
CRC-7	MMC/SD 卡	x^7+x^3+1
CRC-16-CCITT	USB、Bluetooth	$x^{16}+x^{15}+x^2+1$
CRC-32	Ehernet，SATA MPEG-2，PKZIP，Gzip 等	$x^{32}+x^{26}+x^{23}+x^{22}+x^{16}+x^{12}$ $+x^{11}+x^{10}+x^8+x^7+x^5+x^4+x^2+x+1$

7. CRC 检错性能

在数据通信与网络中，通常 k 值相当大，一千甚至数千个数据位构成一帧。采用 CRC 码产生 r 位的校验位，具有如下检错能力：

（1）所有突发长度小于等于 r 的突发错误；

（2）$(1-2^{-(r-1)})$ 比例的突发长度为 r+1 的突发错误；

（3）$(1-2^{-r})$ 比例的突发长度大于 r+1 的突发错误；

（4）小于最小码距的任意位数的错误；

（5）如果生成多项式中 1 的个数为偶数，可以检测出所有奇数位错误。

这里**突发错误**是指几乎是连续发生的一串错，**突发长度**就是指从出错的第一位到出错的最后一位的长度（中间不一定每一位都错）。如果 r=16，就能检测出所有突发长度小于等于 16 的突发错误，以及 99.997% 的突发长度为 17 的突发错误和 99.998% 的突发长度大于 17 的突发错误。所以 CRC 码的检错能力还是非常强的，在实际应用中 CRC 码主要作为检错码来使用。

CRC 检错能力强，开销小，易于用编码器及检测电路实现。在数据存储和数据通信领域，CRC 无处不在：著名的通信协议 X.25 的 FCS（检错序列）采用的是 CRC-CCITT，WinRAR、ARJ、LHA 等压缩工具软件采用的是 CRC32，磁盘驱动器的读写采用的是 CRC16，通用的图像存储格式 GIF、TIFF 等也都用 CRC 作为检错手段。

习题 2

2.1 解释下列名词。

真值 机器码 原码 反码 补码 移码 模 定点数 浮点数 溢出 精度溢出 浮点数规格化 隐藏位 BCD 码 有权码 无权码 BID 码 DPD 码 二进制浮点数 十进制浮点数 ASCII 码 机内码 字形码 字库 码距 校验码 多重奇偶校验 ECC 码 海明码 CRC 码

2.2 选择题（考研真题）。

（1）[2015] 由 3 个 “1” 和 5 个 “0” 组成的 8 位二进制补码，能表示的最小整数是________。

A. −126　　B. −125　　C. −32　　D. −3

（2）[2019] 考虑以下 C 语言代码：

```
unsigned short usi=65535;
short si=usi;
```

执行上述程序段后，si 的值是 ________。

A. −1　　B. −32767　　C. −32768　　D. −65535

（3）[2012] 假定编译器规定 int 和 short 类型长度分别为 32 位和 16 位，执行下列 C 语言语句：unsigned short x=65530；unsigned int y=x；得到 y 的机器数为 ______。

A. 0000 7FFAH　　B. 0000 FFFAH

C. FFFF 7FFAH　　D. FFFF FFFAH

（4）[2016] 有如下 C 语言程序段：short si=−32767；unsigned short usi=si；执行上述两条语句后，usi 的值为 ______。

A. −32767　　B. 32767　　C. 32768　　D. 32769

（5）[2011]float 型数据通常用 IEEE754 单精度浮点数格式表示。若编译器将 float 型变量 x 分配在一个 32 位浮点寄存器 FR1 中，且 x=−8.25，则 FR1 的内容是 ______。

A. C104 0000H　　B. C242 0000H

C. C184 0000H　　D. C1C2 0000H

（6）[2013] 某数采用 IEEE754 单精度浮点数格式表示为 C640 0000H，则该数的值是 ______。

A. -1.5×2^{13}　　B. -1.5×2^{12}　　C. -0.5×2^{13}　　D. -0.5×2^{12}

（7）[2012]float 型（即 IEEE754 单精度浮点数格式）能表示的最大正整数是 ______。

A. $2^{126}-2^{103}$　　B. $2^{127}-2^{104}$　　C. $2^{127}-2^{103}$　　D. $2^{128}-2^{104}$

（8）[2018]IEEE754 单精度浮点格式表示的数中，最小规格化正数是 ______。

A. 1.0×2^{-126}　　B. 1.0×2^{-127}　　C. 1.0×2^{-128}　　D. 1.0×2^{-149}

（9）[2014]float 型数据通常用 IEEE754 单精度浮点格式表示。假定两个 float 型变量 x 和 y 分别存放在 32 位寄存器 f1 和 f2 中，若 (f1)=CC90 0000H，(f2)=B0C0 0000H，则 x 和 y 之间的关系为 ______。

A. $x<y$ 且符号相同　　B. $x<y$ 且符号不同

C. $x>y$ 且符号相同　　D. $x>y$ 且符号不同

（10）[2010] 假定变量 i、f、d 的数据类型分别为 int、float、double（int 用补码表示，float 和 double 用 IEEE754 标准中的单精度和双精度浮点数据格式表示），已知 i=785，f=1.5678e3，d=1.5e100，若在 32 位计算机中执行下列关系表达式，则结果为真的是 ______。

Ⅰ. i==(int)(float)i　　Ⅱ. f==(float)(int)f　　Ⅲ. f==(float)(double)f　　Ⅳ. (d+f)−d==f

A. 仅Ⅰ、Ⅱ　　B. 仅Ⅰ、Ⅲ　　C. 仅Ⅱ、Ⅲ　　D. 仅Ⅲ、Ⅳ

（11）[2013] 用海明码对长度为 8 位的数据进行检错和纠错时，若能纠正一位错，则校验位数至少为 ______。

A. 2　　B. 3　　C. 4　　D. 5

2.3　回答下列问题。

（1）为什么计算机中采用二进制进行数据表示和运算？

（2）相对于奇偶校验，交叉奇偶校验的检错与纠错能力的提高需要付出哪些方面的代价？

（3）为什么计算机中采用补码表示带符号的整数？

（4）浮点数的表示范围和精度分别由什么决定？

（5）汉字输入码、机内码和字形码在汉字处理过程中各有何作用？

（6）在机内码中如何区分 ASCII 字符和汉字字符？

（7）为什么现代处理器中又开始支持十进制浮点数运算？

（8）如何识别浮点数的正负？浮点数能表示的数值范围和数值的精度取决于什么？

（9）浮点数有两个 0 会带来什么问题？

（10）简述 CRC 校验码的检错原理，CRC 能纠错吗？

2.4　写出下列各数的原码、反码和补码。

0，-0，0.10101，-0.10101，0.11111，-0.11111，-0.10000，0.10000

2.5　已知数的补码表示形式，求数的真值。

$[x]_{补}$=0.10010，　$[x]_{补}$=1.10010，　$[x]_{补}$=1.11111，

$[x]_{补}$=1.00000，　$[x]_{补}$=0.10001，　$[x]_{补}$=1.00001。

2.6　C 语言中允许无符号数和有符号整数之间的转换，下面是一段 C 语言代码。

```
int x =-1;
unsigned u=2147483648;
printf ("x=%u=%d\n", x, x);
printf ("u=%u=%d\n", u, u);
```

给出在 32 位计算机中上述程序段的输出结果并分析原因。

2.7　分析下列几种情况下所能表示的数据范围分别是多少。

（1）16 位无符号数；

（2）16 位原码定点小数；

（3）16 位补码定点小数；

（4）16 位补码定点整数。

2.8　用补码表示二进制整数，机器码为 $x_0x_1x_2x_3x_4x_5x_6x_7$，x_0 为符号位，补码的模为多少？

2.9　用 IEEE754 32 位单精度浮点数标准表示下列十进制数。

（1）$-6\frac{5}{8}$；　（2）3.1415927；　（3）64000。

2.10　求与单精度浮点数 43940000H 对应的十进制数。

2.11　求单精度浮点数能表示的最大数和最小数。

2.12　设有两个正浮点数：$N_1=2^m \times M_1$，$N_2=2^n \times M_2$。

（1）若 $m < n$，是否有 $N_1 > N_2$？

（2）若 M_1 和 M_2 是规格化的数，上述结论是否正确？

2.13　设二进制浮点数的阶码为 3 位，尾数为 7 位。用模 2 补码写出它们所能表示的最大正数、最小正数、最大负数和最小负数，并将它们转换成十进制数。

2.14　将下列十进制数表示成浮点规格化数，阶码为 4 位，尾数为 10 位，各含 1 位符号，阶码和尾数均用补码表示。

（1）57/128；　（2）-69/128。

2.15　设有效信息为 01011011，分别写出其奇校验码和偶校验码。如果接收方收到的校验码为 010110100，说明如何发现错误。

2.16　由 6 个字符的 7 位 ASCII 字符排列，再加上水平和垂直偶校验位构成表 2.27 所示的行列结构（最后一列 HP 为水平偶校验位，最后一行 VP 为垂直偶校验位）。

表 2.27　ASCII 交叉校验

字符	7 位 ASCII 字符							HP
3	0	X_1	X_2	0	0	1	1	0
Y_1	1	0	0	1	0	0	X_3	1
+	X_4	1	0	1	0	1	1	0
Y_2	0	1	X_5	X_6	1	1	1	1
D	1	0	0	X_7	1	0	X_8	0
=	0	X_9	1	1	1	X_{10}	1	1
VP	0	0	1	1	1	X_{11}	1	X_{12}

则 X_1、X_2、X_3、X_4 处的比特分别为 ____；X_5、X_6、X_7、X_8 处的比特分别为 ____；X_9、X_{10}、X_{11}、X_{12} 处的比特分别为 ____；Y_1 和 Y_2 处的字符分别为 ____ 和 ____。

2.17　设 8 位有效信息为 01101110，试写出它的海明校验码。给出过程，说明分组检测方式，并给出指错字及其逻辑表达式。如果接收方收到的有效信息变成 01101111，说明如何定位错误并纠正错误。

2.18　设要采用 CRC 码传送数据信息 x=1001，当生成多项式为 $G(x)$=1101 时，请写出它的循环冗余校验码。若接收方收到的数据信息为 x'=1101，说明如何定位错误并纠正错误。

实践训练

（1）在 Logisim 中设计包含 16 位数据位的海明码编解码电路，要求能够在假设没有 3 位错的前提下检测出两位错并纠正一位错。

（2）利用组合逻辑电路在 Logisim 中设计一个包含 16 位数据位的并行 CRC 编、解码电路，要求能够在假设没有 3 位错的前提下检测出两位错并纠正一位错。

第 3 章　运算方法与运算器

计算机的主要功能就是对数据信息进行加工处理，这种加工处理可以归结为算术运算和逻辑运算，前者包括加、减、乘、除四则运算，并与数据的编码形式和表达形式（浮点、定点）密切相关；后者是一种无进位的位运算，相对比较简单。本章重点介绍数值数据的四则运算及运算器的设计与实现。

3.1　计算机中的运算

计算机高级语言中通常包括各种运算操作符，如 C 语言中的运算主要包括位运算，逻辑运算，移位运算，加、减、乘、除运算。相关的运算操作符都会编译成底层的逻辑运算或算术运算指令，以便能在计算机上直接运行。指令对运算器发出明确的运算控制信号，计算机选择相应的运算结果输出。本节主要介绍 C 语言中各种运算操作符和底层机器指令之间的对应关系，并尝试从逻辑电路的角度实现不同类型的运算。

3.1.1　C 语言中的位运算

C 语言中的位运算操作符主要包括“&”“|”“～”“^”4 种，分别对应逻辑与、或、非、异或操作。这些位运算操作符会在编译器的作用下被翻译成与之对应的汇编指令，如 x86 中的逻辑与指令 and、逻辑或指令 or、逻辑非指令 not、逻辑异或指令 xor，这些汇编指令可以直接采用数字逻辑电路中的逻辑门进行实现，运算延迟为一级门电路延迟，属于最简单的运算功能部件。C 语言中位运算和汇编代码的对应关系可以参考下面的 C 语言和 x86 汇编语言的混合例程。

```
3   {
4       int i=1,j=-1;
0x40134e    movl    $0x1,0xc(%esp)                  # 内存变量 i 赋初值 1
0x401356    movl    $0xffffffff,0x8(%esp)           # 内存变量 j 赋初值 -1，机器码为补码
5       i=i&j;
0x40135e    mov     0x8(%esp),%eax                  # 内存变量 j 送入寄存器 eax
0x401362    and     %eax,0xc(%esp)                  #eax 与内存变量 i 逻辑与
6       i=i|j;
0x401366    mov     0x8(%esp),%eax                  # 内存变量 j 送入寄存器 eax
0x40136a    or      %eax,0xc(%esp)                  #eax 与内存变量 i 逻辑或
7       i=～i;
0x40136e    notl    0xc(%esp)                       # 内存变量 i 直接逐位取反
8   }
# 注意这里 x86 汇编语言为 at&t 格式，操作符后缀 b 表示单字节操作、l 表示 4 字节操作
```

3.1.2　C 语言中的逻辑运算

C 语言中的逻辑运算操作符主要包括“&&”“||”“!”3 种，逻辑运算和位运算的区别在于，它属于非数值运算，操作数只能是“0”和“1”两个值，所有非“0”值都被当作“1”处理，

所以逻辑运算翻译成汇编程序时不会对应具体的运算指令，而会演变成相应的程序分支结构。下面给出了一个 C 语言中逻辑运算转换成汇编代码的例程，从该例程中可以发现一个简单的逻辑运算转换成了一系列的比较判断，分支跳转指令，最终也只有“0”和“1”两种运算结果。

```
3   {
4       int i=2,j=-1;
0x40134e    movl    $0x2,0xc(%esp)                  # 为内存变量 i 赋初值 2
0x401356    movl    $0xffffffff,0x8(%esp)           # 为内存变量 j 赋初值 -1
5       i=i&&j;
0x40135e    cmpl    $0x0,0xc(%esp)                  # 将内存变量 i 与 0 比较
0x401363    je      0x401373 <main+51>              #  i==0 则运算结果为 0
0x401365    cmpl    $0x0,0x8(%esp)                  # 将内存变量 j 与 0 比较
0x40136a    je      0x401373 <main+51>              #  j==0 则运算结果为 0
0x40136c    mov     $0x1,%eax                       # 将运算结果置 1
0x401371    jmp     0x401378 <main+56>              # 强制跳转
0x401373    mov     $0x0,%eax                       # 将运算结果置 0
0x401378    mov     %eax,0xc(%esp)                  # 运算结果从寄存器中写回内存变量 i
6   }
```

3.1.3 C 语言中的移位运算

C 语言中的移位运算操作符主要包括“<<”“>>”两种，分别代表左移和右移。左移运算操作符对应汇编指令中的逻辑左移，而右移运算操作符则根据操作数是无符号还是有符号类型分别对应汇编指令中的逻辑右移和算术右移指令。逻辑左移将高位移出，低位补零；逻辑右移则是将低位移出，高位补零；算术右移的高位不是直接补零，而是填充原数据的符号位。下面为将 C 语言移位操作翻译成 x86 汇编语言的例子，分别实现固定位数左移、有符号变量右移、无符号变量右移、可变参数右移。

```
3   {
4       int i=-1;unsigned j=2;
0x40134e    movl    $0xffffffff,0xc(%esp)           # 为内存变量 i 赋初值 -1
0x401356    movl    $0x2,0x8(%esp)                  # 为内存变量 j 赋初值 2
5       i=i<<7;
0x40135e    shll    $0x7,0xc(%esp)                  # 内存变量 i 逻辑左移 7 位
6       i=i>>8;                                     # 有符号整型数据右移操作，对应算术右移
0x401363    sarl    $0x8,0xc(%esp)                  # 内存变量 i 算术右移 7 位
7       j=j>>15;                                    # 无符号整型数据右移操作，对应逻辑右移
0x401368    shrl    $0xf,0x8(%esp)                  # 内存变量 j 逻辑右移 7 位
8       i=i>>j;                                     # 非常量移位运算
0x40136d    mov     0x8(%esp),%eax
0x401371    mov     %al,%cl                         # 将内存变量 j 的低 8 位送入 cl 寄存器
0x401373    sarl    %cl,0xc(%esp)                   # 利用可变算术移位指令完成
9   }
```

每左移一位，数据就扩大一倍；每右移一位，数据就缩小一半。所以高级语言中 $2x$、$4x$、$x/8$、$x/16$ 这样的运算在编译时都会转换成对应的汇编移位指令实现，而不是转换成运算时间较长的乘除法指令。需要注意的是，左移运算可能会因为超出表示范围而发生溢出。表 3.1 所示为 $x/2$、$2x$ 的运算实例，表中相同机器码、不同数据类型的真值不同，$x/2$ 对应的运算也不相同。另外 $2x$ 运算在无符号运算时可能会发生溢出，当然有符号运算也可能会发生溢出，读者可以尝试一下找到这样的例子。

表 3.1　C 语言中 x/2、2x 的运算实例

数据类型	机器码	真值	x/2		2x	
char	1 111 1101	-3	算术右移	1 111 1110=-2	逻辑左移	1111 1010=-6
unsigned char	1 111 1101	253	逻辑右移	0 111 1110=126	逻辑左移	1111 1010=250 溢出

对于固定位数的移位运算，逻辑实现不需要逻辑器件，只需要对原有数据位进行简单重组即可。而对于可变参数的移位运算，例如 x<<y，假设 x 为 32 位变量，移位参数 y 为 5 位变量，可以将可变移位运算按权值分解成 5 个固定位数的移位运算（1、2、4、8、16）的组合，其实现电路常称为桶形移位器（Barrel Shifter），具体原理如图 3.1 所示。

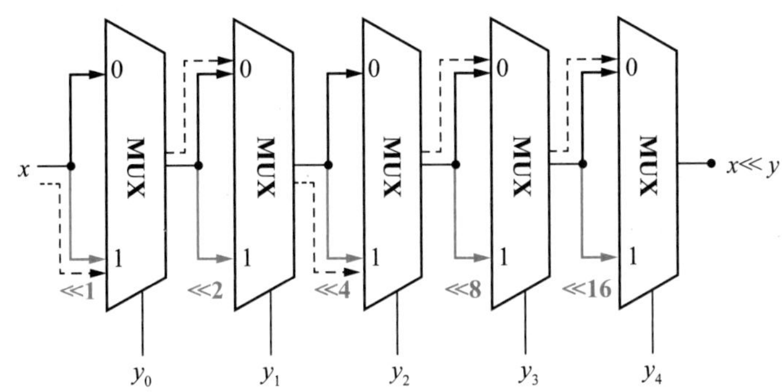

图 3.1　桶形移位器原理图

桶形移位器是纯组合逻辑电路，该电路巧妙地利用 5 个二路选择器串联构成，移位参数 y 的 5 个二进制位 y_4、y_3、y_2、y_1、y_0 分别连接到 5 个二路选择器的选择控制端，而二路选择器的两个输入端分别对应前一级二路选择器的输出，以及该输出按当前选择控制位对应权值进行移位后的结果。图 3.1 中虚线所示的路径为 x<<5 的运算路径。相比位运算的一级逻辑门电路实现，移位运算逻辑需要 5 个二路选择器的时间延迟，一个二路选择器需要 2 级基本门电路延迟，所以 32 位可变移位器的时间延迟为 10 级门电路延迟，时间略长。

3.1.4　C 语言中的算术运算

C 语言中的算术运算操作符主要包括“+”“-”“*”“/”4 种，分别对应算术运算中的加、减、乘、除。对于定点数的加减运算，由于有符号数采用补码表示，符号位也可以参与运算，因此编译程序通常直接转换成汇编语言中的 add、sub 指令，并不区分符号数据类型。而定点数的乘除运算则会根据操作数符号类型进行不同的转换，如下面例程中的 mul/imul、div/idiv。所有浮点数的算术运算都会被编译成汇编浮点算术运算指令，如下面例程中的 fadd 指令。

```
3   {
4       int i ,j; unsigned char ui,uj=255;
0x40134e    movb    $0xff,0x1f(%esp)
5       float e=1,f;
0x401353    mov     0x404140,%eax             #0x404140 地址存放 1 的机器码 0x3f800000
0x401358    mov     %eax,0x18(%esp)           #e=1
6       i=i+3;                                # 有符号变量的加法运算
0x40135c    addl    $0x3,0x14(%esp)           # 加法指令 add
7       ui=ui-3;                              # 无符号变量的减法运算
```

```
0x401361     subb    $0x3,0x13(%esp)                      # 减法指令 sub
8     i=i*j;                                              # 有符号变量的乘法运算
0x401366     mov     0x14(%esp),%eax
0x40136a     imul    0xc(%esp),%eax                       # 有符号乘法指令 imul
0x40136f     mov     %eax,0x14(%esp)
9     ui=ui*uj;                                           # 无符号变量的乘法运算
0x401373     mov     0x13(%esp),%al
0x401377     mulb    0x1f(%esp)                           # 无符号乘法指令 mul
0x40137b     mov     %al,0x13(%esp)
10    i=i/j;                                              # 有符号变量的除法运算
0x40137f     mov     0x14(%esp),%eax
0x401383     cltd
0x401384     idivl   0xc(%esp)                            # 有符号除法指令 idiv
0x401388     mov     %eax,0x14(%esp)
11    ui=ui/uj;                                           # 无符号变量的除法运算
0x40138c     mov     0x13(%esp),%al
0x401390     movzbl  %al,%eax
0x401393     divb    0x1f(%esp)                           # 无符号除法指令 div
0x401397     mov     %al,0x13(%esp)
12    e=e+f;                                              # 单精度浮点数相加
0x40139b     flds   0x18(%esp)                            # 将浮点数变量 e 加载到浮点寄存器中
0x40139f     fadds   0x14(%esp)                           # 单精度浮点数相加，浮点寄存器和浮点数 f 相加
0x4013a3     fstps   0x18(%esp)                           # 将浮点寄存器的值送入浮点数变量 e 中
13  }
```

需要注意的是，C 语言中的变量乘常量以及变量除常量运算通常会被编译器进行自动优化，其中常量乘法会被更快的移位指令和算术加减运算指令代替；常量除法则通常会被更快的常量乘法和移位指令的组合代替。进行常量运算优化的目的是提高程序执行效率，避免复杂的乘除运算。

用逻辑电路自动实现算术运算是本章的重点，本章将先后介绍定点数、浮点数的算术运算规则和逻辑电路实现方法，再构建能支持各类算术逻辑运算的运算器。

3.2 定点加减法运算

数据在计算机中是以一定的编码方式表示的，常用的编码有原码、反码、补码和移码。同一种算术运算使用不同的编码，有不同的运算法则。由第 2 章对不同机器码特点的分析可知，采用补码表示数据，符号位可以与数值位一起参加运算，还可以将减法转换成加法。采用定点补码加减法进行运算具有运算规则简单、易于实现等优点。

3.2.1 补码加减法运算方法

1. 补码加法

补码加法的运算如式（3-1）所示：

$$[x]_{补}+[y]_{补}=[x+y]_{补} \quad (\text{mod } M) \tag{3-1}$$

式（3-1）的含义：在以 M 为模时，两数补码的和等于两数和的补码。下面以定点小数为例证明该公式。

对于定点小数，根据补码定义，M=2，$-1 \leqslant x < 1$，$-1 \leqslant y < 1$，且 $-1 \leqslant x+y < 1$（无溢出）。

公式证明分以下 4 种情况进行。

（1）若 $x>0$，$y>0$，则 $x+y>0$。

由于参加运算的数都为正数，故运算结果也为正数。由于正数补码与真值相同，可知：

$$[x]_{补}=x \qquad [y]_{补}=y$$

所以：

$$[x]_{补}+[y]_{补}=x+y=[x+y]_{补} \qquad (0\leqslant x+y<1)$$

（2）若 $x>0$，$y<0$。

当参加运算的两个数为一正一负时，则相加结果有正、负两种可能。根据补码定义：

$$[x]_{补}=x \quad [y]_{补}=2+y \quad [x]_{补}+[y]_{补}=2+(x+y)$$

- 当 $x+y>0$ 时，$2+(x+y)>2$，2 为模数，可直接舍弃，故：

$$[x]_{补}+[y]_{补}=2+(x+y)=x+y=[x+y]_{补} \quad (x+y>0)$$

- 当 $x+y<0$ 时，将 $x+y$ 看成一个负数，根据补码的定义可得：

$$[x]_{补}+[y]_{补}=2+(x+y)=[x+y]_{补} \quad (x+y<0)$$

（3）若 $x<0$，$y>0$，这种情况和情况（2）对称，无须单独证明。

（4）若 $x<0$，$y<0$，则 $-2\leqslant x+y<0$。

根据补码的定义：

$$[x]_{补}=2+x \quad [y]_{补}=2+y$$

所以：

$$[x]_{补}+[y]_{补}=2+2+x+y=2+(2+x+y)$$

由于 $x+y$ 为负数，$-2\leqslant x+y<0$，因此

$$0\leqslant 2+x+y<2$$

根据补码定义有：

$$[x]_{补}+[y]_{补}=2+(2+x+y)=2+x+y \pmod 2$$

又因为 $x+y<0$，根据负数补码的定义有：

$$[x]_{补}+[y]_{补}=2+(x+y)=[x+y]_{补} \quad (x+y<0)$$

综上所述，对于定点小数，式（3-1）成立。同理，也可以证明该公式同样适用于整数。

例 3.1　设 $x=0.1010$，$y=0.0101$，求 $[x]_{补}+[y]_{补}$。

解：先将真值 x 和 y 转换成由补码数据表示：

$$[x]_{补}=0.1010，[y]_{补}=0.0101$$

利用补码加法公式可得：

$$\begin{array}{rr} [x]_{补} & 0.1010 \\ +[y]_{补} & 0.0101 \\ \hline [x+y]_{补} & 0.1111 \end{array}$$

所以：$[x]_{补}+[y]_{补}=0.1111$

例 3.2　设 $x=-0.1010$，$y=-0.0100$，求 $[x+y]_{补}$和 $x+y$。

解：$[x]_{补}=1.0110$，$[y]_{补}=1.1100$

$$\begin{array}{rr} [x]_{补} & 1.0110 \\ +[y]_{补} & 1.1100 \\ \hline [x+y]_{补} & \boxed{1}1.0010 \end{array}$$

符号位进位的值为模数，应该舍弃。所以：

$$[x+y]_{补}=1.0010，x+y=-0.1110$$

2. 补码减法

补码减法运算公式如下：

$$[x-y]_{补}=[x]_{补}+[-y]_{补}=[x]_{补}-[y]_{补} \quad (\text{mod } M) \tag{3-2}$$

对定点小数而言，$M=2$；对定点整数而言，$M=2^{n+1}$，其中 n 不含符号位的位数。

式（3-2）的前一个等式就是补码加法公式，故只需证明 $[-y]_{补}=-[y]_{补}$，便可证明式（3-2）成立，证明的方法还是利用补码加法公式，直接将两式相减可知：

$$[-y]_{补}-(-[y]_{补})=[-y]_{补}+[y]_{补}=[-y+y]_{补}=0$$

因此 $[-y]_{补}=-[y]_{补}$，式（3-2）成立。

由补码减法公式可知，在进行补码减法运算之前需由 $[y]_{补}$求 $[-y]_{补}$，通常将 $[y]_{补}$各位取反、末位加 1，就可以得到 $[-y]_{补}$。也可采用相同的方法由 $[-y]_{补}$求 $[y]_{补}$。

例 3.3　设 $x=0.1001$，$y=0.0110$，求 $[x]_{补}-[y]_{补}$。

解：$[x]_{补}=0.1001$，$[y]_{补}=0.0110$，$[-y]_{补}=1.1010$

$$\begin{array}{rr} [x]_{补} & 0.1001 \\ +[-y]_{补} & 1.1010 \\ \hline [x-y]_{补} & \boxed{1}0.0011 \end{array}$$

符号位进位的值为模数，应该舍弃，所以：

$$[x]_{补}-[y]_{补}=0.0011。$$

例 3.4　设 $x=-0.1001$，$y=-0.0110$，求 $[x]_{补}-[y]_{补}$和 $x-y$。

解：$[x]_{补}=1.0111$，$[y]_{补}=1.1010$，$[-y]_{补}=0.0110$

$$\begin{array}{rr} [x]_{补} & 1.0111 \\ +[-y]_{补} & 0.0110 \\ \hline [x-y]_{补} & 1.1101 \end{array}$$

所以：

$$[x]_{补}-[y]_{补}=1.1101，\ x-y=-0.0011$$

3.2.2 溢出及检测

1. 溢出的概念

下面先通过两个实例观察溢出现象。

例 3.5　（1）设 $[x]_{补}=0.1011$、$[y]_{补}=0.1100$，求 $[x]_{补}+[y]_{补}$。

（2）设 $[x]_{补}=1.0101$、$[y]_{补}=1.0100$，求 $[x]_{补}+[y]_{补}$。

解：

$$(1)\quad \begin{array}{rr} [x]_{补} & 0.1011 \\ +[y]_{补} & 0.1100 \\ \hline [x+y]_{补} & 1.0111 \end{array} \qquad (2)\quad \begin{array}{rr} [x]_{补} & 1.0101 \\ +[y]_{补} & 1.0100 \\ \hline [x+y]_{补} & \boxed{1}0.1001 \end{array}$$

（1）问中的两个正数相加，运算结果是负数，显然结果是错误的。

（2）问中运算结果舍弃了模数，两个负数相加结果成了正数，运算结果同样是错误的。

运算结果超出数据类型的表示范围称为溢出。例 3.5 中的运算结果都是错误的，原因就是运算结果超过了定点小数所能表示的数据范围。例3.5(1)的运算结果为正，绝对值超过表示范围时，称为正溢；例 3.5（2）的运算结果为负，绝对值超过表示范围时，称为负溢。另外，应该特别注意模数舍弃与运算溢出的区别。

由于计算机字长是确定的，能表示的数据范围也是有限的，溢出现象不可避免。而溢出很有可能导致有效数字丢失或直接导致错误的运算结果，因此，计算机系统设计者必须解决溢出的判断问题，以便溢出发生时计算机能做出相应的处理。

2. 溢出检测

有多种方法可以进行溢出检测，下面将介绍 3 种常见的方法。

（1）根据操作数和运算结果的符号位是否一致进行检测。

显然，只有两个符号相同的数相加时才有可能发生溢出，因此，可根据操作数和运算结果的符号位是否一致进行检测。

设 X_f、Y_f 为运算操作数的符号位，S_f 为运算结果的符号位，V 为溢出标志位，当 V 为"1"时表示发生溢出。溢出检测的逻辑表达式如式（3-3）所示：

$$V = X_f Y_f \bar{S}_f + \bar{X}_f \bar{Y}_f S_f \tag{3-3}$$

该公式简单地说就是正正得负、负负得正时溢出，将例 3.5 中运算操作数及结果的符号位代入上式可计算出 V=1，表明发生了溢出。如果是减法运算，公式将变成：

$$V = X_f \bar{Y}_f \bar{S}_f + \bar{X}_f Y_f S_f \tag{3-4}$$

例 3.6　设 $x = -0.1011$，$y = 0.1100$，求 $[x-y]_补$。

解：$[x]_补 = 1.0101$，$[y]_补 = 0.1100$，$[-y]_补 = 1.0100$

$$\begin{array}{rr} [x]_补 & 1.0101 \\ +[-y]_补 & 1.0100 \\ \hline [x-y]_补 & \boxed{1}0.1001 \end{array}$$

本例运算结果应该是溢出，但如果直接将 $[x]_补$、$[y]_补$及运算结果的符号位代入式（3-3）却得到 V=0，表明运算结果不溢出。产生这一矛盾结果的原因是 y 的符号位使用不正确，因为本题完成的是减法运算，实际参加运算的是 $[-y]_补$而非 $[y]_补$，所以代入式（3-3）中的应该是 $[-y]_补$的符号位。由此可见，在应用式（3-3）设计溢出检测电路时，要注意符号位的连接问题。

（2）根据运算过程中最高数据位的进位与符号位的进位是否一致进行检测。

设运算时最高有效数据位产生的进位信号为 C_d，符号位产生的进位信号为 C_f，则溢出检测逻辑表达式为：

$$V = C_f \oplus C_d \tag{3-5}$$

即当运算过程中最高数据位的进位与符号位的进位不一致时运算结果发生溢出。式（3-5）所示溢出检测方法的直观解释如下。

当参加运算的两数均为正数时，C_f=0，且符号位之和为 S_f=0，此时若 C_d=1，则运算结果的符号位与参加运算的数的符号位不同，会发生溢出。

当参加运算的两数均为负数时，C_f=1，且符号位之和为 S_f=0，此时只有 C_d=1 才能使 S_f=1，运算结果的符号位才与参加运算的数的符号相同；若 C_d=0，则 S_f=0，运算结果的符号位与参加运算的数的符号位不同，也会发生溢出。

综上所述，只有 C_d 和 C_f 相同时，才不会发生溢出。

例 3.7　设计算机字长为 4 位，x=−111，y=110，求 $[x-y]_补$。

解：$[x]_补 = 1001$，$[y]_补 = 0110$，$[-y]_补 = 1010$

$$\begin{array}{rl} [x]_补 & \phantom{\boxed{1}}\,1\ 0\ 0\ 1 \\ +[-y]_补 & \phantom{\boxed{1}}\,1\ 0\ 1\ 0 \\ \hline [x-y]_补 & \boxed{1}\,0\ 0\ 1\ 1 \end{array}$$

从计算过程可知，例 3.7 中 C_f=1，C_d=0，故发生了溢出。

例 3.8　设计算机字长为 4 位，x = -011，y =100，求 $[x-y]_补$。

解：$[x]_补$ = 1101，$[y]_补$ = 0100，$[-y]_补$ = 1100

$$
\begin{array}{rr}
[x]_补 & 1\ 1\ 0\ 1 \\
+[-y]_补 & 1\ 1\ 0\ 0 \\
\hline
[x-y]_补 & \boxed{1}\ 1\ 0\ 0\ 1
\end{array}
$$

例 3.8 中 C_f=1，C_d=1，故未发生溢出。

（3）利用变形补码的符号位进行检测。

变形补码即用两个二进制位来进行数据的符号表示。正数的符号以“00”表示，负数的符号以“11”表示。一般称左边的符号位为第 1 符号位，右边的符号位为第 2 符号位，第 1 符号位永远代表正确的符号位。补码加减法的运算公式对变形补码仍然成立，若运算结果的符号位为“01”或“10”，则分别表明发生了正上溢和负上溢。

例 3.9　（1）设 $[x]_补$ = 00.1011，$[y]_补$ = 00.0111，求 $[x]_补 + [y]_补$。

（2）设 $[x]_补$ = 11.0101，$[y]_补$ = 11.0011，求 $[x]_补 + [y]_补$。

（3）设 $[x]_补$ = 00.1011，$[y]_补$ = 11.0011，求 $[x]_补 + [y]_补$。

解：

（1）
$$
\begin{array}{rr}
[x]_补 & 00.1011 \\
+[y]_补 & 00.0111 \\
\hline
[x+y]_补 & \boxed{01}.0010
\end{array}
$$

（2）
$$
\begin{array}{rr}
[x]_补 & 11.0101 \\
+[y]_补 & 11.0011 \\
\hline
[x+y]_补 & \boxed{10}.1000
\end{array}
$$

（3）
$$
\begin{array}{rr}
[x]_补 & 00.1011 \\
+[y]_补 & 11.0011 \\
\hline
[x+y]_补 & 11.1110
\end{array}
$$

（1）中运算结果的符号位为“01”，第 1 符号位代表正确符号位，运算发生了上溢。

（2）中运算结果的符号位为“10”，第 1 符号位代表正确符号位，运算发生了下溢。

（3）中运算结果的符号位为“11”，运算未发生溢出。

由上可见，运算结果的双符号位相同时无溢出，相异时溢出，故溢出逻辑检测的表达式为：

$$V = S_{f1} \oplus S_{f2} \tag{3-6}$$

其中 S_{f1} 和 S_{f2} 分别是运算结果的第 1 符号位和第 2 符号位。因此，运算结果的溢出检测可用异或门实现。当 V=1 时溢出，V=0 无溢出。另外，不论运算结果溢出与否，第 1 符号位（即 S_{f1}）都与真实结果的符号位一致。双符号溢出非常直观，推荐在手动运算时使用，但其硬件成本高，在计算机中很少实际应用。

3.2.3　加减法的逻辑实现

多位串行加法器

设计算机字长为 n 位，两个操作数分别为 $[X]_补=X_0X_1X_2\cdots X_{n-1}$，$[Y]_补=Y_0Y_1Y_2\cdots Y_{n-1}$。其中 X_0、Y_0 为符号位，首先考虑加法运算，手动加法运算通常是从低位开始逐位相加，并将相加过程中产生的进位信号向高位运算传递。我们可以首先设计一个带进位的一位加法器，又称全加器。

1. 全加器 (Full Adder)

全加器包括 3 个输入和两个输出，输入端分别为相加数 X_i、Y_i，低位进位输入 C_i。输出端分别是和数 S_i、高位进位输出 C_{i+1}。和数 S_i 的逻辑表达式如下：

$$S_i = X_i \oplus Y_i \oplus C_i \tag{3-7}$$

而高位进位输出 C_{i+1} 的逻辑表达式有两种形式，二者在功能上是等价的，具体如下：

$$C_{i+1} = X_iY_i + (X_i + Y_i)C_i \tag{3-8}$$

$$C_{i+1} = X_iY_i + (X_i \oplus Y_i)C_i \tag{3-9}$$

注意两个公式所需要的硬件开销是不同的，采用式（3-8）构成全加器需要 3 个两输入与门、1 个三输入或门、两个两输入异或门，如图 3.2（b）所示。假设所有与门和或门的传播时间延迟是 T，异或门的传播时间延迟为 $3T$，则和数 S_i 的时间延迟为 $6T$，进位输出 C_{i+1} 的时间延迟为 $2T$。

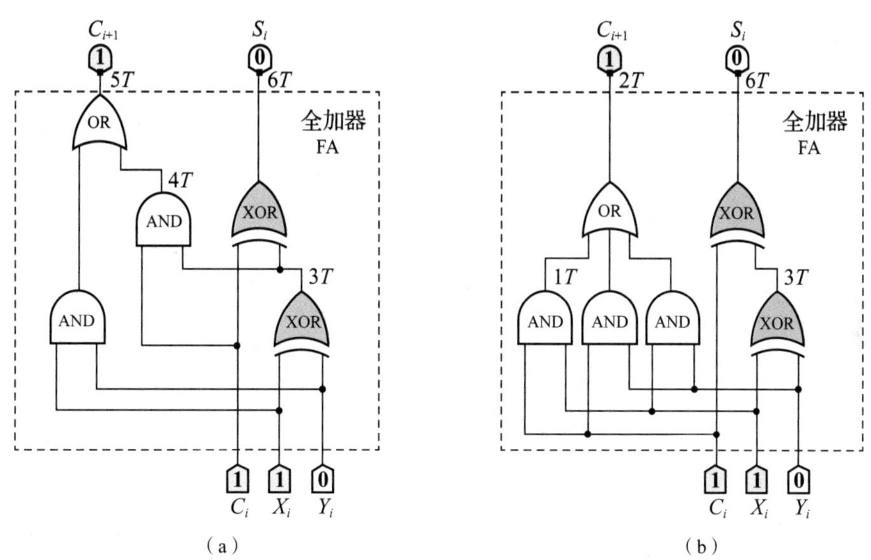

图 3.2　全加器逻辑框图

而式（3-9）构成的全加器需要两个两输入与门、1 个两输入或门、两个两输入异或门，硬件成本略低，如图 3.2（a）所示。该电路和数 S_i 的时间延迟为 $6T$，进位输出 C_{i+1} 的时间延迟为 $5T$，进位信号的关键时间延迟要高一些。后续将以方案（a）为例讲解加法的逻辑实现，读者也可以采用方案（b）实现后续所有的电路并分析其性能和成本的优劣。

除了全加器电路，还有半加器 HA（Half Adder）电路。半加器没有进位输入，所以其内部逻辑只有一个异或门，用于产生和数，一个与门，用于产生进位输出。其输出逻辑表达式如下：

$$S_i = X_i \oplus Y_i \qquad C_{i+1} = X_iY_i \tag{3-10}$$

半加器通常用于没有进位输入的情况，以减少不必要的硬件开销，其时间延迟为 $3T$。

2. 多位串行加法器（Ripple Carry Adder）

将 n 个全加器的进位链串联即可得到 n 位串行加法器，也称行波进位加法器，如图 3.3 所示。

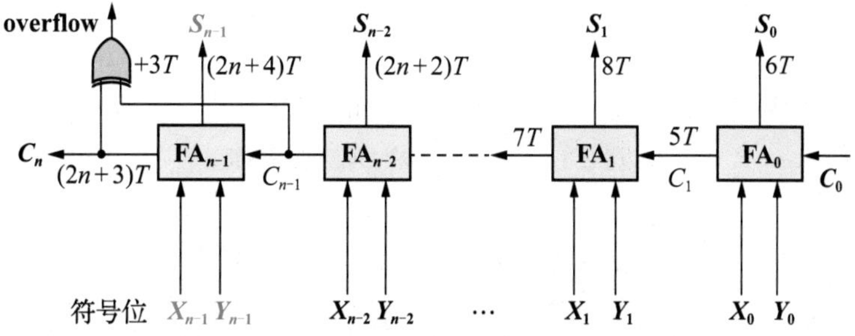

图 3.3　多位串行加法器逻辑框图

由于补码的符号位也可以参与运算，因此此电路既可以用于有符号数运算，也可以用于无符号数运算，但二者在溢出检测上有区别。对于无符号数的加法运算，溢出检测信号就是 C_n；而对于有符号数的溢出检测信号 overflow，可以直接利用最高数值位进位和符号位进位异或得到，这两个进位信号都是中间运算结果，所以采用这种方法进行溢出检测最为方便快速。

对于 n 位串行加法器，高位的全加器必须等待低位进位后才能开始运算，注意当 C_1 进位信号产生时，已经经过了 $5T$，考虑组合逻辑电路的并行性，所有位的 $X_i \oplus Y_i$ 都已并行运算完毕，此时只需要经过一个异或门时间延迟 $3T$ 就可以得到当前位的和，再经过 $2T$ 的时间延迟就可以生成进位输出信号。也就是当 $X_0 \oplus Y_0$ 完成运算后，每隔 $2T$ 就会产生一个进位信号。以此类推，C_n 的时间延迟为 $(2n+3)T$，而 S_{n-1} 的时间延迟为 $[2(n-1)+3]T+3T=(2n+4)T$，overflow 信号的时间延迟为 $(2n+6)T$。

3. 可控加减法电路（Controlled Adder /Subtractor）

由于补码运算的特殊性质，减法可以通过加法实现，只需要将减数 Y 的补码进行适当变化后送入加法器中即可实现减法运算，具体公式如下：

$$[X]_{补}-[Y]_{补}=[X-Y]_{补}=[X]_{补}+[-Y]_{补} \tag{3-11}$$

减法的关键是求 $[-Y]_{补}$，而对 $[Y]_{补}$ 连同符号位一起逐位取反、末位加 1 就可以得到 $[-Y]_{补}$。图 3.4 所示是多位可控加减法电路逻辑框图，该电路在 n 位串行加法器中引入 Sub 控制信号，操作数 Y 的所有位 Y_i 均与 Sub 信号进行异或后被送入 n 位串行加法器。当 Sub=0 时，送入加法器的是 Y 本身；当 Sub=1 时，送入加法器的是 Y 的反码。另外 Sub 连接到加法器最低位的进位输入，实现了对 Y 操作数逐位取反、末位加 1 的求补过程，从而完成减法操作。而当 Sub=0 时，低位进位为 0，不影响加法结果的正确性。

对于减法运算的溢出检测，最直观的判断依据是正数减负数结果为负数，负数减正数结果为正数，但因为减法变成了加法运算，所以也可以直接利用有符号加法溢出检测信号 overflow 进行溢出检测，而无符号的减法溢出信号则应该是 $\overline{C_n}$。由于增加了一级异或门，因此 n 位可控加减法电路中 C_n 的时间延迟为 $(2n+6)T$，而 S_{n-1} 的时间延迟为 $(2n+7)T$，overflow 信号的时间延迟为 $(2n+9)T$。

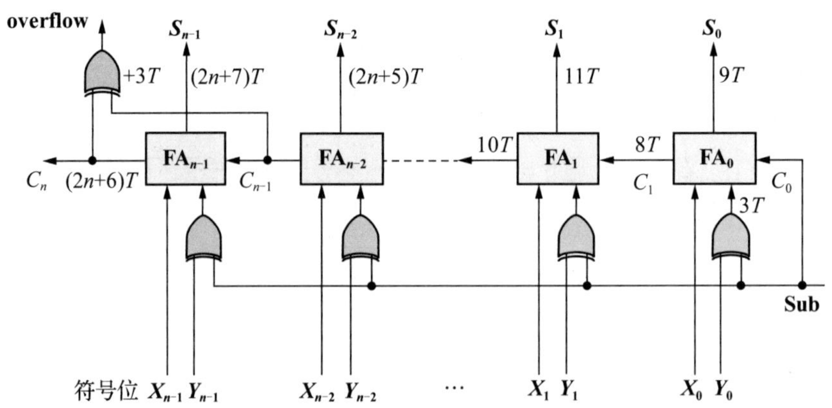

图 3.4　多位可控加减法电路逻辑框图

4. 先行进位加法器（Carry Look-Ahead Adder）

n 位串行加法电路中高位的运算依赖低位进位输入 C_i，所以所有全加器不能并行运行，其时间关键延迟为 $(2n+4)T$，与位数呈线性关系，当位宽较大时性能较差。引起这个问题的根源是进位链依赖，如果能打破这种依赖关系，提前得到所有全加器所需的进位输入信号，则所有全加器都可以并行运算，从而能提高运算性能。

n 位串行加法电路中和数与进位输出的逻辑表达式如下：

$$S_i = X_i \oplus Y_i \oplus C_i \qquad C_{i+1} = X_iY_i + (X_i \oplus Y_i)C_i \tag{3-12}$$

假设 G_i=X_iY_i，$P_i = X_i \oplus Y_i$ 。当 G_i=1 时，C_{i+1} 一定为 1，所以将 G_i 称为进位生成函数；当 P_i=1 时，也就是 X_i、Y_i 相异时，进位输入信号 C_i 才能传递到进位输出 C_{i+1} 处，所以将 P_i 称为进位传递函数。有了进位生成函数和传递函数，则式（3-12）可以转换成如下公式：

$$S_i = P_i \oplus C_i \qquad C_{i+1} = G_i + P_iC_i \tag{3-13}$$

由式（3-13）可得：

$C_1 = G_0 + P_0C_0$

$C_2 = G_1 + P_1C_1 = G_1 + P_1(G_0 + P_0C_0) = G_1 + P_1G_0 + P_1P_0C_0$

$C_3 = G_2 + P_2C_2 = G_2 + P_2(G_1 + P_1G_0 + P_1P_0C_0) = G_2 + P_2G_1 + P_2P_1G_0 + P_2P_1P_0C_0$

$C_4 = G_3 + P_3C_3 = G_3 + P_3G_2 + P_3P_2G_1 + P_3P_2P_1G_0 + P_3P_2P_1P_0C_0$

……

$$C_n = G_{n-1} + P_{n-1}G_{n-2} + P_{n-1}P_{n-2}G_{n-3} + \cdots + P_{n-1}P_{n-2}\cdots P_1P_0C_0 \tag{3-14}$$

式（3-14）表明高位进位输出可以由已知的变量 G_i、P_i 以及 C_0 经过逻辑运算得到。根据公式利用额外的组合逻辑电路提前产生各位加法运算需要的所有进位输入，再利用 $S_i = P_i \oplus C_i$ 进行一级异或门运算即可得到最终的和数，这就是先行进位的基本原理。注意这里产生进位信号电路也是需要时间延迟的，n 越大，时间延迟也越大。为了简化电路，通常按照 4 位一组进行先行进位。

根据 C_1 ～ C_4 的逻辑表达式可得到图 3.5 所示的 4 位先行进位（CLA）电路。图中采用了多扇入系数（多输入引脚）的逻辑门，图中与门电路的最大引脚数为 5，先行进位电路的位数越多，扇入系数越大，制造难度越大，这也是最终选择 4 位一组进行先行进位的原因。假设 2 ～ 5 输入引脚的逻辑门的时间延迟相同，则该电路的总时间延迟为 $2T$。

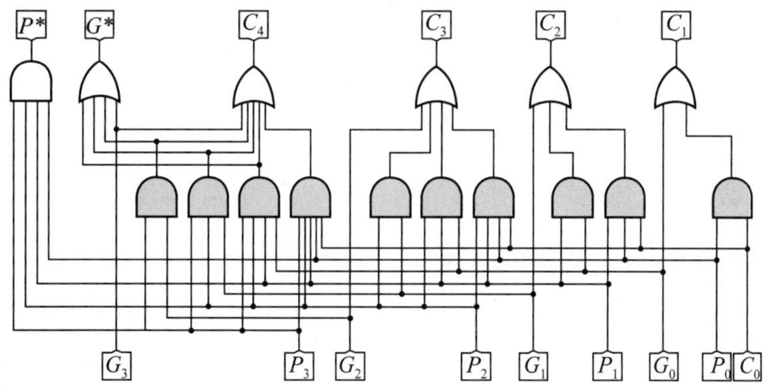

图 3.5　可级联的 4 位先行进位电路

图中的 $G^* = G_3 + P_3G_2 + P_3P_2G_1 + P_3P_2P_1G_0$ 称为成组进位生成函数，$P^* = P_3P_2P_1P_0$ 称为成组进位传递函数，有了成组进位生成和进位传递函数后，$C_4 = G^* + P^*C_0$ 和 $C_1 = G_0 + P_0C_0$ 的形式完全相同，也就是 4 位一组的进位信号可以采用类似的原理进行成组的先行进位。设计成组进位生成和传递函数的目的就是方便级联构成多级的先行进位系统，后文会进行介绍。常见的 4 位快速先行进位集成电路有 SN74182 芯片，有兴趣的读者可以查阅相关芯片手册。

先行进位加法器

4 位先行进位电路，加上生成 G_i、P_i 的与门异或门电路，再加上 4 个异或门就可以构成 4 位快速加法器，也称并行加法器，其具体逻辑框图如图 3.6 所示。图中生成所有的 G_i、P_i 输入需要一级异或门电路时间延迟 $3T$，先行进位电路的时间延迟为 2 级门电路的时间延迟 $2T$，当所有进位信号产生后，再增加一级异或门时间延迟 $3T$ 即可得到所有位的和数，从而完成多位加法运算。因此 4 位全加器的时间延迟为 $8T$，相比 4 位串行加法器 $(2n+4)T=12T$，其性能提升 1.5 倍。常见 4 位快速加法器集成电路有 SN74181 芯片，该芯片支持 16 种 4 位运算和成组先行进位函数，有兴趣的读者可以自行查阅相关芯片手册。

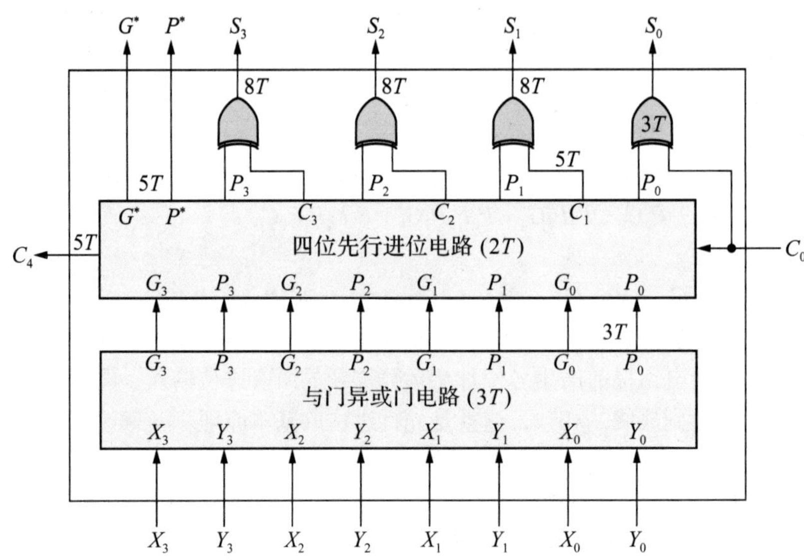

图 3.6　4 位快速加法器

有了 4 位快速加法器，如何构建更大位宽的加法器电路？例如 16 位加法器，最简单的方法是将 4 个快速加法器的进位链进行串联，如图 3.7 所示。但这种方法只能实现 4 位一组的组内并行加法，组间仍然是串行运算。由于所有快速加法器中的与门异或门电路都可以并行运行，图中 C_4、C_8、C_{12}、C_{16} 的时间延迟分别为 $5T$、$7T$、$9T$、$11T$，4 组和数还需要再加一个异或门时间延迟 $3T$，$S_0\sim S_3$、$S_4\sim S_7$、$S_8\sim S_{11}$、$S_{12}\sim S_{15}$ 的时间延迟为 $8T$、$10T$、$12T$、$14T$，因此电路的关键时间延迟为 $14T$。相比传统串行的加法器的 $(2n+4)T=36T$，其性能提升了约 2.6 倍。

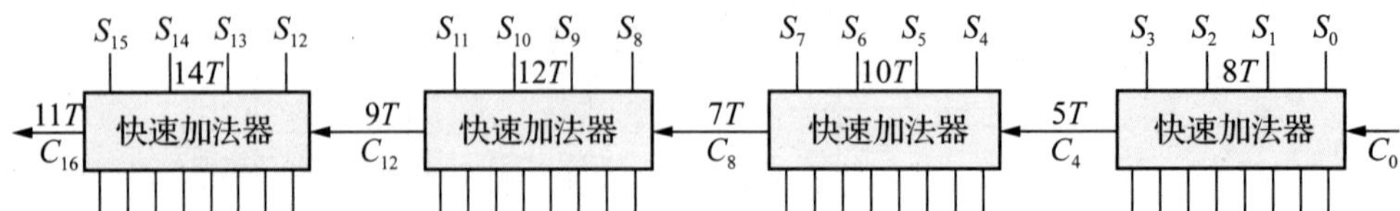

图 3.7　16 位组内并行、组间串行加法器

有无方法进一步提升其性能呢？图 3.7 所示的 4 位一组快速加法器之间的进位链和串行加法器中的进位链本质并没有区别，前面介绍过成组进位生成和传递函数，所以也可以利用先行进位电路提前产生 C_4、C_8、C_{12}、C_{16} 信号。将 4 个 4 位快速加法器输出的成组进位生成、传递函数 G^* 和 P^* 及 C_0 连接到先行进位电路的输入端，即可先行产生 C_4、C_8、C_{12}、C_{16} 4 个进位信号。再将对应信号连接到相应的快速加法器的进位输入端即可构成 16 位组内并行进位、组间并行进位的快速加法器，如图 3.8 所示。

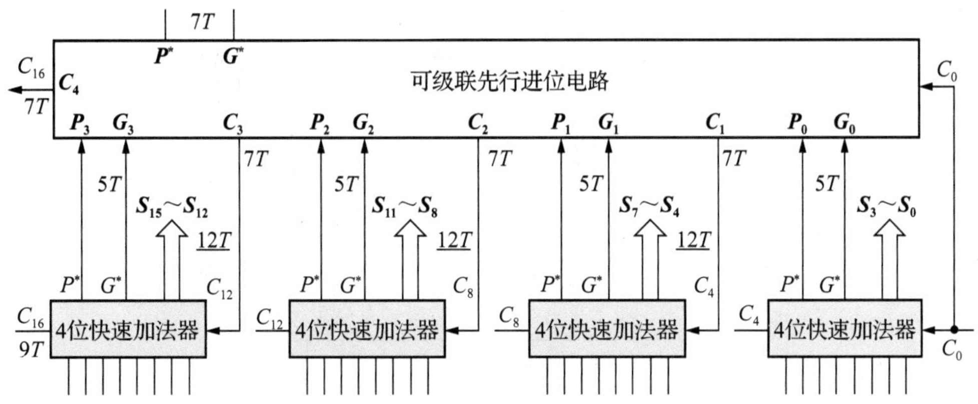

图 3.8　16 位组内并行、组间并行加法器

注意图中所有 4 位快速加法器产生成组生成的进位函数 G^*、P^* 的时间延迟为 $5T$（参考图 3.6），而先行进位电路的时间延迟为 $2T$，所以生成 C_4、C_8、C_{12}、C_{16} 的时间延迟为 $7T$。当这些信号就绪后，此时 4 位快速加法器内部的与门异或门电路已经运算完毕，需要 $2T$ 生成进位输出信号，需要 $5T$ 输出和数，因此，整个电路的关键时间延迟为和数信号的时间延迟 $12T$。相比 16 位组内并行、组间串行加法器，其关键时间延迟少了 $2T$。如果采用这种方式进一步级联构成 64 位快速加法器，则时间延迟为 $16T$，读者可以尝试自行分析，目前计算机内部的加法器普遍采用类似方法构建。

3.3　定点乘法运算

从计算机硬件角度看，实现乘法运算的方法主要有以下两种。

（1）利用多位加法器循环累加实现乘法运算，这种方法硬件开销小，但必须采用时序电路进行控制，需多个时钟周期才能得到运算结果。

（2）采用加法器阵列构成的纯组合逻辑电路实现乘法运算，这种方法只需要一个时钟周期即可完成运算，但硬件开销较大。

3.3.1　原码一位乘法

1. 原码一位乘法运算方法

（1）乘积符号的确定。

设被乘数 $[x]_{原}=x_0.x_1x_2...x_n$，乘数 $[y]_{原}=y_0.y_1y_2...y_n$。其中 x_0、y_0 分别为被乘数和乘数的符号位，设乘积为 P，符号位为 P_f。若被乘数与乘数同号，则乘积为正；若被乘数与乘数异号，则乘积为负。根据二进制原码的特点，乘积的符号与两个操作数符号间的关系为“异或”关系，即：

$$P_f = x_0 \oplus y_0$$

由此可见，原码乘积符号的确定比较容易，重点在于找到计算乘积数值部分的算法。

（2）乘积的数值。

乘积的数值可由被乘数与乘数的绝对值之积求得，即：

$$|P| = |x| \times |y|$$

原码的数值部分与真值相同，在设计原码一位乘法的运算规则时，可以从手动乘法运算中得到一些启发，首先观察二进制手动乘法的运算过程。

设 x=0.1101，y=0. 1011，手动计算二进制数乘积的过程如下：

$$
\begin{array}{rrl}
 & 0.1101 & \\
 & \times 0.1011 & \\
\hline
 & 1101 & y_4 \times |x| \times 2^{-4} \\
 & 1101 & y_3 \times |x| \times 2^{-3} \\
 & 0000 & y_2 \times |x| \times 2^{-2} \\
+ & 1101 & y_1 \times |x| \times 2^{-1} \\
\hline
 & 0.10001111 &
\end{array}
$$

从计算过程可知，手动运算的主要思路就是将乘数 y 的每一位按权值乘上被乘数 $|x|$ 得到位积 $y_i|x| \times 2^{-i}$，然后将 n 个位积累加求和，即：

$$|P| = \sum_{i=1}^{n}(Y_i\,|x| \times 2^{-i}) \tag{3-15}$$

这里 n 个位积的数据宽度都是 $2n$，只是手动计算中采用错位排列的方式省略了 0 值部分。如果全部采用一位全加器 FA 串联构成阵列乘法器，需要 n^2 数量级的全加器，硬件开销过大。早期计算机中的硬件资源非常有限，甚至处理器中并不设置乘法运算单元，而采用软件程序实现乘法功能，所以早期计算机的乘法单元中大多只能通过单个 n 位加法器多次累加的方式计算乘积。

再来看看原码运算逻辑的数学表示，根据式（3-15）有：

$$
\begin{aligned}
|P| &= \sum_{i=1}^{n}(Y_i\,|x| \times 2^{-i}) = 2^{-1}y_1|x| + 2^{-2}y_2|x| + \cdots + 2^{-n}y_n|x| \\
&= (\underbrace{(\underbrace{(\underbrace{(0 + y_n|x|)2^{-1}}_{P_1} + y_{n-1}|x|)2^{-1}}_{P_2} + y_{n-2}|x|)2^{-1}}_{P_3} + \cdots + y_1|x|)2^{-1} \quad (\text{整体为 } P_n)
\end{aligned}
$$

该公式可以演变成如下递归公式：

$$P_{i+1} = (P_i + y_{n-i}\,|x|\,)2^{-1} \qquad (i = 0,1,2,\cdots,n-1) \tag{3-16}$$

该公式启发我们可以采用递归的方式计算乘积，设置一个累加寄存器存放部分积 P，初始值 P_0=0，每得到一个位积就将位积累加到累加寄存器中，然后逻辑右移一位得到新的 P 值。即以多次累加代替所有部分积同时相加，用部分积右移操作代替手动计算中位积的左移操作，这不仅使部分积的相加运算始终在固定位置上进行，还可以将 $2n$ 位长度的加法器变成 n 位长度加法器，有效减少硬件开销。

根据以上分析可以得到原码一位乘法的算法流程图，如图 3.9 所示。部分寄存器初值 P=0，乘数寄存器存放乘数 y，然后根据乘数 y 的最低位 y_n 的值决定部分积 P 的累加值是 0 还是 $|x|$，累加完成后将 P 和 y 同步逻辑右移一位。同步逻辑右移的意思是将 P 和 y 连接在一起进行逻辑右移，P 的进位位移入 P 的最高位、P 的最低位移入 y 的最高位。注意随着 y 的右移，y_n 位总是表示乘数将要被判断的那一位。重复累加移位运算 n 次，最后单独计算乘积的符号位即可得到原码运算的乘积。

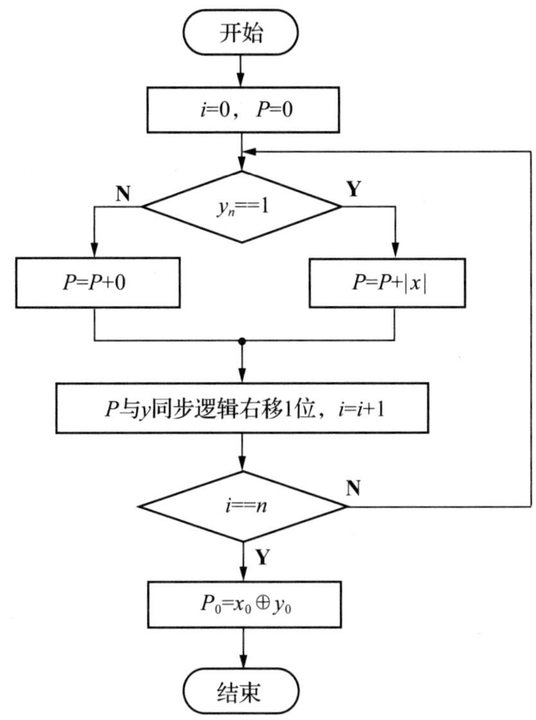

图 3.9　原码一位乘法算法流程图

例 3.10　已知 $x=0.1101$，$y=-0.1011$，用原码一位乘法求 $x\times y$。

解：

	部分积	乘数 $\|y\|$	说明
	00.0000	1011	$P_0=0$
+	00.1101		$y_n=1$，$+\|x\|$
	00.1101	1011	
→	00.0110	1101	右移一位，得 P_1
+	00.1101		$y_n=1$，$+\|x\|$
	01.0011	1101	
→	00.1001	1110	右移一位，得 P_2
+	00.0000		$y_n=0$，+0
	00.1001	1110	
→	00.0100	1111	右移一位，得 P_3
+	00.1101		$y_n=1$，$+\|x\|$
	01.0001	1111	
→	00.1000	1111	右移一位，得 $P_4=\|x\|\times\|y\|$

由于 $P_f=x_0\oplus y_0=0\oplus1=1$，因此 $[x\times y]_{原}=1.10001111$，$x\times y=-0.10001111$。

从上例中可知：

（1）用循环累加与逻辑右移操作实现了原码一位乘法；

（2）计算核心逻辑是 $\{P,y\}=\{(P+y_n|x|),y\}/2$，花括弧表示将两个数据连接在一起；

（3）两个 n 位数参加乘法运算要进行 n 次加法和 n 次移位操作；

（4）注意加法运算可能会产生局部溢出，如方框所示，但这只是中间计算结果，运算完毕还要进行逻辑右移操作，右移时应将进位位移入部分积 P 的最高位。

2. 原码一位乘法的逻辑实现

实现原码一位乘法的硬件逻辑如图 3.10 所示。

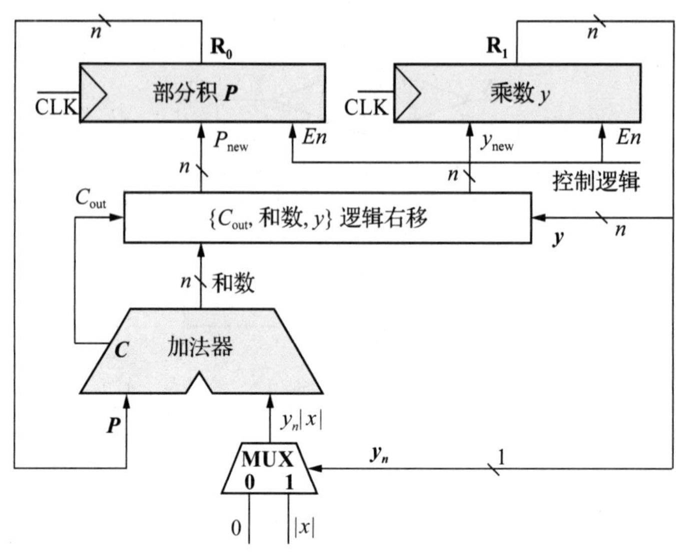

图 3.10 实现原码一位乘法的硬件逻辑

图中 n 位寄存器 R_0 存放部分积 P，n 位寄存器 R_1 存放乘数 y，最低位 y_n 为判断位。注意寄存器是时序逻辑，需要连接时钟信号，用蓝色表示，当使能控制端 $En=1$，时钟触发时输入端数据会载入寄存器。n 位加法器实现部分积的累加 $P=P+y_n|x|$，一个操作数来自 R_0 中的部分积 P，另一个操作数为 $y_n|x|$，由 y_n 通过多路选择器选择实现。加法器进位输出 C_{out}、运算结果以及寄存器 y 的值同步逻辑右移一位，移位结果的高 n 位数据 P_{new} 送入 R_0 的输入端，低 n 位数据 y_{new} 送入 R_1 的输入端。

控制逻辑受时钟驱动，负责循环计数和算术移位结果的载入控制，加法器和算术移位逻辑是组合逻辑，会自动进行累加与逻辑右移操作。但运算结果必须由控制逻辑控制使能端并配合时钟才能载入寄存器 R_0、R_1 中，控制逻辑必须保证前 n 个时钟 $En=1$，第 $n+1$ 个时钟之后 $En=0$，这样 $2n$ 位乘积会最终锁存在 R_0、R_1 这两个 n 位寄存器中。

以上介绍的 n 位原码乘法包括 n 个位积，也就是每次只利用乘数 y 中的一位来计算位积，最终需要将 n 个位积全部累加起来得到乘积，这种方法称为**原码一位乘法**。如果一次根据乘数中的两位来计算位积，则位积的数目会变成 $n/2$ 个，循环累加次数将减少一半，可以大大提升乘法的运算速度，这种乘法称为**二位乘法**，有兴趣的读者可以查阅相关资料进行了解。

3.3.2 补码一位乘法

原码一位乘法器

由于计算机中采用补码表示数据，如果用原码乘法计算两个数的乘积，运算前后还需要进行补码和原码之间的转换，为减少处理环节，人们提出了补码乘法，该方法由英国人布斯于 1950 年发明，又称为布斯（Booth）算法。

1. Booth 算法

设 $[x]_补=x_0.x_1x_2\cdots x_n$，$[y]_补=y_0.y_1y_2\cdots y_n$。下面分两种情况来推导 Booth 算法。

（1）设被乘数 x 符号任意，乘数 y 为符号正，则：

$$[x]_{补}=x_0.x_1x_2\ldots x_n \quad [y]_{补}=0.y_1y_2\cdots y_n$$

根据补码定义：

$$[x]_{补}=2+x=2^{n+1}+x \pmod 2 \qquad [y]_{补}=y$$

$$[x]_{补}\times[y]_{补}=(2^{n+1}+x)\times y=2^{n+1}\times y+x\times y=2\times y_1y_2\cdots y_n+x\times y$$

注意：式中 $y_1y_2\cdots y_n$ 是一个整数，根据模 2 的运算性质，$2\times y_1y_2\cdots y_n=2$，所以：

$$[x]_{补}\times[y]_{补}=2+x\times y=[x\times y]_{补}$$

$$[x\times y]_{补}=[x]_{补}\times y \tag{3-17}$$

（2）被乘数 x 符号任意，乘数 y 符号为负，则根据补码定义：

$$[x]_{补}=x_0.x_1x_2\cdots x_n \qquad [y]_{补}=1.y_1y_2\cdots y_n=2+y$$

所以：

$$y=[y]_{补}-2=1.y_1y_2\cdots y_n-2=0.y_1y_2\cdots y_n-1$$

$$x\times y=x\times(0.y_1y_2\cdots y_n-1)=x\times 0.y_1y_2\cdots y_n-x \tag{3-18}$$

对式（3-18）两边同时求补，并利用补码减法公式展开等式右边项可得：

$$[x\times y]_{补}=[x\times 0.y_1y_2\cdots y_n]_{补}-[x]_{补} \tag{3-19}$$

根据式（3-17）可得：

$$[x\times y]_{补}=[x]_{补}\times 0.y_1y_2\cdots y_n-[x]_{补} \tag{3-20}$$

将式（3-17）和式（3-20）综合起来，引入 y_0 位，即可得到补码一位乘法的统一算式，即：

$$[x\times y]_{补}=[x]_{补}\times 0.y_1y_2\cdots y_n-[x]_{补}\times y_0 \tag{3-21}$$

对于式（3-21）右边第二项 $[x]_{补}\times y_0$，存在如下结论。

当 y 为正时，$y_0=0$，该项不存在；当 y 为负时，$y_0=1$，该项为 $[x]_{补}$。

将式（3-21）按加权展开，以获得各项部分积的累加形式：

$$\begin{aligned}[x\times y]_{补}&=[x]_{补}\times(2^{-1}y_1+2^{-2}y_2+\cdots+2^{-n}y_n)-[x]_{补}\times y_0\\&=[x]_{补}\times[-y_0+(y_1-2^{-1}y_1)+(2^{-1}y_2-2^{-2}y_2)+\cdots+(2^{-n+1}y_n-2^{-n}y_n)]\\&=[x]_{补}\times[(y_1-y_0)+(y_2-y_1)2^{-1}+\cdots+(y_n-y_{n-1})2^{-n+1}+(0-y_n)2^{-n}]\\&=(((0+(0-y_n)[x]_{补})2^{-1}+(y_n-y_{n-1})[x]_{补})2^{-1}+\cdots+(y_2-y_1)[x]_{补})2^{-1}+(y_1-y_0)[x]_{补}\end{aligned}$$

该公式同样可以演变成如下递归公式：

$$P_{i+1}=(P_i+(y_{n-i+1}-y_{n-i})[x]_{补})2^{-1} \qquad (i=0,1,2,\ldots,n-1,y_{n+1}=0,P_0=0) \tag{3-22}$$

根据式（3-22）有如下式子：

$$P_1=(P_0+(y_{n+1}-y_n)[x]_{补})2^{-1}$$

$$P_2=(P_1+(y_n-y_{n-1})[x]_{补})2^{-1}$$

$$P_n=(P_{n-1}+(y_2-y_1)[x]_{补})2^{-1}$$

$$[x\times y]_{补}=P_{n+1}=P_n+(y_1-y_0)[x]_{补}$$

这和原码一位乘法递归公式 $P_{i+1}=(P_i+y_{n-i}|x|)2^{-1}$ 非常类似，只是这里每次累加的值都不一样，另外补码运算需要进行 n+1 次累加、n 次移位，注意 y_{n+1} 为人为附加位，初值为 0。

2. 补码一位乘法的算法

归纳上面推导的结果，便可以得到补码一位乘法算法，如图 3.11 所示。

（1）乘数采用单符号位，末位增设附加位 y_{n+1}，初值为 0。

（2）利用 y_{n+1} 与 y_n 的差值判断各步的具体运算，差值为 1 时，累加上 $[x]_{补}$；差值为 0 时，累加上 0；差值为 −1 时，累加上 $[-x]_{补}$。累加完成后需要进行算术右移的操作，初值为 0。

（3）按照上述算法进行 n+1 次累加操作，n 次右移操作即可完成乘积运算。

（4）补码乘法中，符号位参与运算，不需要单独计算符号位。

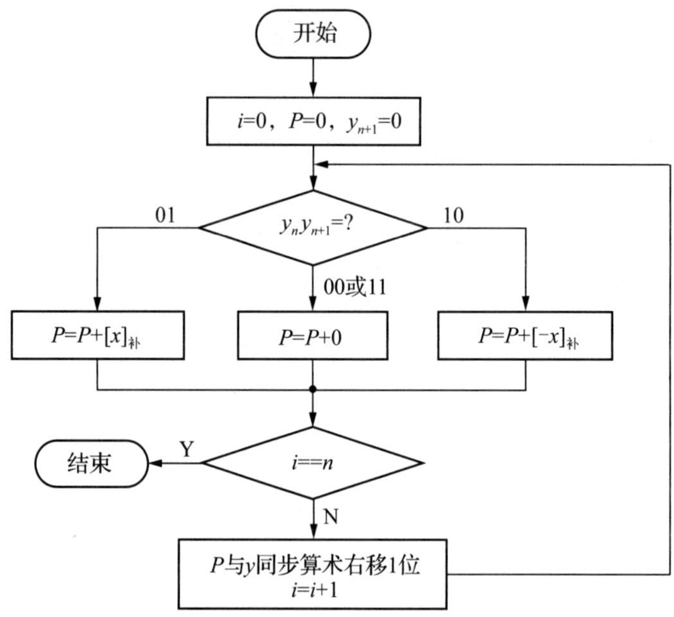

图 3.11　补码一位乘法算法流程图

例 3.11　设 $[x]_补=1.0111$，$[y]_补=1.0011$，求 $[x\times y]_补$。

解：$[-x]_补=0.1001$

	部分积	乘数 y	说明
	00.0000	100110	$y_{n+1}=0$　$P_0=0$
+	00.1001		$y_n y_{n+1}=10$，$+[-x]_补$
	00.1001		
→	00.0100	110011	右移一位，得 P_1
+	00.0000		$y_n y_{n+1}=11$，+0
	00.0100		
→	00.0010	011001	右移一位，得 P_2
+	11.0111		$y_n y_{n+1}=01$，$+[x]_补$
	11.1001		
→	11.1100	101100	右移一位，得 P_3
+	00.0000		$y_n y_{n+1}=00$，+0
	11.1100		
→	11.1110	010110	右移一位，得 P_4
+	00.1001		$y_n y_{n+1}=10$，$+[-x]_补$
	00.0111	0101	最后一步数据不移位

所以 $[x\times y]_补=0.0111\ 0101$。

3. 补码一位乘法的逻辑实现

图 3.12 所示为实现补码一位乘法的逻辑框图。

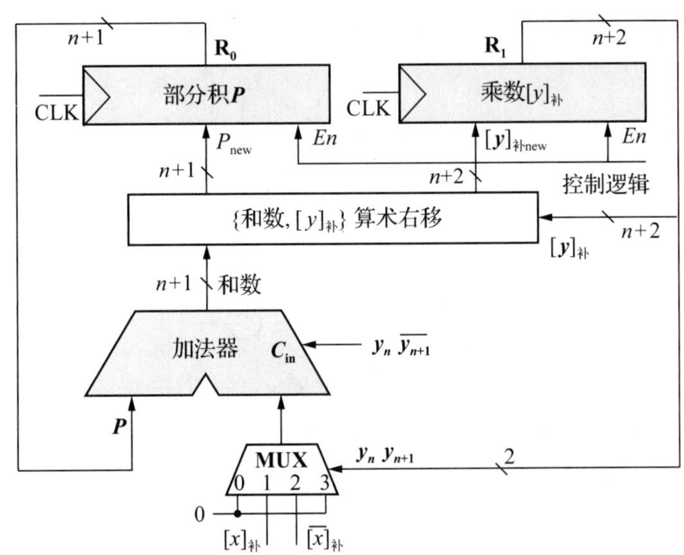

图 3.12　实现补码一位乘法的逻辑框图

它与原码一位乘法的逻辑结构十分类似，工作过程也十分类似，不同点如下。

（1）符号位参与运算，所以 R_0 寄存器的位宽为 n+1。乘数寄存器 R_1 末端增设了附加位 y_{n+1}，且 y_{n+1} 初值为 0，R_1 位宽为 n+2。

（2）每次对乘数寄存器中 y_n、y_{n+1} 两位进行判断，并根据 y_{n+1}-y_n 的值决定累加值，图中利用 y_ny_{n+1} 控制多路选择器实现了 +0、$+[x]_补$、$+[-x]_补$的操作，注意减法操作是通过反码末位加 1 的方式实现的，图中利用加法器进位输入实现了末位加 1。

（3）控制逻辑需要控制电路进行 n+1 次累加与移位操作，最终结果存放在 R_0、R_1 中，比实际多移了一位，最终结果的高 n 位存放在 R_0 低位中，低 n+1 位存放在 R_1 高位中。

（4）补码一位乘法的计算核心逻辑为 $\{P,y\} = \{(P + (y_{n+1} - y_n)[x]_补), y\}/2$。

3.3.3　阵列乘法器

运算速度的提高对机器性能的提高至关重要。原码、补码一位乘法主要是通过加法器的循环累加计算多个位积和求解乘积的，速度较慢。为提高多个位积求和的速度，可以采用硬件的方式实现阵列乘法器。其基本思想是采用类似手动乘法运算的方法，用大量与门阵列同时产生手动乘法中的各乘积项，同时将大量一位全加器按照手动乘法运算的需要构成全加器阵列。图 3.13 所示为一个 5 位乘 5 位无符号阵列乘法器的工作原理图。

图中阵列乘法器包括 $n\times(n-1)=5\times4=20$ 个全加器 FA，全加器所需要的操作数由 $n\times n$ 个与门并行产生，需要 $1T$ 时间延迟。全加器从上到下分为 5 行，前 4 行内的全加器没有进位依赖关系，行内全加器可并行，时间延迟为全加器的时间延迟 $6T$。行与行之间有进位依赖关系，上面的行计算完毕后下面的行才能进行运算。阵列乘法器关键延迟路径如图 3.13 中粗线所示，P_4 的时间延迟为 $1T+(n-1)\times6T$，而与 P_4 相关的进位输出会早一个时钟周期，其时间延迟为 $1T+(n-1)\times6T-1T$。最下面一行的全加器是 $n-1=4$ 位串行加法器，串行加法器的时间延迟是 $[2(n-1)+4]T=12T$，所以总时间延迟为 $1T+(n-1)\times6T-1T+[2(n-1)+4]T=(8n-4)T=36T$。相比 n 位串行加法器的 $(2n+4)T$，阵列乘法器的时间延迟并没有到 n^2 量级，有 4 倍左右的速度差异。

注意阵列乘法器中第 1 行全加器和右下角的全加器均有一个 0 输入，可以采用半加器实现，这样可以节约一些门电路开销，还可以减少一些时间延迟。如果最下面一行全加器采用先行进位电路，还可进一步优化运算速度，具体时间延迟读者可以自行分析。

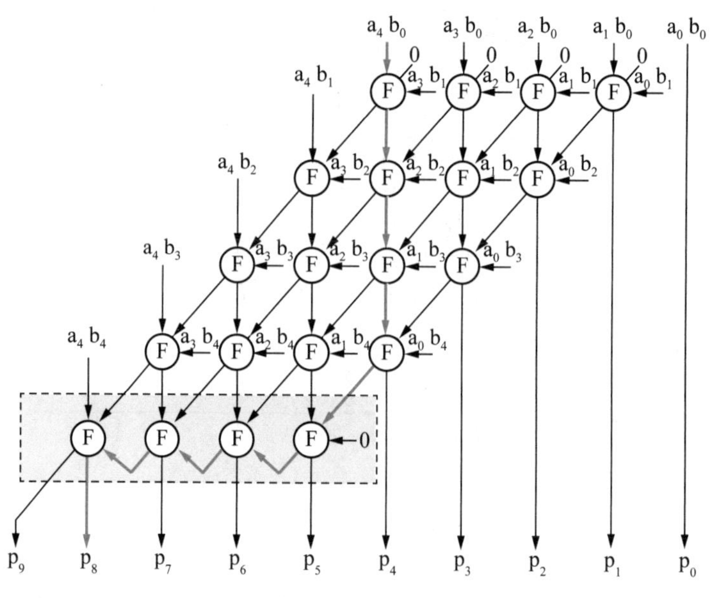

图 3.13　无符号阵列乘法器工作原理

3.3.4　补码阵列乘法器

基于无符号阵列乘法器还可以设计原码阵列乘法器和补码阵列乘法器，图 3.14 所示是 n+1 位补码阵列乘法器的工作原理。

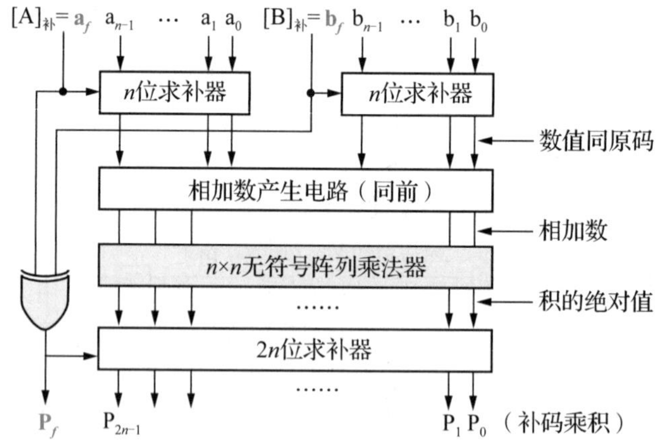

图 3.14　补码阵列乘法器的工作原理

补码阵列乘法器在无符号阵列乘法器的基础上变换而来。由于补码乘法中的乘数、被乘数和乘积的结果都以补码形式给出，为了能利用无符号阵列乘法器，需要在运算前将被乘数和乘数先变成无符号数，因此在相加数电路前增加了两个 n 位运算前求补电路，并分别用各自的符号位作为求补控制信号。另外，无符号阵列乘法器的输出结果是不带符号数的，为将结果变成其补码，还需在最后增加一个 $2n$ 位运算后求补电路，同时结果的符号位由异或门产生，并作为运算后求补电路的求补控制信号。

除了可以利用原码阵列乘法器构建补码阵列乘法器，还可以直接构建补码阵列乘法器，有兴趣的读者可以查阅相关资料。

3.3.5　乘法器性能优化 *

乘法运算的本质就是多个位积的累加运算。原码一位乘法利用一个 n 位加法器进行 n 次累加运算实现 n 个位积的累加求和运算，时间复杂度为 $O(n^2)$；而阵列乘法器利用 $n(n-1)$ 个全加器实现快速的位积累加求和运算，时间复杂度为 $O(n)$。其优化的思路就是利用全加器阵列实现更快速的累加求和，性能的提升是依靠更多的硬件开销获得的。

目前 CPU 中的乘法器进一步采用了 Booth 两位乘法，这样位积个数减少一半变成 $n/2$，累加所需要的硬件开销也会大大降低，同时还会大幅提升累加速度。另外 $n/2$ 个位积累加时采用了速度更快的华莱士树结构，这种树结构所需要的硬件开销较高，但其时间复杂度为 $O(\log_2 n)$，可进一步提升性能，有兴趣的读者可以自行查阅资料了解。

随着 CPU 中硬件资源的丰富，CPU 中还出现了流水乘法线，其基本思路是将乘法运算分解成若干个更小的运算步骤。例如图 3.13 所示的阵列乘法器中的运算可以按时间先后顺序分解为与门阵列计算 n 个位积、第 1 行 FA 运算、第 2 行 FA 运算、第 3 行 FA 运算、第 4 行 FA 运算、第 5 行串行加法器运算，相邻运算步骤之间可以通过缓冲寄存器传递运算结果，这样就可以得到一个乘法流水线，如图 3.15 所示。

缓冲寄存器将乘法运算分为 6 个阶段，所有缓冲寄存器均通过公共时钟进行同步，每来一个时钟，所有缓冲寄存器就同步锁存输入端运算部件的运算结果，其输出将为后续运算提供操作数。各运算部件可以并行运算，因此同一时刻可以有多个不同的乘法运算在流水线的不同阶段并发进行。一个乘法运算需要经过 6 个时钟周期才能从流水线流出，从而完成乘法运算。这对于单个乘法运算，性能并没有提升；但对于密集型乘法运算，流水线充满后，每隔一个时钟周期就可以得到一个乘积，性能得到极大的提升。乘法流水线的时钟频率取决于各运算部件的最大时间延迟，这里最后一段的串行全加器时间延迟最大，所以只能以全加器的时间延迟作为流水线的时钟周期。如需要进一步优化其性能，也可以采用并行加法器优化最后一段。当然也可以进一步将 4 位串行进位加法器继续流水化，分解为 4 个全加器流水段，这样所有流水功能段的时间延迟都变成了一个全加器时间延迟，流水时钟周期变成了一个全加器时间延迟。

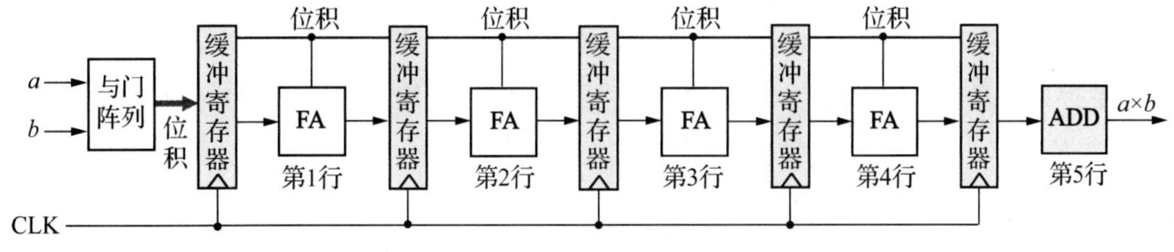

图 3.15　乘法流水线原理

3.4　定点除法运算

除法运算与乘法运算的处理思想相似，通常是将 n 位数的除操作转换成若干次“加、减及移位”的循环操作来实现。本节将介绍原码恢复余数法和不恢复余数法两种除法，补码除法步骤较为复杂，本书不进行介绍，有兴趣的读者请自行查阅相关资料。

3.4.1 原码一位除法

设被除数 $[x]_{原}=x_0.x_1x_2...x_n$，除数 $[y]_{原}=y_0.y_1y_2...y_n$

商 $[Q]_{原}=q_0.q_1q_2...q_n$，余数 $R=0.r_1r_2...r_n$

商的符号：$q_0=x_0\oplus y_0$　商的数值：$|Q|=|x|\div|y|$

为保证运算的结果不发生溢出，上述除法的隐含条件为 $|x|<|y|$。

由于原码的数值部分与真值相同，因此在设计原码一位除法的运算规则时，也可从手动除法运算中得到一些启发。

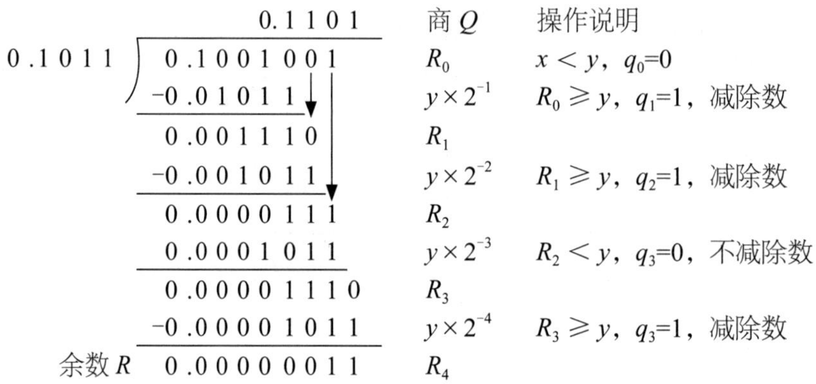

通过分析手动二进制除法的运算过程，可以发现下列规律。

（1）除法通过不断上商求余实现。

（2）比较余数 R_i 与 $y\times2^{-i}$（除数右移 i 位）求第 i 位商 q_i，小于则商上 0，否则商上 1。

（3）如果 $R_i>y\times2^{-i}$，进行减法得到新的余数；如果小于余数，则不进行减法。

（4）上商后被除数右移一位。

（5）继续上商求余直至商的位数满足要求。

为便于在计算机上执行除法运算，对手动除法算法进行如下改进。

（1）通过减法运算比较数的大小，并作为上商的依据。根据差值的符号位判断商值，如差值为负数（符号位为 1），不够减，商上 0；差值为正数表示够减，商上 1，因此，上商位等于差值符号位 r_0 的求非，也就是 $\bar{q}=r_0$。

（2）将除数右移操作改为余数左移操作，并与上商操作统一，使上商能固定在同一个位置上进行。值得注意的是，每左移一次余数，相当于余数乘 2，在求得 n 位商后，余数 R 被左移了 n 次，因此，最后正确的余数应为 $R_n\times2^{-n}$。

1. 原码恢复余数法

在原码恢复余数法中，比较被除数（余数）与除数的大小是用减法实现的。对原码除法而言，操作数以绝对值的形式参与运算。因此，相减结果为正（符号位为 0）说明够减，商上 1；相减结果为负（符号位为 1）说明不够减，商上 0。

由于除法通过减法实现，当商上 1 时，减法得到的差值就是余数，可以继续进行后续的除法操作。但商上 0 时表明不够减，减法得到的余数是负数，因此需要将余数加上除数，即将余数恢复成比较操作之前的数值，这种方法就称为**恢复余数法**。

例 3.12　$[x]_{原}=1.1001$，$[y]_{原}=0.1011$，求 $[x]_{原}\div[y]_{原}$。

解： $[|y|]_{补}=0.1011$，$[-|y|]_{补}=1.0101$。

	余数 R	商 Q	说明
	00.1001	0.0000	初始余数 $R_0=x$
$+[-\|y\|]_{补}$	11.0101		减 $\|y\|$ 比较
	11.1110	0.000**0**	$R_1<0$，商 q_1 上 **0**，$\boldsymbol{q=\overline{r}_0}$
$+\|y\|$	00.1011		加 $\|y\|$ 恢复余数
	00.1001		
←	01.0010	0.00**0**	R、Q 同步左移一位
$+[-\|y\|]_{补}$	11.0101		减 $\|y\|$ 比较
	00.0111	0.00**01**	$R_2>0$，商 q_2 上 **1**
←	00.1110	0.0**01**	左移一位
$+[-\|y\|]_{补}$	11.0101		减 $\|y\|$ 比较
	00.0011	0.0**011**	$R_3>0$，商 q_3 上 **1**
←	00.0110	0.**011**	左移一位
$+[-\|y\|]_{补}$	11.0101		减 $\|y\|$ 比较
	11.1011	0.**0110**	$R_4<0$，商 q_4 上 **0**
$+\|y\|$	00.1011		加 $\|y\|$ 恢复余数
	00.0110		
←	00.1100	**0.110**	左移一位
$+[-\|y\|]_{补}$	11.0101		减 $\|y\|$ 比较
	00.0001	**0.1101**	$R_5>0$，商 q_5 上 **1**

商的符号 $=x_0\oplus y_0=1\oplus 0=1$，故 $[x]_{原}\div[y]_{原}=[Q]_{原}=1.1101$，余数 $R=0.0001\times 2^{-4}$。

从上例中可以看出恢复余数法的运算过程是一个循环过程：比较→上商（商为 0 时还需要恢复余数）→左移→比较，直到商达到规定的位数为止。一般商的位数与除数的位数相同。

从例 3.12 的运算过程可知，由于运算过程中可能需要恢复余数，而且恢复余数的次数和具体运算有关，极端情况下每一步运算都需要恢复余数，因此恢复余数法最大的问题是运算时间不确定，除法运算的时间延迟取决于最慢除法，另外其控制电路也相对复杂。

2. 原码不恢复余数法

不恢复余数法是对恢复余数法的改进，主要特点是不够减时不需要恢复余数，而根据余数符号进行不同的运算处理。其运算步数固定，控制简单，有效提高了除法运算速度。

下面通过分析恢复余数法中恢复余数的环节，寻找不恢复余数的算法。设恢复余数方法中某次的余数为 R_i，根据恢复余数法需要对余数符号位进行判断。

如果 $R_i\geqslant 0$，上商位 q_i=1，则将余数 R_i 左移一位再减除数 y，得到新余数 R_{i+1}，具体计算过程如下：

$$R_{i+1}=2R_i-y \qquad (R_i\geqslant 0) \tag{3-23}$$

如果 R_i<0，上商位 q_i=0，应将余数 R_i 先加上除数 y 然后恢复余数，再左移一位后减除数 y 得到新余数 R_{i+1}，具体计算过程如下：

$$R_{i+1}=2\underbrace{(R_i+y)}_{恢复余数}-y=2R_i+y \qquad (R_i<0) \tag{3-24}$$

从式（3-24）可知，当余数 R_i<0 时，可以通过将余数直接左移一位加上除数 y 的方式得到下一个余数。式（3-23）和式（3-24）可以统一如下：

$$R_{i+1}=2R_i+(-1)^{q_i}\cdot y \tag{3-25}$$

由上式可知，求解下一余数 R_{i+1} 的过程可以统一为如下固定步骤：先将余数 R_i 左移一位，再根据余数符号决定是进行减还是加 $|y|$ 运算；符号位为 0，余数为正数，下一操作为减 $|y|$ 运算，反之则为加 $|y|$ 运算，这一操作用可控加减法电路非常容易实现。以上方法避免了不确定的恢复余数的过程，所以称为**不恢复余数法**，其运算过程中分别用加法和减法交替计算余数，所以又称为**加减交替法**。

不恢复余数法的运算规则如下。

当余数为正时，商上 1，余数左移一位，减去除数。

当余数为负时，商上 0，余数左移一位，加上除数。

例 3.13 $[x]_{原}=1.1001$，$[y]_{原}=0.1011$，用不恢复余数法求 $[x]_{原}\div[y]_{原}$。

解： $[|y|]_{补}=0.1011$，$[-|y|]_{补}=1.0101$。

	C	余数 *R*	商 *Q*	说明
		00.1001	0.0000	初始余数 $R_0=x$
$+[-\|y\|]_{补}$		11.0101		减 $\|y\|$ 比较
	0	11.1110	0.0000	$R_1<0$，商上 0，$q=C=\bar{r}_0$
←		11.1100	0.000	*R*、*Q* 同步左移一位
$+\|y\|$		00.1011		加 $\|y\|$ 比较
	1	00.0111	0.0001	$R_2>0$，商上 1
←		00.1110	0.001	左移一位
$+[-\|y\|]_{补}$		11.0101		减 $\|y\|$ 比较
	1	00.0011	0.0011	$R_3>0$，商上 1
←		00.0110	0.011	左移一位
$+[-\|y\|]_{补}$		11.0101		减 $\|y\|$ 比较
	0	11.1011	0.0110	$R_4<0$，商上 0
←		11.0110	0.110	左移一位
$+\|y\|$		00.1011		加 $\|y\|$ 比较
	1	00.0001	0.1101	$R_5>0$，商上 1

商的符号 $=x_0\oplus y_0=1\oplus 0=1$，故 $[x]_{原}\div[y]_{原}=[Q]_{原}=1.1101$，余数 $R=0.0001\times 2^{-4}$。

注意最后一次运算上商时余数可能小于 0，此时虽然所有上商位都已经得到，但负余数还需要通过加 *y* 操作恢复成正数。算式中最左侧小方框标识的数字是运算器进位位的值。不难发现，上商位与进位位的值相同，$q=C=\bar{r}_0$，因此，在逻辑实现时可用加法器进位位作为上商的控制信号以及可控加减法电路的控制信号。

3. 原码不恢复余数法的逻辑实现

实现原码不恢复余数法的硬件逻辑框图如图 3.16 所示。其中寄存器 Reg_0 在除法开始前存放被除数 *x*，在运算过程中存放余数 *R*；商存放在 Reg_1 中。加法器进行什么运算由商寄存器最低位 Q_n 决定，Q_n 的值是上一步运算所上的商。当 $Q_n=1$ 时，下一步减 $|y|$，这里减法采用反码末位加 1 的方式实现；当 $Q_n=0$ 时，则下一步进行加 $|y|$ 的操作。注意 Q_n 初始值应该为 1，以保证第一次运算为减法。而当前运算的上商位由加法器进位位 C_{out} 决定，和数、*Q*、加法器进位位 C_{out} 同步左移后，高位部分 P_{new} 被送入余数寄存器 *R* 中，低位部分 Q_{new} 被送入商寄存器 *Q* 中，在时钟到

来时载入，这样每次新的上商位 C_{out} 都可以加载到商寄存器 Q 的 Q_n 位。

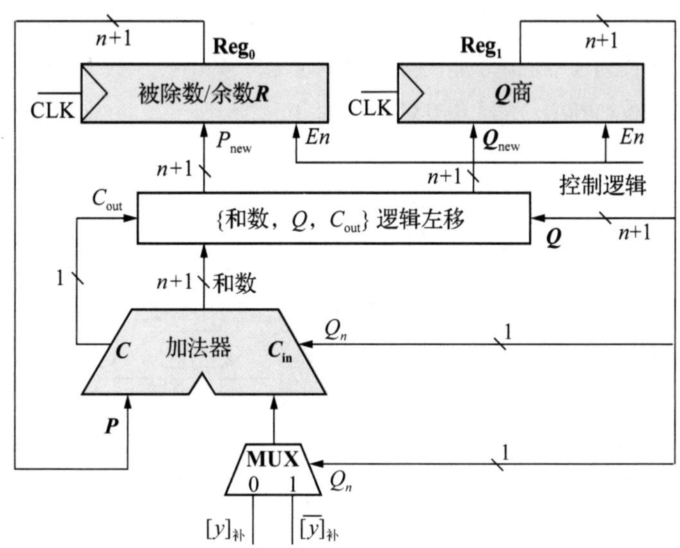

图 3.16　原码不恢复余数法的硬件逻辑框图

该电路在载入被除数后经过 n+1 步运算可获得 n+1 位商，其中 n 为有效数的位数，最后由 $x_0 \oplus y_0$ 的值来决定商的符号。需要注意的是，当余数等于 0 的时候，应该让运算终止。

3.4.2　阵列除法器

基于阵列乘法器的思想，为了加快除法的运算速度，也可以采用阵列除法器来实现除法运算。为简化运算及阵列除法器的结构，应对参加运算的数据进行适当的处理，使其以正数的形式参加运算。图 3.17 所示的 CAS 可控加减法单元是阵列除法器的核心单元。

1. CAS 的结构及其工作原理

一个 CAS 单元有 8 个引脚（比 FA 多 3 个），分成 4 个输入端和 4 个输出端。CAS 单元上面一行水平输入和输出线 P 用于进行加、减操作控制，P=0 时 CAS 执行加法，否则执行减法；CAS 单元下面一行水平输入和输出的是进位 / 借位输入和输出信号；斜向输入和输出的 y_i 为除数，斜向输出连接到下一个 CAS 单元（当多个 CAS 单元构成阵列时），相当于手动除法运算中的右移。垂直输入的是被除数 x_i，垂直输出的是余数 S_i。

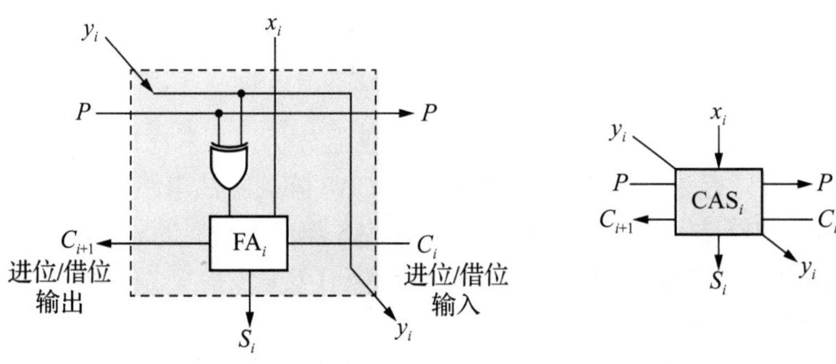

图 3.17　CAS 可控加减法单元

CAS 单元输入与输出的关系可用式（3-26）表示：

$$S_i = x_i \oplus (P \oplus y_i) \oplus C_i \quad C_{i+1} = (x_i + C_i)(P \oplus y_i) + x_i C_i \tag{3-26}$$

图 3.18 所示为字长为 3 位的阵列除法器的基本结构，其中被除数 $x=0.x_1x_2x_3x_4x_5x_6$（双字长），除数 $y=0.y_1y_2y_3$，商 $Q=0.q_1q_2q_3$，余数 $R=0.00r_3r_4r_5r_6$。

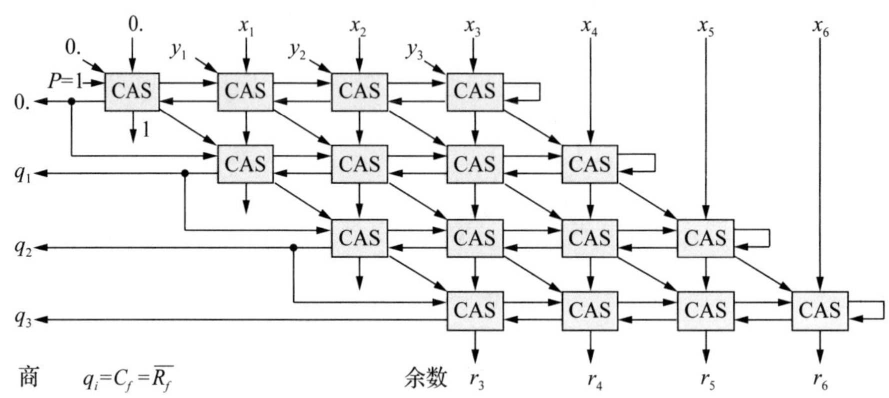

图 3.18　阵列除法器的基本结构

2. 阵列除法器的连接与运算

每行 CAS 单元的连接中，所有 CAS 单元的 P 信号按照相邻关系依次连接，进位 / 借位信号也依次连接，需要特别注意以下几点。

（1）每一行 CAS 电路构成了一个串行进位可控加减法电路，P 为控制位，连接到所有 CAS 单元控制端以及最低位 CAS 的进位输入端。当 $P=0$ 时，CAS 做加法；而当 $P=1$ 时，CAS 内部全加器输入的是 y 的反码，P 连接最低位进位输入实现了末位加 1，整体实现了补码减法运算。

（2）每一行 CAS 电路都向右偏移一列，这种方式间接实现了余数的左移操作。

（3）每一行 CAS 电路最高位进位输出都提供对应位的商值，最后一行 CAS 电路得到的并不是实际余数，实际余数还需要右移 3 位。

（4）上商位决定了下一步是进行加法还是进行减法，因此可用上一步的商（最左侧 CAS 的进位 / 借位输出）控制下一行串行进位加减法电路的运算，即商上 1，下一步减除数；而商上 0，下一步加除数；故将上一步的商与下一行 CAS 电路的 P 输入相连。

（5）阵列除法器采用的是原码不恢复余数法和手动除法运算的思想，第一步必须做减法，第一行 CAS 电路的 P 端为 1，要求 $|x|<|y|$，所以第一次运算肯定不够减，商上 0，下一次运算进行加法。

3. 阵列除法器时间延迟分析

根据 3.2.3 小节对串行可控加减法单元的时间延迟分析，不考虑溢出的判断，n 位串行可控加减法电路的时间延迟为 $(2n+7)T$，对于 n 位的 CAS 阵列除法电路，需要 $(n+1)^2$ 个 CAS 单元。由于各行 CAS 电路之间存在运算依赖，因此 CAS 阵列除法器的总时间延迟为 $[2(n+1)+7]T\times(n+1)$，时间复杂度为 $O(n^2)$，相对阵列乘法器的 $O(n)$ 复杂度要复杂得多。这也是高级语言中变量除常量会优化成变量乘常量加移位操作的原因。

需要注意的是，本节介绍的都是定点小数的原码除法，定点整数的除法与其计算原理类似，也可以采用不恢复余数法，但实际运算电路的控制会有较大的不同，有兴趣的读者可以自行查阅相关资料。

3.5　浮点运算

浮点数比定点数表示的范围大，有效精度也更高，更适合于工程计算。但它的数据运算处理过程比较复杂，硬件成本高，运算速度也慢一些。浮点数常采用规格化数进行运算。本节将介绍浮点数四则运算法则。

3.5.1　浮点加减法运算

1. 阶码和尾数采用补码表示的浮点加减运算

阶码和尾数均采用补码有利于采用前面介绍的运算方法进行运算，设有两个浮点数：

$$X = 2^m \times M_x \qquad Y = 2^n \times M_y$$

当 $m=n$ 时，尾数部分直接运算即可得到浮点形式的运算结果。但当参加运算的两个数的阶码 m 与 n 并不相等时，必须先设法让两个阶码相等后才能进行尾数部分的运算。使阶码相等的过程称为对阶，对阶完成后即可进行尾数的加减法运算，运算规则如下：

$$X \pm Y = 2^m \times (M_x \pm 2^{n-m} M_y) \quad (m \geqslant n)$$

$$X \pm Y = 2^n \times (2^{m-n} M_x \pm M_y) \quad (m < n)$$

另外浮点数在计算机中要求以规格化形式出现，虽然参加运算的浮点数是规格化数，但尾数运算结果不一定是规格化数，所以运算后还可能需要对运算的结果进行规格化处理。综上所述，浮点加减法运算过程包括如下 5 个步骤。

（1）对阶

对阶的原则是小的阶码向大的阶码看齐，这是因为小阶码数值增大时，尾数部分会右移，舍去的是尾数的低位部分，只有很小的精度影响。而如果让大阶码向小阶码看齐，则尾数部分需进行左移，将会丢失尾数的高位部分，会严重影响运算精度和结果的正确性。

对阶又包括如下两个步骤。

① 求阶差：通过对两个阶码进行减法运算实现，这不仅能求出阶码的大小，还能求出两个阶码的具体差值。

② 阶码的调整与尾数的移位，可按下面方式进行。

若 $m > n$，则将浮点数 y 的尾数右移 $m-n$ 位。

若 $m < n$，则将浮点数 x 的尾数右移 $n-m$ 位。

注意尾数右移时通常将最低位的移出位暂时保留，称为保留附加位。保留附加位参与中间运算以提高运算精度，尾数运算结束，结果规格化后再进行舍入，这也是目前计算机中浮点运算部件普遍采用的方法。在 IEEE754 中通常包括 3 个保留附加位，从左到右分别为保护位、舍入位、粘位；舍入位右侧数据有非 0 数据则粘位为 1，否则为 0。

（2）尾数运算

对阶完成后可按照定点数的补码加减运算法则执行尾数加减操作。注意阶码小的那个浮点数，应该使用右移后的尾数进行运算。

（3）结果规格化

结果规格化就是使运算结果成为规格化数。为了处理方便，可让尾数的符号位扩展为双符号位，当尾数运算结果不是 11.0……或 00.1……的形式时，应进行相应的规格化处理。

当尾数符号位为 01 或 10 时，运算结果上溢，需要向右规格化，且只需将尾数右移一位，同时将结果的阶码值加 1。

当尾数运算结果为 11.1……或 00.0……时需要向左规格化，而且左移次数不固定，与运算结果的形式有关。向左规格化时尾数连同符号位一起左移，直到尾数部分出现 11.0……或 00.1……的形式为止。向左规格化时阶码做减法，左移多少位就减多少。

（4）舍入

在尾数进行向右规格化操作时，尾数末尾的几位会因超出计算机字长而被丢掉，从而产生误差。这时，计算机可以按选定的方式进行舍入操作。常用的舍入方法如下。

末位恒置 1 法：只要因移位而丢失的位中有一位是 1，就把运算结果的最低位置 1，而不管最低位原来是 0 还是 1。

0 舍 1 入法：当丢失位数的最高位是 1 时将尾数的末位加 1，类似于十进制数的四舍五入。

注意舍入操作可能会破坏规格化结果，所以舍入操作后还需要再次进行规格化处理。

（5）溢出判断

由于浮点数中阶码的位数决定数的表示范围，因此对浮点运算而言，当阶码出现溢出时才表示运算结果溢出，即当阶码的符号位为 01 和 10 时才表示运算结果溢出。

相对而言浮点数的加减法运算比定点数的加减法运算要复杂得多，需要经过多次运算和移位操作处理，所以所需要的时间延迟也要大得多。

例 3.14 设 $X=2^{-101}\times(-0.101011)$，$Y=2^{-010}\times0.001110$，又假定数的阶码为 3 位，尾数为 6 位（均不含符号位），且都用补码表示，按照补码浮点数运算步骤计算 $X+Y$。

解：先用补码形式表示 X 和 Y（设符号位均取 2 位）。

$$[X]_补=11011，11.010101$$
$$[Y]_补=11110，00.001110$$

（1）对阶

$$[\Delta E]_补=[Ex]_补+[-Ey]_补=11011+00010=11101=-3$$

所以 X 的阶码比 Y 的阶码小 3，将 X 的尾数向右移动 3 位，同时阶码加 3。对阶后的 X 为：

$$[X]_补=11110，11.111010(101)$$

（2）尾数运算

$$\begin{array}{rl} & [X]_补=11110，11.111010101 \\ + & [Y]_补=11110，00.001110 \\ \hline & [X+Y]_补=11110，00.001000101 \end{array}$$

（3）尾数规格化处理

尾数的形式为 00.0……，故要向左规格化，将结果尾数向左移动 2 位，同时将阶码减 2。规格化后的结果为：

$$[X+Y]_补=11100，00.100010(1)$$

注意有两位保留附加位直接移入了有效数据位，因此采用保留附加位可以提高运算的精度。

（4）舍入处理

$$[X+Y]_补=11100，00.100011（0 舍 1 入法，末位恒置 1 法）$$

（5）溢出判断

由于阶码的双符号位相同，因此没有发生溢出。

$$X+Y=2^{-100}\times0.100011$$

例 3.15 设 $X=2^7\times(25/32)$，$Y=2^6\times(-23/32)$，当阶码为 5 位（含两位阶符），尾数为 7 位（含两位尾符）时，用补码二进制浮点运算方法计算 $X-Y$（采用 0 舍 1 入法）。

解：将 X 和 Y 用二进制数表示。

$$X=2^{111}\times(0.11001)\qquad Y=2^{110}\times(-0.10111)$$

$$[X]_{补}=00111，00.11001$$

$$[-Y]_{补}=00110，00.10111$$

（1）对阶

阶差 $[\Delta E]_{补}=[Ex]_{补}+[-Ey]_{补}=00111+11010=00001$

X 的阶码比 Y 的阶码大 1。需将 Y 的阶码加 1，尾数右移 1 位。

$$[-Y]_{补}=00111，00.01011(\underline{1})$$

（2）尾数运算

	$[X]_{补}$=0 0 1 1 1 ，0 0 . 1 1 0 0 1
+	$[-Y]_{补}$=0 0 1 1 1 ，0 0 . 0 1 0 1 1 1
	$[X-Y]_{补}$=0 0 1 1 1 ，0 1 . 0 0 1 0 0 1

（3）结果规格化

尾数运算发生上溢，需向右规格化 1 位，即尾数右移 1 次，阶码加 1。

$$[X-Y]_{补}=01000，00.10010(01)$$

（4）溢出判断

规格化处理时阶码发生了上溢，所以浮点数运算发生了溢出。

2. IEEE754 浮点数的加减运算

IEEE754 浮点数的加减运算过程与基于补码表示的浮点数的运算过程类似。IEEE754 浮点数的阶码采用移码表示，而尾数采用原码表示，且尾数的最高位隐藏，因此，IEEE754 浮点数的加减运算会有如下不同。

（1）对阶和规格化过程中，阶码的运算采用移码的加减运算规则。

（2）尾数的运算采用原码运算规则，且隐藏位要参与尾数运算。

（3）隐藏位参与尾数规格化判断及尾数规格化过程。

- 若尾数形式为 1.……，则为规格化尾数。
- 若尾数形式为 1×.……，则需要进行向右规格化一次，即将尾数右移一位，同时阶码加 1。
- 若尾数形式为 0.……，则需要进行向左规格化，将尾数左移，尾数每左移 1 位，同时阶码减 1，直到尾数形式为 1.……为止。

（4）舍入处理，IEEE754 中主要有以下 4 种舍入方式。

- 就近舍入，舍入为最近可表示的数，如果数据正好处于两个可表示的中间则向偶数舍入。
- 朝正∞方向舍入，总是取右侧最近的可表示的数。
- 朝负∞方向舍入，总是取左侧最近的可表示的数。
- 朝 0 方向舍入，直接丢弃多余位，也称为截去法。

（5）溢出判断。

浮点运算的溢出可通过阶码的溢出来判断。对 IEEE754 单精度浮点数而言，向右规格化使阶码为全 1（即 11111111，真值为 128）时发生**规格化上溢**。向左规格化使阶码为全 0 时发生**规格化下溢**。

例 3.16 两个 IEEE 单精度浮点数机器码 X=00C0 0000H，Y=0080 0000 H，求 $X-Y$。

解：将 X 和 Y 用二进制数表示为：

$X=1.1\times2^{-126}=$	0	0	0	0	0	0	0	0	1	1	0	0	0	0	0	0	0	0	0	0	0	0	0	0	0	0	0	0	0	0	0	0
$Y=1.0\times2^{-126}=$	0	0	0	0	0	0	0	0	1	0	0	0	0	0	0	0	0	0	0	0	0	0	0	0	0	0	0	0	0	0	0	0

（1）对阶

两数阶码均等于 1，真值为 1-127=-126，无须进行对阶操作。

（2）尾数运算

还原隐藏位有：M_x=1.1，M_y=1.0，M_x-M_y=0.1。

（3）结果规格化

需要向左规格化一位变成 1.× 的形式，向左规格化后 M=1.0，阶码减 1，变成全 0 值。

（4）溢出判断

根据 IEEE754 定义，阶码全 0 时为非规格化数据，运算结果发生了规格化下溢。

而非规格化数尾数应该表示成 0.× 的形式，故最终运算结果可以表示为：

$X-Y=0.1\times2^{-126}=$	0	0	0	0	0	0	0	0	0	1	0	0	0	0	0	0	0	0	0	0	0	0	0	0	0	0	0	0	0	0	0	0

最终 $X-Y=2^{-127}$=400000H。

3.5.2 浮点乘法运算

设 $X=2^m\times M_x$，$Y=2^n\times M_y$，则两浮点数的乘法可表示为：

$$X\times Y=2^{m+n}\times(M_x\times M_y)$$

浮点乘法可以分为以下 3 个步骤。

1. 阶码相加

两个数的阶码相加可在加法器中完成。阶码和尾数两个部分进行并行操作时，可另设一个加法器专门实现对阶码的求和；进行串行操作时，可利用同一加法器分时完成阶码求和、尾数求积的运算，并且先完成阶码的求和运算。阶码相加后有可能会发生溢出，若发生溢出，相应部件将给出溢出信号，指示计算机做溢出处理。

2. 尾数相乘

两个操作数的尾数部分相乘就可得到积的尾数，可以采用定点数的运算规则进行乘法运算，注意尾数隐藏位也要参与运算。

3. 规格化舍入

当运算结果需要进行规格化操作时，规格化及舍入方法与浮点加减法的相同。对 IEEE754 浮点数而言，阶码的运算仍然采用移码的运算规则，并采用 IEEE754 的规格化和溢出检测与处理方法。需要特别注意的是 IEEE754 浮点乘法运算中不存在向左规格化操作。

3.5.3 浮点除法运算

设 $X=2^m\times M_x$，$Y=2^n\times M_y$，则两浮点数的除法可表示为：

$$X\div Y=2^{m-n}\times(M_y\div M_y)$$

浮点除法运算可以分为以下 4 步进行。

1. 尾数调整

检查被除数的尾数是否小于除数的尾数（绝对值大小）。如果被除数的尾数大于除数的尾数，则将被除数的尾数右移一位并相应调整阶码。由于操作数在运算前是规格化数，因此最多只做一次调整。这步操作将防止商的尾数出现混乱。

2. 阶码求差

由于商的阶码等于被除数的阶码减去除数的阶码，因此要进行阶码求差运算。阶码求差可以很简单地在阶码加法器中实现。

3. 尾数相除

商的尾数由被除数的尾数除以除数的尾数获得，注意尾数隐藏位也要参与运算。

4. 规格化舍入

尾数相除的结果也可能需要进行规格化和舍入，具体规格化方法不再详述。同样阶码的运算仍然采用移码的运算法则，并采用 IEEE754 的规格化和溢出检测与处理方法。需要特别注意的是 IEEE754 浮点除法运算中不存在向右规格化操作。

3.6 运算器

由前面几节内容可知，计算机中的各类算术运算都可以由最基本的定点加法和移位运算迭代实现，而所有的这些运算都可以采用数字逻辑电路自动实现，将逻辑运算、移位运算、各种算术运算的逻辑实现集成在一起就可以构成 CPU 中的运算器。

运算器是对数据进行加工处理的部件，它是 CPU 中的重要组成部分，具体可分为定点运算部件和浮点运算部件。**定点运算部件**又称为**算术逻辑运算单元**（Arithmetic Logic Unit，ALU），可以进行定点数据的逻辑、移位、算术运算。**浮点运算部件**（Float Point Unit，FPU）负责进行浮点数的算术运算。浮点运算相对定点运算要复杂得多，早期通过单独的浮点处理芯片实现，目前大多集成在 CPU 内部。

3.6.1 定点运算器

各种计算机中定点运算器的结构虽然有区别，但一般包含如下几个基本部分：算术逻辑运算单元、通用寄存器组、输入数据选择电路和输出数据控制电路等。

1. 运算器组成

（1）算术逻辑运算单元

算术逻辑运算单元（ALU）是对定点数据进行加工处理的纯组合逻辑电路，其主要功能包括算术运算和逻辑运算，也常作为数据传送的通路。ALU 的封装及内部原理如图 3.19 所示。

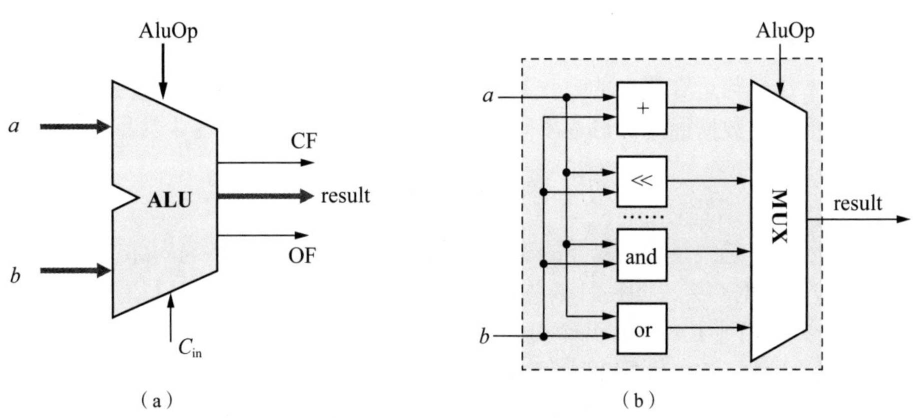

图 3.19　ALU 的封装及内部原理

n 位 ALU 包括两个 n 位的输入操作数 a、b，一个进位输入 C_{in}，AluOp 为运算功能选择操作码，用于选择 ALU 内部的运算电路，具体如图 3.19（b）所示，所有逻辑、算术运算电路并发运行，多个运算结果分别送入多路选择器输入端，由 AluOp 选择其中一路结果输出。注意这里的 AluOp 并不是机器指令中的操作码，而是由指令操作码的运算功能经过特殊的编码电路翻译得到的数据。

ALU 的输出除运算结果 result 外，还包括若干状态标志位，常见的状态标志位如下。

CF（Carry Out Flag）：表示加法进位输出、减法借位输出或逻辑左移操作的溢出位。

ZF（Zero Flag）：为 1 表示运算结果为 0。

SF（Sign Flag）：为 1 表示运算结果为负数。

OF（Overflow Flag）：为 1 表示有符号运算溢出。

指令执行可能会引起 ALU 状态标志位的修改，很多计算机会将这些标志位暂存在一个状态寄存器中，为后续指令提供执行依据，如 x86 的 EFLAGS 寄存器，x86 中的条件分支指令会根据标志位的不同进行不同的操作。但也有一些计算机中没有状态寄存器，如 MIPS、RISC-V，其条件分支指令直接根据 ALU 当前状态标志位执行不同的分支。不论哪种结构，ALU 都会产生这些标志，只是不同计算机利用这些标志的方法和时机不同而已。

（2）通用寄存器组

通用寄存器组也称为**通用寄存器堆**，包括一组通用寄存器，寄存器的作用大致可分为以下 3 类。

① 暂时存放参加运算的数据和运算结果，尽量减少指令执行过程中访问主存的次数，以提高运算速度。

② 作为状态寄存器，保存运算过程中设置的状态，如进位、溢出、结果为负等。这些状态可用于程序执行流程的控制。

③ 可作为变址寄存器、堆栈指示器使用。不同的计算机对这组寄存器的使用情况和设置个数不相同。

（3）输入、输出数据选择控制

输入数据选择控制是指对送入 ALU 的数据进行选择和控制。输出数据控制电路对 ALU 输出的数据进行控制，该电路一般还具有移位功能，并可将 ALU 输出的数据输送到 ALU 输入端、通用寄存器的通路，以及送往总线的控制电路。

（4）内部总线

内部总线是连接各个 ALU、通用寄存器组、缓冲寄存器等功能部件的信息通道。

2. 运算器的基本结构

运算器的基本结构与运算器中的总线结构以及运算器各部件与总线的连接方式紧密相关，不同的连接构成不同的数据通路，形成不同结构的运算器。根据运算器中数据通路的不同，可将运算器的结构分为单总线、双总线和三总线 3 种。

（1）单总线结构运算器

从图 3.20 所示的单总线结构运算器的逻辑结构图可知，所有部件都与内部总线 IB1（Internal Bus）连接。为避免数据冲突，同一时刻总线上只能传输一个数据，但 ALU 有两个操作数，为此需要在 ALU 输入端设置 LA、LB 两个缓冲寄存器。首先通过总线分时将两个寄存器操作数分别送入 LA、LB 缓冲器，只有两个操作数同时出现在 ALU 的输入端，ALU 才能正确执行相应运算。运算结果可通过总线存入通用寄存器或缓冲器 LA 或 LB 中。单总线结构需要两个缓冲器才能进行正确的运算，注意其中一个缓冲器也可以设置在 ALU 的输出端。

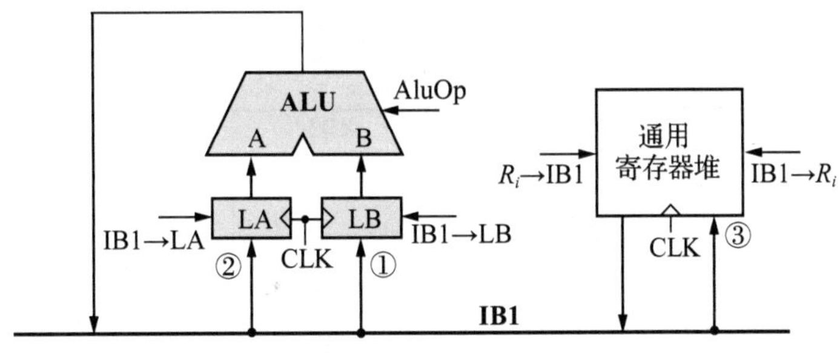

图 3.20 单总线结构运算器

由于寄存器的写入都需要时钟配合，因此要完成两个通用寄存器操作数的运算以及结果写回需要 3 个时钟周期：第 1 个时钟周期将通用寄存器的操作数送入 LA，需要给出 R_i → IB1、IB1 → LA 信号，时钟触发到来时完成操作数送入 LA 的动作；第 2 个时钟周期需要完成将另一个通用寄存器操作数送入 LB 的操作，要给出 R_i → IB1、IB1 → LB 信号；第 3 个时钟周期需要给出运算选择控制信号 AluOp 以及通用寄存器写回控制信号 IB1 → R_i。从上面的分析可知，单总线结构运算器的主要缺点是操作速度慢。

（2）双总线结构运算器

在图 3.21 所示的双总线结构运算器的逻辑结构图中，ALU 与通用寄存器堆都连接在总线 IB1 和 IB2 上，通用寄存器堆有两个输出端口，可以通过两组总线分别将两个寄存器操作数同时加载到 ALU 的两个输入端。为防止 ALU 的输出结果直接送入总线 IB1 而产生数据冲突，在 ALU 的输出与 IB1 总线间设置了缓冲寄存器 L 暂存运算结果。除缓冲功能外，缓冲寄存器 L 往往还具备数据移位功能。

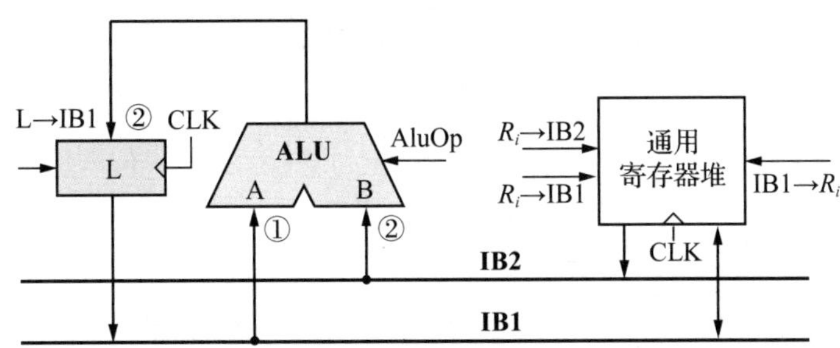

图 3.21 双总线结构运算器

双总线结构运算器完成运算需要两个时钟周期：第 1 个时钟周期给出 R_i → IB1、R_i → IB2 信号来分别输出两个寄存器操作数，同时给出 ALU 运算控制信号 AluOp 来控制数据进行正确的运算，时钟到来时运算结果会自动写入缓冲寄存器 L 中；第 2 个时钟周期将 L 中的数据送入 IB1 总线，给出 L → IB1、IB1 → R_i 信号，在时钟信号的配合下将数据写回通用寄存器中。其执行速度比单总线结构运算器的执行速度快。

（3）三总线结构运算器

在图 3.22 所示的三总线结构运算器的逻辑结构图中，操作部件连接在 3 组总线上。在执行双操作数运算时，可同时通过 3 组总线传输数据（包括两个寄存器操作数和一个运算结果）。图中旁路器的作用是不通过 ALU 实现通用寄存器之间的数据传输。三总线结构可以同时给出

R_i → IB1、R_i → IB2、AluOp、IB3 → R_i 信号，在时钟周期配合下完成运算，整个运算只需要一个时钟周期，速度是 3 种结构中最快的，且不需要缓冲寄存器，但其通用寄存器堆需要提供两个读端口、一个写端口。

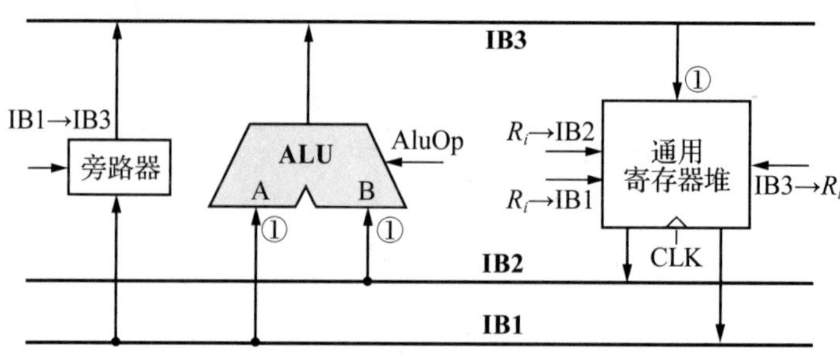

图 3.22　三总线结构运算器

3. ALU 设计

ALU 是计算机的核心部件，能实现的基本功能包括加、减等算术运算和与、或、非等逻辑运算。实现上述算术运算和逻辑运算功能的部件就是构造 ALU 的基本单元，它们的逻辑符号和基本功能如图 3.23 所示。

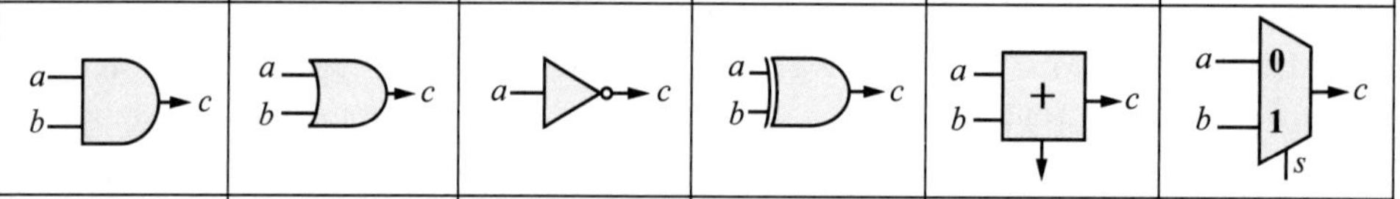

与门	或门	非门	异或门	全加器	多路选择器
$c=a\&b$	$c=a\|b$	$c=\sim a$	$c=a\^{}b$	$c=a+b$	$c=(s{=}{=}0):a,b$

图 3.23　构造 ALU 的基本单元

其中与、或、非、异或 4 个逻辑门分别完成对应的逻辑运算；一位全加器 FA 实现两个一位二进制数的带进位加法运算；二路选择器实现从二路输入信号中选择一路输出的功能。当需要从多路输入中选择一路输出时，可使用多路选择器，如四路选择器等。

利用图 3.23 所示的基本单元，可设计出具有基本算术和逻辑运算功能的 ALU。图 3.24 所示是一个利用上述算术、逻辑单元构建的一位 ALU。图中 AluOp 为 2 位运算选择码，当 AluOp=0 时，ALU 完成逻辑与运算；当 AluOp=1 时，完成逻辑或运算；当 AluOp=2 时，Sub 信号应通过相关逻辑译码为 0。通过二路选择器选择 b 进入全加器，运算结果为 $a+b$，当 AluOp=3 时，如果将 Sub 信号连接到 C_{in} 端，ALU 就可以完成减法运算了。读者也可以采用类似方法为 ALU 扩展其他的逻辑和算术运算功能。

有了 1 位的 ALU，将多个 1 位 ALU 按进位链串联即可得到 n 位的 ALU，如图 3.25 所示。注意进行多位减法时，最低位进位位应该置 1，也就是要将 Sub 信号连接到低位 ALU 的进位输入端，实现末位加 1 的功能。串行进位电路性能较差，可以采用前面介绍的快速先行进位电路对其进行性能优化。

ALU 是最基本的运算单元，时间延迟应该尽可能短，否则会延长指令周期。乘法和除法部件的内部结构较为复杂，时间延迟较大，还有可能包含时序逻辑，甚至包括运算流水线，因此通常会将乘法器、除法器从 ALU 中剥离出来。进行乘法、除法运算时需要进行相对复杂的时序控制。

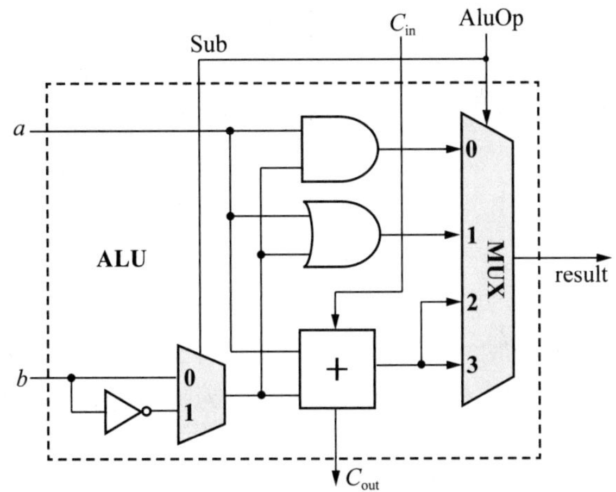

图 3.24　基本算术逻辑运算单元

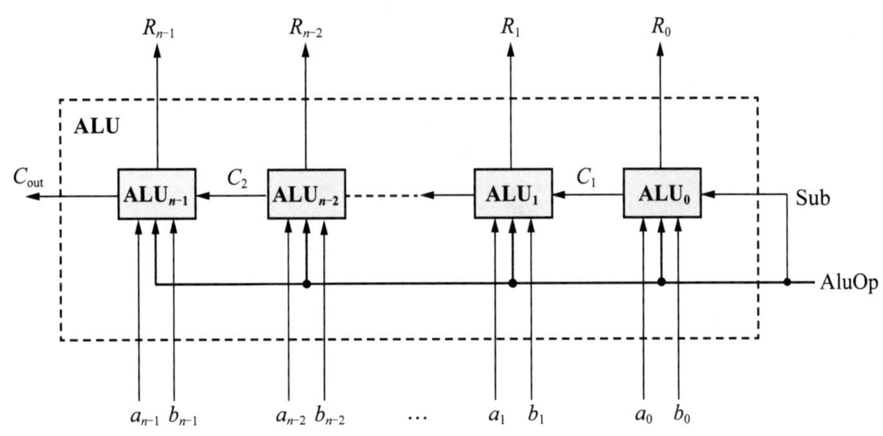

图 3.25　由 n 个 1 位 ALU 构成的 n 位 ALU

3.6.2　浮点运算器

浮点数据采用定点数据进行表示，运算操作数单独存放在浮点寄存器中，浮点数的运算过程相对较为复杂，速度较慢。以加减法为例，计算过程包括对阶、尾数运算、结果规格化、舍入处理、溢出判断等多个步骤，每一个步骤都由相应的组合逻辑电路进行实现，将每个步骤的运算逻辑电路串联在一起即可构成浮点加减法电路，但这样的浮点运算器时间延迟过长，为进一步优化性能，可以按照乘法流水线的思路将运算过程流水化，如图 3.26 所示。

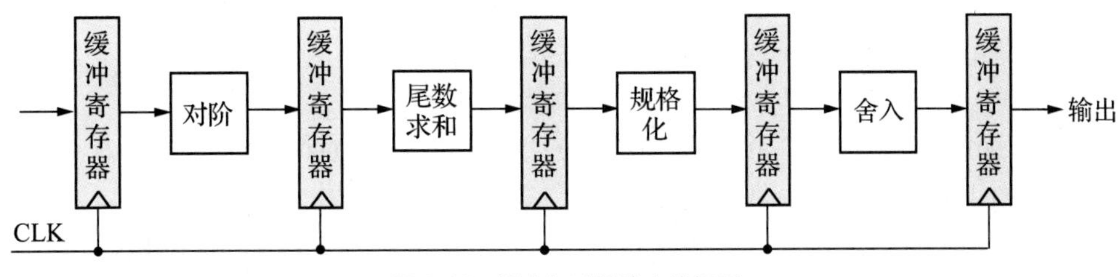

图 3.26　浮点加减法流水线框图

浮点加减法流水线中包括 4 个功能段，分别用于进行对阶、尾数求和、规格化、舍入操作的处理，5 个缓冲寄存器用来暂存各功能段的运算结果，所有缓冲寄存器采用同一时钟周期进行同步，每来一个时钟，所有缓冲寄存器都同步锁存前段运算部件的运算结果，其输出将为后续运算提供操作数。当浮点流水线充满时，每隔一个时钟周期就可以完成一个浮点运算，流水方式不能提升单个浮点运算的性能，但能大大提高浮点运算的吞吐率。

习题 3

3.1 解释下列名词。

全加器 半加器 进位生成函数 进位传递函数 算术移位 逻辑移位 阵列乘法器 原码恢复余数除法 原码不恢复余数法 阵列除法 串行进位 先行进位 对阶 规格化 保留附加位

3.2 选择题（考研真题）。

（1）[2009] 一个 C 语言程序在一台 32 位机器上运行，程序中定义了 3 个变量 x、y、z，其中 x 和 z 是 int 型，y 为 short 型。当 $x = 127$，$y = -9$ 时，执行赋值语句 $z = x + y$ 后，x、y、z 的值分别是 ______。

A. x = 0000007FH，y = FFF9H，z = 00000076H

B. x = 0000007FH，y = FFF9H，z = FFFF0076H

C. x = 0000007FH，y = FFF7H，z = FFFF0076H

D. x = 0000007FH，y = FFF7H，z = 00000076H

（2）[2010] 假定有 4 个整数用 8 位补码分别表示 r_1= FEH，r_2= F2H，r_3= 90H，r_4= F8H，若将运算结果存放在一个 8 位的寄存器中，则下列运算会发生溢出的是 _______。

A. $r_1 \times r_2$　　B. $r_2 \times r_3$　　C. $r_1 \times r_4$　　D. $r_2 \times r_4$

（3）[2013] 某字长为 8 位的计算机中，已知整型变量 x、y 的机器数分别为 $[x]_{补}$=11110100，$[y]_{补}$=10110000。若整型变量 $z = 2 \times x + y/2$，则 z 的机器数为 _______。

A. 11000000　　B. 00100100　　C. 10101010　　D. 溢出

（4）[2018] 假定带符号整数采用补码表示，若 int 型变量 x 和 y 的机器数分别是 FFFF FFDFH 和 0000 0041H，则 x、y 的值以及 $x-y$ 的机器数分别是 _______。

A. $x = -65$，$y = 41$，$x - y$ 的机器数溢出

B. $x = -33$，$y = 65$，$x - y$ 的机器数为 FFFF FF9DH

C. $x = -33$，$y = 65$，$x - y$ 的机器数为 FFFF FF9EH

D. $x = -65$，$y = 41$，$x - y$ 的机器数为 FFFF FF96H

（5）[2018] 整数 x 的机器数为 1101 1000，分别对 x 进行逻辑右移 1 位和算术右移 1 位操作，得到的机器数各是 _______。

A. 1110 1100、1110 1100　　B. 0110 1100、1110 1100

C. 1110 1100、0110 1100　　D. 0110 1100、0110 1100

（6）[2009] 浮点数加减运算过程一般包括对阶、尾数运算、规格化、舍入和判断溢出等步骤。设浮点数的阶码和尾数均采用补码表示，且位数分别为 5 位和 7 位（均含 2 位符号位）。若有两个数 $X = 2^7 \times 29/32$，$Y = 2^5 \times 5/8$，则用浮点加法计算 $X+Y$ 的最终结果是 _______。

A. 001111100010　　B. 001110100010　　C. 010000010001　　D. 发生溢出

（7）[2015] 下列有关浮点数加减运算的叙述中，正确的是 _______。

Ⅰ. 对阶操作不会引起阶码上溢或下溢　　Ⅱ. 右规和尾数舍入都可能引起阶码上溢

Ⅲ. 左规时可能引起阶码下溢　　Ⅳ. 尾数溢出时结果不一定溢出

A. 仅Ⅱ、Ⅲ　　B. 仅Ⅰ、Ⅱ、Ⅳ

C. 仅Ⅰ、Ⅲ、Ⅳ　　D. Ⅰ、Ⅱ、Ⅲ、Ⅳ

3.3 回答下列问题。

（1）为什么采用并行进位能提高加法器的运算速度?

（2）如何判断浮点数运算结果是否发生溢出?

（3）如何判断浮点数运算结果是否为规格化数？如果不是规格化数，如何进行规格化?

（4）为什么阵列除法器中能用 CAS 的进位 / 借位控制端作为上商的控制信号?

（5）移位运算和乘法及除法运算有何关系?

3.4 已知 x 和 y，用变形补码计算 $x+y$，并判断结果是否溢出。

（1）$x=0.11010$，$y=0.10111$。

（2）$x=0.11101$，$y=-0.10100$。

（3）$x=-0.10111$，$y=-0.11000$。

3.5 已知 x 和 y，用变形补码计算 $x-y$，并判断结果是否溢出。

（1）$x=0.11011$，$y=0.11101$。

（2）$x=0.10111$，$y=0.11110$。

（3）$x=-0.11111$，$y=-0.11001$。

3.6 用原码一位乘法计算 $x \times y$。

（1）$x=-0.11111$，$y=0.11101$。

（2）$x=-0.11010$，$y=-0.01011$。

3.7 用补码一位乘法计算 $x \times y$。

（1）$x=0.10110$，$y=-0.00011$。

（2）$x=-0.011010$，$y=-0.011101$。

3.8 用原码不恢复余数法计算 $x \div y$。

（1）$x=0.10101$，$y=0.11011$。

（2）$x=-0.10101$，$y=0.11000$。

3.9 设数的阶码为 3 位，尾数为 6 位（均不包括符号位），按机器补码浮点运算规则完成下列 $[x+y]_{补}$ 运算。

（1）$x=2^{011} \times 0.100100$，$y=2^{010} \times (-0.011010)$。

（2）$x=2^{-101} \times (-0.100010)$，$y=2^{-100} \times (-0.010110)$。

3.10 采用 IEEE754 单精度浮点数格式计算下列表达式的值。

（1）$0.625+(-12.25)$　　（2）$0.625-(-12.25)$

3.11 假定在一个 8 位字长的计算机中运行如下 C 语言程序段。

```
unsigned int x=134;
unsigned int y=246;
int m=x; int n=y;
unsigned int z1=x-y;
unsigned int z2=x+y;
int k1=m-n;
int k2=m+n;
```

若编译器编译时将 8 个 8 位寄存器 R1 ~ R8 分别分配给变量 x、y、m、n、$z1$、$z2$、$k1$ 和 $k2$。请回答下列问题（提示：带符号整数用补码表示）。

（1）执行上述程序段后，寄存器 R1、R5 和 R6 中的内容分别是什么？（用十六进制表示）

（2）执行上述程序段后，变量 m 和 $k1$ 的值分别是多少？（用十进制表示）

（3）上述程序段涉及带符号整数加减、无符号整数加减运算，这 4 种运算能否利用同一个加法器及辅助电路实现？简述理由。

（4）计算机内部如何判断带符号整数加减运算的结果是否发生溢出？上述程序段中，哪些带符号整数运算语句的执行结果会发生溢出？

3.12　如果全加器采用图 3.2（b）所示的方案实现，尝试分析图 3.3 ～图 3.8 所示电路的时间延迟和成本开销，你认为与图 3.2（a）所示方案相比哪个方案更好，为什么？

实践训练

（1）在 Logisim 中构建 8 位可控加减法电路、4 位先行进位电路、4 位快速加法器、16 位组内并行、组间并行加法器。

（2）在 Logisim 中设计 5 位无符号阵列乘法器，并利用该乘法器构造补码乘法器。

（3）在 Logisim 中设计 8 位原码一位乘法和补码一位乘法器。

（4）在 Logisim 中设计能满足 MIPS 指令系统功能的 32 位多功能运算器。

第 4 章　存储系统

根据冯・诺依曼计算机存储程序的设计思想可知，存储器是计算机中存放指令和数据的主要场所。存储器的容量越大，表明它能存储的信息越多。提高存储系统的访问速度，有利于提高计算机处理信息的速度。设计大容量、高速度、低成本的存储系统是计算机发展追求的目标之一。本章主要内容包括存储器的组成与工作原理，利用存储器芯片构建主存的基本方法，高速缓冲存储器及虚拟存储器的工作原理。

4.1　存储器概述

4.1.1　存储器分类

由于信息载体和电子元器件的不断发展，存储器的功能和结构都发生了很大变化，先后出现了多种类型的存储器，具体可以从以下不同的角度进行分类。

1. 按存储介质分类

（1）磁存储器

磁存储器都以磁性材料作为存储介质，利用磁化单元剩磁的不同磁化方向来存储数据 0 和 1。它主要包括磁芯、磁盘、磁带存储器等，目前广泛使用的磁盘、磁带中都包含机械装置，所以其体积大、存取速度慢，但磁存储器单位容量成本最低。

（2）半导体存储器

用半导体器件组成的存储器称为半导体存储器。目前有两大类：一种是双极型存储器，主要包括 TTL 型和 ECL 型两种；另一种是金属氧化物半导体存储器，简称 MOS 存储器，又可分为静态 MOS 存储器（SRAM）和动态 MOS 存储器（DRAM）。半导体存储器体积小，存储速度快，但单位容量成本相对较高。

（3）光存储器

光存储器利用介质的光学特性读出数据，如 CD-ROM、DVD-ROM 均以刻痕的形式将数据存储在盘面上，用激光束照射盘面，靠盘面的不同反射率来读出信息。而磁光盘则利用激光加热辅助磁化的方式写入数据，根据反射光的偏振方向的不同来读出信息。光盘存储器便于携带，成本低廉，适用于电子出版物的发行。

2. 按存取方式分类

（1）随机存储器

随机存储器（Random Access Memory，RAM）可以按照地址随机读写数据存储单元，且存取访问时间与存储单元的位置无关。早期的磁芯存储器和当前大量使用的半导体存储器都是随机存储器。

（2）顺序存储器

顺序存储器（Sequential Access Memory，SAM）是指存储单元中的内容只能依地址顺序访问，且访问的速度与存储单元的位置有关的存储器，典型的如磁带存储器。

（3）直接存储器

直接存储器（Direct Access Memory，DAM）是指不必经过顺序搜索就能在存储器中直接存取信息的存储器，这类存储器兼有随机存储器和顺序存储器的访问特性，典型的如磁盘存储器。磁盘由于存在机械寻道和旋转延迟，因此数据访问时间和磁头与目标扇区的距离有关系。

3. 按信息的可改写性分类

既能读出又能写入信息的存储器称为**读写存储器**。而有些存储器中的内容不允许被改变，只能读出其中的内容，这种存储器称为**只读存储器**（Read Only Memory，ROM），常见的有半导体只读存储器，也有光盘存储器，如 CD-ROM、DVD-ROM 等。

4. 按信息的可保存性分类

按照信息保存的时间和条件的不同，存储器分为易失性存储器和非易失性存储器。易失性存储器是指断电后，所保存的信息会丢失的存储器，常见的如半导体 RAM。非易失性存储器是指断电后，所保存的信息不丢失的存储器，常见的有半导体 ROM、闪存、磁盘、光盘存储器等。

5. 按功能和存取速度分类

（1）寄存器存储器

它是由多个寄存器组成的存储器，如 CPU 内部的通用寄存器组，一般由几个或几十个寄存器组成，其字长一般与计算机字长相同，主要用来存放地址、数据及运算的中间结果，速度与 CPU 匹配，容量很小。

（2）高速缓冲存储器

它又称高速缓存 cache，是隐藏在寄存器和主存之间的一个高速小容量存储器，用于存放 CPU 即将或经常要使用的指令和数据。它一般采用静态 RAM 构成，用于缓冲 CPU 与慢速主存之间的性能差异，提高存储系统的访问速度。

（3）主存储器

主存储器简称**主存**，是 CPU 除寄存器外唯一能直接访问的存储器，用于存放指令和数据。CPU 通过主存地址直接、随机地读写主存储器。主存一般由半导体存储器构成，但注意主存并不是单一的内存，还包括 BIOS、硬件端口等。

（4）外存储器

计算机主机外部的存储器称为外存储器，简称**外存**或**辅助存储器**。外存容量很大，但存取速度相对较低。目前广泛使用的外存储器包括磁盘、磁带、光盘存储器、磁盘阵列和网络存储系统等。外存用来存放当前暂不参与运行的程序和数据，以及一些需要永久性保存的数据信息。

4.1.2 存储器技术指标

存储器的特性由它的技术指标来描述，常见技术指标包括存储容量、存取速度（包括存取时间、存储周期、存储带宽）等。

1. 存储容量

存储器可以存储的二进制信息总量称为存储容量。常用的容量单位及其与访问地址的关系详见第 1 章 1.4 节中的介绍。存储容量可以采用比特位或者字节来表示。

（1）位表示法。以存储器中的存储单元总数与存储字位数的乘积表示，如 1K×4 位表示该芯片有 1K 个单元（1K = 1024），每个存储单元的长度为 4 个二进制位。

（2）字节表示法。以存储器中的单元总数表示（一个存储单元由 8 个二进制位组成，称为一个字节，用 B 表示），如 128B 表示该芯片有 128 个单元。

2. 存取速度

（1）**存取时间**：又称为存储器的访问时间，是指启动一次存储器操作（读或写分别对应取与存）到该操作完成所经历的时间，注意读写时间可能不同，DRAM 读慢写快、闪存读快写慢。

（2）**存取周期**：连续启动两次访问操作之间的最短时间间隔，又称存储周期；对主存而言，存储周期除包括存取时间外，还包括存储器状态的稳定恢复时间，所以存储周期略大于存取时间。

（3）**存储器带宽**：单位时间内存储器所能传输的信息量，常用的单位包括位 / 秒或字节 / 秒；带宽是衡量数据传输速率的重要指标，与存取时间的长短和一次传输的数据位的多少有关；一般而言存取时间越短、数据位宽越大，存储带宽越高。.

4.1.3　存储系统层次结构

当某一种存储器在存储速度、存储容量、价格成本上均被另一种存储器超越时，也就是该存储器被淘汰之时，如传统的软磁盘就被 U 盘所替代。人们一直在追求存储速度快、存储容量大、成本低廉的理想存储器，但在现有技术条件下这些性能指标往往是相互矛盾的，还无法使单一存储器同时拥有这些特性，这也是目前同时存在多种不同类型存储器的原因。存储系统层次结构利用程序局部性的原理，从系统级角度将速度、容量、成本各异的存储器有机组合在一起，全方位优化存储系统的各项性能指标。

典型的存储系统层次结构如图 4.1 所示。这是一个典型的金字塔结构，从上到下分别是寄存器、高速缓存、主存、磁盘、磁带等。越往上离 CPU 越近，访问速度越快，单位容量成本越高；从上到下存储容量越来越大，图中分别给出了不同层级存储设备的大概访问时间延迟和容量量级单位。

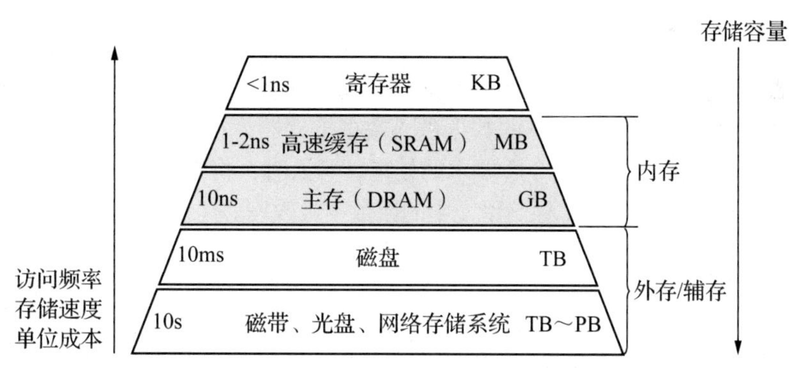

图 4.1　存储系统的分级结构

由于程序访问存在局部性，因此上层存储器可以为下层存储器做缓冲，将最经常使用数据的副本调度到上层，这样 CPU 只需要访问上层快速的小容量存储器即可获得大部分数据。这种方式有效提高了系统访问速度，大大缓解了 CPU 与主存、主存与辅存的性能差异，另外使用大容量辅存也大大缓解了主存容量不足的问题。基于这种层次结构，就构成了一个满足应用需求的存储速度快、存储容量大、成本价格低的理想存储系统。

4.1.4　主存的基本结构

主存是机器指令直接操作的存储器，采用主存地址进行随机访问，整个主存从空间逻辑上可以看作一个一维数组 mem[]，每个数组元素存储一个 m 位的数据单元，主存地址 addr 就是数组的下标索引，数组元素的值 mem[addr] 就是主存地址对应的存储内容，在 C 语言中学习过的指针本质上就是主存地址。

主存的硬件内部结构如图 4.2 所示。它由存储体加上一些外围电路构成。外围电路包括地址译码器、数据寄存器和读写控制电路。

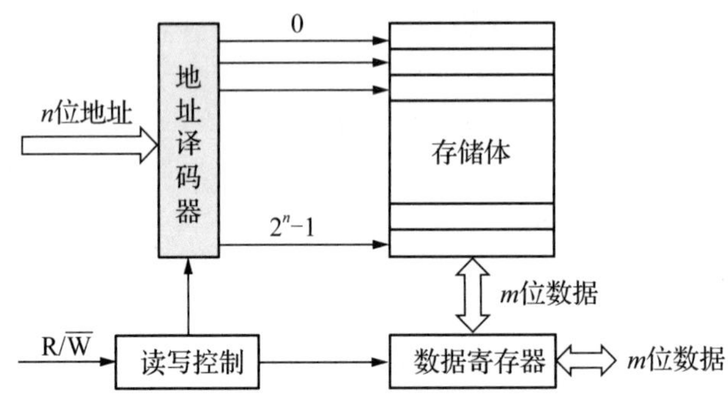

图 4.2　主存的硬件内部结构

地址译码器接收来自 CPU 的 n 位地址信号，经译码、驱动后形成 2^n 根地址译码信号，每一根地址译码信号连接一个存储单元。每给出一个地址，2^n 个地址译码信号中只有与地址值对应的那个信号才有效，与之连接的存储单元被选中，输出 m 位数据。

数据寄存器暂存 CPU 送来的 m 位数据，或暂存从存储体中读出的 m 位数据。

读写控制电路接收 CPU 的读写控制信号后产生存储器内部的控制信号，将指定地址的信息从存储体中读出并送到数据寄存器中供 CPU 使用，或将来自 CPU 并已存入数据寄存器的信息写入存储体中的指定单元。

CPU 执行某条机器指令时，若需要访问主存，则应首先生成该数据在主存中的地址。该地址经地址译码器后选中存储体中与该地址对应的存储单元，然后由读写控制电路控制读出或写入。读出时，将选中的存储单元所存的数据送入数据寄存器，存储单元中的内容不变。CPU 从数据寄存器中取走该数据，进行指令所要求的处理。写入时，将 CPU 送来并已存放于数据寄存器中的数据写入选中的存储单元，存储单元中的原数据被改写。

4.1.5　主存中数据的存放

主存中的数据存放

1. 存储字长与数据字长的概念

（1）存储字长：主存的一个存储单元所存储的二进制位数。

（2）数据字长（简称字长）：计算机一次能处理的二进制数的位数。

存储字长与数据字长不一定相同，如字长为 32 位的计算机所采用的存储字长可以是 16 位、32 位或 64 位。

2. 地址访问模式

存储字长都是字节的整倍数，主存通常按字节进行编址。以 32 位计算机为例，主存既可以按字节访问，也可以按 16 位半字访问，还可以按照 32 位的字进行访问。按照访问存储单元的大小，主存地址可以分为**字节地址**、**半字地址**、**字地址**。图 4.3 所示为不同主存地址访问模式的示意图，图中的主存空间可以按照不同地址进行访问，不同地址访问存储单元的大小不一样。

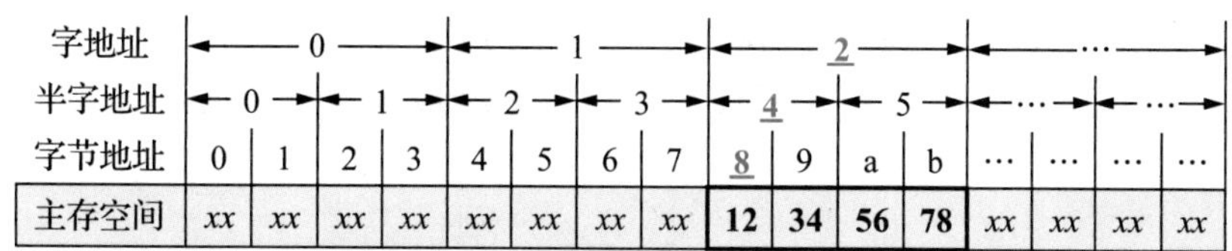

图 4.3 不同的主存地址访问模式

字节地址逻辑右移一位即可得到半字地址，右移两位可得到字地址。图中 8 号字节地址对应的半字地址为 4，字地址为 2，注意这 3 个地址在逻辑空间的起始位置都是 8 号字节单元，区别只是存储单元的大小不同。以下程序为 Intel x86 汇编程序访问不同存储单元的例子，假设数据段寄存器 DS 值为 0。

```
MOV AH,[8]          # 按字节访存          AH=0x12
MOV AX,[8]          # 按双字节访存        AX=0x3412
MOV EAX,[8]         # 按四字节访存        EAX=0x78563412
```

从程序中可以看出，不同的地址访问给出的主存地址实际都是字节地址，CPU 在执行指令的时候可以将字节地址低 2 位用于访问控制。如果按字节访问，字节地址低 2 位用于选择字存储单元中的哪一个字节；如果按半字访问，字节地址倒数第 2 位用于选择字存储单元中的哪个半字。

3. 大端和小端方式

采用多字节方式访问主存时，主存中的字节顺序非常重要，不同的顺序访问得到的数据完全不一样。当存储器的低字节地址单元中存放的是数据的最低字节时，称这种数据存放方式为小端（Little-Endian）方式；反之，当存储器的低字节地址单元中存放的是数据的最高字节时，称这种数据存放方式为大端（Big-Endian）方式。

图 4.3 中访问 2 号字存储单元时，如果按小端方式访问得到的数据是 0x78563412，而如果按照大端方式访问得到的数据则是 0x12345678，采用大、小端方式对数据进行存放的主要区别在于字节的存放顺序。采用大端方式进行数据存放符合人类的正常思维，而采用小端方式进行数据存放有利于计算机处理。

主流处理器一般都采用小端方式进行数据存放，如 Intel x86、IA64 处理器、RISC-V 处理器。有的处理器系统采用了大端方式进行数据存放，如 PowerPC 处理器；还有的处理器同时支持大端和小端方式，如 ARM、MIPS 处理器。除处理器外，外部设备设计、TCIP/IP 数据传输、音频和视频文件中都存在数据存放方式的选择问题。当计算机中的数据存放方式与其不一致时，就需要进行数据字节顺序的转换。

大端与小端方式的差别不仅体现在处理器的寄存器、存储器中，在指令集、系统总线等各个层次中也可能存在大端与小端方式的差别。读者必须深入理解大端和小端方式的上述差别。

4. 数据的边界对齐

现代计算机中主存空间按照字节编址，而高级语言中不同数据类型的变量对应不同的字节长度，C 语言中不同数据类型变量的字节长度如表 4.1 所示。

从表可知，不同数据类型的变量都会包含一个或多个字节单元，这些变量在进行主存地址空间分配时，从理论上讲可以从任何字节地址开始，但当一个多字节变量分布在不同的字存储单元中时，访问该变量就需要多个存储周期。为了提高数据访问效率，通常要考虑数据变量、数据结构在主存空间中的边界对齐问题。

表 4.1　不同数据类型变量的字节长度

C 语言数据类型	x86	IA-64	C 语言数据类型	x86	IA-64
char	1	1	float	4	4
short	2	2	double	8	8
int	4	4	long double	NA	16
long	4	8	pointer	4	8

所谓边界对齐就是按照数据类型的大小进行边界对齐，具体规则如下。

（1）双字数据起始字节地址的最末 3 位为 000，地址是 8 的整数倍。

（2）单字数据起始字节地址的最低两位为 00，地址是 4 的整数倍。

（3）半字数据起始字节地址的最低一位为 0，地址是 2 的整数倍。

（4）单字节数据不存在边界对齐问题（主存按字节编址）。

图 4.4 所示为 32 位主存中变量未对齐的空间分配模式，这种方式对存储空间的利用率最高，但双精度浮点数 x 的 8 个字节分布在 3 个存储字中，访问该变量需要 3 个存储周期；另外最后一个 short 变量 k 的数据也跨越了两个存储字，会带来访问性能的问题。

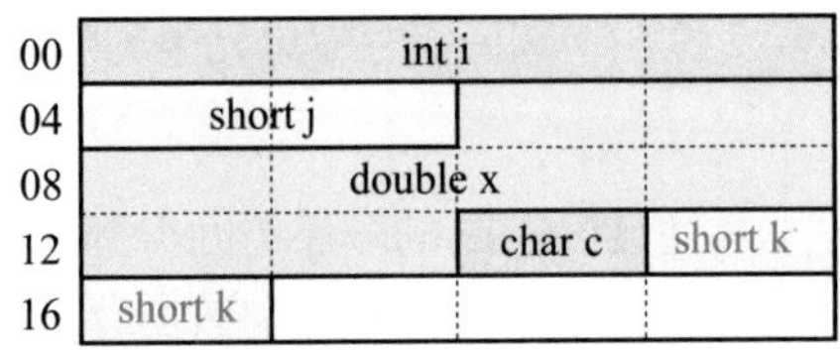

图 4.4　未对齐模式

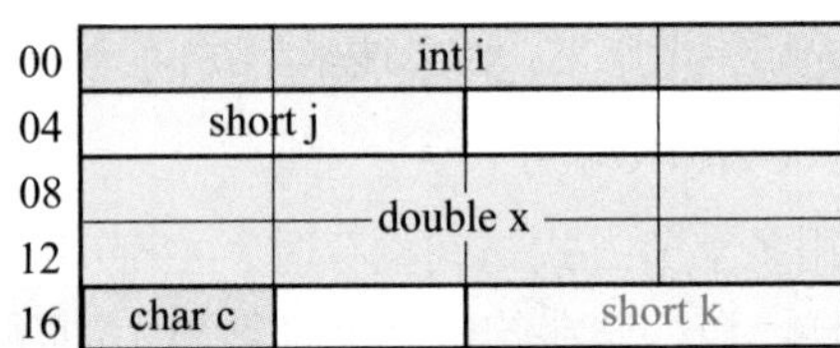

图 4.5　对齐模式

图 4.5 所示的模式则遵循了边界对齐的规则，变量 x、k 都只占用了最少的机器字，访问 x 只需两个存储周期，访问 k 只需要一个存储周期，有效提升了存储速度。但注意这种方式会造成空间的浪费，需要折中考虑。目前主流编译器不仅会对数据变量进行边界对齐，还会对复杂的数据结构进行边界对齐。

4.2　半导体存储器

半导体存储器的主要特点是存取速度快、体积小、性能可靠，已成为实现主存的首选器件。半导体存储器通常分为随机存储器和只读存储器。

4.2.1　静态 MOS 存储器

存储体以静态 MOS 存储元为基本单元组成的存储器称为静态 MOS 存储器（SRAM）。

1. 静态 MOS 存储元

存储元是存储器中的最小存储单位，也称为存储位元，其作用是存储一位二进制信息。若干存储元组成一个存储单元，而若干存储单元组成一个存储器。存储元电路需具备以下基本功能。

SRAM存储原理

- 具有两种稳定状态。
- 两种稳定状态经外部信号控制可以相互转换。
- 经控制后能读出其中的信息。
- 无外部原因，其中的信息能长期保存。

（1）6 管 MOS 存储元

静态存储元的结构有多种，一种典型的 6 管 SRAM 存储元电路如图 4.6 所示。其中 T_1、T_2 为工作管；T_3、T_4 为负载管（功耗管）；T_5、T_6、T_7、T_8 为门控管，相当于控制开关，控制存储元数据信息与外界的连通或隔离。静态存储元由 T_1、T_2 组成的双稳态触发器存储一位二进制信息。

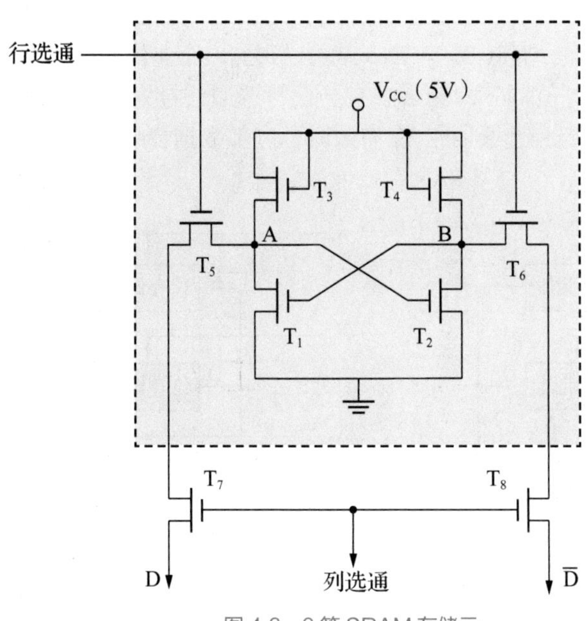

图 4.6　6 管 SRAM 存储元

（2）电路状态

假设 A 点为高电位，根据 MOS 管特性，栅极高电位则源极和漏极导通，低电位则截止，所以 A 点高电位使 T_2 管导通，B 点与接地端导通，变成低电位；而 B 点的低电位又使 T_1 管截止，A 点的高电位和漏极接地端隔离。这样 T_1、T_2 管一个截止、一个导通，A 点高电位，B 点低电位，形成一个稳定的状态，用来存储数据“1”。由于电路是对称的，因此当 B 点为高电位时，A 点则为低电位，也可以构成另一个稳态，可用这个状态表示数据“0”。注意带电情况下，A、B 点电平信号相同时的状态都是不稳定状态，电路最终会变成稳定状态。

（3）写操作

写操作首先通过给出行选通、列选通的高电平信号打开 4 个门控管 T_5 ～ T_8，此时，A 点与位线 D 相通，B 点与位线 $\bar{D}$ 相通。将 D 线加高电位、同时给 $\bar{D}$ 线加低电位，则可将 A 点和 B 点的电位变成 1 和 0，从而写入数据“1”；反之为 D 线加低电位、$\bar{D}$ 线加高电位，则可写入数据“0”。

（4）读操作

读出数据时同样通过行、列选通信号打开门控管 T_5 ～ T_8，然后 A 点与位线 D 相通，B 点与位线 $\bar{D}$ 相通，将两根位线的信号经差分放大器放大后，就可以根据电流方向的不同输出不同的数据信息。

（5）信息的保持

当不对存储元进行读写操作时，不用给出行、列选通信号，门控管 T_5 ～ T_8 截止，电源 V_{CC} 通过负载管 T_3、T_4 不断为 T_1 或 T_2 提供电流，以保存信息。只要电源不断，存储元的状态就一直保持不变，并且在读出时也不破坏原有数据。

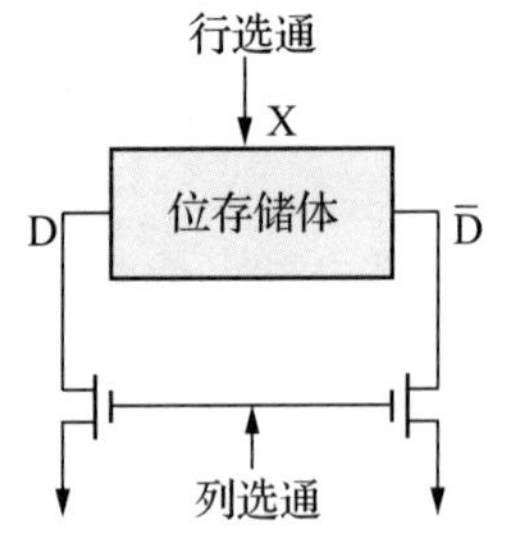

图 4.7　6 管 SRAM 存储元

2. 存储元扩展

注意通常将 $T_1 \sim T_6$ 管封装在一起构成一个 6 管 SRAM 存储元，如图 4.7 所示。6 管 SRAM 存储元只能保存一位数据，给出行选通信号即可将其内部存储的数据输出到位线 D 上。下面将介绍如何由一位存储体构成多位大容量的存储器。

将 4 个位存储体的位线并联在一起，且各自连接不同的行选通地址 $X_0 \sim X_3$，就可以得到一个 4 位的存储单元，如图 4.8（a）所示。同一时刻最多有一根行选通信号为高电平，这样才能选中某一行存储元，并输出到位线。当列选通信号 Y_0 有效时，内部数据会与 I/O 电路连通，通过控制电路即可进行读取或写入操作。

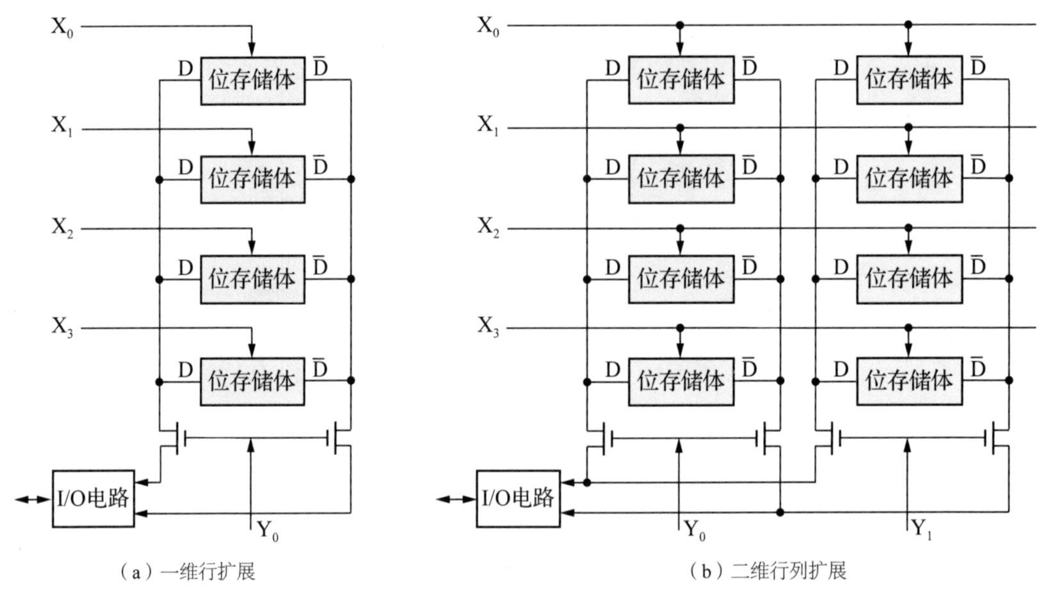

（a）一维行扩展　　（b）二维行列扩展

图 4.8　SRAM 存储元的行列扩展

注意图 4.8（a）所示的扩展方式是一维的行扩展方式；也可以采用图 4.8（b）所示的二维行列扩展方式，在行列两个方向都进行扩展，所有列的位线都并联在一起，所以同一时刻列选通信号也只允许一根有效，也就是通过行、列地址可以选通其中一个位存储体进行访问。采用二维行列扩展方式可以有效减少行列选通信号的根数，降低制造的难度。

由于行、列选通信号中同一时刻都只能有唯一的信号为 1，因此在实际实现时通常采用译码器实现行、列选通信号的控制。译码器是组合逻辑电路，其功能是将 n 位二进制信号输入翻译成 2^n 个输出信号，每个输出信号都是 n 位输入的最小项，所以译码器也称为**最小项发生器**。假设 n 位输入的二进制值为 m，则 2^n 个输出信号中第 m 个信号为高电平，其他信号都为低电平（假设高电平有效）。根据译码器的功能，其非常适用于生成存储器扩展中所需要的行、列选通信号。

假设地址位宽为 n 位，对于一维行扩展，只需要一个 n 路输入译码器即可，这种结构也称为**单译码结构**。其译码输出信号为 2^n 根，假设 $n = 16$，则 $2^n = 65536$，随着 n 值变大，译码器电路的开销不容忽视，另外译码输出过多也会占用较多的晶圆面积，其生产制造也会存在困难。

而对于二维行列扩展，需在行列两个方向各设置一个 $n/2 = 8$ 路输入译码器（行、列地址数目也可以不一样），这种结构称为**双译码结构**。其译码输出信号为 $2 \times 2^{n/2} = 512$ 根，存储容量

为 $2^{n/2}\times2^{n/2}=2^n$，和单译码结构一样，但输出信号少很多，译码电路成本也会大大降低，因此在大容量存储器中普遍采用双译码结构。单译码和双译码结构具体原理如图 4.9 所示。

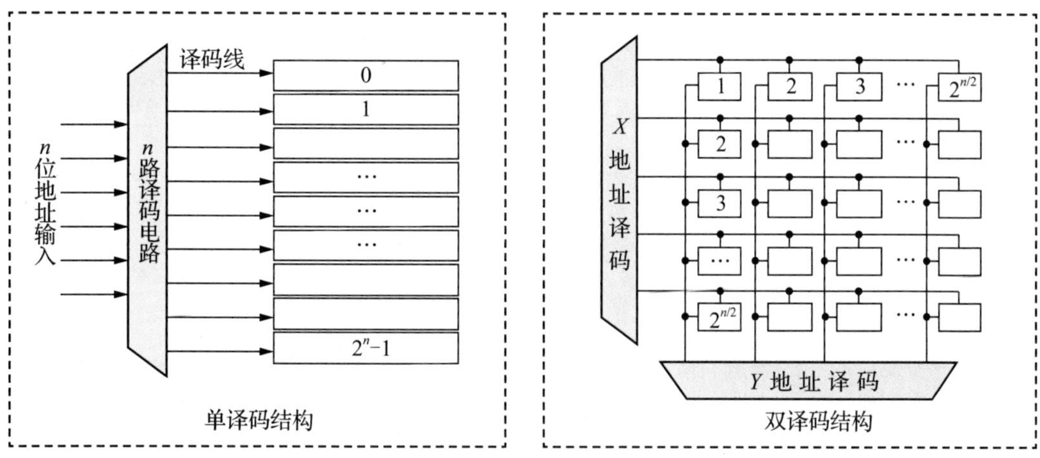

图 4.9 单译码和双译码结构

通过二维存储扩展，很容易构建大容量的 SRAM，但这样的存储器给出地址后，同一时刻只有一个存储元被选中，一次只能访问一位数据，而实际存储器均是以字节为基本单位的，如何扩展存储器的字长呢？其实方法很简单，只需要将多个一位存储体的地址线并联在一起工作即可同时得到多位的数据，这种方法称为**字长扩展**。

3. 静态 MOS 存储器的结构

静态 MOS 存储器一般由存储体、地址译码电路、I/O 电路和控制电路等组成。图 4.10 所示为一个 4096×4 位的静态 MOS 存储器结构框图。

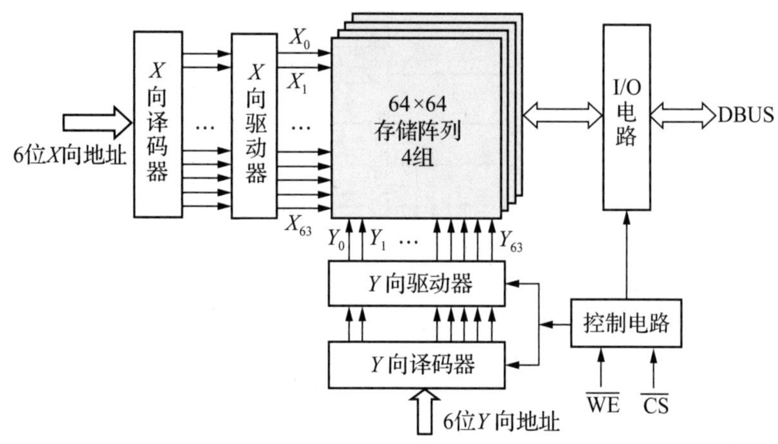

图 4.10 4096×4 位的静态 MOS 存储器结构框图

（1）存储体

存储体由 4 组存储阵列地址线并联构成，X、Y 方向各 6 根地址线，经过 X、Y 译码器后各产生 64 根选择线，存储矩阵为 64×64 位。

（2）地址译码器

存储器中地址译码器的作用是将地址翻译成驱动存储元门控管的行、列选通信号，并选中相应的存储元，这里采用的是双译码结构。

（3）驱动器

每个行译码输出信号都要同时驱动这一行上所有位存储体的 T_5、T_6 两个门控管，考虑 4 个存储阵列并发，每一根行译码输出信号线要驱动 64×2×4 = 512 个门控管，负载较大，因此用驱动器来增强其负载能力。而每一个列译码器的输出信号要打开 T_7、T_8 两个门控管，4 位存储体需要驱动 8 个门控管，所以也需要增加 *Y* 向驱动器增强其负载能力。

（4）I/O 电路

I/O 电路用来控制数据的输入和输出，也就是用于对被选中单元进行读写控制。它处在存储单元和数据总线之间。读出时，数据经输出驱动送至数据总线；写入时，数据总线上的数据送入 I/O 电路，再写入对应单元。

（5）片选和读写控制电路

由于一块集成芯片的容量有限，要组成一个大容量的存储器，往往需要将多块芯片连接起来使用。此时，存储器被访问时并不是所有的芯片都会同时工作，通过片选信号可以很好地解决存储芯片的选择问题。只有片选信号 $\overline{CS}$ 有效的存储芯片才能进行读或写操作。读或写操作通过 CPU 发出读写命令控制 $\overline{WE}$ 来实现。

4. 静态 MOS 存储器芯片实例

Intel 2114 是 Intel 公司推出的一款 1K×4 位的 SRAM 芯片，图 4.11（a）所示为该芯片的封装引脚示意图，该芯片包括 1024 个字，字长 4 位；除电源和接地引脚外，该芯片还包括地址输入引脚 10 个，数据双向输入输出引脚 4 个，另外还包括片选信号 $\overline{CS}$ 和写使能信号 $\overline{WE}$ 两个引脚。

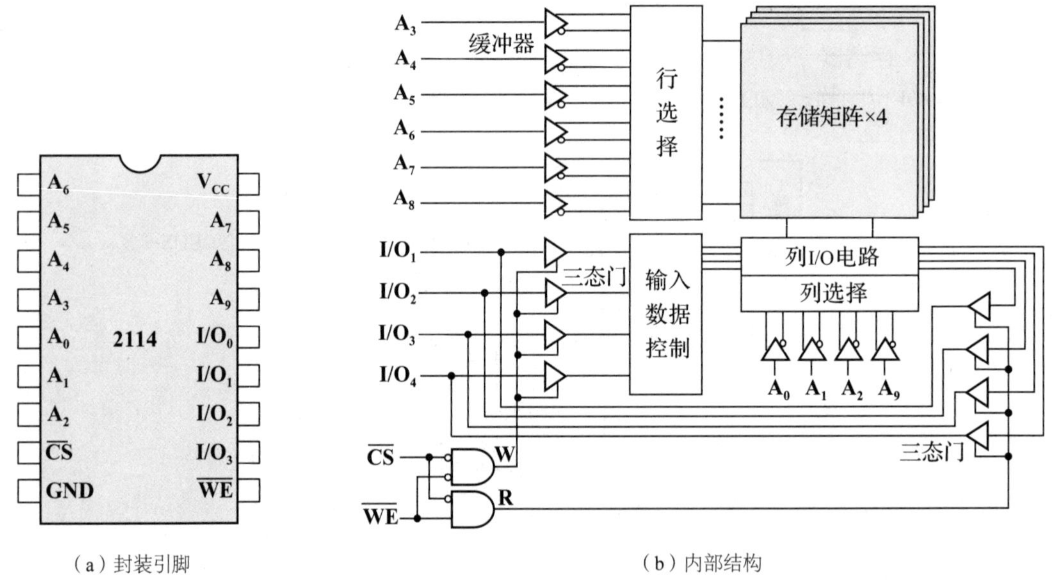

（a）封装引脚　　（b）内部结构

图 4.11　Intel 2114 结构

图 4.11（b）所示为芯片内部原理，从图中可知地址输入 $A_3 \sim A_8$ 用于行译码，这里通过缓冲器送入行选择电路，译码驱动产生 64 条行选通信号；$A_0 \sim A_2$ 及 A_9 用于列译码，同样通过缓冲器送入列选择电路产生 16 条列选通信号，给出一个地址后会选中每个存储矩阵中的一位，共 4 位信息。

$I/O_1 \sim I/O_4$ 用于连接双向数据总线。这里利用三态门进行数据总线的传输方向控制。由片选信号$\overline{CS}$和写使能信号$\overline{WE}$控制左右两组三态门的写入或读出。写入时，$\overline{CS}$和$\overline{WE}$均有效（低电平），W 端为高电平，打开左侧的一组三态门，数据总线上的数据经输入数据控制逻辑写入存储器。读出时，$\overline{WE}$无效（高电平），R 端为高电平，右边的一组三态门被打开，数据从存储器读出并由列 I/O 电路送入数据总线。由于读和写是分时的，W 和 R 信号互斥，因此数据总线上的数据不会出现混乱。

5. SRAM 读写时序

存储器具有自己的读写周期特性，只有按照存储器的读写周期去访问存储器才能保证读写操作的正确性。图 4.12 所示为 SRAM 芯片的读写周期时序示意图。图中右侧用文字对存储器读写周期中的每一个时间参数进行了简要说明。

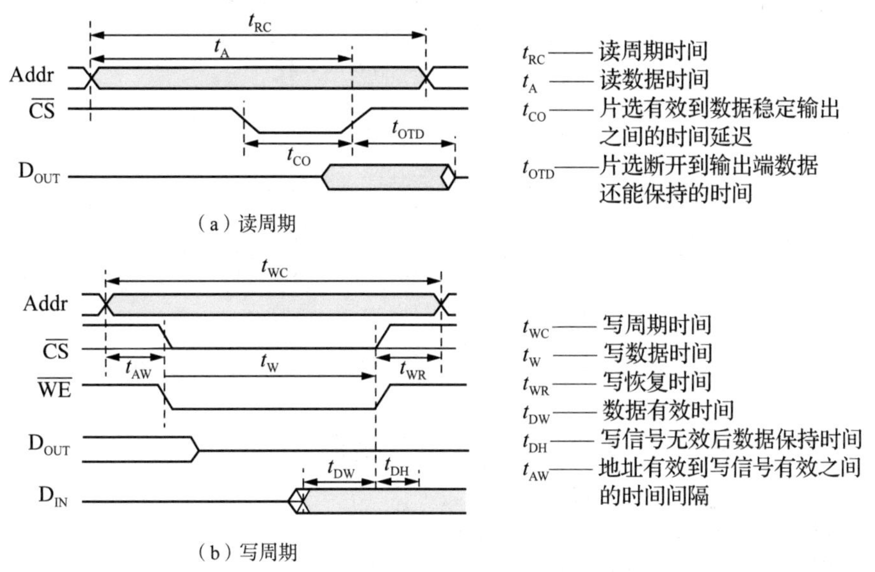

图 4.12　2114 的读写周期时序及时间参数

对写周期需要特别强调的是，地址有效后必须还要再等 t_{AW} 的时间后，写信号$\overline{WE}$才能有效果，否则可能导致写出错。另外，写信号无效后，还要经过 t_{WR} 的时间才能改变地址，否则也容易导致写出错。写数据必须在片选信号$\overline{CS}$和写信号$\overline{WE}$无效前 t_{DW} 的时间就送入数据总线上。

4.2.2　动态 MOS 存储器

存储体以动态 MOS 存储元为基本单元组成的存储器称为动态 MOS 存储器（DRAM）。

SRAM 需要 6 个 MOS 管才能存储 1 位数据，存储密度较低；另外即使存储元不进行读写，功耗管和导通的工作管之间也有电流存在，其功耗较大，为进一步提高存储密度，降低功耗，人们尝试去掉 MOS 管中的功耗管，通过引入存储电容暂存电荷的方式来保存数据。由此出现了 4 管 DRAM 存储元，包含 4 个 MOS 管和 2 个存储电容；还有 3MOS 管和 1 个存储电容的存储元，如 Intel 公司第一块 DRAM 芯片 1103。目前在内存中较为常见的结构是单管动态 MOS 存储元。

1. 单管动态 MOS 存储元

单管动态 MOS 存储元仅仅使用一个 MOS 管和一个电容构成存储元，这也是目前内存中基本存储元的结构，基本存储元如图 4.13 中蓝色圆圈内部的电路所示。

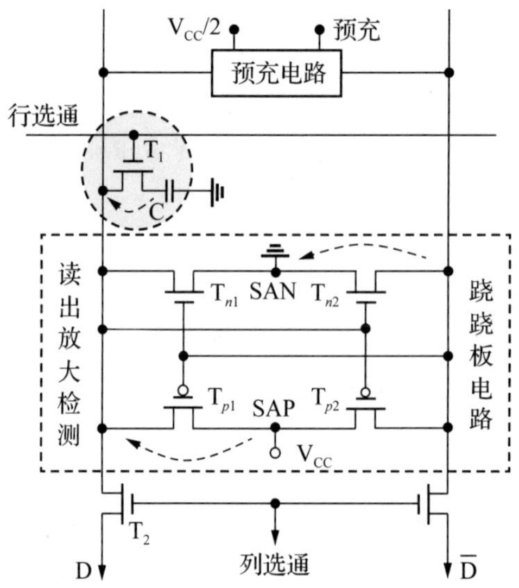

图 4.13　单管 DRAM 内部电路

单管动态 MOS 存储元利用存储电容 C 是否带电荷来表示数据，有电荷表示数据“1”，无电荷表示数据“0”。读出时给出行、列选通信号使得 T_1、T_2 导通，存储电容 C 上的电荷会与位线上的[①]寄生电容进行电荷重分配，形成微弱的电流，再由非常灵敏的读出放大器根据是否存在电流输出数据“1”或“0”。写入时通过位线上的高电平对电容 C 进行充电写入“1”，低电平对电容放电写入“0”。

以上是单管 DRAM 存储数据的基本原理，但实际上单管 DRAM 还存在较多的技术细节，其与 SRAM 的读写存在如下较大的差异。

（1）DRAM 利用存储电容的电荷表示数据，电容充、放电的过程较慢，所以其读、写速度都比利用 MOS 导通截止的 SRAM 单元要慢。

（2）存储电容的容量比寄生电容要小一个量级，所以执行读操作时二者进行电荷重分配产生的电流十分微弱，需要用非常灵敏的差分放大器进行检测。另外读操作可能会引起电荷减少，从而破坏原有数据，为避免数据丢失，读出后会将数据重新写入，该过程称为**数据恢复**。

（3）数据恢复以及读出信号放大的逻辑由**再生放大电路**实现，通常每组列线上都有一个共享的再生放大电路，该电路为该列上所有存储元所共享。

（4）电容 C 上的电荷会逐渐泄漏，数据只能保存较短的时间。为避免数据丢失，必须定期采用类似读操作的方式对存储单元补充电荷，这个过程称为**刷新**，这也是动态 RAM 得名的原因。

（5）DRAM 也采用与 SRAM 一样的行列矩阵结构，每一个行列地址对应一个存储元，具体如图 4.13 所示。图中也包含两条对称的位线，每一列都包含一组共享的预充电路和读出放大检测电路。读出放大检测电路由 4 个 MOS 管构成，是一个跷跷板电路。当位线上的电压有微弱差异时，跷跷板电路的平衡被打破，电压略高一侧会变成稳定的高电平逻辑“1”，另一侧则变成稳定的低电平逻辑“0”。

2. 单管 DRAM 工作原理

有了以上技术细节，再来看看 DRAM 的读操作流程。

① 寄生电容的意思是本来没有在这里设计电容，位线将一列中的所有 MOS 管连接在一起，因此具有较大的寄生电容，通常是存储电容的 10 倍。

（1）预充操作（Precharge）：给出预充信号，由预充电路将位线 D 和 $\overline{D}$ 预充到 $V_{CC}/2$ 的电压后撤除预充信号，此时位线上的寄生电容保持 $V_{CC}/2$ 的电压；预充的目的是加速读取的过程，类似将跷跷板支撑到一定的高度，方便跷跷板一上一下。

（2）访问操作（Access）：给出行选通信号，T_1 管导通，存储电容和位线上的寄生电容进行电荷重分配，假设存储电容上有电荷，存储数据“1”，则位线 D 上的电压将略大于 $V_{CC}/2$；反之如果存储电容上没有电荷，则位线 D 上的电压将略低于 $V_{CC}/2$。

（3）信号检测（Sense）：启动读出放大检测电路，将 SAN 接地，SAP 电压为 V_{CC}，由于左侧电压略高，跷跷板电路平衡被打破，T_{n2}、T_{p1} 相对而言更容易导通，交叉连接的 MOS 管形成正反馈，电路稳定后 D 线上的电压上为稳定的逻辑“1”高电平 V_{CC}，而 $\overline{D}$ 线上则为逻辑“0”低电平。

（4）数据恢复（Restore）：经过信号检测阶段后，位线 D 变成稳定的逻辑“1”高电平 V_{CC}，该电平会给存储电容进行充电，使得存储电容的电荷恢复到之前的状态；由于同一行上所有列都可以并发进行前 4 步的操作，因此同一行上的所有存储元中的数据都会被刷新一遍，读操作可以实现行刷新的功能；由于数据恢复过程的时间延迟较长，因此通常将多列的读取并发进行以提高读性能，也就是按行进行批量读取。

（5）数据输出（Output）：给出列选通信号，位线 D 和 $\overline{D}$ 上的数据就可以输出到外部；由此可知 DRAM 的行选通和列选通信号并不是同时给出的，因此 DRAM 存储器通常将行、列地址复用，以减少地址引脚数目；完成数据的读操作后，撤除行选通信号，关闭读出放大检测电路。

写操作流程也需要经历与读操作前 4 步一样的流程，这样写入操作也可以实现和读操作一样的行刷新功能，数据恢复后只需给出列选通信号，将写入数据由 D 和 $\overline{D}$ 线送入即可。写入“1”时，位线上的高电平使得存储电容充电；写入“0”时，位线 D 上的低电平使得存储电容放电；完成充、放电后，撤除行选通信号，使得 T_1 管截止，完成写入操作。

对比 6 管 SRAM 和单管 DRAM 可知，SRAM 使用的 MOS 管较多，其存储密度较低，功耗较大，但正是功耗管的存在，使得其数据不会丢失，无须执行刷新操作。另外其读写速度也比 DRAM 要快得多。相对而言 SRAM 价格较贵，常用来构造高速缓存 cache。而 DRAM 存储元只需要一个 MOS 管和一个存储电容，存储密度大，功耗小，但电容存储电荷容易泄漏，需要动态刷新，读出操作属于破坏性操作，需要进行数据恢复操作。DRAM 的电容充、放电的时间较慢直接导致 DRAM 相比 SRAM 慢很多，但相对而言 DRAM 价格便宜，适合构造大容量的半导体存储器，如主存。

3. 动态 MOS 存储的刷新

关于动态存储器刷新需要注意如下几点。

（1）信息存储到数据丢失之前的这段时间称为**最大刷新周期**，而**刷新周期**则是存储器实际完成两次完整刷新之间的时间间隔。采用不同材料及不同生产工艺生产的动态存储器的最大刷新周期可能不同，常见的有 2ms、4ms、8ms 等。

（2）动态存储器的刷新**按行进行**，为减少刷新周期，可以减少存储矩阵的行数，增加列数。刷新地址由刷新地址计数器产生，而不是由 CPU 发出，刷新地址计数器的位数与动态存储芯片内部的行结构有关，通常刷新操作由内存控制器负责。如果某动态存储芯片内部有 256 行，则刷新地址计数器至少为 8 位，在每个刷新周期内，该计数器的值从 00000000 到 11111111 循环一次。

（3）读操作虽然具有刷新功能，但读操作与刷新操作又有所不同，刷新操作只需要给出行地址，而不需要给出列地址。

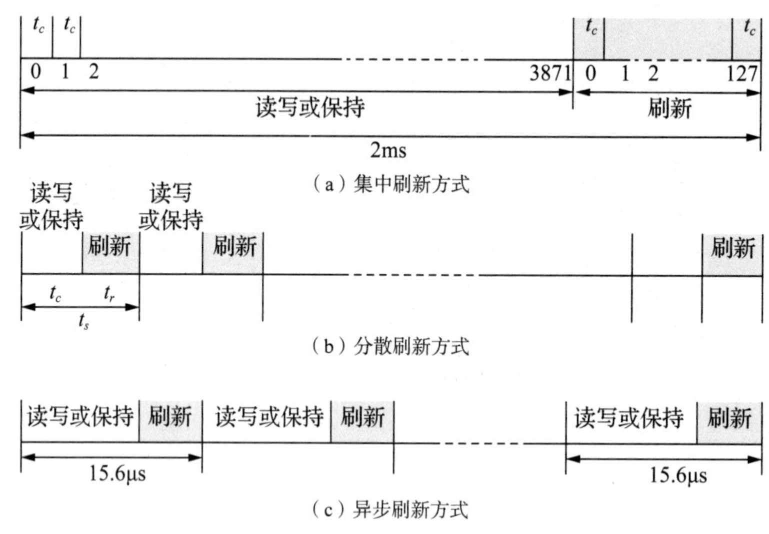

图 4.14　刷新时间分配

刷新时 DRAM 不能响应 CPU 的访问，所以 CPU 访问内存和内存控制器刷新操作存在**内存争用**问题，常见的解决方式有**集中刷新**、**分散刷新**、**异步刷新** 3 种。

（1）集中刷新方式

设动态存储器存储体为 128 行 ×128 列结构，存储器的读写周期 $t_c = 0.5\mu s$，刷新间隔为 2ms，因此 2ms 内应完成所有 128 行的刷新。图 4.14（a）所示为集中刷新方式的时间分配图。2ms 内可进行 4000 次读写或保持操作。在集中刷新方式下，2ms 内的前 3872 个读写周期都用来进行读写或保持，2ms 内的最后 128 个读写周期集中用于刷新。

集中刷新的优点是读写操作期间不受刷新操作的影响，因此存储器的速度比较快；缺点是存在较长时间的"死区"，即在集中刷新的 128 个读写周期内，CPU 长时间不能访问存储器。显然，存储器芯片内部的行数越多，"死区"时间就越长。

（2）分散刷新方式

分散刷新方式如图 4.14（b）所示。该方式把存储周期 t_s 分为 t_c 和 t_r 两个部分，前半段用来进行读写或保持操作，后半段用作刷新时间，因此 $t_s = 1\mu s$。每过 128 个 t_s，整个存储器就被刷新一次。显然，在 2ms 内进行约 15 次完整的存储器刷新。虽然这种刷新方式不存在"死区"，但因刷新过于频繁，严重影响了系统的速度，故不适合应用于高速存储器。

（3）异步刷新方式

异步刷新是集中刷新和分散刷新方式的结合，如图 4.14（c）所示。它将 128 次刷新平均分散在 2ms 的时间内，每隔一段时间刷新一行，这里 2ms 被分成 128 个 15.6μs 的时间段，将每个时间段中最后的 0.5μs 用来刷新一行。这样既充分利用了 2ms 的时间，又能保持系统的高速特性。这种方式相对前两种效率更高，更为常用。

4. 动态 MOS 存储芯片举例

动态 MOS 存储器芯片与静态 MOS 存储器芯片的结构大致相同。但由于动态 MOS 存储器芯片集成度高，而且要进行刷新操作，因此它的外围电路相对要复杂一些。图 4.15 所示为动态 MOS 存储器芯片 2116 的逻辑符号和内部结构。

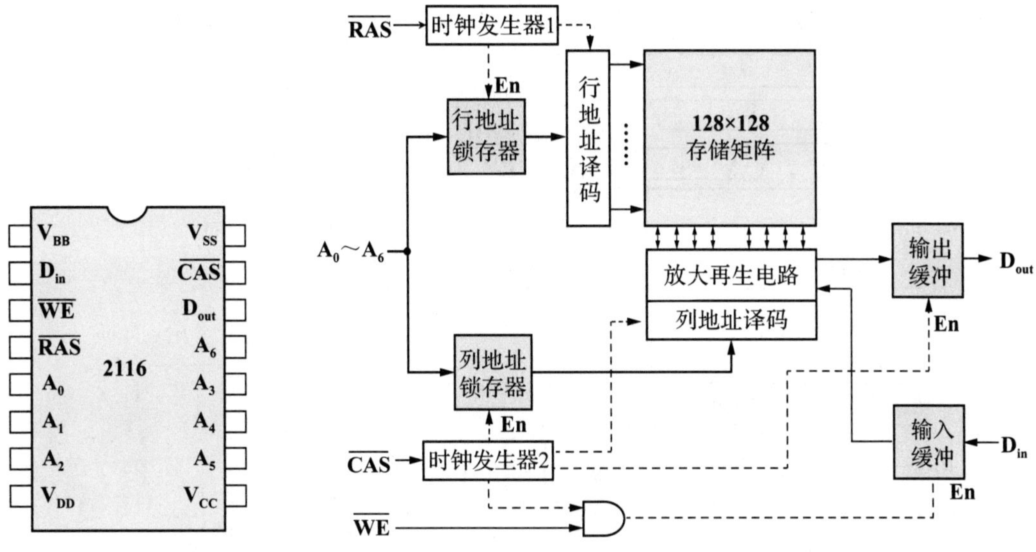

图 4.15　动态 MOS 存储器芯片 2116 的逻辑符号及内部结构

2116 表示 16K×1 位存储芯片，其采用地址复用技术，分别由行地址选通信号$\overline{RAS}$和列地址选通信号$\overline{CAS}$先后将 7 位地址 $A_0 \sim A_6$ 分别锁存到行地址锁存器与列地址锁存器中。存储矩阵为 128×128 结构；7 条行地址线也可作为刷新地址，刷新时用于地址计数，逐行刷新。

行、列地址译码后均产生 128 条选择线。选中某行时，该行的 128 个存储元都被选通到放大再生电路中，在那里每个存储元会进行预充、访问、检测、恢复的过程。而列译码器中只选通 128 个放大器中的一个，将读出的信息送入输出缓冲器中。

从前面的分析可看出，DRAM 的结构大体与 SRAM 存储芯片相似，二者的不同点如下。

（1）地址线一般采用复用技术，即 CPU 分时传送行、列地址，并分别由行选通信号$\overline{RAS}$和列选通信号$\overline{CAS}$选通。

（2）DRAM 无片选信号，通常可由$\overline{RAS}$和$\overline{CAS}$选通信号代替。

（3）数据输入（D_{IN}）和数据输出（D_{OUT}）分开且可锁存。

5. 动态 MOS 存储器的读写周期

由于动态存储器的工作原理与静态存储器的工作原理存在一定的差别，因此，它们在读写周期上也表现出不同的特性。图 4.16 所示是 DRAM 芯片的读写周期时序示意图。图的右侧用文字对存储器读写周期中的每一个时间参数进行了简要说明。

读周期中，各信号的时间应该满足下列约束关系。

（1）行地址必须于$\overline{RAS}$有效前送到地址输入端。

（2）由于地址复用，因此$\overline{CAS}$信号必须滞后于$\overline{RAS}$信号，直到列地址送入地址输入端为止。

（3）$\overline{RAS}$和$\overline{CAS}$必须保持一定的宽度。

（4）$\overline{WE}$信号为高电平，且必须在$\overline{CAS}$有效之前建立。

写周期中各信号之间应该满足的时间约束关系与读周期基本相同，需要特别注意的是低电平的写信号$\overline{WE}$必须在$\overline{CAS}$建立之前有效，且输入数据必须在$\overline{CAS}$有效之前出现在数据输入端 D_{in}。

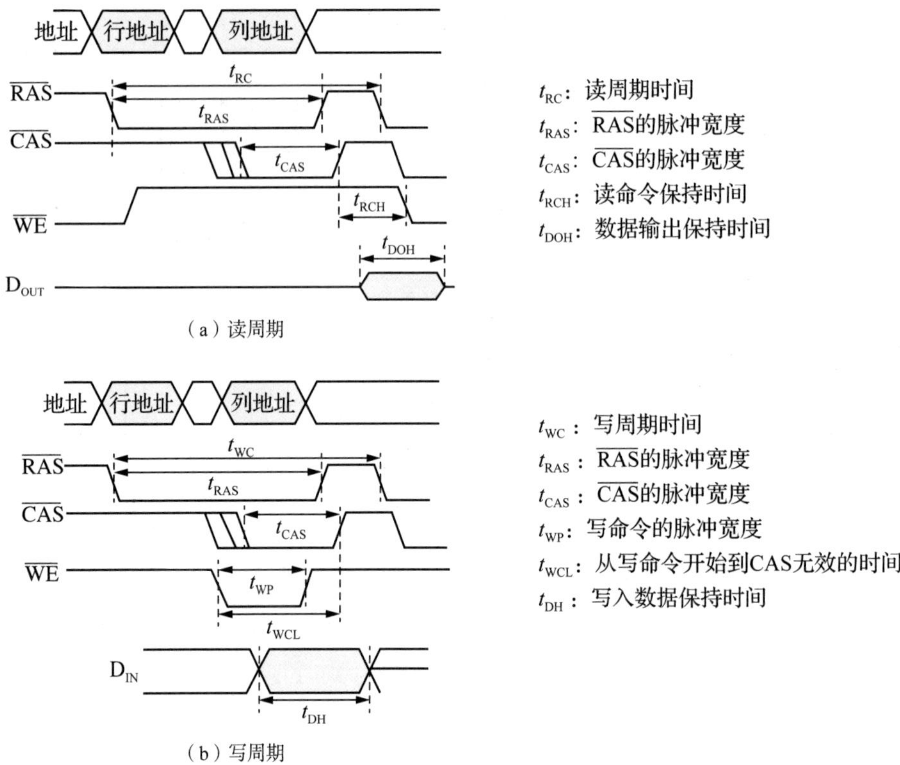

图 4.16　DRAM 芯片的读写周期时序示意图

4.2.3　只读存储器

信息只能读出、不能随意写入的存储器称为只读存储器，记为 ROM。它的特点是通过一定方式将信息写入之后，信息就固定在其中，且具有非易失性，即使电源断电，保存的信息也不会丢失。因此，只读存储器主要用来存放一些不需要修改的程序，如微程序、子程序、某些系统软件和用户软件等。

按照制造工艺的不同，可将 ROM 分为：掩膜式只读存储器 MROM、可编程只读存储器 PROM、可擦除可编程只读存储器 EPROM、电可擦除可编程只读存储器 EEPROM，以及闪存，共 5 种。

1. 掩膜式只读存储器

掩膜式只读存储器（Mask ROM，MROM）的存储元如图 4.17（a）所示，图中 MOS 管 T_1 和开关 S 构成一个存储元；X 为行选通线；D 为数据线；V_{CC} 为电源；另一个 MOS 管为共享的功耗管，起电阻的作用。当行选通时，T_1 管导通，如果 S 是断开的，则位线 D 上将输出信息 1；如果 S 是闭合的，位线 D 与接地端相连，则输出信息 0。

MROM 存储元也可以采用行列矩阵结构构成大容量的存储器，其存储信息由制造厂家在生产过程中按要求做好，把 0、1 信息存储在掩膜图形中制成芯片，芯片制成后各存储位的状态（即 0、1 信息）被固定，相当于存储位中的 S 相应地接通或断开。被固定的状态不能再改变，因而只能读出，不能修改，灵活性较差，但信息固定不变，可靠性高。

2. 可编程只读存储器

可编程只读存储器（Programmable ROM，PROM）是一种用户可写一次的 ROM。PROM 存储元的结构如图 4.17（b）所示，与 MROM 相比，PROM 采用熔丝代替了开关 S。该存储器出厂时每个存储元的熔丝都是连接状态，存储数据为全“0”。PROM 可利用编程器进行一次改写，具体写入时可以通过辅助电路有选择性地将某些存储元的熔丝高压熔断再写入数据“1”。

除熔丝型 PROM 外，还有采用反向二极管的 PROM，反向二极管的默认状态是不导通，默认数据为“1”，改写时可采用高压将其永久性击穿，变成导通状态，数据变成“0”。PROM 克服了 MROM 使用不便的问题，但其只能改写一次，灵活性还是欠佳。

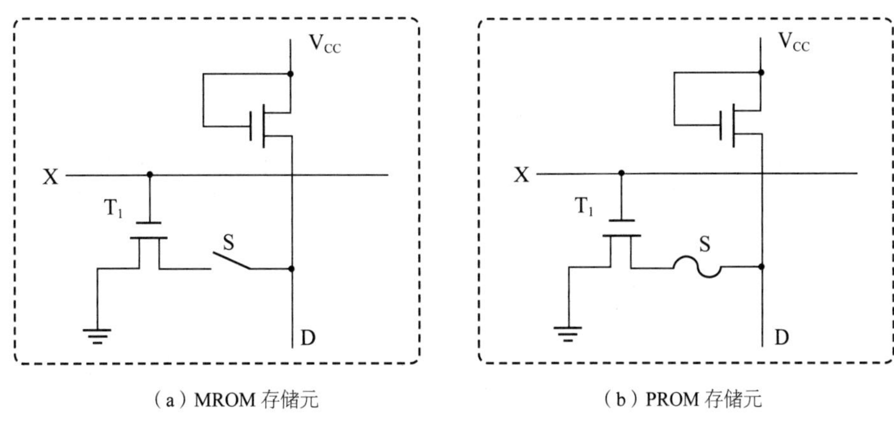

（a）MROM 存储元　　（b）PROM 存储元

图 4.17　MROM 和 PROM 存储元

3. 可擦除可编程只读存储器

EPROM（Erasable Programmable ROM，EPROM）是一种可多次写入的 ROM。其写入的信息可长期保存，当不需要这些信息或希望进行修改时，可擦除后再进行重写。

图 4.18（a）所示为浮栅型 MOS 存储元的结构。在制造 MOS 管时，将 MOS 管的栅极埋入二氧化硅（SiO_2）中且浮空与外界绝缘，称为浮置栅。EPROM 利用浮置栅 MOS 管的导通和截止状态存储数据。其等效电路如图 4.18（b）所示，浮置栅初始状态为无电荷，MOS 管截止。写入时在源级和漏极间加上编程电压，MOS 管在高压作用下被瞬时击穿，高压撤除后，因浮置栅有绝缘层包围，电荷无法泄漏，浮置栅带电，MOS 管导通，信息存入 EPROM 存储元。

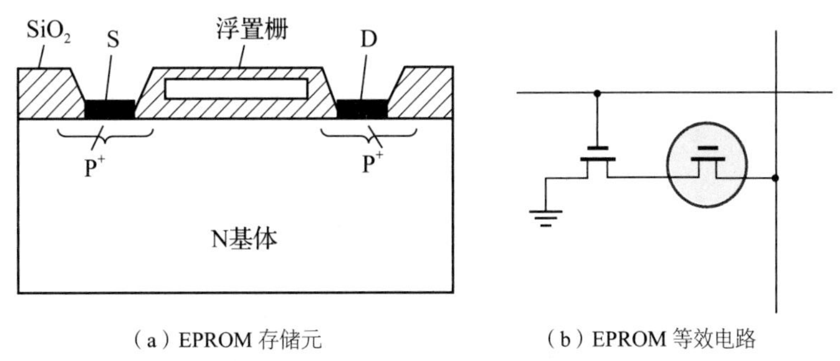

（a）EPROM 存储元　　（b）EPROM 等效电路

图 4.18　EPROM 存储元

EPROM 芯片正面有一个石英玻璃窗口，用紫外线持续照射该窗口一段时间，会形成光电导现象，浮置栅上的电荷会完全泄漏，所有存储单元都恢复到原始状态，这个过程称为擦除，擦除后又可以利用编程器重新写入新的内容。EPROM 比 PROM 和 MROM 使用方便、灵活、经济。

4. 电可擦除可编程只读存储器

电可擦除可编程只读存储器（Electrically Erasable Programmable ROM，EEPROM）又称为 E^2PROM，其在 EPROM 的浮置栅上方增加了一个控制栅极，写入方式与 EPROM 相同；但擦除时不需要用紫外线照射，只需将控制栅极加上高电平，就可以将浮置栅中的电荷泄漏掉。电可擦除方式可以精准地删除某一存储单元，而不是一次性擦除芯片上的所有数据，相对而言，E^2PROM 将不易丢失数据和修改灵活的优点有机地结合在一起。

5. 闪存

闪存（Flash Memory）是一种快速擦写、非易失性存储器，可以在线进行擦除和重写。其逻辑结构与 E^2PROM 的相似，二者最主要的区别在于存储单元的结构和工艺。闪存的工作方式有读工作方式、编程工作方式、擦除工作方式和功耗下降方式。它的编程和擦除方式采用写命令到命令寄存器的方法来管理编程和擦除。闪存芯片主要应用于微机主板上的 BIOS 和移动存储器中。常见的 U 盘、SSD 均采用这种存储单元。

4.2.4 DRAM 的发展 *

DRAM 主要用于构建内存，随着处理器的性能不断提高，传统 DRAM 芯片受其内部结构及其与 CPU 存储总线连接的限制，已成为计算机系统的性能瓶颈之一。优化 DRAM 的内部结构，提高内存性能是突破上述性能瓶颈的有效途径之一。

DRAM 芯片发展至今，先后出现了 FPM-DRAM、EDO-DRAM、BEDO-DRAM、SDRAM 等类型，其中 SDRAM 为同步 DRAM，之前的所有 DRAM 都属于异步 DRAM。异步 DRAM 芯片本身没有时钟信号，其时序控制、地址寻址、数据访问都是由带时钟信号的内存控制器异步控制实现的；而同步 DRAM 与内存控制器之间采用相同的时钟进行同步访问。

1. 传统 DRAM

典型的 Intel 2116 芯片就属于传统 DRAM，其最大的特点就是每一次数据访问都需要经历完整的行地址、列地址阶段，其读操作时序图如图 4.19 所示。

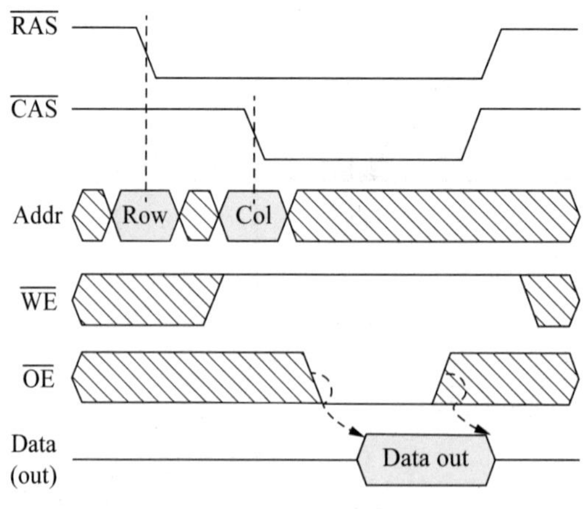

图 4.19 传统异步 DRAM 读操作时序图

其进行读操作时应首先给出行地址，然后给出行选通信号 $\overline{RAS}$ 锁存行地址，接着给出列地址，用列选通信号 $\overline{CAS}$ 锁存列地址，从而选择被访问的存储单元，经过一段时间延迟后即可读出数据；数据输出后撤除 $\overline{\text{RAS}}$ 和 $\overline{\text{CAS}}$ 信号，开始预充，准备下一次数据访问。每一次数据访问，都需要经历完整的行地址、列地址阶段，即使两次访问的数据位于同一行，也需要重复整个过程，这种方式相对而言效率比较低下。

2. FPM–DRAM（Fast Page Mode DRAM）

FPM-DRAM 称为快页模式 DRAM，这里的页是指某一行中的所有存储单元，根据 DRAM 行列结构的原理，给出一个行地址时，当前行的所有列都在并发进行预充、数据访问、信号检测、数据恢复等工作。如果连续两次访问的数据位于同一行，就没有必要经历相对较慢的行地址阶段，通过切换列地址即可得到当前页（行）中对应的数据，FPM-DRAM 读操作时序图如图 4.20 所示。

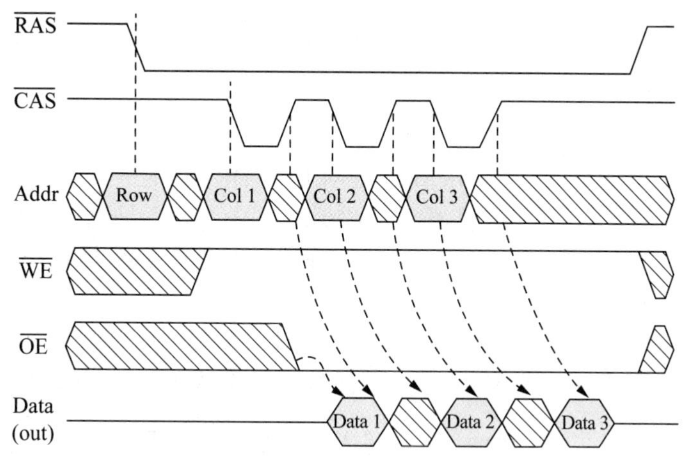

图 4.20 FPM–DRAM 读操作时序图

图中经历一次行地址阶段，需经历多次列地址阶段，当下一数据和当前数据位于同一行时，下次访问不需要经历完整的访问过程，第一个数据 Data1 就绪时，继续保持 $\overline{\text{RAS}}$ 信号不变，撤除 $\overline{\text{CAS}}$ 信号，通过外部地址总线给出新的列地址，再次给出 $\overline{\text{CAS}}$ 信号锁存即可获得第二个数据 Data2。访问一次行地址，可给出了 4 个列地址，得到 4 个数据。FPM-DRAM 访问一次数据需要的时间在 60ns 左右，典型时序是 6-3-3-3，也就是访问第一个数据需要 6 个时钟周期，访问后面的每个数据只需要 3 个时钟周期。

这种方式有效提高了访问效率，尤其是出现 cache 技术以后，在 CPU 和主存之间增加了 cache 层，DRAM 不再与 CPU 进行随机数据交互，而只与 cache 进行较大单位的数据块交换；DRAM 的访问模式由随机访问变成了**突发顺序访问**，此时 FPM-DRAM 的优势更加明显。在 1996 年以前，486 时代和 Pentium 时代的初期，FPM-DRAM 被大量使用。

3. EDO–DRAM（Extend Data Out DRAM）

EDO-DRAM 称为扩展数据输出 DRAM，其基本原理与 FPM-DRAM 相似，区别是它在第一个数据的输出阶段就可以通过外部地址总线给出第二个数据的列地址，数据阶段和列地址阶段是重叠的，具体如图 4.21 所示。图中 Col2 列地址可以与 Data1 数据输出重叠，这样可进一步提升 DRAM 的访问性能，相比 FPM-DRAM 大约快 30%。EDO-DRAM 的典型时序是 5-2-2-2，也就是访问第一个数据需要 5 个时钟周期，访问后面的每个数据只需要 2 个时钟周期，相比 FPM-DRAM 节省了 4 个时钟周期。

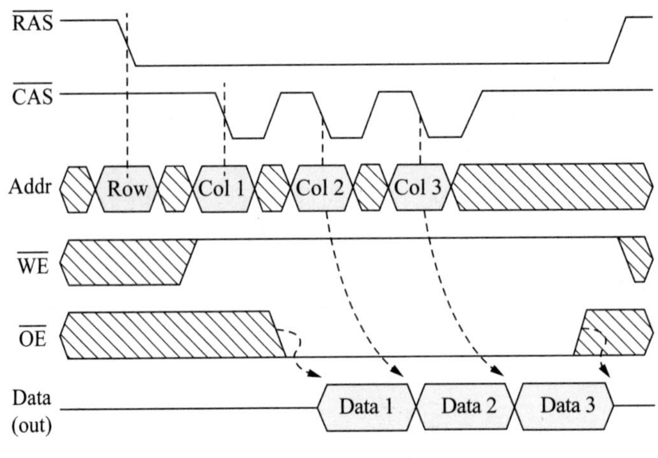

图 4.21　EDO-DRAM 读操作时序图

4. BEDO-DRAM（Burst Extend Data Out DRAM）

BEDO-DRAM 又称突发式 EDO-DRAM，是对 EDO-DRAM 的进一步优化。其最大特点是内置了列地址计数器，连续访问的列地址不由外部数据总线提供，而是通过内部列地址计数的方式自动给出，这种方式节约了外部总线传输列地址的时间。另外在读操作阶段，其首先将行数据锁存在输出缓冲区中，后续访问可以采用流水线的方式进行，每经历一个时钟周期就可以得到一个列数据。其典型时序为 5-1-1-1，相比 EDO-DRAM 节省了 3 个时钟周期，对于大数据块，其访问时间最多可以达到 50%，具体如图 4.22 所示。不过 BEDO-DRAM 昙花一现，很快被 SDRAM 取代。

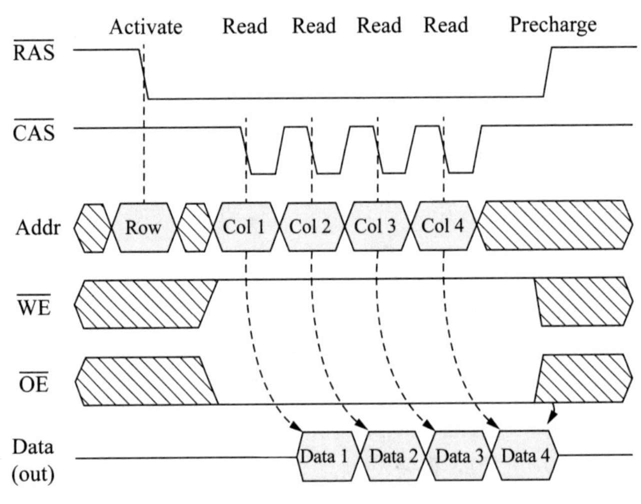

图 4.22　BEDO-DRAM 读操作时序图

5. 同步 DRAM（SDRAM）

从异步 DRAM 中得到第一个列数据后，得到后续列数据还需要不同的等待时间，FPM-DRAM 需要每隔 3 个时钟周期才能得到一个数据，EDO-DRAM 则需要 2 个时钟周期，均存在等待周期。由于该时钟周期和 CPU 外频不同步，因此当 CPU 的频率越来越高后，异步 DRAM 的数据传输率就成为提升计算机系统性能的瓶颈。

SDRAM 自带时钟控制信号，能与系统总线频率同步，和 BEDO-DRAM 的时序类似，其经典时序也是 5-1-1-1，第一个列数据就绪后，每经历一个时钟周期即可得到一个数据，突发传输时无须等待，有效减少了数据传输的时间延迟。通常 SDRAM 还包含模式寄存器，可以配置突发传输的长度（Burst Length，BL），如 1、2，4、8 以及全页字。该长度是同步地向系统总线上发送数据的存储单元的个数。模式寄存器还允许程序员调整从接受读写命令到开始传输数据的延迟时间，这个时间又称为 CAS 延迟，通常以时钟周期为单位，是现代内存的主要性能指标。图 4.23 所示为 SDRAM 读操作时序图。

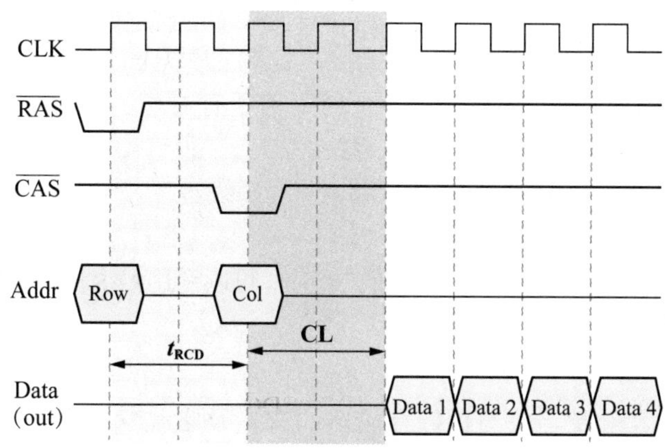

图 4.23　SDRAM 读操作时序图

SDRAM 进行读操作时首先给出行地址和$\overline{RAS}$信号，经过若干个时钟周期（t_{RCD}）后列地址和$\overline{CAS}$有效，选中具体的存储单元再经历一个 CAS 延迟（CL）后，即可输出第一个数据，后续每个时钟周期都会传输出一个数据，直至突发长度的数据传输完毕。

传统异步 DRAM 的访问时间延迟在 0 ～ 70ns，而目前主流 SDRAM 访问一次数据需要的时间在 10ns 左右。SDRAM 的访问时间延迟可以换算成工作频率，如 15ns 的 SDRAM 的工作频率是 1s/15ns = 66MHz，10ns 的 SDRAM 的频率为 100MHz。

6. DDR SDRAM

SDRAM 后又出现了 DDR SDRAM（Double Data Rate SDRAM），DDR SDRAM 内部采用了 2 路预取机制，第一个数据输出后，每个时钟周期可传输出两个数据，能够在时钟周期的上沿和下沿分别进行两次数据传输，从而实现双倍数据传输速率。后续又出现了 DDR2、DDR3、DDR4，其内部预取分别是 4 路、8 路、16 路，也就是同一个时钟周期内可输出 4 ～ 16 个数据。DDR 技术只能利用时钟周期的上跳沿和下跳沿传输两次数据，所以还需要提高数据总线频率来实现高速的数据传输，DDR2 数据总线的频率是 DRAM 工作频率的 2 倍，DDR3 则为 4 倍，DDR4 为 8 倍。

表 4.2 所示为不同 DDR 内存的实际频率和传输率参数。以 DDR4-3200 为例，3200 为等效传输频率 f，单位为 MHz，数据位宽 w = 8 字节，则内存带宽 $B = f \times w$ = 3200 × 8 = 25.6GB/s。由于时钟上跳沿和下跳沿各完成一次数据传输，因此数据总线频率为 3200/2 = 1600MHz，DRAM 的工作频率为 1600MHz/8 = 200MHz。

表 4.2　不同 DDR 内存的常见参数

内存规格	传输率	总线频率	DRAM 工作频率
DDR2-800	6400MB/s	400MHz	200MHz
DDR3-800	6400MB/s	400MHz	100MHz
DDR3-1600	12.8GB/s	800MHz	200MHz
DDR4-2400	19.2GB/s	1200MHz	150MHz
DDR4-3200	25.6GB/s	1600MHz	200MHz

4.3 主存的组织及与 CPU 的连接

4.3.1 存储器与 CPU 的连接

单片存储芯片的存储容量有限，要获得一个大容量的存储器，通常需要将多片存储芯片按照一定的方式组织来实现并与 CPU 连接，这就是存储器的组织。在存储器组织过程中，要实现存储芯片与 CPU 地址线、数据线和控制线的连接，需要注意以下几点。

（1）连接的地址线的数量与 CPU 要访问的主存容量有关。

（2）连接的数据线的数量与计算机字长有关。

（3）SRAM 芯片的控制线包括片选信号和读写控制线。

（4）ROM 芯片的控制线只有片选信号线。

（5）DRAM 没有片选控制线，进行容量扩展时，可以利用$\overline{RAS}$和$\overline{CAS}$控制芯片的选择。

4.3.2 存储器的扩展

由于存储芯片的容量及字长与目标存储器的容量及字长之间可能存在差异，应用存储芯片组织一定容量与字长的存储器时，一般可采用位扩展、字扩展、字位同时扩展等方法来组织。

1. 位扩展

位扩展又称为**字长扩展**或**数据总线扩展**，当存储芯片的数据总线位宽小于 CPU 数据总线位宽时，采用位扩展的方式进行扩展。进行位扩展时，将所有存储芯片的地址线、读写控制线并联后分别与 CPU 的地址线和读写控制线连接；将存储芯片的数据线依次与 CPU 的数据线相连；将所有芯片的片选控制线并联后与 CPU 的访存请求信号 MREQ# 相连。

假设存储器数据位宽为 N，存储芯片的数据位宽为 k。若 $N > k$，则需要 N/k 个芯片进行存储扩展，如利用 256K × 1 位的 SRAM 存储芯片组成 256K × 32 位的存储器并与 CPU 连接，需要 32/1 = 32 个 SRAM 芯片。与 CPU 连接时，将 32 个存储芯片的地址线（18 根）、读写控制线各自并联，并分别与 CPU 的地址线和读写控制线相连；同时将所有存储芯片的片选端均与 CPU 的 MREQ# 信号相连，只有这样才能保证 32 个芯片同时被选中；将 32 个存储芯片的数据线分别连到 CPU 的 32 位数据线上，具体连接如图 4.24 所示。

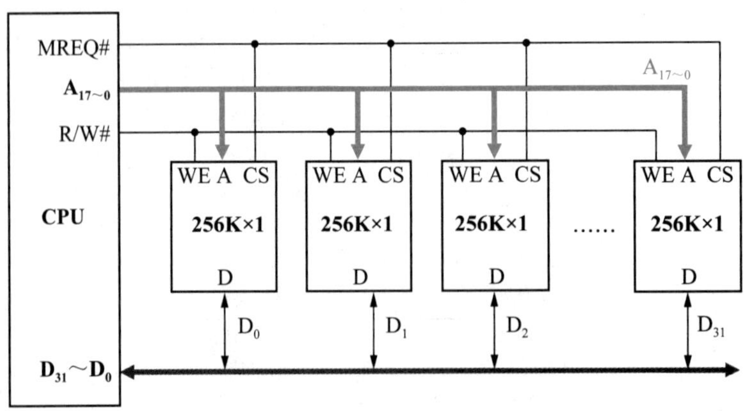

图 4.24　存储器位扩展

在图 4.24 所示的位扩展连接中，CPU 每给出一个 18 位地址，所有存储芯片就并发工作，各提供 32 位数据总线中的一位数据。

2. 字扩展

字扩展也称为**容量扩展**或**地址总线扩展**。当存储芯片的存储容量不能满足存储器对存储容量的要求时，可采用字扩展方式来扩展存储器。进行字扩展时，将所有存储芯片的数据线、读写控制线各自并联，同时分别与 CPU 的数据线和读写控制线连接；各存储芯片的片选信号可以由 CPU 多余的地址线通过译码器译码产生。

假设存储器容量为 M，存储芯片的容量为 l。若 $M > l$，则需要 M/l 个芯片进行存储扩展，如利用 256K × 8 位的 SRAM 存储芯片组成 2M × 8 位的存储器并与 CPU 连接，需要 2M/256K = 8 个 SRAM 芯片。

与 CPU 进行连接时，256K 的芯片对应 18 根地址线，CPU 访问 2M 的主存容量需要 21 根地址线；可以将高 3 位地址 $A_{20\sim18}$ 送入 3:8 译码器输入端，将 3:8 译码器的 8 个输出分别连接到 8 个 SRAM 芯片的片选信号 CS 端；将 CPU 内存请求信号 MREQ# 连接到译码器使能端，只有进行存储访问时，译码器才能进行工作，否则译码器输出全 0（假设高电平有效），所有存储芯片均不被选中，输出为高阻态。存储器字扩展的具体连接如图 4.25 所示。

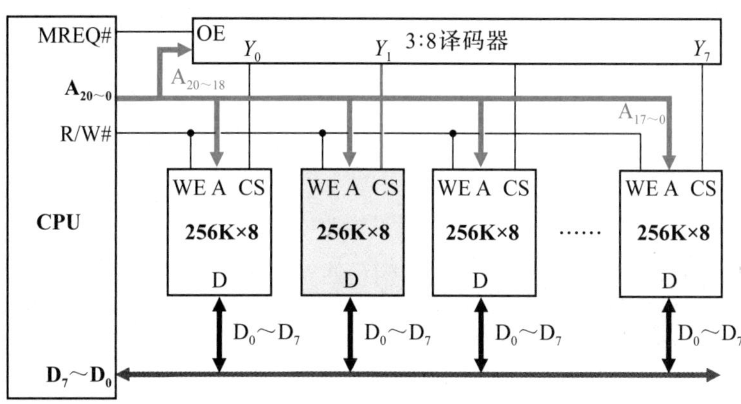

图 4.25 存储器字扩展（标记地址）

图中给出一个存储地址，经过译码器片选后，同一时刻只有一个片选信号有效，也就是只有一个 SRAM 芯片工作，提供 8 位数据送入 CPU 数据总线；和位扩展中各存储芯片并发工作不同，这里各存储芯片是串行工作的，具体哪一个存储芯片工作取决于访问地址的高 3 位地址，所以 8 个存储芯片对应的地址范围也是不一样的。如最左侧芯片的片选信号连接 3:8 译码器的 Y_0 端，其地址范围应该是 00000 0000 0000 0000 0000 ～ 00011 1111 1111 1111 1111，转换为 16 进制为 000000H ～ 03FFFFH；而最右侧芯片的地址范围则为 11100 0000 0000 0000 0000 ～ 11111 1111 1111 1111 1111，转换为 16 进制为 1C0000H ～ 1FFFFFH。

3. 字位同时扩展

当存储芯片的数据位宽和存储容量均不能满足存储器的数据位和存储总容量要求时，可以采用字位同时扩展方式来组织存储器。其首先通过位扩展满足数据位的要求，再通过字扩展满足存储总容量的要求。

假设存储器容量为 $M \times N$ 位，存储芯片的容量为 $l \times k$ 位。若 $M > l$，$N > k$，则需要 $M \times N/k \times l$ 个芯片进行存储扩展，如利用 256K × 8 位的 SRAM 存储芯片组成 2M × 32 位的存储器并与

CPU 连接，则需要 2M × 32/256K × 8 = 32 个 SRAM 芯片。存储器字位扩展的连接方式如图 4.26 所示。

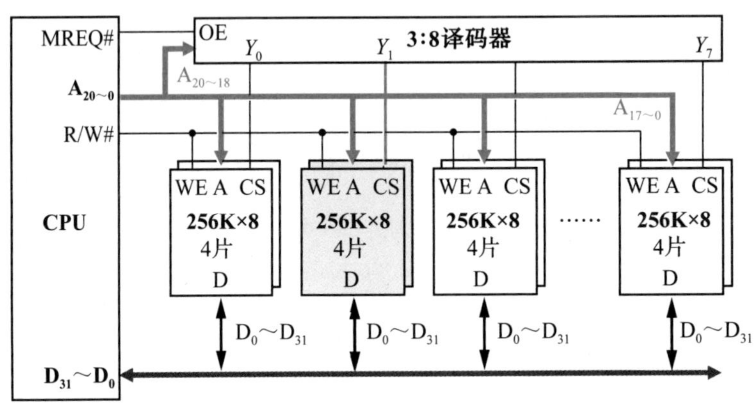

图 4.26　存储器字位扩展

4.4　并行主存系统

目前，主存的存取速度已经成为提升计算机系统性能的瓶颈，除可以通过选择高速元件来提高存储器访问速度外，也可以通过存储体的并行工作来提高存储器的访问速度，缓解 CPU 与主存速度不匹配的问题。本节主要研究如何通过发掘存储系统的并行性来提高其存取速度。

1. 双端口存储器

双端口存储器是指同一个存储器具有两组相互独立的端口，每个端口均有各自独立的数据端口、地址端口、读写控制端口、片选端口等，每个端口可独立地进行读写操作。图 4.27 所示为一种双端口存储器结构示意图。

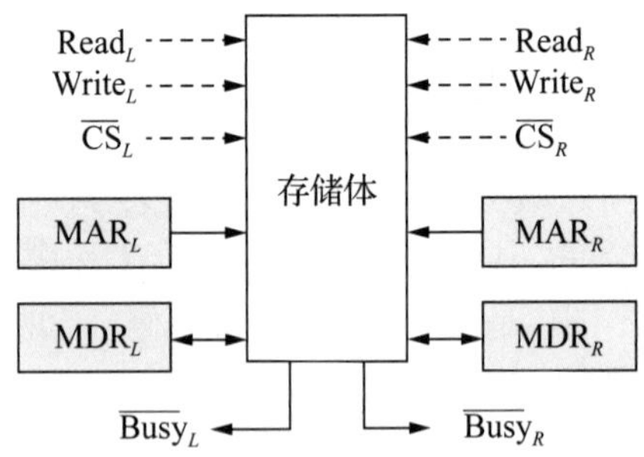

图 4.27　双端口存储器结构示意图

（1）并行读写

当左右两个端口的地址不同时，两个端口使用各自的地址线、数据线和控制线对存储器中不同的存储单元同时进行读写操作，二者不发生冲突。

（2）冲突处理

当两个端口的访问地址相同时，便会发生读写冲突。为解决冲突，每个端口各设置了一个标志 $\overline{\text{BUSY}}$。当冲突发生时，由判断逻辑决定哪个端口优先进行读写操作，而将另一个端口

$\overline{\text{BUSY}}$置 0（$\overline{\text{BUSY}}$变为低电平）以延迟其对存储器的访问。优先端口读写操作完成，被延迟端口的$\overline{\text{BUSY}}$标志复位（变为高电平）后，便可进行被延迟的操作。

由于冲突访问不可避免，因此双端口存储器的速度不可能提高 1 倍。

2. 单体多字存储器

单体多字存储器的构造与存储器位扩展方式完全相同（参考图 4.24），该方式中多个存储模块共享地址总线，按同一地址并行访问不同存储模块的同一单元，从而实现在同一个存储周期内访问多个存储字，如果 m 个存储模块并发工作，则主存带宽可提升 m 倍。

目前在计算机中常见的多通道内存技术就是采用的单体多字技术，常见的有双通道、三通道、四通道技术。图 4.28 所示为两种不同模式的双通道内存技术，图 4.28（a）中存在两条完全相同的 64 位内存共享地址总线和片选信号线，同一时刻两根内存并发工作，各自访问同一地址单元中的 64 位数据（共 128 位），并将其送入内存控制器，相比单通道内存带宽提升 1 倍。这种双通道内存方式又称为联动模式，两根内存的容量、频率、时序只有完全一致才能同步工作。

另外一种双通道内存技术称为非联动模式，如图 4.28（b）所示，内存控制器通过独立的片选信号、地址总线、读写控制线连接两根内存，数据总线也是独立的两条 64 位总线。该方式中两根内存也可以并发工作，但二者地址、读写命令并不需要同步。构建双通道的两根内存只要频率相同即可，容量和时序特性并不要求一致，这种模式灵活性更高，控制起来更加复杂。

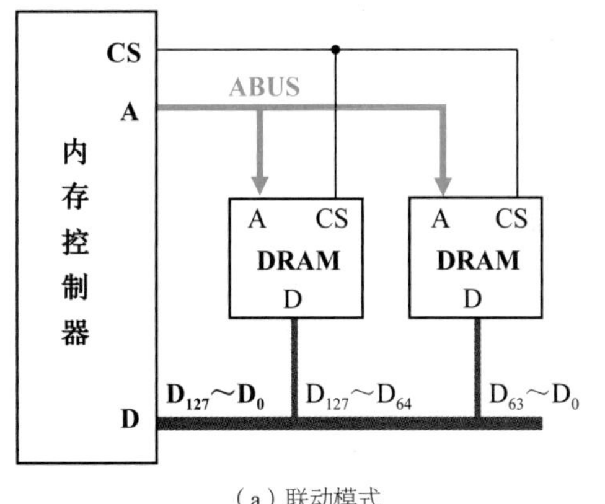

（a）联动模式

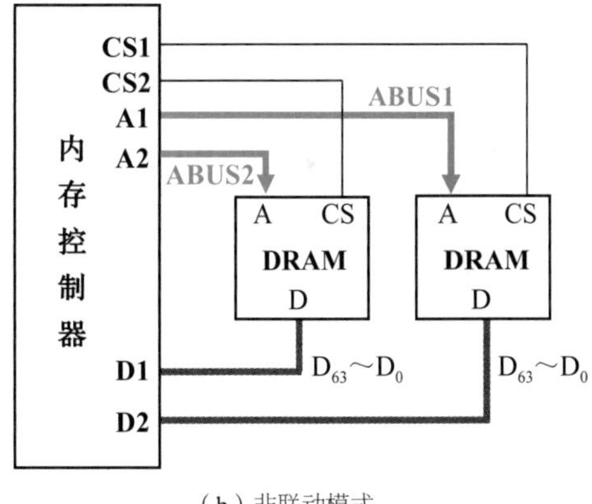

（b）非联动模式

图 4.28　双通道内存技术

3. 多体交叉存储器

多体交叉存储器也由多个存储模块构成，这些模块的容量和存取速度相同。根据对多个模块编址方式的不同，其组织方式又可分为高位多体交叉和低位多体交叉两种。

（1）高位多体交叉

高位多体交叉方式的主要目的是扩充存储器的容量，与存储器字扩展完全相同（参考图 4.25），即用高位地址译码产生片选信号，选择不同的存储模块；而低位地址直接选择一个存储模块内的不同存储单元。高位交叉方式中不同存储模块对应不同的地址区间，将地址顺序分配给一个模块后，按顺序为下一个模块分配地址。因此，高位多体交叉又称为顺序编址模式，其地址结构如图 4.29（a）所示。

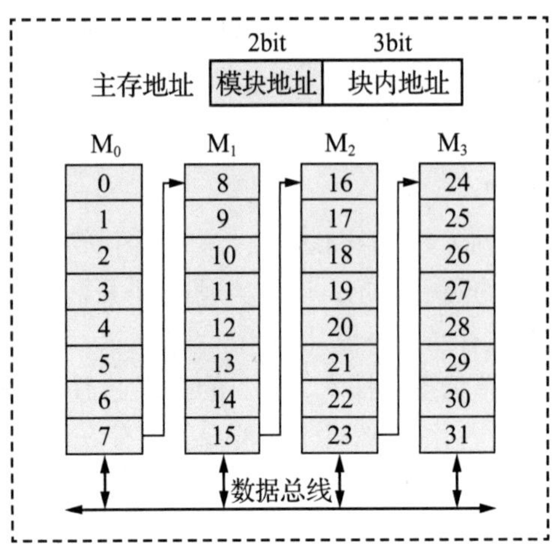

（a）高位交叉方式

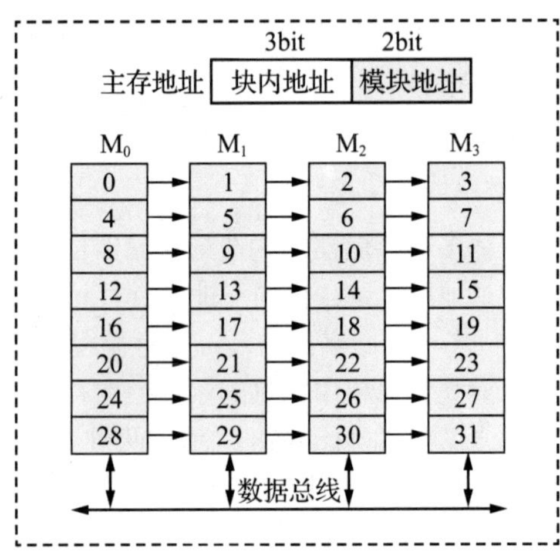

（b）低位交叉方式

图 4.29　存储器的组织方式

由图 4.29（a）所示可看出，高位交叉方式下的数据组织具有如下特点。

- 相邻的地址在同一存储体内。
- 不同存储体中的地址不相邻。

由于程序具有局部性和连续性的特点，采用高位交叉组织存储器时，同一个存储体中的地址单元是连续的，这样程序执行过程中的指令和数据基本分布在同一个存储体中，往往会导致一个存储体访问频繁，而其他存储体基本处于空闲状态，无法实现多个存储体的并行工作。

计算机中的内存插槽插入一个或多个内存条都可以正常工作，这种方便的扩充容量的方式就是典型的顺序编址模式。

（2）低位交叉方式

与高位多体交叉方式不同，低位交叉方式下，用低位地址译码进行片选，而用高位地址选择存储模块内的不同存储单元。将有序的 M 个地址依次分配给 M 个存储模块后，再将下面的 M 个地址依次分配给 M 个存储模块，直至将全部线性地址分配完。其地址结构如图 4.29（b）所示，这种编址方式又称为交叉编址模式，从图中可以看出，低位交叉方式下的数据组织具有如下特点。

- 相邻的地址处在不同存储体内。
- 同一存储体中的地址不相邻。

以模 4 为例，低位交叉方式下，4 个存储体编址序列如表 4.3 所示。

表 4.3　4 体低位交叉存储体编址序列

模块号	地址编址序列	最低两位地址
0	0，4，8，…，$4i$	00
1	1，5，9，…，$4i+1$	01
2	2，6，10，…，$4i+2$	10
3	3，7，11，…，$4i+3$	11

为提高顺序访问时各存储模块的并行性，低位交叉方式中各存储模块均具有各自独立的地址寄存器、数据寄存器和读写控制电路，顺序访问时各存储模块通常按照流水线的方式轮流存取。

设存储模块的存储周期是 T，总线传输周期及相应的处理时间延迟总和为 τ，交叉模块数为 m（通常为 2 的幂次方），要实现流水线方式存取，应该满足的条件是：

$$T = m\tau$$

即每经 τ 时间延迟后即启动下一模块。图 4.30 所示为 $m = 4$ 的低位交叉存储的流水存取示意图。

从图 4.30 中可以看出以下几点。

- 每个存储单体的存储周期仍然为 T。
- 各个存储体错开 1/4 个存储周期分时启动读写操作，各存储体中的内容也分时传送；每个存储周期内可访存 4 次。
- 经过一个存储周期 T，每隔 τ 时间延迟可传送一个新的数据。
- 连续读取 n 个字所需的时间为 $T + (n-1)\tau$。

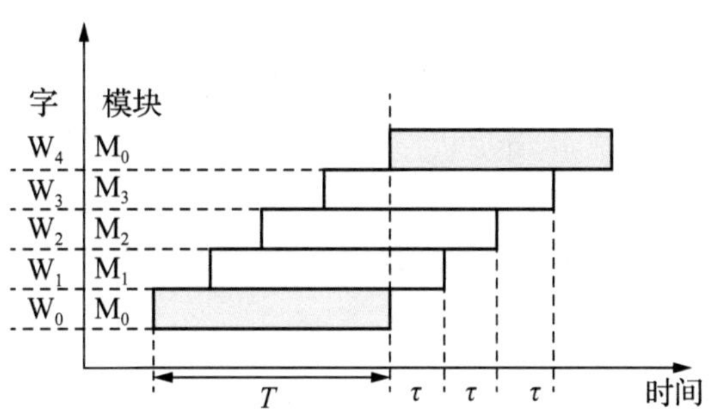

图 4.30 流水存取示意图

低位交叉存储器适合突发的顺序访问模式，这也正是带 cache 的主存系统中 DRAM 内存的访问模式。SDRAM 内存以及多通道内存中普遍采用了交叉编址技术。

例 4.1 设计算机字长为 64 位，存储器容量为 128MW，采用模数为 8 的存储器交叉方式进行组织，存储周期 $T = 200$ns，数据总线宽度为 64 位，总线传输周期 $\tau = 25$ns，若连续读 8 个字，分别计算顺序编址方式和交叉编址方式下存储器的带宽。

解：顺序方式下，连续读 8 个字所需要的时间 $T_1 = 8T = 1600$ns

则顺序方式下存储器带宽 $W_1 = 64 \times 8/T_1 = 64 \times 8/1600\text{ns} = 3.2 \times 10^8$bit/s

交叉方式下，连续读 8 个字所需要的时间 $T_2 = T + 7\tau = 375$ns

则交叉方式下存储器带宽 $W_2 = 64 \times 8/T_2 = 64 \times 8/375\text{ns} = 1.37 \times 10^9$bit/s

4.5 高速缓冲存储器

4.5.1 cache 工作原理

SRAM 相对 DRAM 速度更快，但其容量有限，成本也更高，功耗较大，为了进一步提升 CPU 访问主存的性能，通常会在 CPU 与主存之间增加一个隐藏的小容量的快速的 SRAM，称为 cache。将主存中经常访问或即将访问的数据的副本调度到小容量的 SRAM 中，使得大部分数据访问都可以在快速的 SRAM 中进行，从而提升系统性能，具体原理如图 4.31 所示。之所以可以采用这种方法，主要是因为 CPU 执行的程序具有较强的程序局部性。

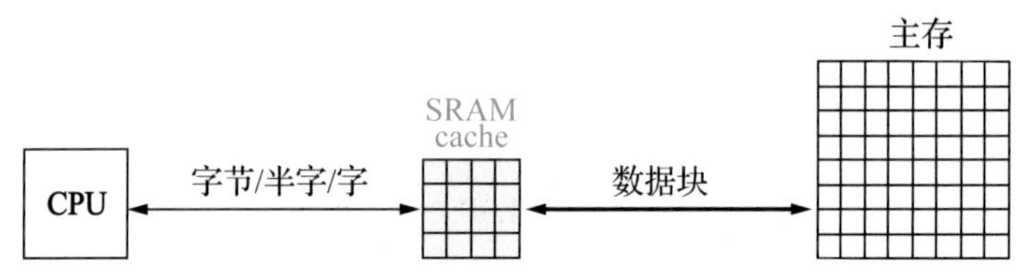

图 4.31　cache 基本原理

4.5.2　程序局部性

程序局部性是指程序在执行时呈现出局部性规律，即在一段时间内，整个程序的执行仅限于程序中的某一部分，而执行程序所需的指令和数据也仅局限于某个存储区域内。具体来说，局部性又表现为时间局部性和空间局部性。

时间局部性是指当程序访问一个存储位置时，该位置在未来可能会被多次访问，程序的循环结构和调用过程就很好地体现了时间局部性。空间局部性是指一旦程序访问了某个存储单元，则其附近的存储单元也即将被访问。计算机指令代码、数组、结构体元素通常在主存中顺序存放，对应的数据访问具有较强的空间局部性。

例 4.2　以下是一段 C 语言程序代码，尝试分析该代码的程序局部性。

```
int sumvec()
{
        int i,sum=0;
        for(i=0;i<1000;i++)
        sum+=V[i];
        return sum;
}
```

解：for 循环体中的指令序列在主存中顺序存放，具有空间局部性；由程序可知，该循环将被执行 1000 次，因此 for 循环中的代码还具有良好的时间局部性；变量 i、sum 是单个变量，不存在空间局部性，但由于变量在每次执行循环代码时都会被用到，因此具有良好的时间局部性；数组包含 1000 个数据元素，这些数据在内存中顺序存放，具有良好的空间局部性。

4.5.3　cache 的基本概念

增加了 cache 后，CPU 不再直接访问慢速的主存，而是通过字节地址访问快速的 cache，访问时首先需要通过一定的查找机制判断数据是否在 cache 中。如果数据在 cache 中，则称为数据命中（Hit），将命中时的数据访问时间称为命中访问时间为 t_c，该时间包括查找时间和 cache 访问时间两部分。

如果数据不在 cache 中，则称为数据缺失（Miss），此时需要将缺失数据从主存调入 cache 中才能访问数据；数据缺失时的访问时间称为缺失补偿（Miss Penalty），缺失补偿包括数据查找时间、主存访问时间、cache 访问时间，访问主存的过程较为漫长，通常用主存访问时间 t_m 表示。

为了便于比较和快速查找，cache 和主存都被分成若干个固定大小的数据块（Block），每个数据块又包含若干个字，数据缺失时需要将访问数据所在的块从慢速主存载入 cache 中，这样相邻的数据也随着数据块一起载入 cache。这种预读策略可充分利用空间局部性，提高顺序访问的命中概率。但块的大小对 cache 有较大影响，块过小无法利用预读策略优化空间局部性，块过大将使得替换算法无法充分利用时间局部性。

进行数据分块后，主存地址和 cache 地址均可以分为块地址和块内偏移地址（Offset）两部分，块内偏移地址也称块内偏移，如图 4.32 所示。由于 cache 容量较小，因此主存块地址字段长度大于 cache 块地址长度字段。

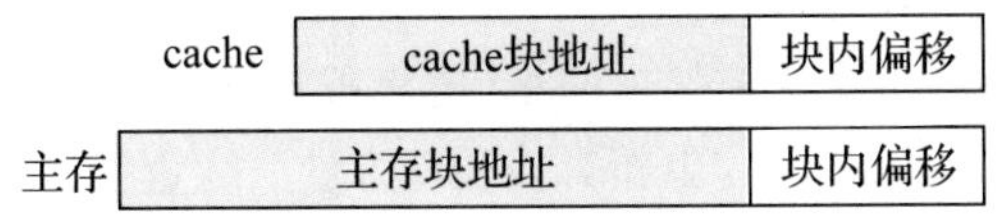

图 4.32　地址格式

为评价 cache 系统的性能，这里引入命中率的概念。设 N_c 为某程序运行期间命中 cache 的次数，N_m 为从主存中访问信息的次数，则**命中率** h（Hit Ratio）定义为：

$$h = \frac{N_c}{N_c + N_m} \tag{4-1}$$

而 1−h 则称为**缺失率**（Miss Ratio），显然命中率 h 越接近于 1 性能越好。若以 t_c 表示命中访问时间，t_m 表示缺失访问时间，则 cache/ 主存系统的平均访问时间 t_a 为：

$$t_a = ht_c + (1-h)t_m \tag{4-2}$$

设计高速缓冲存储器的目的是以较小的硬件开销使平均访问时间 t_a 越接近 t_c。若以 $e=t_c/t_a$ 作为**访问效率**，设 $r = t_m/t_c$ 表示主存与 cache 访问时间的倍数，则有：

$$e = \frac{t_c}{t_a} = \frac{t_c}{ht_c + (1-h)t_m} = \frac{1}{h + (1-h)r} \tag{4-3}$$

由式（4-3）可看出，存储系统的访问效率与 r 和 h 有关，命中率 h 的值越接近 1，访问效率越高；另外 r 的值不能太大，一般以 5 ～ 10 为宜。命中率与程序局部性、cache 容量、数据块大小、组织方式有关。

4.5.4　cache 读、写流程与关键技术

有了 cache 以后，CPU 访问主存的过程将发生变化，下面分别介绍其读、写工作流程。

1. cache 读流程

图 4.33 所示为 cache 读操作的基本流程，当 CPU 需要访问主存时，首先以主存地址 RA 中的主存块地址为关键字在查找表中进行数据查找，如果能查找到对应数据，表示数据命中，否则表示数据缺失。

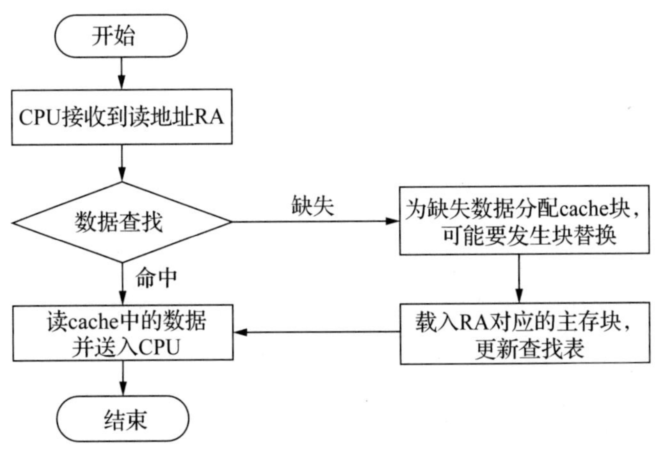

图 4.33　cache 读操作的基本流程

如果数据命中则根据查找表提供的信息访问对应的 cache 数据块，再将读出的数据信息送入 CPU，数据命中时访问时间最短。

如果数据缺失，则需要访问慢速的主存，为了利用空间局部性，需要将 RA 地址所在的主存数据块副本载入 cache。载入时可能存在 cache 已满或载入位置有数据冲突的情况，此时需要利用替换算法腾空位置，载入后还需要更新查找表，方便后续查找。

读命中访问时间最短，构建 cache 时应尽可能地提高命中率，以提升读操作性能。以上流程中主要是通过较好的替换算法将经常访问的热数据保留在 cache 中，将不经常访问的冷数据淘汰的方式来充分利用时间局部性，以提高命中率的；另外数据缺失时会批量载入一个数据块，这种预读策略也可以充分利用空间局部性来提高顺序访问的命中率。

2. cache 写流程

图 4.34 所示为 cache 写操作的基本流程，当 CPU 需要写数据时，首先以主存字节地址 WA 中的主存块地址为关键字在查找表中进行数据查找，如果能查找到对应数据，表示数据命中，否则表示数据缺失。

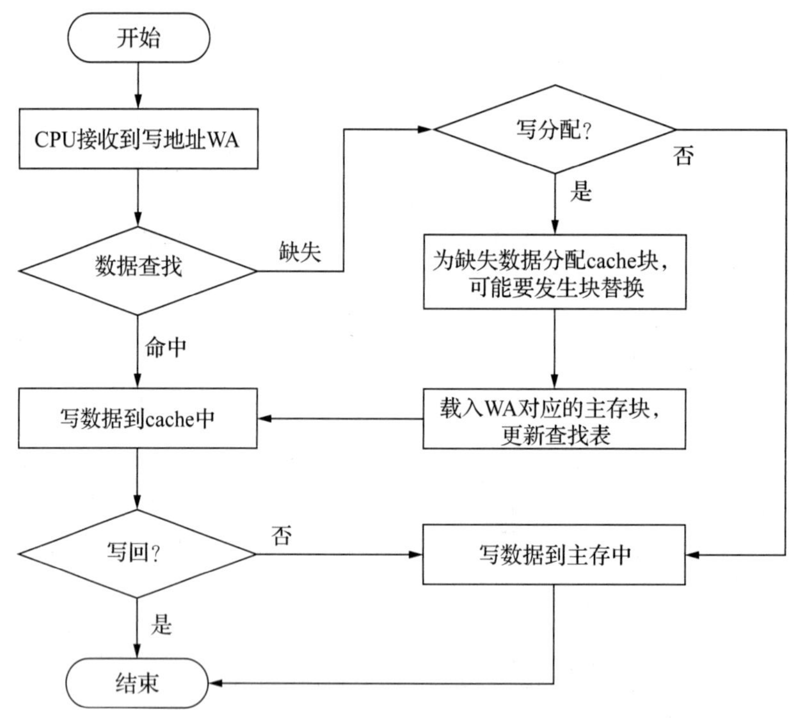

图 4.34　cache 写操作的基本流程

数据命中时同样可以由查找表提供的地址信息将数据写入 cache 中，新写入 cache 中的数据与主存中的原始数据不一致，这部分数据通常被称为**脏数据**（Dirty Data）。数据写入完成后还需要根据不同的写入策略决定下一步操作，如果是**写回策略**，此时写入操作结束，这种方式响应速度最快，但会产生不一致性；如果是**写穿策略**，则还需要将脏数据写入慢速的主存中才能返回，这种方式响应速度较慢，但没有脏数据产生。

数据缺失时也有两种不同的处理策略，如果采用**写分配法**（Write-Allocate），则需要将 WA 对应的数据块载入 cache 中，再进行和写命中一样的写入流程。如果不是写分配策略，则将数据写入慢速的主存即可返回。

对于写入操作，采用写回策略时将数据写入 cache 即可返回，写响应时间最短；对于突发的小写请求，cache 技术能明显改善写性能。但当 cache 写满数据后，需要将 cache 中的脏数据淘汰，首先要将脏数据迁移到主存中，载入新数据块后才能写入新数据，此时其写性能比没有采用 cache 的主存还要慢。

3. cache 实现关键技术

根据 cache 的读、写流程，实现 cache 时还需要解决以下关键问题。

（1）**数据查找**（Data Identification），如何快速判断数据是否在 cache 中，命中访问时间包括数据查找时间和 cache 访问时间，所以查找的速度非常重要，在全相联映射中是通过相联存储器实现快速查找的，下一小节将会详细介绍。

（2）**地址映射**（Address Mapping），主存中的数据块应如何放置到 cache 中，是任意放置还是按照一定的规则放置，不同的地址映射策略将对 cache 的性能以及硬件成本带来影响。

（3）**替换策略**（Placement Policy），cache 满后如何处理，选择什么样的 cache 数据块进行替换或淘汰，不同的替换策略对数据命中率会产生不同的影响。

（4）**写入策略**（Write Policy），如何保证 cache 与 memory 的一致性，分为写回和写穿两种，写回策略可以提升突发写性能，但会带来数据不一致的问题；写穿能保证数据的一致性，但响应速度较慢。

4.5.5 相联存储器

与一般存储器按地址访问不同，相联存储器（Content Addressable Memory，CAM）是一种按内容进行访问的存储器，用于存放查找表，其内部存储的基本数据单元是键值对（Key，Value）。CAM 的输入不是地址，而是检索关键字 key，输出则是该关键字对应的 value 值。相联存储器的基本原理如图 4.35 所示。

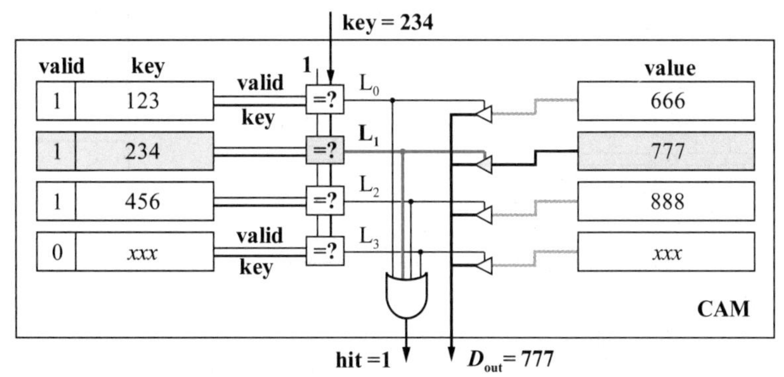

图 4.35　CAM 的基本原理

图中包括 4 个键值对，每行都有一个键值对，其中一个有效位用于表示当前键值对是否有效（为 1 时有效，为 0 时无效）；所有存储单元中的 key 字段同时与 CAM 输入的检索关键字进行并发比较，4 个存储单元共需要 4 个比较器，有效位为 1 且比较结果相同则输出为 1。图中比较结果分别对应 $L_0 \sim L_3$，这些比较结果将连接到对应三态门的控制端，当比较结果相符时，输出当前对应的 value 字段。$L_0 \sim L_3$ 中只要有一个信号为 1 则表示查找成功，所以将 $L_0 \sim L_3$ 进行逻辑或运算即可得到命中信号 hit。注意同一时刻 $L_0 \sim L_3$ 最多只能有一个信号为 1，否则会引起数据冲突。

图中输入端 key = 234，第二行比较器的比较结果 $L_1 = 1$，或门输出命中信号 hit = 1，同时 L_1 控制第二行的三态门输出当前行的值 value = 777 至 D_{out} 输出端。

CAM 中的每个存储单元都对应一个独立的比较器，硬件成本高昂，所以通常容量不会太大。在计算机系统中，CAM 通常用于 cache 的快速查找，也可用于在虚拟存储器中存放段表、页表和 TLB 表。

4.5.6 地址映射

地址映射是指将主存地址空间映射到 cache 的地址空间，即把存放在主存中的程序或数据块载入 cache 块的规则，地址映射主要有以下 3 种方法。

（1）全相联（Full Associative Mapping）：各主存块都可以映射到 cache 的任意数据块。

（2）直接相联（Direct Mapping）：各主存块只能映射到 cache 中的固定块。

（3）组相联（Set Associative Mapping）：各主存块只能映射到 cache 固定组中的任意块。

1. 全相联映射

（1）全相联映射基本原理

全相联映射方式下，主存中的每一个数据块都可以放置到 cache 的任意一个数据块中，是一对多的映射关系。新的主存数据块可以载入 cache 中任何一个空位置，只有 cache 满时才需要进行数据块置换。全相联映射时 cache 利用率最高，但查找成本较高，需要 CAM 提供快速的查找功能。全相联映射逻辑示意如图 4.36 所示。

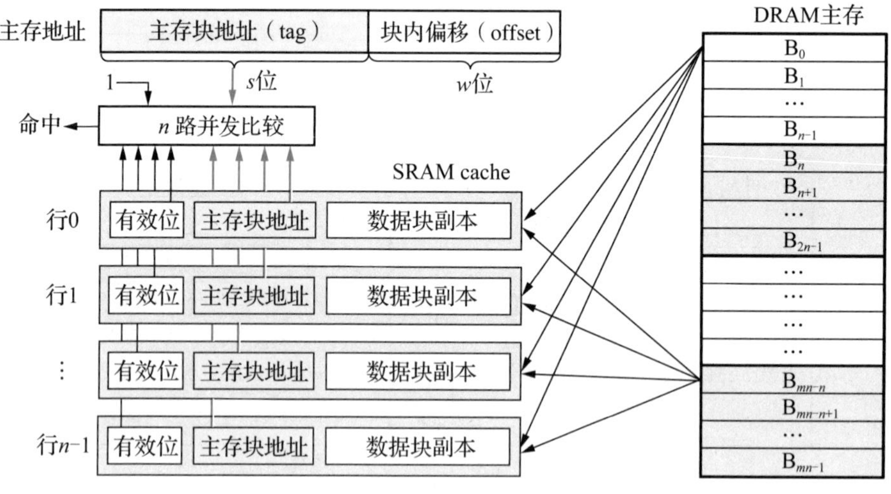

图 4.36 全相联映射逻辑示意图

由于主存块可以放置在 cache 的任意块中，为了方便后续查找，主存数据块载入时还需要记录若干的标记标志信息，主要包括有效位、主存块地址标记、脏数据标志位、淘汰计数等信息。通常将一个 cache 数据块和相关的标记标志信息一起称为一个 cache 行 / 槽（Line/Slot），因此 cache 有多少个数据块就对应有多少个 cache 行。

主存地址划分为主存块地址（tag）和块内偏移（offset）两部分，两部分字段长度分别为 s、w。由图可知，cache 块大小 = 2^w 字节，cache 副本缓冲区容量 = $n \times 2^w$ 字节，主存容量 = 2^{s+w}

字节，不考虑脏数据位和淘汰计数，cache 的实际容量为 $n\times(1+s+8\times 2^w)$ 位。

数据查找时直接将主存块地址和所有 cache 行中的标记字段主存块地址进行并发比较，如果读命中，则输出对应 cache 行数据块副本中块内地址 offset 处的数据；如果写命中，则需要写入数据，同时将脏数据标志位置为 1。

（2）全相联映射硬件实现

图 4.37 所示是全相联映射的硬件逻辑实现框图，假设 cache 块大小为 4W，共 8 行，主存按字访问，主存地址长度为 9 位。主存地址被划分为（tag,offset）两部分，其中块内偏移 offset 字段为 2 位；标记字段 tag 就是主存块地址，根据定义为 9-2=7 位。

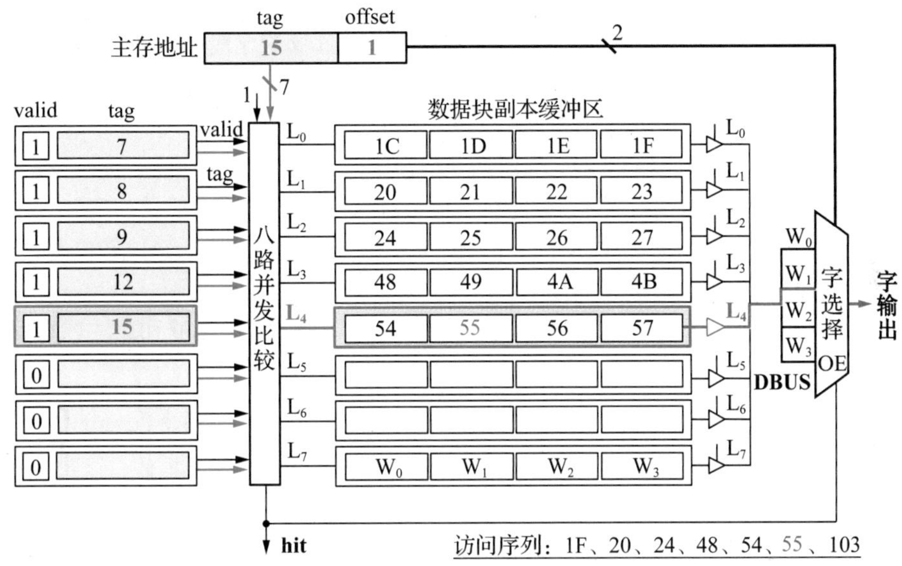

图 4.37 全相联映射的硬件逻辑实现框图

主存块地址 tag 字段将同时与所有行中的标记字段 tag 进行多路并发比较，有多少行就需要设置多少个比较器。某一行比较结果相同且有效位为 1 时对应行的比较结果输出为 1，所有行的比较结果逻辑或生成命中信号 hit。各行的比较结果 $L_0 \sim L_7$ 将作为行选通信号，并连接到输出端的三态门控制端，控制对应行的数据块输出。命中信号 hit 控制字选择多路选择器的使能端 OE，2 位块内偏移 offset 字段连接多路选择器的选择控制端，决定具体输出当前选中行 4 个字中的哪一个字，实现数据的查找和访问。

假设 cache 的初始状态为空，主存字地址读访问序列为 1F、20、24、48、54、55、103，根据主存地址结构，该访问序列对应的（tag,offset）如表 4.4 所示。

表 4.4 全相联映射访问过程

访问序列	1	2	3	4	5	6	7
十六进制	1F	20	24	48	54	55	103
二进制	0000111 11	0001000 00	0001001 00	0010010 00	0010101 00	0010101 01	1000000 11
(tag,offset)	(7,3)	(8,0)	(9,0)	(12,0)	(15,0)	(15,1)	(40,3)
cache 行	0	1	2	3	4	4	5
访问情况	载入	载入	载入	载入	载入	命中	载入

第 1 次主存访问地址为 1F，主存块地址为 7，由于 cache 初始状态为空，所有 cache 行中的

有效位都为 0，访问缺失，载入 1F 所在的主存数据块（1C ～ 1F）到 cache 的第 0 行；同时将主存块地址 7 作为标记存放在第 0 行的标记字段中，并将有效位 valid 置 1，方便后续查找。第 2 ～ 5 次访问的主存块地址均不相同，所以访问均为缺失状态，分别载入对应的数据块到第 1、2、3、4 行的空行中。

第 6 次访问的主存字地址为 55，主存块地址为 15，如图 4.37 中主存地址所示，主存块地址 15 和 8 路 cache 中所有标记字段进行并发比较，第 4 行中的标记字段与之相同且有效位为 1，所以当前访问命中，由块内偏移 offset = 1 选择 cache 行中的 W_1 输出。同理，第 7 次访问 103 结果也是缺失，由于 cache 仍然有空行，因此继续载入数据。

数据写入命中时，可以将待写入数据加载到所有存储器的输入端，由行选通信号 L_0 ～ L_7 和 offset 精准控制对应存储单元的写使能信号，实现对有效位、标记字段 tag、数据缓冲区的写入。数据载入时则由替换算法给出对应行的写使能信号，实现数据块的载入。

综上所述，全相联映射方式具有以下特点。

（1）主存数据块可以映射到 cache 的任意一行，因此 cache 利用率高。

（2）只要 cache 中还有空行就不会引起冲突，因此 cache 的冲突率低。

（3）查找时需要并发比较查找表中所有项，每一个 cache 行对应一个比较电路，硬件成本较高，只适合于小容量 cache 使用。

（4）cache 满时载入新数据块需要利用替换算法进行替换，替换策略和算法较为复杂。

2. 直接相联映射

（1）直接相联映射基本原理

直接相联映射中每一个主存块地址只能映射到 cache 中固定的行，具体映射规则为：

$$\text{cache 行号 } i = \text{主存块号 } j \bmod (\text{cache 行数 } n) \tag{4-4}$$

以上规则等效于将主存按照 cache 大小进行分区，每个分区中包含的块数与 cache 的行数相同，因此主存地址可细分为区地址（tag）、区内行索引（index）、块内偏移（offset）三部分，这里 index 字段就是数据块映射到 cache 中的行号，和上式中的余数完全相同。各字段划分及位宽如图 4.38 所示。

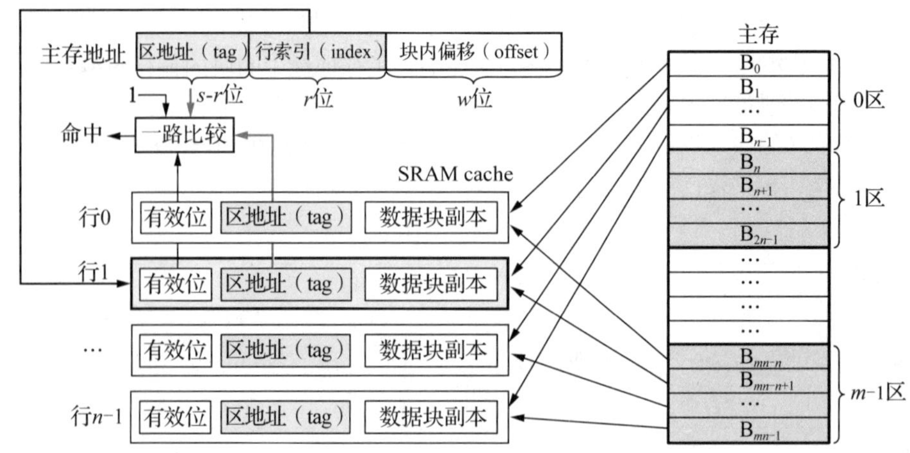

图 4.38　直接相联映射逻辑示意图

由图 4.38 可知，cache 块大小 = 2^w 字节，cache 行数 $n = 2^r$，主存容量 = 2^{s+w} 字节，如果不考

虑脏数据位，cache 的实际容量为 $n \times (1 + s - r + 8 \times 2^w)$ 位。

由于主存块只能放置在 index 对应的 cache 行中，因此直接相联映射并不需要全相联查找，查找表不需要存放在相联存储器中，各 cache 行中的元数据信息（tag, valid, dirty）只需要和数据块副本存放在一起即可。查找时可以通过 index 字段快速访问对应 cache 行的标记与标志字段，如果标记字段有效且与主存地址中的区地址相同，就表示命中。与全相联相比，直接相联映射只需要设置一个共享的比较器即可完成查找，硬件成本更低。

（2）直接相联映射硬件实现

图 4.39 所示为直接相联映射的硬件逻辑实现框图。

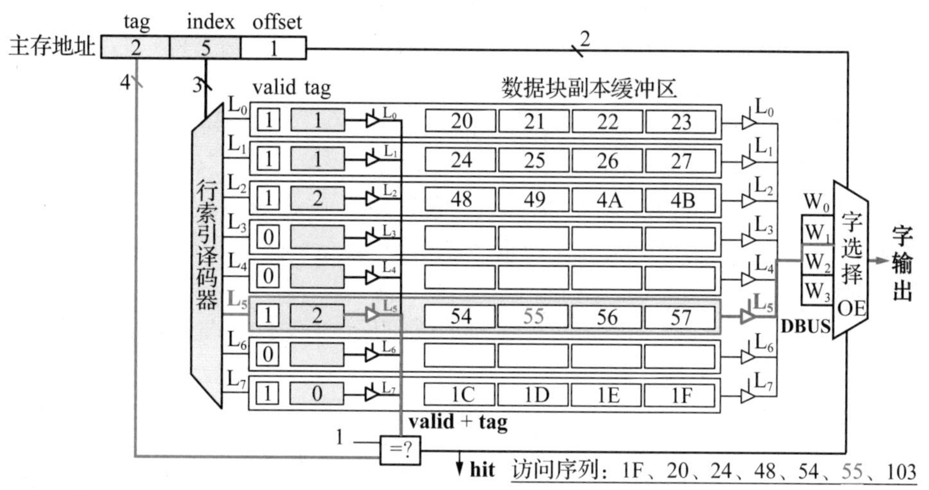

图 4.39 直接相联映射的硬件逻辑实现框图

和全相联映射的例子相同，这里也假设 cache 块大小为 4W，共 8 行，主存按字访问，主存地址长度为 9 位。主存地址被划分为 tag、index、offset 三个部分，行索引 index 字段部分经过行索引译码器生成若干行索引译码信号，由行索引译码信号选择对应 cache 行，控制对应行的有效位 valid、标记位 tag、数据块的输出，所有行数据输出均采用三态门控制输出至系统数据总线。行译码（选通）信号 $L_0 \sim L_7$ 连接至对应的三态门控制端，只有行译码信号有效的行才会进行输出，同一时刻只有一行输出。当选中行有效位为 1 且标记位与主存地址中的 tag 相同时，数据命中。命中信号 hit 控制最终的字选择多路选择器的使能端，主存地址中的块内偏移 offset 控制字选择多路选择器的选择控制端，决定具体输出选中行中哪一个字，从而实现数据的查找和访问。

假设 cache 的初始状态为空，主存字地址读访问序列和全相联映射完全相同。根据直接相联映射主存地址结构，该访问序列对应的地址解析（tag,index,offset）以及访问情况如表 4.5 所示。

表 4.5 直接相联映射访问过程

访问序列	1	2	3	4	5	6	7
十六进制	1F	20	24	48	54	55	103
二进制	0000 111 11	0001 000 00	0001 001 00	0010 010 00	0010 101 00	0010 101 01	1000 000 11
（tag,index,offset）	(0,7,3)	(1,0,0)	(1,1,0)	(2,2,0)	(2,5,0)	(2,5,1)	(8,0,3)
cache 行	7	0	1	2	5	5	0
访问情况	载入	载入	载入	载入	载入	命中	替换

第 1 次主存访问地址为 1F，其行索引字段 index=7，由于 cache 初始状态为空，第 7 行中有效位 valid = 0，访问缺失，载入 1F 所在的主存数据块（1C ～ 1F）到 cache 的第 7 行；同时将主

存区地址 0 作为标记存放在第 7 行的标记字段中，并将有效位 valid 置 1，方便后续查找。根据直接相联映射规则，第 2 ～ 5 次访问均为缺失状态，分别将对应主存数据块载入第 0、1、2、5 行中。

第 6 次访问的主存字地址为 55，行索引 index = 5，第 5 行的标记字段与主存地址标记字段相同，且 valid = 1，访问命中，由块内偏移 offset = 1 选择 cache 行中的 W_1 输出。

第 7 次访问的主存地址为 103，行索引 index = 0，而第 0 行的有效位 valid = 1，表明该行已经包含数据，但标记字段 tag = 1，和当前地址的 tag 字段不相符，数据缺失。需要载入 103 所在的主存块到第 0 行中，并将原有数据替换。显然相同的访问序列，直接相联映射在 cache 还存在空行的情况下就发生了冲突，所以其 cache 利用率不高。

数据写入时，可以将待写入数据加载到所有存储器的输入端，由 index 字段译码生成的行选通信号 L_0 ～ L_7 和 offset 精准控制对应存储单元的写使能信号，实现对有效位、标记字段 tag、数据缓冲区的写入。直接相联映射的替换算法较为简单，如果访问不命中则直接替换行索引译码器选中的行即可；但如果选中行存在脏数据，则需要将脏数据写入二级存储器以保证数据一致。

综上所述，直接相联映射方式具有以下特点：

（1）由于主存数据块只能映射到 cache 中的特定行，因此 cache 利用率低，命中率低。

（2）index 相同的所有主存块映射到 cache 中的同一行，cache 未满也可能发生数据冲突，cache 的冲突率高。

（3）查找时只需根据 index 字段访问对应 cache 行的标记字段 tag 并进行比较，只需一个比较器，硬件成本较低，适合于大容量 cache 使用。

（4）无须使用复杂的替换算法，直接替换冲突数据块即可。

例 4.3　某计算机字长为 32 位，已知主存容量为 4MB，按字节编址，cache 采用直接相联映射，cache 数据存储体容量为 4KB，cache 块长度为 8 个字。完成下列各问。

（1）画出直接相联映射方式下主存字节地址的划分情况，并说明每个字段位数。

（2）设 cache 的初始状态为空，若 CPU 依次访问主存，从 0 到 99 号字单元，并从中读出 100 个字（假设访问主存一次读出一个字），并重复此顺序 10 次，计算 cache 访问的命中率。

（3）如果 cache 的存取时间为 20ns，主存的存取时间为 200ns，根据（2）中计算出的命中率求存储系统的平均存取时间。

（4）计算 cache/ 主存系统的访问效率。

解：

（1）根据直接相联映射算法，主存字节地址细分如图 4.40 所示。

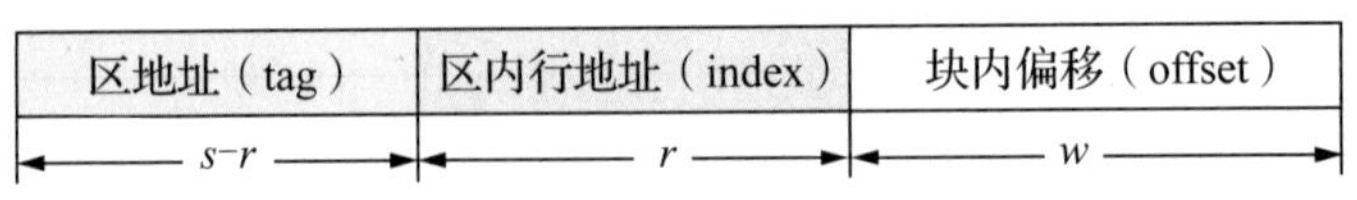

图 4.40　主存字节地址

一个 cache 块包含 8 × 32 位 = 32B，故 w = 5；根据题目条件，cache 的数据存储体被分成 4096B/32B = 128 行，故 r = 7 位；访问 4MB 主存空间需要 22 位地址线，因此区地址（tag）长度 = 22 − 5 − 7 = 10 位。

（2）cache 有 128 行，每行有 8 个字，初始状态为空，因此主存从 0 开始到 99 号单元的 100 个字均会被载入 cache 前 13 行中（最后一行只包括 96 ～ 99，共 4 个字）。第一次访问时，每个数据块的第一次读访问都不命中，会将对应数据块载入，后续相邻的 7 次访问都会命中。而后续的 9 次循环，所有数据访问都会命中。因此，命中率 $h = (100 \times 10-13)/(100 \times 10) = 98.7\%$。

（3）存储系统的平均访问时间 $T = 0.987 \times 20\text{ns}+(1-0.987) \times 200\text{ns} = 22.34\text{ns}$。

（4）存储系统的访问效率 $e = 20/22.34 = 89.5\%$。

例 4.4　某计算机的主存地址空间大小为 256MB，按字节编址。指令 cache 和数据 cache 分离，均有 8 个 cache 行，块大小为 64B，数据 cache 采用直接相联映射方式。现有两个功能相同的程序 A 和 B，其伪代码如下。

```
程序 A:
int a[256][256];
int sum_array1()
{
      int i,j,sum=0; for(i=0;i<256;i++)
      for(j=0;j<256;j++) sum+=a[i][j];
      return sum;
}
```

```
程序 B:
int a[256][256];
int sum_array2()
{
      int i,j,sum=0; for(j=0;j<256;j++)
      for(i=0;i<256;i++) sum+=a[i][j];
      return sum;
}
```

假定 int 型数据用 32 位补码表示，程序编译时 i、j、sum 均分配在寄存器中，数组 a 按行优先方式存放，其首地址为 320（十进制数）。请回答下列问题，要求说明理由或给出计算过程。

（1）若不考虑用于 cache 一致性维护和替换算法的控制位，则数据 cache 的总容量为多少？

（2）数组元素 a[0][31] 和 a[1][1] 各自所在的主存块对应的 cache 行号分别是多少（cache 行号从 0 开始）？

（3）程序 A 和 B 的数据访问命中率各是多少？哪个程序的执行时间更短？

解：

（1）数据 cache 总容量 = cache 行数 × 行大小，不考虑一致性维护和替换算法的控制位，每个 cache 行主要包括有效位 valid、区地址标记字段、数据块 3 部分。

主存地址为 256MB，因此主存地址位宽为 28，数据 cache 有 8 个 cache 行。index 字段位宽 $r = 3$；块大小为 64B，故块内偏移地址位宽 $w = 6$。区地址 tag 字段位宽为 $28-3-6 = 19$ 位。因此，数据 cache 的总容量应为：$8 \times [(1+19)+64 \times 8]/8 = 532\text{B}$。

（2）数组按行优先方式存放，首地址为 320，数组元素占 4 个字节，行优先和列优先时二维数组元素在内存中的分布如表 4.6 所示。

表 4.6　二维数组元素在内存中的分布

内存地址	320	324	328	…	1340	1344	1348
行优先	a[0][0]	a[0][1]	a[0][2]	…	a[0][255]	a[1][0]	a[1][1]
列优先	a[0][0]	a[1][0]	a[2][0]	…	a[255][0]	a[0][1]	a[1][1]

根据表 4.6 可知：

a[0][31] 所在的主存地址为 $(320+31\times4) = 444$；

a[1][1] 所在的主存地址为 $320+256\times4+1\times4 = 1348$。

根据直接相联映射规则可知：

a[0][31] 所在的主存块对应的 cache 行号 = 块号 mod 8 = (444/64)mod 8 = 6；

a[1][1] 所在的主存块对应的 cache 行号 = 块号 mod 8 = (1348/64)mod 8 = 5。

（3）由于 i、j、sum 均分配在寄存器中，故数据访问命中率仅考虑数组 a 的情况。A、B 两程序的功能都是对二维数组累加求和，数组中的每一个元素仅被使用一次。数组按行优先存放，数据 cache 的容量为 $8 \times 64\text{B} = 512\text{B} = 128$ 字，可以放下数组半行的数据。

① 程序 A 中数据的访问顺序与存储顺序相同，具有较好的空间局部性，每个 cache 数据块

可以存储 16 个 int 型数据，顺序访问时，第一次访问缺失，载入数据块，后续 15 次访问都会命中。程序 A 中的所有数据访问都符合这一规律，故命中率为 15/16，即程序 A 的数据访问命中率是 93.75%。

② 程序 B 按照数组的列执行外层循环，在执行内层循环的过程中，将连续访问不同行但同一列的数据，由于数组中一行数据大小为 256×4B=256 字，是 cache 容量的 2 倍，因此不同行的同一列数组元素对应同一个 cache 行，第一次访问不命中，载入数据块，且后续访问仍然不命中，载入新的数据块到同一行，这样所有数据都无法命中，故命中率是 0。由于从 cache 读数据比从主存读数据快很多，因此程序 A 的执行速度比程序 B 快得多。

3. 组相联映射

（1）组相联映射基本原理

全相联映射命中率高，但查找硬件成本高；而直接相联映射查找成本低，但命中率低，二者在特性上正好互补。组相联映射是直接相联映射和全相联映射两种方式的折中，既能提高命中率，又能降低查找硬件的开销。

组相联映射将 cache 分成固定大小的组，每组有 k 行，称为 ***k*–路组相联**；主存数据块首先采用直接相联映射的方式定位到 cache 中固定的组，然后采用全相联映射的方式映射到组内任何一个 cache 行，组相联映射规则如下：

$$\text{cache 组号} = \text{主存块号 mod （cache 组数）} \tag{4-5}$$

根据该规则，主存地址可细分为标记字段（tag）、组索引（index）、块内偏移（offset）3 部分，这里的组索引实际就是上式中的余数。

直接相联映射让数据查找的范围快速缩小到某一个 cache 组，大大缩小了查找范围，降低了全相联并发比较的硬件开销；cache 组内多个 cache 行则采用全相联映射规则，有效避免了直接相联映射冲突率较高的问题，大大提高了 cache 命中率。

图 4.41 所示为一个二路组相联的逻辑示意图，cache 一共包括 n 组，同样也可以将主存地址中的主存块地址细分为标记字段 tag 和组索引 index 两部分。由图可知，cache 块大小 = 2^w 字节，组数 $n = 2^d$，主存容量 = 2^{s+w} 字节，cache 容量 = $2n \times (1 + s - d + 8 \times 2^w)$ 位。

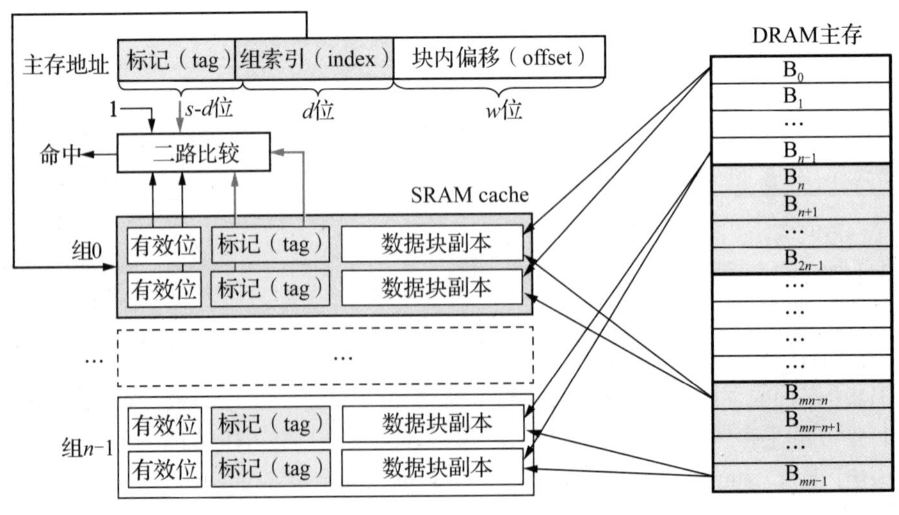

图 4.41 组相联映射逻辑示意图

图中 B_0 块的组索引字段为 0，所以只能映射到第 0 组。同理，$B_1 \sim B_{n-1}$ 块只能分别映射到第 1 ～ n-1 组，而 B_n ～ B_{2n-1} 也分别映射到第 0 ～ n-1 组。

组相联进行数据查找时，首先利用主存块地址中的组索引字段 index 定位具体 cache 组，然后将标记字段与组内所有行的标记以及有效位进行全相联并发比较，如有相符的，则表示命中，否则表示数据缺失。注意这里全相联比较只局限于组内，所以全相联比较所需要的比较器为 k 个，大大降低了硬件开销。

（2）组相联映射硬件实现

图 4.42 所示是组相联映射的硬件逻辑实现框图。这里也假设 cache 块大小为 4W，共 8 行，主存按字访问，主存地址长度为 9 位，8 行 cache 分成 n = 4 组，每组有 k= 2 行。主存地址中的组索引 index 字段经过组索引译码器产生组译码（组选通）信号 S_0 ～ S_3，控制对应组中所有 cache 行的有效位 valid 和标记信息 tag 传输到 k 路并发比较器电路（包含 k 的比较器）。这里 k = 2，当前组中某一行的标记位与主存地址中的标记位相同且有效位为 1 时，cache 命中，否则缺失。将 k 路并发比较结果与 n 路组索引译码信号分别进行逻辑与后得到 $n \times k$ 个 cache 行选通信号 L_0 ～ $L_{n \times k-1}$，这里为 L_0 ～ L_7。cache 行选通后读写逻辑和其他映射方式基本一致。数据淘汰时应在指定的组内选择 cache 行进行淘汰。

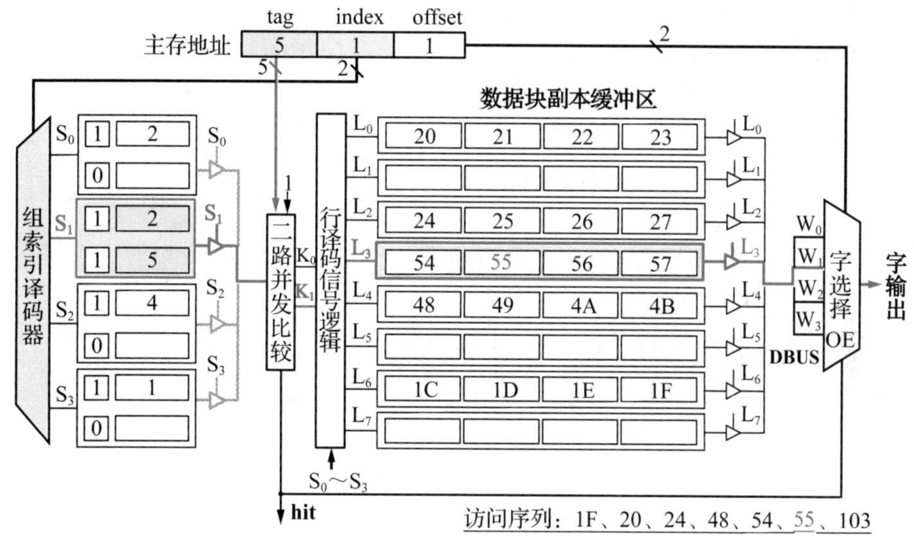

图 4.42　组相联映射的硬件逻辑实现框图

假设 cache 的初始状态为空，访问序列和全相联映射完全相同。根据组相联映射主存地址结构，该访问序列对应的地址解析（tag,index,offset）以及访问情况如表 4.7 所示。

表 4.7　组相联映射访问过程

访问序列	1	2	3	4	5	6	7
十六进制	1F	20	24	48	54	55	103
二进制	00001 11 11	00010 00 00	00010 01 00	00100 10 00	00101 01 00	00101 01 01	10000 00 11
（tag,index,offset）	(1,3,3)	(2,0,0)	(2,1,0)	(4,2,0)	(5,1,0)	(5,1,1)	(10,0,3)
cache 组 / 行	S_3/6	S_0/0	S_1/2	S_2/4	S_1/3	S_1/3	S_0/1
访问情况	载入	载入	载入	载入	载入	命中	载入

第 1 次主存访问地址为 1F，其组索引字段 index = 3，由于 cache 初始状态为空，第 3 组中

两个 cache 行的有效位 valid 均为 0，访问缺失，载入 1F 所在的主存数据块（1C ～ 1F）到 cache 第 3 组的第一个空行中（cache 的第 6 行）；同时将标记字段 tag = 1 存放在第 6 行的标记字段中，并将有效位 valid 置 1，方便后续查找。同理，第 2 ～ 5 次访问均为缺失状态，分别将对应主存数据块载入 cache 的第 0、2、4、3 行中。

第 6 次访问的组索引字段 index = 1，第 1 组的标记信息和有效位信息与主存地址标记字段进行二路并发比较，组内第 1 行相符，其有效位为 1，访问命中，K_1 输出为 1，经过行选通信号逻辑输出 $L_3 = 1$，选中第 3 行数据输出，由块内偏移 offset = 1 选择 cache 行中的 W_1 字输出。

第 7 次访问的主存地址为 103，组索引 index = 0，第 0 组的第 0 行数据有效位 valid = 1，但标记字段和主存地址标记字段不相符，第 0 组的第 1 行有效位 valid=0，为空行，数据缺失，将 103 所在的主存块载入第 0 组的第 1 行中即可。相比直接相联映射，第 7 次访问没有发生替换，显然组相联映射 cache 利用率相对于直接相联映射有所提高。

组相联映射与全相联映射相比，其每一组的多路比较器数目大幅减少，且为各 cache 组共享，硬件成本更低。当每组只有一个 cache 行时，也就是只有 1 路组相联，此时只需要一个比较器，电路演变成直接相联映射。当整个 cache 只有一组时，无须组索引译码器，电路演变成全相联映射。

4. 不同映射方式比较

图 4.43 所示为 3 种不同映射方式的主存地址划分，从图中可以看出，$s > r > d$，当组索引字段的位宽 $d = 0$ 时，也就是整个 cache 只分为一个组时，组相联映射变成了全相联映射，而当 d 为最大值 r 时，每组只有一个 cache 行，组相联映射变成了直接相联映射。

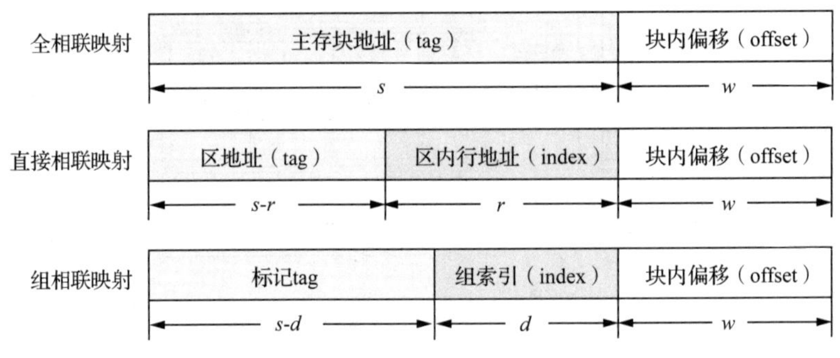

图 4.43 不同映射的主存地址划分

直接相联映射查找容易，淘汰简单，但命中率较低；全相联映射查找时并发比较的硬件成本最高，淘汰算法复杂，但其命中率最佳。组相联映射则兼具二者的优势，可以说组相联映射是直接相联映射和全相联映射的折中，也可以说直接相联映射和全相联映射是组相联映射的特例。

4.5.7 替换算法

替换算法也称淘汰算法，如果 cache 中已装满数据，当新的数据块要载入时，必须从 cache 中选择一个数据块替换，替换数据块中如果存在脏数据，还需要将淘汰数据同步到主存中。常用替换算法主要有以下 4 种。

1. 先进先出算法

先进先出（First In First Out，FIFO）算法的基本思想是按照数据块进入 cache 的先后决定替换的顺序，即在需要进行替换时，选择最先被载入 cache 的行进行替换。这种方法需要记录每个 cache 行载入 cache 的时间戳或时间计数，以方便替换时比较先后顺序。FIFO 算法系统开销较小，缺点是不考虑程序访问的局部性，可能会把一些需要经常使用的块（如循环程序块）也作为最早进入 cache 的块而替换掉，因此，可能导致 cache 的命中率不高。

2. 最不经常使用算法

最不经常使用（Least Frequently Used，LFU）算法将被访问次数最少的 cache 行淘汰。为此，每行必须设置一个淘汰计数器，其硬件成本较高。新载入的 cache 行从 0 开始计数，每命中访问一次，被访问行的计数器加 1。当需要替换时，对所有可淘汰行的计数值进行比较，将计数值最小的行淘汰。

LFU 算法的不足是淘汰计数器记录的是 cache 上电后的历史访问统计情况，并不能严格反映近期访问情况。例如特定行中的 A、B 两行，A 行在前期多次被访问而后期未被访问，但累计访问次数值很大，B 行是前期不常用而后期正被频繁访问，但可能因淘汰计数值小于 A 行而被 LFU 算法换出。

3. 近期最少使用算法

近期最少使用（Least Recently Used，LRU）算法是将近期内最久未被访问过的行淘汰。为此，每行也需要设置一个计数器，cache 每命中一次，对应的命中行计数器清零，其他各行计数器加 1，因此它是未访问次数计数器。当需要替换时，比较各特定行的计数值，将计数值最大的行换出。这种算法显然保护了刚载入 cache 的新数据，符合 cache 工作原理，因此使 cache 有较高的命中率。

LRU 算法硬件实现的难点主要是快速比较多行计数器。要找出计数值最大的 cache 行，具体实现时需要较多的比较器进行归并比较。但如果是二路组相联的 cache，情况则会大为简化。因为一个主存块只能在一个特定组的两行中存放，二选一完全不需要计数器，只需要一个二进制位即可。如果规定一组中当 A 行调入新数据时将此位置 1，另一行（B 行）调入新数据时将此位置 0，那么当需要替换时只需检查此位的状态即可，若此位为 0，说明 B 行的数据比 A 行的后调入，故将 A 行换出，反之则换出 B 行。Pentium 机芯片内的数据 cache 是一个二路组相联结构，采用的就是这种 LRU 替换算法。

4. 随机替换算法

随机替换就是在需要进行替换时，从特定的行中随机地选取一行进行替换。这种策略硬件实现最容易，而且速度也比前几种策略快；缺点是随意换出的数据很可能马上又要用，从而会降低命中率和 cache 工作效率。但这个负面影响随着 cache 容量增大会减少，模拟研究表明，随机替换算法的功效只是稍逊于 LFU 算法和 LRU 算法。在虚拟存储器的 TLB 表中为了提高替换速度，就采用了随机替换算法。

替换算法与 cache 的组织方式紧密相关。对采用直接相联映射方式的 cache 来说，因一个主存块只有一个特定的行位置可存放，所以不需要使用任何替换算法，只要有新的数据块调入，此特定行位置上的原数据一定会被换出。对全相联的 cache 而言，执行替换算法时，涉及全部 cache 行；而对组相联的 cache 来说，执行替换算法只涉及特定组中的行。

例 4.5 假定某程序访问 7 块信息，cache 分为 4 行，采用全相联方式组织。程序访问的块地址流依次为 1，2，3，2，1，3，1，4，4，5，6，7，5，6，7，5。分析 LFU 和 LRU 算法的访问过程，并计算命中率。

解：LFU 算法访问过程如表 4.8 所示，LRU 算法访问过程如表 4.9 所示，表中上标表示计数值。

表 4.8 LFU 算法访问过程

地址流	1	2	3	2	1	3	1	4	4	5	6	7	5	6	7	5
第 0 行	1^0	1^0	1^0	1^0	1^1	1^1	1^2	1^2	1^2	1^2	1^2	1^2	1^2	1^2	1^2	1^2
第 1 行		2^0	2^0	2^1	2^1	2^1	2^1	2^1	2^1	5^0	6^0	7^0	5^0	6^0	7^0	5^0
第 2 行			3^0	3^0	3^0	3^1	3^1	3^1	3^1	3^1	3^1	3^1	3^1	3^1	3^1	3^1
第 3 行								4^0	4^1	4^1	4^1	4^1	4^1	4^1	4^1	4^1
命中情况				√	√	√	√		√	*						

表 4.9 LRU 算法访问过程

地址流	1	2	3	2	1	3	1	4	4	5	6	7	5	6	7	5
第 0 行	1^0	1^1	1^2	1^3	1^0	1^1	1^0	1^1	1^2	1^3	1^4	7^0	7^1	7^2	7^0	7^1
第 1 行		2^0	2^1	2^0	2^1	2^2	2^3	2^4	2^5	5^0	5^1	5^2	5^0	5^1	5^2	5^0
第 2 行			3^0	3^1	3^2	3^0	3^1	3^2	3^3	3^4	6^0	6^1	6^2	6^0	6^1	6^2
第 3 行								4^0	4^0	4^1	4^2	4^3	4^4	4^5	4^6	4^7
命中情况				√	√	√	√		√				√	√	√	√

* 当需要替换或淘汰的行的计数值相等时，可以采用随机替换算法或 FIFO 算法，本例中使用 FIFO 算法。

LFU 算法的命中率 = 5/16 = 31.25%，LRU 算法的命中率 = 9/16 = 56.25%，本例中 LFU 算法不能反映近期访问频率，所以命中率低于 LRU 算法。

4.5.8 写入策略

CPU 在执行程序期间除会对 cache 进行大量的读操作外，也会对 cache 进行写操作。常见的写策略主要有写回法和写穿法两种。

1. 写回法（Write-Back，WB）

使用写回法，当 CPU 对 cache 写命中时，只修改 cache 的内容而不立即写入主存，只有当此行被替换出 cache 时才将脏数据写回主存。这种策略使 cache 在读操作和写操作上都起到高速缓存作用。为支持这种策略，每个 cache 行必须配置一个修改位，也称为**脏位**（Dirty Bit），以标识此行是否被改写过，若被改写过则该位为 1，反之则为 0。当某行被换出时，根据此行的脏位为 1 还是为 0，决定是将该行内容写回主存还是简单地丢弃。显然，这种写 cache 与写主存异步进行的方式可显著减少写主存次数，但其也带来了 cache 与主存中数据的不一致性，可能会导致 DMA 操作获得的数据不是最新的数据。

2. 写穿法（Write-Through，WT）

写穿法也称**直写法**，其基本思想是当 cache 写命中时，同时对 cache 和主存中的同一数据块进行修改，其优点是 cache 每行无须设置一个修改位以及相应的判别逻辑；而且发生块替换时，被换出的数据块可以直接丢弃，无须写回主存。

Intel 80486 处理器片内 cache 采用的就是写穿法。写穿法的缺点是 cache 对 CPU 的写操作无缓冲功能，降低了 cache 的功效。

写穿法较好地维护了单 CPU 环境下 cache 与主存的内容一致性，在多处理器系统中各 CPU 都有自己的 cache。当一个主存块在多个 cache 中都有一份副本时，即使某个 CPU 以写穿法来修改它所访问的 cache 和主存内容，也无法保证其他 CPU 中 cache 内容的同步更新。

综上所述，当考虑多处理机和采用 DMA 方式（见第 9 章）的外部设备时，无论是采用写回还是写穿策略，都可能导致 cache 与主存中的数据不一致，需要其他同步机制来解决这一问题。

4.5.9 cache 应用

本小节介绍的 cache 技术主要是 CPU 与主存之间的硬件 cache，随着 cache 技术的发展，又衍生出了分离 cache 和多级 cache 技术。在计算机系统中，cache 技术无处不在，只要存在性能差异，就可以使用 cache 技术。除了硬件 cache 外，通常还包括很多利用软件技术实现的软件 cache。

1. 分离 cache

cache 刚出现时，通常将指令和数据都存放其中，称为统一 **cache**，如图 4.44（a）所示。后来由于计算机系统结构中采用了一些新技术（如指令预取），需要将指令 cache 和数据 cache 分开设计，这就有了分离或独立 cache 结构，如图 4.44（b）所示。

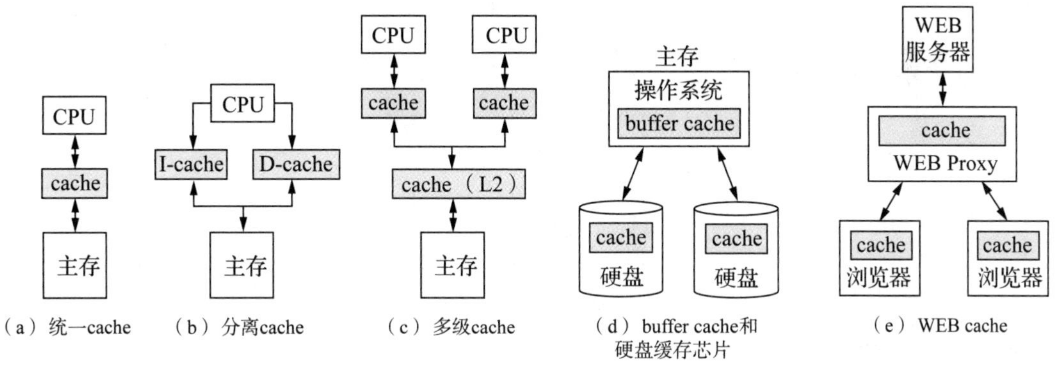

图 4.44 cache 技术的应用

统一 cache 的优点是设计和实现相对简单，但由于执行部件存取数据时，指令预取部件又要从同一 cache 读指令，两者会发生冲突；采用独立 cache 结构可以解决这个问题，而且分离的指令和数据 cache 还可以充分利用指令和数据的不同局部性来优化性能。

2. 多级 cache

将 cache 和处理器集成在同一芯片内，这个 cache 称为第一级 cache（L1）。由于 L1 在 CPU 芯片内，因此减少了对片外总线的访问，加快了存取速度，提高了系统性能。

但由于 L1 cache 的容量通常较小，若 CPU 要访问的数据不在 L1 cache 中，就要通过总线访问主存。而主存和总线的访问速度较慢，将影响系统的响应速度。为解决这个问题，在 CPU 芯片外与主存间再设置一个 cache，这就是通常所说的第二级 cache（L2），具体如图 4.44（c）所示。注意多 CPU 系统或多核系统中 L1 cache 也有多个，多个 cache 之间的一致性处理非常重要，随着技术的发展还出现了 L3 cache、L4 cache，多级缓存进一步提升了存储系统的性能。

Intel 80386 及以前微处理器中均不包含片内 cache。Intel 80486 中有 8K 字节的片内 cache。Pentium 芯片中有两个独立的 cache，每个 8K。P2 芯片中也有两个独立的 cache，分别是 8K 字节的四路组相联指令 cache 和 8K 字节的二路组相联的数据 cache，L2 cache 为 256KB ～ 1MB。P3 芯片中包含 16K 字节的指令 cache 和 16K 字节的数据 cache。P4 芯片中包含 12KB 的指令 cache 和 8KB 的数据 cache，L2 cache 为 256KB。

最初出现的 L3 cache 应该是 AMD 的 K6-III 处理器，当时受限于制造工艺，L3 cache 只能集成在主板上，目前计算机中的三级缓存均集成在了 CPU 内部。L3 cache 容量从 0 到 2MB 时 CPU 的性能提升非常明显，而从 2MB 提高到 6MB 时，CPU 的性能就只提高了 10% 左右。最新的技术中 CPU 多个 CPU 核共享 L3 cache，缓存容量已经增加到 20MB，CPU 处理数据时只有 5% 需要从内存中调用数据，进一步地降低了内存延迟，使系统的响应更为快速。

3. 软件 cache

以上 cache 技术均属于硬件实现的硬件 cache，在计算机中，只要存在性能、容量和价格差异，就可以利用 cache 技术优化存储系统的性能，使得存储系统在性能上接近于快速的一级存储器，而在容量上接近于慢速的二级存储器。

常见的有操作系统中的磁盘缓存 buffer cache，如图 4.44（d）所示。buffer cache 技术采用软件方式实现，这里磁盘和主存之间速度容量成本相差巨大，缓存技术可以大大优化磁盘访问性能。另外，在磁盘驱动器上也集成了硬件的缓存芯片，以提升磁盘读写性能。图 4.44（e）所示为用于 WEB 访问的 WEB cache 技术，在 WEB 代理服务器以及本地浏览器中都设置有 cache。

4.6 虚拟存储器

4.6.1 虚拟存储器的工作原理

存储系统设计的基本目的是设计一个访问速度快、存储容量大的存储系统。采用 cache 技术可以大大提高主存的访问速度，然而它并不能解决主存容量不足的问题。一方面，程序员总希望能够有一个大于主存空间的编程空间，这样编写程序时不受实际主存大小的限制；另一方面，多任务操作系统出现以后，在计算机系统中同时有多个用户程序的进程运行，每个进程都需要自己的独立地址空间。如何让更多的程序（容量可能大于主存容量）在有限的主存空间中高效并发运行且互不干扰是虚拟存储器需要解决的问题。

虚拟存储器由英国曼切斯特大学的基尔伯恩（Kilburn）等人于 1961 年提出，经过 20 世纪 60 年代到 20 世纪 70 年代的发展和完善，目前，几乎所有的计算机中都采用了虚拟存储器系统。

在存储系统的层次结构中，虚拟存储器处于“主存－辅存”存储层次，通过在主存和辅存之间增加部分软件（如操作系统）和必要的硬件（如地址映射与转换机构、缺页中断结构等），使辅存和主存构成一个有机的整体，就像一个单一的、可供 CPU 直接访问的大容量主存一样。程序员可以用虚拟存储器提供的地址（虚拟地址）进行编程，这样，在实际主存空间大小没有增加的情况下，程序员编程不再受实际主存空间大小的限制，因此把这种存储系统称为虚拟存储器。图 4.45 所示为虚拟存储器的典型组织结构。

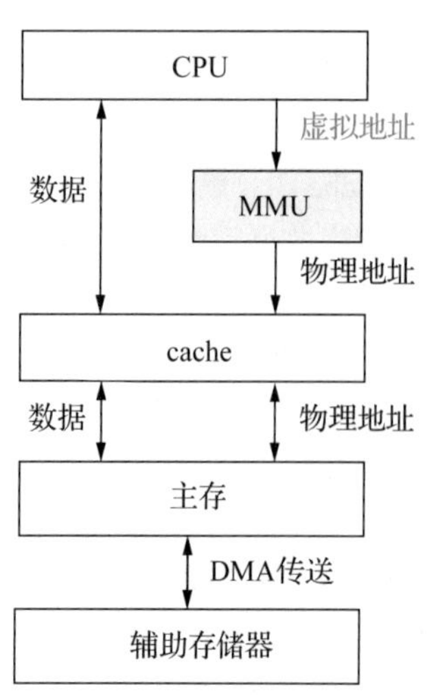

图 4.45 虚拟存储器的典型组织结构

虚拟存储器充分利用了程序的局部性，采用按需加载的方式加载程序代码和数据。其基本思路是加载程序时并不直接将程序和代码载入主存，而仅仅在相应的虚拟地址转换表（段表、页表）中登记虚拟地址对应的磁盘地址。程序执行并访问该虚拟地址对应的程序或数据时，会产生缺页异常，操作系统会调用异常处理程序并载入实际的程序和代码。根据程序局部性原理，通常程序只需要加载很小一部分空间即可运行，这种方式避免了将程序全部载入主存，大大提高了主存的利用率。

另外虚拟存储器也采用了和 cache 类似的技术，尽量将辅存中经常访问的程序和数据的副本调度到上层的主存储器中，使得大部分数据都可以通过直接访问快速的主存获得。极端情况下，主存空间也会消耗完毕（内存满），此时虚拟存储器需要选择最不经常访问的程序和数据进行淘汰，才能载入新的数据。淘汰时对于不可修改静态代码和数据，由于源数据来自辅助存储器，因此只需简单丢弃即可；而对于主存中动态修改过的数据，进行淘汰时则需要将这部分数据保存到辅助存储器上特殊的位置，并保存磁盘地址以便后续访问，较为常见的有 Linux 操作系统中的交换分区、Windows 操作系统中的页面文件。这种机制使得主存满后系统仍然能正常运行，但由于辅存和主存访问速度差异巨大（ms/ns 的量级差异），因此主存满后主存数据频繁地从主存到辅存的换入换出将导致系统性能急剧下降。

4.6.2 虚拟存储器的地址映射与变换

虚拟存储器中有 3 种地址空间，第一种是虚拟地址空间，也称为虚拟空间或虚地址空间，它是程序员用来编写程序的地址空间；第二种地址空间是主存的地址空间，也称物理地址空间或实地址空间；第三种地址空间是辅存地址空间，也就是磁盘存储器的地址空间。与这 3 种地址空间相对应，有 3 种地址，即虚拟地址（虚地址）、主存物理地址（实地址）和磁盘存储器地址（磁盘地址或辅存地址）。

我们知道，cache 中的地址映射是将主存中的数据按照某种规则调入 cache。虚拟存储器中的地址映射也有类似的功能，它把虚拟地址空间映射到主存空间，也就是将用户利用虚拟地址访问的内容按照某种规则从辅存装入主存储器中，并建立虚地址与实地址之间的对应关系。而地址转换则是在程序被装入主存后，在实际运行时，把虚拟地址转换成实地址或磁盘地址，以便 CPU 从主存或磁盘中读取相应的信息。

在虚拟存储系统中程序运行时，CPU 以虚拟地址访问主存，使用存储管理控制部件 **MMU**（Memory Management Unit）找出虚拟地址和物理地址之间的对应关系，并判断这个虚拟地址对应的内容是否已经在主存中。如果已经在主存中，则通过 MMU将虚拟地址转换成物理地址，CPU 直接访问主存单元；如果不在主存中，则把包含这个字的一页或一个程序段（与虚拟存储器的类型有关）调入主存，并在 MMU 中填写相关的标记信息。

根据虚拟存储器中对主存逻辑结构划分的粒度不同，虚拟存储器可分成 3 种不同的类型，分别是页式、段式和段页式虚拟存储器。本章仅介绍页式虚拟存储器，段式、段页式虚拟存储可在操作系统课程中学习。

4.6.3 页式虚拟存储器

以页（Page）为逻辑结构划分信息传送单位的虚拟存储器称为页式虚拟存储器。在页式虚拟存储器中，虚拟空间和主存空间均被划分成固定大小的页。不同类型的计算机对页大小的划分不同，常见的页大小为 4KB，也有更大容量的页。

1. 虚拟地址划分

在页式虚拟存储器中，虚拟地址被划分成**虚拟页号**（Virtual Page Number，VPN）和**虚拟页偏移**（Virtual Page Offset，VPO）；同时物理地址也被划分成**物理页号**（Physical Page Number，PPN）和**物理页偏移**（Physical Page Offset，PPO）两部分，其中虚拟页号又称为**虚页号**，物理页号又称为**页框号**或**实页号**，具体如图 4.46 所示。

图 4.46　页式虚拟存储器的地址划分

VPN 和 PPN 分别构成虚拟地址和物理地址的高位部分；VPO 和 PPO 分别构成虚拟地址和物理地址的低位部分。其位数决定了页面大小，因为物理页和虚拟页大小相同，所以 VPO 和 PPO 的位数相同，而 VPN 和 PPN 的位宽则分别取决于虚拟空间的容量和主存空间的容量。

2. 页表

物理地址由 PPN 和 PPO 两部分构成，虚拟地址到物理地址的映射本质上就是将 VPN 转换成对应的 PPN。页式虚拟存储器中虚拟地址与物理地址之间的转换是基于页表进行的。页表是一张保存虚拟页号 VPN 和物理页号 PPN 对应关系的查找表，是一个由若干个表项组成的数组；采用 VPN 作为索引进行访问，每一个表项主要包括有效位和物理页号，另外还包括修改位、使用位、权限位等信息，具体可在操作系统相关课程中进行深入了解。

图 4.47 所示为页表逻辑结构示意图，图中主存和磁盘都分为固定大小的页面；磁盘又分为交换分区和数据分区，交换分区用于存放主存页面换出的动态修改数据，数据分区用于存储用户程序和数据。主存和磁盘两部分空间合并构成虚拟地址空间。

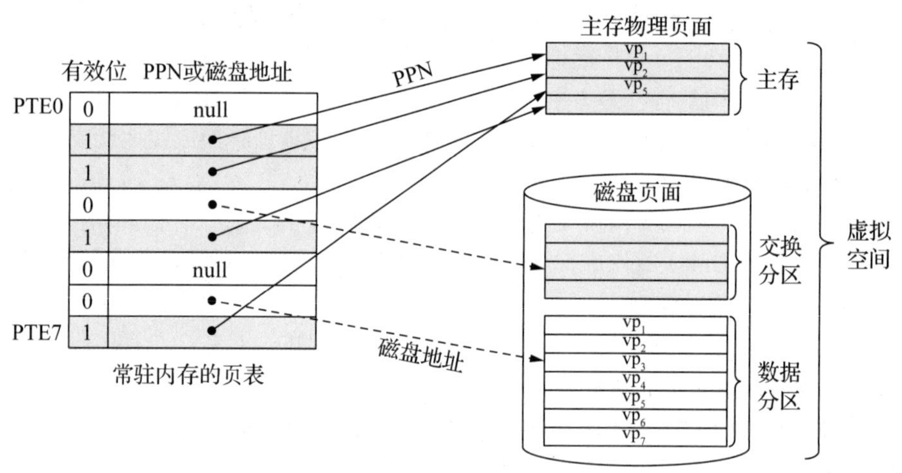

图 4.47　页表逻辑结构示意图

页表常驻内存，并将虚拟地址中的虚拟页号作为索引来访问，每一个虚拟页都对应一个页表项。假设虚拟地址空间为 2^{32}B，页大小为 4KB，则页表项的数目为 2^{20}=1M；假设每个页表项大小为 32 位，则一个页表的大小就是 4MB。由于每个进程都拥有独立的虚拟地址空间，因此每个进程都有一张完整的页表，页表属于进程控制信息，存放在进程地址空间的内核区中。页表在主存中的首地址记录在页表基址寄存器 PTBR 中，进行进程切换时只需要简单地切换 PTBR 的值就可以实现页表的快速切换。

为描述方便，下面给出一些关于虚拟存储器的常见缩写词汇。

- VA（Virtual Address）：虚拟地址。
- PA（Physical Address）：物理地址。
- PTE（Page Table Entry）：页表项。

- PTEA（Page Table Entry Address）：页表项地址。

当虚拟地址对应页表项中的有效位为 1 时，表明当前页的数据在主存中，直接利用页表中的物理页地址 PPN 与 VPO 一起生成物理地址即可访问主存数据。而当有效位为 0 时，对应虚拟页可能是暂未分配页，如图中标记为 null 的页表项；没有标记为 null 的页表项则表示对应页在磁盘中，访问对应页时会触发缺页异常，由操作系统的缺页异常处理程序负责将磁盘上对应的页载入主存中，并同时更新页表项，方便后续访问。利用虚页号实现虚拟地址转换成物理地址的过程如图 4.48 所示。

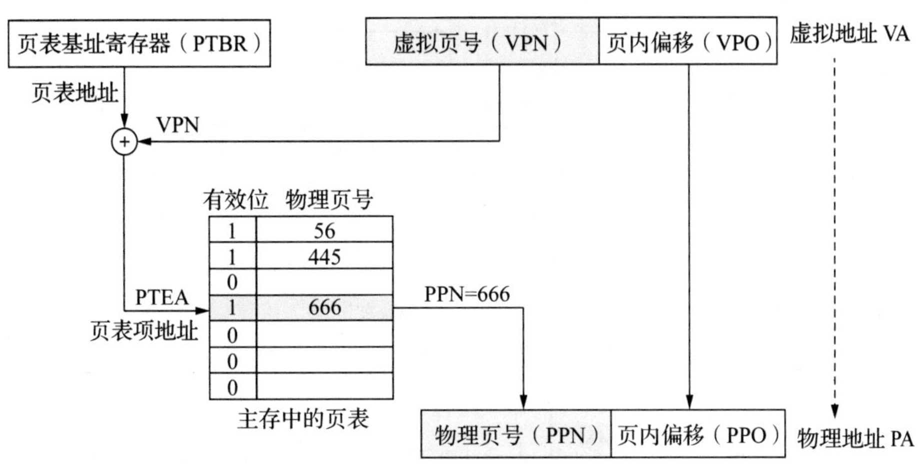

图 4.48　基于页表的虚拟地址与物理地址转换过程

图 4.48 所示的页表基址寄存器（Page Table Base Register，PTBR）用于存储页表在内存中的地址，通过与 VPN 相结合就能访问到页表中与虚拟页号 VPN 相对应的物理页号 PPN，从而实现虚拟地址到物理地址的转换，页表项地址 PTEA=PTBR+VPN×页表项字节大小。

例 4.6　设主存容量为 16MB，按字节寻址；虚拟存储器容量为 4GB，采用页式虚拟存储器，页面大小为 4KB。完成下列各问：

（1）计算物理页号、页内偏移、虚拟页号字段各为多少位。

（2）计算页表中页表项的数量。

（3）若部分页表内容如表 4.10 所示，求对应于虚拟地址（00015240）H 和（03FFF180）H 的物理地址。

表 4.10　部分页表内容

虚页号	有效位	实页号	虚页号	有效位	实页号
00010H	0	002H	03FFFH	0	1
00015H	1	035H	…	…	…
…	…	…			

解：（1）页面大小为 4KB，因此页偏移字段的位数为 12 位，物理页号字段的位数为 24−12 = 12 位，虚拟页号字段的位数为 32−12 位 = 20 位。

（2）页表项数量与虚拟页号字段的位数相关，虚拟页号字段为 20 位，页表项数为 2^{20} 项。

（3）从虚拟地址（00015240）H 和（03FFF180）H 中分离出的 20 位虚页号分别为 00015H 和 03FFFH。查页表可知与虚页号 00015H 对应的物理页号为 035H，而与虚页号 03FFFH 对应的页不在主存中，因为其对应的有效位为 0。

与虚拟地址（00015240）H 对应的物理地址为（035240）H，其中的物理页内偏移字段 240H 直接来自虚拟地址的虚拟页偏移字段。

3. 虚拟存储器访问流程

图 4.49 所示为页式虚拟存储器的访问流程。

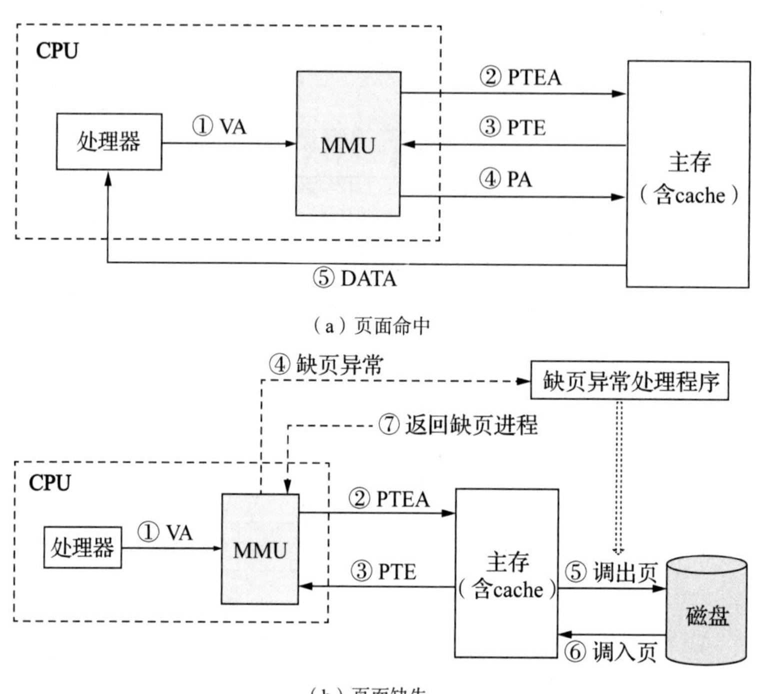

图 4.49　页式虚拟存储器的访问流程

图 4.49（a）展示了页面命中时，CPU 硬件执行的步骤。

（1）处理器生成一个虚拟地址，并把它传送给 MMU。

（2）MMU 利用页表基址寄存器 PTBR 和虚页号生成页表项地址 PTEA，访问存放在 cache/主存中的页表，请求与虚拟页号对应的页表项 PTE。

（3）cache / 主存向 MMU 返回页表项 PTE，以构成所访问信息的物理地址 PA。

（4）若返回的 PTE 中有效位为 1，则 MMU 利用返回的 PTE 构造物理地址 PA，并利用构造出的物理地址 PA 访问 cache / 主存。

（5）cache / 主存返回所请求的数据给处理器。

图 4.49（b）所示为页面缺失的访问流程，当返回的 PTE 中有效位为 0 时，表示 CPU 要访问的页不在主存中，此时将产生缺页异常，将不能按照图 4.49（a）所示的处理流程来访问存储系统。缺页异常处理需要硬件和操作系统内核协作完成，缺页处理流程如下。

（1）处理器生成一个虚拟地址，并把它传送给 MMU。

（2）MMU 利用页表基址寄存器 PTBR 和虚页号生成页表项地址 PTEA，访问存放在 cache/主存中的页表，请求与虚拟页号对应的页表项 PTE。

（3）cache/ 主存向 MMU 返回页表项 PTE，以构成所访问信息的物理地址 PA。

（4）若 PTE 中有效位为 0，则表明所访问的页不在主存中，MMU 触发一次异常，调用操作系统内核中的缺页异常处理程序。

（5）如果主存页满，则需要根据替换算法确定换出页。如果换出页修改位为 1，则把该页面换出到磁盘，否则直接丢弃。

（6）缺页处理程序从磁盘中调入新的页，并更新存储器中的页表项 PTE。

（7）缺页处理程序返回到原来的进程，驱使引起缺页的指令重新启动，本次执行将不再缺页，可按图 4.49（a）所示的②～⑤步执行。

4. 结合 cache 的虚拟存储器访问流程

将 cache 和主存分拆开来，可以得到图 4.50 所示的虚拟存储器访问流程，由于 cache 会缓存主存中经常访问的数据，因此页表的部分数据块也会作为常用的热数据调度到 cache 中。MMU 根据处理器发送来虚拟地址 VA，生成 PTEA 访问 cache。如果页表项 PTE 命中，则直接返回 PTE，生成物理地址访问主存。如果 PTE 缺失，则需要将 PTE 所在的页表块从主存调度到 cache 中。注意利用 PA进行数据访问时也可能存在 cache 缺失问题。

在不发生缺页的情况下，虚拟存储器访问最理想的情况是页表在 cache 中命中，数据也在 cache 中命中，只需要访问两次 cache 即可获得数据；最糟糕的情况是页表缺失，数据也缺失，需要访问两次主存才能访问数据。而发生缺页时，则需要访问极慢速的磁盘才能获取数据。由此可知，采用虚拟存储器技术会影响存储器访问的性能。

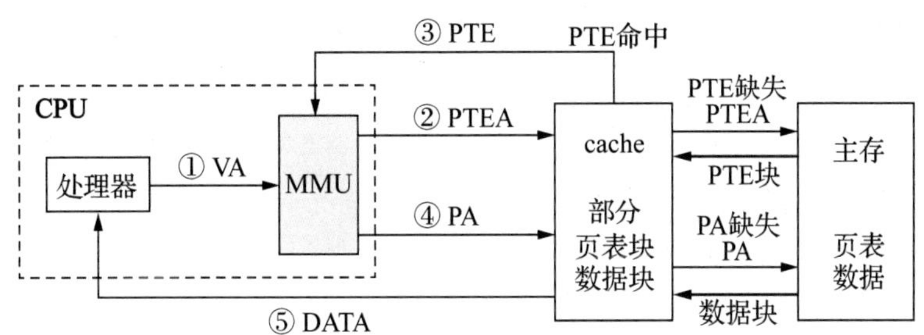

图 4.50　结合 cache 的页式虚拟存储器访问流程

5. 利用 TLB 加速虚拟存储器地址转换

cache 虽然可以缓存部分经常访问的页表块，但这种数据块的粒度较大，并不能充分利用虚拟存储器访问的局部性。为了进一步降低虚拟存储器地址转换的硬件开销，现代处理器都维护着一个**转换旁路缓冲区**（Translation Look-aside Buffer，TLB），用于缓冲经常访问的页表项 PTE。TLB 本质上就是一个容量较小的 cache，为提高查找速度，大多采用全相联或组相联方式，且采用随机替换算法。

当采用组相联方式时，按照组相联 cache 的地址划分方法，将虚页号划分成 TLB 标记（TLBT）和 TLB 索引（TLBI）两部分，以便于快速判断所要访问的页面是否在主存中，当 TLB 命中时还可利用 TLB 返回的 PTE 完成虚拟地址到物理地址的转换。组相联时虚拟地址划分如图 4.51 所示。

图 4.51　组相联时虚拟地址划分

TLB 离 CPU 更近，访问速度更快，所以通常将 TLB 表称为**快表**，而将主存中的页表称为**慢表**。图 4.52 所示为采用 TLB 后虚拟地址与物理地址的转换逻辑。图中 TLB 表采用全相联映射，所以 TLB 表项中的标记字段就是虚拟页号 VPN，如果是组相联标记字段则应该是 TLBT 字段。TLB 根据 MMU 发过来的 VPN 对 TLB 按内容进行访问，读出对应的物理页号 PPN，这里 VPN=222。而 TLB 中第 2 行标记字段与之相符，且有效位为 1，TLB 命中，直接输出对应 PTE 中的 PPN 字段 666 即可实现地址转换。

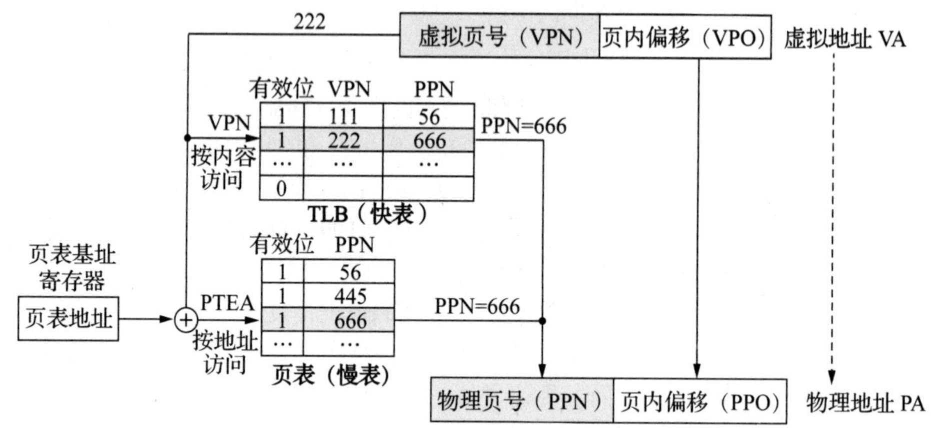

图 4.52　基于 TLB 的虚拟地址到物理地址的转换

需要说明的是，在包含快表和慢表的页式虚拟存储系统中，在进行地址转换时，往往会同时查快表和慢表，而慢表的访问过程前面已经介绍过，和快表访问方式的区别是慢表是按地址进行访问的。如果查快表命中，则从快表中获得与虚拟页号对应的物理页号 PPN，同时终止查慢表的过程，这样就可以在几乎不降低主存访问效率的情况下访问虚拟存储器。

图 4.53 所示为 TLB 命中时的访问流程。

（1）处理器生成虚拟地址，并把它传送给 MMU。

（2）MMU 利用虚页号 VPN 查询 TLB。

（3）如果 TLB 访问命中（页表项在 TLB 中且相应 PTE 中有效位为 1），则 TLB 向 MMU 返回与 VPN 对应的 PPN。

（4）MMU 利用返回的 PTE 构造物理地址 PA，并利用 PA 访问 cache/ 主存。

（5）cache/ 主存返回 CPU 请求的数据给处理器。

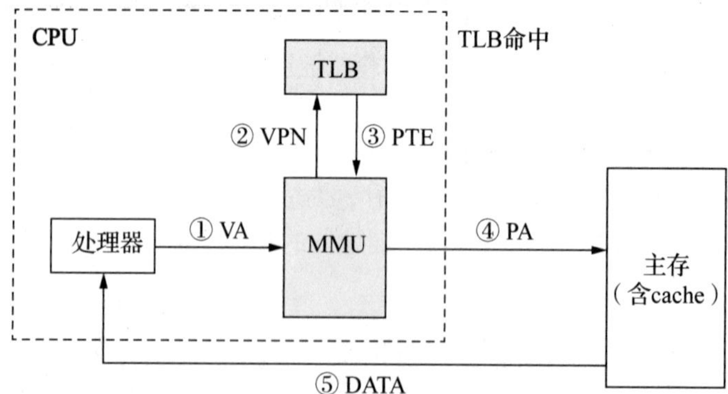

图 4.53　TLB 命中访问流程

图 4.54 所示为 TLB 不命中（假定访问主存命中）时的流程。

（1）处理器生成一个虚拟地址，并把它传送给 MMU。

（2）MMU 利用虚页号 VPN 查询 TLB。

（3）如果 TLB 访问不命中，则向 MMU 返回 TLB 访问缺失信息。

（4）MMU 利用页表基址寄存器 PTBR 和虚页号生成页表项地址 PTEA，访问存放在 cache / 主存中的页表，请求与虚拟页号对应的页表项内容。

（5）cache / 主存向 MMU 返回页表项 PTE，以构成所访问信息的物理地址 PA。

（6）若返回的 PTE 中有效位为 1，则需要更新 TLB 表，同时利用返回的 PTE 构造物理地址 PA，并利用构造出的物理地址 PA 访问 cache / 主存。

（7）cache / 主存返回所请求的数据给处理器。

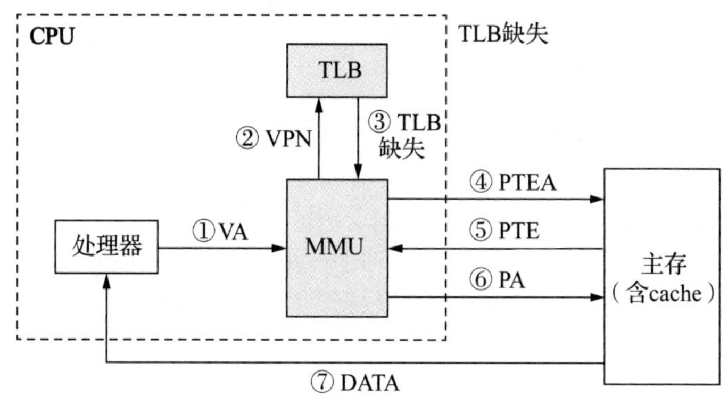

图 4.54　TLB 缺失访问流程

6. CPU 访存过程

现代计算机系统大多采用虚拟存储器技术，但由于虚拟存储器需要硬件和操作系统协同工作，在操作系统引导完成之前，CPU 只能用物理地址访问主存（称为**实地址模式**或**实模式**），引导完成后则进入**保护模式**（虚地址模式），此时 CPU 只能使用虚拟地址访问主存。在一个具有 cache、虚拟存储器的系统中，CPU 的一次完整的虚存访问操作流程如图 4.55 所示。

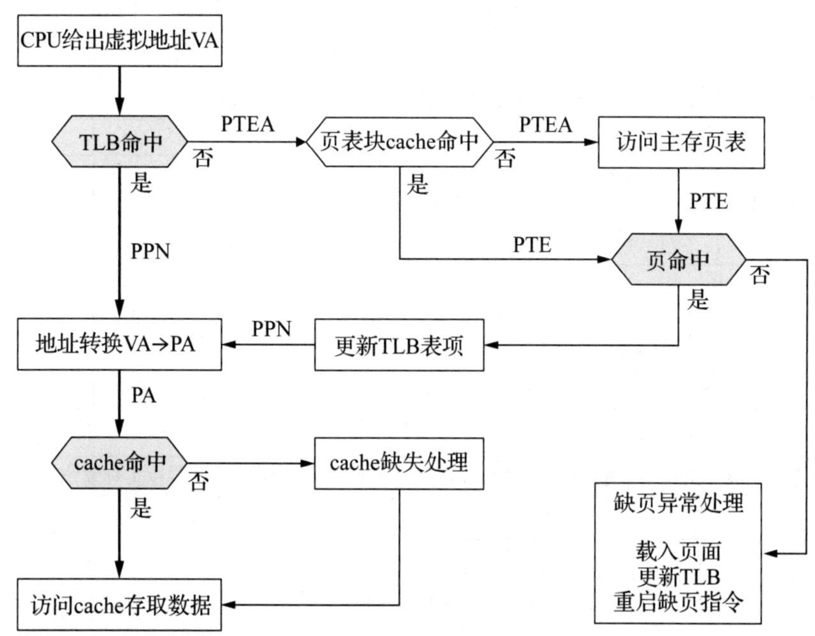

图 4.55　虚存访问操作流程

从图中可知，最左侧粗线所示路径是最短路径，访存性能最优。根据 TLB 命中、页命中、cache 命中的不同情况可以得到表 4.11。

表 4.11　TLB 命中、页命中、cache 命中组合

序号	TLB	页	cache	可能性	说明
1	命中	命中	命中	可能	TLB 命中则页一定命中，页载入主存和数据块载入 cache 并不同步，所以 cache 有可能命中，也有可能缺失
2	命中	命中	缺失		
3	缺失	命中	命中	可能	TLB 缺失后还可以访问慢速页表，页载入主存和数据块载入 cache 并不同步，所以 cache 有可能命中，也有可能缺失
4	缺失	命中	缺失		
5	缺失	缺失	缺失	可能	这是最糟糕的情况，虚存系统初始化时常见
6	命中	缺失	缺失	不可能	页缺失说明页不在主存中，TLB 中一定没有对应页表项，TLB 不可能命中
7	命中	缺失	命中		
8	缺失	缺失	命中	不可能	页缺失说明数据也不在主存中，所以 cache 不可能命中

例 4.7　某计算机存储器按字节编址，虚拟（逻辑）地址空间大小为 16MB，主存（物理）地址空间大小为 1MB，页面大小为 4KB；cache 采用直接相联映射方式，共 8 行；主存与 cache 之间交换的块大小为 32B。系统运行到某一时刻时，页表的部分内容和 cache 的部分内容分别如图 4.56（a）、图 4.56（b）所示，图中页框号及标记字段的内容为十六进制形式。

请回答下列问题。

（1）虚拟地址共有几位，哪几位表示虚页号？物理地址共有几位，哪几位表示页框号（物理页号）？

（2）使用物理地址访问 cache 时，物理地址应划分成哪几个字段？要求说明每个字段的位数及在物理地址中的位置。

（3）虚拟地址 001C60H 所在的页面是否在主存中？若在主存中，则该虚拟地址对应的物理地址是什么？访问该地址时是否 cache 命中？请说明理由。

（4）假定为该计算机配置一个四路组相联的 TLB（共可存放 8 个页表项），若其当前内容（十六进制）如图 4.56（c）所示，则此时虚拟地址 024BACH 所在的页面是否存在于主存中？请说明理由。

虚页号	有效位	页框号	…
0	1	06	…
1	**1**	**04**	…
2	1	15	…
3	1	02	…
4	0	—	…
5	1	2B	…
6	0	—	…
7	1	32	…

（a）页表部分内容

行号	有效位	标记	…
0	1	020	…
1	0	—	…
2	1	01D	…
3	**1**	**105**	…
4	1	064	…
5	1	14D	…
6	0	—	…
7	1	27A	…

（b）cache部分内容

组号	有效位	标记	页框号	有效位	标记	页框号	有效位	标记	页框号	有效位	标记	页框号
0	0	—	—	1	001	15	0	—	—	1	012	1F
1	1	013	2D	0	—	—	1	008	7E	0	—	—

（c）TLB的部分内容

图 4.56　页表、cache 及 TLB

解：

（1）虚拟地址空间为 16MB = 2^{24}B，所以虚拟地址位宽应为 24 位；页面大小为 4KB = 2^{12}B，所以页偏移 VPO 字段应该为 12 位；虚页号 VPN 位宽为 24 - 12 = 12 位。物理地址空间为 1MB = 2^{20}B，所以物理地址位宽应为 20 位；页偏移 PPO 和页偏移 VPO 字段相同，为 12 位，故剩余的高 8 位为页框号。

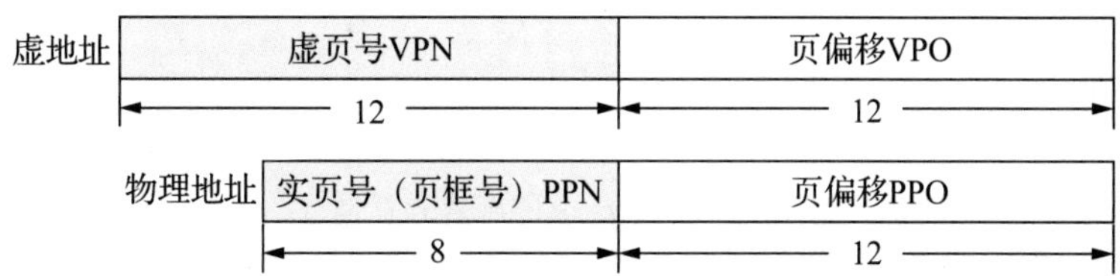

（2）采用直接相联映射的 cache 数据块大小为 32B = 2^5B，因此块内偏移 offset 位宽为 5。cache 一共 8 行，所以行索引字段 index 的位宽为 3，剩余的高 12 位为标记字段。

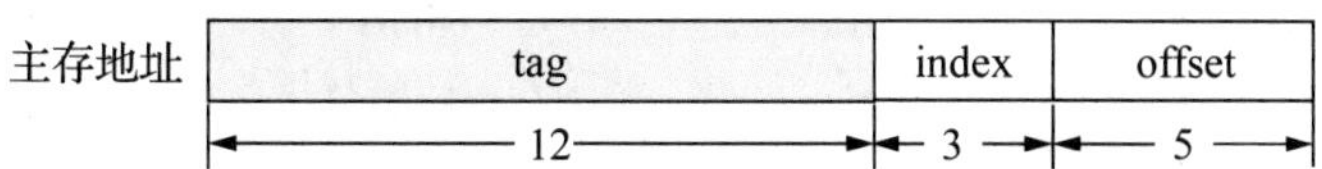

（3）虚拟地址 **01**C60H 的 VPN = 1，VPO = C60H，查页表知其有效位为 1，页命中；对应的页表项中页框号为 04H，故物理地址为 **04**C60H；将物理地址 04C60H 分解成（tag, index, offset）形式为（04CH, 3, 0），在直接相联映射方式下，其对应的 cache 行号为 3；cache 第 3 行有效位为 1，但是标记位为 105H ≠ 04CH，故不命中。

（4）虚拟地址 **024**BACH 的 VPN = 024H = 10 010 $\boxed{0}_2$，VPO = BACH，由于 TLB 表采用四路组相联，一共 2 组可以利用 VPN 的最低位进行组索引，将 VPN 分解为（tag = 12H,index = 0）两部分，该虚拟地址应该映射到 TLB 第 0 组；在第 0 组的 4 行中做全相联比较，发现最后一行有效位为 1，且与标记字段相符，说明该页已经调入主存，因此页框号为 1F，最终的物理地址为 1FBACH。

习题 4

4.1 解释下列名词。

存取时间 存取周期 存储器带宽 存储单元 边界对齐的数据存放 大端存储 小端存储 静态存储器 动态存储器 刷新 刷新周期 字扩展 位扩展 多体交叉存储器 高速缓冲存储器 双端口存储器 相联存储器 时间局部性 地址映射 直接相联映射 全相联映射 组相联映射 命中率 虚拟存储器 页框号 页表（慢表） 页表项 TLB（快表） LRU 算法 LFU 算法 cache 一致性 写回法 写穿法

4.2 选择题（考研真题）。

（1）[2010] 下列有关 RAM 和 ROM 的叙述中，正确的是________。

Ⅰ. RAM 是易失性存储器，ROM 是非易失性存储器

Ⅱ. RAM 和 ROM 都采用随机存取方式进行信息访问

Ⅲ. RAM 和 ROM 都可用作 cache

Ⅳ. RAM 和 ROM 都需要进行刷新

A. 仅Ⅰ和Ⅱ　　B. 仅Ⅱ和Ⅲ　　C. 仅Ⅰ、Ⅱ和Ⅳ　　D. 仅Ⅱ、Ⅲ和Ⅳ

（2）[2014] 某容量为 256MB 的存储器由若干 4M×8 位的 DRAM 芯片构成，该 DRAM 芯片的地址引脚和数据引脚总数是________。

A. 19　　B. 22　　C. 30　　D. 36

（3）[2009] 某计算机主存容量为 64KB，其中 ROM 区为 4KB，其余为 RAM 区，按字节编址。现要用 2K×8 位的 ROM 芯片和 4K×4 位的 RAM 芯片来设计该存储器，则需要上述规格的 ROM 芯片数和 RAM 芯片数分别是________。

A. 1、15　　B. 2、15　　C. 1、30　　D. 2、30

（4）[2010] 假定用若干个 2K×4 位的芯片组成一个 8K×8 位的存储器，则地址 0B1FH 所在芯片的最小地址是________。

A. 0000H　　B. 0600H　　C. 0700H　　D. 0800H

（5）[2018] 假定 DRAM 芯片中存储阵列的行数为 r、列数为 c，对于一个 2K×1 位的 DRAM 芯片，为保证其地址引脚数最少，并尽量减少刷新开销，则 r、c 的取值分别是________。

A. 2048、1　　B. 64、32　　C. 32、64　　D. 1、2048

（6）[2019] 假定一台计算机采用 3 通道存储器总线，配套的内存条型号为 DDR3-1333，即内存条所接插的存储器总线的工作频率为 1333MHz、总线宽度为 64 位，则存储器总线的总带宽大约是________。

A. 10.66GB/s　　B. 32GB/s　　C. 64GB/s　　D. 96GB/s

（7）[2015] 某计算机使用 4 体交叉编址存储器，假定在存储器总线上出现的主存地址（十进制）序列为 8005、8006、8007、8008、8001、8002、8003、8004、8000，则可能发生访存冲突的地址对是________。

A. 8004 和 8008　　B. 8002 和 8007　　C. 8001 和 8008　　D. 8000 和 8004

（8）[2015] 下列存储器中，在工作期间需要周期性刷新的是________。

A. SRAM　　B. SDRAM　　C. ROM　　D. FLASH

（9）[2011] 下列各类存储器中，不采用随机存取方式的是________。

A. EPROM　　B. CDROM　　C. DRAM　　D. SRAM

（10）[2012] 下列关于闪存（Flash Memory）的叙述中，错误的是________。

A. 信息可读可写，并且读、写速度一样快

B. 存储元由 MOS 管组成，是一种半导体存储器

C. 掉电后信息不丢失，是一种非易失性存储器

D. 采用随机访问方式，可替代计算机外部存储器

（11）[2017] 某 C 语言程序段如下：

```
for(i=0; i<=9; i++)
{
  temp=1;
  for(j=0; j<=i;
     j++)temp * =a[j];
  sum + =temp;
}
```

下列关于数组 a 的访问局部性的描述中，正确的是________。

A. 时间局部性和空间局部性皆有　　B. 无时间局部性，有空间局部性

C. 有时间局部性，无空间局部性　　D. 时间局部性和空间局部性皆无

（12）[2009] 某计算机的 cache 共有 16 块，采用二路组相联映射方式（即每组 2 块）。每个主存块大小为 32B，按字节编址。主存 129 号单元所在主存块应装入的 cache 组号是________。

A. 0　　B. 1　　C. 4　　D. 6

（13）[2012] 假设某计算机按字编址，cache 有 4 行，cache 和主存之间交换的块大小为 1 个字。若 cache 的内容初始为空，采用二路组相联映射方式和 LRU 替换策略。访问的主存地址依次为 0、4、8、2、0、6、8、6、4、8 时，命中 cache 的次数是________。

A. 1　　B. 2　　C. 3　　D. 4

（14）[2015] 假定主存地址为 32 位，按字节编址，主存和 cache 之间采用直接相联映射方式，主存块大小为 4 个字，每个字 32 位，采用写回的方式，则能存放 4K 字数据的 cache 的总容量至少是________位。

A. 146K　　B. 147K　　C. 148K　　D. 158K

（15）[2014] 采用指令 cache 与数据 cache 分离的主要目的是________。

A. 降低 cache 的缺失损失　　B. 提高 cache 的命中率

C. 降低 CPU 平均访存时间　　D. 减少指令流水线资源冲突

（16）[2015] 假定编译器将赋值语句“x=x+3;”转换为指令“add xaddr,3”，其中，xaddr 是 x 对应的存储单元地址。若执行该指令的计算机采用页式虚拟存储管理方式，并配有相应的 TLB，且 cache 使用写穿的方式，则完成该指令功能需要访问主存的次数至少是________。

A. 0　　B. 1　　C. 2　　D. 3

（17）[2010] 下列命中组合情况中，一次访存过程中不可能发生的是________。

A. TLB 未命中，cache 未命中，Page 未命中

B. TLB 未命中，cache 命中，Page 命中

C. TLB 命中，cache 未命中，Page 命中

D. TLB 命中，cache 命中，Page 未命中

（18）[2013] 某计算机主存地址空间大小为 256MB，按字节编址。虚拟地址空间大小为 4GB，采用页式存储管理方式，页面大小为 4KB，TLB（快表）采用全相联映射，有 4 个页表项，内容如表 4.12 所示。

表 4.12　4 个页表项的内容

有效位	标记	页框号	…
0	FF180H	0002H	…
1	3FFF1H	0035H	…
0	02FF3H	0351H	…
1	03FFFH	0153H	…

则对虚拟地址 03FFF180H 进行虚实地址转换的结果是________。

A. 0153180H　　B. 0035180H　　C. TLB 缺失　　D. 缺页

（19）[2019] 下列关于缺页处理的叙述中，错误的是________。

A. 缺页是在地址转换时 CPU 检测到的一种异常

B. 缺页处理由操作系统提供的缺页处理程序完成

C. 缺页处理程序根据页故障地址从外存读入所缺失的页

D. 缺页处理完成后执行发生缺页的指令的下一条指令

4.3 简答题

（1）计算机系统中采用层次化存储体系结构的目的是什么？

（2）为什么在存储器芯片中设置片选输入端？

（3）动态 MOS 存储器为什么要刷新？如何刷新？

（4）试述多体交叉存储器的设计思想和实现方法。

（5）为什么说 cache 对程序员是透明的？

（6）直接相联映射方式下为什么不需要使用替换算法？

（7）为什么要考虑 cache 的一致性？

（8）替换算法有哪几种？它们各有何优缺点？

4.4 对于 32KB 容量的存储器，若按 16 位字编址，其地址寄存器应是多少位？数据寄存器是多少位？

4.5 用 4 个 32K×8 位 SRAM 存储芯片可设计出哪几种不同容量和字长的存储器？画出相应设计图并完成与 CPU 的连接。

4.6 用 32K×8 位 RAM 芯片和 64K×4 位 ROM 芯片设计 256K×8 位存储器。其中，从 30000H 到 3FFFFH 的地址空间为只读存储区，其他为可读、可写存储区。完成存储器与 CPU 的连接。

4.7 某计算机字长为 16 位，主存容量为 128K×16 位，请用 16K×8 位的静态 RAM 芯片和 32K×16 位的 ROM 芯片为该机设计一个主存储器。要求 18000H ～ 1FFFFH 为 ROM 区，其余为 RAM 区。画出该存储器结构及其与 CPU 连接的框图。

4.8 用 64K×1 位的 DRAM 芯片构成 1M×8 位的存储器，若采用异步刷新，每次刷新间隔不超过 2ms，则产生刷新信号的间隔时间是多少？假设读写周期为 0.5μs，若采用集中刷新方式，则存储器刷新一遍最少要用多少个读写周期？ CPU 的“死”时间为多少？

4.9 设有某动态 RAM 芯片，容量为 64K×1 位，除电源线、接地线和刷新线外，该芯片的最小引脚数量是多少？

4.10 用 16K×1 位的 DRAM 芯片构成 64K×8 位的存储器，设存储器的读写周期为 0.5μs，要使 CPU 在 1μs 内至少访问存储器一次，采用哪种刷新方式比较合适？若每次刷新间隔不超过 2ms，该方式下刷新信号的产生周期是多少？

4.11 设 cache 的容量为 2^{14} 块，每块 4 个字节，主存按字节编址，其中有表 4.13 所示的数据（地址和数据均采用十六进制表示）。

表 4.13 主存数据分布情况

地址	数据	地址	数据
000000	87568536	01FFFC	4FFFFC68
000008	87792301	FFFFF8	01BF2460
010004	9ABEFCD0		

将主存中这些数据装入 cache 后，cache 各块中的数据内容及相应的标志是什么？

（1）全相联映射；（2）直接相联映射；（3）四路组相联映射。

4.12 某计算机的 cache 由 64 个存储块构成，采用四路组相联映射方式，主存包含 4096 个存储块，每块由 128 个字组成，访问地址为字地址。

（1）主存地址和 cache 地址各有多少位？

（2）按照题干条件中的映射方式，列出主存地址的划分情况，并标出各部分的位数。

4.13 某计算机的主存容量为 4MB，cache 容量为 16KB，每块包含 8 个字，每字为 32 位，映射方式采用四路组相联。设 cache 的初始状态为空，CPU 依次从主存第 0,1,2,⋯,99 号单元读出 100 个字（每次读一个字），并重复此操作 10 次，替换算法采用 LRU 算法。

（1）求 cache 的命中率。

（2）若 cache 比主存快 10 倍，分析采用 cache 后存储访问速度提高了多少。

4.14 假定某数组元素按行优先顺序存放在主存中，则在以下两段伪代码 A 和 B 中，分析下列问题。

（1）两段代码中对数组访问的时间局部性和空间局部性。

（2）变量 sum 的时间局部性和空间局部性。

（3）for 循环体对指令访问的时间局部性和空间局部性。

```
int sum_array_A(int a[M][N])
 int i,j,sum=0;
  for(i=0;i<M;i++)
     for(j=0;j<N;j++)
     sum+=a[i][j];
  return sum;
```

```
int sum_array_B(int a[M][N])
 int i,j,sum=0;
  for(i=0;i<N;i++)
     for(j=0;j<M;j++)
     sum+=a[j][i];
  return sum;
```

4.15　主存容量为 8MB，虚存容量为 2GB，分页管理时若页面大小为 4KB，求出对应的 VPN、VPO、PPN、PPO 的位数。

4.16　某页式虚拟存储器共 8 页，每页为 1KB，主存容量为 4KB，页表如表 4.14 所示。

表 4.14　虚拟存储器页表

虚页号	0	1	2	3	4	5	6	7
实页号	3	2	1	2	3	1	0	0
装入位	1	1	0	0	1	0	1	0

（1）失效的页有哪几页？

（2）虚地址 0、3028、1023、2048、4096、8000 的实地址分别是多少？

4.17　某计算机系统中有一个 TLB 和 L1 级数据 cache，存储系统按字节编址，虚拟存储容量为 2GB，主存容量为 4MB，页大小为 128KB，TLB 采用四路组相联方式，共有 16 个页表项。cache 容量为 16KB，每块包含 8 个字，每字为 32 位，映射方式采用四路组相联，回答下列问题。

（1）虚拟地址中哪几位表示虚拟页号？哪几位表示页内地址？虚拟页号中哪几位表示 TLB 标记？哪几位表示 TLB 索引？

（2）物理地址中哪几位表示物理页号？哪几位表示偏移地址？

（3）为实现主存与数据 cache 之间的组相联映射，对该地址应进行怎样的划分？

4.18　某计算机采用页式虚拟存储管理方式，按字节编址，虚拟地址为 32 位，物理地址为 24 位，页大小为 8KB；TLB 采用全相联映射；cache 数据区大小为 64KB，按二路组相联方式组织，主存块大小为 64B。存储访问过程的示意图如图 4.57 所示。请回答下列问题。

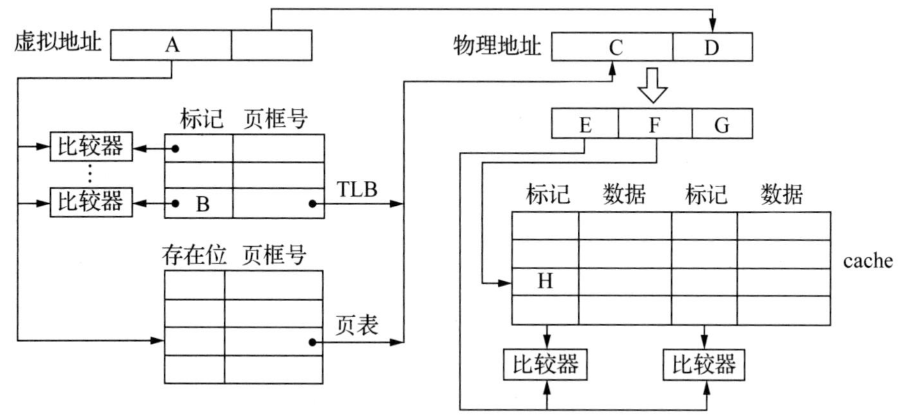

图 4.57　存储访问过程示意图

（1）图中字段 A ～ G 的位数各是多少？ TLB 标记字段 B 中存放的是什么信息？

（2）将块号为 4099 的主存块装入 cache 中时，映射的 cache 组号是多少？对应 H 字段的内容是什么？

（3）cache 缺失处理的时间开销大还是缺页处理的时间开销大？为什么？

（4）为什么 cache 可以采用写穿策略，而修改页面内容时总是采用写回策略？

4.19 某计算机采用页式虚拟存储管理方式，按字节编址。CPU 进行存储访问的过程如图 4.58 所示。回答下列问题。

（1）主存的物理地址占多少位？

（2）TLB 采用什么映射方式？TLB 是用 SRAM 还是用 DRAM 实现？

（3）cache 采用什么映射方式？若 cache 采用 LRU 替换算法和写回策略，则 cache 每行中除数据（Data）、tag 和有效位外，还应有哪些附加位？cache 总容量是多少？cache 中有效位的作用是什么？

（4）若 CPU 给出的虚拟地址为 0008 C040H，则对应的物理地址是多少？是否在 cache 中命中？说明理由，若 CPU 给出的虚拟地址为 0007 C260H，则该地址所在主存块映射到的 cache 组号是多少？

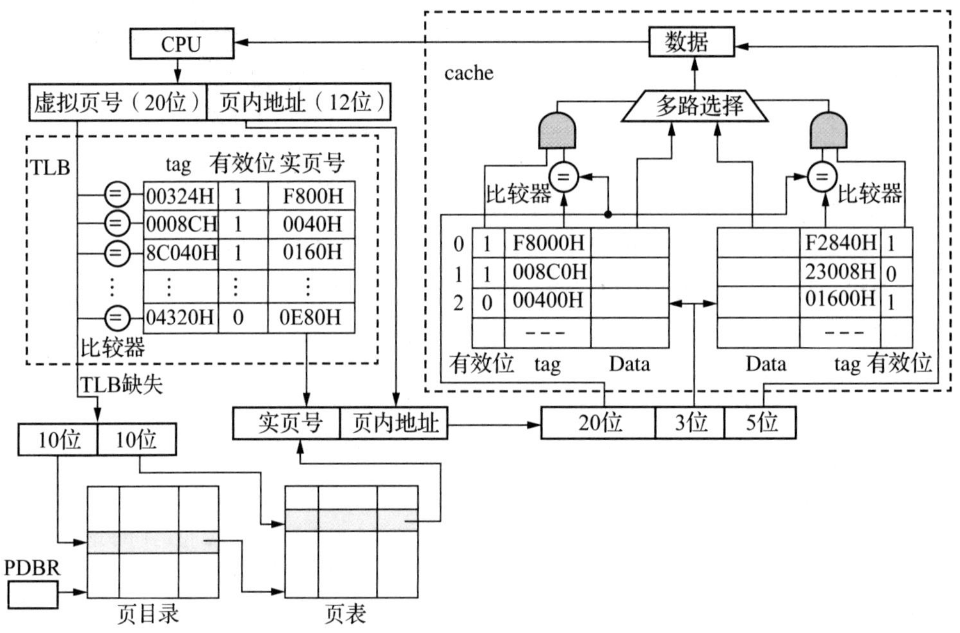

图 4.58 页式虚拟存储器访问过程示意图

实践训练

（1）在 Logisim 中利用 ROM 组件构建能显示 16×16 点阵的汉字字库存储系统。

（2）在 Logisim 中利用 RAM 组件构建能同时支持 8 位、16 位、32 位数据访问的存储器。

（3）在 Logisim 中利用给定的 cache 框架分别设计直接相联、全相联、组相联映射 cache。

第 5 章　指令系统

第 1 章中已经指出，计算机中有一股控制信息流，它使得计算机按人们预先编制好的程序工作。这些控制信息就是控制计算机执行某种操作（如加、减、传送、转移等）的命令，称为指令。一台计算机中所有指令的集合称为该计算机的指令系统。指令提供的信息包括指令执行的操作、操作数的来源、操作结果的存放地等。本章将介绍计算机中机器指令的格式、指令和操作数的寻址方式，并对典型指令系统进行简要的分析。

5.1　指令系统概述

计算机的工作就是反复执行指令，指令是用户使用计算机与计算机本身运行的基本功能单位。由第 1 章计算机系统层次结构的概念可知，计算机系统不同层次的用户使用不同的程序设计工具，如微程序设计级用户使用微指令、一般机器级用户使用机器指令、汇编语言级用户使用汇编语言指令、高级语言级用户则使用高级语言指令。

高级语言指令和汇编语言指令属于软件层次，而机器语言指令和微指令则属于硬件层次。软件层次的指令需要“翻译”成机器语言指令后才能被计算机硬件识别并执行。机器指令是计算机硬件与软件的界面，也是用户操作和使用计算机硬件的接口。本章定位在机器指令级来研究指令系统，第 6 章将定位在微指令级来研究控制器的设计。图 5.1 所示为机器级指令与其他级指令之间的关系。

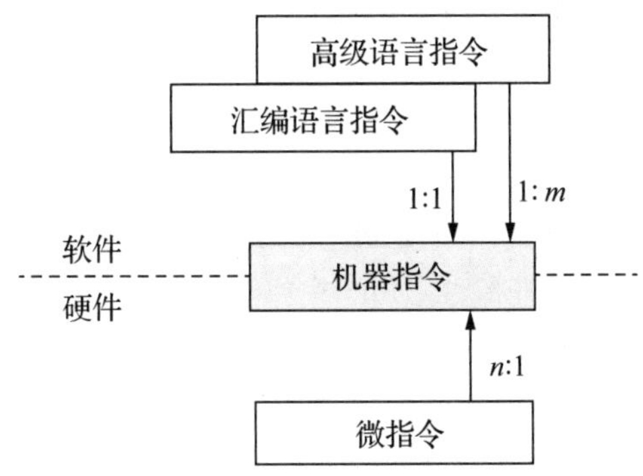

图 5.1　不同级别指令之间的关系

从图 5.1 可以看出：

（1）一条高级语言指令被“翻译”（编译或解释）成多条机器指令；

（2）一条汇编语言级指令（不包含伪指令）往往被“翻译”（汇编）成一条机器指令；在学习指令寻址方式和指令类别等内容时，读者可借鉴汇编语言中已经学过的知识来理解；

（3）一条机器指令功能的实现依赖于多条微指令的执行。

指令系统是计算机系统性能的集中体现，是计算机软、硬件系统的设计基础。一方面，硬件设计者要根据指令系统进行硬件的逻辑设计；另一方面，软件设计者要根据指令系统来建立计算机的系统软件。如何表示指令，怎样组成一台计算机的指令系统，将直接影响计算机系统的硬件和软件功能。一个完善的指令系统应该满足下面的要求。

（1）完备性。完备性即要求所设计的指令系统种类齐全、功能完备，能够编写任何可计算的程序，但指令系统的功能复杂度与硬件设计复杂度直接相关，实际设计指令系统时还需要进行折中考虑。

（2）规整性。规整性主要包括对称性、均齐性。对称性是指寄存器和存储单元都可被同等对待，所有指令都可以使用各种寻址方式。均齐性是指指令系统应提供不同数据类型的支持，方便程序设计，如算术运算指令能支持字节、字和双字整数运算，也能支持十进制数和单、双精度浮点运算等。

（3）有效性。有效性是指利用指令编写的程序能高效率地运行，方便硬件实现和编译器实现，程序占用的存储资源少，运行效率高。

（4）兼容性。系列计算机中新一代计算机的指令系统应该能兼容旧的指令系统，这使得在旧一代计算机上开发运行的软件无须修改就可以在新一代计算机上正确运行。

（5）可扩展性。指令格式中的操作码要预留一定的编码空间，以便扩展指令功能。

5.2 指令格式

指令是计算机中传输控制信息的载体，指令格式是用二进制代码表示指令的结构形式。指令格式要明确指令处理什么操作数，对操作数进行何种操作，通过何种方式获取操作数等信息，指令的一般格式如图 5.2 所示。

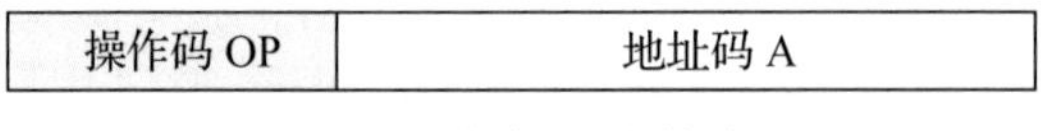

图 5.2 指令的一般格式

图 5.2 所示的操作码字段用于解决进行何种操作的问题；地址码字段用于解决处理什么操作数的问题，地址码可以包括多个操作数。而通过何种方式获取操作数通常由寻址方式字段决定，寻址方式字段决定地址码中操作数存放的位置和访问方式，寻址方式字段可以包含在地址码字段中，如早期的 PDP-11 指令集、Intel x86 指令集。寻址方式字段也可以隐藏在操作码字段，这样不同的操作码对应不同的寻址方式，如 MIPS 和 RISC-V 指令集。

5.2.1 指令字长度

指令字长度是指一条指令中所包含的二进位数，也称为指令字长。计算机指令系统根据指令字长是否固定可分为定长和变长指令系统两类。

定长指令系统的指令长度固定，结构简单，有利于 CPU 取指令、译码和指令顺序寻址，方便硬件实现，但定长指令系统存在平均指令长度较长、冗余状态较多、不容易扩展的问题，精简指令系统计算机中多采用定长指令系统。

变长指令系统的指令长度可变，结构灵活，冗余状态较少，平均指令长度较短，可扩展性好。但指令变长也会给取指令和译码带来诸多不便，取指令过程可能涉及多次访存操作，下一条指令的地址必须在指令译码完成后才能确定，这大大增加了硬件控制系统的设计难度。Intel x86 系列计算机采用的就是典型的变长指令系统。

指令最终要存储在存储器中，无论是定长指令还是变长指令，指令字长都应该是字节的整倍数，根据指令字长与机器字长的关系，可将指令分为**半字长**、**单字长**和**多字长指令** 3 类。指令字长越长，占用的主存空间越大，需要的访问时间越长。对于半字长指令，CPU 访问一次主存可以读取两条；对于单字长指令，CPU 一次只能访问一条；而对于双字长指令 CPU 则需要两个存储周期才能完成取指令。因此，多字长指令的取指令速度慢，会影响指令的执行速度，但多字长指令能提供足够长的操作码字段和足够长的地址码字段，从而能设计更多的指令、支持更多的指令格式，还能扩大寻址范围。为提高速度，通常会考虑将最为常用的指令设计为短指令格式。

5.2.2 指令地址码

指令中的地址码字段的作用随指令类型和寻址方式的不同而不同，它可能作为一个操作数，也可能作为操作数的地址（包括操作数所在的主存地址、寄存器编号或外部设备端口的地址），还可能作为一个用于计算地址的偏移量，具体由寻址方式决定。根据一条指令中所含操作数地址的数量，可将指令分为三地址指令、双地址指令、单地址指令和零地址指令 4 种，具体指令格式如下。

指令类型	字段			
三地址指令	OP	A_1	A_2	A_3
双地址指令	OP	A_1		A_2
单地址指令	OP	A_1		
零地址指令	OP			

1. 三地址指令

具有两个操作对象的运算叫**双目运算**，其指令包括两个源操作数和一个目的操作数。如果一条指令将三者的地址都给出，这种指令就是三地址指令。三地址指令的操作表达式为：

$$A_3 \leftarrow (A_1)OP(A_2)$$

即将 A_1 中的内容与 A_2 中的内容进行 OP 指定的操作，并将结果送入 A_3 地址中存放。可以看出，当地址码字段较长，所能表示的地址范围较大时，三地址格式的指令将会很长。例如，设操作码为 6 位，存储容量为 16KB，寻址 16K 地址范围需 14 位地址码，三地址指令长度为 6+14+14+14=48 位。如果地址范围更大，指令就会更长。因此，3 个地址码很少都用存储单元的地址码，较为常见的三地址指令（如 MIPS 指令）的 3 个操作数均是寄存器。

2. 双地址指令

双地址指令同样是为双目运算类而设的，只是为了压缩指令的长度，将运算结果直接存放到第一操作数地址 A_1 中，这样就形成了双地址指令。双地址指令的操作表达式为：

$$A_1 \leftarrow (A_1)OP(A_2)$$

式中，A_1 为目标地址，其既要存放第一个源操作数，也是运算结果的目的地；A_2 称为源地址，是另一个源操作数。

根据双地址指令所指向的数据存储位置不同其又可分为以下 3 种类型。

（1）RR（寄存器 - 寄存器）型：源操作数和目的操作数均使用寄存器存放。

（2）RS（寄存器 - 存储器）型：源操作数据和目的操作数分别存储在寄存器和主存中。

（3）SS（存储器 - 存储器）型：两个操作数均存放在主存中。

由于存储器的访问速度比寄存器慢很多，因此从执行速度上看，RR 型最快，SS 型最慢。Intel x86 系列计算机中主要采用 RR 型和 RS 型指令，而 MIPS 等 RISC 计算机中主要采用 RR 型指令。

3. 单地址指令

单地址指令中只有一个地址码字段，常见的单地址指令主要有以下两类。

（1）单目运算类指令，如逻辑运算中的求反操作，其运算对象只有一个，所以只需要一个地址码，它既表示该操作数的来源，也表示该操作数的目的地。此时，单地址指令的操作表达式为：

$$A_1 \leftarrow OP(A_1)$$

（2）隐含操作数双目运算类指令，为了进一步缩短指令长度，将双目运算类指令中的一个操作数约定隐含于 CPU 的某个寄存器（如累加器 AC）中，这样指令就可以只需指定另一个操作数的地址，并将操作后的结果送回约定的寄存器中。此时，单地址指令的操作表达式为：

$$AC \leftarrow (AC)OP(A_1)$$

如 80x86 系列 CPU 中的乘法 Mul BL 指令表示将 AL 中的数据与 BL 中的数据相乘，结果存放在 AX 寄存器中。

4. 零地址指令

零地址指令的指令格式中只有操作码字段而没有地址码字段，常见的零地址指令有如下两类。

（1）指令本身不需要任何操作数，如只是为了占位和延时而设置的空操作指令 NOP、等待指令 WAIT、停机指令 HALT、程序返回指令 RET 等。

（2）指令需要一个操作数，但该操作数隐含于 CPU 的某个寄存器（如累加器 AC）中，如 Intel 8086 中压缩 BCD 编码的运算调整指令 DAA。

从以上几种地址结构的变化来看，压缩指令长度的主要措施是简化地址结构，而简化地址结构的基本方法是尽量使用隐含地址。目前，指令字长较短的小型和微型机中广泛采用双地址指令和单地址指令，而 RISC 指令集中普遍采用三地址指令。

在计算机中，操作数可能在主存中，也可能在寄存器中。因此，寄存器编号也是一种操作数的地址码。另外，如果将操作数的地址码存放在某个寄存器中，由指令给出该寄存器的编号，指令的长度则会有效地缩短。

5.2.3 指令操作码

操作码字段表示具体进行什么运算操作，不同功能的指令其操作码的编码不同，如可用 0001 表示加法操作，0010 表示减法操作。操作码的长度即操作码字段所包含的二进制位数，有定长操作码和变长操作码两种。

1. 定长操作码

定长操作码不仅指操作码的长度固定，而且其在指令中的位置也是固定的，这种方式的指令功能译码简单，有利于硬件设计。操作码的位数取决于计算机指令系统的规模，指令系统中包含的指令数越多，操作码的长度就越长，反之就越短。假设指令系统包含 m 条指令，则操作码的位数 n 应该满足 $n \geqslant \log_2 m$。

2. 变长操作码

变长操作码中操作码的长度可变，而且操作码的位置也不固定，采用变长操作码可以有效压缩指令操作码的平均长度，便于用较短的指令字长表示更多的操作类型，以寻址更大的存储空间。早期计算机指令字长较短，多采用变长操作码，如 PDP-11、Intel 8086。而流行的 MIPS、RISC-V 中的部分类型指令也采用了类似的方式。

可以采用**扩展操作码**技术来实现变长操作码，其基本思想是操作码的长度随地址码数目减少而增加。下面介绍一种较为简单的扩展操作码，这类指令长度固定，不同操作数指令的操作码长度不一致，具体如图 5.3 所示。

三地址指令	OP(4)	$A_1(4)$	$A_2(4)$	$A_3(4)$
双地址指令	OP(8)		$A_1(4)$	$A_2(4)$
单地址指令	OP(12)			$A_1(4)$
零地址指令	OP(16)			

图 5.3　扩展操作码示意

图 5.3 所示的指令字长度为定长 16 位，最多具有 3 个地址码字段，地址码字段位宽为 4 位。三地址指令操作码长度为 4 位，最多可以表示 2^4=16 条三地址指令；双地址指令操作码向地址码字段扩展 4 位，变成 8 位。但需要注意的是，双地址指令的高 4 位不能与三地址指令的操作码字段相同，否则指令译码时无法区分，所以实际在进行指令系统设计时，三地址指令应预留若干状态给双地址指令。同样，单地址指令操作码扩展到 12 位，同理，其高 8 位不能与双地址指令相同。而零地址指令操作码长度则为 16 位。

例 5.1　假设图 5.3 所示的扩展操作码指令系统中有三地址指令 15 条、双地址指令 14 条、单地址指令 22 条，则该指令系统最多可以设计多少条零地址指令？

解：根据扩展操作码的定义，双地址指令操作码只能使用三地址指令不用的剩余状态，同理，单地址指令只能使用双地址指令不用的剩余状态，零地址指令只能使用单地址指令的剩余状态。

三地址指令剩余状态数 $=2^4-15 = 1$；

双地址指令剩余状态数 $= 1 \times 2^4-14 = 2$；

单地址指令剩余状态数 $= 2 \times 2^4-22 = 10$；

因此零地址指令的数目最多为 $10 \times 2^4= 160$ 条。

5.3　寻址方式

根据存储程序的概念，计算机在运行程序之前必须把指令和数据（或称操作数）存放在主存的相应地址单元中。运行程序时，不断地从主存取指令和数据，由于主存是基于地址访问的存储器，只有获得指令和操作数在主存中的地址（称为有效地址 EA）后，CPU 才能访问所需的指令和数据。寻址方式就是寻找指令或操作数有效地址的方法。

寻址方式是指令系统设计中的重要内容，对指令格式和指令功能设计均有很大的影响。好的寻址方式能给用户提供丰富的程序设计手段，能提高程序的运行速度和存储空间的利用率。

5.3.1　指令寻址方式

指令寻址方式有顺序寻址和跳跃寻址两种。

1. 顺序寻址方式

程序中的机器指令序列在主存中往往按顺序存放。大多数情况下，程序按照指令序列顺序执行。因此，如果知道第一条指令的有效地址，通过增加一条指令所占用主存单元数量，就很容易知道下一条指令的有效地址，这种计算指令有效地址的方法称为指令的顺序寻址方式。

假设 CPU 使用程序计数器 PC 保存指令地址（x86 中为 IP/EIP），每执行一条指令，通过

PC+1 便能算出下一条指令地址。指令顺序寻址的过程如图 5.4（a）所示。

需要特别说明的是，PC+1 中的“1”是指一条指令的字节长度，如 32 位计算机中指令字长为 32 位，则正好占用一个存储字，采用顺序寻址方式时下一条指令的有效地址应通过 PC+4 得到。

2. 跳跃寻址方式

如果程序出现分支或转移，就会改变程序的执行顺序。此时就要采取跳跃寻址方式。所谓跳跃，就是指下条指令的地址不一定能通过 PC+1 获得，最终的地址由指令本身及指令需要测试的条件决定。无条件转移指令和条件转移指令均采用跳跃寻址方式获得。图 5.4（b）所示为无条件转移指令的跳跃寻址过程。

在图 5.4（b）中，执行 JMP 指令时，PC 的值经过了一系列的变化，先从 1001 变成 1002，然后从 1002 变成 1003。前面的变化是基于顺序寻址完成的，由于 JMP 指令要求改变程序的指令顺序，该指令执行时会将其地址字段的值 1003 送入 PC，使得 JMP 1003 这条指令执行完毕后，CPU 不再顺序执行 1002 号主存单元的指令，而是转去执行 1003 号单元的指令。

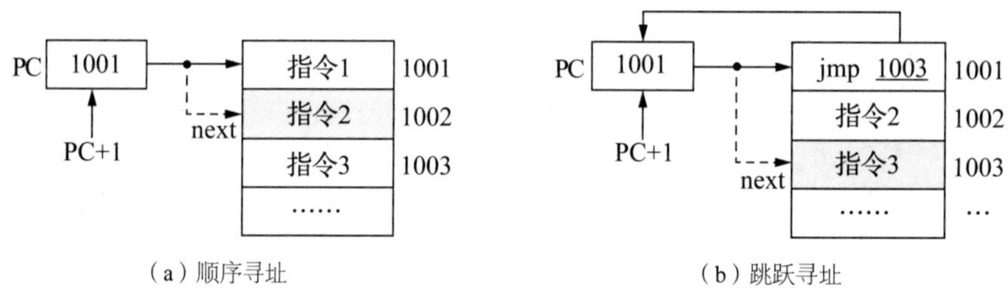

图 5.4 指令寻址示意图

5.3.2 操作数寻址方式

操作数寻址方式就是形成操作数有效地址的方法。由于操作数是程序运行过程中被程序取出并进行加工处理的对象，其存放方式比较灵活，因程序设计技巧的需要，取出操作数的方式有多种形式，这就使得操作数的寻址方式比指令的寻址方式要复杂和灵活得多。

操作数的来源基本上有 3 种情况：①操作数直接来自指令地址字段；②操作数存放在寄存器中，即寄存器操作数；③操作数存放在存储器中，即存储器操作数。操作数寻址方式就是从上述 3 种来源中为指令提供操作数。

常用的寻址方式有：立即寻址、直接寻址、间接寻址、寄存器寻址、寄存器间接寻址、相对寻址、变址寻址、基址寻址和堆栈寻址等。

由于不同指令可能采用不同的寻址方式获得操作数，因此，指令格式可将地址码字段细分为寻址方式字段 I 和形式地址字段 D 两部分。图 5.5 所示为包含寻址方式字段的单地址指令结构。

I 字段又称为寻址方式特征码，I 字段的位数与需要支持的寻址方式有关，寻址过程就是把 I 字段和 D 字段的不同组合转换成有效地址的过程。假设最终的操作数为 S，有效地址为 EA，则有 S=(EA)，这里括号表示访问 EA 的主存单元或寄存器的内容。

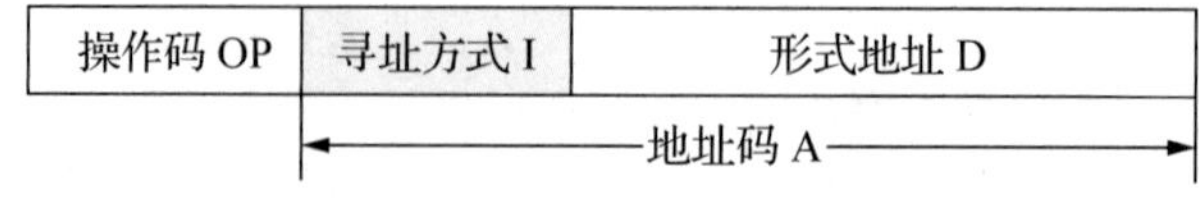

图 5.5 含寻址方式字段的单地址指令结构

1. 立即寻址

立即寻址方式中，I 字段为表示立即寻址的编码，假设 I=000，D 字段就是操作数本身，也就是 S=D，如图 5.6（a）所示。立即寻址时操作数与指令一起存放，取指令时操作数随指令一起被送到 CPU 内的指令寄存器中。指令执行时可直接从指令寄存器中获取操作数，无须访问其他存储单元。

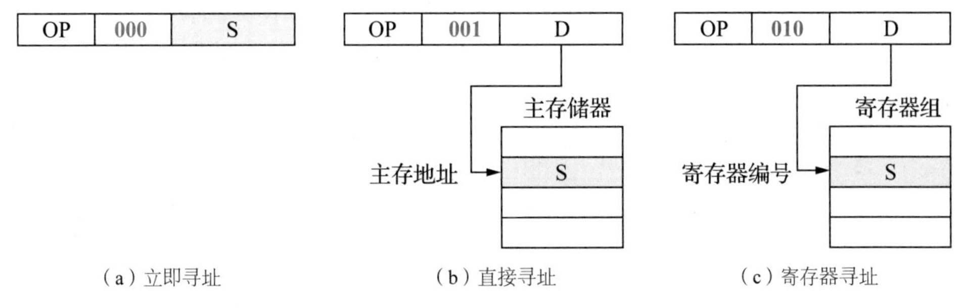

图 5.6　3 种简单寻址方式

立即寻址取操作数快，但其形式地址字段 D 的位宽有限，因此操作数能表示的范围有限。立即寻址一般用于变量赋初值。

Intel x86 中采用立即寻址的指令为：

```
MOV EAX,2008H
```

该指令的功能是为寄存器 EAX 赋初值 2008H。

2. 直接寻址

直接寻址方式时操作数在主存储器中，操作数地址由形式地址字段 D 直接给出，也就是 EA=D。假设将寻址方式特征码 I 设置为 001，注意不同寻址方式中 I 会设置不同的编码，后续不再重复解释，直接寻址过程如图 5.6（b）所示。

直接寻址的特点是地址直观，不需要通过计算即可直接从指令中获得操作数的有效地址，CPU 根据该有效地址访问主存获得操作数。

直接寻址方式存在下列不足：

（1）寻址范围受限于指令中直接地址的二进制位数；

（2）数据地址存在于指令中，程序和数据在内存中的存放位置受到限制，灵活性不够。

Intel x86 中采用直接寻址的指令为：

```
MOV EAX,[2008H]
```

该指令的功能是将 2008H 主存单元的内容送入寄存器 EAX 中。

3. 寄存器寻址

寄存器寻址时操作数在 CPU 的某个通用寄存器中，形式地址 D 表示通用寄存器的编号，寄存器中的内容即所要的操作数；EA=D，S=R[D]，也就是将通用寄存器组 R 看作数组，D 表示数组下标。寄存器寻址过程如图 5.6（c）所示。

寄存器寻址具有下列优点：

（1）获得操作数不需要访问主存，指令执行速度快；

（2）所需要的地址码较短，有利于缩短指令字的长度，节省存储空间。

寄存器寻址也是计算机中最常用的寻址方式，但由于 CPU 中寄存器数量有限，因此这种寻址方式不能为操作数提供大量的存储空间。

Intel x86 中采用寄存器寻址的指令为：

```
MOV EAX,ECX
```

该指令的功能是将寄存器 ECX 中的内容送入寄存器 EAX 中。

4. 间接寻址

间接寻址是相对直接寻址而言的，形式地址 D 给出的不是操作数的有效地址，而是操作数的间接地址。也就是说，D 指向的主存单元中的内容才是操作数的有效地址，因此 D 只是一个间接地址，此时 EA=(D)。间接寻址过程如图 5.7 所示。

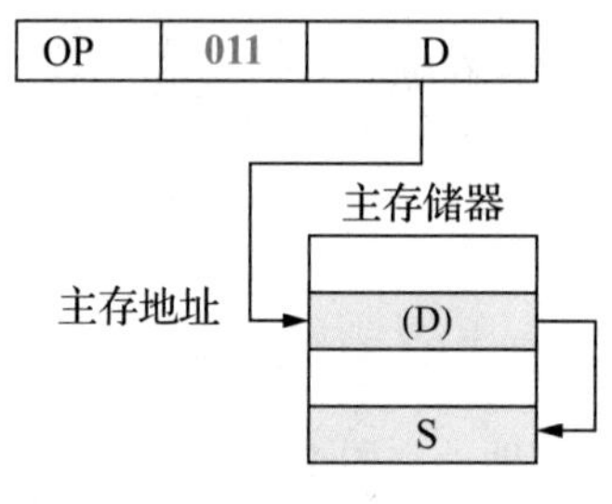

图 5.7 间接寻址

例 5.2 某计算机的间接寻址指令为：

```
MOV EAX,@2008H;        @ 为间接寻址标志
```

设计算机字长为 32 位，形式地址字长 16 位，主存 2008H 单元的内容为 A0A0F000H，而主存 A0A0F000H 单元的内容为 5000H，则最后送入 EAX 寄存器中的值为 5000H。

该指令若采用直接寻址，由于指令中形式地址的位数为 16 位，所以寻址范围为 64K 的主存空间。而采用间接寻址后，操作数的地址存放在主存单元中，字长为 32 位，因此该指令的寻址范围为 2^{32}=4GB 的主存空间。

间接寻址具有下列优点：

（1）解决了直接寻址方式寻址范围受限的问题，能用较短的地址码访问较大的主存空间；

（2）相对于直接寻址而言编程更灵活，当操作数地址改变时不再需要改变指令中的形式地址字段，只需要修改形式地址指向的主存单元即可。

间接寻址的最大不足是取操作数时需两次访问主存，降低了指令的执行速度，目前已被寄存器间接寻址替代。

5. 寄存器间接寻址

寄存器间接寻址时操作数编地址存放在寄存器中，实际操作数存放在主存中，形式地址字段 D 为存放操作数地址的寄存器号，EA=R[D]。以寄存器的内容为地址访问主存单元，即可得到所需的操作数。寄存器间接寻址过程如图 5.8 所示。

由于操作数地址存放在寄存器中，因此指令访问操作数时，只需要访问一次内存，比间接寻址少访问一次。寄存器间接寻址可减少主存访问次数，提高编程灵活性，还可以扩充寻址范围。

Intel x86 中采用寄存器间接寻址的指令为：

```
MOV AL,[EBX]
```

假设 EBX=2010H，主存 2010H 单元的内容为 60H，该指令执行后寄存器 AL 中的内容为 60H。

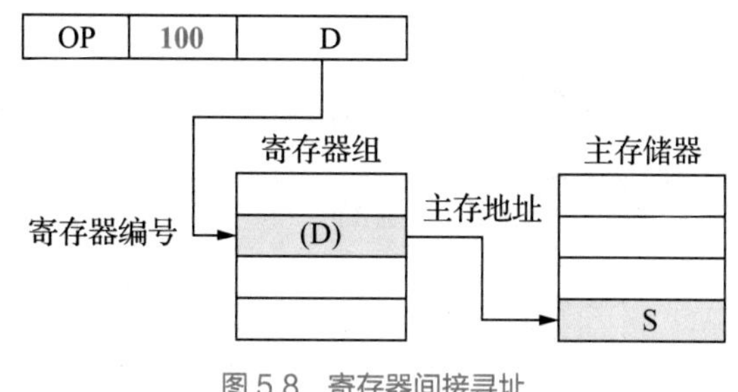

图 5.8 寄存器间接寻址

6. 相对寻址

相对寻址是把程序计数器 PC 中的内容加上指令中的形式地址 D，形成操作数的有效地址，因此 EA=PC+D，S=(PC+D)。相对寻址过程如图 5.9 所示。

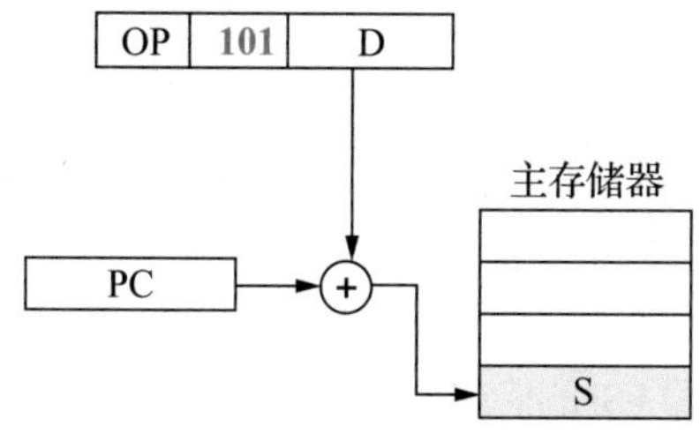

图 5.9 相对寻址

因为取指令过程中 PC 的值会修改，而计算操作数的有效地址则在指令译码分析或执行阶段完成，上式中 PC 的内容应为 PC 的当前值，也就是下一条将要执行指令的地址值，所以有 EA=PC+1+D。注意 1 是 1 条指令的字节长度。

相对寻址的优点是编程时只需确定程序内部操作数与指令之间的相对距离，而无须确定操作数在主存中的绝对地址，便于实现程序浮动。除可用于访问内存外，相对寻址也可以用于分支转移类指令，实现相对跳转转移，有利于程序在主存中的灵活定位。

例 5.3 某计算机指令字长为定长 16 位，假设形式地址 D 字段为 8 位，内存按字节寻址，指令中的数据采用补码表示，且 PC 的值在取指令阶段完成修改。完成下列有关相对寻址的问题。

（1）若采用相对寻址指令的当前地址为 2003H，且要求数据有效地址为 200AH，则该相对寻址指令的形式地址字段的值为多少？

（2）若采用相对寻址转移指令的当前地址为 2008H，且要求转移后的目标地址为 2001H，则该相对寻址指令的形式地址字段的值为多少？

解：根据相对寻址有效地址的计算公式 EA=PC+D，有 D=EA−PC。

相对寻址的关键是要求出计算有效地址时 PC 的当前值。

（1）根据题意，采用相对寻址指令的地址为 2003H，PC 在取指令完成后修改，则取指令完成后 PC=2003H+2H=2005H（因为指令字长 16 位占用两个主存单元），所以 D=200AH–2005H=5H。

（2）基于与（1）相同的原因，可计算出 D=2001H–(2008H+2H)=−9，转换成补码为 F7H。

7. 变址寻址

在变址寻址方式下，指定一个寄存器用来存放变化的地址，这个寄存器称为**变址寄存器**，此时形式地址字段 D 应该增加一个变址寄存器编号字段 X。变址寄存器 X 与形式地址 D 之和即为操作数的有效地址，也就是 EA=R[X]+D。变址寻址的过程如图 5.10 所示。

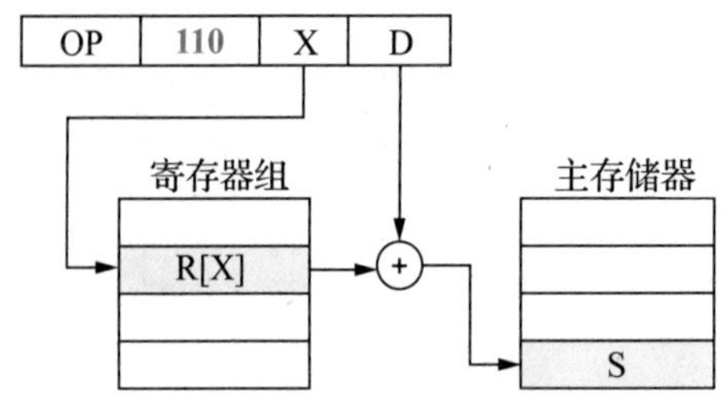

图 5.10　变址寻址

变址寻址中变址寄存器提供修改量，而指令提供基准量。因此在上式中，寄存器 X 的内容可变，而 D 的值一经设定，在指令执行过程中将保持不变。

变址寻址主要应用于对线性表之类的数组元素进行重复的访问，此时，只需要将线性表的起始地址作为基值赋给指令中的形式地址，使变址寄存器的值按顺序变化，即可对线性表中的成块数据进行相同的操作，且不需要修改程序，极大地方便了程序设计。

Intel x86 中采用变址寻址的指令为：

```
MOV EAX,32[ESI]
```

该指令的功能是将变址寄存器 ESI 的值加上偏移量 32 来形成地址访问主存，并将结果送到 EAX。

8. 基址寻址

在基址寻址方式下，指定一个寄存器来存放基地址，这个寄存器称为基址寄存器 B；同时用指令的形式地址字段 D 存放一个变化的地址值。基址寄存器 B 与形式地址 D 之和即为操作数的有效地址，基址寻址方式下 EA=R[B]+D。基址寻址的过程和变址寻址的过程完全相同，这里不再说明。

基址寻址和变址寻址的区别是基址寄存器的值一经设定，在程序执行过程中将不再改变；可以通过不同的形式地址 D 访问不同的存储地址，这一点正好与变址寻址相反。

一般情况下，CPU 内部有一个专门的基址寄存器（如 Intel x86 中的 EBX 和 EBP。若基址是 EBX，则操作数在数据段；若基址是 EBP，则操作数在堆栈段），因此在基址寻址方式下，基址寄存器采用隐含寻址的方法，不需要在指令中显式地指出。指令中的形式地址字段给出参与基址寻址的偏移值。

基址寻址面向系统，主要用于程序的重定位。如在多道程序设计环境下，需要由系统的管理程序将多道程序装入主存。由于用户编程使用的是虚拟地址，当用户程序装入主存时，为了实现用户程序的再定位，系统程序会给每个用户程序分配一个基地址。程序运行时，该基地址装入基地址寄存器，通过基址寻址方式实现虚拟地址到物理地址的转换。用户通过改变指令中的形式地址 D 来实现指令或操作数的寻址。基址寄存器中的内容是操作系统或管理程序通过特权指令设置的，对用户透明。对每一个用户程序而言，在程序执行过程中基址寄存器的值保持不变。

除可解决程序的重定位问题外，基址寻址方式还能扩展寻址空间，这一功能可通过增加基址寄存器的字长来实现。如将基址寄存器的位数从 32 位增加到 34 位后，基址寻址的寻址范围将从 4GB 扩展到 16GB。

变址寻址是面向用户的，主要用于解决程序循环问题，变址寄存器中的内容由用户设置。程序执行过程中，用户通过改变变址寄存器的内容实现指令或操作数的寻址。

相对寻址、变址寻址和基址寻址 3 种寻址方式计算有效地址的方式非常类似，都以某寄存器的内容与指令中的形式地址字段之和作为有效地址。通常将这 3 种寻址方式统称为偏移寻址。

9. 堆栈寻址

堆栈以先进后出的方式存储数据。寻找存放在堆栈中操作数地址的方法称为堆栈寻址。堆栈有存储器堆栈和寄存器堆栈两种，前者在内存空间中开辟堆栈区，后者将寄存器作为堆栈区。无论是哪种类型的堆栈，数据的存取都通过栈顶进行。堆栈操作有进栈和出栈两种，进栈是将指定数据传送到堆栈中；出栈是将栈顶的数据传送给指定的寄存器。

（1）存储器堆栈

为满足用户对堆栈容量的要求，目前计算机普遍采用存储器堆栈。由于内存基于地址访问，因此，需要设置一个堆栈指针寄存器（SP）指向栈顶单元。若主存按字节编址，以字节为单位进出栈，则进栈时 SP 向低地址方向变化。存储器堆栈进出栈的操作过程如图 5.11 所示。

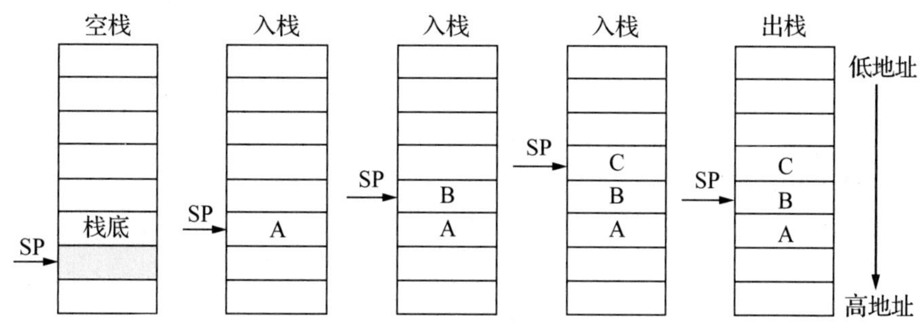

图 5.11 存储器堆栈进出栈的操作过程

可用下列表达式描述图 5.11 所示的存储器堆栈操作。

- 入栈操作：SP=SP−1，M[SP]=R。
- 出栈操作：R=M[SP]，SP=SP+1。

注意，如果进出栈时的数据单位不同，SP 每次自减或自增的值会有所不同，如以 32 位字为单位进出栈，上式中 −1 和 +1 应该换成 −4 和 +4。

（2）寄存器堆栈

为满足用户对堆栈速度的要求，一些计算机采用了寄存器堆栈。由于寄存器不基于地址访问，因此，与存储器堆栈不同，寄存器堆栈中不需要设置堆栈指示器。寄存器堆栈的操作过程与内存堆栈的操作过程及特征均不同，其进出栈的操作过程如图 5.12 所示。

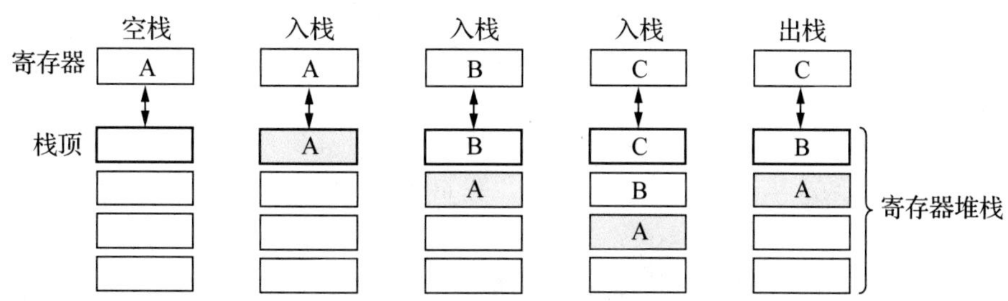

图 5.12 寄存器堆栈进出栈的操作过程

比较图 5.11 和图 5.12 不难发现寄存器堆栈与存储器堆栈存在下列不同。

- 寄存器堆栈栈顶固定不动，而存储器堆栈栈顶随着堆栈操作而移动。
- 进行堆栈操作时，寄存器堆栈中的数据移动，而存储器堆栈中的数据不动。

- 寄存器堆栈速度快，但容量有限；存储器堆栈速度较慢，但容量很大。
- 寄存器堆栈必须采用专用堆栈指令进行控制，存储器堆栈则不一定。

10. 其他寻址

将前面几种寻址方式进行组合，可以得到一些复合寻址方式，这类寻址方式主要应用于有复杂指令集结构的计算机中。

（1）变址 + 间接寻址方式

在这种寻址方式下，先进行变址寻址再进行间接寻址，即把变址寄存器 X 中的内容与指令中的形式地址相加作为操作数地址的指示器。该寻址方式下 EA=(R[X]+D)。

（2）间接 + 变址寻址方式

在这种寻址方式下，先进行间接寻址再进行变址寻址，即根据指令中的形式地址 D 的内容访问存储器得到偏移量，然后将其与变址寄存器 X 中的内容相加作为操作数地址的指示器。该寻址方式下 EA=R[X]+(D)。

（3）相对 + 间接寻址

在这种寻址方式下，先进行相对寻址再进行间接寻址，即把程序计数器 PC 中的内容与指令中的形式地址 D 相加，再进行间接寻址。该寻址方式下 EA=(PC+D)。

以上介绍了 10 多种操作数寻址方式，在具体指令系统中，可能只用了上述方式中的一部分或某些基本方式再加上几种变形的寻址方式。另外，前面介绍操作数寻址方式时，都是以单地址指令为例。对多地址指令而言，由于不同的地址发挥的作用不同，因此每个地址字段都可能有各自的寻址方式字段。

5.4 指令类型

指令系统决定了计算机的基本功能，指令的功能不但影响计算机的硬件结构，而且对操作系统和编译程序的编写也有直接影响。不同类型的计算机，由于其性能、结构、适用范围不同，指令系统之间的差异很大，风格各异。有的计算机指令类型多，功能丰富，包含几百条指令；有的计算机指令类型少，功能简单，只包含几十条指令。但不管指令系统的繁简如何，其所包含的指令的基本类型和功能是相似的。一般来说，一个完善的指令系统应包括如下指令类型。

1. 算术逻辑运算指令

算术逻辑运算指令的主要功能是进行各类数据信息处理，包括各种算术及逻辑运算指令，这也是 CPU 最基本的功能。常见的有与、或、非、异或等逻辑运算指令，定点、浮点数的加、减、乘、除等算术运算指令，部分计算机中还专门设置了十进制运算指令。

不同计算机对算术运算指令的支持有很大差别。有的计算机为了追求硬件简单，仅支持二进制定点加、减、比较、求补等最简单的指令。有的计算机则为了提高性能，除了支持最基本的算术运算指令之外，还设置了乘、除运算指令，浮点运算指令，十进制运算指令，甚至设置了乘方指令、开方指令和多项式计算指令。一些大、巨型机中不仅支持标量运算指令，还设置了向量运算指令，可以直接对整个向量或矩阵进行求和、求积运算。

2. 移位操作指令

移位操作指令包括算术移位、逻辑移位和循环移位指令，可以实现对操作数进行一位或多位的移位操作。算术移位和逻辑移位指令分别控制实现带符号数和无符号数的移位。循环移位按是否与进位位一起循环分为带进位循环（大循环）和不带进位循环（小循环）。循环移位指令一般用于实现循环式控制、高字节与低字节的互换，以及多倍字长数据的算术移位或逻辑移位。

3. 数据传送指令

数据传送指令是计算机中最基本、最常用的指令，主要用于完成两个部件之间的数据传送操作，如寄存器与寄存器、寄存器与存储器之间的数据传送。有的计算机设置了通用的 MOV 指令，并支持寄存器之间以及寄存器与存储器之间的数据传输；有的计算机只能使用 LOAD、STORE 指令访存，其中 LOAD 为存储器读数指令，STORE 为存储器写数指令；还有些计算机设置了交换指令，可以完成源操作数与目的操作数的互换，实现双向数据传送。

数据传送指令可以以字节、字、双字为单位进行数据传送。有的计算机还支持成组数据传送，如在 Intel x86 的指令系统中有串传送指令 MOVS，再加上重复前缀 REP 后，可以控制一次将最多 64KB 的数据块从存储器的一个区域传送到另一个区域中。

除基本的传送类指令外，堆栈指令、寄存器 / 存储单元清零指令也属于数据传送指令。

4. 堆栈操作指令

堆栈操作指令是一种特殊的数据传送指令，主要包括压栈或出栈两种。压栈指令是把指定的操作数送入栈顶；而出栈指令是从栈顶弹出数据，并送到指令指定的目标地址中。有些计算机中并不设置专用的堆栈操作指令，而是用访存指令和堆栈指针运算指令代替堆栈操作指令。

堆栈操作指令主要用于保存、恢复和中断子程序调用时的现场数据和断点指令地址，以及在子程序调用时实现参数传递。为了让这些功能快速实现，有些计算机还设有多数据的压栈指令和出栈指令，可以用一条堆栈操作指令依次把多个数据压栈或出栈。

5. 字符串处理指令

字符串处理指令属于非数值处理指令，该类指令便于直接用硬件支持非数值处理。字符串处理指令一般包括字符传送、字符串比较、字符串查找、字符串抽取、字符串转换等指令。注意并不是所有指令集都支持字符串处理指令。

6. 程序控制指令

程序控制指令用于控制程序运行的顺序和选择程序的运行方向。该类指令能增强程序设计的灵活性，可使程序具有测试、分析与判断能力。程序控制类指令主要包括转移指令、循环控制指令及子程序调用与返回指令等。

（1）转移指令

转移指令用于根据功能的需要改变指令的顺序执行流程，转移指令又分为无条件转移和条件转移指令两类。条件转移指令只有在条件满足的情况下，才会执行转移操作，把控制转移到指令指定的转向地址；若条件不满足，则不执行转移操作，程序仍按原顺序继续执行。转移条件来自状态标志寄存器（或条件码寄存器）的相关位，一般包括进位标志 CF、有符号溢出标志 OF、结果为零标志 ZF、结果为负标志 NF 等，这些位一般由前面指令根据执行结果设置。

（2）循环控制指令

循环控制指令实际上是一种增强型的条件转移指令，该指令一般包括复杂的循环控制变量的修改、测试判断以及地址转移等功能，从而支持循环程序的执行。

如 Intel x86 指令系统中的循环控制指令 LOOP L1。该指令每执行一次，循环计数器 ECX 中的循环次数就减 1，然后判断 ECX 是否为 0，若不为 0 则程序转到 L1 处继续执行；否则结束循环，执行 LOOP 指令的下一条指令。

（3）子程序调用与返回指令

子程序调用指令用于调用公用的子程序，常见的有 x86 中的 call 指令，MIPS 中的 jal 指令。在主程序执行过程中，当需要执行子程序时，可执行子程序调用指令来控制程序的执行顺序从主程序转入子程序；而当子程序执行完毕后，可以利用返回指令使程序重新回到主程序继续执行，常见的有 x86 中的 ret 指令，MIPS 中的 jr $ra 指令。

子程序调用指令又称为**转子指令**或**过程调用指令**。转子指令中必须明确给出子程序的入口地址。主程序中转子指令的下一条指令的地址称为断点，**断点**是子程序返回主程序时的返回地址。为了在执行返回指令时能够正确地返回主程序，转子指令应具有保护断点的功能，通常转子指令会将断点压入堆栈中进行保护。而返回指令则从堆栈中取出断点地址送入程序计数器 PC，然后返回断点处继续执行主程序。

虽然转子指令与转移指令的执行结果都是实现程序的转移，但两者存在下列区别：

- 转移的位置不同，转移指令在同一程序内转移，而转子指令在不同程序之间转移；
- 转移指令不需要返回原处，而转子指令需要返回原处，因此转子指令需要保护断点地址；
- 转子指令和返回指令通常是无条件的，而条件转移指令是需要条件的。

7. 输入输出指令

输入输出指令简称 I/O 指令，用于实现主机与外部设备之间的信息传送。主机可以向外部设备发出各种控制命令，从而控制外部设备的工作，也可以从外部设备端口寄存器中读取外部设备的各种工作状态等。当外部设备与主存采用统一编址模式时，不需要设置专用的 I/O 指令，可以使用访存指令直接访问外部设备。

8. 其他指令

除了上述几种类型的指令外，还有一些实现其他控制功能的指令，如停机、等待、空操作、开中断、关中断、自陷、置条件码以及特权等指令。

特权指令主要用于系统资源的分配与管理，具有特殊的权限，一般只能用于操作系统或其他系统软件，而不直接提供给用户使用。在多任务、多用户的计算机系统中，这种特权指令是不可缺少的。另外，一些多处理器系统中还配有专门的多处理机指令。

5.5 指令格式设计

指令系统是程序员所能看到的计算机的主要属性，它在很大程度上决定了整个计算机系统具有的基本功能以及程序性能。设计一套指令系统要充分考虑指令的完备性、规整性、有效性、兼容性和可扩展性，要充分考虑系统支持哪些指令、哪些数据类型和寻址方式，其中最重要的是设计合理的指令格式。设计一套好的指令格式，不仅可以方便程序员进行程序设计，也有利于编译系统的设计，还有利于简化硬件实现，而且能够节省大量的程序存储空间。

指令一般由操作码和地址码两部分组成。设计指令格式前首先要确定的是指令的编码格式，在此基础上还要确定操作码字段和地址码字段的长度及它们的组合形式，以及各种寻址方式的编码方法。

（1）指令编码格式的设计

指令编码格式的设计就是确定指令是采用定长指令格式、变长指令格式还是采用混合编码指令格式。

① 定长指令格式。

定长指令结构规整，有利于简化硬件，尤其利于简化指令译码部件的设计。其缺点是平均长度长，容易出现冗余码点，不易扩展。当指令集的寻址方式和操作种类很多时，定长编码格式具有明显的优势。

② 变长指令格式。

变字长指令结构灵活，能充分利用指令中的每一位，所以指令码点冗余少，该指令平均长度短，易于扩展。但变长指令的格式不规整，不同指令的取指令时间可能不同，控制方式较为复杂。

③ 混合编码指令格式。

混合编码指令格式是定长和变长指令结构的综合，它提供若干长度固定的指令字，以期达到既能减少目标代码的长度，又能降低译码复杂度的目标。

（2）操作码的设计

操作码的编码比较直观和简单。满足完备性是操作码设计的基本要求。操作码的设计还包括确定操作码是采用定长结构还是采用变长结构，对于变长操作码结构还要研究其实现方法。

（3）地址码的设计

地址码要能为指令提供必要操作数，地址码的设计往往还与寻址方式有关，在设计时应该能利用有限的位宽提供更大的寻址范围。

（4）寻址方式的设计

寻址方式的表示有两种方法，一种是把寻址方式与操作码一起编码，另一种是设置专门的寻址方式字段来指示对应的操作数采用的寻址方式。如果处理机需要支持多种寻址方式，而且指令有多个操作数，那么就很难将寻址方式与操作码一起编码，此时应该为每个操作数分配一个寻址方式字段。

例 5.4　某计算机字长为 16 位，主存为 64KB，指令采用单字长、单地址结构，要求至少能支持 80 条指令和直接、间接、相对、变址等 4 种寻址方式。请设计指令格式并计算每种寻址方式能访问的主存空间范围。

解：根据题干条件，指令采用定长、单地址结构。另外，由于要支持 4 种寻址方式，因此要为地址码字段设置专门的寻址方式字段。

操作码字段的位数为 7 位，这样最多可支持 128 条指令，满足至少支持 80 条指令的要求。要支持 4 种寻址方式且每次只能使用其中的一种寻址方式，寻址方式的字段需 2 位。所以单地址字段的位数为：16-7-2=7 位。

指令格式如图 5.13 所示。

操作码 OP（7 位）	寻址方式 I（2 位）	形式地址 D（7 位）

图 5.13　指令格式

其中 OP 为操作码字段，7 位；I 为寻址方式字段，2 位；D 为形式地址字段，7 位。

4 种寻址方式的寻址范围如下所示。

I = 00：相对寻址，E=PC+D，寻址范围为 0 ～ 65535（程序计数器 PC 为 16 位）。

I = 01：变址寻址，E=R[X]+D，寻址范围为 0 ～ 65535（变址寄存器 X 为 16 位）。

I = 10：直接寻址，E=D，寻址范围为 0 ～ 127。

I = 11：间接寻址，E=(D)，寻址范围为 0 ～ 65535。

5.6　CISC 和 RISC

复杂指令集计算机（Complex Instruction Set Computer，CISC）和精简指令集计算机（Reduced

Instruction Set Computer，RISC）的指令系统不同，它们的区别在于采用了不同的 CPU 设计理念和方法。

5.6.1 复杂指令系统计算机

随着超大规模集成电路技术的不断发展，计算机的硬件成本不断下降，但软件成本不断提高。为此，计算机系统设计者在设计指令系统时，增加了越来越多的功能强大的复杂指令，以及更多的寻址方式，以便满足来自不同方面的需求，例如以下几种。

（1）更好地支持高级语言。增加语义接近高级语言语句的指令，能缩短指令系统与高级语言之间的语义差距。

（2）简化编译。编译器是将高级语言翻译成机器语言的软件，当机器指令的语义与高级语言的语义接近时，编译器的设计变得相对简单，编译的效率也会大大提高，而且编译后的目标程序也能得到优化。

（3）满足系列计算机软件向后兼容的需求。为了做到程序兼容，同一系列计算机的新型计算机和高档计算机的指令系统只能扩充而不能减少原来的指令，因此指令数量越来越多。

（4）对操作系统的支持。随着操作系统功能的复杂，要求指令系统提供相应功能指令的支持，如多媒体指令和 3D 指令等。

（5）为在有限指令长度内基于扩展法实现更多指令，只有最大限度地压缩地址码长度。但为满足寻址访问的需要，必须设计多种寻址方式，如基址寻址、相对寻址等。

基于上述原因，指令系统越来越庞大、复杂，某些计算机中的指令多达数百条，同时寻址方式的种类也很多，称这类计算机为复杂指令系统计算机（CISC）。Intel x86、IA64 指令系统是典型的 CISC 指令系统。

CISC 具有如下特点：

（1）指令系统复杂庞大，指令数目一般多达二三百条。

（2）寻址方式多。

（3）指令格式多。

（4）指令字长不固定。

（5）对访存指令不加限制。

（6）各种指令使用频率相差大。

（7）各种指令执行时间相差大。

（8）大多数采用微程序控制器。

5.6.2 精简指令系统计算机

人们进一步分析 CISC 后发现了“80-20”规律，即在 CISC 的典型程序中，80%的程序只用到了 20%的指令集，基于这一发现，精简指令集的概念被提出来，这是计算机系统架构的一次深刻革命。

精简指令系统计算机（RISC）体系结构的基本思路是：针对 CISC 指令系统指令种类太多、指令格式不规范、寻址方式太多的缺点，通过减少指令种类、规范指令格式和简化寻址方式来方便处理器内部的并行处理，从而大幅度地提高处理器的性能。

RISC 是在继承 CISC 的成功技术并克服 CISC 缺点的基础上产生并发展起来的，大部分 RISC 具有如下特点。

（1）优先选取使用频率最高的一些简单指令，以及一些很有用但不复杂的指令，避免使用复杂指令。

（2）大多数指令在一个时钟周期内完成。

（3）采用 LOAD/STORE 结构。由于访问主存指令花费时间较长，因此在指令系统中应尽量减少访问主存指令，只允许 LOAD（取数）和 STORE（存数）两种指令访问主存，其余指令只能对寄存器操作数进行处理。

（4）采用简单的指令格式和寻址方式，指令长度固定。

（5）固定的指令格式。指令长度、格式固定，可简化指令的译码逻辑，有利于提高流水线的执行效率。为了便于编译的优化，常采用三地址指令格式。

（6）面向寄存器的结构。为减少访问主存，CPU 内应设大量的通用寄存器。

（7）采用硬布线控制逻辑。由于指令系统的精简，控制部件可由组合逻辑实现，不用或少用微程序控制，这样可使控制部件的速度大大提高。

（8）注重编译的优化，力求有效地支持高级语言程序。

RISC 的着眼点没有简单地放在简化指令系统上，而是通过简化指令使计算机的结构更加简单合理，从而提高处理速度，其主要实现途径是减少指令的执行周期数。现在，RISC 的硬件结构有很大改进，一个时钟周期平均可完成 1 条以上指令，甚至可完成几条指令。较为常见的 RISC 指令系统有 ARM、MIPS、RISC-V 等。

5.7　指令系统举例

本节对几种常见计算机的指令系统进行实例分析，一方面可以使读者加深对本章前面所学指令系统设计相关知识的理解，另一方面可以体会不同系统在指令系统设计方面的不同特点。

5.7.1　PDP-11 指令系统

PDP-11 是 1970 年由 DEC 公司推出的一款经典的 16 位微型计算机，是 IBM PC 出现之前最为流行的微型计算机产品。其指令格式规范，便于理解和记忆，深受程序员的喜爱。PDP-11 指令系统属于典型的 CISC 指令系统，指令格式如图 5.14 所示。其指令字长通常为单字长，采用变址寻址时可以增加 1~2 个立即数 index 字段，从而可将指令扩展到双字长、三字长。index 字段如图 5.14 中虚线框所示。

双地址	OP(4)	I_1(3)	A_1(3)	I_2(3)	A_2(3)	$index_1$(16)	$index_2$(16)
单地址	OP(10)			I_1(3)	A_1(3)	$index_1$(16)	

图 5.14　PDP-11 指令格式

根据操作数的多少，又可将指令分为双地址指令和单地址指令两种。双地址指令操作码字段为 4 位；地址码部分包括两个操作数，每个操作数各 6 位，其中寻址特征字段为 3 位，可表示 8 种寻址方式；寄存器字段为 3 位，可寻址 8 个寄存器单元，其中 $R_0 \sim R_5$ 为通用寄存器，R_6 为 SP 寄存器，R_7 为程序计数器 PC。单地址指令采用扩展操作码形式，操作码部分向地址码部分扩展 6 位，位宽为 10 位，地址码部分为 6 位。注意每个操作数都有 3 位寻址特征字段描述其寻址方式，具体寻址方式如表 5.1 所示。

表 5.1　PDP-11 寻址方式

Mode	寻址方式	汇编语法	有效地址 EA/ 操作数 S	指令实例
0	寄存器寻址	R_i	S=(R_i)	MOV R0,R1
1	寄存器间接寻址	(R_i)	EA=(R_i)	MOV R0,(R1)
2	自增寻址	(R_i)+	EA=(R_i),R_i++	MOV R0,(SP)+
3	自增间接寻址	@(R_i)+	EA=((R_i)),R_i++	INC @(R2)+
4	自减寻址	-(R_i)	EA=(R_i--)	MOV -(SP),R0
5	自减间接寻址	@-(R_i)	EA=((R_i--))	INC @-(R2)
6	变址寻址	index(R_i)	EA=(R_i)+index	ADD R0,200(R1)
7	变址间址寻址	@index(R_i)	EA=((R_i)+index)	ADD R0,@300(R2)

注意，指令实例中的双操作数指令右侧的操作数为目的操作数。当寻址特征位等于 2～5 时，表示自增或自减寻址；如果操作数为字节操作数，自增、自减量为 1；如果是 16 位字操作数，则自增、自减量为 2，这是非常特殊的寻址，方便对堆栈进行操作。这些寻址方式甚至影响了 C 语言的语法。例如在 C 语言中，可以有 ++i 与 i--，而 *(--i)=*(j++) 这样的表达式可以被编译成一条机器指令。当地址码中的寄存器编号字段为 7 时，也就是为 PC 寄存器时，可以扩展出表 5.2 所示的 4 种寻址方式。

表 5.2　PDP-11 扩展寻址方式

Mode	寻址方式	汇编语法	有效地址	指令实例
2	立即数寻址	#n	S=index	ADD #10,R0
3	直接寻址	@#n	EA=index	CLR @#1100
6	相对寻址	A/A(PC)	EA=PC+index	INC 10 / INC 10(PC)
7	相对间接寻址	@A @A(PC)	EA=(PC+index)	CLR @10

5.7.2　Intel x86 指令系统 *

Intel x86 指令系统是由 16 位的 8088/8086 指令系统发展而来的 32 位 CISC 指令系统，该指令系统包括 8 个 32 位的通用寄存器，各寄存器地址编号如表 5.3 所示。

表 5.3　寄存器地址编号

寄存器编号	000	001	010	011	100	101	110	111
寄存器名	EAX	ECX	EDX	EBX	ESP	EBP	ESI	EDI

除 8 个通用寄存器外，指令系统还包括状态寄存器 EEFLAGS、程序计数器 EIP，以及 6 个段寄存器 CS、SS、DS、ES、FS、GS。

1. 指令格式

由于要兼容早期 16 位甚至 8 位指令系统，x86 指令格式相对较为复杂，硬件的实现也非常困难。Intel x86 指令系统为变长指令系统，具体指令格式如图 5.15 所示。

图中 Intel x86 指令包括 0～4 字节的可选指令前缀 Prefix 字段，1～2 字节的操作码 OP 字段，一个字节的 Mod R/M 字段和一个字节的 SIB（比例变址）字段，一个偏移量 Disp 字段和一个立即数 Imm 字段。其中只有操作码字段是必需的，其他均为可选字段，最短指令为单字节指令，最长指令为 15 字节。

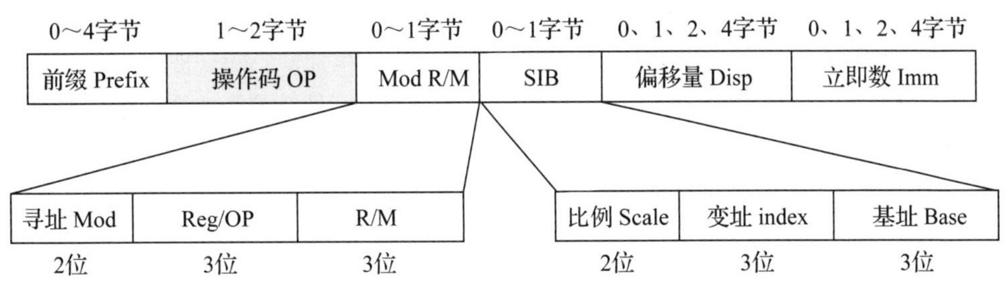

图 5.15 Intel x86 指令格式

（1）前缀字段

前缀字段包括指令前缀、段前缀、操作数大小和地址大小 4 个字段，这 4 个字段都是可选字段，长度均为 0 ～ 1 字节，具体顺序如图 5.16 所示。

指令前缀	段前缀	操作数大小	地址大小

图 5.16 前缀字段

不同字段的前缀值是不同的，在进行指令译码时要根据前缀值的不同对后续指令的功能进行适当控制。

① 指令前缀（Instruction Prefix）。

指令前缀包括锁定和重复前缀两种，值为 F0H 时表示锁定（Lock）前缀，用于多处理器环境中共享存储器的排他性访问；值为 F2H 时表示指令重复前缀 REPNE/REPNZ，表示当 ECX 不等于零且两数不相等时重复执行指令；值为 F3H 时表示指令重复前缀 REP/REPE/REPZ，其中 REP 表示 ECX 不等于零时重复执行指令，REPE/REPZ 表示 ECX 不等于零且两数相等时重复执行指令。重复前缀主要用于进行字符串循环处理操作。

② 段前缀（Segment Override）。

段前缀用来指定使用哪个段寄存器取代默认的段寄存器。6 个段寄存器 CS、SS、DS、ES、FS、GS 对应的段前缀分别为 2EH、36H、3EH、26H、64H、65H。如 MOV BX,[SI+100H] 指令的默认段寄存器为 DS，如果需要修改其段寄存器为 ES，则指令可以改写为 MOV BX,ES:[SI+100H]，该指令的机器码最终会形成 26H 的段前缀。

③ 操作数大小（Operand Size）。

操作数大小的字段值为 66H，用于在 32 位和 16 位操作数之间切换。如果当前是 32 位环境，操作数切换为 16 位；如果当前是 16 位环境，操作数切换为 32 位。

④ 地址大小（Address Size）。

地址大小的字段值为 67H，用于在 32 位和 16 位地址空间之间切换。地址大小确定了指令格式中偏移量的大小和在有效地址计算中生成的偏移量大小。

（2）操作码字段

操作码字段包括 1 ～ 2 字节，该字段除包括真正的指令操作码 OP 外，还可能包括操作数以及控制信息，具体格式如图 5.17 所示。

图 5.17（a）所示为单地址指令，操作码字段为 5 位，剩余 3 位表示通用寄存器编号，常见指令有 push、pop、dec、inc。

图 5.17（b）所示为双地址指令，操作码字段为 6 位，剩余 2 位中 d=1，表示后续 Mod R/M 字段中的寄存器操作数为目的寄存器，否则为源寄存器；而 w 位表示操作数位宽，w=0 表示 8

位字节操作数，否则表示 16 位或 32 位操作数，操作数位宽取决于运行环境和指令前缀。

图 5.17（c）所示的操作码字段为 8 位，可包含零地址、单地址、双地址指令。

图 5.17（d）所示的操作码字段为双字节，高字节为 0FH，低字节为扩展操作码部分。

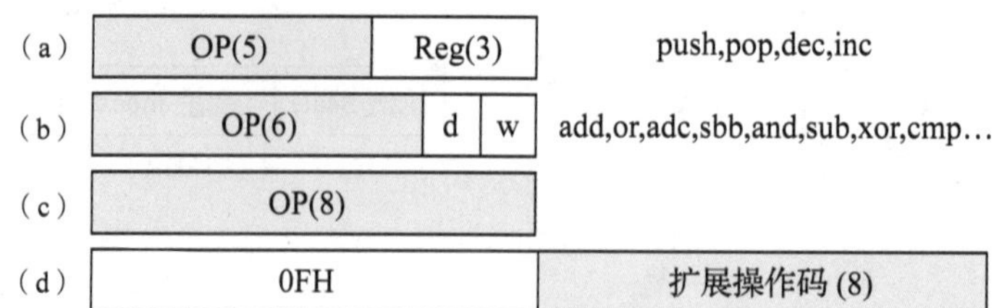

图 5.17 Intel x86 指令操作码字段格式

注意指令字中是否包含后续的 Mod R/M、SIB、Disp、Imm 字段完全取决于操作码字段的值，不同的操作码对应不同的寻址方式，所需字段也不完全相同。

（3）Mod R/M 字段

Mod R/M 字段长度为 1 字节，具体划分如图 5.18 所示。

Mod(2)	Reg/OP(3)	R/M(3)

图 5.18 Mod R/M 字段

Mod R/M 字段通常用于描述操作数及其寻址方式，x86 指令集规定双操作数最多只能有一个内存操作数。3 位 Reg/OP 字段表示寄存器操作数编号，该操作数是源还是目的操作数由操作码字段的 d 位决定。对于单地址指令，该字段也可以作为指令操作码的扩展字段。

另外一个操作数由 3 位的 R/M 字段表示，R/M 的意思就是该操作数有可能是寄存器操作数，也有可能是内存操作数。具体寻址方式由 2 位的 Mod 字段决定，当 Mod=11 时表示寄存器寻址，其具体寻址方式如表 5.4 所示。从表中可以看出部分寻址方式还依赖于指令字中后续的 SIB、Disp 字段。

表 5.4 Mod R/M 字段对应寻址方式

Mod	操作数类型	R/M 值	寻址方式	有效地址 EA/ 操作数 S
00	存储器		寄存器间接寻址	EA=R[R/M]
00	存储器	100	基址 + 比例变址寻址	EA=SIB
00	存储器	101	偏移量 / 直接寻址	EA=Disp32
01	存储器		寄存器相对寻址	EA=R[R/M]+Disp8
01	存储器	100	基址 + 比例变址 + 偏移量寻址	EA=SIB+Disp8
10	存储器		寄存器相对寻址	EA=R[R/M]+Disp32
10	存储器	100	基址 + 比例变址 + 偏移量寻址	EA=SIB+Disp32
11	寄存器		寄存器寻址	S=R[R/M]

（4）SIB 字段

SIB 字段与 Mod R/M 字段组合以指定寻址方式，长度为 1 字节，具体划分如图 5.19 所示。

Scale(2)	变址index(3)	基址Base(3)

图 5.19 SIB 字段

2 位 Scale 字段指定比例变址中的比例因子，具体比例因子为 2^{Scale}，可支持 1、2、4、8 共 4 个比例因子。3 位 index 字段指定变址寄存器编号。3 位 Base 字段指定基址寄存器编号。SIB 字段对应的有效地址 = R[Base] + 2^{Scale} × R[index]。

（5）偏移量字段

偏移量字段可以是 8 位、16 位或 32 位带符号整数的偏移量。该字段是否存在与 Mod R/M 字段中的寻址方式有关。

（6）立即数字段

立即数字段提供指令所需的 8 位、16 位或 32 位的立即数操作数，该字段是否存在与指令操作码有关。

2. 指令译码

由于 x86 指令格式较为复杂，因此 CPU 取指令译码过程相对也较为复杂，首先是指令长度从单字节到 15 字节不等，一条指令需要多个存储周期才能取出。指令译码流程包括指令前缀分析、操作码译码、寻址方式译码 3 步。

① 前缀分析：指令功能译码分析时首先分析指令字开始字节部分是否为前缀字段，根据不同前缀值进行指令功能控制，注意最多可能包括 4 个前缀值。

② 操作码译码：操作码字段长度为 1 ～ 2 字节，首先判断第一个字节的值，如果不为 0FH 则表示为单字节操作码；不同的操作码对应不同的指令功能，部分零地址指令、单地址指令只有操作码字段，无后续字段，完成操作码译码分析后就完成了指令译码；而部分指令还需要继续分析后续的 Mod R/M 字段，以获取寻址方式。

表 5.5 所示为 ADD 指令的部分操作码。

表 5.5 ADD 指令部分操作码

操作码	d	w	指令形式	说明
00	0	0	ADD r/m8,r8	d=0，寄存器为源操数，w=0，操作数为 8 位
01	0	1	ADD r/m16,r16	w=1，操作数为 16 位或 32 位，
01	0	1	ADD r/m32,r32	操作数位宽取决于运行环境和指令前缀
02	1	0	ADD r8,r/m8	d=1，寄存器为目的源操数
03	1	1	ADD r16,r/m16	w=1，操作数为 16/32 位，
03	1	1	ADD r32,r/m32	操作数位宽取决于运行环境和指令前缀
83	1	1	ADD r/m32,imm8	Reg/OP 字段为操作码扩展，值应为 000

从表可知，不同寻址方式、指令形式的 ADD 指令的操作码并不相同。操作码实际暗含了部分寻址方式，当操作码为 00 ～ 03H 时表示 RR 或 RS 型指令，具体是哪种指令取决于后续 Mod R/M 字段中的寻址方式。当操作码为 83H 时，源操作数为立即数，另外一个操作数寻址方式暂时未知，需要分析后续的 Mod R/M 字段信息确定。

③ 寻址方式译码。根据 Mod R/M 字段的定义，确定指令中的操作数和寻址方式，并配合后续 SIB、Disp、Imm 字段计算操作数地址。

例 5.5　假设在一个基于 Intel x86 指令集的 32 位运行环境中，有如下指令字：

（1）01C2H；（2）2E 033BH；（3）034C BB66H；（4）8304 BB66H。

请结合表 5.5 所示的指令操作码给出对应指令字的汇编代码。

解：

（1）指令字 01C2H 的指令格式如图 5.20 所示。

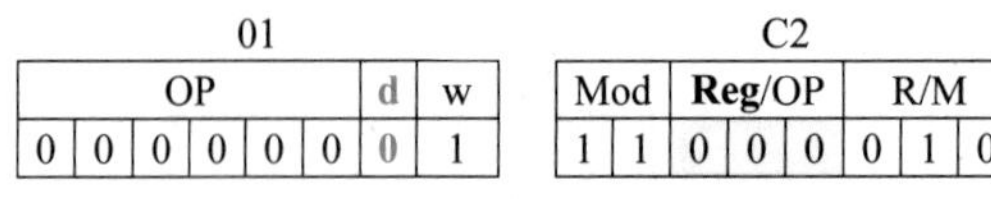

图 5.20　指令字 01C2H 的指令格式

该指令无指令前缀，操作码字段为 01H，其中 **d=0**，表示 Reg/OP 字段为源寄存器；指令形式为 ADD r/m32,r32，Reg/OP=000 表示 r32 字段为 EAX；Mod=11，表示 R/M 字段为寄存器操作数；R/M=010 表示 r/m32 字段为 EDX 寄存器。因此最终指令为 ADD EDX,EAX。

（2）指令字 2E033BH 的指令格式如图 5.21 所示。

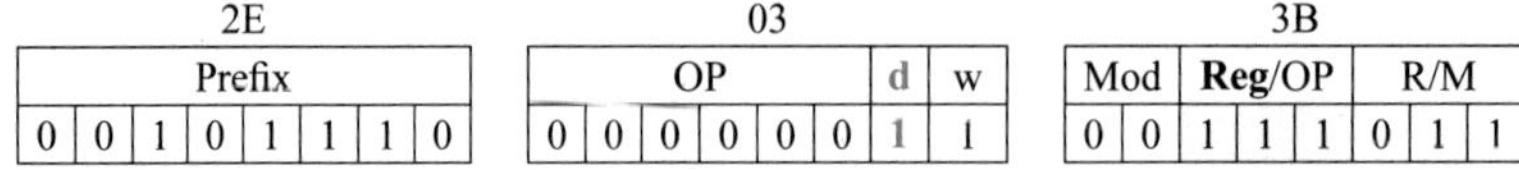

图 5.21　指令字 2E033BH 的指令格式

指令前缀 2E 表示段前缀 CS，操作码字段中 **d=1**，表示 Reg/OP 字段为目的寄存器；指令形式为 ADD r32,r/m32，Reg/OP=111 表示 r32 字段为 EDI；Mod=00，表示 R/M 字段为寄存器间接寻址；R/M=011，因此 r/m32 字段为 [EBX]。最终汇编指令为 ADD EDI,CS:[EBX]。

（3）指令字 034C BB66H 的指令格式如图 5.22 所示。

03	4C	BB	66
OP | d | w	Mod | Reg/OP | R/M	Scale | index | Base	Disp8
0 0 0 0 0 0 1 1	0 1 0 0 1 1 0 0	1 0 1 1 1 0 1 1	0 1 1 0 0 1 1 0

图 5.22　指令字 034CBB66H 的指令格式

该指令无指令前缀，操作码字段中 **d=1**，表示 Reg/OP 字段为目的寄存器；指令形式为 ADD r32,r/m32，Reg/OP=001 表示 r32 字段为 ECX；Mod=01，R/M=100；寻址方式为基址＋比例变址＋偏移量寻址；操作数地址为 SIB+Disp8，而 SIB 字段中 Scale=10；比例因子为 4，index=111；变址寄存器为 EDI，Base=011；基址寄存器为 EBX。因此最终的汇编指令为 ADD ECX,[EBX+EDI*4+66]。

（4）指令字 8304BB66H 的指令格式如图 5.23 所示。

83	04	BB	66
OP | d | w	Mod | Reg/**OP** | R/M	Scale | index | Base	Imm8
1 0 0 0 0 0 1 1	0 0 0 0 0 1 0 0	1 0 1 1 1 0 1 1	0 1 1 0 0 1 1 0

图 5.23　指令字 8304BB66H 的指令格式

该指令无指令前缀，操作码字段为 83H，Reg/OP=000 为扩展操作码；指令形式为 ADD r/m32,imm8。由于 Mod=00，R/M=100，R/M 操作数为基址＋比例变址寻址，操作数地址为 SIB，SIB 字段中 Scale=10；比例因子为 4，index=111，变址寄存器为 EDI，Base=011；基址寄存器为 EBX。因此最终的汇编指令为 ADD [EBX+EDI*4],66。

3. 寻址方式

操作数的主要来源为立即数、寄存器和存储单元。当操作数位于存储单元中时，需要进行地址转换。x86 处理器采用段页式存储管理机制，主要包括 3 类地址，分别是逻辑地址、线性地址和物理地址。这里逻辑地址包括段寄存器和段偏移地址两部分，也就是段式虚拟地址，对应前面介绍的 EA 部分；线性地址就是页式虚拟地址。首先需要通过分段方式将逻辑地址转换为线性地址LA，然后用分页方式将线性地址转换为物理地址。

在实模式下，将16位段寄存器的内容左移4位，得到20位段基址，再与段内偏移地址相加即可得到物理地址。在保护模式下，32位段基址加段内偏移地址即可得到32位线性地址LA，再将其由存储管理部件MMU转换成32位物理地址，整个地址转换过程对程序员是透明的。对汇编程序员来说，其更关心的是段内偏移地址的寻址方式，x86处理器中常见的几种寻址方式及对应有效地址的计算方法如表5.6所示。

表5.6 x86的主要寻址方式

序号	寻址方式	有效地址 EA/ 操作数 S	指令示例
1	立即数寻址	S=Disp	MOV EAX,1000
2	直接寻址	EA=Disp	MOV EAX,[1080H]
3	寄存器寻址	S=R[R/M]	MOV EAX,ECX
4	寄存器间接寻址	EA=R[R/M]	MOV EAX,[EBX]
6	寄存器相对寻址 / 基址寻址	EA=R[R/M]+Disp	MOV EAX,[ESI+100H]
5	基址 + 比例变址寻址	EA=S*index+Base	MOV EAX,[EBX+EDI*4]
7	基址 + 比例变址 + 偏移量寻址	EA=S*index+Base+Disp	MOV EAX,[EBX+EDI*4+66]
8	相对寻址	EA=PC+Disp	JMP 1000H

5.7.3 MIPS 指令系统

MIPS体系结构是20世纪80年代初发明的一款RISC体系架构。MIPS是一个双关语，它既是Microcomputer without Interlocked Pipeline Stages的缩写，同时又是Millions of Instructions Per Second的缩写。相比Intel x86的CISC架构，MIPS是一种非常优雅、简洁、高效的RISC体系结构，非常适合于教学研究，我国龙芯处理器就是基于MIPS指令系统的。最初MIPS是为32位系统设计的，后来又发展出了64位MIPS，但依然对32位模式向下兼容。本小节主要探讨MIPS 32位体系架构。

1. MIPS体系结构中的寄存器

MIPS体系结构中包含32个32位的通用寄存器，在汇编语言中可以使用编号表示，如$0～$31。在MIPS机器指令中可以用5个比特位来表示寄存器的编号，也可以使用寄存器的名称表示，如$sp、$t1、$ra...（详见表5.7）。

表5.7 MIPS寄存器功能说明

编号	助记符	英文全称	功能描述
$0	$zero	zero	恒零值，可用0号寄存器参与的加法指令实现MOV指令
$1	$at	Assembler Temp	汇编器保留寄存器，常用作伪指令的中间变量
$2～3	$v0～$v1	Value	存储子程序的非浮点返回值
$4～7	$a0～$a3	Argument	用于存储子程序调用的前4个非浮点参数
$8～15	$t0～$t7	Temporaries	临时变量，调用者保存寄存器，在子程序中可直接使用
$16～23	$s0～$s7	Saved Registers	通用寄存器，被调用者保存寄存器，在子程序中使用时必须先压栈保存原值，使用后应出栈恢复原值
$24～25	$t8～$t9	Temporaries	临时变量，属性同$t0～$t7
$26～27	$k0～$k1	Kernel Reserved	操作系统内核保留寄存器，用于进行中断处理
$28	$gp	Global Pointer	全局指针
$29	$sp	Stack Pointer	栈指针，指向栈顶
$30	$fp/$s8	Frame Pointer	帧指针，用于过程调用，也可以当作$s8使用
$31	$ra	Return Address	子程序返回地址

除上述通用寄存器外，MIPS 还提供了 32 个 32 位单精度浮点寄存器，用符号 f0 ～ f31 表示，它们还可以配对成 16 个 64 位的浮点数寄存器。

另外，MIPS 还包括两个特殊的寄存器 $hi、$lo，用于保存乘、除法的运算结果，注意这两个寄存器必须通过两条特殊的指令 mfhi("move from hi") 及 mflo("move from lo") 进行访问。

2. MIPS 指令格式

MIPS32 中所有指令都是 32 位的定长指令，指令格式非常规整，分为 R 型、I 型、J 型 3 种不同的指令格式，具体如图 5.24 所示。

	31～26	25～21	20～16	15～11	10～06	05～00
R型指令	OP (6) = 0	rs (5)	rt (5)	rd (5)	shamt (5)	funct (6)
I型指令	OP (6)	rs (5)	rt (5)	Imm (16)		
J型指令	OP (6)	Address (26)				

图 5.24 MIPS 指令格式

图中操作码 OP 字段固定为 6 位，注意 R 型指令采用扩展操作码形式，其 OP 字段值为 0，具体指令功能由低 6 位的 funct 字段决定，这里 funct 字段就是扩展操作码。MIPS 将寻址方式与指令的操作码相关联，指令字中没有独立的寻址方式字段。

rs、rt、rd 为寄存器操作数字段，用 5 位表示，可以访问 32 个通用寄存器，R 型指令最多可以有 3 个寄存器操作数，I 型指令最多可以有 2 个寄存器操作数。

R 型指令中的 5 位的 shamt 字段是移位变量，用于移位指令，其他指令无效；I 型指令的 Imm 字段为 16 位立即数字段，其有符号，立即数范围为 [−32768,32767]；J 型指令的 Address 字段为 26 位。

（1）R 型指令

R 型指令的操作数只能来自寄存器，运算结果也只能存入寄存器中，属于 RR 型指令。R 型指令的 OP 字段为 000000，具体的操作由 funct 字段指定。常用 R 型指令及其 funct 编码如表 5.8 所示。

表 5.8 常用 R 型指令及其 funct 编码

funct	指令助记符	指令功能描述	备注
00	sll rd,rt,shamt	R[rd]=R[rt]<<shamt	逻辑左移，注意 rs 字段未使用
02	srl rd,rt,shamt	R[rd]=R[rt]>>shamt	逻辑右移，注意 rs 字段未使用
03	sra rd,rt,shamt	R[rd]=R[rt]>>shamt	算术右移，注意 rs 字段未使用
04	sllv rd,rt,rs	R[rd]=R[rt]<<R[rs]	可变左移
08	jr rs	PC=R[rs]	R[rs] 值应是 4 的倍数，字对齐
09	jalr rs	R[31]=PC+8 PC=R[rs]	子程序调用
12	syscall	系统调用	无操作数
16	mfhi rd	R[rd]=HI	取 HI 寄存器的值，mflo 取 LO
17	mthi rs	HI=R[rs]	存 HI 寄存器的值，mtlo 存 LO
24	mult rs,rt	{HI,LO}=R[rs]*R[rt]	有符号乘，64 位结果送入 HI、LO 寄存器
32	add rd,rs,rt	R[rd]=R[rs]+R[rt]	溢出时发生异常，且不修改 R[rd]
34	sub rd,rs,rt	R[rd]=R[rs]-R[rt]	溢出时发生异常，且不修改 R[rd]
36	and rd,rs,rt	R[rd]=R[rs]&R[rt]	逻辑与
37	or rd,rs,rt	R[rd]=R[rs]|R[rt]	逻辑或
42	slt rd,rs,rt	R[rd]=(R[rs]<R[rt])?1:0	小于置位指令，有符号比较

注意：若是双目运算，rs 和 rt 字段分别是第一和第二源操作数，rd 字段为目的操作数；若是移位运算，则表示对 rt 的内容进行移位，移位位数由 shamt 字段指定。

例 5.6　根据 MIPS 指令操作码定义以及指令格式，写出下列指令各字段的十进制值：add \$s1，\$t0，\$s4。

解：根据 MIPS 指令格式，add 为 R 型指令，因此 OP=$(000000)_2$，funct=32。

根据 MIPS 寄存器定义，指令 add \$s1，\$t0，\$s4 也可以写为 add \$17，\$8，\$20，其指令功能是 R[17]=R[8]+R[20]，对应 R 型指令中的目的操作数 rd 字段 =17；\$8 和 \$20 分别对应 R 型指令中的第一源操作数 rs 和第二源操作数 rt，故 R 型指令中 rs 和 rt 字段的十进制值分别为 8 和 20。

shamt 字段在 R 型指令中未使用，因此 add 指令各字段十进制值如图 5.25 所示。

	31 ~ 26	25 ~ 21	20 ~ 16	15 ~ 11	10 ~ 06	05 ~ 00
R 型指令	OP=0	rs=8	rt=20	rd=17	shamt=0	funct=32

图 5.25　add 指令各字段十进制值

（2）I 型指令

I 型指令就是立即数型指令，若是双目运算，则将寄存器 rs 和立即数字段分别作为第一和第二操作数，将结果送入寄存器 rt 中；若是 Load/Store 指令，则将寄存器 rs 值和立即数字段的值相加生成存储单元地址；若是条件分支指令，则对 rs 和 rt 寄存器中的数据进行规定的判别运算，并根据结果决定是否转移。当转移发生时，转移的目标地址采用相对寻址方式获得，即将 PC+4 的值和立即数相加得到。常见 I 型指令及其十进制操作码如表 5.9 所示。

表 5.9　常用 I 型指令及操作码

OP	指令助记符	指令功能描述	备注
04	beq rs,rt,imm	if(R[rs]==R[rt]) PC=PC+4+imm<<2	条件分支（相等跳转）
05	bne rs,rt,imm	if(R[rs]!=R[rt]) PC=PC+4+imm<<2	条件分支（不等跳转）
08	addi rt,rs,imm	R[rt]=R[rs]+imm	立即数加，溢出发生异常
10	slti rt,rs,imm	R[rt]=(R[rs]<imm)?1:0	小于置位指令，有符号比较
12	andi rt,rs,imm	R[rt]=R[rs]&imm	立即数逻辑与指令
15	lui rt,imm	R[rt]=imm<<16	加载立即数指令
35	lw rt,imm(rs)	R[rt]=M[R[rs]+imm]	取数指令，类似指令还有 lb、lh、lbu 等
43	sw rt,imm(\$rs)	M[R[rs]+imm]=R[rt]	存数指令，类似指令还有 sb、sh

（3）J 型指令

J 型指令主要是无条件转移指令，指令中给出的是 26 位直接地址，采用伪直接寻址方式，无条件转移的目标地址由 PC+4 的高 4 位与 26 位直接地址 address 经左移 2 位后的值拼接得到。常用 J 型指令及操作码如表 5.10 所示。

表 5.10　常用 J 型指令及操作码

OP	指令助记符	指令功能描述	备注
02	j address	PC ← $\{(PC+4)_{31:28}$,address,00}	无条件分支
03	jal address	R[31] ← PC+8（无延迟槽 +4） PC ← $\{(PC+4)_{31:28}$,address,00}	子程序调用指令

3. MIPS 指令寻址方式

MIPS 指令寻址方式较少，只有 5 种寻址方式，如表 5.11 所示。MIPS 指令格式的寻址方式分别是：R 型指令的寻址方式只有寄存器寻址；I 型指令的寻址方式有寄存器寻址、立即数寻址、基址寻址（偏移寻址）、相对寻址；J 型指令只有一种寻址方式，就是伪直接寻址。

表 5.11 MIPS 指令寻址方式

序号	寻址方式	有效地址 EA/ 操作数 S	指令示例
1	立即数寻址	S=imm	addi rt,rs,imm
2	寄存器寻址	S=R[rt]	add rd,rs,rt
3	寄存器相对寻址 / 基址寻址	EA=R[rs]+imm	lw rt,imm(rs)
4	相对寻址	EA=PC+4+Disp	beq rs,rt,imm
5	伪直接寻址	EA={$(PC+4)_{31:28}$,address,00}	j address

5.7.4 RISC-V 指令系统 *

RISC-V 是第五代 RISC 指令系统，它是结合了 ARM、MIPS 等 RISC 指令系统的优势，完全从零开始重新设计开发的一款开源指令系统，目前由非营利的 RISC-V 基金会负责运营。

RISC-V 指令集采用模块化的指令集，包括 32 位和 64 位指令集。32 位指令集 RV32G 包括核心指令集 RV32I 以及 4 个标准扩展集：RV32M（乘除法）、RV32F（单精度浮点）、RV32D（双精度浮点）、RV32A（原子操作）。核心指令集 RV32I 只包括 47 条指令，其指令格式规整，更易于硬件的实现。模块化的指令集方便进行灵活定制与扩展，既可用于嵌入式 MCU，也适合构造服务器、家用电器、工控控制以及传感器中的 CPU，阿里巴巴旗下的平头哥半导体有限公司的玄铁处理器就采用了该架构。RISC-V 包括 32 位和 64 位指令系统。本小节主要探讨 RV32I 指令系统，该指令系统仅包括 47 条整型指令，可支持操作系统的运行。

1. RISC–V 通用寄存器

RISC-V 体系结构中同样包含 32 个 32 位的通用寄存器，在汇编语言中可以用 x0 ～ x31 表示；MIPS 则是用 \$0 ～ \$31 表示，也可以使用寄存器的名称表示，例如 sp、t1、ra。RISC-V 和 MIPS 寄存器编号的区别只是“\$”符号，如表 5.12 所示。同样也可以用 5 个比特位来表示寄存器的编号。

表 5.12 RISC–V 寄存器功能说明

编号	助记符	英文全称	功能描述
x0	zero	zero	恒零值，可用 0 号寄存器参与的加法指令实现 MOV 指令
x1	ra	Return Address	返回地址
x2	sp	Stack Pointer	栈指针，指向栈顶
x3	gp	Global Pointer	全局指针
x4	tp	Thread Pointer	线程寄存器
x5 ～ 7	t0 ～ t2	Temporaries	临时变量，调用者保存寄存器
x8	s0/fp	Saved Register/Frame Pointer	通用寄存器，被调用者保存寄存器，在子程序中使用时必须先压栈保存原值，使用后应出栈恢复原值
x9	s1	Saved Registers	通用寄存器，被调用者保存寄存器
x10 ～ 11	a0 ～ a1	Arguments/Return values	用于存储子程序参数或返回值
x12 ～ 17	a2 ～ a7	Arguments	用于存储子程序参数
x18 ～ 27	s2 ～ s11	Saved Registers	通用寄存器，被调用者保存寄存器
x28 ～ 31	t3 ～ t6	Temporaries	临时变量

对比表 5.7 和表 5.12 可知，RISC-V 和 MIPS 寄存器大同小异，RISC-V 也包括恒零寄存器，但增加了线程寄存器 tp；RISC-V 有临时寄存器 t0 ~ t7，相比 MIPS 少了两个；RISC-V 有通用寄存器 s0 ~ 11，相比 MIPS 增加了 3 个；RISC-V 用于子程序调用的参数和返回值寄存器 a0 ~ a7 一共有 8 个，相比 MIPS 增加了两个。另外 RISC-V 没有设置汇编器和操作系统保留寄存器。

2. RISC-V 指令格式

RV32I 为定长指令集，但其操作码字段预留了扩展空间，可以扩展为变长指令，但指令字长必须是双字节对齐，RISC-V 包括 6 种指令格式，具体如图 5.26 所示。和 MIPS 一样，RISC-V 指令也没有寻址方式字段，寻址方式由操作码决定。MIPS 强调的是指令格式简洁、直观、规整；而 RISC-V 强调的是指令硬件更实现容易，其最大特色是指令字中的各字段位置固定，这将有效减少指令译码电路中需要的多路选择器，也可提高指令译码速度。

	31～25	24～20	19～15	14～12	11～07	06～00
R型指令	funct7	rs2	rs1	funct3	rd	OP
I型指令	imm[**11**～0]		rs1	funct3	rd	OP
S型指令	imm[**11**,10～5]	rs2	rs1	funct3	imm[4～1, **0**]	OP
B型指令	imm[**12**,10～5]	rs2	rs1	funct3	imm[4～1,**11**]	OP
U型指令	imm[**31**～12]				rd	OP
J型指令	imm[**20**,10～5]	imm[4～1,11,19～12]			rd	OP

图 5.26 RISC-V 指令格式

图 5.26 中 7 位的主操作码 OP 均固定在低位，扩展操作码 funct3、funct7 字段位置也是固定的，相比 MIPS 指令集，其编码空间更大，指令可扩展性更高。另外源寄存器 rs1、rs2 以及目的寄存器 rd 在指令字中的位置也是固定不变的。

以上字段的位置固定后，剩余的位置用于填充立即数字段 imm，这也直接导致 imm 字段看起来比较混乱，不同类型指令立即数字段的长度，甚至顺序都不一致。但 imm 字段的最高位都固定在指令字的最高位，方便立即数的符号扩展。另外立即数字段中部分字段尽量追求位置固定，如 I、S、B、J 型指令的 imm[10~5] 字段位置固定，S、B 型指令中的 imm[4~1] 字段位置固定。

（1）R 型指令

R 型指令包括 3 个寄存器操作数，主操作码字段 OP=33H，由 funct3 和 funct7 两个字段共 10 位作为扩展操作码描述 R 型指令的功能，格式如图 5.27 所示。

	31～25	24～20	19～15	14～12	11～07	06～00
R型指令	funct7	rs2	rs1	funct3	rd	OP=33H

图 5.27 R 型指令

RV32I 中包括 10 条 R 型指令，主要包括算术逻辑运算指令、关系运算指令、移位指令 3 类，具体如表 5.13 所示，和 MIPS32 不同的是 RV32I 中不包含乘法、除法指令，另外这里的移位指令助记符在 MIPS 中用于表示固定移位指令。

表 5.13　RISC-V R 型指令

类别	指令示例	功能描述	同类指令
算术逻辑运算指令	add rd,rs1,rs2	R[rd]=R[rs1]+R[rs2]	add、sub、xor、or、and
关系运算指令	slt rd,rs1,rs2	R[rd]=(R[rs1]<R[rs2])?1:0	slt、sltu
移位指令	sll rd,rs1,rs2	R[rd]=R[rs1]<<R[rs2]	sll、srl、sra

（2）I 型指令

I 型指令包括两个寄存器操作数 rs1、rd 和一个 12 位立即数操作数，除主操作码 OP 字段外，funct3 字段也作为扩展操作码描述 I 型指令的功能，格式如图 5.28 所示。

	31～25	24～20	19～15	14～12	11～07	06～00
I型指令	imm[11～0]		rs1	funct3	rd	OP

图 5.28　I 型指令

I 型指令主要包括立即数运算指令（算术逻辑运算指令）、关系运算指令、移位指令、访存指令、系统控制类指令和特权指令，具体如表 5.14 所示。

表 5.14　RISC-V I 型指令

类别	指令示例	功能描述	同类指令
算术逻辑运算指令	addi rd,rs1,imm	R[rd]=R[rs1]+imm	addi、xori、ori、andi
关系运算指令	slti rd,rs1,imm	R[rd]=R[rs1]<imm	slti、sltiu
移位指令	slli rd,rs1,imm	R[rd]=R[rs1]<<imm	slli、srli、srai
访存指令	lw rd,imm(rs1)	R[rd]=M[R[rs1]+imm]	lb、lbu、lh、lhu、lw
系统控制类指令	jalr rd,rs1,imm	PC=R[rs1]+imm　R[rd]=PC+4	
系统控制类指令	ecall	系统调用	fence、fence.I、ecall、ebreak
特权指令	csrrw rd,csr,rs1	R[rd]=csr；csr=R[rs1]	csrrw、csrrs、csrrc、csrrwi、csrrsi、csrrci

（3）S 型指令

写存指令由于不存在目的寄存器 rd 字段，因此不能采用 I 型指令格式，只能单独设置一个 S 型指令格式，格式如图 5.29 所示。

	31～25	24～20	19～15	14～12	11～07	06～00
S型指令	imm[11,10～5]	rs2	rs1	funct3	imm[4～1, 0]	OP

图 5.29　S 型指令

注意 funct3 字段为扩展操作码，立即数字段扩充到了原目的寄存器 rd 字段的位置，S 型指令如表 5.15 所示。

表 5.15　RISC-V S 型指令

类别	指令示例	功能描述	同类指令
访存指令	sw rs2,imm(rs1)	M[R[rs1]+imm]=R[rs2]	sb、sh、sw

（4）B 型指令

B 型指令用于表示条件分支指令，同样 B 型指令也不存在目的寄存器 rd 字段，其指令形式和 S 型类似，但其指令字段的第 7 位和 S 型指令略有不同，所以 B 型指令也称为 SB 型指令，格式如图 5.30 所示。

	31～25	24～20	19～15	14～12	11～07	06～00
B型指令	imm[12,10～5]	rs2	rs1	funct3	imm[4～1,11]	OP

图 5.30 B 型指令

B 型指令如表 5.16 所示，注意 RISC-V 指令字采用偶数对齐，指令字长为双字节的倍数，所以这里立即数只左移一位。

表 5.16 RISC-V B 型指令

类别	指令示例	功能描述	同类指令
分支指令	beq rs1,rs2,imm	if(R[rs]==R[rt]) PC=PC+imm<<1	beq、bne、blt、bge、bltu、bgeu

（5）U 型指令

I 型指令立即数最多只有 12 位，范围较小，为表示更大的立即数，设置了 U 型指令，这里 U 的意思是 Upper immediate，格式如图 5.31 所示。

	31～12	11～07	06～00
U型指令	imm[31～12]	rd	OP

图 5.31 U 型指令

U 型指令中立即数字段为 20 位，共包含两条指令，如表 5.17 所示。

表 5.17 RISC-V U 型指令

类别	指令示例	功能描述
立即数加载	lui rd,imm	R[rd]=imm<<12
立即数加载	auipc rd,imm	R[rd]=PC+imm<<12

注意 lui 指令只能将立即数加载到高 20 位，如需要加载一个完整的 32 位立即数到寄存器中，可以利用 lui 和 addi 指令配合完成。

（6）J 型指令

J 型指令用于实现无条件跳转，其立即数字段也是 20 位，所以也称 UJ 型指令，格式如图 5.32 所示。

	31～25	24～12	11～07	06～00
J型指令	imm[20,10～5]	imm[4～1,11,19～12]	rd	OP

图 5.32 J 型指令

J 型指令如表 5.18 所示。

表 5.18 RISC-V J 型指令

类别	指令示例	功能描述
子程序调用	jal rd,imm	PC=PC+imm<<1 R[rd] ← PC+4 rd 为 x1 时可实现子程序调用；rd=x0 时，可实现无条件跳转。

3. RISC-V 寻址方式

RISC-V 相比 MIPS 少了伪直接寻址方式，只有 4 种寻址方式，其相对寻址生成地址方式与其他指令略有不同，具体如表 5.19 所示。

表 5.19　RISC-V 寻址方式

#	寻址方式	有效地址 EA/ 操作数 S	指令示例
1	立即数寻址	S=imm	addi rd,rs1,imm
2	寄存器寻址	S=R[rs1]	add rd,rs1,rs2
3	寄存器相对寻址 / 基址寻址	EA=R[rs1]+imm	lw rd,imm(rs1)
4	相对寻址	EA=PC+imm<<1	beq rs1,rs2,imm

习题 5

5.1　解释下列名词。

指令　指令系统　操作码　扩展操作码　地址码　寻址方式　程序计数器 PC　有效地址　存储器堆栈　寄存器堆栈　基址寄存器　变址寄存器　转子指令　CISC　RISC

5.2　选择题（考研真题）。

（1）[2017] 某计算机按字节编址，指令字长固定且只有两种指令格式，其中三地址指令 29 条，二地址指令 107 条，每个地址字段为 6 位，则指令字长至少应该是________。

A. 24 位　　B. 26 位　　C. 28 位　　D. 32 位

（2）[2014] 某计算机有 16 个通用寄存器，采用 32 位定长指令字，操作码字段（含寻址方式位）为 8 位，Store 指令的源操作数和目的操作数分别采用寄存器直接寻址和基址寻址方式。若基址寄存器可使用任一通用寄存器，且偏移量用补码表示，则 Store 指令中偏移量的取值范围是________。

A. −32768 ～ +32767　　B. −32767 ～ +32768

C. −65536 ～ +65535　　D. −65535 ～ +65536

（3）[2020] 某计算机采用 16 位定长指令字格式，操作码位数和寻址方式位数固定，指令系统中有 48 条指令，支持直接、间接、立即、相对 4 种寻址方式，单地址指令中直接寻址方式可寻址范围是________。

A. 0 ～ 255　　B. 0 ～ 1023　　C. −128 ～ 127　　D. −512 ～ 511

（4）[2016] 某指令格式如图 5.33 所示。

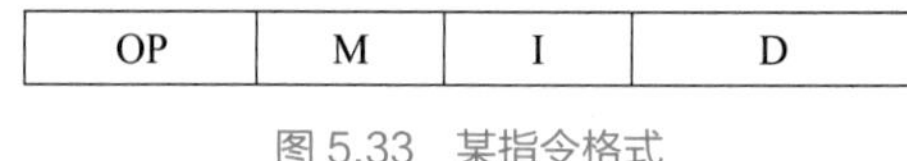

图 5.33　某指令格式

其中 M 为寻址方式，I 为变址寄存器编号，D 为形式地址。若采用先变址后间址的寻址方式，则操作数的有效地址是________。

A. I+D　　B. (I)+D　　C. ((I)+D)　　D. ((I))+D

（5）[2009] 某计算机字长为 16 位，主存按字节编址，转移指令采用相对寻址，由两个字节组成，第一字节为操作码字段，第二字节为相对位移量字段。假定取指令时，每取一个字节 PC 自动加 1。若某转移指令所在主存地址为 2000H，相对位移量字段的内容为 06H，则该转移指令成功转移后的目标地址是________。

A. 2006H　　B. 2007H　　C. 2008H　　D. 2009H

（6）[2011] 偏移寻址通过将某个寄存器内容与一个形式地址相加来生成有效地址。下列寻址方式中，不属于偏移寻址方式的是________。

A. 间接寻址　　B. 基址寻址　　C. 相对寻址　　D. 变址寻址

（7）[2013] 假设变址寄存器 R 的内容为 1000H，指令中的形式地址为 2000H；地址 1000H 中的内容为 2000H，地址 2000H 中的内容为 3000H，地址 3000H 中的内容为 4000H，则变址寻址方式下访问到的操作数是________。

A. 1000H　　B. 2000H　　C. 3000H　　D. 4000H

（8）[2017] 下列寻址方式中，最适合按下标顺序访问一维数组元素的是________。

A. 相对寻址　　B. 寄存器寻址　　C. 直接寻址　　D. 变址寻址

（9）[2019] 某计算机采用大端方式，按字节编址。某指令中操作数的机器数为 1234 FF00H，该操作数采用基址寻址方式，形式地址（用补码表示）为 FF12H，基址寄存器的内容为 F000 0000H，则该操作数的 LSB（最低有效字节）所在的地址是________。

A. F000 FF12H　　B. F000 FF15H　　C. EFFF FF12H　　D. EFFF FF15H

（10）[2018] 按字节编址的计算机中，某 double 型数组 A 的首地址为 2000H，使用变址寻址和循环结构访问数组 A，保存数组下标的变址寄存器初值为 0，每次循环取一个数组元素，其偏移地址为变址值乘以 sizeof(double)，取完后变址寄存器内容自动加 1。若某次循环所取元素的地址为 2100H，则进入该次循环时变址寄存器的内容是________。

A. 2　　B. 32　　C. 64　　D. 100

（11）[2011] 某计算机有一个标志寄存器，其中有进位 / 借位标志 CF、零标志 ZF、符号标志 SF 和溢出标志 OF，条件转移指令 bgt（无符号整数比较大于时转移）的转移条件是________。

A. CF+ZF=1　　B. $\overline{SF}$ +ZF=1　　C. $\overline{CF+ZF}=1$　　D. $\overline{CF+SF}=1$

（12）[2018] 减法指令 sub R1,R2,R3 的功能为“(R1)−(R2) → R3”，该指令执行后将生成进位 / 借位标志 CF 和溢出标志 OF。若 (R1)=FFFFFFFFH，(R2)=FFFFFFF0H，则该减法指令执行后，CF 与 OF 分别为________。

A. CF=0，OF=0　　B. CF=1，OF=0　　C. CF=0，OF=1　　D. CF=1，OF=1

（13）[2009] 下列关于 RISC 的叙述中，错误的是________。

A. RISC 普遍采用微程序控制器

B. RISC 中的大多数指令在一个时钟周期内完成

C. RISC 的内部通用寄存器数量比 CISC 的多

D. RISC 的指令数、寻址方式和指令格式种类比 CISC 的少

5.3　简答题。

（1）什么叫指令？什么叫指令系统？

（2）计算机中为什么要设置多种操作数寻址方式？

（3）操作数寻址方式在指令中如何表示？

（4）基址寻址和变址寻址的作用是什么？分析它们的异同点。

（5）RISC 处理器有何特点？

（6）比较定长指令与变长指令的优缺点。

（7）指令的地址码与指令中的操作码含义有何不同？

5.4　根据操作数所在的位置，在空格处填写其寻址方式。

（1）操作数在指令中为________寻址方式。

（2）操作数地址（主存）在指令中为________寻址方式。

（3）操作数在寄存器中为________寻址方式。

（4）操作数地址在寄存器中为________寻址方式。

5.5　某计算机字长为 16 位，运算器为 16 位，有 16 个通用寄存器，8 种寻址方式，主存为 128KW，指令中操作数地址码由寻址方式字段和寄存器号字段组成。请回答下列问题。

（1）单操作数指令最多有多少条？

（2）双操作数指令最多有多少条？

（3）直接寻址的范围多大？

（4）变址寻址的范围多大？

5.6 假设某计算机的指令长度固定为16位，具有双操作数、单操作数和无操作数3类指令，每个操作数地址规定用6位表示。

（1）若操作码字段不固定，现已设计出 *m* 条双操作数指令、*n* 条无操作数指令，在此情况下，这台计算机最多可以设计出多少条单操作数指令？

（2）若操作码字段不固定，当双操作数指令取最大数时，且在此基础上，单操作数指令条数也取最大值，试计算这3类指令最多可拥有多少条指令？

5.7 设相对寻址的转移指令占3个字节，第一个字节是操作码，第二个字节是相对位移量（补码表示）的低8位，第三个字节是相对位移量（补码表示）的高8位，每当CPU从存储器取一个字节时，便自动完成 (PC)+1→PC。请回答下列问题。

（1）若PC当前值为256（十进制），要求转移到290（十进制），则转移指令第二、三字节的机器代码是什么（十六进制）？

（2）若PC当前值为128（十进制），要求转移到110（十进制），则转移指令第二、三字节的机器代码又是什么（十六进制）？

5.8 计算机的指令格式包括操作码OP、寻址方式特征位I和形式地址D等3个字段，其中OP字段为6位，寻址方式特征位字段I为2位，形式地址字段D为8位。I的取值与寻址方式的对应关系如下。

I=00：直接寻址。

I=01：用变址寄存器X1进行变址。

I=10：用变址寄存器X2进行变址。

I=11：相对寻址。

设 (PC)=1234H，(X1)=0037H，(X2)=1122H，以下4条指令均采用上述格式，请确定这些指令的有效地址。

（1）4420H；（2）2244H；（3）1322H；（4）3521H。

5.9 某计算机A有60条指令，指令的操作码字段固定为6位，从000000～111011，该计算机的后续机型B中需要增加32条指令，并与A保持兼容。

（1）试采用扩展操作码为计算机B设计指令操作码。

（2）求出计算机B中操作码的平均长度。

5.10 以下MIPS指令代表什么操作？写出它的MIPS汇编指令格式。

0000 0000 1010 1111 1000 0000 0010 0000

5.11 假定以下C语言语句中包含的变量f、g、h、i、j分别存放在寄存器\$11～\$15中，写出实现C语言语句 f=(g+h)*i/j 功能的MIPS汇编指令序列，并写出每条MIPS指令的十六进制数。

5.12 某计算机字长为16位，主存地址空间大小为128KB，按字编址。采用单字长指令格式，指令各字段定义如图5.34所示。

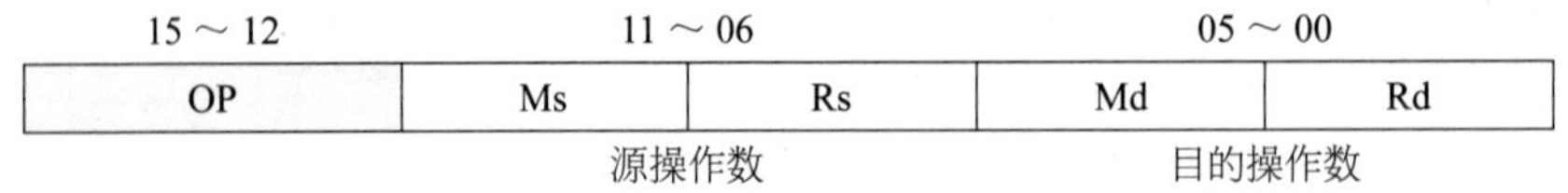

图5.34 单字长指令各字段定义

转移指令采用相对寻址方式，相对偏移量用补码表示，寻址方式定义如表5.20所示。

表 5.20　转移指令寻址方式

M_s/M_d	寻址方式	助记符	含义
000B	寄存器直接寻址	R_n	操作数 =(R_n)
001B	寄存器间接寻址	(R_n)	操作数 =((R_n))
010B	寄存器间接 + 自增寻址	(R_n)+	操作数 =((R_n))，(R_n)+1 → (R_n)
011B	相对寻址	D(R_n)	转移目标地址 =(PC)+(R_n)

注：（X）表示存储器地址 X 或寄存器 X 的内容。

请回答下列问题。

（1）该指令系统最多可有多少条指令？该计算机最多有多少个通用寄存器？

（2）存储器地址寄存器 MAR 和存储器数据寄存器 MDR 至少各需要多少位？

（3）转移指令的目标地址范围是多少？

（4）若操作码 0010B 表示加法操作（助记符为 add），寄存器 R4 和 R5 的编号分别为 100B 和 101B，R4 的内容为 1234H，R5 的内容为 5678H，地址 1234H 中的内容为 5678H，地址 5678H 中的内容为 1234H，则汇编语言为“add (R4),(R5)+”（逗号前为源操作数，逗号后为目的操作数）对应的机器码是什么（用十六进制表示）？该指令执行后，哪些寄存器和存储单元中的内容会改变？改变后的内容是什么？

5.13　某计算机采用 16 位定长指令字格式，其 CPU 中有一个标志寄存器，其中包含进位 / 借位标志 CF、零标志 ZF 和符号标志 NF。假定为该计算机设计了条件转移指令，其格式如图 5.35 所示。

15 ～ 11	10	9	8	07 ～ 00
00000	C	Z	N	OFFSET

图 5.35　条件转移指令格式

其中，00000 为操作码 OP；C、Z 和 N 分别为 CF、ZF 和 NF 的对应检测位，某检测位为 1 时表示需检测对应标志，需检测的标志位中只要有一个为 1 就转移，否则不转移。例如，若 C=1，Z=0，N=1，则需检测 CF 和 NF 的值，当 CF=1 或 NF=1 时发生转移；OFFSET 是相对偏移量，用补码表示。转移执行时，转移目标地址为 (PC)+2+OFFSET × 2；顺序执行时，下条指令地址为 (PC)+2。请回答下列问题。

（1）该计算机存储器按字节编址还是按字编址？该条件转移指令向后（反向）最多可跳转多少条指令？

（2）某条件转移指令的地址为 200CH，指令内容如图 5.36 所示，若该指令执行时 CF=0，ZF=0，NF=1，则该指令执行后 PC 的值是多少？若该指令执行时 CF=1，ZF=0，NF=0，则该指令执行后 PC 的值又是多少？请给出计算过程。

15 ～ 11	10	9	8	07 ～ 00
00000	0	1	1	11100011

图 5.36　某条件转移指令

（3）实现“无符号数比较小于等于时转移”功能的指令中，C、Z 和 N 应各是什么？

实践训练

（1）在 MIPS 汇编器 MARS 中，利用最少的 MIPS 指令编写一个内存数据冒泡排序程序。

（2）在 RISC-V 汇编器 RARS 中，利用最少的 RISC-V 指令编写一个内存数据冒泡排序程序。

06 第 6 章　中央处理器

本章知识导图

中央处理器（Central Processing Unit，CPU）由运算器和控制器组成，是整个计算机的核心。它根据指令的要求指挥协调计算机各部件的工作，并且对信息处理过程中出现的异常情况进行处理。本章主要介绍中央处理器的基本功能与组成、指令周期的基本概念、数据通路及指令操作流程、时序与控制、硬布线控制器的组成原理与设计方法、异常及中断处理等内容。

6.1　中央处理器概述

6.1.1　中央处理器的功能

CPU 的主要功能是执行程序，CPU 上电复位后即开始周而复始地取指令、执行指令工作。作为执行程序的基本功能部件，从保证程序功能正确性的角度看，CPU 应该具有以下几方面的功能。

（1）程序控制。控制程序中指令执行的顺序，即控制程序中的指令按事先规定的顺序自动地执行。冯•诺依曼计算机中程序指令通常按顺序执行，遇到分支指令且分支条件满足时会改变执行顺序，CPU 必须能够正确地确定下条指令的地址。

（2）操作控制。操作控制是指产生指令执行过程中需要的操作控制信号，以控制执行部件按指令规定的操作正确运行。例如执行加法指令时，CPU 必须生成运算器的运算选择控制信号，以保证其进行加法操作。

（3）时序控制。时序控制是指对每个操作控制信号进行定时，严格控制每个操作控制信号的开始时间和持续时间，以便按规定的时间顺序执行各操作，控制各功能部件。对任何一条指令而言，如果操作控制信号的时间不正确，则指令的功能就不能正确实现。

（4）数据加工。数据加工即对数据进行算术、逻辑运算，或将数据在相关部件之间传送。

（5）中断处理。CPU 应能及时响应内部异常和外部中断请求，如 CPU 在执行指令过程中出现"未定义指令"，运算时出现异常（整数除零）、访问指令或数据时发生"缺页"，外部设备发生中断请求时，CPU 应能暂时中断当前执行的程序并进行异常或中断处理，完成处理后还应返回断点继续执行程序。

6.1.2　中央处理器的组成

早期冯•诺依曼计算机的 CPU 主要由运算器和控制器两部分构成，现代 CPU 还增加了 cache、MMU、浮点运算器等单元。运算器是执行部件，由算术逻辑运算单元和各种寄存器组成。运算器接受控制器的命令后执行算术运算、逻辑运算或逻辑测试，负责数据加工。控制器的主要功能包括取指令、计算下一条指令的地址、对指令进行译码、生成指令对应的操作控制信号序列、控制指令执行的步骤和数据流动的方向。CPU 的功能与其结构紧密相关，而任何一种功能都依赖相应的硬件去实现。图 6.1 所示为一种能实现上述功能的 CPU 基本组成（注意不同的指令系统、不同的硬件结构会存在较大的差异），下面将分别介绍图中的各寄存器以及各功能部件的功能。

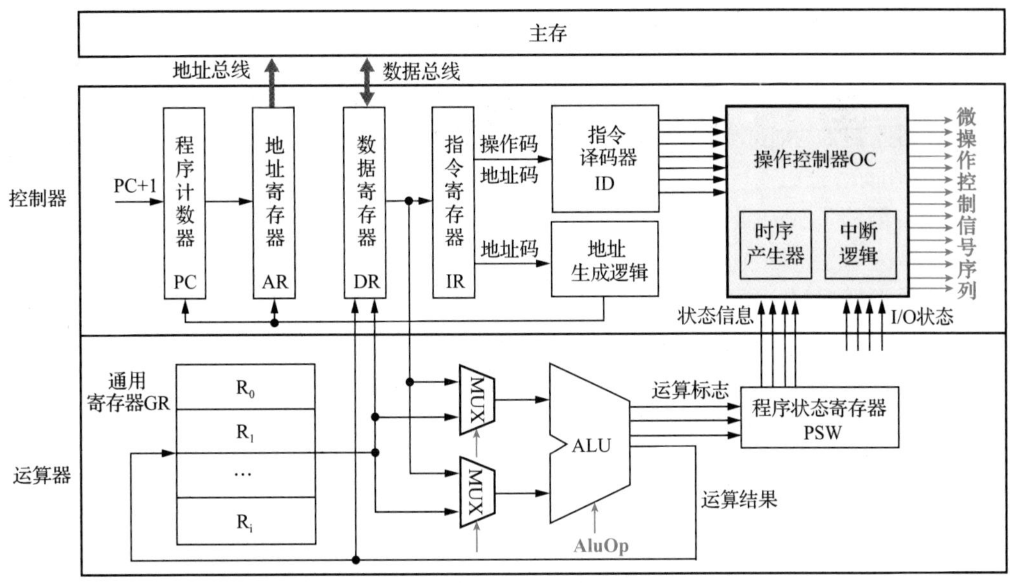

图 6.1　CPU 基本组成

1. CPU 中的主要寄存器

（1）程序计数器

程序计数器（Program Counter，PC）保存将要执行的指令的字节地址，Intel x86 系列中称为指令指针寄存器（Instruction Pointer，IP）。PC 位宽与主存地址总线位宽相同。CPU 取指令时，会利用 PC 的内容作为地址访问主存，并将从主存取出的指令字送入指令寄存器中，然后还需要修改 PC 的值以形成下一条指令的地址。当程序顺序执行时，PC 的新值等于 PC 值加上当前指令的字节长度，可以通过简单的加法器实现。注意变长指令系统中指令的字节长度需要指令译码后才能确定；当程序出现分支跳转时，用分支指令提供的分支地址修改 PC 的值，形成跳转后的新指令地址。

（2）存储器地址寄存器

存储器地址寄存器（Memory Address Register，AR）也可简称为**地址寄存器**，在 CPU 中 AR 通常用来保存 CPU 访问主存的单元地址，无论 CPU 是取指令还是存取数据，都必须先将要访问地址送入 AR，直到读写操作完成。AR 位宽和主存地址总线位宽相同。注意 AR 并不是必需的，部分计算机中可直接将访存地址加载在地址总线上实现访存。

（3）存储器数据寄存器

存储器数据寄存器（Memory Data Register，DR）也可简称为**数据寄存器**，在 CPU 中 DR 用于存放从主存中读出的数据或准备写入主存的数据，其数据位宽与存储字长相同。作为 CPU 和主存之间的缓冲寄存器也可用于存放运算器 ALU 的操作数、运算结果或中间结果，以减少访问主存的次数，具体见图 6.1 中 DR 与 ALU 输入输出端之间的通路。同样，DR 作为存储器的访问接口也不是必需的，具体与 CPU 结构有关。

（4）指令寄存器

指令寄存器（Instruction Register，IR）用于保存当前正在执行的指令。从主存中取出的指令字存放在 IR 中，其位宽和指令字相同。指令字由指令译码器（ID）翻译成若干个指令译码信号（每一个指令译码信号表示一条不同的指令，同一时刻只有一个信号有效）。指令字中的地址码部分由地址生成逻辑对寻址方式进行译码并生成目标地址或数据，根据寻址方式的不同将目标地址送入程序计数器 PC、地址寄存器 AR 或运算部件。有的计算机将指令寻址方式暗含在操作码字段中，有的计算机将操作码和地址码一并送入指令译码器，有的计算机将操作码和地址码一并送入地址生成逻辑，以决定地址码的作用。操作控制器根据指令译码信号生成最终的控制信号序列控制各功能部件进行相应动作。

（5）通用寄存器组

通用寄存器组（General Registers，GR）是指运算器内部的若干寄存器，又称**寄存器堆**；通用的含义是指这些寄存器的功能有多种用途，可作为 ALU 的累加器、变址寄存器、基址寄存器、地址指针、数据缓冲器，用于存放操作数、中间结果以及各种地址信息等。在 Intel x86 指令集中这些寄存器为 EAX、EBX……EDX 等，在 MIPS 32 指令集中这些寄存器为 $0 ～ $31，这些寄存器都对程序员可见，每个寄存器均有对应的地址编号，寄存器地址由指令字中的地址码部分提供。

增加通用寄存器的数量，既可减少访问主存的次数，从而提高 CPU 的处理效率，又可以方便汇编编程以及编译器生成代码。

（6）程序状态字寄存器

程序状态字寄存器（Program Status Word/Register，PSW/PSR）用于保存由算术运算指令、逻辑运算指令、测试指令等建立的各种条件标志。常见的状态信息包括进位标志（C）、溢出标志（V）、结果为负数标志（S）及结果为零标志（Z）等，通常条件分支指令利用 PSW 的值实现分支条件。另外程序状态字寄存器还可用于保存中断和系统工作的状态信息，以便 CPU 能及时了解计算机运行的状态，从而便于控制程序。不同类型的计算机可能设置不同的条件标志位和状态信息。Intel x86 指令集中状态寄存器为 EFLAGS，MIPS 指令集中没有状态寄存器，所以其条件分支指令与 x86 指令有较大区别。

CPU 中的寄存器的具体设置与指令集以及具体实现方式有较大关系，其中 AR、DR、IR 寄存器并不是必需的，另外运算器内部的通用寄存器组 GR 和程序状态字寄存器 PSW 属于用户可见存储器，在汇编编程时可以直接使用。其他寄存器为控制器内部使用，用于控制指令的执行。

2. 操作控制器

操作控制器接收指令译码器（ID）送来的指令译码信息，与时序信号、条件及状态信息进行组合，形成各种具有严格时间先后顺序的操作控制信号（即微操作控制信号序列），并连接到计算机各功能部件的控制端，控制相应部件按指令的功能依序进行动作，从而实现指令的功能。

CPU 执行指令的过程就是 CPU 控制信息流的过程，操作控制器是控制的决策机构，其产生的微操作控制信号序列就是**控制流**。信息流的控制就是将操作控制器生成的微操作控制信号序列送到各功能部件的控制门、多路选择器、触发器或锁存器处，依时间先后顺序打开或关闭某些特定的门电路，使数据信息按完成指令功能需要经过的路径——数据通路从一个功能部件传送到另一个功能部件，实现对数据加工处理的控制。

3. 时序产生器

指令执行过程中的所有操作都必须按照一定的次序执行，各操作在什么时刻执行、执行多长时间都有严格的规定，不能有任何差错。例如，执行加法指令时，必须先将操作数送到 ALU 的输入端，然后给出 ALU 执行加法的运算选择控制信号，待加法操作完成后，才能将结果送往目的地。不仅对执行的先后次序有规定，而且对什么时刻送操作数、什么时刻执行加法操作、什么时刻送出结果也有规定。因此需要引入时序的概念，也就是要对完成指令而执行的微操作控制信号进行时间调制，严格规定各信号的产生时间和持续时间。

根据时序调制方法的不同，操作控制器分为**硬布线控制器**和**微程序控制器**两种。前者采用时序逻辑技术实现，依照“数字逻辑”课程中的同步时序电路设计方法进行设计，是一种硬时序；后者采用程序存储逻辑技术实现，是一种软时序。本章将分别介绍这两种控制器的工作原理和设计方法。

6.2　指令周期

6.2.1　指令执行的一般流程

计算机工作的过程就是运行程序的过程，控制器依据事先编制好并存放在主存中的程序控制各功能部件协调工作。计算机运行程序的过程，实质上就是由控制器根据程序对应的机器指令序列逐条执行指令的过程。CPU 上电复位后即开始不断地进行取指令、执行指令的“死循环”，控制器执行指令的一般流程如图 6.2 所示。

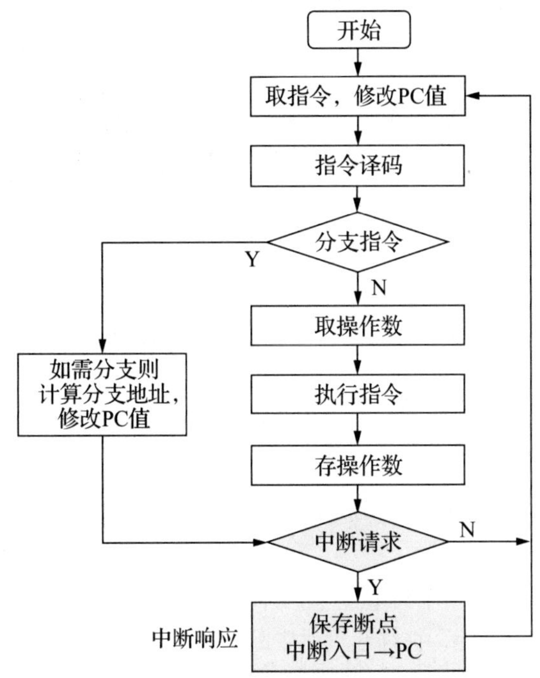

图 6.2　指令执行的一般流程

指令执行时，首先是以 PC 为地址访问主存取指令，同时更新 PC 的值作为后续顺序指令的地址。通常指令译码会根据指令功能进入不同的执行路径，这里仅仅区分了分支指令和其他指令，如果是分支指令且满足分支条件，则只需重新修改 PC 的值作为分支目标地址即可。对于其他指令可能要经历取操作数、执行指令、存操作数的基本过程。指令执行完毕后还需要进行中断请求判断，如果不存在中断请求，直接进入取指令、执行指令的循环。如果控制器检测到中断请求，处理器就会进入中断响应阶段，此时需要关中断、保存断点、修改 PC 值作为中断服务程序入口地址，然后转去执行中断服务程序。关于中断技术的细节请参考 6.7 节，这里暂时可以跳过。

6.2.2　指令周期的基本概念

通常将一条指令从取出到执行完成所需要的时间称为指令周期。由图 6.2 可知，指令执行流程还可进一步分为几个不同周期（时间段），最简单的办法是将指令周期分为取指周期和执行周期两个阶段。当然也可以进一步细分，一种典型的划分方法是将指令周期划分为取指周期、译码／取操作数周期、执行周期和写回周期（存操作数）等几个阶段。在指令周期的不同阶段需要完成不同的任务。

指令周期

1. 取指周期

取指周期中，CPU 以 PC 的内容为地址从主存取出指令，并计算后续指令的地址。顺序执行指令时，PC 新值为 PC 加当前指令的字节长度；当出现程序分支时，需要根据寻址方式、分支条件、分支目标地址等内容计算得到。需要注意的是，对于变长指令，需要经过指令译码得到指令实际字节长度后才能计算并修改 PC 的值。

2. 译码／取操作数周期

译码 / 取操作数周期中，对指令寄存器中的指令字进行指令译码，识别指令类型，注意也有部分实现中将译码阶段划分到取指周期中。根据指令地址码生成操作数有效地址，然后访问相应的寄存器或主存单元。操作数有效地址的形成由寻址方式确定，寻址方式不同，计算有效地址的方式和过程不同，提供操作数的途径不同，所需的时间也不相同。对于间接寻址，甚至还需要加入访存周期才能得到操作数的地址，这个访存周期又称为**间址周期**。因此，不同寻址方式的取操作数周期时间可能不同。如果指令涉及两个源操作数，且不能并行读取操作数，取操作数周期需要经历两次。

3. 执行周期

控制器向运算器 ALU 及数据通路中的其他相关部件发送操作控制命令，对已取出的操作数进行加工处理，并将处理的状态信息记录到程序状态寄存器 PSW 中。当程序出现分支时，在执行周期内还要计算分支的目标地址。指令的操作类型不同，执行周期的时间也可能不相同。例如，访存指令与不访存指令的执行周期不相同，加法指令与乘法指令的执行周期亦不相同。

4. 写回周期

写回周期将运算结果写回到目的寄存器或存储器中，将运算结果写回存储器时，该过程时间较长，可能需要多个时钟周期。

以上指令周期的划分只是一个典型例子，并不代表所有计算机都是这样进行划分的，另外指令周期除了以上 4 个阶段以外，往往还包括**中断周期**、**总线周期**及 **I/O 周期**。当指令执行完毕后如果出现异常或外部中断请求，CPU 将进入中断响应周期，利用硬件逻辑保存断点，然后将中断处理程序入口地址送入 PC，实现当前程序与中断处理程序的切换。总线周期用于完成总线操作及总线控制权的转移，而 I/O 周期用于完成输入输出操作。

由于指令操作功能以及寻址方式的不同，不同指令的指令周期长度不同，为了便于同步，可进一步将指令周期划分成若干个**机器周期**（又称 **CPU 周期**）。通常将从主存取出一个存储字所需的最短时间定义为机器周期，而每个机器周期又可包含若干个时钟周期，如图 6.3 所示。

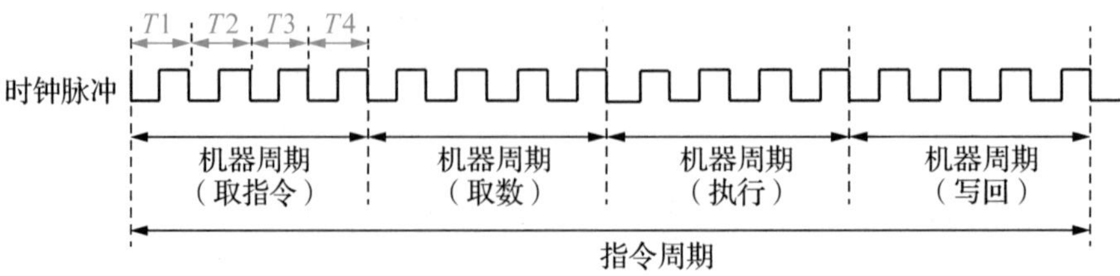

图 6.3 指令周期、机器周期与时钟周期的关系

注意指令周期的机器周期数以及每个机器周期所包含的时钟周期数并不一定是固定的，和具体实现有关，通常分为定长指令周期和变长指令周期两种。定长指令周期中所有指令的指令周期相同、机器周期数固定，机器周期所包含的节拍数也是固定的，如早期的三级时序系统。现代计算机普遍采用以时钟信号进行定时的变长指令周期，不同指令的机器周期数可变，按时钟周期同步，一条指令的执行需要多少个时钟周期就安排多少个时钟周期，机器周期的概念也逐渐消失。关于时序同步的详细内容将在 6.4 节“时序与控制”中详细介绍。

6.2.3　寄存器传送语言

为了便于统一表示指令执行流程，本书用寄存器传送语言（Register Transfer Language，RTL）来表示指令执行过程中的操作。每条指令的执行过程都可以分解为一组操作序列，进而可分解为一组微操作序列。其中“操作”是指功能部件级的动作，微操作是指令序列中最基本的、不可再分割的动作。下面以某指令执行过程中的一个子过程为例来介绍操作与微操作之间的关系以及 RTL 描述规则。

假定图 6.4 所示为某指令执行过程中经过的部分路径，要实现的功能是将寄存器 A 中的信息传送到寄存器 B 中，该操作是指令执行过程中一系列操作的一部分。A_{out} 和 B_{in} 是实现这个操作所需要的两个微操作，前者用于控制三态门将 A 输出数据送入 B 寄存器的输入端口，后者用于打开 B 寄存器的写使能控制信号，通过时钟信号的配合最终将数据锁存到 B 中。为了便于描述数据传输的路径，用寄存器传送语言（RTL）描述规则如下。

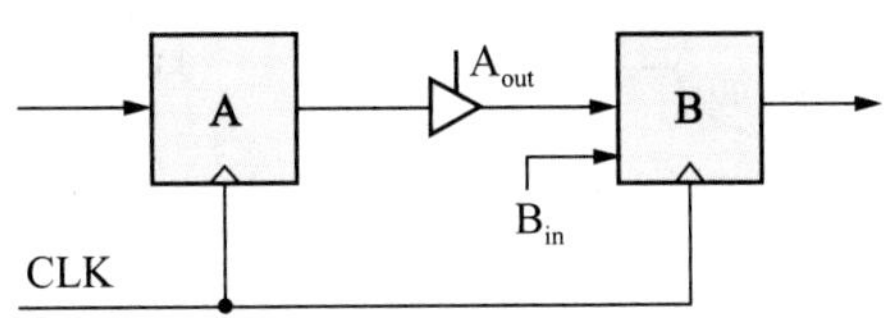

图 6.4　指令执行过程的操作与微操作

（1）M[addr] 表示主存 addr 单元或内容，addr 表示主存单元字节地址，作为源操作数使用时表示内容，作为目的操作数使用时表示内存单元。

（2）R[i] 表示通用寄存器组中第 i 号寄存器或其内容，i 为寄存器编号，作为源操作数使用时表示寄存器内容，作为目的操作数使用时表示寄存器。

（3）用“B ← A”或“A → B”表示数据传送，其中 A 为源操作数，B 为目的操作数。

（4）$X_{y:z}$ 表示寄存器 X 的第 y 位到第 z 位的数据字段。

（5）SignExt(X) 表示将 X 符号扩展到 32 位。

（6）{X, Y} 表示将 X、Y 的比特位连接在一起，如 {10, 11, 011} = 1011011。

根据以上规则，M[R[i]] 表示寄存器组中第 i 号寄存器内容所指的主存单元或内容，是寄存器间接寻址；而 M[PC] 表示 PC 所指向主存单元的内容。

本书将用以上 RTL 描述规则描述指令的执行流程，并详细分析相应的操作和微操作。

6.3　数据通路及指令操作流程

数据在各功能部件之间传送的路径称为数据通路。运算器与各寄存器之间的传送路径就是 CPU 内部的数据通路。数据在数据通路中的传送操作是在控制信号的控制下进行的。数据通路可用总线或专用通路两种方法来构建。不同功能的指令及同一指令在不同指令周期中均可能使用不同的数据通路。数据通路的结构直接影响 CPU 内各种信息的传送路径、指令执行流程、所需要的微操作控制信号及其时序安排、控制器的设计。

6.3.1 数据通路模型与定时

构成数据通路的功能部件根据性质可分成数据处理单元和状态存储单元。数据处理单元由组合逻辑电路构成，其输出只与当前的输入有关，负责对数据进行加工处理，如 ALU、符号扩展单元、译码器等。状态存储单元（状态单元）是指带有存储功能的单元，如存储器和寄存器。状态单元一般包含输入端、写使能控制端、时钟输入端和输出端。数据只有在写使能信号有效且时钟脉冲到来时才能写入状态单元（边沿触发），如果每个时钟脉冲都写入数据，则不需要设置写使能控制端。注意，状态单元输出端一直输出上一个时钟脉冲写入的数据值，不受时钟信号的控制。

CPU 的主要功能是执行指令，控制数据信息的流动，实现数据的存储、处理和传输。而这些都依赖于数据通路的建立，通用数据通路模型可以利用一个数据处理单元连接两个状态单元的方式构成，如图 6.5（a）所示。数据处理单元从前一个状态单元接收数据，经过数据处理单元的处理后将结果送后一个状态单元保存，注意这里两个状态单元采用统一时钟进行同步。这个数据通路还可以简化成图 6.5（b）所示的数据通路模型，其将数据处理单元处理的结果重新传回同一个状态单元中。

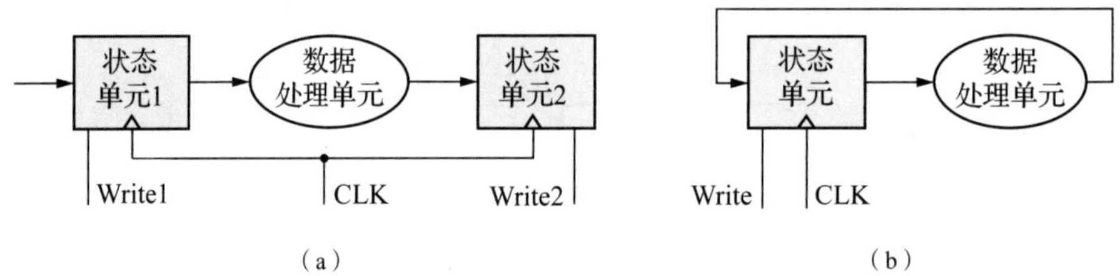

图 6.5 数据通路模型

在图 6.5（a）中，各状态单元只有在写使能信号有效，且时钟触发到来时（假设上跳沿有效）才能将输入端的数据写入。但这个写入过程还必须遵循较为严格的时序约定，才能将状态单元 1 的数据经过数据处理单元处理后正确写入状态单元 2。下面进行详细的时序分析。

假设状态单元 1 和状态单元 2 分别对应寄存器 A 和 B，各自的写使能信号一直有效，由于时钟上跳沿时两寄存器会同时锁存新值，从时钟上跳沿①时刻到寄存器 A 输出稳定的时间称为寄存器延迟 $T_{clk\_to\_q}$，数据处理单元对寄存器 A 的输出数据进行处理加工时有一个关键路径延迟 T_{max}（所有输出信号稳定的延迟）。根据寄存器的时序特性，寄存器 B 要将寄存器 A 经过组合逻辑传递过来的数据正确锁存，在下一个时钟上跳沿到来之前，还需要让输入数据保持一段稳定时间 T_{setup}（寄存器建立时间），另外时钟上跳沿到来之后输入数据还需要一段稳定时间 T_{hold}（寄存器保持时间），如图 6.6 所示。

所以数据通路的最小时钟周期必须大于寄存器延迟 $T_{clk\_to\_q}$ ＋组合逻辑延迟 T_{max} ＋寄存器建立时间 T_{setup}，其中组合逻辑延迟 T_{max} 是关键因素，所以数据通路所能支持的最大频率和组合逻辑的延迟直接相关。在进行 CPU 设计时，应尽可能地缩短数据通路中组合逻辑电路的时间延迟才能提高系统频率。

另外还需要注意的是，数据通路定时过程中还存在寄存器保持时间违例的问题，如图 6.7 所示。当时钟触发②到来时，寄存器 A、B 同时锁存新值，A 寄存器锁存的新值经过寄存器延迟

$T_{clk\_to\_q}$ 及组合逻辑最短路径延迟 T_{min} 后就会到达寄存器 B 的输入端。由于寄存器 B 要正确锁存，时钟上跳沿②之前的输入数据还需要保持一段稳定时间 T_{hold}，因此这里应该满足寄存器保持时间 T_{hold} 小于寄存器延迟 $T_{clk\_to\_q}$ ＋组合逻辑最短路径延迟 T_{min}；否则就是保持时间违例，无法实现数据通路的功能。

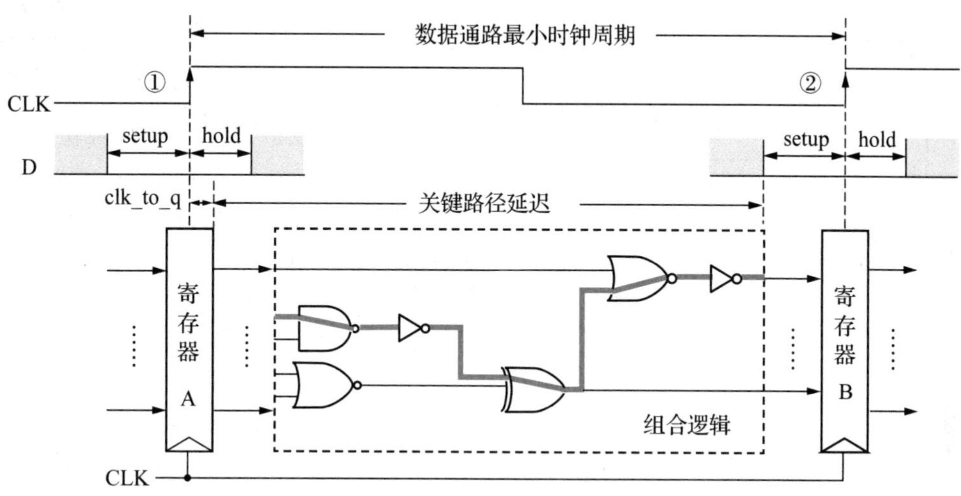

图 6.6　数据通路与时钟周期

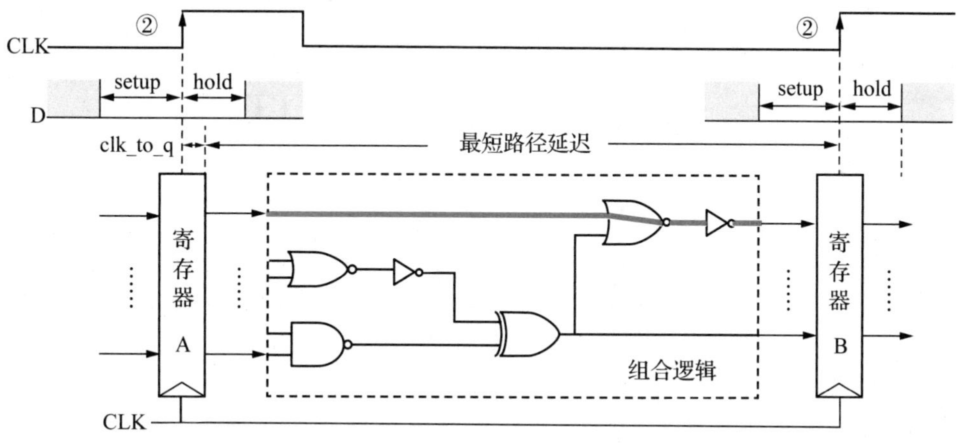

图 6.7　数据通路的保持时间违例

6.3.2　单总线结构的数据通路

单总线结构数据通路

图 6.8 所示是基于单总线结构的计算机框图。图中 CPU 中的运算器、控制器、寄存器堆等核心部件均由一条内部的公共总线连接起来，构成了单总线结构的数据通路。这条内部的公共总线也称为 CPU 内总线，它连接运算器和各类寄存器。将连接 CPU、内存及输入输出设备等部件构成计算机系统的总线称为系统总线或外总线。

由于采用单总线结构，因此图 6.8 中运算器 ALU 采用了两个暂存寄存器 X、Z。其中 X 用于暂存 ALU 的操作数 A，ALU 的另一个操作数 B 来自内总线；Z 用于暂存运算结果。PSW 寄存器为程序状态寄存器，用于存放 ALU 的运算状态标志，暂存状态标志将送入操作控制器。寄存器堆 Regs 包括一组通用寄存器，可对指定编号的寄存器进行读写操作，其中 R# 端口为输出寄存器编号，W# 端口为写入寄存器编号。PC、AR、DR、IR、X、Z 寄存器和寄存器堆 Regs 均直接与内总线相连；另外 AR、DR 寄存器还通过外总线与存储器 MEM 相连；假设图中所有寄存器、存储器的数据位宽均为 32 位，写入操作都受统一时钟控制，上跳沿有效。

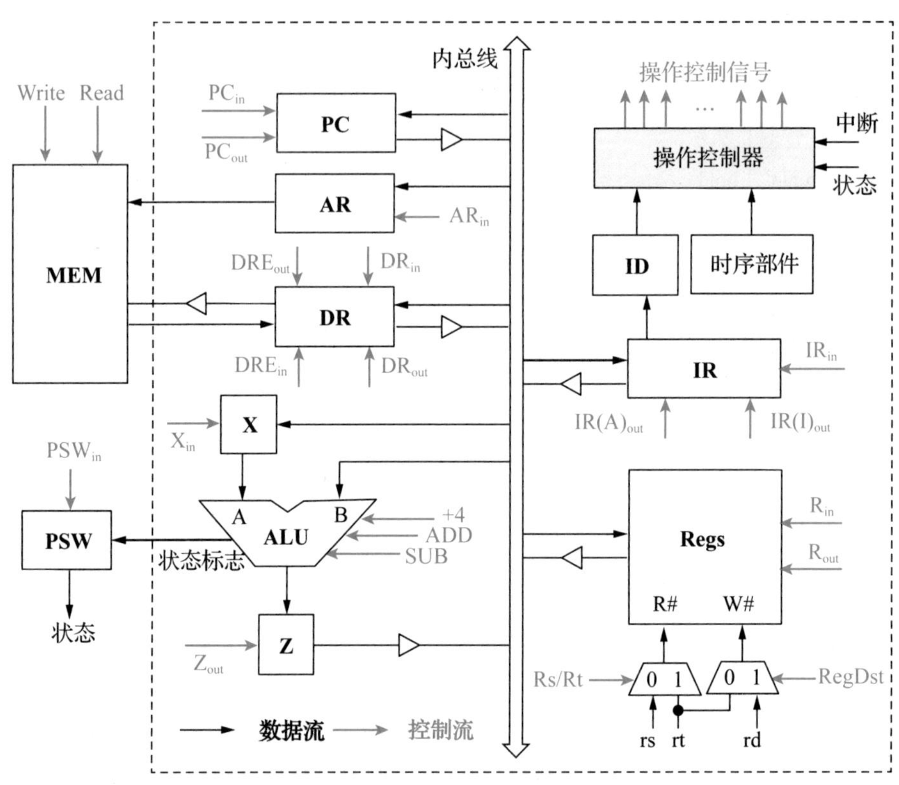

图 6.8　单总线结构的计算机框图

在总线结构中，可同时进行的数据传输数量取决于总线的数量。对单总线结构而言，总线上可以有多个模块同时接收数据，但某一时刻只能有一个模块向总线发送数据，否则会出现数据冲突。因此，连接到总线上的部件都需要进行输出控制，以防止总线上出现数据冲突。为此，图 6.8 中所有向内总线输出的功能部件都采用三态门进行输出控制（图中用三角形空心箭头表示）。图中蓝色标识的控制信号的具体功能与作用如表 6.1 所示。

表 6.1　控制信号及其功能

序号	控制信号	功能说明
1	PC_{in}	控制 PC 接收来自内总线的数据，需配合时钟控制
2	PC_{out}	控制 PC 向内总线输出数据
3	AR_{in}	控制 AR 接收来自内总线的数据，需配合时钟控制
4	DR_{in}	控制 DR 接收来自内总线的数据，需配合时钟控制
5	DR_{out}	控制 DR 向内总线输出数据
6	DRE_{in}	控制 DR 接收从主存读出的数据，需配合时钟控制
7	DRE_{out}	控制 DR 向主存输出数据，以便最后将该数据写入主存
8	X_{in}	控制暂存寄存器 X 接收来自内总线的数据，需配合时钟控制
9	+4	将 ALU A 端口的数据加 4 输出

续表

序号	控制信号	功能说明
10	ADD	控制 ALU 执行加法，实现 A 端口和 B 端口的两数相加
11	SUB	控制 ALU 执行减法运算
12	PSW_{in}	控制状态寄存器 PSW 接收 ALU 的运算状态，需配合时钟控制
13	Z_{out}	控制暂存寄存器 Z 向内总线输出数据，注意寄存器 Z 没有输入控制，每个时钟都会锁存新值
14	IR_{in}	控制 IR 接收来自内总线的指令，需配合时钟控制
15	$IR(A)_{out}$	控制 IR 中的分支目标地址输出到内总线，指令字中的立即数要转换成目标地址，需要相应逻辑
16	$IR(I)_{out}$	控制 IR 中的立即数输出到内部总线，指令字中的立即数符号扩展为 32 位才能输出
17	Write	存储器写命令，需配合时钟控制
18	Read	存储器读命令
19	R_{in}	控制寄存器堆接收来自内总线的数据，写入 W# 端口对应的寄存器中，需配合时钟控制
20	R_{out}	控制寄存器堆输出指定编号 R# 寄存器的数据，该寄存器堆为单端口输出
21	Rs/Rt	控制多路选择器选择送入 R# 的寄存器编号，为 0 时送入指令字中的 rs 字段，为 1 时送入 rt
22	RegDst	控制多路选择器选择送入 W# 的寄存器编号，为 0 时送入指令字中的 rt 字段，为 1 时送入 rd

本章将全部以 MIPS32 指令为例详细介绍不同类型数据通路处理器的指令执行流程。表 6.2 所示为 7 条典型 MIPS32 指令的具体汇编代码形式及功能说明，这样用几条简单的指令就足够编写一个在内存中进行冒泡排序的小程序。下面将分析这几条典型指令在图 6.8 所示的单总线结构计算机中的执行流程和对应的操作控制信号。

表 6.2　典型 MIPS32 指令

序号	指令	汇编代码	指令类型	RTL 功能说明
1	lw	lw rt,imm(rs)	I 型	R[rt] ← M[R[rs] + SignExt(imm)]
2	sw	sw rt,imm(rs)	I 型	M[R[rs] + SignExt(imm)] ← R[rt]
3	beq	beq rs,rt,imm	I 型	if(R[rs] ==R[rt])　　PC ← PC + 4 + SignExt(imm) << 2
4	addi	addi rt,rs,imm	I 型	R[rt] ← R[rs] + SignExt(imm)
5	add	add rd,rs,rt	R 型	R[rd] ← R[rs] + R[rt]
6	slt	slt rd,rs,rt	R 型	R[rd] ← (R[rs] < R[rt])?1:0
7	j	j imm26	J 型	PC ← $\{(PC+4)_{31:28}$,imm26<<2}

根据指令周期的概念，任何指令的第一个机器周期都是取指周期，其功能就是完成取指令，然后进入执行周期。不同指令的执行周期包含的机器周期数与时钟周期数不尽相同，与指令的功能、指令类型、寻址方式等因素有关。

取指周期中 CPU 要完成以下 3 件事。

（1）M[PC] → IR，以 PC 值为地址从存储器中取出指令并送入指令寄存器 IR 中保存（本书假定程序首地址已存放在 PC 中）。

（2）PC+ 指令长度→ PC，计算顺序指令的地址，修改 PC 的值，注意这里的指令长度是当前指令的字节长度，由于 MIPS32 指令集是 32 位定长指令，因此这里应该是 PC+4 → PC；对于不定长指令，修改 PC 动作应该放到指令译码以后。

（3）指令译码，以确定指令在执行阶段将要进行何种操作。

执行周期中 CPU 应根据取指令阶段对操作码的译码或测试，进行指令所要求的操作，不同功能的指令具有不同的操作。

1. lw 指令的执行流程

lw 指令的功能是从主存读取一个 32 位的存储器字，汇编代码为 lw rt, imm (rs)，具体指令格式如图 6.9 所示。访存地址为 rs 字段对应的寄存器加 16 位有符号立即数 imm，这是典型的变址寻址，lw 从对应的主存单元取出 4 个字节送入 rt 寄存器中保存。由于寄存器位宽为 32 位，因此首先需要将 16 位立即数 imm 的符号扩展为 32 位才能送入 ALU 中计算访存地址。为了简化表示，图 6.8 中只是简单地利用 $IR(I)_{out}$ 信号控制立即数输出到内总线来表示这一扩展过程，相关硬件逻辑此处省略。

31～26	25～21	20～16	15～0
OP=35	rs	rt	imm

图 6.9　lw 指令格式

lw 指令执行共需要 3 个机器周期，第一个机器周期为取指周期 M_{if}；第二个机器周期为计算周期 M_{cal}，用于计算访存地址；第三个机器周期为执行周期 M_{ex}，用于实现存储器读取。完成 lw 指令操作流程及控制信号如表 6.3 所示。

表 6.3　lw 指令操作流程及控制信号

周期	节拍	操作	功能说明	控制信号
取指 M_{if}	T_1	PC → AR；PC → X	将程序计数器 PC 内容送入 AR，同时送入暂存器 X	$PC_{out}=AR_{in}=X_{in}=1$
	T_2	X+4 → Z	将 PC 值加 4 并送入暂存器 Z	+4=1
	T_3	Z → PC；M[AR]→DR	将暂存器 Z 内容回送到 PC 同时读 AR 内容对应主存单元的值并送入 DR	$Z_{out}=PC_{in}=1$ $Read=DRE_{in}=1$
	T_4	DR → IR	将 DR 内容送入 IR，完成取指令	$DR_{out}=IR_{in}=1$
计算 M_{cal}	T_1	R[rs] → X	将 rs 寄存器内容送入暂存器 X，准备计算访存地址	$R_{out}=X_{in}=1$
	T_2	IR(I)+X → Z	将 IR 中的立即数符号扩展为 32 位并送入 ALU 做加法运算	$IR(I)_{out}=ADD=1$
执行 M_{ex}	T_1	Z → AR	将 Z 中暂存的访存地址送入 AR	$Z_{out}=AR_{in}=1$
	T_2	M[AR] → DR	读 AR 内容对应主存单元的值并送入 DR	$Read=DRE_{in}=1$
	T_3	DR → R[rt]	将 DR 内容送入寄存器 rt	$DR_{out}=R_{in}=1$

注意表中的控制信号仅给出非零值的信号，未给出的信号值为零。从表中可以看出，lw 指令的 3 个机器周期使用了不同的数据通路。

（1）取指周期 M_{if} 使用的两条数据通路如下。

PC → AR → MEM → DR → IR：以 PC 为地址访存及取指令并送入指令寄存器 IR。

PC → X → ALU → Z → PC：修改 PC 的值，为取下一条指令做准备。

（2）计算周期 M_{cal} 使用的数据通路如下。

R[rs] → X → ALU；IR(I) → ALU → Z：计算访存地址 R[rs]+imm 并送入暂存器 Z，其中：IR(I) 为指令字中的 16 位立即数符号扩展为 32 位的数值。

（3）执行周期 M_{ex} 使用的数据通路如下。

Z → AR → MEM → DR → R[rt]：从主存中取 32 位存储字并送入 rt。

需要注意的是取指周期 T3 节拍 M[AR] → DR 的操作也可以放在 T2 节拍，两者功能等价。另外，计算周期中暂存器 X 暂存 rs 寄存器的值和符号扩展后立即数的值都是可行的，本章全部统一为暂存寄存器的值。

2. sw 指令的执行流程

sw 指令的功能是在主存中写入一个 32 位的存储器字，汇编代码为 sw rt,imm(rs)，具体指令格式如图 6.10 所示。和 lw 指令一样，其访存地址也是 rs 寄存器加 16 位有符号立即数 imm，sw 指令将 rt 寄存器的值写入该地址对应的主存单元。

31～26	25～21	20～16	15～0
OP=43	rs	rt	imm

图 6.10 sw 指令格式

sw 指令执行也需要 3 个机器周期，第一个机器周期为取指周期 M_{if}；第二个机器周期为计算周期 M_{cal}，用于计算访存地址；第三个机器周期为执行周期 M_{ex}，用于实现存储器写入动作。sw 指令操作流程及控制信号如表 6.4 所示。

表 6.4 sw 指令操作流程及控制信号

周期	节拍	操作	功能说明	控制信号
取指 M_{if}	T_1	PC → AR；PC → X	将程序计数器 PC 内容送入 AR，同时送入暂存器 X	$PC_{out}=AR_{in}=X_{in}=1$
	T_2	X+4 → Z	将 PC 值加 4 并送入暂存器 Z	+4=1
	T_3	Z → PC；M[AR] → DR	将暂存器 Z 内容回送到 PC 同时读 AR 内容对应主存单元的值并送入 DR	$Z_{out}=PC_{in}=1$ $Read=DRE_{in}=1$
	T_4	DR → IR	将 DR 内容送入 IR，完成取指令	$DR_{out}=IR_{in}=1$
计算 M_{cal}	T_1	R[rs] → X	将 rs 寄存器内容送入暂存器 X，准备计算访存地址	$R_{out}=X_{in}=1$
	T_2	IR(I)+X → Z	将 IR 中的立即数符号扩展成 32 位并送入 ALU 做加法运算	$IR(I)_{out}=ADD=1$
执行 M_{ex}	T_1	Z → AR	将 Z 中暂存的访存地址送入 AR	$Z_{out}=AR_{in}=1$
	T_2	R[rt] → DR	将 rt 寄存器内容送入 DR	$R_{out}=Rs/Rt=DR_{in}=1$
	T_3	DR → M[AR]	将 DR 内容写入 AR 内容所指的主存单元	$DRE_{out}=Write=1$

sw 指令的前两个机器周期使用的数据通路与 lw 指令相同，第三个机器周期使用的数据通路如下。

Z → AR；R[rt] → DR → MEM：将 rt 内容写入主存单元中。

3. beq 指令的执行流程

beq 指令是条件分支指令，汇编代码为 beq rs,rt,imm，具体指令格式如图 6.11 所示。beq 指令的功能是比较寄存器 rs 和 rt 的值，如果相等则进行分支跳转。imm 的值表示分支目标地址相对下一条指令也就是 PC+4 的指令条数，所以计算分支目标地址时应该将 PC 的值（取指令阶段已更新为 PC+4）与 imm 符号扩展为 32 位再左移两位后的值相加，这里左移两位的目的是计算字节偏移量。同样为了简化描述，这里立即数符号扩展然后左移两位的过程在图 6.8 中只是简单地利用 $IR(A)_{out}$ 信号控制立即数输出到内总线表示，相关硬件逻辑此处省略。

31～26	25～21	20～16	15～0
OP=4	rs	rt	imm

图 6.11 beq 指令格式

beq 指令执行共需要 3 个机器周期，第一个机器周期为取指周期 M_{if}；第二个机器周期为计算周期 M_{cal}，用于比较两寄存器的值并产生用于条件分支的标志位；第三个机器周期为执行周期 M_{ex}，负责计算分支目标地址，并根据计算周期生成的标志位决定是否进行分支跳转。由于所有指令的取指周期数据通路完全相同，因此从本条指令开始，将不再列出取指令周期的控制信号。beq 指令执行周期操作流程及控制信号如表 6.5 所示。

表 6.5　beq 指令操作流程及控制信号

周期	节拍	操作	功能说明	控制信号
计算 M_{cal}	T_1	R[rs] → X	将 rs 寄存器内容送入暂存器 X，准备进行比较	$R_{out}=X_{in}=1$
	T_2	X−R[rt] → PSW	将 rt 寄存器内容送入 ALU 做减法，可产生结果为零的标志位。本书中由 ALU 自动生成 equal 标志并送入 PSW，所以不用关心 ALU 进行何种运算	R_{out}=Rs/Rt=SUB=PSW_{in}=1
执行 M_{ex}	T_1	PC → X	将 PC 内容送入暂存器 X	$PC_{out}=X_{in}=1$
	T_2	IR(A)+X → Z	将 IR 中的立即数符号扩展为 32 位后左移两位送入 ALU 做加法，计算出分支目标地址	$IR(A)_{out}$=ADD=1
	T_3	if (PSW.equal) Z → PC	如果 equal 标志位为 1，将分支目标地址送入 PC	Z_{out}=1　PC_{in}=PSW.equal

beq 指令的 3 个机器周期使用的数据通路如下。

（1）取指周期 M_{if} 使用的数据通路与 lw 指令的数据通路相同。

（2）计算周期 M_{cal} 使用的数据通路如下。

R[rs] → X → ALU；R[rt] → ALU → PSW：比较寄存器生成相等标志位送入 PSW；需要注意的是真实 MIPS 处理器中是没有 PSW 寄存器的，在单总线结构中不能同时进行条件判断和分支地址计算，才需要使用 PSW 寄存器暂存比较结果。

（3）执行周期 M_{ex} 使用的数据通路如下。

PC → X → ALU；IR(A) → ALU → Z。

if (PSW.equal)　Z → PC：计算分支地址，根据标志位进行分支。

对于与 beq 指令类似的 bne 指令，其数据通路和 beq 指令基本相同，区别仅在于最后的分支条件，这里不再另行描述。

4. addi 指令的执行流程

addi 指令是立即数加指令，汇编代码为 addi rt,rs,imm，具体指令格式如图 6.12 所示。其主要功能是将 rs 寄存器与立即数相加的结果送入 rt 寄存器。该指令除取指周期外只需要一个机器周期，即将寄存器 rs 的内容送入 X，再将指令字中的立即数符号扩展成 32 位后送入 ALU 进行加法运算，最后将结果送入 rt 寄存器。addi 指令执行周期操作流程及控制信号如表 6.6 所示。

31～26	25～21	20～16	15～0
OP=8	rs	rt	imm

图 6.12　addi 指令格式

表 6.6　addi 指令执行周期操作流程及控制信号

周期	节拍	操作	功能说明	控制信号
执行 M_{ex}	T_1	R[rs] → X	将 rs 寄存器内容送入暂存器，准备进行加法运算	$R_{out}=X_{in}=1$
	T_2	IR(I)+X → Z	将 IR 中的立即数符号扩展成 32 位后送入 ALU 做加法	$IR(I)_{out}=ADD=1$
	T_3	Z → R[rt]	将暂存器 Z 的运算结果送入目的寄存器 rt	$Z_{out}=R_{in}=1$

addi 指令的两个机器周期使用的数据通路如下。

（1）取指周期 M_{if} 使用的数据通路与 lw 指令的数据通路相同。

（2）执行周期 M_{ex} 使用的数据通路如下。

R[rs] → X；IR(I) → ALU → Z → R[rt]：计算 rs 寄存器与立即数的和并送入 rt 寄存器。

与 addi 指令类似的 MIPS 立即数运算指令还有 slti、andi、ori、xori，对应的数据通路和 addi 指令数据通路完全相同，区别仅仅在于最后的运算控制信号不同。

5. add 指令的执行流程

add 指令是 R 型 MIPS 指令，汇编代码为 add rd,rs,rt，具体指令格式如图 6.13 所示。其主要功能是将 rs 寄存器与 rt 寄存器相加的结果送入 rd 寄存器。该指令除取指周期外只需要一个机器周期，即将寄存器 rs 的内容送入 X，再将寄存器 rt 的内容送入 ALU 进行加法运算，最后将结果送入 rd 寄存器。add 指令执行周期操作流程及控制信号如表 6.7 所示。

31～26	25～21	20～16	15～11	10～6	5～0
OP=0	rs	rt	rd	shamt	funct=32

图 6.13　add 指令格式

表 6.7　add 指令执行周期操作流程及控制信号

周期	节拍	操作	功能说明	控制信号
执行 M_{ex}	T_1	R[rs] → X	将 rs 寄存器内容送入暂存器，准备进行加法运算	$R_{out}=X_{in}=1$
	T_2	R[rt]+X → Z	将 rt 寄存器内容送入 ALU 进行加法运算，结果送入 Z	$R_{out}=Rs/Rt=ADD=1$
	T_3	Z → R[rd]	将暂存器 Z 的运算结果送入目的寄存器 rt	$Z_{out}=RegDst=R_{in}=1$

add 指令的两个机器周期使用的数据通路如下。

（1）取指周期 M_{if} 使用的数据通路与 lw 指令的数据通路相同。

（2）执行周期 M_{ex} 使用的数据通路如下。

R[rs] → X → ALU；R[rt] → ALU → Z → R[rd]：计算 rs 与 rt 寄存器的和并送入 rd。

需要注意的是大多数 R 型运算指令如 sub、slt、and、or、nor、xor 指令，它们的数据通路都是完全一样的，区别仅仅在于指令字中的 funct 字段不同，最终 ALU 进行的运算不同而已，这里不再一一描述其他 R 型运算指令的数据通路。

6. 单总线结构性能分析

汇总 5 条不同类型指令在单总线结构数据通路上的执行流程，就可以得到图 6.14 所示的**指令方框图**。图中每个方框代表一个时钟周期，方框中的内容表示数据通路的操作或某种控制操作，所有指令执行完毕后都会进行一些公共的操作，简称公操作。所谓**公操作**也就是所有指令都会进行的操作，通常用于处理外部设备的 I/O 请求，取指令也算公操作。指令执行完毕后应首先判断是否有中断请求。如果在公操作阶段发现有外部设备中断请求，会进入中断响应阶段进行保存断点和载入中断服务程序入口地址到 PC 的动作，否则直接进入下一条指令的取指令阶段。中断的相关内容将在最后一章进行详细论述。

单总线结构计算机的最小时钟周期或时钟频率取决于不同机器周期、不同时钟节拍中最慢的关键路径时间延迟，相比较而言，单总线结构中最慢的数据通路为访存通路 M[AR] → DR 和运算通路 ALU → Z。因此单总线结构计算机的最小时钟周期应为：

$$T_{min\_clk} = T_{clk\_to\_q} + \max(T_{alu}, T_{mem}) + T_{setup} \quad (6\text{-}1)$$

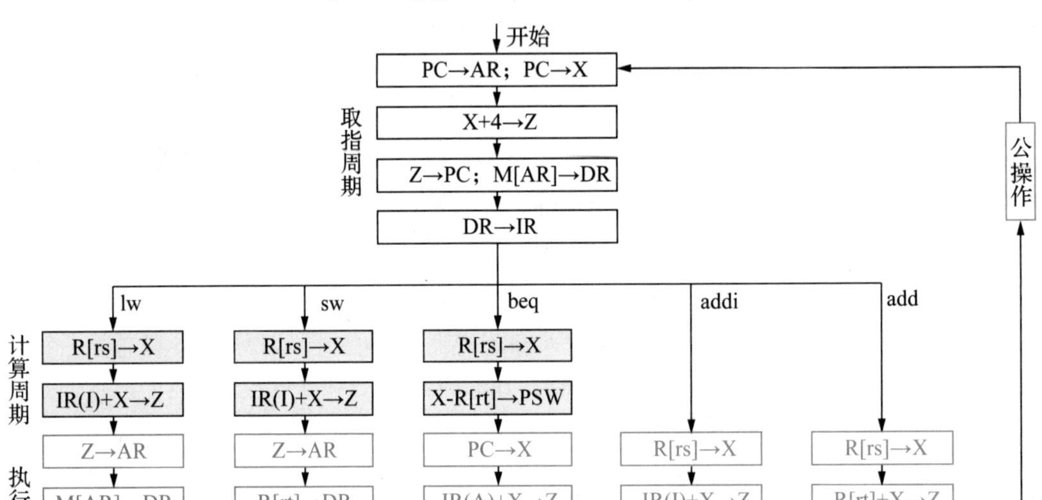

图 6.14　单总线结构数据通路指令方框图

例 6.1　SPECINT2000 基准测试程序包含的取数据、存数据、条件分支指令、跳转指令、R 型算术逻辑运算指令比例分别为 25%、10%、11%、2%、52%。求此基准测试程序在图 6.8 所示的单总线结构计算机上运行的 CPI。假设程序指令数目为 1000 亿条。如果 CPU 采用 65nm CMOS 工艺实现，各功能部件的时间延迟如表 6.8 所示，求该计算机最大时钟频率以及基准测试程序的执行时间。

表 6.8　各功能部件的时间延迟

	参数	延迟	功能部件	参数	延迟
寄存器延迟	$T_{clk\_to\_q}$	30 ps	运算器 ALU	T_{alu}	200 ps
存储器读	T_{mem}	250 ps	多路选择器	T_{mux}	25 ps
寄存器堆读	T_{RF_read}	150 ps	寄存器建立时间	T_{setup}	20 ps

解：CPI 是每条指令 CPI 的加权平均值，根据图 6.14 可知取数据、存数据、条件分支指令、R 型运算指令的 CPI 分别为 9、9、9、7。无条件跳转指令无须计算分支条件，无须计算周期，所以假设时钟周期数为 7，因此测试程序的 CPI 为：

$$CPI = 0.25 \times 9 + 0.1 \times 9 + 0.11 \times 9 + 0.02 \times 7 + 0.52 \times 7 = 7.92$$

根据公式 6-1 以及表 6.8 可知，单总线结构计算机的最小时钟周期为：

$$T_{min\_clk} = 30 + \max(200, 250) + 20 = 300\text{ps}$$

最大时钟频率为：

$$f_{max\_freq} = 1/(300 \times 10^{-12}) = 3.33\text{GHz}$$

故程序执行时间为：

$$T_{total} = \text{指令条数} \times \text{CPI} \times T_{min\_clk} = 1000 \times 10^{8} \times 7.92 \times 300 \times 10^{-12} = 237.6\text{s}$$

单总线结构计算机中由于所有功能部件都需要通过内总线进行数据传递，因此总线成为竞争性资源，为避免总线数据冲突，需要频繁地分时使用总线，直接导致很多操作不能并行，效率较为低下。为此目前计算机中普遍采用专用通路结构的数据通路来提升性能。

6.3.3　专用通路结构的数据通路

采用专用通路的 CPU 中，各寄存器之间或寄存器与 ALU 之间均基于专用的数据传输通路连接，而非基于总线方式共享连接，各通路中的数据可并行传输，控制起来比总线结构 CPU 要简单。本小节将进一步以 MIPS32 指令集为例分析基于专用通路结构的数据通路及指令的执行流程。

1. 数据通路基本功能部件

为便于对基于专用通路结构的数据通路的理解和设计，首先对 MIPS32 指令集数据通路中的常用基本功能部件进行简单介绍。

（1）程序计数器 PC

程序计数器 PC 采用 32 位寄存器实现，输出的是当前指令的字节地址，输入的是下一条指令的地址，顺序执行时 PC=PC+4。注意，如不做特殊说明，后文所有时钟信号都是上跳沿触发，如图 6.15（a）所示。

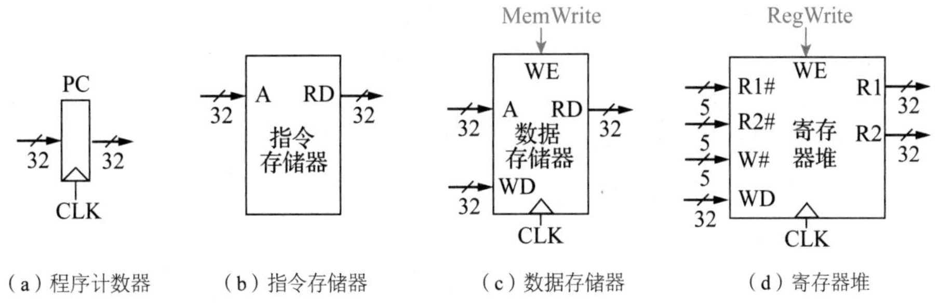

图 6.15　数据通路中的存储部件

（2）指令存储器

指令存储器用于单独存放程序指令，输入为 32 位的字节地址，输出为 32 位的 MIPS 指令字。在实际设计中，指令存储器应该是可写的，例如现代 CPU 中的指令 cache。但为了方便理解、简化设计，这里假定指令存储器是只读存储器 ROM，无读写控制信号，具体如图 6.15（b）所示。

（3）数据存储器

数据存储器可读可写，A 端口为 32 位的地址输入，WE 端口为读写控制信号。WE 为 0 时，数据存储器进行读操作，将 A 端口地址对应存储单元的 32 位数据输出到 RD 端口；WE 为 1 时，数据存储器进行写操作，在时钟上跳沿将 WD 端口的 32 位数据写入 A 端口地址对应的存储单元中，具体如图 6.15（c）所示。为了理解方便，这里数据存储器仅支持 32 位数据访问，实际实现时数据存储器还应支持字节和半字的访问。数据存储器和指令存储器分开，可以使指令的访问和数据的访问同时进行，从而提高计算机的性能，这种结构称为**哈佛结构**，现代处理器中的 cache 模块细分为指令 cache 和数据 cache 就是这样的结构。

（4）寄存器堆

寄存器堆又称寄存器文件（Register File），是 MIPS 处理器中 32 个通用寄存器的集合，CPU 通过一定的接口可以对这些寄存器进行读写访问。图 6.15（d）所示为寄存器堆的逻辑图，在 R1#、R2# 两个输入端口给出两个 5 位的寄存器编号，其内部两个独立的多路选择器就会并发选择对应寄存器的 32 位值并传输到数据输出端口 R1 和 R2，这里寄存器堆读逻辑是组合逻辑。W# 为 5 位写寄存器编号输入端口，WD 为 32 位的写数据端口。当写使能控制信号 WE 为 1，时钟上跳沿到来时，寄存器堆将 WD 端的数据写入编号为 W# 的寄存器中，写入部分需要时钟配合，是时序逻辑电路。

（5）多路选择器

专用通路结构的数据通路较为复杂，很多时候某个功能部件的输入有多个来源，为此需要引入多路选择器（MUX），如图 6.16（a）所示。引入一个多路选择器就会引入一个选择控制信号 sel，多路选择器根据 sel 的值选择一路输入进行输出。如果 sel 位宽为 n 位，则可选择 2^n 路输入。

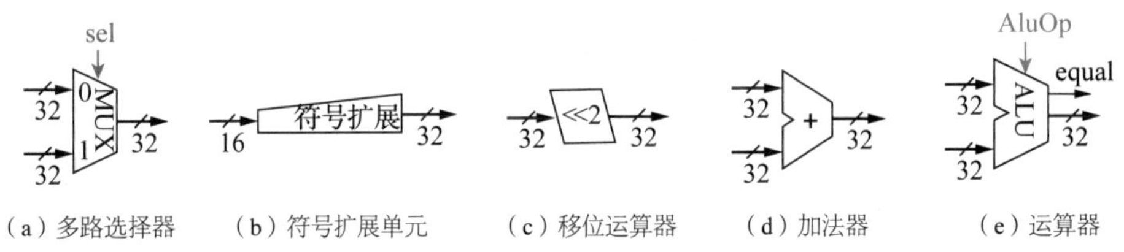

（a）多路选择器　（b）符号扩展单元　（c）移位运算器　（d）加法器　（e）运算器

图 6.16　数据通路中的组合逻辑部件

（6）符号扩展单元

MIPS32 指令集中指令字中的立即数字段为 16 位。符号扩展单元的功能就是将 16 位的立即数符号扩展成 32 位以便运算器进行运算，如图 6.16（b）所示。具体扩展的方法就是将 16 位立即数的最高符号位复制到高位，符号扩展单元是组合逻辑电路。

（7）移位运算器、加法器和 ALU

移位运算器主要用于对立即数进行移位运算。加法器仅完成与地址有关的加法运算，如顺序指令地址 PC+4 和分支目标地址的计算。ALU 只用于实现指令的算术逻辑运算功能。多周期方案中 ALU 可以在不同时间阶段分别完成地址运算和算术逻辑运算，此时 ALU 输入端处应增加多路选择器，用于选择地址或数据送入 ALU，具体的组合逻辑部件如图 6.16 所示。

2. 单周期处理器典型数据通路

最为典型的专用数据通路结构就是单周期 MIPS 处理器，单周期 MIPS 处理器是指所有指令在一个时钟周期内完成的 MIPS 处理器。尽管不同指令的执行时间可能不同，但基于木桶原理，单周期处理器的时钟周期取决于执行速度最慢的指令。由于只能在一个时钟周期内完成指令的取出和执行操作，指令执行过程中数据通路的任何资源都不能被重复使用，都应该是专用的数据通路，需要被多次使用的资源（如加法器）都需要设置多个；取指令和取操作数操作都需要访问存储器，因此将指令和数据分别存放在指令存储器和数据存储器中，以避免资源冲突。这是设计单周期处理器中的数据通路时必须考虑的重要环节。

单周期 MIPS
数据通路

（1）取指令的数据通路

图 6.17 所示为单周期 MIPS 处理器的取指令数据通路，涉及的功能部件包括程序计数器 PC、指令存储器、加法器等。注意这里加法器仅用于计算下一条指令的地址，虽然 CPU 中一定

还有一个算术逻辑运算单元 ALU 也能实现计算下一条指令地址的功能，但由于部分指令执行过程中也要使用 ALU 进行运算，因此为避免资源冲突，这里必须单独设置一个加法器，这个加法器是组合逻辑。

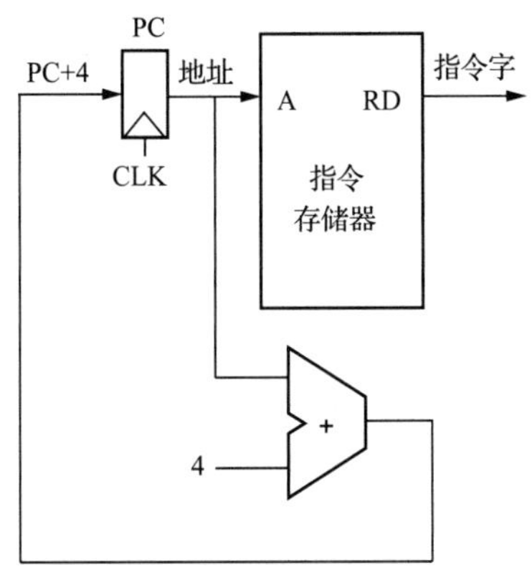

图 6.17 取指令数据通路

在顺序执行方式下，取出指令后将程序计数器 PC 的值加 4，便形成了下一条指令的地址。这里加“4”是因为 32 位 MIPS 计算机中所有指令字长均为 4 字节，每条指令在存储器中占用 4 个字节的存储单元。对单周期处理器而言，每个时钟周期 PC 的值都要被修改一次，因此对 PC 无须设置写使能控制信号，仅由时钟信号控制其写入即可。

（2）R 型运算类指令数据通路

MIPS 中的算术逻辑运算指令属于 R 型指令，下面以加法指令为例。

```
add rd,rs,rt            #RTL 功能描述: R[rs]+R[rt]→R[rd]
```

指令执行过程中涉及的功能部件主要包括寄存器堆和 ALU。其只需将从指令存储器读出的指令字中的源寄存器字段 rs、rt 分别送入寄存器堆的两个读寄存器编号端 R1#、R2#，将目的寄存器字段 rd 送入寄存器堆的写寄存器编号端 W#，将从寄存器堆读出的两个源寄存器的值经 R1、R2 端口输出到运算器；指令字中的 funct 字段决定 AluOp 控制 ALU 进行相应的运算（这里应选择加法），运算结果被送入寄存器堆的写数据端口 WD，时钟上跳沿到来时会将运算结果写入目的寄存器 rd 中，其数据通路图 6.18 所示。

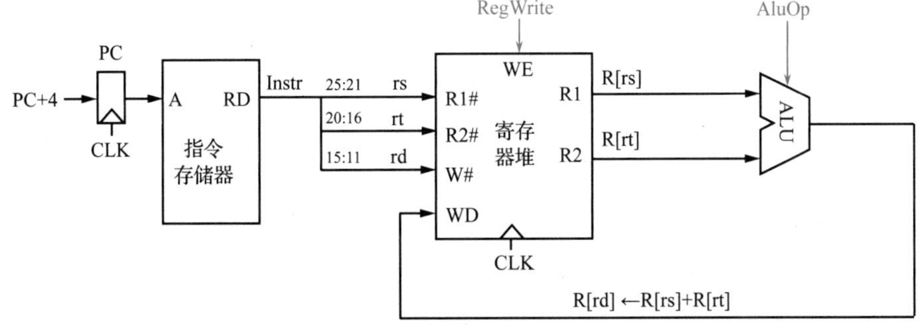

图 6.18 R 型运算类指令的数据通路

由于单周期 MIPS 处理器必须在一个时钟周期内完成指令，因此这里没有设置指令寄存器 IR，而是将指令存储器中取出的指令字直接进行解析，否则仅取指令到 IR 中就需要一个时钟周期。图 6.18 中 RegWrite 是寄存器堆的写使能控制信号，此时应设置为 1，控制数据写回。AluOp 是

ALU 的多位运算选择操作码，用于控制运算器进行何种运算，可由指令字的 funct 字段译码得到。

（3）I 型访存指令数据通路

MIPS 访存指令属于 I 型指令，包括如下取数据和存数据两类，以字访问指令为例。

```
lw rt,imm16(rs)          #RTL 功能描述: M[R[rs]+SignExt(imm16)]→R[rt]
sw rt,imm16(rs)          #RTL 功能描述: R[rt]→M[R[rs]+SignExt(imm16)]
```

lw 访存指令需要使用的操作数包括变址寄存器 rs、目的寄存器 rt 和 16 位地址偏移量 imm16，将指令字中的 rs 字段仍然送入寄存器堆的 R1# 端；将目的寄存器字段 rt 送入寄存器堆的写寄存器编号端 W#；另外要将 16 位立即数 imm16 通过符号扩展单元转换成 32 位后送入 ALU，与变址寄存器 rs 的值相加形成最终的访存地址后读取数据存储器中的数据并送入寄存器堆写数据端口 WD。图 6.19 所示为 lw 指令操作的部分数据通路，其数据通路涉及的功能部件包括指令存储器、寄存器堆、符号扩展单元、ALU、数据存储器等，需要注意的是 lw 指令中 rt 字段变成了目的寄存器。寄存器堆的写使能控制信号 RegWrite 应设置为 1，用于控制数据写回；AluOp 应该设置为加法操作；而数据存储器写使能控制信号 WE 应该为 0，用于控制存储器进行读操作。

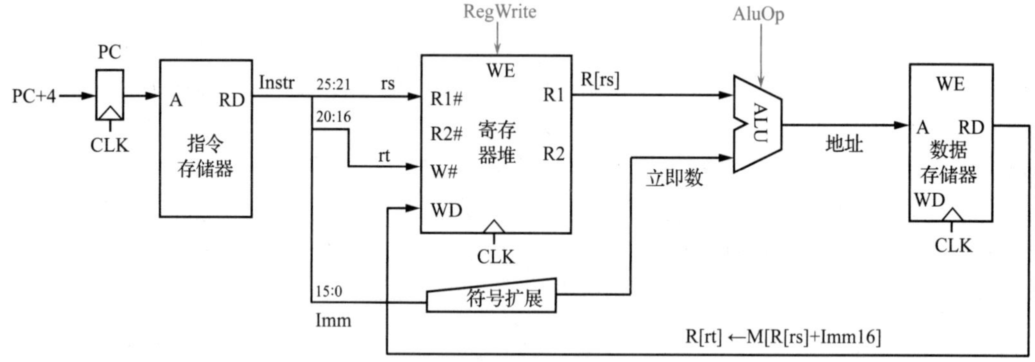

图 6.19　lw 指令数据通路

sw 访存指令需要使用的操作数包括变址寄存器 rs、源寄存器 rt 和 16 位地址偏移量 imm16，将指令字中的 rs、rt 字段分别送入寄存器堆的 R1#、R2# 端；将 16 位立即数通过符号扩展单元转换成 32 位后送入 ALU，与变址寄存器 rs 的值相加后形成最终的主存地址；将从寄存器堆读出的 rt 寄存器的值送入数据存储器写数据端口 WD。图 6.20 所示为 sw 指令的数据通路。寄存器堆不需要写入，所以 RegWrite 设置为 0；AluOp 应设置为加法操作；而数据存储器写使能控制信号 MemWrite 应该为 1，用于控制存储器进行写操作。

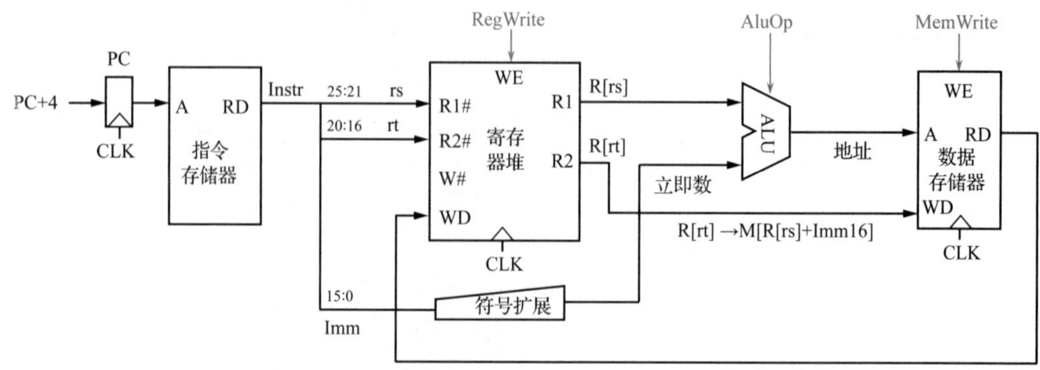

图 6.20　sw 指令数据通路

访存指令数据通路中寄存器堆写寄存器编号端口 W#、写数据端口 WD 的输入来源，ALU 第二个操作数的输入来源与 R 型运算类指令数据通路均不同。为了将不同的数据通路统一到同一个电路中以支持两种不同类型的指令，可在有多个输入来源的端口处增加多路选择器，从而得到图 6.21 所示的混合数据通路。

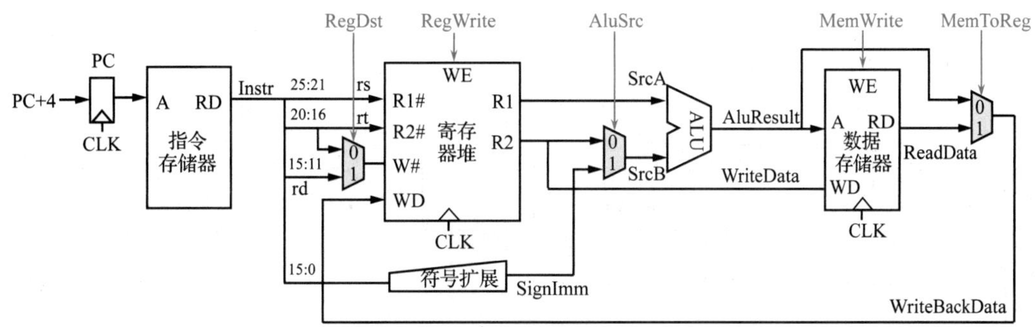

图 6.21　支持 R 型运算指令和访存指令的混合数据通路

每增加一个多路选择器就会额外引入一个控制信号，这里分别增加了 RegDst、AluSrc、MemToReg 三个控制信号。其中 RegDst 用于决定指令字中的 rt、rd 哪个字段作为目的寄存器进行写入；AluSrc 用于从寄存器或立即数扩展值中选择一个操作数送入 ALU；MemToReg 用于从 ALU 的运算结果或主存访问数据中选择一路写回寄存器堆。各控制信号的具体功能可参考表 6.9 中的详细说明，通过设置这些控制信号的值就可以形成适合不同指令的数据通路，这些控制信号都应该由操作控制器根据指令译码自动生成，在 6.5 节将进行更详细的论述。

（4）条件分支指令数据通路

条件分支指令属于 I 型指令，能根据不同的条件进行分支跳转，下面以 beq 指令为例。

```
beq rs,rt,imm16        #RTL 功能描述：if(R[rs]==R[rt]) PC+4+SignExt(imm16)<<2→PC
bne rs,rt,imm16        #RTL 功能描述：if(R[rs]!=R[rt]) PC+4+SignExt(imm16)<<2→PC
```

beq 指令用于比较两个寄存器的值是否相等，若相等则进行分支。指令字中的立即数字段为 16 位有符号数，是分支目标地址与顺序指令地址 PC+4 之间的字偏移，可正可负（既可向后跳转，也可向前跳转）。由于指令长度为 4 字节，因此需要将 16 位立即数符号扩展成 32 位后并左移两位生成 32 位字节偏移量，再加上顺序指令地址 PC+4 才能得到分支目标地址。为了避免资源冲突，这里需要单独设置一个加法器。当比较条件满足时，用分支目标地址修改 PC 的内容，即产生分支跳转；反之将 PC 的值更新为 PC+4，程序顺序执行。这里 PC 输入端也需要增设一个多路选择器，用于选择顺序执行还是跳转执行。

条件分支指令是否发生分支跳转取决于两个操作数的比较情况，为此，条件分支指令数据通路需要同时完成计算分支目标地址和比较寄存器内容的工作。图 6.22 所示为 beq 指令的数据通路。这里 beq 指令会译码生成条件分支指令译码信号 Branch，将其与 ALU 的运算结果标志 equal（两数相等）进行逻辑与后生成分支跳转信号 BranchTaken，BranchTaken 用于选择 PC 的数据来源。如果是 bne 指令，这里成功分支的逻辑还需要进行适当的修改。

（5）无条件分支指令的数据通路

MIPS 中的无条件分支指令属于 J 型指令，以 j 指令为例，其指令格式如图 6.23 所示。

```
j Address        #RTL 功能描述：{(PC+4)31:28, Address<<2}→PC
```

j 指令一定会跳转，其分支目标地址的计算与条件分支指令不同，具体是将顺序指令地址 PC+4 的高 4 位作为高地址部分并与指令字中的 26 位立即数 Address 左移两位得到的 28 位数据进行拼接，生成一个 32 位的无条件转移目标地址。图 6.24 所示为增加了无条件分支指令后的数据通路。注意这里必须在 PC 输入端处新增一个多路选择器，其选择控制信号为无条件分支译码信号 Jump，为 1 时 PC 送入无条件分支目标地址。该信号应该在执行无条件分支指令时由操作控制器自动生成。

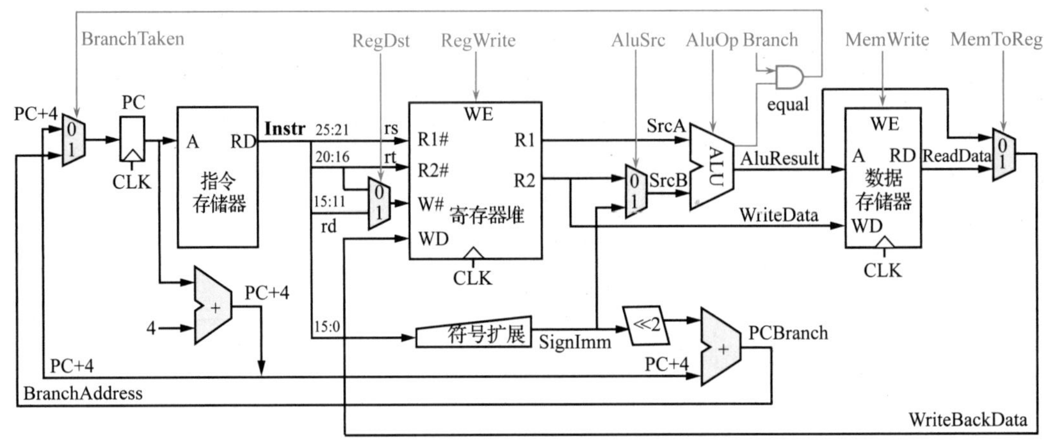

图 6.22　beq 指令数据通路

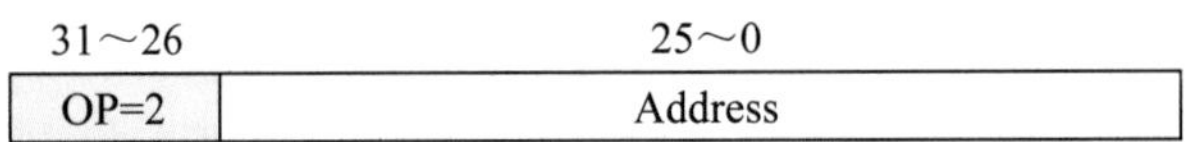

图 6.23　j 指令格式

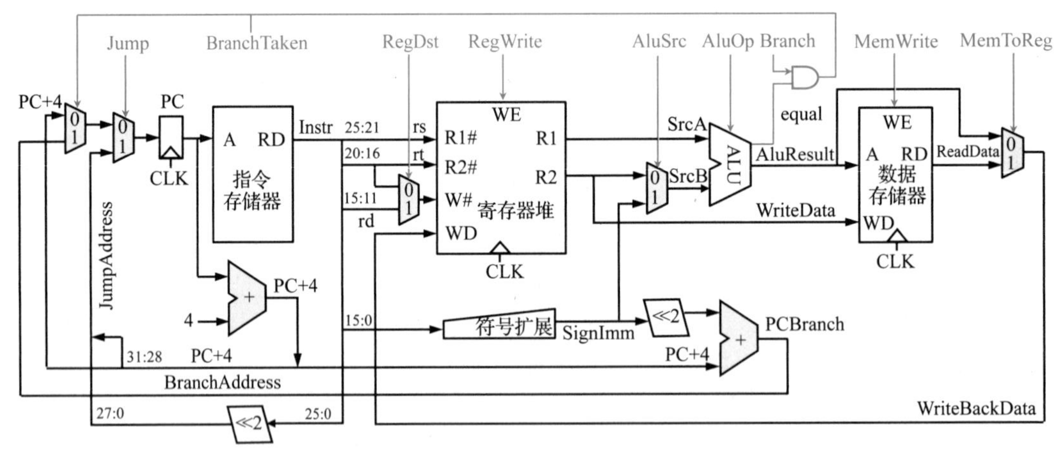

图 6.24　j 指令数据通路

至此我们已经给出了支持 5 类不同的 MIPS 指令的单周期专用数据通路的设计，显然单周期数据通路相比单总线结构的数据通路虽然硬件成本更高，但是控制信号更少，支持的指令种类更多。下面我们将重点介绍生成控制这些数据通路的操作控制信号。

（6）单周期数据通路的操作控制

将各类指令的数据通路合并，并增加必要的控制线路，就可以得到能支持 MIPS32 指令系统子集的完整数据通路。该数据通路中各功能部件的控制信号、多路选择器选择控制信号、指令译码信号都由操作控制器根据指令字译码自动生成。图 6.25 所示为一种基于单周期方案的数据通路高层视图，下面对图 6.25 中的数据通路进行简单说明。

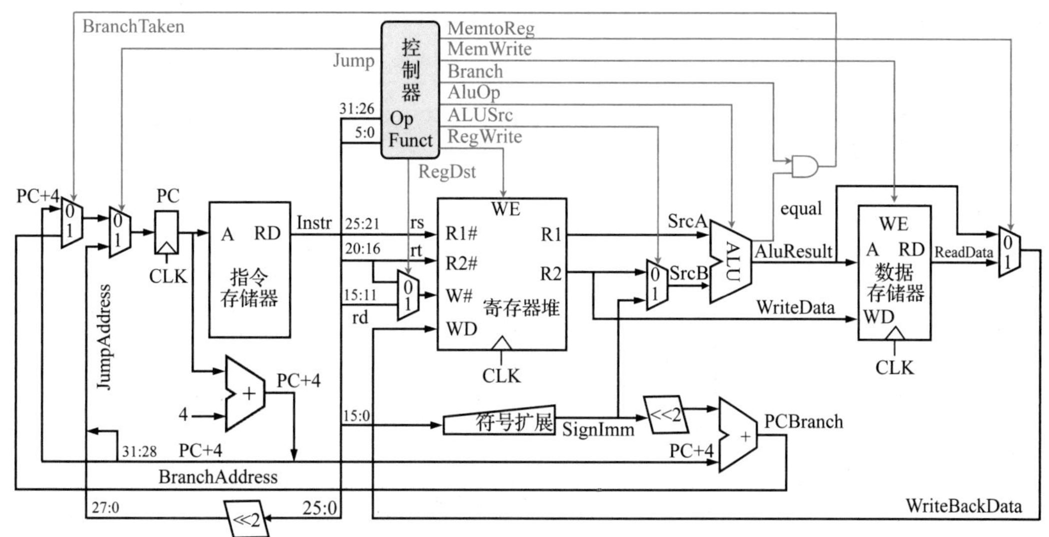

图 6.25　单周期 MIPS 处理器的数据通路高层视图

① PC、寄存器堆、数据存储器受统一时钟控制，上跳沿有效。

② 指令存储器为只读存储器，指令直接从指令存储器中读出，不用设置 IR 寄存器。

③ ALU 采用 3.6.1 小节设计的 ALU，ALU 操作控制端 AluOp 共 4 位（S3 ～ S0），由于单周期 MIPS 处理器中 ALU 只负责与指令主要功能相关的运算，如 R 型运算指令中的运算、条件分支中的条件判断，因此 AluOp 的值应由操作控制器根据指令操作码字段 opcode 以及 funct 字段的值译码产生。

④ 单周期 MIPS 操作控制器是组合逻辑电路，输入为指令字中的 opcode 字段和 funct 字段，输出为执行指令需要的 8 个操作控制信号，相关控制信号的功能如表 6.9 所示。要注意的是对于多路选择控制信号，0 和 1 均表示有效信号，以选择不同的输入作为输出。对其他信号来说（如 RegWrite），1 表示有效，0 表示无效。不同类型控制信号的这些差别在设计控制器时要注意区分，本章将在 6.5 节“硬布线控制器”中介绍控制器的设计。

表 6.9　单周期 MIPS 处理器的控制信号及功能

控制信号	信号分类	功能说明
Jump	指令译码信号	j、jal 等无条件分支指令时生成
Branch	指令译码信号	分支指令译码信号，beq、bne 指令需要产生类似的译码信号
RegDst	多路选择控制	写入目的寄存器的选择，为 1 时写入 rd 寄存器，为 0 时写入 rt 寄存器
AluSrc	多路选择控制	控制 ALU 的第二输入，为 0 时输入 rt 寄存器，为 1 时输入扩展后的立即数
MemToReg	多路选择控制	为 1 时将从数据存储器读出的数据写回寄存器堆，否则将运算结果写回运算器
RegWrite	功能部件控制	控制寄存器堆写操作，为 1 时数据需要写入指定寄存器，受时钟驱动
AluOp	功能部件控制	控制 ALU 进行不同运算，具体取值和位宽与 ALU 的设计有关
MemWrite	功能部件控制	控制数据存储器写操作，为 1 时进行写操作，为 0 时进行读操作，写入受时钟驱动

（7）单周期处理器性能分析

单周期 MIPS 处理器每个时钟周期执行一条指令，CPI=1，看似性能很好，但由于该处理器的时钟周期对所有指令等长，因此只能以执行速度最慢的指令作为设计其时钟周期的依据。前面介绍的几种基本指令中 lw 指令数据通路的关键延迟时间最长，如图 6.26 所示。

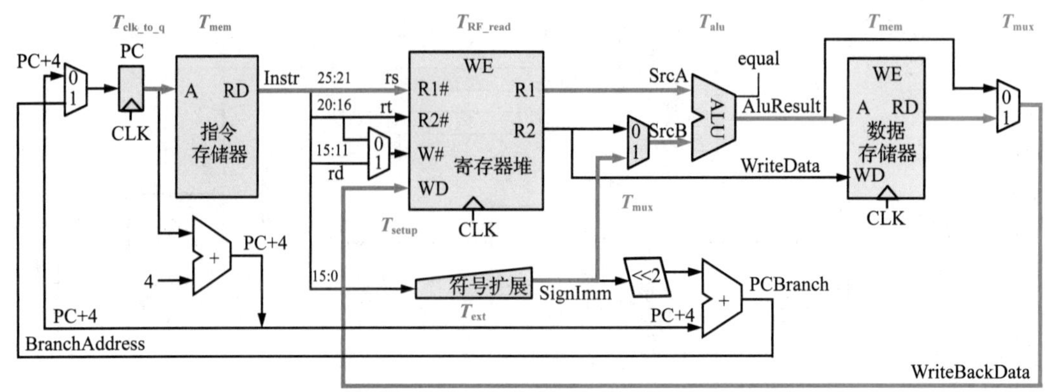

图 6.26　lw 指令数据通路的关键延迟

lw 指令数据通路中主要功能部件的延迟主要包括：程序计数器 PC 的触发器延迟 $T_{clk\_to\_q}$、指令存储器访存延迟 T_{mem}、寄存器堆的读延迟 T_{RF_read}、符号扩展单元延迟 T_{ext}、SrcB 端的多路选择器延迟 T_{mux}、运算器延迟 T_{alu}、数据存储器访存延迟 T_{mem}、数据存储器输出端多路选择器延迟 T_{mux} 以及写入寄存器的寄存器建立时间 T_{setup}。所以单周期 MIPS 处理器最小时钟周期 T_{min_clk} 应该为：

$$T_{min\_clk} = T_{clk\_to\_q} + T_{mem} + \max(T_{RF\_read}, T_{ext} + T_{mux}) + T_{alu} + T_{mem} + T_{mux} + T_{setup} \tag{6-2}$$

通常单周期数据通路中存储器、ALU、寄存器堆的操作比其他操作慢很多，因此上式也可以简化为：

$$T_{min\_clk} = T_{clk\_to\_q} + 2T_{mem} + T_{RF\_read} + T_{alu} + T_{mux} + T_{setup} \tag{6-3}$$

由于大多数其他指令都不需要经历漫长的数据存储器访存延迟 T_{mem}，但为了保证所有指令都能在一个时钟周期内执行完成，时钟周期又不得不与最慢的 lw 指令同步，因此单周期 MIPS 处理器的程序执行效率较低。

例 6.2　求例 6.1 中基准测试程序 SPECINT2000 在单周期 MIPS 处理器上运行的 CPI。假设程序指令数目为 1000 亿条，CPU 采用 65nm CMOS 工艺实现，各功能部件时间延迟如表 6.8 所示，求该计算机最大时钟频率以及基准测试程序的执行时间。

解：根据公式 6-3，单周期 MIPS 处理器的最小时钟周期为：

$$T_{min\_clk} = 30 + 2 \times 250 + 150 + 200 + 25 + 20 = 925\text{ps}$$

最大时钟频率为：

$$f_{max\_freq} = 1/(925 \times 10^{-12}) = 1.08\text{GHz}$$

单周期处理器 CPI=1，因此程序执行时间为：

$$T_{total} = \text{指令条数} \times \text{CPI} \times T_{min\_clk} = 1000 \times 10^{8} \times 925 \times 10^{-12} = 92.5\text{s}$$

单周期 MIPS 处理器的时钟周期为 925ps，远大于单总线结构的 300ps，但是总运行时间 92.5s 却远低于单总线结构的 237.6s；相对共享型的单总线结构，采用专用数据通路结构的单周期 MIPS 处理器具有较大的性能优势。

但是单周期 MIPS 处理器的实现仍然存在 3 个问题：第一是时钟周期长，程序执行效率不高；第二是硬件实现效率不高，为了在 ALU 运算的同时计算指令顺序地址和分支目标地址，增设了两个加法器，而加法器的电路是相对占用芯片晶圆面积较多的电路；第三是指令存储器和数据存储器分离结构与实际存储系统的并不相符。单周期处理器仅仅出现在早期的简单小指令集系统中，现代处理器中已不再采用单周期方式设计处理器，取而代之的是多周期处理器或更高级的指令流水线。指令流水线将在下一章进行详细讲解，这里先介绍多周期处理器。

3. 多周期处理器典型数据通路*

（1）多周期数据通路及控制信号

所谓多周期方式是指根据指令执行所需要的功能操作，将一条指令的执行过程细分为若干个更小的步骤，每个时钟周期执行其中一部分操作，并将操作结果暂存在相关寄存器中，供下一个时钟周期进行处理，直至指令执行完毕。与单周期数据通路不同的是，多周期数据通路中的功能部件单元可在一条指令执行过程的不同时钟周期中被多次使用。这种共享复用方式一方面能提高硬件实现效率，另一方面也对处理器结构提出了与单周期不同的需求。

单总线数据通路本质上就是一种多周期方案，这里再介绍一种由单周期数据通路改造而来的专用通路多周期方案，图6.27所示为多周期处理器数据通路高层视图。

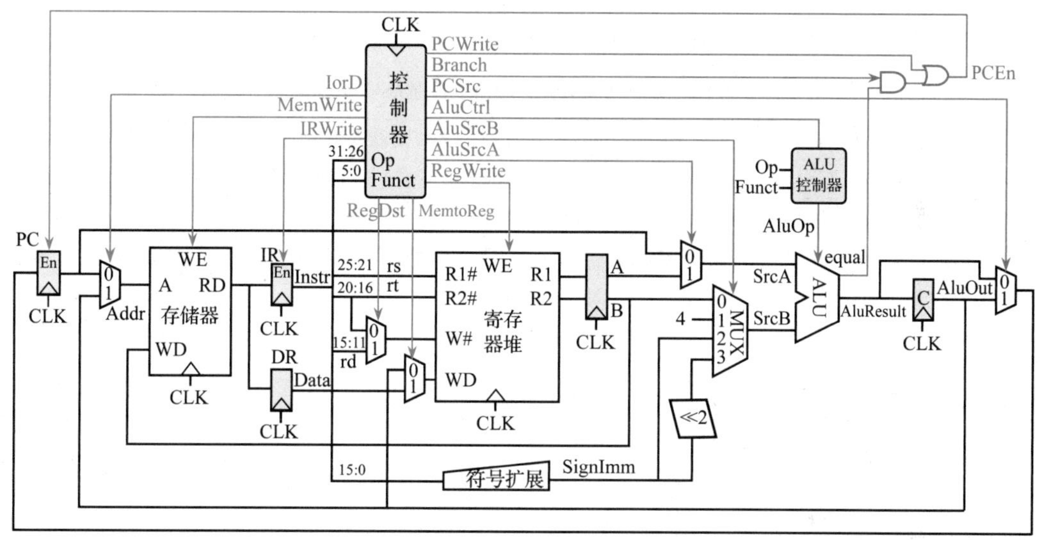

图6.27 多周期MIPS处理器的数据通路高层视图

多周期处理器结构与单周期有如下不同。

① 不再区分指令存储器和数据存储器，指令和数据保存在同一存储器中。

② 部分功能单元，如ALU、寄存器堆可在一条指令执行过程的不同时钟周期中多次使用，不需要额外设置加法器。

③ 主要功能单元输出端都增加了一些附加寄存器，方便暂存当前时钟周期加工处理的数据给后续时钟周期使用。图6.27与图6.25相比，增加了下列部件。

- 在存储器输出端增加了数据寄存器DR，用于暂存从存储器读出的数据。
- 在存储器输出端增加了指令寄存器IR，用于暂存从存储器读出的指令。
- 在寄存器堆的输出端增加了寄存器A和B，用于暂存从寄存器堆中读出的数据。
- 在ALU的输出端增加了寄存器C，用于暂存ALU的运算结果。

寄存器A、B、C、DR均没有设置写使能控制信号，所以每个时钟周期都会锁存新值，而指令寄存器IR的内容只在取指周期内改变，在其他周期内保持不变，因此需要设置专门的控制信号IRwrite来控制其写操作。

④ 程序计数器PC增加了使能端PCEn，由写操作控制信号PCwrite通过一定的逻辑进行控制。

⑤ 增加和扩展了部分多路选择器。在共享部件前增加或扩展了多路选择器，方便对共享部件进行复用，如存储器地址端的多路选择器用于区分是指令地址还是数据地址。新的ALU要承

担单周期两个加法器和一个 ALU 的功能，所以所有参与运算的操作数都应该能输入操作数端。这里 A 操作数端增加了一个多路选择器，用于选择寄存器 A 和 PC 的值。B 端的多路选择器扩展成了四路选择器，增加了两路输入，一个是常数 4，用于计算顺序指令的地址；另一个是指令偏移地址，用于计算分支目标地址。

⑥ 增加了 ALU 控制器，专门负责产生 ALU 的运算选择控制信号 AluOp。单周期 MIPS 处理器中这部分信号是由控制器直接产生的，这里将这部分功能独立出来是为了简化控制器的设计，使得相同类型的指令可以复用指令周期中的状态，具体见 6.5.4 小节中的图 6.46。ALU 控制器输入为指令字中的 opcode、funct 字段。选择控制端为 AluCtrl，为 0 时控制 ALU 做加法，用于分支目标地址、访存地址计算，也可以用于分支条件比较；为 1 时 ALU 的运算由指令字对应的功能决定。

图 6.27 中所有操作控制信号的功能说明如表 6.10 所示。

表 6.10　多周期 MIPS 处理器的控制信号及功能

控制信号	信号分类	功能说明
Branch	指令译码信号	分支指令译码信号，beq、bne 指令需要产生类似的译码信号
RegDst	多路选择控制	写入目的寄存器选择，为 1 时写入 rd 寄存器，为 0 时写入 rt 寄存器
AluSrcA	多路选择控制	控制 ALU 的第一输入，为 0 时输入 PC 值，为 1 时输入寄存器 A 的值
AluSrcB	多路选择控制	控制 ALU 的第二输入，值为 0~3 时分别输入 B 值、常量 4、立即数、偏移地址
AluCtrl	多路选择控制	ALU 控制器选择控制信号，为 0 时控制 ALU 做加法；为 1 时 ALU 的操作由指令功能译码决定，如 R 型指令由 funct 字段决定
MemToReg	多路选择控制	为 0 时写入暂存在 C 寄存器中的 ALU 运算结果，为 1 时写入 DR 寄存器的值
PCSrc	多路选择控制	控制程序计数器 PC 的输入，为 0 时输入 PC+4，为 1 时输入分支目标地址
IorD	多路选择控制	控制存储器地址输入，为 0 时输入指令地址，为 1 时输入寄存器 C 中的数据地址
RegWrite	功能部件控制	控制寄存器堆写操作，为 1 时数据需要写入指定寄存器，受时钟驱动
MemWrite	功能部件控制	控制数据存储器写操作，为 0 时进行读操作，为 1 时进行写操作，写受时钟驱动
PCWrite	功能部件控制	控制程序寄存器写操作，为 1 时有效，写受时钟驱动
IRWrite	功能部件控制	控制指令寄存器写操作，为 1 时有效，受时钟驱动

多周期方案中虽然增加了若干个附加寄存器和多路选择器，但相比单周期方案去掉了硬件资源消耗最大的指令存储器和两个加法器，大大降低了硬件成本。

（2）多周期处理器中指令执行过程分解

在多周期处理器中，一条指令的执行需要多个时钟周期，不同的指令所需的时钟周期数不一定相同。在进行指令执行过程分解之前，先介绍两个相关概念。

① 时钟周期的确定。

时钟周期的确定是设计多周期处理器的关键，时钟周期过长（如单周期处理器中，一个时钟周期等于一条指令的执行时间），则系统的性能不高。通过 6.3.1 小节中对数据通路定时机制的分析可知，时钟周期也不能划分得过短，也就是时钟频率不能过快，否则数据通路的功能不能正确实现。

为便于计算机系统中的并行操作及系统性能的最优化，可先把指令的执行分解成一系列的步骤，然后将这些执行步骤分成若干个等长的时间段，每个时间段就是一个时钟周期的时间。由于在指令执行过程中存储器访问、寄存器堆访问及 ALU 操作等都是相对比较费时的操作，而且这些操作所需要的时间必须一次满足才能完成。因此，指令执行过程分解时，每个时间段内最多只能包含上述 3 个操作中的一个操作，且时钟周期至少应该长于上述 3 个操作中耗时最长的操作所需要的时间。

② 并行操作及控制。

与单总线结构以及单周期数据通路方案相比，基于专用通路结构的多周期 CPU 为指令的执行提供了良好的并行性。从图6.27所示可看出指令译码和从寄存器堆中取数据到暂存到寄存器A、B 的操作可同时执行。尽管并不是所有指令在取指周期后都需要用到暂存器 A、B 中的数据，但即使不用，将数据提前取到 A、B 中也不影响指令的执行，且对后面需要用到 A、B 中数据的指令来说，提前取数可以缩短指令的执行时间。

另外，还可以利用 ALU 提前计算分支目标地址并暂存在寄存器 C 中，即便指令最后未实现分支跳转，这样做对指令的执行也没有影响。如果指令最后实现分支跳转，显然提前计算分支目标地址也有利于缩短条件分支指令的执行时间。

多周期 MIPS 指令周期中包括多个时钟周期，不同类型指令时钟周期数不同，但其中前两个时钟周期对所有指令都是相同的，分别是取指令阶段和指令译码取操作数阶段。

（3）取指令阶段数据通路

多周期 MIPS 指令周期的第一个时钟周期 *T*1 是取指令阶段，共包括两条并发的数据通路，如图 6.28 中粗线所示。

① M[PC] → IR：利用程序计数器 PC 访问指令存储器，并将指令字送入 IR 寄存器中锁存。

② PC+4 → PC：PC 自增，修改为下一条顺序指令的地址。

这两条数据通路没有冲突，可以在一个时钟周期内并发，要形成对应数据通路需要操作控制器设置数据通路所经过的所有功能部件的控制信号和多路选择器的选择控制信号。这里第一条通路需要设置 IorD=0、MemWrite=0、IRWrite=1，第二条通路需要设置 AluCtrl=0、AluSrcA=0、AluSrcB=1、PCSrc=0、PCWrite=1，注意 AluCtrl=0 控制 ALU 做加法，否则 ALU 的运算由指令功能决定，这些控制信号仅在当前时钟周期有效。这里程序计数器 PC 自增功能没有设置单独的加法器，而是复用了唯一的 ALU，节约了硬件开销。

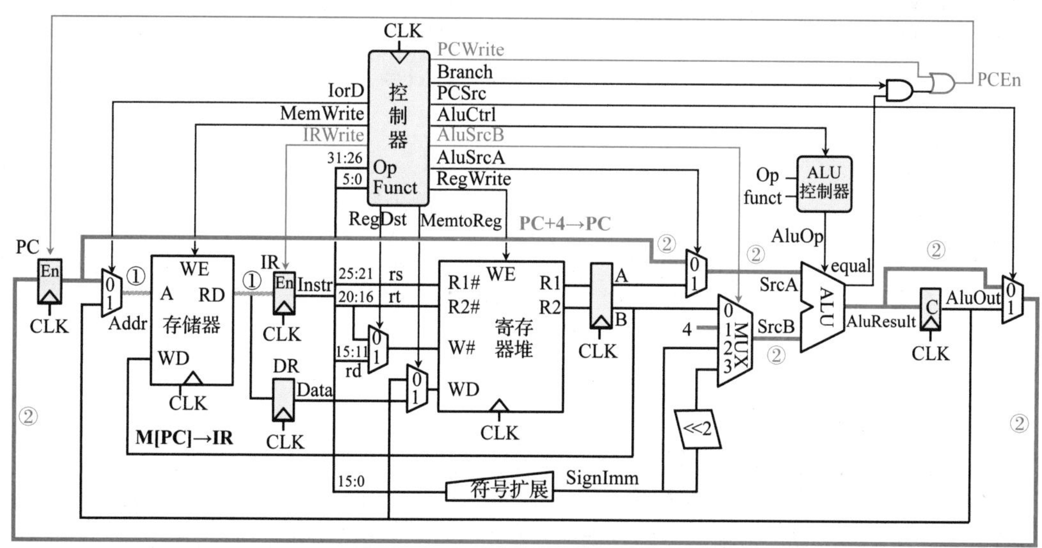

图 6.28　多周期 MIPS 处理器取指令阶段的数据通路

（4）译码 / 取数阶段数据通路

第二个时钟周期 *T*2 是译码 / 取数阶段，其数据通路如图 6.29 中粗线所示。

① 指令译码，操作控制器根据 IR 寄存器中的指令字进行译码，生成指令译码信号。

② R[rs] → A；R[rt] → B：取操作数，将指令寄存器 IR 中的 rs、rt 字段送入寄存器堆读寄存器端入口 R1#、R2#，取出对应寄存器的值并分别送入 A、B 寄存器中暂存，为下一时钟周期指令的执行提供操作数。

③ PC+Imm<<2 → C：提前计算分支目标地址，这里立即数采用符号扩展的方式扩展为 32 位后与 PC 寄存器的值相加，并将结果暂存在 C 寄存器中；如果当前指令为条件分支指令，下一个时钟周期分支目标地址就可以直接从 C 寄存器获得，避免等待；如果是其他指令，这个地址无用。

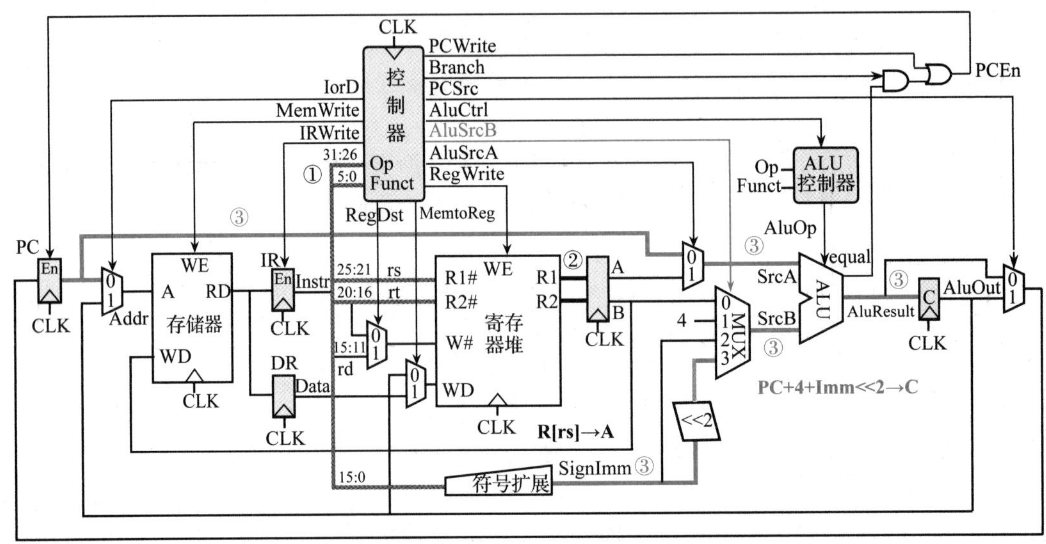

图 6.29　多周期 MIPS 译码取数阶段数据通路

寄存器堆的读操作是组合逻辑，将 IR 指令字中的 rs、rt 字段分别连接到 R1#、R2# 端口，rs、rt 寄存器的值就会经过寄存器堆内部的多路选择器选择输出到 R1、R2 端口。A、B 寄存器的写入操作只受时钟控制，所以该通路不需要设置任何控制信号；计算分支目标地址数据通路需要设置 AluSrcA=0、AluSrcB=3、AluCtrl=0，这里地址计算部分也复用了 ALU 部件，节约了一个加法器的硬件开销。

完成取指令以及译码 / 取数阶段后，指令字锁存在 IR 寄存器中，rs、rt 寄存器的值分别锁存在 A、B 寄存器中，分支目标地址暂存在 C 寄存器中。指令的执行会根据指令译码信号进入不同类型指令的执行阶段，对译码 / 取数阶段准备好的暂存数据 A、B、C 进行进一步的加工处理，从而实现指令的功能。下面主要介绍 R 型算术逻辑运算指令、立即数算术逻辑运算指令、访存指令、条件分支指令执行阶段的数据通路。

（5）R 型算术逻辑运算指令执行阶段的数据通路

MIPS 中算术逻辑运算指令属于 R 型指令，下面以加法指令为例。

```
add rd,rs,rt          #RTL 功能描述: R[rs]+R[rt]→R[rd]
```

R 型算术逻辑运算指令执行阶段需要两个时钟周期，分别对应指令周期中的 $T3$、$T4$，每个时钟周期各对应一条通路，分别是操作数运算和结果写回，具体数据通路如图 6.30 中粗线所示。

① A op B → C：数据运算，对暂存在 A、B 寄存器中的寄存器操作数进行运算，具体执行什么运算由 ALU 控制器根据指令字中的 opcode 以及 funct 字段译码决定，算术加、减、乘、除或逻辑运算皆有可能，所以这里 AluCtrl 应该设置为 1。

② C → R[rd]：结果写回，将运算结果从 C 寄存器写回寄存器堆的 rd 寄存器中。

*T*3 周期对应的数据运算通路需要设置 AluSrcA=1、AluSrcB=0、AluCtrl=1，*T*4 周期的结果写回通路需要设置 RegDst=1、MemToReg=0、RegWrite=1。两条数据通路不能并行的原因是 C 寄存器的存在，ALU 的运算结果存入 C 寄存器需要一个时钟周期，运算结果从 C 寄存器写回寄存器堆需要一个时钟周期。当然也可以直接将 ALU 结果送入寄存器堆写回，但这样数据通路的关键延迟时间过长，会影响时钟周期。

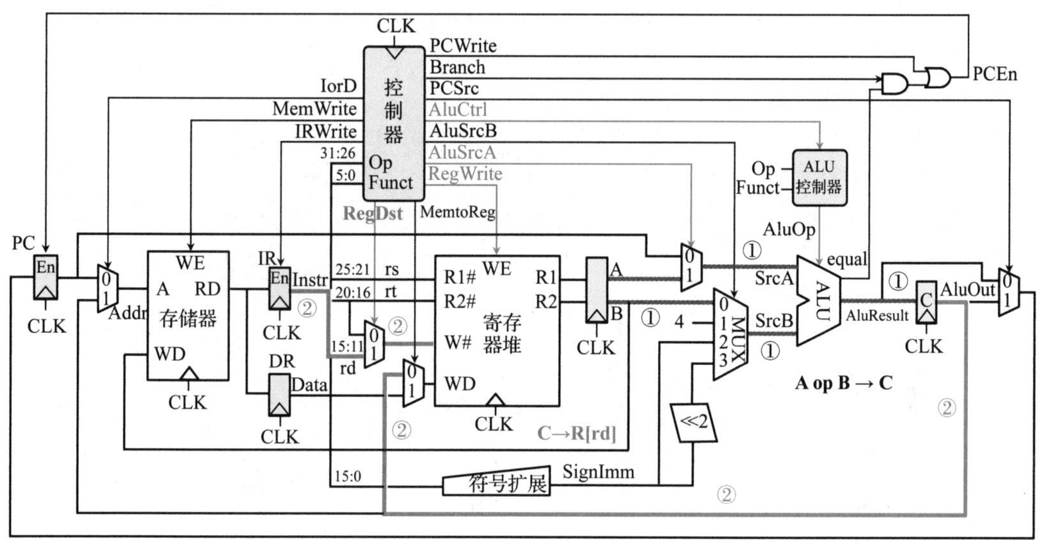

图 6.30　R 型算术逻辑运算指令执行阶段的数据通路

（6）I 型算术逻辑运算指令执行阶段的数据通路

I 型指令除 lw、sw 指令外，还包括运算指令，下面以 addi 指令为例。

```
addi rt,rs,imm          #RTL 功能描述: R[rs]+SignExt(imm)→R[rt]
```

I 型算术逻辑运算指令数据通路和 R 型算术逻辑运算指令类似，该指令的执行阶段也需要两个时钟周期，对应指令周期中的 *T*3、*T*4，每个时钟周期各对应一条通路，分别是操作数运算和结果写回，具体数据通路如图 6.31 中粗线所示。

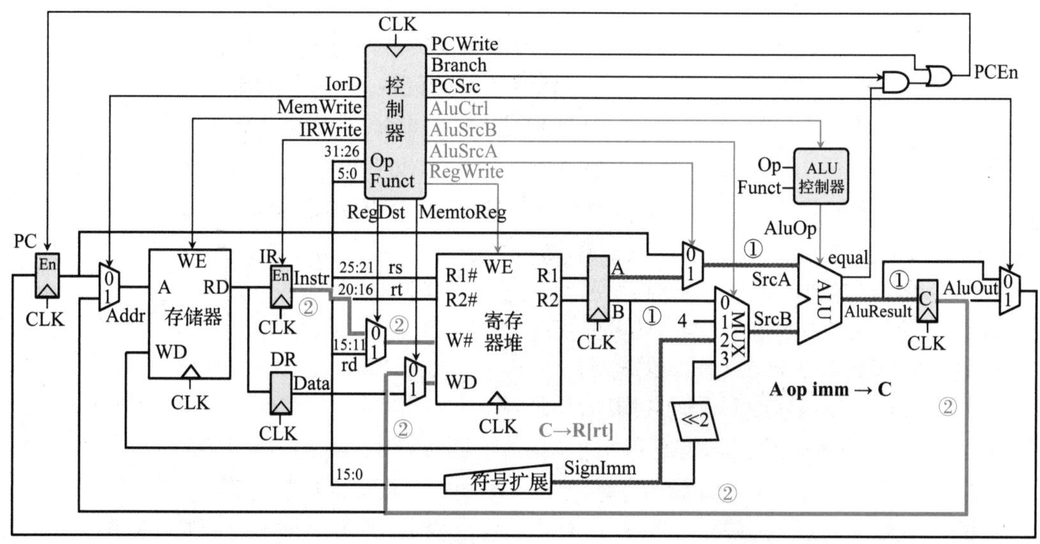

图 6.31　I 型算术逻辑运算指令执行阶段的数据通路

① A op SignExt(imm) → C：数据运算，对 A 和立即数进行运算，具体执行什么运算由 ALU 控制器根据指令字中的 opcode 及 funct 字段译码决定，算术加、减、乘、除或逻辑运算皆有可能，所以这里 AluCtrl 应该设置为 1。

② C → R[rt]：结果写回，将运算结果从 C 寄存器写回寄存器堆的 rt 寄存器中。

*T*3 周期对应的数据运算通路需要设置 AluSrcA=1、AluSrcB=2、AluCtrl=1，*T*4 周期的结果写回通路需要设置 RegDst=0、MemToReg=0、RegWrite=1，两条数据通路同样不能并行。

（7）lw 指令执行阶段的数据通路

lw 访存指令属于 I 型指令，指令功能如下。

```
lw rt,imm(rs)         #RTL 功能描述: Mem[R[rs]+SignExt(imm)]→R[rt]
```

lw 指令执行阶段需要 3 个时钟周期，对应指令周期中的 *T*3、*T*4、*T*5，每个时钟周期各对应一条数据通路，分别用于计算访存地址、访存、访存结果写回，具体数据通路如图 6.32 中粗线所示。

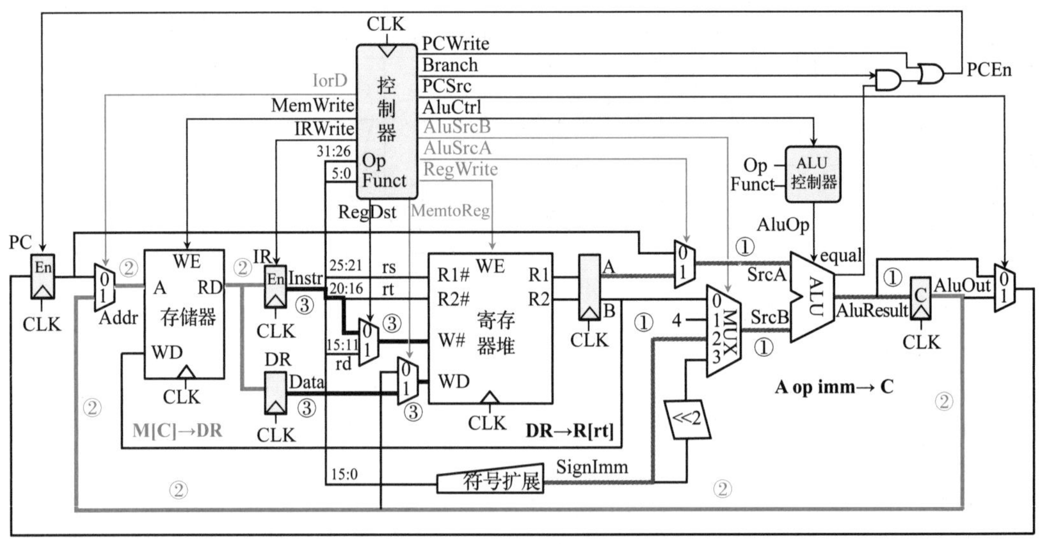

图 6.32　lw 指令执行阶段的数据通路

① A+SignExt(imm) → C：计算访存地址，将 A 和立即数进行加法运算。

② M[C] → DR：访存，利用 C 中的访存地址访问存储器，从中取出数据并送入 DR。

③ DR → R[rt]：访存结果写回，将 DR 数据写入寄存器堆的 rt 寄存器中。

*T*3 周期负责计算访存地址，需要设置 AluSrcA=1、AluSrcB=2、AluCtrl=0；*T*4 周期完成访存操作，需要设置 IorD=1、MemWrite=0；*T*5 周期负责将访存结果写回，需要设置 RegDst=0、MemToReg=1、RegWrite=1。

（8）sw 指令执行阶段的数据通路

sw 访存指令属于 I 型指令，指令功能如下。

```
sw rt,imm(rs)         #RTL 功能描述: R[rt]→Mem[R[rs]+SignExt(imm)]
```

sw 指令执行阶段只需要两个时钟周期，对应指令周期中的 *T*3、*T*4，每个时钟周期各对应一条数据通路，分别是操作数运算和结果写回，具体数据通路如图 6.33 中粗线所示。

① A+SignExt(imm) → C：计算访存地址，将 A 和立即数进行加法运算。

② B → M[C]：存储器写入，将寄存器 B 中暂存的 R[rt] 写入 C 地址对应的存储单元中。

*T*3 周期负责计算访存地址，需要设置 AluSrcA=1、AluSrcB=2、AluCtrl=0；*T*4 周期负责完

成存储器写入操作，需要设置 IorD=1、MemWrite=1。注意寄存器 B 虽然每一个时钟周期都会锁存新值，但一旦指令字锁存在 IR 中后，rt 字段就会固定输出到 R2# 端，rt 寄存器的值就会输入 B 的输入端，所以寄存器 B 锁存的一直是 rt 寄存器的值。

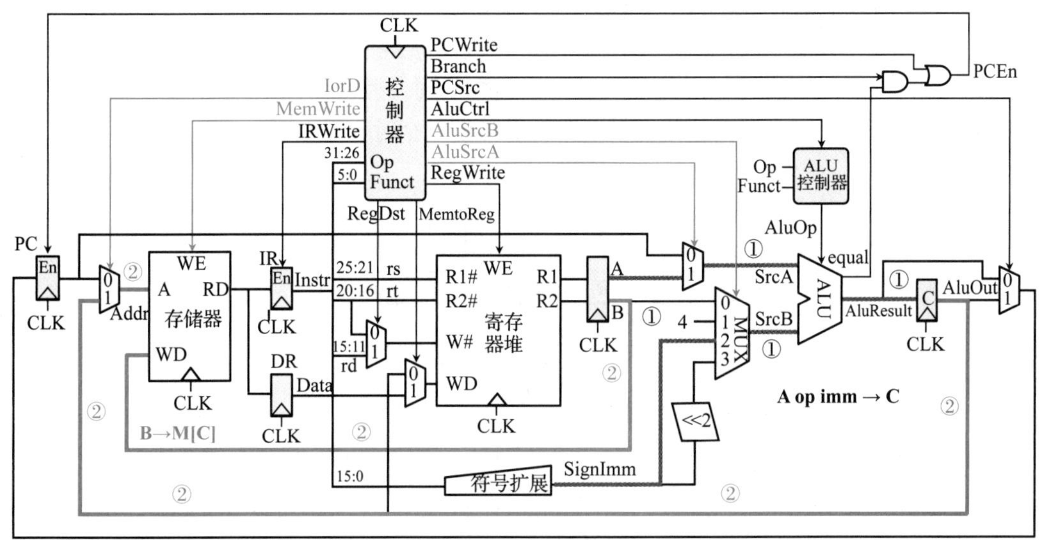

图 6.33 sw 指令执行阶段的数据通路

（9）条件分支指令的数据通路

条件分支指令属于 I 型指令，能根据不同的条件进行分支跳转，下面以 beq 指令为例。

```
beq rs,rt,imm       #RTL 功能描述: if(R[rs]==R[rt])  PC+4+SignExt(imm)<<2→PC
```

beq 指令比较两个寄存器的值是否相等，若相等则进行分支跳转。这里分支目标地址已经在 *T*2 周期提前计算并暂存在寄存器 C 中，指令执行阶段只需要一个时钟周期 *T*3，具体数据通路如图 6.34 中粗线所示。

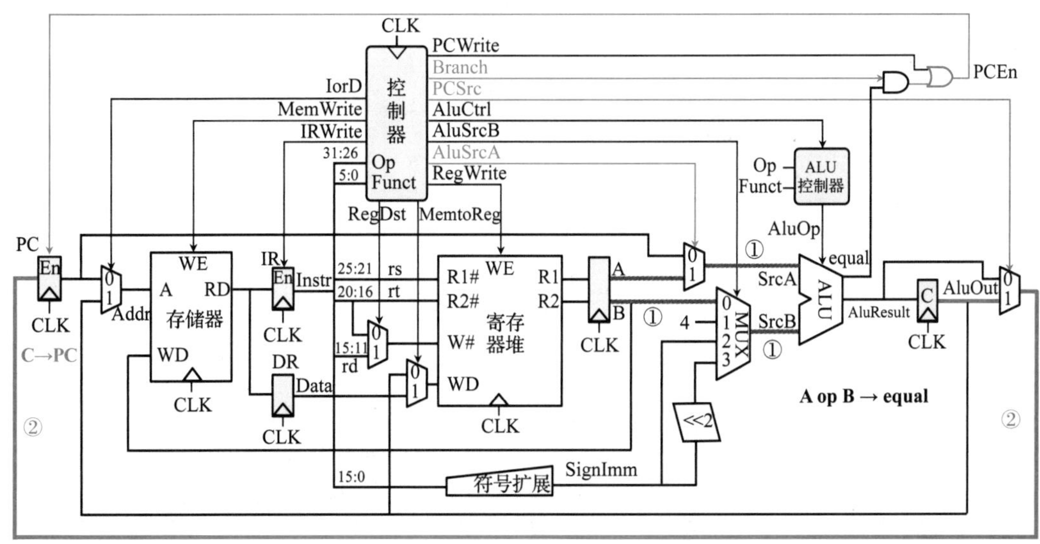

图 6.34 beq 指令执行阶段的数据通路

if(A==B) C→PC：将分支目标地址送入 PC 输入端，比较寄存器产生的相等标志信号，送入简单组合逻辑生成程序计数器 PC 的写使能信号，决定是否写入分支目标地址，写入则分支跳转，否则直接按顺序执行下一条指令。

*T*3 周期需要设置 AluSrcA=PCSrc=Branch=1，其中 Branch 与 equal 信号进行逻辑与，再与 PCWrite 信号进行逻辑或后生成 PC 写使能控制信号 PCEn。

汇总 5 条不同类型指令在多周期 MIPS 处理器数据通路上的执行流程，就可以得到图 6.35 所示的指令图。不同类型指令执行所需的时钟周期数不同，最慢的 lw 指令需要 5 个时钟周期，最快的 beq 指令只需要 3 个时钟周期，其他指令则需要 4 个时钟周期。

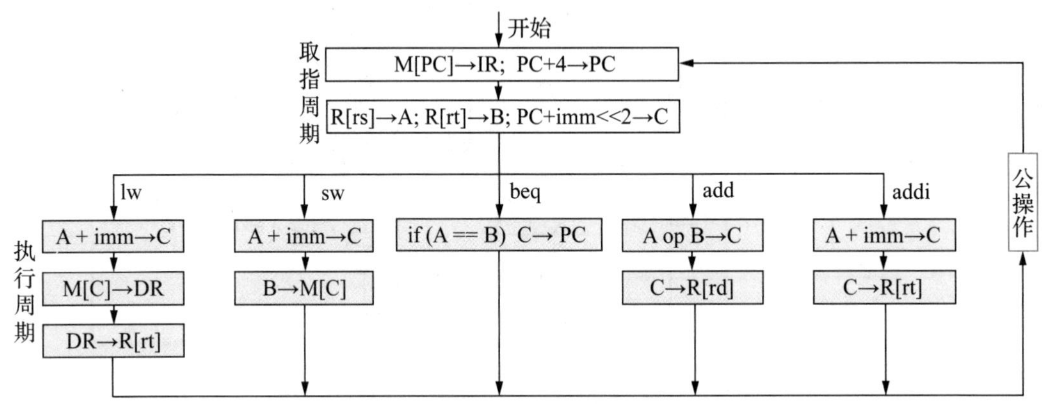

图 6.35 多周期 MIPS 处理器数据通路指令图

表 6.11 所示为相关指令不同时钟周期的数据通路及控制信号，为了简化描述，这里仅仅给出了非零值的控制信号。6.5 节将详细介绍如何设计控制器来产生这些控制信号序列。

表 6.11 MIPS 指令多周期数据通路及控制信号

指令类型	时钟周期	操作	控制信号（非零值）
取指令	*T*1	M[PC] → IR　PC+4 → PC	IRWrite=PCWrite=1　AluSrcB=1
	*T*2	R[rs] → A; R[rt] → B; PC+imm<<2 → C	AluSrcB=3
R 型运算	*T*3	A op B → C	AluCtrl=AluSrcA=1
	*T*4	C → R[rd]	RegWrite=RegDst=1
I 型运算	*T*3	A op imm → C	AluCtrl=AluSrcA=1　AluSrcB=2
	*T*4	C → R[rt]	RegWrite=1
lw 指令	*T*3	A + imm → C	AluSrcA=1　AluSrcB=2
	*T*4	M[C] → DR	IorD=1
	*T*5	DR → R[rt]	MemToReg=RegWrite=1
sw 指令	*T*3	A + imm → C	AluSrcA=1　AluSrcB=2
	*T*4	B → M[C]	IorD=MemWrite=1
beq 指令	*T*3	if (A == B)　C → PC	AluSrcA=PCSrc=Branch=1

例 6.3　对图 6.27 给出的多周期 MIPS 处理器数据通路进行适当改造，使得它能支持无条件分支指令 j Address。

解：j 指令属于 J 型指令，其指令形式及功能如下。

```
j Address        #RTL功能描述：{(PC+4)31:28, Address<<2}→PC
```

j 指令一定会进行分支跳转，目标地址是将 PC+4 的高 4 位作为高地址部分并与指令字中的 26 位立即数 Address 左移两位得到的 28 位数据进行拼接，生成一个 32 位的分支目标地址。图 6.27 给出的数据通路中并没有这样的数据通路，所以需要增加部分功能部件将 IR 中的 26 位立即数转换成 32 位的分支目标地址。另外最终的分支目标地址需要送入 PC 输入端，故需要对 PCSrc 控制的多路选择器进行扩展，增加无条件分支目标地址输入，PCSrc 应扩展成 2 位信号。当执行 j 指令时，PCSrc 应该选择对应的无条件分支目标地址送入 PC。另外设置 PCWrite=1，控制程序计数器 PC 写使能，使得 PC 修改为分支目标地址，实现程序无条件分支跳转的功能。j 指令与 beq 指令一样，执行阶段只需要一个时钟周期。

（10）多周期处理器性能分析

设计多周期 MIPS 时钟周期时遵循了一个基本原则，指令执行的每个时钟周期只能包含存储器访问、寄存器堆访问及 ALU 操作 3 个慢速操作中的一个。综合前面不同指令执行的数据通路可知，多周期 MIPS 处理器中各时钟周期存在两条关键路径，分别是图 6.28 所示的取指周期中 PC+4 → PC 数据通路及图 6.33 所示的 lw 指令执行指令周期中 M[C] → DR 数据通路，因此多周期处理器最小时钟周期应为：

$$T_{min\_clk} = T_{clk\_to\_q} + T_{mux} + \max(T_{alu} + T_{mux}, T_{mem}) + T_{setup} \qquad (6\text{-}4)$$

例 6.4 求例 6.1 中基准测试程序 SPECINT2000 在图 6.27 所示的多周期 MIPS 处理器上运行的 CPI。假设程序指令数目为 1000 亿条，CPU 采用 65nm CMOS 工艺实现，各功能部件时间延迟如表 6.8 所示，求该计算机最大时钟频率以及基准测试程序的执行时间。

解：CPI 是每条指令 CPI 的加权平均值，各指令的 CPI 为执行所需时钟周期数，因此此测试程序的 CPI 为：

$$\text{CPI} = 0.25\times 5 + 0.1\times 4 + 0.11\times 3 + 0.02\times 3 + 0.52\times 4 = 4.12$$

很显然测试程序的 CPI 优于最糟糕的 lw 指令 CPI=5 的情况。

根据公式 6-4 可知，多周期处理器的时钟周期应该是：

$$T_{min\_clk} = 30 + 25 + \max(200 + 25, 250) + 20 = 325\text{ps}$$

最大时钟频率为：

$$f_{max\_freq} = 1/(325\times 10^{-12}) = 3.08\text{GHz}$$

故测试程序执行时间为：

$$T_{total} = 指令条数 \times \text{CPI}\times T_{min\_clk} = 1000\times 10^{8}\times 4.12\times 325\times 10^{-12} = 133.9\text{s}$$

这里也出现了一个非常尴尬的局面，设计多周期处理器的目的是避免所有指令都按最慢指令 lw 的速度执行，但这里基准测试程序执行时间为 133.9s，比单周期处理器的 92.5s 慢了很多。造成这一问题的原因是 lw 指令虽然被分成了 5 个步骤，但取最慢的步骤进行了时钟同步，时钟周期并不是单周期的 1/5=185ps，lw 指令周期为 5×325ps=1625ps，远大于单周期 925ps。时钟周期最短的 beq 指令周期为 3×325ps=975ps，也高于单周期时间。造成这个尴尬局面的原因是访存延迟拖慢了时钟周期。

从上例可以看出，在实际设计时应仔细评估关键路径延迟，否则可能达不到预期的效果，多周期的性能能否优于单周期还要看具体的 CPU 工艺参数和具体程序。与单周期相比，多周期处理器也增加了几个非体系结构的暂存寄存器和多路选择器，但总体上讲多周期处理器节约了硬件成本，提高了硬件实现效率，价格应该更加便宜。为进一步提高程序执行效率，目前计算机中普遍采用指令流水线技术，具体细节将在第 7 章详细介绍。

6.4 时序与控制

指令的正确执行依赖于数据通路的建立，而数据通路的建立依赖于操作控制器产生的控制信号。在单周期处理器中，所有控制信号同时产生，没有先后顺序；而在多周期处理器中，这些控制信号应该具有严格的时间先后顺序，才能保证指令的正确执行。控制这些信号什么时候产生、持续多长时间就是控制信号的时序调制问题，时序调制问题是 CPU 时序系统需要解决的关键问题。

6.4.1 中央处理器的时序

早期的计算机采用状态周期、节拍电位和节拍脉冲三级时序体制来对操作控制信号进行定时控制。其中状态周期用电位来表示当前处于指令执行的哪个机器周期，节拍电位用电位表示当前处于机器周期的第几个节拍。图 6.36 所示为一个典型的包含状态周期、节拍电位和节拍脉冲的三级时序系统示意图，该时序系统是一个同步时序系统，每个状态周期包含 4 个节拍电位，一个节拍电位包含两个工作脉冲，注意这里节拍数、脉冲数和具体计算机有关，并不是固定不变的。

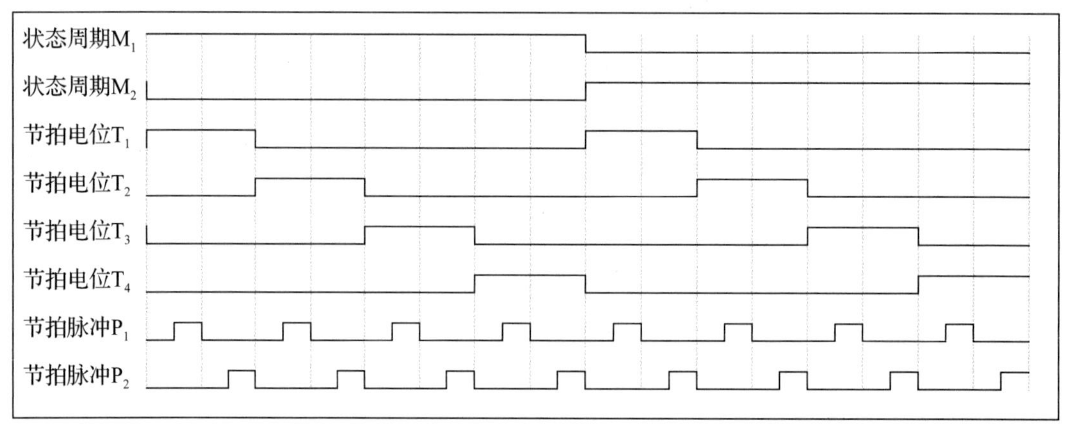

图 6.36　三级时序系统示意图

通常将指令周期划分成若干个机器周期（也称为 CPU 周期），如取指周期、取操作数周期、执行周期等，不同功能的指令和不同的计算机系统对指令周期的划分不尽相同。由于 CPU 内部的操作速度比访问主存的速度快，为便于同步与控制，一些计算机系统往往以主存的工作周期为基础来定义机器周期的时间。CPU 在每个机器周期完成一些特定的相对比较复杂的操作，这些操作有的可以并行执行，有的需要按先后次序串行执行。因此，往往把一个机器周期划分成若干个节拍电位时间段，通常以 CPU 完成一次微操作所需要的时间为基础来定义节拍电位的时间。在节拍电位时间内执行的微操作，有的需要同步定时脉冲配合，如寄存器的写操作，此时还需要在一个节拍时间内设置一个或多个节拍脉冲。

不同结构控制器所用的时序系统不同。传统硬布线控制器采用的是状态周期、节拍电位和节拍脉冲三级时序体制，而微程序控制器采用的是节拍电位、节拍脉冲两级时序体制。现代计算机中，已经不再使用上述多级时序体制，指令执行过程中的定时信号就是基本时钟信号，一个时钟周期就是一个节拍，不再设置节拍脉冲，称为现代时序系统。本书在基于专用通路结构的计算机中采用时钟周期作为定时信号，而在基于单总线结构的计算机中采用多级时序体制。

6.4.2　控制方式

不同指令执行的时间可能不一样，所需要的机器周期数甚至每个机器周期的节拍数也可能不一样，对控制器产生控制信号进行时间控制的方式就是控制方式。传统多级时序体制的控制方式包括同步控制、异步控制及联合控制等 3 种形式。

1. 同步控制方式

同步控制方式又称固定时序方式，其基本思想是选取各部件中最长的操作时间作为统一的时间间隔标准，使所有部件都在这个时间间隔内启动并完成操作。通常利用同步时序发生器产生固定的周而复始的状态周期电位、节拍电位，再用这些统一的时序信号对各种操作定时，实现同步控制。同步控制时序关系比较简单，控制器设计方便，但存在慢速部件时 CPU 效率较低的问题。根据机器周期数是否可变、节拍数是否可变，也就是同步粒度的不同，同步控制方式可分为以下几种。

（1）定长指令周期，即所有指令的周期具有相同的机器周期数和节拍数，这种方式对大多数功能较简单的指令会造成时间浪费。例如对于 6.3.2 小节中的单总线结构的数据通路，如果采用定长指令周期的同步控制，所有指令的周期都应该包括 3 个机器周期，每个机器周期有 4 个节拍；假设每个节拍只包含 1 个节拍脉冲，则对应三级时序如图 6.37 所示。这样 R 型运算指令就必须由两个机器周期变成 3 个机器周期，而计算周期节拍数将从两个变成 4 个，执行周期节拍数也由 3 个变成 4 个，造成了较多的时间浪费。

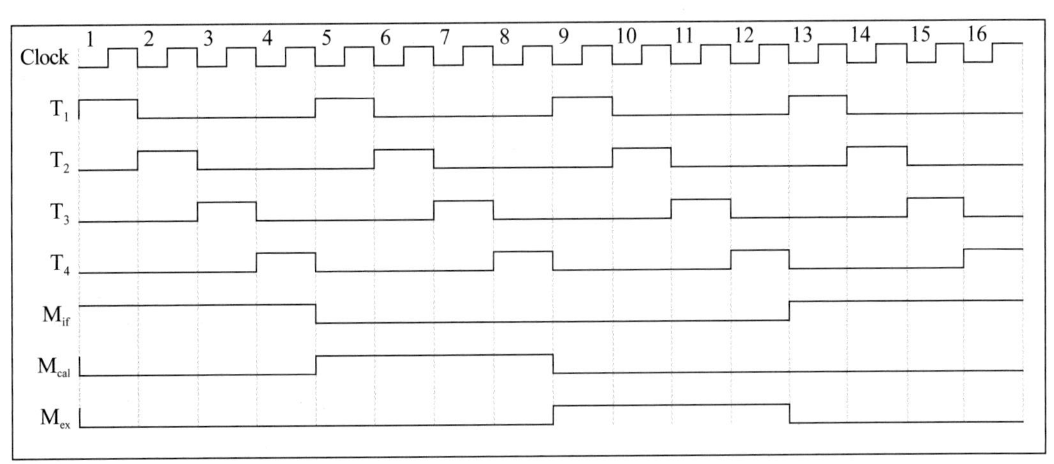

图 6.37　定长指令周期的三级时序

（2）机器周期数固定，节拍数不固定，即将大多数指令安排在相对固定和时间较短的机器周期内完成，而对某些时间紧张的操作，再采用延长机器周期的办法来解决。

（3）中央与局部控制相结合。将大多数指令安排在固定的机器周期内完成，称为中央控制；对少数复杂而又耗时长的指令再采用另外的时序进行定时控制，称为局部控制。这种方式下机器周期数和节拍数均可变。如果要对 6.3.2 小节中的单总线结构的数据通路进行精准的时序控制，可以采用这种方法，其三级时序如图 6.38 所示。各指令需要多少机器周期就安排多少机器周期，各机器周期需要多少节拍就安排多少节拍，如 M_{cal} 计算周期。此处就只安排了 2 个节拍，这种方式控制起来更灵活，程序执行效率高，但也更复杂。

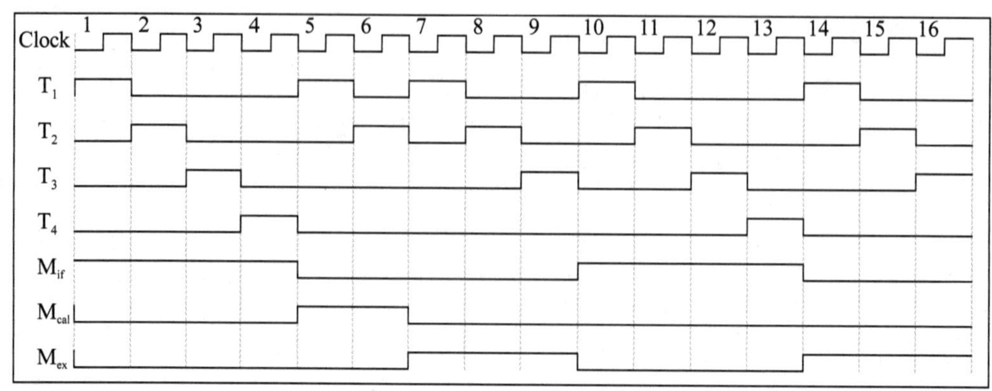

图 6.38　变长指令周期三级时序

2. 异步控制方式

异步控制方式没有统一时钟信号，没有固定的机器周期和节拍，若采用异步时序进行控制，执行每条指令需要多长时间就占用多少时间。各功能部件及操作的时序采用应答机制实现，控制部件发出操作控制信号给功能部件后，必须等到功能部件发出应答信号才能开始下一步的操作。例如 CPU 访问主存时，可以采用主存的“READY”应答信号作为读写周期的结束信号。异步控制方式的优点是每个部件都可按各自实际需要的时间工作，没有快者等待慢者的过程，从而提高了系统的速度，但是异步控制方式结构更加复杂。

3. 联合控制方式

联合控制是同步控制与异步控制相结合的方式，是使计算机处于同步与异步交替工作状态的方式。对大多数操作控制序列采用**机器周期**、**节拍电位**进行同步控制；而对少数时间难以确定的操作可以采用异步控制方式。

6.4.3　时序发生器

传统三级时序中时序发生器主要根据时钟脉冲信号持续不断地产生状态周期电位和节拍电位，操作控制器利用这些周期、节拍电位信号对操作控制信号进行时序的调制，生成控制信号序列。通常将状态周期电位信号、节拍电位信号与指令译码信号、反馈信号等进行适当的逻辑与操作，从而限定操作控制信号的开始时间和持续时间。不同的同步控制方式的时序发生器电路不尽相同。图 6.39 所示为时序发生器工作原理。

图 6.39　时序发生器工作原理

时序发生器所需的时钟脉冲信号输入由脉冲源（晶体振荡器）经过时序整型得到，在定长指令周期的同步控制方式中，状态周期、节拍电位信号仅仅与时钟脉冲有关。但在变长指令周期的同步控制方式中，时序发生器的输出还可能与指令译码信号、状态反馈信号相关，这里状态反馈信号既包括运算器的运算状态，也包括 I/O 总线的反馈信号，如异常或外部中断请求信号。另外时序发生器还包括启动、停止、复位等控制信号，用于保证节拍电位的完整性，即保证节拍电位启动时是从第一个节拍开始，结束时是从最后一个节拍结束的，从而保证机器周期的完整性。

时序发生器本质是一个同步时序电路，可以利用 Moore 型电路进行设计，利用有限状态机来描述机器周期以及节拍电位的变化情况。图 6.37 所示的定长指令周期的三级时序可以用图 6.40 所示的状态机表示，图中每个机器周期都包括 4 个节拍，指令执行的 3 个不同机器周期的每一个节拍都用一个不同的状态表示，包括 S_0 ～ S_{11} 共 12 个状态。其中 S_0 ～ S_3 为取指周期 M_{if}，S_4 ～ S_7 为计算周期 M_{cal}，S_8 ～ S_{11} 为执行周期 M_{ex}。各状态之间的切换只与时钟触发（下跳沿）有关系，与其他输入无关。而 3 个状态周期电位信号 M_{if}、M_{cal}、M_{ex} 及 4 个节拍电位信号 T_1 ～ T_4 只与状态有关，这也是 Moore 型电路的主要特征。

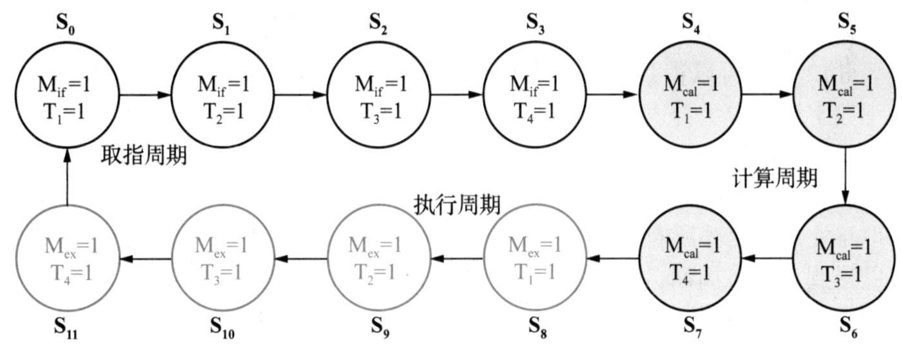

图 6.40　定长指令周期三级时序状态机

同样图 6.38 所示的变长指令周期的三级时序也可以用有限状态机表示，如图 6.41 所示。图中指令周期的机器周期数可变，机器周期的节拍数也可变，S_0 ～ S_3 为取指周期 M_{if}，取指周期的最后一个节拍 S_3 状态需要根据指令译码信号进行状态分支。如果是 lw、sw、beq 指令，则进入计算周期 M_{cal}，对应 S_4 ～ S_5 两个状态；如果是 add、addi 指令，则进入执行周期 M_{ex}，对应 S_6 ～ S_8 这 3 个状态；计算周期最后一个节拍 S_5 结束后直接进入执行周期的第一个节拍 S_6 状态，执行周期最后一个节拍 S_8 结束后直接进入取指周期第一个节拍 S_0 状态。

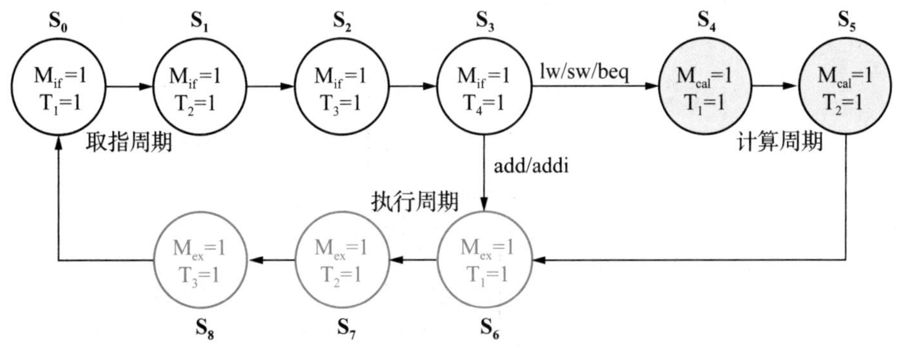

图 6.41　变长指令周期三级时序状态机

有了时序发生器的有限状态机，就可以给每一个状态分配一个状态字。以图 6.41 为例，9

个状态需要一个 4 位的状态寄存器来表示所有状态，将图中 S 的编号用对应的 4 位二进制编码表示，就可以得到表 6.12 所示的时序发生器状态转换表。

表 6.12　时序发生器状态转换表

现态	输入 / 次态			周期、节拍电位输出
	任意指令	add/addi	lw/sw/beq	
S_0 (0000)	S_1 (0001)			$M_{if}=T_1=1$
S_1 (0001)	S_2 (0010)			$M_{if}=T_2=1$
S_2 (0010)	S_3 (0011)			$M_{if}=T_3=1$
S_3 (0011)		S_6 (0110)	S_4 (0100)	$M_{if}=T_4=1$
S_4 (0100)	S_5 (0101)			$M_{cal}=T_1=1$
S_5 (0101)	S_6 (0110)			$M_{cal}=T_2=1$
S_6 (0110)	S_7 (0111)			$M_{ex}=T_1=1$
S_7 (0111)	S_8 (1000)			$M_{ex}=T_2=1$
S_8 (1000)	S_0 (0000)			$M_{ex}=T_3=1$

根据表 6.12 所示可以得到次态输出与现态输入以及指令译码信号之间的逻辑关系，具体可以利用数字逻辑中组合逻辑电路的设计方法得到状态机次态的逻辑表达式，从而实现状态机状态转换组合逻辑电路，如图 6.42 左侧组合逻辑电路所示。时序发生器内部电路的核心是状态寄存器，其输入为次态，输出为现态，次态与现态之间的转换由有限状态机状态转换组合逻辑电路完成。另外所有的状态周期电位、节拍电位都只与现态输入有关。根据状态转换表也可以得到各状态周期、节拍电位输出信号的逻辑表达式，这里用一个输出函数组合逻辑电路实现。以状态周期电位 Mcal 为例，该信号只在 S_4、S_5 状态产生，假设状态位各位分别为 Z_3、Z_2、Z_1、Z_0，则$M_{cal}=\bar{Z}_3Z_2\bar{Z}_1\bar{Z}_0+\bar{Z}_3Z_2\bar{Z}_1Z_0$。而 T1 只在 S_0、S_4、S_6 状态产生，所以$T_1=\bar{Z}_3\bar{Z}_2\bar{Z}_1\bar{Z}_0+\bar{Z}_3Z_2\bar{Z}_1\bar{Z}_0+\bar{Z}_3Z_2Z_1\bar{Z}_0$。

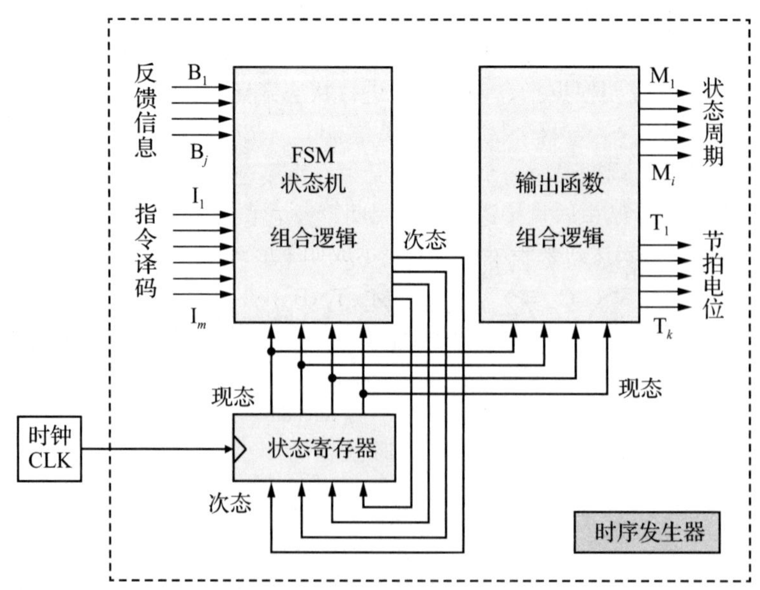

图 6.42　时序发生器内部实现逻辑

综上所述，已知三级时序体系的状态周期、节拍电位划分，即可构建有限状态机，从而构建状态转换表来描述次态和现态之间的转换关系，最后可利用“状态寄存器 + 有限状态机组合逻辑 + 输出函数组合逻辑”的方式实现时序发生器。构建时序发生器后，就可以设计产生操作控制信号的硬布线控制器了。

6.5　硬布线控制器

硬布线控制器

硬布线控制器又称为组合逻辑控制器，这种控制器的电路直接由各种类型的逻辑门电路和触发器等构成，其内部结构相对复杂但速度较快，目前 RISC 指令集处理器普遍采用硬布线控制器提升性能。

6.5.1　三级时序硬布线控制器

图 6.43 所示为采用传统三级时序的硬布线控制器模型，主要包括指令寄存器和指令译码器、时序发生器、硬布线控制器组合逻辑单元等几部分。其中硬布线控制器组合逻辑单元用于产生指令执行所需要的所有控制信号序列，是控制器的核心。它可以采用组合逻辑电路、可编程阵列逻辑或 ROM 实现，其输入来自以下 3 个方面。

（1）指令译码器的输出 $I_1 \sim I_m$。

（2）执行部件以及 I/O 总线的反馈信号 $B_1 \sim B_j$。

（3）时序发生器的状态周期电位信号 $M_1 \sim M_i$ 和节拍电位信号 $T_1 \sim T_k$。

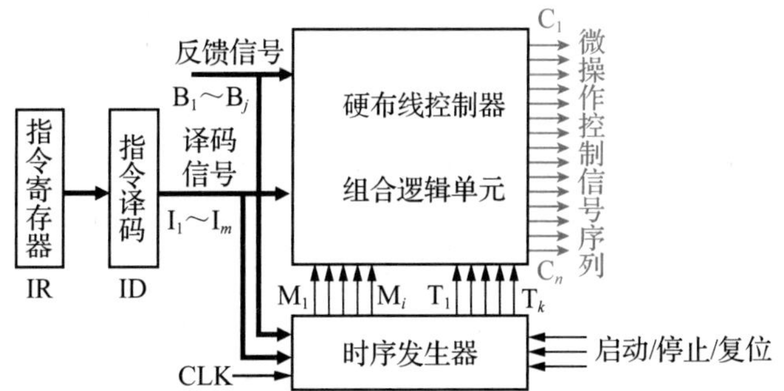

图 6.43　传统三级时序硬布线控制器模型

硬布线控制器的输出信号就是微操作控制信号序列，这些控制信号可以看作所有输入信号的逻辑函数，如果用逻辑表达式来表示也可以表示成如下形式：

$$C_n = \sum\nolimits_{m,i,k,j} (I_m \cdot M_i \cdot T_k \cdot B_j) \tag{6-5}$$

也就是说每个控制信号都是由不同的指令译码信号、状态周期信号、节拍电位信号、状态反馈信号构成的逻辑与操作的和，这是数字逻辑中典型的积之和范式。这里状态周期电位信号和节拍电位信号参与了逻辑与操作就限定了各操作控制信号的产生时间和持续时间，这也是三级时序体制中时序调制的关键所在。

操作控制器根据不同的指令在不同机器周期、不同节拍及不同的反馈状态条件下产生不同的操作控制信号，对指令执行过程中的数据通路进行控制。操作控制信号的定时控制采用时序发生器生成的状态周期电位和节拍电位作为输入，使得控制器在不同的机器周期、不同的节拍向不同的部件发出各种操作控制信号，并保证信号产生的时间和持续的时间，以协调各部件之间进行正确的操作，从而实现指令的功能。

硬布线控制器的一般设计流程如下。

（1）分析指令执行的数据通路，列出每条指令在所有寻址方式下的执行操作流程和每一步需要的控制信号。

（2）对指令的操作流程进行细化，将每条指令的每个微操作分配到具体机器周期的具体时间节拍信号上，即对操作控制信号进行同步控制。

（3）根据控制信号同步控制方式构造合适的时序发生器。

（4）对每一个控制信号进行逻辑综合，得到每个控制信号的逻辑表达式。在对控制信号进行逻辑综合的过程中，要考虑每一个控制信号在不同指令、不同机器周期和不同节拍下的有效情况，不能遗漏，否则对应的指令将因缺少控制信号而不能正确执行。

（5）采用逻辑门、PLA 或 ROM 实现逻辑表达式的功能。

6.5.2 三级时序硬布线控制器设计

1. 单总线结构处理器硬布线控制器

下面将以图 6.8 所示的基于单总线结构的计算机框图和表 6.2 所示的典型 MIPS32 指令为例，介绍传统三级时序硬布线控制器的设计与实现过程。

在 6.3.2 小节已经详细分析了表 6.2 所示指令在图 6.8 所示框图中执行的数据通路、每条指令的执行流程和每一步需要的控制信号，详细情况见表 6.3 ～表 6.7。到此为止，已经完成了硬布线控制器的设计流程的前 3 个步骤，接下来的工作是对所有的微操作控制信号进行逻辑综合。受篇幅的限制，这里仅以 X_{in}、Z_{out}、PC_{in} 三个控制信号的实现为例进行说明。

分析表 6.3 ～表 6.7 可得出以下结论。

（1）X_{in} 在所有指令取指周期 M_{if} 的 T_1 节拍和计算周期 M_{cal} 的 T_1 节拍，add、addi、beq 指令执行周期 M_{ex} 的 T_1 节拍有效，因此，X_{in} 对应的逻辑表达式为：

$$X_{in} = M_{if} \cdot T_1 + M_{cal} \cdot T_1 + M_{ex} \cdot T_1 \cdot (add + addi + beq)$$

其中 M_{if}、M_{cal}、M_{ex} 分别为取指周期、计算周期、执行周期电位；T_1 为节拍电位信号；add、addi、beq 是指令译码信号。

（2）Z_{out} 在所有指令取指周期 M_{if} 的 T_3 节拍和 lw、sw 指令执行周期 M_{ex} 的 T_1 节拍，add、addi、beq 指令执行周期 M_{ex} 的 T_3 节拍有效，因此，Z_{out} 对应的逻辑表达式为：

$$Z_{out} = M_{if} \cdot T_3 + M_{ex} \cdot T_1 \cdot (lw + sw) + M_{ex} \cdot T_3 \cdot (add + addi + beq)$$

（3）PC_{in} 在所有指令取指周期 M_{if} 的 T_3 节拍，beq 指令执行周期 M_{ex} 的 T_3 节拍且状态寄存器 PSW 的 equal 标志位为 1 时有效，因此，PC_{in} 对应的逻辑表达式为：

$$PC_{in} = M_{if} \cdot T_3 + M_{ex} \cdot T_3 \cdot beq \cdot equal$$

得到所有操作控制信号逻辑表达式后就可以利用组合逻辑电路、PLA 或 ROM 实现硬布线控制器。

2. 单周期 MIPS 硬布线控制器

对于 6.3.3 小节介绍的基于专用通路结构的单周期 MIPS 结构，由于其指令周期只有一个时钟周期，取指令、执行指令的操作均在一个时钟周期内完成，因此其不存在多个周期电位和节拍电位，也不需要时序发生器，图 6.25 中的操作控制器演变成一个纯组合逻辑电路。另外单周期 MIPS 处理器的数据通路并不需要条件状态寄存器，所以操作控制器的输入只剩下指令译码信号一项，所有控制信号仅仅与指令译码信号相关，设计硬布线控制器时只需要找出同一个信号在哪些指令中产生即可。假设需要支持 add、sub、and、addi、andi、lw、sw、beq、bne、j 指令，则对应控制信号的逻辑表达式如表 6.13 所示。相比单总线结构的计算机，单周期 MIPS 控制信号的数目少很多，支持的指令更多，且逻辑表达式更简单，这也是采用专用数据通路的好处。

表 6.13 单周期 MIPS 控制器逻辑表达式

序号	控制信号逻辑表达式	功能说明
1	Jump=j+jal	无条件分支指令译码信号
2	Branch=beq+bne	有条件分支指令译码信号
3	RegDst=add+sub	写入目的寄存器的选择，为 1 时选择 rd 寄存器写入
4	AluSrc=addi+andi	ALU 的第二输入选择控制信号，为 1 时选择立即数输入
5	MemToReg=lw	存储器数据写回寄存器选择控制信号，访存时生成
6	RegWrite=add+sub+and+addi +andi+lw	寄存器堆写使能控制信号，高电平时有效
7	MemWrite =sw	存储器的读写控制，为 0 时进行读操作，为 1 时进行写操作

6.5.3 现代时序硬布线控制器

现代时序系统已经不再使用多级时序体制，指令执行过程中的定时信号就是基本时钟，一个时钟周期就是一个节拍；不再设置节拍脉冲，指令需要多少个时钟周期就分配多少个时钟周期，程序执行效率更高。于是图 6.43 所示的硬布线控制器模型进一步演变成图 6.44 所示的结构。

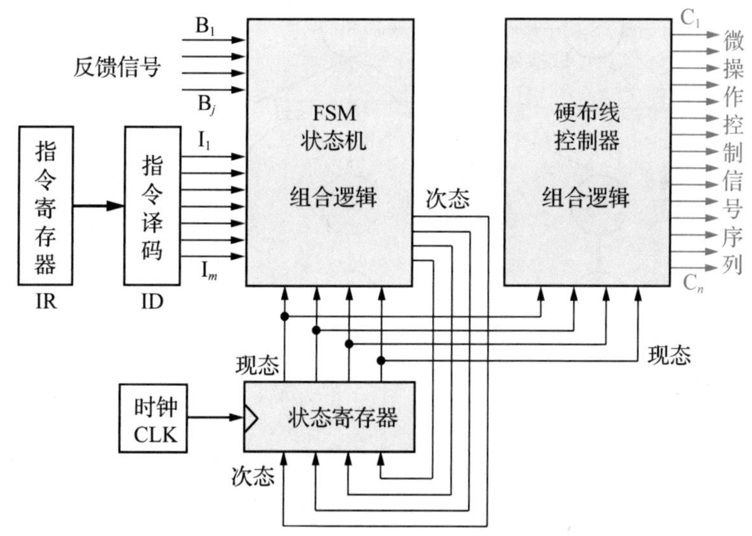

图 6.44 现代时序硬布线控制器模型

现代时序采用有限状态机来描述指令的执行过程，将不同指令执行的每个时钟周期均对应一个状态，每一个状态会对应特定的微操作控制信号。同样采用 Moore 型电路构建控制器时序电路，因此所有微操作控制信号只与指令执行的当前状态——现态有关，由硬布线控制器组合逻辑生成；后续状态——次态则与指令的译码信号、反馈信号和现态有关。

控制器的核心模块是有限状态机，由一个状态寄存器和有限状态机组合逻辑控制单元构成。有限状态机组合逻辑控制单元的输入包括现态（来自状态寄存器输出）、指令的译码信号和反馈信号，输出为次态，送入状态寄存器输入端，在时钟信号的作用下输入状态寄存器中，作为下一时刻的现态；所有操作控制信号的输出只与现态有关。

现代时序硬布线控制器的一般设计流程如下。

（1）分析指令执行的数据通路，列出每条指令在所有寻址方式下的执行操作流程和每一步需要的控制信号。

（2）对指令的操作流程进行细化，将每条指令的每个微操作分配到具体时钟节拍上。

（3）以时钟周期为单位构建指令执行状态图，生成状态转换表，实现指令执行的有限状态机电路。

（4）收集每一个控制信号产生的所有状态条件，得到每个控制信号的逻辑表达式。

（5）采用逻辑门、PLA 或 ROM 实现硬布线控制器逻辑。

6.5.4 现代时序硬布线控制器设计

现代时序硬布线控制器设计的关键是画出所有指令执行过程的 Moore 型有限状态机，然后按照同步时序电路的设计方法设计控制器。下面将以图 6.8 所示的基于单总线结构的计算机框图和表 6.2 所示的典型 MIPS32 指令为例，分析说明基于现代时序的硬布线控制器的设计方法。

对于图6.8所示的单总线数据通路，根据6.3.2小节对常用指令的指令周期及数据通路的分析，我们可以得到图 6.45 所示的指令执行状态转换图。图中每一个状态代表一个时钟节拍，状态与状态之间的切换时机为时钟节拍结束时，也就是时钟下跳沿；控制器信号仅仅与当前状态相关，也就是说控制信号的持续时间就是一个时钟节拍。

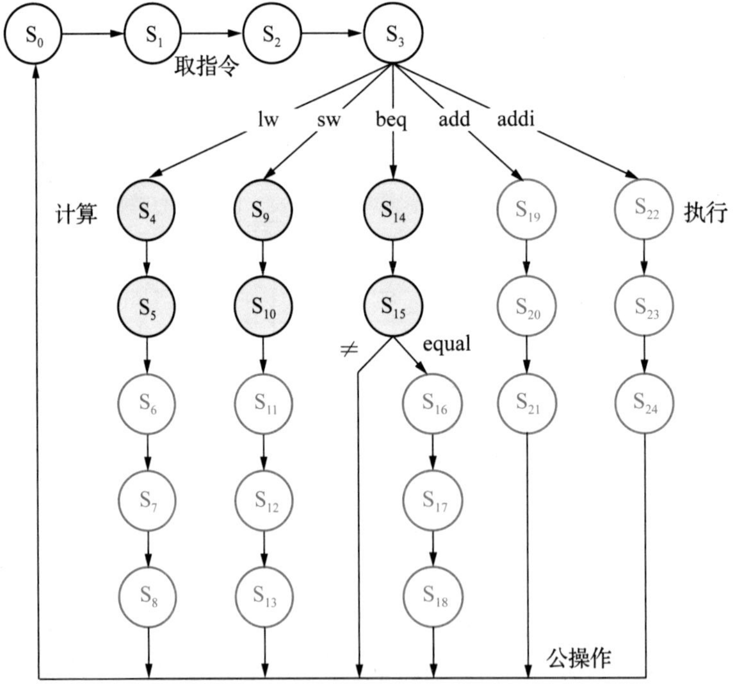

图 6.45 指令执行状态转换图

图中 S_0 ～ S_3 这 4 个状态对应取指周期的 4 个节拍，属于所有指令都需要执行的公操作，取指周期的最后一个节拍 S_3 结束后会根据当前取出的指令的译码情况进行状态切换，不同指令进入不同的状态路径，和变长指令周期三级时序状态机相比，这里分支更多。注意 beq 指令完成比较运算后，要根据比较结果进行分支，在 6.3.2 小节中我们为了设计简单，并没有进行分支，而是在最后决定是否将分支地址写入 PC 的时候进行了逻辑处理。在这个状态图中，如果比较结果

相等才需要进入 S_{16} 状态，进行后续 3 个时钟节拍的动作；如果比较结果不相等则直接进入公操作阶段，也就是说同一条指令可能执行的时钟周期也不一样。

有了指令执行状态转换图，就可以给每一个状态分配一个状态字，图中 25 个状态需要一个 5 位的状态寄存器来表示所有状态，也就是将图中的 S 编号用对应的 5 位二进制编码表示。由图 6.45 所示的状态转换图可以得到表 6.14 所示的状态转换表，注意表中次态填写位置表示当前列所在的输入信号为 1、其他信号都为 0 情况下的次态值；xxx 列为默认次态，表示其他条件都不满足或无条件跳转的次态。注意此表中还增加了中断请求，当一条指令执行到最后一个时钟周期时如果有中断请求，则要进入中断响应周期代表的状态 S_{26}，具体细节将在 6.7.3 小节中论述。

表 6.14　现代时序指令状态转换表

现态	输入 / 次态								操作控制信号输出
	xxx	lw	sw	beq	add	addi	equal	有中断	
S_0	S_1								$PC_{out}=AR_{in}=X_{in}=1$
S_1	S_2								+4=1
S_2	S_3								$Z_{out}=PC_{in}=Read=DRE_{in}=1$
S_3		S_4	S_9	S_{14}	S_{19}	S_{22}			$DR_{out}=IR_{in}=1$
S_4	S_5								$R_{out}=X_{in}=1$
S_5	S_6								$IR(I)_{out}=ADD=1$
S_6	S_7								$Z_{out}=AR_{in}=1$
S_7	S_8								$Read=DRE_{in}=1$
S_8	S_0							S_{26}	$DR_{out}=R_{in}=1$
S_9	S_{10}								$R_{out}=X_{in}=1$
S_{10}	S_{11}								$IR(I)_{out}=ADD=1$
S_{11}	S_{12}								$Z_{out}=AR_{in}=1$
S_{12}	S_{13}								$R_{out}=Rs/Rt=DR_{in}=1$
S_{13}	S_0							S_{26}	$DRE_{out}=Write=1$
S_{14}	S_{15}								$R_{out}=X_{in}=1$
S_{15}							S_{16}		$R_{out}=Rs/Rt=SUB=PSW_{in}=1$
S_{15}	S_0							S_{26}	$R_{out}=Rs/Rt=SUB=PSW_{in}=1$
S_{16}	S_{17}								$PC_{out}=X_{in}=1$
S_{17}	S_{18}								$IR(A)_{out}=ADD=1$
S_{18}	S_0							S_{26}	$Z_{out}=PC_{in}=1$
S_{19}	S_{20}								$R_{out}=X_{in}=1$
S_{20}	S_{21}								$R_{out}=Rs/Rt=ADD=1$
S_{21}	S_0							S_{26}	$Z_{out}=RegDst=R_{in}=1$
S_{22}	S_{23}								$R_{out}=X_{in}=1$
S_{23}	S_{24}								$IR(I)_{out}=ADD=1$
S_{24}	S_0							S_{26}	$Z_{out}=R_{in}=1$

根据该表可以得到次态和现态之间的逻辑关系，并以此设计现代时序硬布线控制器中的有限状态机组合逻辑电路部分。另外操作控制信号输出也只与现态有关，根据该表也可以得到对

应信号的逻辑表达式，然后就可以利用组合逻辑电路、PLA 或 ROM 实现硬布线控制器。

例 6.5* 采用现代时序设计图 6.27 所示的专用通路结构的多周期 MIPS 数据通路中的硬布线控制器，要求支持表 6.2 所示的典型 MIPS32 指令。

解：对于图 6.27 所示的专用通路结构的多周期 MIPS 处理器的数据通路，根据 6.3.3 小节对各指令的指令周期及数据通路的分析，可以得到图 6.46 所示的多周期指令执行状态转换图，同样图中每一个状态代表一个时钟节拍，状态与状态之间的切换时机为时钟节拍结束时，也就是时钟下跳沿，控制器信号仅仅与当前状态相关。

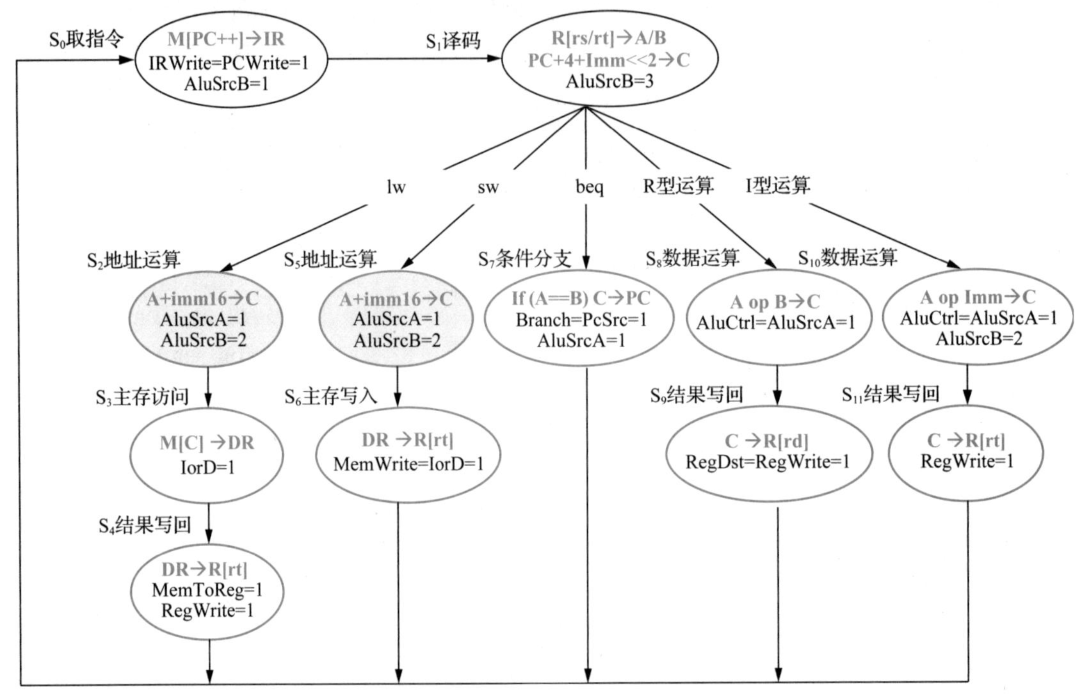

图 6.46 多周期 MIPS 指令执行状态转换图

图 6.46 中各状态的意义分别为：S_0 为取指令，S_1 为译码及取操作数，S_2、S_5 为访存指令计算有效地址，S_3 为 lw 指令访问存储器，S_4 为 lw 指令将数据写回寄存器，S_6 为 sw 指令将数据写回存储器，S_7 为 beq 指令进行条件分支，S_8 为 R 型运算指令进行两个操作数的运算，S_9 为 R 型运算指令将运算结果写回寄存器，S_{10} 为 I 型运算指令进行两个操作数的运算，S_{11} 为 I 型运算指令将运算结果写回寄存器。

需要注意的是，这里 S_2、S_5 状态完成的操作完全一样，这两个状态是可以合并的，但合并后 S_2 状态要根据当前指令是 lw 还是 sw 进行分支，分别进入 S_3 或 S_6 状态，这里为了后续方便实现微程序未将两个状态进行合并。另外由于多周期方案中引入了单独的运算控制器，因此 R 型指令可以共用 S_8 ～ S_9 的状态路径，只需要在 S_8 状态中给出 AluCtrl=1，表示 ALU 的运算操作由运算控制器根据指令字译码得到。同样 I 型运算类指令也共用了 S_{10} ～ S_{11} 的状态路径，这样做的好处是既简化了状态图，使得该状态图可以支持更多的状况，也简化了控制器的设计复杂度。

图 6.46 中共有 11 个状态，因此需要 4 个寄存器来表示状态，图中 S 编号用对应的 4 位二进制编码表示。图 6.46 所示的状态之间的转换关系如表 6.15 所示。当然，有了状态转换表就可以得到次态与现态之间的逻辑关系，以及操作控制输出与现态的逻辑关系，从而就可以利用组合逻辑电路、PLA 或 ROM 实现对应的硬布线控制器，具体的实现这里不再赘述。

表 6.15 专用通路结构多周期 MIPS 指令状态转换表

现态	输入 / 次态						操作控制信号输出
	xxx	lw	sw	beq	add	addi	
S_0	S_1						IRWrite=PCWrite==1 AluSrcB=1
S_1		S_2	S_5	S_7	S_8	S_{10}	AluSrcB=3
S_2	S_3						AluSrcA=1 AluSrcB=2
S_3	S_4						IorD=1
S_4	S_0						MemToReg=RegWrite=1
S_5	S_6						AluSrcA=1 AluSrcB=2
S_6	S_0						IorD=MemWrite=1
S_7	S_0						Branch=PCSrc=1
S_8	S_9						AluCtrl=AluSrcA=1
S_9	S_0						RegWrite=RegDst=1
S_{10}	S_{11}						AluCtrl=AluSrcA=1 AluSrcB=2
S_{11}	S_0						RegWrite=1

6.6 微程序控制器

6.6.1 微程序控制的基本概念

微程序控制器

微程序控制的基本思想是：仿照程序设计的基本方法，将实现指令系统中所有指令功能所需要的所有控制信号按照一定的规则编码成微指令，若干条实现同一条指令功能的微指令构成一段微程序，将实现所有指令的微程序存放在一个只读存储器中，这个存储器称为**控制存储器**（简称**控存**）。

每条机器指令对应一段微程序，一段微程序包括若干条微指令。执行指令的过程就是执行微程序的过程，而执行微程序的过程就是执行微指令的过程。执行一条微指令就可以直接给出该微指令所包含的全部微操作控制信号，使执行部件执行规定的操作。执行完当前微指令后，这些微操作控制信号就会消失。按照微程序规定的顺序执行完全部微指令后就可以依次给出指令运行需要的全部控制信号，从而实现指令的功能。

微程序控制器的设计采用了存储技术和程序设计技术，相比硬布线控制器中的硬件时序，微程序控制器是一种软件时序，它可以使复杂的控制逻辑得到简化，从而推动了微程序控制器的广泛应用。

1. 微命令与微操作

控制部件向执行部件发出的各种控制命令称为**微命令**，执行部件收到微命令后所进行的操作称为**微操作**。图 6.8 所示的由控制器产生的 PC_{in}、PC_{out}、IR_{in}、RegDst、ADD、R_{in}、R_{out} 等控制信号就属于微命令。收到微命令后，PC、IR、多路选择器、运算器、寄存器堆等执行部件会执行相应的微操作，如 PC 写入新的地址、IR 接收新指令、多路选择器根据选择端的值选择对应的输入输出等。

由前面对指令流程的分析可知，微操作是执行部件中最基本的操作，由于数据通路的关系，微操作可分为相容性和互斥性两种。其中**相容性微操作**是指能同时或在同一个机器周期内并行执行的微操作，不能在同一个机器周期并行执行的微操作就是**互斥性微操作**。现代时序中已经没有机器周期的概念了，所以微操作互斥、相容的时间单位就是一个时钟周期。图 6.8 中存储器读写信号 Read、Write 就属于互斥性微操作，所有内总线的输出控制信号 PC_{out}、DR_{out}、Z_{out}、DR_{out}、$IR(A)_{out}$、$IR(I)_{out}$、R_{out} 等都是互斥性微操作，运算器的运算控制信号 ADD、+4、SUB 等也属于互斥性微操作；从总线向寄存器锁存数据的使能信号 PC_{in}、AR_{in}、IR_{in}、X_{in}、R_{in} 等就属于相容性微操作。图 6.8 中还存在很多相容性和互斥性的微操作，这里不再一一列举。

由于微操作和微命令之间的一一对应关系，通过区分微操作的相容性与互斥性可区分对应微命令是相容还是互斥。只有相容的微命令才能出现在同一条微指令中。因此，区分微命令的相容性和互斥性对微指令的设计尤为重要。

2. 微指令与微程序

在计算机的一个机器周期中，一组实现一定操作功能的相容性微命令称为**微指令**。这些微命令组合产生的一组控制信号，控制执行相应的一组微操作，实现一条指令的部分功能。

下面以图 6.8 所示的单总线结构计算机为例，介绍微指令的基本格式，图 6.47 所示为针对该计算机设计的一种常见的微指令格式。

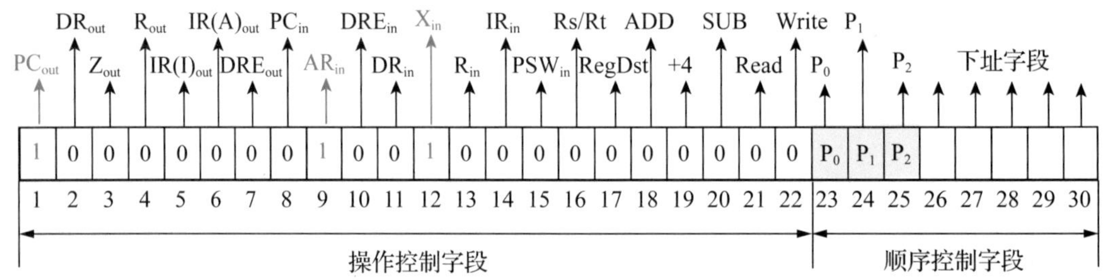

图 6.47 微指令格式示例

微指令包括**操作控制字段**和**顺序控制字段**两部分。其中操作控制字段是主体，由若干微命令位组成，每一位均对应表 6.1 中的一个微操作控制信号，有多少个微操作控制信号，这里就对应有多少个比特位；微指令是否含某个微命令，由对应位的状态 1 或 0 决定。微程序控制器向执行部件发出的微命令就是通过微指令的操作控制字段发出的。

实现一条指令功能的若干条微指令的集合称为**微程序**，微程序中多条微指令的先后关系由微指令格式中的顺序控制字段决定。顺序控制字段包括判别测试字段和下址字段两部分。**判别测试字段**（图中 $P_0 \sim P_2$）指出微指令执行过程中需要测试的外部条件，如是否要根据指令译码进行微程序分支、进位、运算结果是否为零、是否是当前微程序的最后一条微指令等。**下址字段**存放的是下条微指令的地址，位宽与微程序规模有关，最终是否按照该地址执行微程序与判别测试结果有关。如果需要进行条件测试且测试条件成立，则会对下址字段给出的地址进行修改，实现微程序分支跳转，否则按下址字段取下一条微指令。

通常将取指周期的操作编制成一段公共的微程序——**取指微程序**，并将其存放在控制存储器 0 号地址单元开始的区域，系统上电时会自动从取指微程序开始执行。指令取出后再根据指令译码情况分支跳转到对应指令的微程序入口地址。微程序指令译码分支跳转是通过判别测试字段中的译码测试位 P_0 实现的，取指令微程序最后一条微指令的译码测试位 P_0 应设置为 1，P_0 为 1 表示并不需要检查其他状态条件，直接根据译码情况进行分支跳转。

综上所述，微指令是一种比较容易理解和设计的描述指令执行控制信号的方法，微程序的执行意味着控制一条指令执行所需要的控制信号按照一定的顺序（受微程序中微指令的执行顺序控制）依次被激活，这是一种软件时序调制。

3. 微指令周期

由于微指令存放在控存中，与指令执行类似，微指令只有从控制存储器中被读出后才能被执行。将取出并执行一条微指令所需的时间定义为**微指令周期**，简称**微周期**。在串行执行方式下，将一个微指令周期设计成与一个机器周期相同，这样就可以用一个机器周期时间来处理一条微指令。图 6.48 所示为一个机器周期处理一条微指令的时间分配。

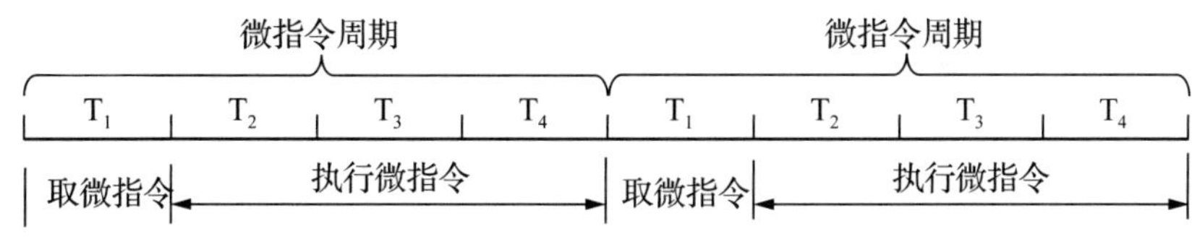

图 6.48 微指令周期

图 6.48 中一个机器周期包含 4 个节拍 T_1 ～ T_4，利用 T_1 节拍取微指令，T_2 ～ T_4 节拍执行一条微指令。现代时序中已经没有机器周期的概念了，所以微指令周期就是一个时钟周期，一条指令需要多少时钟周期其微程序就包含多少条微指令，本书主要介绍这种实现方案。

6.6.2 微程序控制器组成原理

1. 微程序控制器组成

图 6.49 所示为微程序控制器的组成框图。它主要由控制存储器、地址转移逻辑、微地址寄存器三大部分组成。

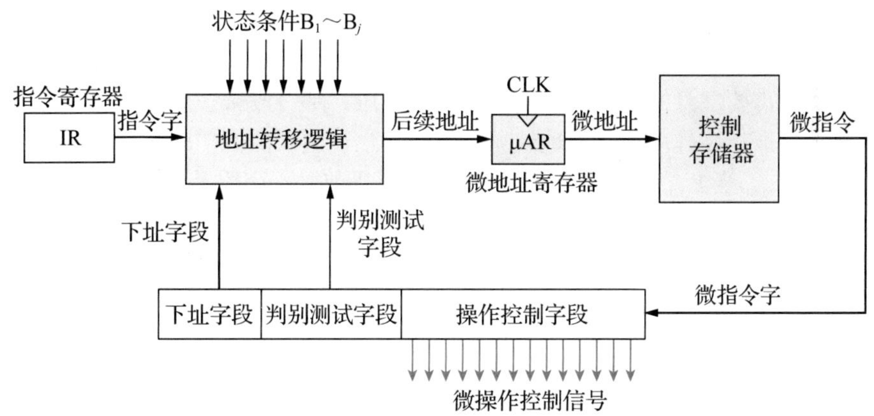

图 6.49 微程序控制器组成框图

（1）控制存储器

控制存储器用于存放全部指令的所有微程序。控制存储器的字长等于微指令的长度，其存储容量取决于指令系统，即等于所有指令的微程序包含的微指令数量。从控制存储器中取出的数据就是微指令字，微指令字包括操作控制字段、判别测试字段、下址字段 3 部分。操作控制字段经控制存储器取出后通过控制总线传输到所有执行部件的控点，控制相应部件进行适当的微操作；判别测试字段用于实现地址逻辑转移；下址字段用于指示即将访问的下一条微指令的地址。注意图中下方给出的微指令字只是用来表示指令格式的，并不是一个寄存器部件，它用于表示微指令字中不同字段送往不同部件。

（2）微地址寄存器

微地址寄存器 μAR 为控制存储器提供微指令地址，初始化时为 0，所以控制存储器 0 号单元应该为取指令微程序的第一条微指令，这样系统上电复位时计算机就可以访问控制存储器中的取指微程序并开始取指令的操作。μAR 输入来源为地址转移逻辑的输出。它靠时钟控制其地址更新，每一次时钟控制端的触发都会重新锁存新的微地址，从而取出并执行下一条微指令。在三级时序中，这个时钟控制端应在机器周期的最后一个节拍结束时触发；在现代时序中这个时钟控制端应该在当前时钟周期结束时触发。如果 CPU 中需要时序配合的控制信号是上跳沿有效，那么这里的时钟控制端就应该是下跳沿触发。

（3）地址转移逻辑

地址转移逻辑用于产生后续地址（下一条微指令的地址）。地址转移逻辑根据指令字的译码情况、外部状态条件、微指令判别测试字段、下址字段等共同决定微地址寄存器的输入，生成后续微指令的地址并送入 μAR，时钟触发到来时 μAR 更新为后续地址的值。后续微指令地址形成常用的方法有下址字段法和计数器法。

2. 后续微地址的形成

下址字段法中在微指令中设置专门的下址字段，又称为**断定法**。图 6.49 中采用的是下址字段法，当判别测试字段不符合待测试的状态条件时，由下址字段直接给出下一条微指令的地址；否则需要进行微程序分支。设计指令的微程序时要注意设置好下址字段的值，确定指令对应微程序的正确执行顺序。注意一段微程序的最后一条微指令的下址字段通常都是指向取指微程序的入口地址，以保证指令执行完毕后可再次进入取指令阶段。

计数器法和程序计数器 PC 的思路相同，如图 6.50 所示。微指令中不再包括下址字段部分，可有效减少微指令字长度，减少控制存储器容量开销。当判别测试字段不符合待测试的状态条件时，表示微程序按顺序执行，后继微指令地址由 μAR 加 1 得到；否则根据约定修改的 μAR 值实现微程序分支。需要注意的是，由于取消了下址字段，那一段微程序的最后一条微指令执行完毕后如何跳转到取指微程序的入口地址呢？此时应该在判别测试字段处额外增加一个结束微指令判别测试位 P_{end}，当 P_{end} 为 1 时表示当前微指令是当前微程序的最后一条微指令，由地址转移逻辑将取指令微程序入口地址送入微地址寄存器 μAR 中。所以这里虽然每条指令都去掉了下址字段，但还需要增加一个判别测试位 P_{end}，总体来说还是有效减少了控制存储器容量开销，但微程序必须存储在控制存储器中的连续存储单元中。

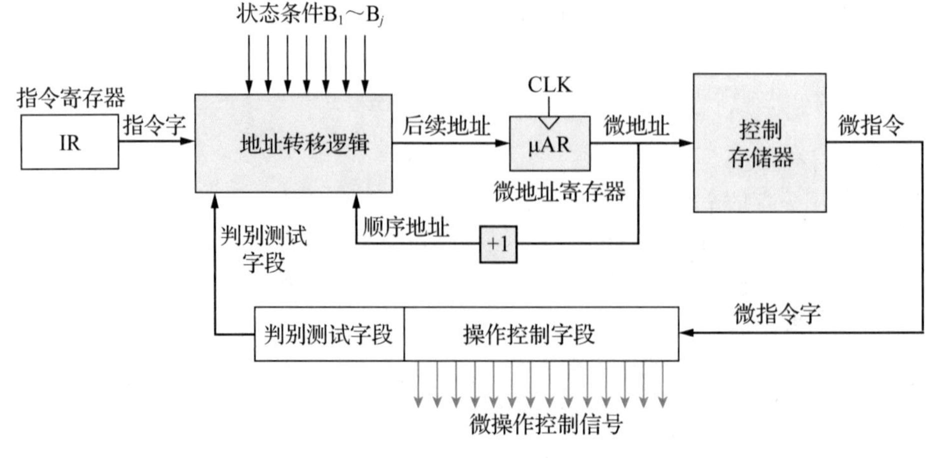

图 6.50　计数器法微程序控制器

3. 地址转移逻辑

微程序控制器中相对较为复杂的模块是地址转移逻辑，需要根据指令字、状态反馈条件、判别字段、下址字段给出后续地址。图 6.51 所示为下址字段法地址转移逻辑的一种实现方法，其中微程序入口查找逻辑将 IR 指令字直接转换成微程序入口地址。一旦微程序设计完毕，微程序入口地址就是固定的，只需列出所有指令字输入及其与微程序入口地址的对应关系，这部分电路就可以利用组合逻辑的设计方法进行设计。

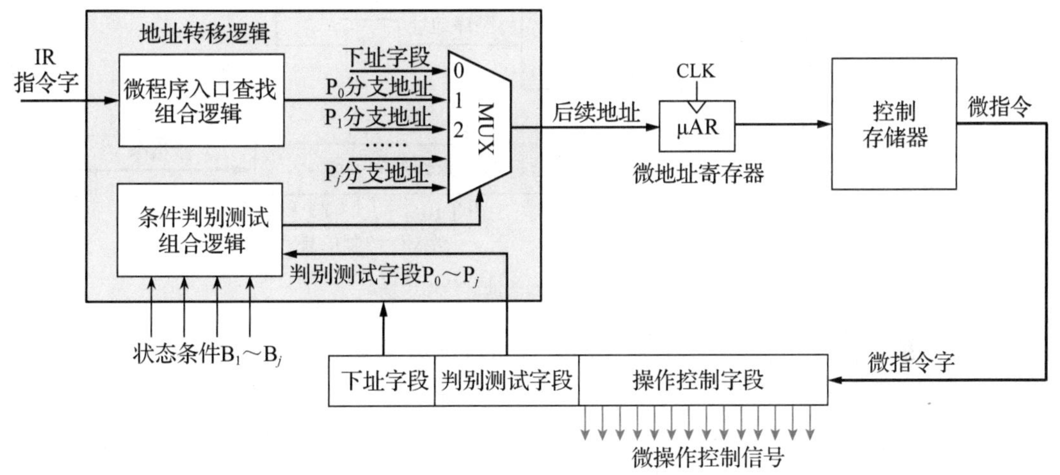

图 6.51　下址字段法地址转移逻辑

判别测试字段中的每一位均对应一个判别标志，其中译码测试位 P_0 比较特殊，其值为 1 代表微指令后续地址应该根据指令译码情况选择指令对应的微程序入口地址，也就是微程序入口查找组合逻辑输出的地址。除译码测试位 P_0 外，其他所有判断标志都会检测状态条件反馈信号中与之对应的状态条件是否成立，如判别测试条件成立微程序会分支跳转到预先设置的该判别标志的微程序分支地址处。

这样微地址寄存器 μAR 中输入的后续地址就包括根据机器指令字产生的微程序入口地址，根据判别测试条件产生的微程序分支地址，微指令字提供下址字段等多个输入。为此增设一个多路选择器，将所有可能的后续地址连接到多路选择器中输入，其中下址字段放在 0 号单元输出，输出后续地址送入微地址寄存器 μAR，多路选择器的选择控制端由条件判别测试逻辑根据判别测试字段和状态条件自动生成。条件判别测试逻辑也可以采用简单的组合逻辑电路，列出判别测试条件与输出选择信号之间的关系，设计起来也非常简单。

图 6.51 中，如果判别测试字段只包含 P_0 位，那么多路选择器就变成了二路选择器，选择控制信号就直接简化成了 P_0。当 P_0 为 1 时选择指令字对应的微程序入口地址作为后续地址；当 P_0 为 0 时选择微指令字中的下址字段作为后续地址。

图 6.52 所示为计数器法地址转移逻辑的一种实现方法，对比下址字段法，该方法下，微指令中不再设置下址字段，有利于减少微指令长度，默认下一条微指令的地址是通过 μAR+1 得到**顺序地址**并送入地址转移逻辑的，这就要求顺序执行的微指令存放在控制存储器的连续单元中。为了保证各指令对应微程序的最后一条微指令都能跳转到取指令微程序入口地址，判别测试字段必须增加一个结束微指令判别测试位 P_{end}，也可简写为 P_e。当 P_e 为 1 时表示当前微指令是微程序的最后一条微指令，这一条微指令执行完毕表示当前机器指令执行结束，当其他判别测试条件不成立时（如无中断请求），取指微程序地址 0 被送入 μAR；如存在中断请求，还需要进

入中断响应微程序。中断响应微程序的内容将在 6.7.3 小节中详细介绍。

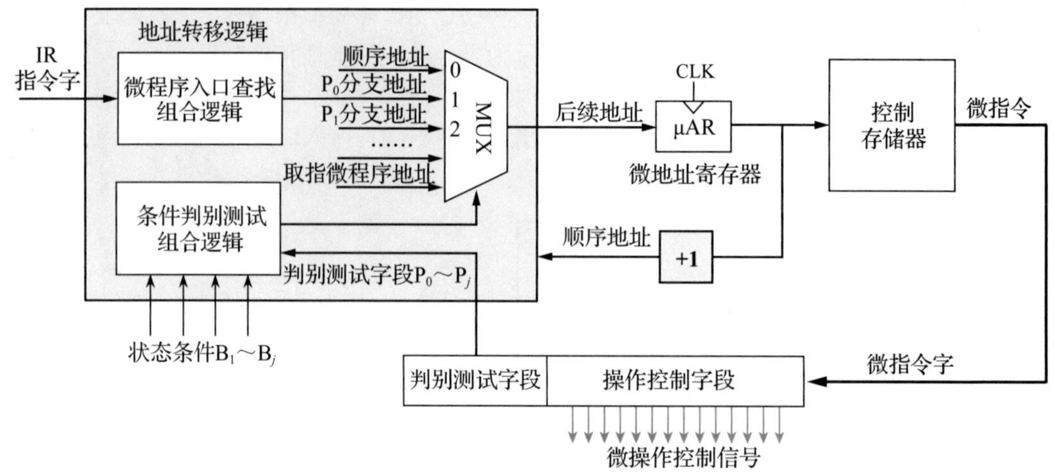

图 6.52　计数器法地址转移逻辑

当指令规模较大，判别测试条件较多时采用组合逻辑实现地址逻辑相对较为复杂，另外也不便于扩展。如果要增加判断测试条件，那么图 6.52 所示的多路选择器处还需要增加输入引脚。为了扩展方便，这里微程序入口查找逻辑和条件判别测试逻辑可以采用 ROM 实现。可以将指令译码情况编码成地址直接访问 ROM1 并取出微程序入口地址，将条件判别测试情况编码成地址直接访问 ROM2 并取出对应的微程序分支地址。这样多路选择器就只需要顺序地址、指令微程序入口地址、取指微程序入口地址 0、分支地址 4 个固定输入，如图 6.53 所示。具体选择哪一路作为微地址寄存器 μAR 的后续地址由条件判别测试逻辑给出。

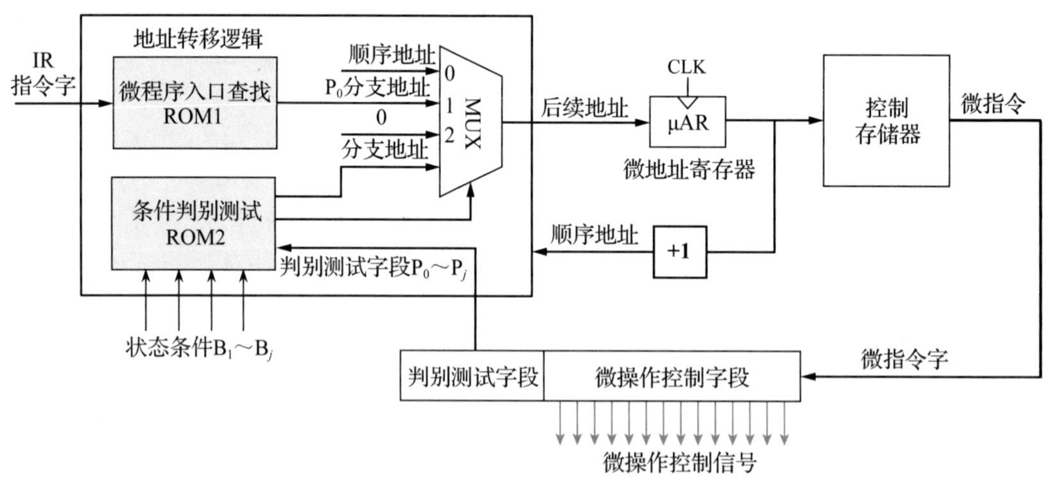

图 6.53　采用 ROM 实现的地址转移逻辑

6.6.3　微程序控制器设计

本小节以图 6.8 所示的单总线结构计算机框图为例，设计表 6.2 中的典型 MIPS32 指令的微程序。

1. 指令周期、数据通路设计

设计微程序之前，应该根据支持指令集的功能，给出每条指令的指令周期中不同时钟周期的数据通路以及对应的操作控制信号，这部分工作已经在6.3.2小节进行了详细论述，这里直接使用相应结果即可。

2. 微指令设计

图6.8所示的计算机包括22个控点，所以微指令的操作控制字段应该包括22位，每一位对应一个控制信号。另外beq指令需要使用条件状态寄存器PSW的equal标志，因此这里除了指令译码测试位 P_0 外，还需要设置一个 P_1 判别测试位来对应equal状态标志，如图6.54所示。而下址字段的长度与控制存储器的容量有关，以及与所有微程序的规模相关，这里暂定为5位，控制存储器最多能支持32条微指令。如果采用计数器法，则无须下址字段，但为保证不同微程序运行结束后都能返回取指微程序，需要增加一个结束微指令判别测试位 P_{end}。当该测试位为1，且没有其他状态测试条件满足时应返回取指微程序，此时微指令长度为25位，如图6.55所示。

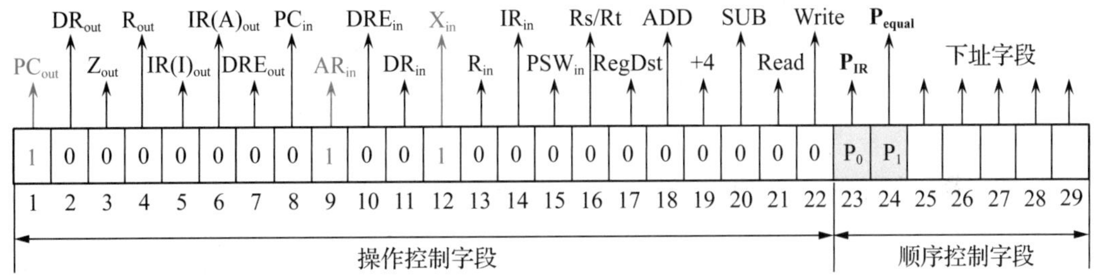

图6.54 下址字段法微指令格式

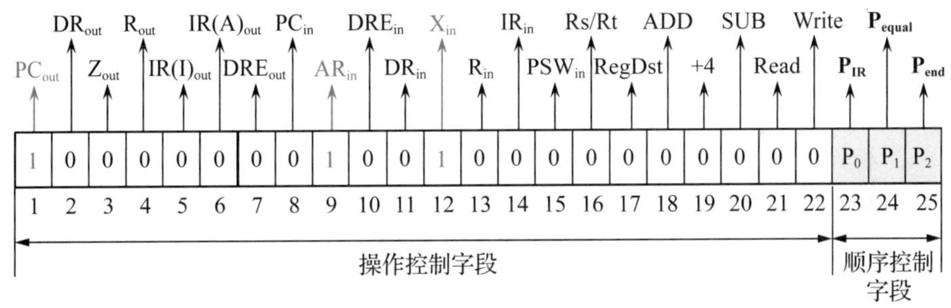

图6.55 计数器法微指令格式

3. 微程序设计

一条指令对应一段微程序，一段微程序又包括若干条微指令，假设一个微指令周期就是一个时钟周期，那么一个指令周期需要多少个时钟节拍就应该安排多少条微指令。具体构建微程序时可以参考图6.45所示的指令执行状态转换图，图中一个状态对应一个时钟周期，微操作控制信号的值仅与现态有关。控制存储器中的微指令可以和状态转换图中的状态一一对应，状态的编号值可以转换成微指令地址；而某一状态需要给出的微操作控制信号可以映射到对应微指令操作控制字段的控制信号位中；状态之间的切换关系可以对应微指令之间的执行顺序，用于设置判别测试字段以及下址字段。

（1）取指微程序

取指周期是所有指令的指令周期都需要经历的过程，是公操作，参考图6.45所示的状态转换图，取指令过程对应4个状态 $S_0 \sim S_3$，所以取指微程序也应包含4条微指令，存放在控制存储器的0～3号单元（微地址与状态编号一一对应）中。取指令过程状态切换路径是 $S_0 \rightarrow S_1 \rightarrow S_2 \rightarrow S_3$。如果采用下址字段法，0号微指令的下址应该是1，1号微指令的下址是2，

2 号应该是 3。S_3 状态根据指令译码情况进行分支，所以 3 号微指令下址字段无效，同时应该设置指令译码测试位 P_0 为 1，表明执行这条微指令时要根据指令译码情况进行微程序分支。取指微程序 4 条微指令的操作控制字段的值可以参考表 6.3 中取指令阶段 4 个时钟节拍的控制信号，具体如图 6.56 所示。注意图中仅给出了值为 1 的微命令，另外下址字段调整到左侧方便对比查看。

DR_{out} R_{out} $IR(A)_{out}$ PC_{in} DRE_{in} X_{in} IR_{in} Rs/Rt ADD SUB Write

PC_{out} Z_{out} $IR(I)_{out}$ DRE_{out} AR_{in} DR_{in} R_{in} PSW_{in} RegDst +4 Read

功能	微地址	下址	1	2	3	4	5	6	7	8	9	10	11	12	13	14	15	16	17	18	19	20	21	22	P_0	P_1
取指令	0	1	1								1			1												
	1	2																			1					
	2	3			1					1		1											1			
	3			1												1									1	

图 6.56　取指微程序（下址字段法）

（2）lw 指令微程序

lw 指令执行周期对应状态机中的 S_4 ～ S_8，状态切换顺序是 $S_4 \to S_5 \to S_6 \to S_7 \to S_8 \to S_0$，所以 lw 指令微程序包含 5 条微指令，应存放在控制存储器中的 4~8 号单元，各指令的下址字段也可以按状态切换的顺序进行安排，分别是 5、6、7、8、0。注意 lw 指令微程序最后一条微指令（8 号微指令）执行完毕后应该跳转回取指微程序，其下址字段应该是取指微程序的入口地址，这里设置为 0。lw 指令微程序包括的 5 条微指令的操作控制字段的值可以参考表 6.3 中计算阶段和执行阶段 5 个时钟节拍的控制信号，具体如图 6.57 所示。

DR_{out} R_{out} $IR(A)_{out}$ PC_{in} DRE_{in} X_{in} IR_{in} Rs/Rt ADD SUB Write

PC_{out} Z_{out} $IR(I)_{out}$ DRE_{out} AR_{in} DR_{in} R_{in} PSW_{in} RegDst +4 Read

功能	微地址	下址	1	2	3	4	5	6	7	8	9	10	11	12	13	14	15	16	17	18	19	20	21	22	P_0	P_1
lw	4	5				1								1												
	5	6					1													1						
	6	7			1						1															
	7	8										1											1			
	8	0		1											1											

图 6.57　lw 指令微程序（下址字段法）

（3）sw 指令微程序

sw 指令执行周期对应状态机中的 S_9 ～ S_{13}，包括 5 个时钟周期，状态切换顺序是 $S_9 \to S_{10} \to S_{11} \to S_{12} \to S_{13} \to S_0$。同理 sw 指令微程序应包含 5 条微程序，分别存放在控制存储器中的 9 ～ 13 号单元，下址字段以及控制信号设置如图 6.58 所示。

（4）beq 指令微程序

beq 指令比较特殊，在状态机中存在两条路径，当运算器状态寄存器 PSW 中的 equal 标志为 0 时，状态路径是 $S_{14} \to S_{15} \to S_0$，只需要两个时钟周期；当 equal 标志为 1 时，状态路径是 $S_{14} \to S_{15} \to S_{16} \to S_{17} \to S_{18} \to S_0$，需要 5 个时钟周期。beq 指令微程序在控制存储器中的地址是 14 ～ 18，但在 15 号微指令处需要进行微程序的条件分支判断。判别测试字段 P_1 代表 equal 测试，应设置为 1。执行 15 号微指令时，如果 equal 标志位为 0，则下址字段有效，下址字段应该设置为 0；如果 equal 为 1，应该将 P_1 位对应的分支目标地址 16 送入微地址寄存器 μAR，从而实现微程序的条件分支跳转，如图 6.59 所示。

			PC_{out}	DR_{out}	Z_{out}	R_{out}	$IR(I)_{out}$	$IR(A)_{out}$	DRE_{out}	PC_{in}	AR_{in}	DRE_{in}	DR_{in}	X_{in}	R_{in}	IR_{in}	PSW_{in}	Rs/Rt	RegDst	ADD	+4	SUB	Read	Write		
功能	微地址	下址	1	2	3	4	5	6	7	8	9	10	11	12	13	14	15	16	17	18	19	20	21	22	P_0	P_1
sw	9	10				1								1												
	10	11					1													1						
	11	12			1						1															
	12	13				1							1					1								
	13	0							1															1		

图 6.58　sw 指令微程序（下址字段法）

			PC_{out}	DR_{out}	Z_{out}	R_{out}	$IR(I)_{out}$	$IR(A)_{out}$	DRE_{out}	PC_{in}	AR_{in}	DRE_{in}	DR_{in}	X_{in}	R_{in}	IR_{in}	PSW_{in}	Rs/Rt	RegDst	ADD	+4	SUB	Read	Write		
功能	微地址	下址	1	2	3	4	5	6	7	8	9	10	11	12	13	14	15	16	17	18	19	20	21	22	P_0	P_1
beq	14	15				1								1												
	15	0				1											1	1								1
	16	17	1											1												
	17	18						1												1						
	18	0			1					1																

图 6.59　beq 指令微程序（下址字段法）

（5）add、addi 指令微程序

add、addi 指令执行周期都只需要 3 个时钟节拍，所以均只需要 3 条微指令，对应微程序的设计方法和前面几条指令类似，这里不再赘述。对应微程序具体控制信号设置可以参考表 6.6、表 6.7，最终微程序如图 6.60 所示。

			PC_{out}	DR_{out}	Z_{out}	R_{out}	$IR(I)_{out}$	$IR(A)_{out}$	DRE_{out}	PC_{in}	AR_{in}	DRE_{in}	DR_{in}	X_{in}	R_{in}	IR_{in}	PSW_{in}	Rs/Rt	RegDst	ADD	+4	SUB	Read	Write		
功能	微地址	下址	1	2	3	4	5	6	7	8	9	10	11	12	13	14	15	16	17	18	19	20	21	22	P_0	P_1
add	19	20				1								1												
	20	21				1												1		1						
	21	0			1										1				1							
addi	22	23				1								1												
	23	24					1													1						
	24	0			1										1											

图 6.60　add、addi 指令微程序（下址字段法）

根据前面的分析，最终要设计的 5 条指令对应的微程序共包括 25 条微指令，其中取指微程序是所有指令共用的，需要的微地址为 5 位，所以微指令字长应该是 22+2+5=29 位，控制存储器容量为 $2^5 \times 29$ 位。

如果采用计数器法来设计微指令，可以去掉下址字段，但必须增加一个结束微指令判别测试位 P_{end}，用于表示当前微指令是微程序的最后一条，下一条应该进入取指微程序。这样微指令的字长就变成了 25 位，相比下址字段法减少 4 位，微程序容量减少 100 位，如图 6.61 所示。注意 lw 指令微程序最后一条微指令的 P_{end} 设置为 1，另外 beq 指令微程序的 15 号和 18 号微指令都有可能是最后一条微指令，所以对应微指令 P_{end} 都应该设置为 1。

功能	微地址	1	2	3	4	5	6	7	8	9	10	11	12	13	14	15	16	17	18	19	20	21	22	P_0	P_1	P_{end}
取指令	0	1								1			1													
	1																			1						
	2			1					1		1											1				
	3		1												1									1		
lw	4				1								1													
	5					1													1							
	6			1						1																
	7										1											1				
	8		1											1												1
beq	14				1								1													
	15				1											1	1								1	1
	16	1											1													
	17						1												1							
	18			1					1																	1

图 6.61　计数器法控制存储器中的微程序

最后总结一下微程序控制器的设计流程。

① 分析指令执行的数据通路，列出每条指令在所有寻址方式下的执行操作流程和每一步需要的控制信号。

② 对指令的操作流程进行细化，将每条指令的每个微操作分配到具体的机器周期的各个时间节拍信号上。

③ 以时钟周期为单位构建指令执行状态图。

④ 设计微指令格式、微命令编码方法。

⑤ 根据指令执行状态图编制每条指令的微程序，按照状态机组织微程序并存放到控制存储器中。

⑥ 根据微程序组织方式构建微程序控制器中的地址转移逻辑，微地址寄存器 μAR、控制存储器之间的通路，实现微程序控制器。

微程序控制器因为需要频繁访问控制存储器，其性能相对硬布线控制器来说较差，但其设计更加规整，实现容易。现代微程序控制器均采用可写的控制存储器，以方便修改、扩展指令功能，甚至可修复处理器存在的出厂故障，如 Intel Core 2 、Intel Xeon 处理器都发生过类似的问题。微程序控制器适合 CISC 等功能较复杂的系列计算机，如 x86、IBM S/360、DEC VAX 等。而硬布线控制器执行速度快，但设计复杂、成本高、不便于修改，适合 RISC 系列计算机，如 MIPS，ARM、RISC-V 等。

6.6.4　微指令及其编码方法

1. 微命令编码方法

微命令的编码方法也就是微指令中操作控制字段采用的表示方法。常见的微命令编码方法有：直接表示法、编码表示法及混合表示法 3 种。

（1）直接表示法

直接表示法的基本思想是：将微指令操作控制字段的每个二进制位定义为一个微命令，用“1”或“0”表示相应的微命令的“有”或“无”；一条微指令从控制存储器中取出时，它所包含的微命令可直接用于控制数据通路中的执行部件。

这种方法的优点是简单、微操作的并行能力强、操作速度快；缺点是微指令过长，一般来说，有多少个微命令，微指令的操作控制字段就需要多少位。较为复杂的计算机系统微命令可能有上百个，此时就需要采用其他方法来缩短微指令字。

（2）编码表示法

编码表示法又称**字段译码法**，该方法将微指令格式中的互斥性微命令分成若干组，一个组对应一个字段，各组的微命令信号均是互斥的，各字段通过译码器生成微命令信号，经时间同步后再去控制相应数据通路中的部件。注意顺序控制字段的判别测试条件往往也是互斥的，所以该字段也可以采用编码的方式。图 6.62 所示为编码表示法示意图。

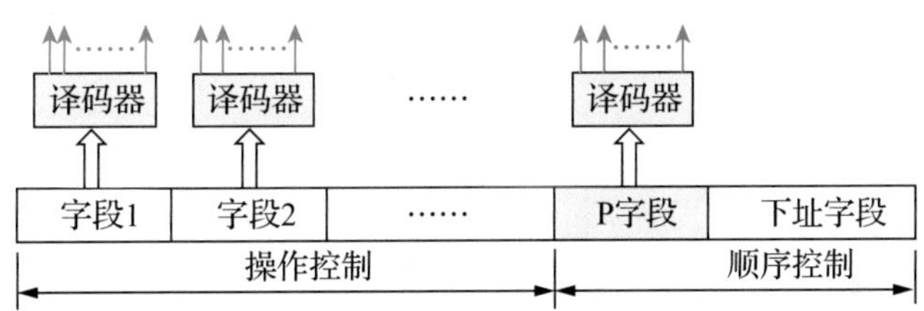

图 6.62　编码表示法示意图

编码表示法的优点是能有效缩短微指令的字长，缺点是译码器略微降低了微指令的执行速度，目前编码表示法在微程序控制器设计中应用较多。需要特别说明的是，每个译码器的输出状态中需要预留一个状态，表示当前微指令不使用本组互斥性微命令中的任何一个。这种情况是客观存在的，因为并不是每条微指令都会用到每个分组中的微命令。所以当微指令的某字段为 3 位时，最多只能表示 7 个互斥性的微命令。

（3）混合表示法

将直接表示法与编码表示法混合使用，以便在微指令字长、并行性及执行速度和灵活性等方面进行折中，发挥它们的共同优点。

例 6.6　某微指令为 24 位字长，采用混合控制法。其中 23 ~ 15 位用直接表示法；14 ~ 5 分为 A、B、C 三组，均采用编码表示法，C 组除表示 4 种控制转移的判别测试 P_1 ~ P_4 外，其余均用于表示微命令，各字段的位数分配如图 6.63 所示，回答如下问题。

23	22	21	20	19	18	17	16	15	14	13	12	11	10	9	8	7	6	5	4	3	2	1	0
直接表示法									A			B			C				下址字段				

图 6.63　各字段的位数分配

（1）该格式的微指令最多可表示多少种微命令？

（2）一条微指令中可同时出现的微命令最多可以有多少个？

（3）控制存储器的最大容量是多少？

解：（1）采用直接表示法的微命令有 9 个，A 和 B 两组经译码后各可表示 7 个微命令，C 字段的微命令个数为 15-4=11 个，所以该格式微指令最多可表示的微命令数目为 9+7+7+11=34 个。

（2）采用编码表示法时每个字段最多只能使用一个微命令，该微指令有 3 个字段采用了编码表示法，故图 6.63 中的一条微指令中最多可同时出现的微命令个数为 9+1+1+1=12 个。

（3）微指令中下址字段的位数决定了控制存储器的可寻址范围，这里应该是 2^5=32 个地址单元，微指令字的位宽决定了控制存储器的位宽，该格式所需的控制存储器的最大容量为 32×24 位，即控制存储器最多有 32 个 24 位存储单元。

2. 微指令的格式

微指令的格式直接影响微程序控制器的结构、控制存储器的容量及执行速度，以及微程序的编制。微程序设计分为**水平型与垂直型**两类，与此相对应，微指令的格式也有水平型与垂直型之分。

（1）水平型微指令

在一个微指令周期内能同时给出多个微命令的微指令称为水平型微指令。由此可见，微指令操作控制字段采用直接表示法、编码表示法及混合表示法的微型指令都属于水平型微指令，对应的水平型微指令分别称为全水平型、编码水平型和混合水平型微指令。图 6.47 所示的就是一种常用的全水平型微指令格式。

（2）垂直型微指令

垂直型微指令采用完全编码方法，将全部微命令代码化。这种垂直型微指令类似于机器指令的编码方式，一条垂直型微指令包含微操作码字段和地址码字段。以图 6.8 所示的 lw 指令为例，如果采用三级时序，其指令周期为 3 个机器周期，对应 3 条水平型微指令。如果采用现代时序，则需要 9 条水平型微指令。如果采用垂直型微指令及类似 x86 的汇编指令来描述各时钟节拍的微操作，其具体格式及功能说明如表 6.16 所示。

表 6.16　垂直型微指令格式与功能

垂直型微指令	类型	指令格式	功能说明
MOV AR,PC	寄存器传送	双操作数	PC→AR，将 PC 内容送入 AR
ADD 4	运算控制	单操作数	X+4→Z，X 寄存器自增，这里操作数 X 和 Z 都是隐藏操作数
ADD DATA	运算控制	单操作数	X+DATA→Z，操作数 DATA 通过内总线送入 ALU 进行加法运算
SUB DATA	运算控制	单操作数	X-DATA→Z，操作数 DATA 通过内总线送入 ALU 进行减法运算
LOAD	主存传送	零操作数	M[AR]→DR，利用 AR 中的地址访存并将数据送入 DR 寄存器
STORE	主存传送	零操作数	DR→M[AR]，将 DR 寄存器的值写入 AR 的主存地址单元中
BRANCH P_0	条件转移	单操作数	根据判别测试位 P_0 的值进行微程序分支
BRANCH P_{end}	条件转移	单操作数	跳转到取指微程序入口地址

垂直型微指令的具体指令格式也可以像机器指令一样进行格式编码，如果按扩展指令格式设计，以上的垂直型微指令最多只需要 13 位指令字即可实现（其中寄存器地址 6 位，可访问 32 个通用寄存器及其他控制器中的寄存器）；相比水平型微指令，可大大缩短微指令的字长，也更便于理解。

垂直型微指令按功能可分为寄存器传送型、运算控制型、主存传送型、条件转移型、移位控制型等不同的类型。垂直型微指令的每条微指令只控制 1 到 2 个微操作。其微指令结构简单规整、字长短、易于编制微程序。它的最大缺点是编制的微程序较长，不能充分利用数据通路固有的并行性，几乎没有并行操作能力，故执行效率低。图 6.8 中的 lw 指令微程序如果采用水平型微指令需要 9 条微指令，若采用下址字段法微程序容量为 9×29=261 位；若采用计数器法微程序容量为 9×25=225 位；如果继续采用编码法微程序容量为 9×20=180 位。但采用垂直型微指令需要 13 条微指令，如表 6.17 所示，lw 微程序容量为 13×13=169 位。其相比水平型微指令有优势，但原本在水平型微指令中可以并发的微操作现在需要多条垂直型微指令串行执行才能完成，并发性大大降低，程序效率较低。

表 6.17　lw 微程序垂直型微指令举例

周期	节拍	操作	垂直微指令
取指 M_{if}	T_1	PC → AR; PC → X	MOV AR, PC MOV X, PC
	T_2	X+4 → Z	ADD 4
	T_3	Z → PC; M[AR] → DR	MOV PC, Z LOAD
	T_4	DR → IR	MOV IR, DR **BRANCH P_0**
计算 M_{cal}	T_1	R[rs] → X	MOV X, R[rs]
	T_2	IR(I)+X → Z	ADD IR(I)
执行 M_{ex}	T_1	Z → AR	MOV AR, Z
	T_2	M[AR] → DR	LOAD
	T_3	DR → R[rt]	MOV R[rt], DR **BRANCH P_{end}**

水平型微指令的特点是：微指令编制的微程序短，执行效率高，能充分利用数据通路固有的并行性，有较高的并行操作能力。水平型与垂直型之间之所以产生这种差别，其主要原因是水平型微指令是面向数据通路的描述，而垂直型微指令是面向操作算法的描述。垂直型微指令的设计思想在 Pentium4 和安腾系列计算机设计中得到了应用，但由于性能问题目前基本被淘汰。

6.7　异常与中断处理

及时处理 CPU 内部异常和外部中断请求是控制器的重要功能之一。当一条指令执行结束时，要进行异常和外部中断请求的判断；如果存在异常或中断请求，需要进入异常或中断响应过程，主要任务是保存断点和程序状态、识别异常事件或中断源并进入相应的服务程序进行处理。

6.7.1　异常与中断的基本概念

异常（Exception）通常是指 CPU 内部引起的异常事件，也称为**内部中断**或软件中断，可进一步分为故障（Fault）、自陷（Trap）、终止（Abort）3 种。

故障（Fault）通常是由指令执行引起的异常，如未定义指令、越权指令、段故障、缺页故障、存储保护违例、数据未对齐、除数为零、浮点溢出、整数溢出等。对于可恢复的故障（如数据缺页），可以由操作系统进行页面调度修复故障，再回到发生缺页故障的指令继续执行，此时的断点是当前指令而不是下一条指令。对于不可恢复的故障，如未定义指令、越权指令等，由操作系统终止当前进程的执行。

自陷（Trap）是一种事先安排的“异常”事件，通过在程序中显式地调用自陷指令触发自陷异常，用于在用户态下调用操作系统内核程序，如系统调用、条件陷阱指令。常见的如 x86 中的 int 指令，MIPS 中 syscall、teq、teqi、tne、tnei 指令等。在单步调试模式下每条普通指令都可以作为自陷指令产生自陷异常，自陷异常是由自陷指令执行触发的，类似函数调用，不存在程序断点，执行这些指令就会无条件或有条件地调用操作系统内核程序并执行，执行完毕后返回自陷指令的下一条指令执行。

终止（Abort）是指随机出现的使得 CPU 无法继续执行的硬件故障，和具体指令无关。如机器校验错、总线错误、异常处理中再次异常的双错等。此时当前程序无法继续执行，只能终止执行，由异常服务处理程序来重启系统。

外部中断（Interrupt）是指由外部设备向 CPU 发出的中断请求（如鼠标点击、按键动作等），要求 CPU 暂停当前正在执行的程序，转去执行为某个外部设备事件服务的中断服务程序，处理完毕后再返回断点继续执行。注意外部设备中断的时机是一条指令结束后，指令结束时需要查询是否有外部中断请求。外部中断来自 CPU 外部，与具体指令无关，是随机事件。

需要特别说明的是，不同计算机体系结构以及不同的教材对“中断”和“异常”的定义不尽相同。如 MIPS CPU 体系结构中把两者都称为异常；x86 CPU 中则把两者都称为中断，其中把来自 CPU 内部的中断称为内部中断或软件中断，而把来自 CPU 外部的中断称为“外部中断”或硬件中断；还有的计算机系统用中断泛指中断和异常。

6.7.2 异常与中断处理过程

异常与中断的处理方式基本一致，不同的计算机体系结构和不同教材对异常和中断的定义也不尽相同，为方便描述，后文统一称为中断（Interrupt）。当发生中断事件时，CPU 接收到中断请求，在指令执行结束时 CPU 要进入中断响应周期进行响应处理。当然也有例外，例如产生故障异常的指令并没有执行完毕，但必须立即进行中断响应。中断响应周期内的主要任务是关中断、保存断点和中断识别。

（1）**关中断**的目的是临时禁止中断请求，是为了在中断响应周期以及中断服务程序中保护现场操作的完整性，只有这样才能保证中断服务程序执行完成后能返回断点正确执行。关中断类似操作系统的 PV 操作中的 P 操作；而开中断类似 V 操作。在单级中断中只有中断返回时才需要开中断；而在多级嵌套中断中完成现场保护后就可以通过指令开中断，方便中断嵌套。

（2）**保存断点**就是保存将来返回被中断程序的位置，对于已经执行完毕的指令，其断点是下一条指令的位置（注意有可能不是顺序指令地址）；对于缺页故障、段错等执行指令引起的故障异常，由于指令并没有执行，因此断点应该是异常指令的 PC 值。为了支持多级嵌套中断，通常会将断点放置在内存堆栈中进行保护，如 x86 计算机系统；而 MIPS 中是先将断点存放到异常指令地址寄存器 EPC 中，再在中断服务程序中将其作为现场进行压栈保护。

（3）**中断识别**的主要任务就是根据当前的中断请求识别出中断来源，也就是识别出发生了什么中断，并将对应中断的中断服务程序入口地址送入程序计数器 PC，中断识别的方法将在最后一章具体介绍。

中断响应周期内的操作都是由硬件实现的，整个响应周期是不可被打断的。中断响应周期结束后 CPU 就开始从当前 PC 中取出中断服务程序的第一条指令开始执行，直至中断返回；这部分任务是由 CPU 通过执行中断服务程序完成的，是由软件实现的，整个中断处理过程是软、硬件协同实现的。下面主要讨论支持中断处理的 CPU 设计。

6.7.3　支持中断的 CPU 设计

1. 数据通路升级

仍然以图 6.8 所示的单总线结构计算机框图为例，该计算机运行表 6.2 所示的几条典型 MIPS32 指令，如需要支持中断机制，必须增加相关的中断功能部件和数据通路。

在 MIPS 指令系统中，与中断相关的寄存器主要包括异常指令地址 EPC 和中断使能位 IE，其中 EPC 用于保存断点，断点有可能是异常指令地址 PC 的值，也有可能是下一条指令的地址。由于 EPC 需要和 PC 之间进行数据交换，因此这里将 EPC 直接挂接在内总线上，引入两个控制信号 EPC_{in}、EPC_{out}，具体功能见表 6.18。IE 为中断使能位，值为 1 时开中断，值为 0 时关中断，包括置位信号 STI 和复位信号 CLI。这两个寄存器均属于 MIPS 中 CP0 协处理器的寄存器，它们不能像通用寄存器那样直接被汇编指令访问。关于 CP0 协处理器，有兴趣读者可以自行查阅相关资料。

另外还需要增加相关的中断控制逻辑，用于进行中断优先级处理和中断识别。假设 CPU 支持 4 个外部中断请求信号，分别是 A、B、C、D，由中断控制逻辑进行优先级仲裁输出优先级最高的中断源的编号（中断号），根据中断号可以寻找中断程序入口地址。这里为了便于理解，用一个多路选择器选择 4 路固定的地址，当然实际实现时地址不可能固定，有可能是通过中断向量表访问存储器得到的。具体中断识别的方法将在第 9 章进行详细介绍。

4 个中断源 A ～ D 中只要有一个发出请求，就会生成中断请求信号，与中断使能寄存器 IE 进行逻辑与后送入操作控制器。如果 IE=0，操作控制器将接收不到任何中断请求，这也就意味着 CPU 关闭了中断请求；如果 IE=1，则外部中断请求可以送达操作控制器。新增这些功能部件后的计算机框图如图 6.64 所示。

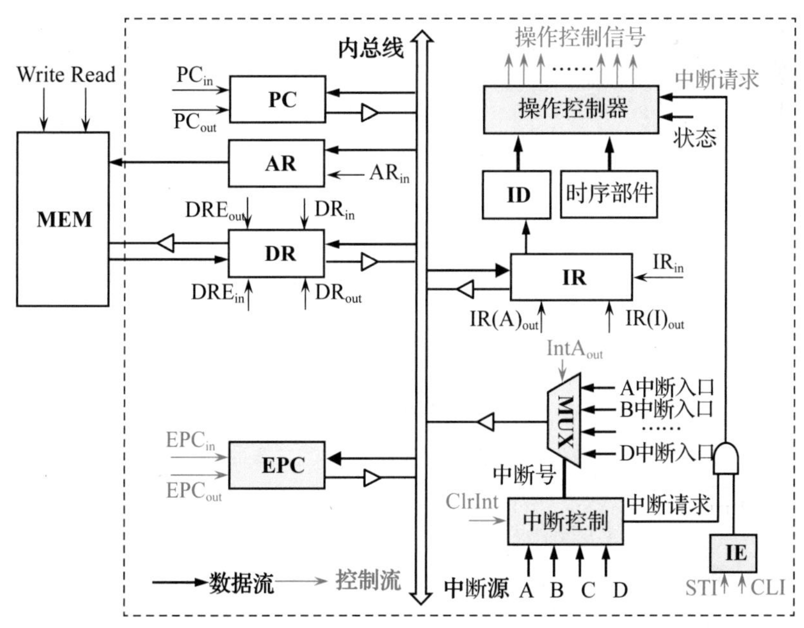

图 6.64　支持中断的单总线结构的计算机框图

为了便于绘图，图中隐藏了 ALU 和寄存器堆部件，另外新增的与中断控制相关的控制信号及其作用如表 6.18 所示。

表 6.18　中断控制信号及其作用

序号	控制信号	作用说明
1	EPC_{in}	控制 EPC 接收来自内总线的数据，需配合时钟控制
2	EPC_{out}	控制 EPC 向内总线输出数据
3	STI	开中断，将中断使能寄存器置 1，操作控制器可以接收中断请求
4	CLI	关中断，将中断使能寄存器置 0，操作控制器将接收不到任何中断请求
5	$IntA_{out}$	将中断服务程序地址输出到内总线
6	ClrInt	清除当前正在响应的中断请求

增加了相关的中断控制逻辑和功能部件后，就可以对图 6.64 所示的控制器进行改造，这里我们分别讨论对硬布线控制器和微程序控制器的升级改造。

2. 操作控制器升级

（1）三级时序硬布线控制器升级

以图 6.41 所示的变长指令周期的三级时序状态为例，要让 CPU 能支持中断，在指令执行周期结束后应该增加一个**中断响应周期 M_{int}**，中断响应周期的主要任务是关中断、保存断点、中断识别。中断响应周期只需要两个时钟周期，第一个时钟周期可以进行关中断和保存断点的操作，关中断只需要给出 CLI 信号即可；保存断点需要将当前 PC 的值送入 EPC，可以通过内总线进行数据传输。第二个时钟周期完成中断识别的操作，由中断控制逻辑完成，只需将当前中断程序入口地址送入 PC，给出 $IntA_{out}$ 和 PC_{in} 信号即可实现对应数据通路。中断响应周期的操作及控制信号如表 6.19 所示。当中断入口地址送入 PC 后，CPU 就可以开始新一轮的取指令、执行指令的操作了。

表 6.19　中断响应周期的操作及控制信号

周期	节拍	操作	功能说明	控制信号
中断	T_1	0 → IE　PC → EPC	关中断，同时将 PC 值送入 EPC 寄存器中保存	$CLI=PC_{out}=EPC_{in}=1$
M_{int}	T_2	中断程序入口 → PC	将要响应的中断对应的中断程序入口送入 PC	$IntA_{out}=PC_{in}=1$

要实现中断响应周期只需要对图 6.41 所示的变长指令周期三级时序状态机进行修改即可。当状态机运行到 M_{ex} 机器周期的最后一个节拍 T_3，也就是 S_8 时，进入公操作，操作控制器判断是否存在中断请求。如果中断请求位为 0，表明当前没有中断请求需要响应，时钟到来时直接进入 S_0 状态开始取指周期；如果中断请求位是 1，表明当前有中断请求需要响应，S_8 状态在时钟到来时进入 S_9 状态，也就是中断响应周期 M_{int} 的第一个时钟周期，开始关中断和保存断点的工作。S_9 状态结束后进入 S_{10}，进行中断识别的操作，将中断服务程序入口地址送入 PC，时钟到来后进入 S_0 开始取指令，也就是执行中断服务程序的工作。修改后的时序状态机如图 6.65 所示。

有了时序状态机，就可以设计时序产生器，但要支持中断还需要软件指令的支撑。要实现最简单的单级中断，至少需要增加中断返回指令 eret；如果实现多级嵌套中断，还需要增加对 EPC 寄存器进行堆栈保护的开中断、关中断的 MFC0、MTC0 指令。这里仅以单级中断为例。

eret 指令是无操作码指令，主要功能是将 EPC 中保存的断点送回 PC 同时开中断。要完成这个操作需要将 EPC 的值经内总线送入 PC，给出 EPC_{out}、PC_{in} 及开中断 STI 信号即可。注意中断返回时还需要给出 ClrInt 信号来清除当前中断请求信号，相关操作可在一个时钟周期内完成，具体操作及控制信号如表 6.20 所示。

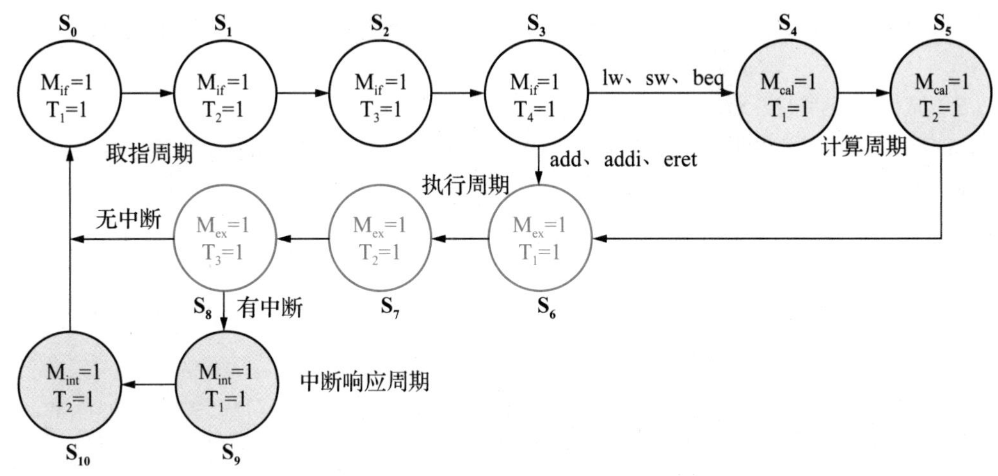

图 6.65　支持中断的变长指令周期三级时序状态机

表 6.20　eret 指令执行周期的操作及控制信号

周期	节拍	操作	功能说明	控制信号
执行 M_{ex}	T_3	EPC → PC 1 → IE	恢复断点，将 EPC 送 PC，同时开中断	$EPC_{out}=PC_{in}=STI=ClrInt=1$

基于新增的与中断相关的数据通路和控制信号，再根据 6.5.1 小节、6.5.2 小节的方法就可以设计支持中断的硬布线控制器，这里不再赘述。

（2）现代时序硬布线控制器升级

和三级时序硬布线控制器升级类似，现代时序硬布线控制器的升级也首先需要修改硬布线控制器中的状态机，这里同样对 6.5.4 小节中的图 6.45 所示的状态机进行修改。首先需要增加 eret 指令的支持，该指令执行只需要一个时钟周期，所以在 S_3 的指令译码分支后可以增加一个 S_{25} 状态来表示 eret 指令的执行周期，S_{25} 状态执行完毕后进入公操作。所有指令的最后一个状态都会进入公操作判断是否有中断请求，如不存在中断请求，直接进入取指令阶段的 S_0 状态；如果存在中断请求，则进入 S_{26} ～ S_{27} 的中断响应周期，如图 6.66 所示。

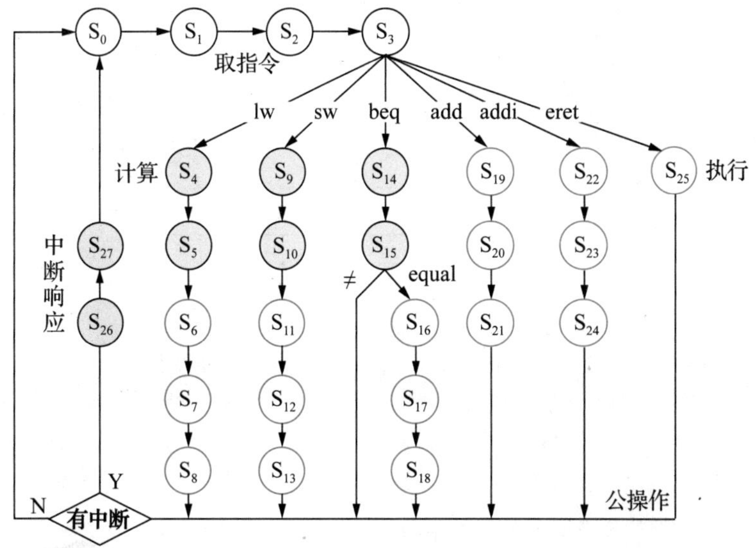

图 6.66　支持中断的现代时序状态机

完成了核心状态机的修改后同样可以根据 6.5.4 小节的方法设计支持中断的现代时序硬布线控制器。

（3）微程序控制器升级

图 6.66 所示的支持中断的状态机也可以采用微程序方式实现。对于新增的 S_{25} 状态，需要用一条微指令来实现 eret 指令的功能；对于新增的中断响应周期的 S_{26} ～ S_{27} 两个状态，也需要增加两条实现中断响应操作的微指令，也就是**中断响应微程序**。另外指令执行完毕要进行中断判断，所以不论是采用下址字段法还是采用计数器法，都必须增加一个结束微指令判别测试位 P_{end}。P_{end} 用来标记当前微指令为最后一条微指令，并根据中断测试条件进行分支，操作控制字段也需要增加 6 位与中断相关的微命令，具体如图 6.67 所示。

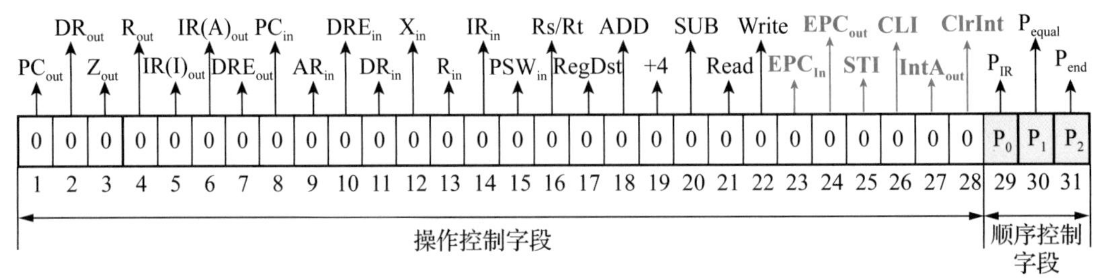

图 6.67　支持中断的微指令格式

如果 P_{end} 为 1 且控制器收到中断请求，没有别的分支需要执行（如 beq 指令在 S_{15} 状态时 equal 标志为 1），就可以将判别测试位 P_{end} 对应的微程序分支地址，也就是中断响应微程序的入口地址送入微地址寄存器 μAR。图 6.68 所示为支持中断的微程序控制器原理图，图中选择中断响应微程序入口地址送入 μAR 的控制逻辑应该是 P_{end}&IntR&~(P_{equal}&equal)，其中 IntR 为中断请求信号，选择下址字段的逻辑应该是 P_{end}&~IntR。

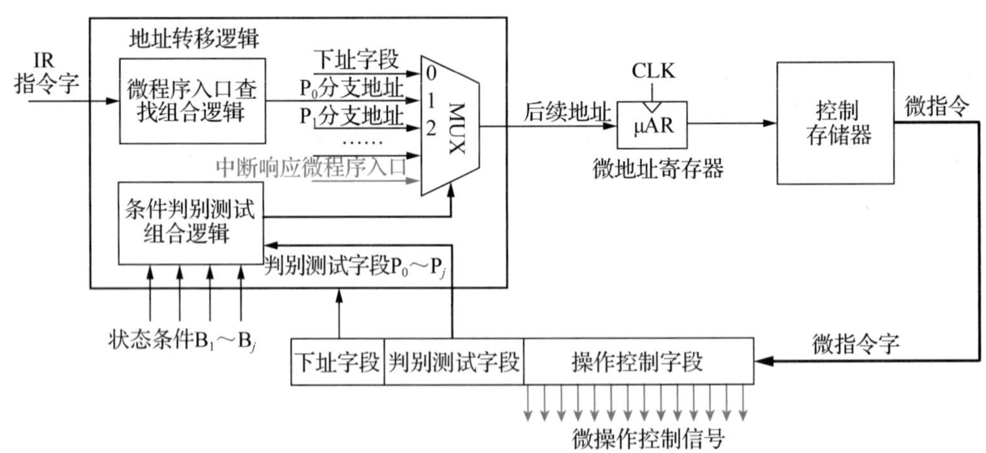

图 6.68　支持中断微程序控制器原理图

重新设计微指令、编写微程序并修改微程序控制器的地址转移逻辑后，对应的微程序控制器就可以支持中断机制了。

3. 中断服务程序

中断机制是软、硬件协同的机制，以上介绍的内容都是 CPU 为了支持中断机制而进行的硬件修改和扩充，有了硬件的支持，还需要为特定的中断请求撰写不同的中断服务程序，并设置维护好中断入口地址，保证 CPU 能进行正确的中断识别。中断服务程序主要包括 4 个步骤：**保护现场、中断服务、恢复现场、中断返回**。

保护现场主要是将中断服务程序中会被改写的寄存器通过压栈的方式保存到内存堆栈中，以保证被中断的程序在执行完中断服务程序之后还能正确执行。注意这里的现场和普通函数调用中的调用者保存寄存器不完全相同，因为中断服务程序中并没有被调用者，所以凡是会被改写破坏的寄存器都需要作为现场并受到压栈保护，例如程序状态字、多级嵌套中断时的 EPC、其他会被改写的通用寄存器等。保护现场后就可以进入中断服务阶段进行中断处理，完成中断服务后要恢复现场，然后执行中断返回指令 eret 进行中断返回。需要注意的是，多级嵌套中断在进入中断服务阶段之前要先开中断，以保证中断服务程序还可被中断。另外为保证恢复现场的完整性，恢复现场之前要先关中断，单级中断由于中断响应周期就做关中断处理了，因此无须进行此操作。

习题 6

6.1　解释下列名词。

指令周期　数据通路　机器周期　时钟周期　同步控制　异步控制　单周期处理器　多周期处理器　时序发生器　硬布线控制器　微命令　微操作　公操作　相容性微命令　互斥性微命令　微指令　微程序　取指微程序　微指令周期　微程序控制器　控制存储器　水平型微指令　垂直型微指令　指令异常　故障异常　自陷异常　中断响应微程序

6.2　选择题（考研真题）。

（1）[2010] 下列寄存器中，汇编语言程序员可见的是________。

A. 存储器地址寄存器（MAR）　　B. 程序计数器（PC）
C. 存储器数据寄存器（MDR）　　D. 指令寄存器（IR）

（2）[2019] 某指令功能为 R[r2] ← R[r1]+M[R[r0]]，其两个源操作数分别采用寄存器、寄存器间接寻址方式。对于下列给定部件，该指令在取数及执行过程中需要用到的是________。

Ⅰ. 通用寄存器组（GPRs）　　Ⅱ. 算术逻辑单元（ALU）
Ⅲ. 存储器（Memory）　　Ⅳ. 指令译码器（ID）

A. 仅Ⅰ、Ⅱ　　B. 仅Ⅰ、Ⅱ、Ⅲ　　C. 仅Ⅱ、Ⅲ、Ⅳ　　D. 仅Ⅰ、Ⅱ、Ⅳ

（3）[2016] 某计算机主存空间为 4 GB，字长为 32 位，按字节编址，采用 32 位定长指令字格式。若指令按字边界对齐存放，则程序计数器（PC）和指令寄存器（IR）的位数至少分别是________。

A. 30、30　　B. 30、32　　C. 32、30　　D. 32、32

（4）[2019] 下列有关处理器时钟脉冲信号的叙述中，错误的是________。

A. 时钟脉冲信号由机器脉冲源发出的脉冲信号经整形和分频后形成
B. 时钟脉冲信号的宽度称为时钟周期，时钟周期的倒数为机器主频
C. 时钟周期以相邻状态单元间组合逻辑电路的最大延迟为基准确定
D. 处理器总是在每来一个时钟脉冲信号时就开始执行一条新的指令

（5）[2016] 单周期处理器中所有指令的指令周期为一个时钟周期。下列关于单周期处理器的叙述中，错误的是________。

A. 可以采用单总线结构数据通路　　B. 处理器时钟频率较低
C. 在指令执行过程中控制信号不变　　D. 每条指令的 CPI 为 1

（6）[2017] 下列关于主存（MM）和控制存储器（CS）的叙述中，错误的是________。

A. MM 在 CPU 外，CS 在 CPU 内

B. MM 按地址访问，CS 按内容访问

C. MM 存储指令和数据，CS 存储微指令

D. MM 用 RAM 和 ROM 实现，CS 用 ROM 实现

（7）[2009] 相对于微程序控制器，硬布线控制器的特点是________。

A. 指令执行速度慢，指令功能的修改和扩展容易

B. 指令执行速度慢，指令功能的修改和扩展难

C. 指令执行速度快，指令功能的修改和扩展容易

D. 指令执行速度快，指令功能的修改和扩展难

（8）[2012] 某计算机的控制器采用微程序控制方式，微指令中的操作控制字段采用字段直接编码法，共有 33 个微命令，构成 5 个互斥类，分别包含 7、3、12、5 和 6 个微命令，则操作控制字段至少有________。

A. 5 位　　B. 6 位　　C. 15 位　　D. 33 位

（9）[2014] 某计算机采用微程序控制器，共有 32 条指令，公共的取指令微程序包含两条微指令，各指令对应的微程序平均由 4 条微指令组成，采用断定法（下址字段法）确定下条微指令地址，则微指令中下址字段的位数至少是________。

A. 5　　B. 6　　C. 8　　D. 9

（10）[2011] 假定不采用 cache 和指令预取技术，且计算机处于“开中断”状态，则在下列有关指令执行的叙述中，错误的是________。

A. 每个指令周期中 CPU 都至少访问内存一次

B. 每个指令周期一定大于或等于一个 CPU 时钟周期

C. 空操作指令的指令周期中任何寄存器的内容都不会被改变

D. 当前程序在每条指令执行结束时都可能被外部中断打断

6.3 回答下列问题。

（1）CPU 的基本功能是什么？从实现其功能的角度分析，它应由哪些部件组成？

（2）CPU 内部有哪些寄存器？功能分别是什么？哪些是程序员可见的？哪些是必需的？

（3）什么是取指周期？取指周期内应完成哪些操作？

（4）计算机为什么要设置时序系统？说明指令周期、机器周期和时钟周期的含义。

（5）简述传统三级时序和现代时序的差异。

（6）比较单周期 MIPS 处理器与多周期 MIPS 处理器的差异。

（7）组合逻辑控制器与微程序控制器各有什么特点？

（8）说明程序与微程序、指令与微指令的异同。

（9）微命令有哪几种编码方法？它们是如何实现的？

（10）简述微程序控制器和硬布线控制器的设计方法。

（11）简述 CPU 中内部异常与外部中断的区别。

（12）简述异常与中断处理的一般流程。

（13）要支持异常与中断处理，CPU 需要对硬、软件进行哪些扩展？

6.4 某 CPU 的结构如图 6.69 所示，其中 AC 为累加器，条件状态寄存器保存指令执行过程中的状态。a、b、c、d 为 4 个寄存器。图中箭头表示信息传送的方向，试完成下列各题。

（1）根据 CPU 的功能和结构标明图中 4 个寄存器的名称。

（2）简述指令 LDA addr 的数据通路，其中 addr 为主存地址，指令的功能是将主存 addr 单元的内容送入 AC 中。

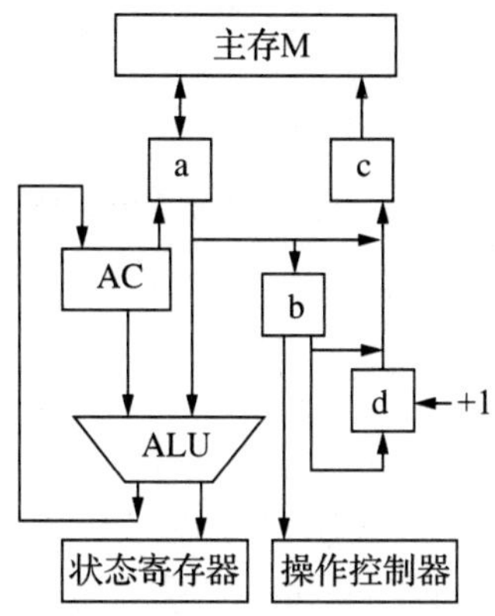

图 6.69　某 CPU 的结构框图

6.5　修改图 6.8 所示的单总线结构处理器，使其能够支持如下 MIPS 指令，具体指令功能请查阅 MIPS32 指令手册。试描述需要增加或修改哪些数据通路和控制信号，尝试给出各指令的执行流程和每一步的操作控制信号。

（1）sll；（2）lui；（3）bltz；（4）j。

6.6　假设图 6.25 所示的单周期 MIPS 处理器中，操作控制器输出某个控制信号时发生了恒 0 故障，表 6.2 中的哪些指令会发生错误呢？为什么？如果是恒 1 故障呢？

（1）RegWrite；（2）RegDst；（3）MemWrite。

6.7　修改图 6.25 所示的单周期 MIPS 处理器，使其能够支持如下 MIPS 指令，具体指令功能请查阅 MIPS32 指令手册。试描述需要增加或修改哪些数据通路和控制信号，尝试给出各指令的执行流程和每一步的操作控制信号。

（1）srl；（2）lui；（3）blez；（4）jal。

6.8　假设图 6.27 所示的多周期 MIPS 处理器中，操作控制器输出的某个控制信号时发生了恒 0 故障，表 6.2 中的哪些指令会发生错误呢？为什么？如果是恒 1 故障呢？

（1）PCSrc；（2）MemToReg；（3）IorD。

6.9　修改图 6.27 所示的多周期 MIPS 处理器，使其能够支持如下 MIPS 指令，具体指令功能请查阅 MIPS32 指令手册。试描述需要增加修改哪些数据通路和控制信号，尝试给出各指令的执行流程和每一步的操作控制信号。

（1）sra；（2）lui；（3）bgtz；（4）j。

6.10　假设构成 CPU 的各功能部件的时间延迟如表 6.21 所示，试分别计算单周期、多周期 MIPS 处理器的最小时钟周期和最大时钟频率。假设某 MIPS 程序包含 1000 亿条指令，其中 lw、sw、beq、R 型算术逻辑运算、I 型算术逻辑运算指令比例分别为 10%、10%、10%、50%、20%，试分别计算该程序在单总线结构处理器、单周期 MIPS、多周期 MIPS 处理器上的 CPI 值及执行时间。

表 6.21　各功能部件的时间延迟

功能部件	参数	延迟	功能部件	参数	延迟
寄存器延迟	$T_{clk\_to\_q}$	20 ps	运算器 ALU	T_{alu}	90 ps
存储器读	T_{mem}	150 ps	多路选择器	T_{mux}	20 ps
寄存器堆读	T_{RF_read}	90 ps	寄存器建立时间	T_{setup}	10 ps

6.11　基于加快经常性事件的原理，显然优化 R 型指令数据通路可以提高程序执行效率。尝试优化图 6.25 所示的多周期 MIPS 处理器的 R 型算术逻辑运算指令的数据通路，以缩短 R 型算术逻辑运算指令执行周期，给出优化理由以及优化后的最小时钟周期，并结合上题中的参数计算测试程序执行的时间。

6.12　对于例 6.5 中的多周期处理器，其各功能部件使用表 6.21 的时间延迟，如果可以优化其中一个功能部件的关键延迟以提升处理器整体性能，应该选择哪个部件进行优化？如果这种优化与成本是线性关系，如何优化才能使得处理器性能达到最优，且成本最低？

6.13　对于例 6.5 中的多周期处理器，其各功能部件使用表 6.21 的时间延迟，假设现在有一种寄存器堆实现方案，功耗降低了一半，速度也降低了一半，这种方案是否有应用价值？

6.14　根据图 6.40 所示的定长指令周期三级时序状态图，利用数字逻辑的设计方法给出状态周期电位 M_{if}、M_{cal}、M_{ex} 及节拍电位 T_1、T_2、T_3、T_4 的逻辑表达式，假设状态字从高到低分别为 S_3 ～ S_0。

6.15　根据图 6.41 所示的变长指令周期三级时序状态图，利用数字逻辑的设计方法给出状态周期电位 M_{if}、M_{cal}、M_{ex} 及节拍电位 T_1、T_2、T_3、T_4 的逻辑表达式，假设状态字从高到低分别为 S_3 ～ S_0。

6.16　根据图 6.45 所示的单总线结构指令执行状态转换图，设计实现有限状态机，分别给出状态寄存器中 S_4 ～ S_0 的逻辑表达式。

6.17　根据图 6.46 所示的多周期 MIPS 指令执行状态转换图，设计实现有限状态机，分别给出状态寄存器中 S_3 ～ S_0 的逻辑表达式。

6.18　依照图 6.49 所示的微程序控制器原理，结合图 6.57 ～图 6.60 所示的单总线结构微程序，利用数字逻辑的方法设计微程序地址转移逻辑。假设指令译码信号分别为 lw、sw、beq、add、addi，给出微程序入口地址 S_4 ～ S_0 的逻辑表达式，给出地址转移逻辑中多路选择器选择控制信号的逻辑表达式。

6.19　依照图 6.49 所示的微程序控制器原理，结合多周期 MIPS 指令执行状态转换图设计微程序，并利用数字逻辑的方法设计微程序地址转移逻辑。假设指令译码信号分别为 lw、sw、beq、add、addi，给出微程序入口地址 S_3~S_0 的逻辑表达式，给出地址转移逻辑中多路选择器选择控制信号的逻辑表达式。

6.20　已知某计算机采用微程序控制方式，控制存储器容量为 128 × 32 位。微程序可在整个控制存储器中实现分支跳转，控制微程序判别测试条件共 3 个，微指令采用水平型格式，后续微指令地址采用下址字段法。回答下列问题。

（1）微指令的 3 个字段分别应为多少位？

（2）画出对应这种微指令格式的微程序控制器逻辑框图。

6.21　某微程序包含 5 条微指令，每条微指令发出的操作控制信号如表 6.22 所示，试对这些微指令进行编码，要求微指令的控制字段最短且能保持微指令应有的并行性。

表 6.22　微指令及其对应的微操作控制信号

微指令	微操作控制信号	微指令	微操作控制信号	微指令	微操作控制信号
μI_1	a,c,e,g	μI_3	a,d,e	μI_5	a,d,f,j
μI_2	a,d,f,h,j	μI_4	a,b,i		

6.22　依照图 6.49 所示的微程序控制器原理，结合图 6.66 所示的支持中断的现代时序状态机，重新设计微指令，设计 eret 指令微程序和中断响应周期微程序，利用数字逻辑的方法设计微程序地址转移逻辑。假设指令译码信号分别为 lw、sw、beq、add、addi，给出微程序入口地址 S_4 ～ S_0 的逻辑表达式，给出地址转移逻辑中多路选择器选择控制信号的逻辑表达式。

6.23　某计算机字长为 16 位，采用 16 位定长指令字结构，部分数据通路结构如图 6.70 所示，图中所有控制信号为 1 时表示有效、为 0 时表示无效。例如，控制信号 $MDR_{in}E$ 为 1 表示允许数据从 DB 送入 MDR 中，MDR_{in} 为 1 表示允许数据从内总线送入 MDR 中。假设 MAR 的输出一直处于使能状态。加法指令

“ADD (R1),R0” 的功能为 (R0)+((R1)) → (R1)，即将 R0 中的数据与 R1 内容所指主存单元的数据相加，并将结果送入 R1 内容所指的主存单元中保存。

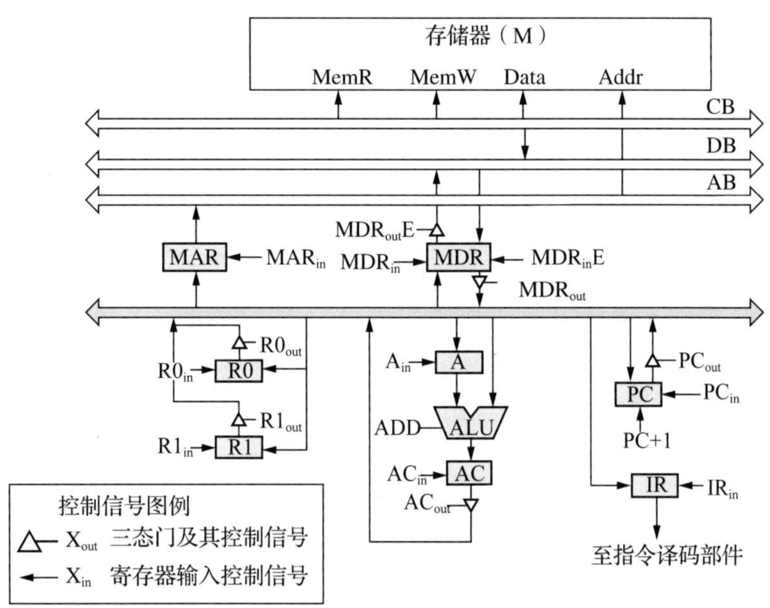

图 6.70　某计算机数据通路图

表 6.23 所示为上述指令取指和译码阶段每个节拍（时钟周期）的功能和有效控制信号，请按表中描述的方式用表格列出指令执行阶段每个节拍的功能和有效控制信号。

表 6.23　取指周期的功能与信号

时钟	功能	有效控制信号
C1	MAR ← (PC)	PC_{out}, MAR_{in}
C2	MDR ← M(MAR) PC ← (PC)+1	MemR, $MDR_{in}E$, PC+1
C3	IR ← (MDR)	MDR_{out}, IR_{in}
C4	指令译码	无

6.24　某 16 位计算机的主存按字节编址，存取单位为 16 位；采用 16 位定长指令字格式；CPU 采用单总线结构，主要部分如图 6.71 所示。图中 R0 ~ R3 为通用寄存器；T 为暂存器；SR 为移位寄存器，可实现直送（mov）、左移一位（left）和右移一位（right）3 种操作，控制信号为 SRop，SR 的输出由信号 SR_{out} 控制；ALU 可实现直送 A（mova）、A 加 B（add）、A 减 B（sub）、A 与 B（and）、A 或 B（or）、非 A（not）、A 加 1（inc）7 种操作，控制信号为 ALUop。

请回答下列问题。

（1）图中哪些寄存器是程序员可见的？为何要设置暂存器 T？

（2）控制信号 ALUop 和 SRop 的位数至少各是多少？

（3）控制信号 SR_{out} 控制部件的名称或作用是什么？

（4）端点①~⑨中，哪些端点须连接到控制部件的输出端？

（5）为完善单总线数据通路，需要在端点①~⑨中相应的端点之间添加必要的连线。写出连线的起点和终点，以正确表示数据的流动方向。

（6）为什么二路选择器 MUX 的一个输入端是 2？

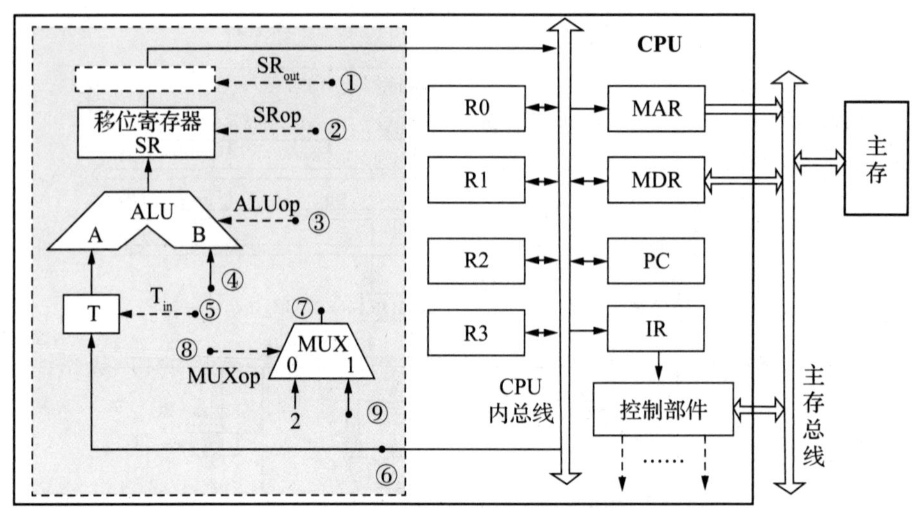

图 6.71　某 16 位计算机的部分数据通路

6.25　题 6.24 中描述的计算机，其部分指令执行过程的控制信号如图 6.72 所示。该计算机指令格式如图 6.73 所示，支持寄存器直接和寄存器间接两种寻址方式，寻址方式位分别为 0 和 1，通用寄存器 R0 ～ R3 的编号分别为 0、1、2 和 3。

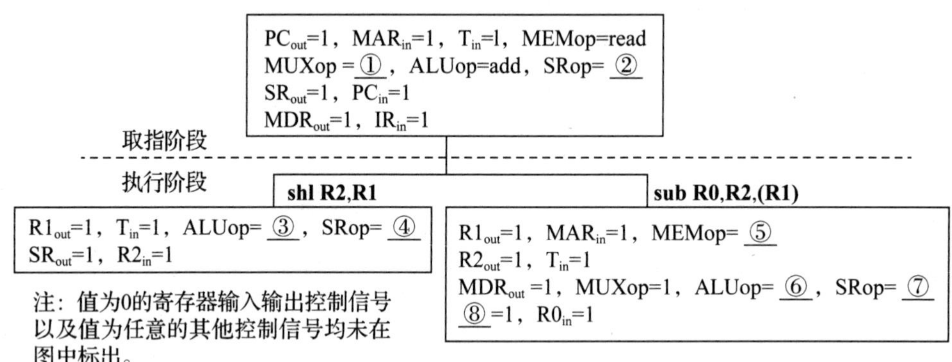

图 6.72　部分指令执行过程的控制信号

指令操作码	目的操作数		源操作数1		源操作数2	
OP	Md	Rd	Ms1	Rs1	Ms2	Rs2

其中：Md、Ms1、Ms2为寻址方式位，Rd、Rs1、Rs2为寄存器编号。

三地址指令：　　源操作数1 OP 源操作数2→目的操作数地址

二地址指令（末3位均为0）；　　OP 源操作数1→目的操作数地址

单地址指令（末6位均为0）；　　OP 目的操作数→目的操作数地址

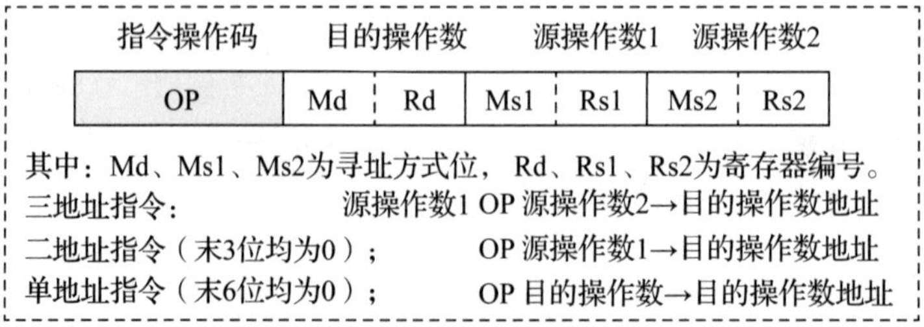

图 6.73　指令格式

请回答下列问题。

（1）该计算机的指令系统最多可定义多少条指令？

（2）假定 inc、shl 和 sub 指令的操作码分别为 01H、02H 和 03H，则以下指令对应的机器码各是什么？

① inc R1　　　　　#(R1)+1 → R1

② shl R2,R1　　　　#(R1)<<1 → R2

③ sub R3,(R1),R2　　#((R1))-(R2) → R3

（3）假设寄存器 x 的输入和输出控制信号分别记为 X_{in} 和 X_{out}，其值为 1 表示有效，为 0 表示无效（例如，PC_{out}=1 表示将 PC 内容送入总线）；存储器控制信号为 MEMop，用于控制存储器的读（read）和写（write）操作。写出图 6.72 中标号①～⑧处的控制信号或控制信号取值。

（4）指令“sub R1,R3,(R2)”和“inc R1”的执行阶段至少各需要多少个时钟周期?

实践训练

（1）用 Logisim 构建图 6.8 所示的单总线结构 CPU，要求能支持表 6.2 中的 MIPS32 指令，能运行简单的内存冒泡排序程序，尝试利用以下 3 种方式构建控制器。

① 传统三级时序硬布线控制器。

② 现代时序硬布线控制器。

③ 微程序控制器。

（2）尝试为你设计的单总线 CPU 增加简单的中断处理逻辑，使得 CPU 能响应按键中断。

（3）用 Logisim 构建图 6.25 所示的单周期 MIPS 处理器，要求能支持表 6.2 中的 MIPS32 指令，能运行一个简单的内存冒泡排序程序。

（4）用 Logisim 构建图 6.27 所示的多周期 MIPS 处理器，要求能支持表 6.2 中的 MIPS32 指令，能运行一个简单的内存冒泡排序程序。控制器可以采用硬布线、微程序控制器中的一种。

第 7 章　指令流水线

本章知识导图

第 6 章介绍的 MIPS 处理器实现方案都是采用串行执行指令的方法，同一时刻 CPU 中只有一条指令在执行，多周期实现方案相比单周期方案来说时钟周期更短，成本更低廉，但各功能部件使用率不高。现代计算机普遍采用指令流水线技术来并行执行指令，同一时刻有多条指令在 CPU 的不同功能部件中并发执行，可大大提高功能部件的并行性和程序执行效率。本章主要介绍指令流水线的基本概念、流水线数据通路构成、流水线的冲突（冒险）现象及其解决方法。

7.1　流水线概述

7.1.1　流水线的基本概念

流水线处理技术并不是计算机领域中特有的技术。在计算机出现之前，流水线技术已经在工业领域中得到广泛应用，如汽车装配生产流水线等。计算机中的流水线技术是把一个复杂的任务分解为若干个阶段，每个阶段与其他阶段并行处理，其运行方式和工业流水线十分相似，因此被称为流水线技术。

可以从两方面来提高计算机内部的并行性：一方面是采用时间上的并行性处理技术，通过将一个任务划分成几个不同的子过程，并且各子过程在不同的功能部件上并行执行，使在同一个时刻能同时执行多个任务，从而提升系统性能，这种方法即为流水线处理技术；另一方面是采用空间上的并行性处理技术，即在一个处理机内设置多个执行相同功能的独立操作部件，并且让这些操作部件并行工作，这种处理机被称为多操作部件处理机或超标量处理机。

把流水线技术应用于数据运算的执行过程，就形成了运算操作流水线，也称为部件级流水线，如浮点运算流水线将浮点数加法运算过程分解为求阶差、对阶、尾数求和、规格化 4 个子过程。将流水线技术应用于指令的解释执行过程，就形成了**指令流水线**。

7.1.2　MIPS 指令流水线

MIPS 即无内部互锁流水级微处理器（Microprocessor without Interlocked Pipeline Stages），是典型的 RISC 指令系统，通常其内部采用指令流水线结构，设计初衷是通过编译器解决流水段中的冲突，但实际并没有做到。以 MIPS32 指令系统为例，其指令的执行过程细分为以下 5 个阶段，每个阶段由对应的功能部件完成，这里每个阶段也被称为一个“**功能段**”。

- 取指令（IF）：负责从指令存储器中取出指令。
- 指令译码（ID）：操作控制器对指令字进行译码，同时从寄存器堆中取操作数。
- 指令执行（EX）：执行运算操作或计算地址。
- 访存（MEM）：对存储器进行读写操作。
- 写回（WB）：将指令执行结果写回寄存器堆。

在 MIPS 单周期实现中，这 5 个功能段是串行连接在一起的，为方便描述，后文将这 5 个功能段分别简称为 IF、ID、EX、MEM、WB 段，如图 7.1 所示。将程序计数器 PC 的值送入 IF 段取指令，然后依次进入 ID、EX、MEM、WB 段进行处理。注意虽然不是所有指令都必须经历完整的 5 个阶段，但只能以执行速度最慢的指令作为设计其时钟周期的依据，单周期 CPU 的时钟频率取决于数据通路中的关键路径（最长路径），也就是 5 个阶段的延迟总和 T_{total}，所以单周期 CPU 指令执行效率不佳。

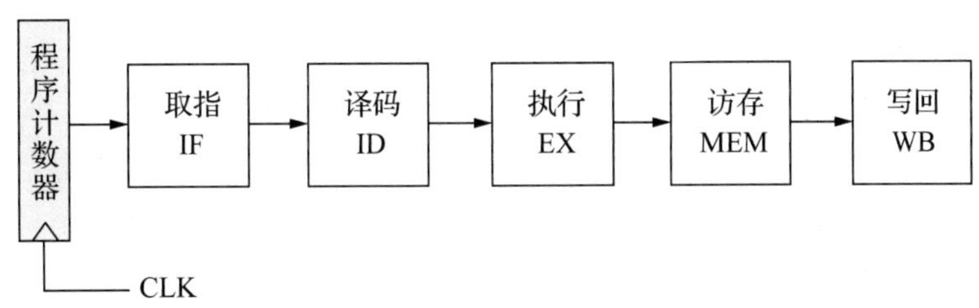

图 7.1　单周期 MIPS CPU 逻辑架构

MIPS 指令流水线在每个执行阶段的后面都需要增加一个**流水寄存器**，用于锁存本段处理完成的所有数据或结果，以保证本段的执行结果能在下一个时钟周期给下一个阶段使用，如图 7.2 所示。程序计数器、流水寄存器均采用统一公共时钟进行同步，每来一个时钟，各段组合逻辑功能部件处理完成的数据都将锁存到段尾的流水寄存器中，作为后段的输入。同时当前段也会接收到前段通过流水寄存器传递过来的新指令或数据。一条指令会依次进入 IF、ID、EX、MEM、WB 五个功能段进行处理，当第一条指令进入 WB 段后，流水线各段都包含一条不同的指令，流水线中将同时存在 5 条不同的指令并行执行。理想情况下此后每隔一个时钟周期，都会有一条新的指令进入流水线，同时也有一条指令执行完毕流出流水线。

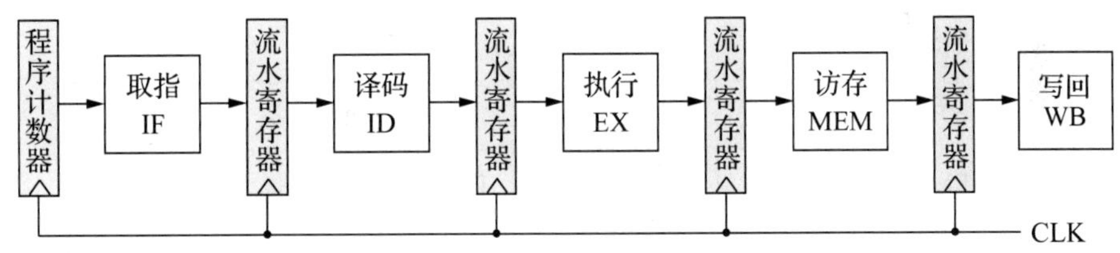

图 7.2　MIPS 指令流水线逻辑架构

假设 5 个功能段中的最大关键延迟为 T_{max}，则指令流水线最小时钟周期约为 T_{max}，执行 n 条指令需要的时间为 $(n+4)T_{max}$，指令执行的 CPI 为 $(n+4)/n$；当 n 较大时，指令流水线 CPI 约等于 1，由于时钟周期相对单周期方案更短，因此指令流水线性能加速比 = T_{total}/T_{max}。

流水寄存器的引入使各段中的指令可以在时间上并行，流水寄存器在同一时钟的驱动下可以锁存流水线前段（左侧）加工完成的数据以及控制信号，锁存的数据和控制信号将用于后段的加工处理。流水寄存器在这里类似于传统工业流水线中的传送装置，流水寄存器的时钟频率决定了流水线的传送速度，如果频率过大，各功能段可能无法及时完成数据处理。为保证指令流水线正确运行，流水寄存器的时钟频率应取决于 5 个功能段中最久的一段的关键延迟，所以流水分段时应该尽量让各段时间延迟相等。

7.1.3　流水线的时空图表示

可以用时空图的方式描述指令在不同功能段中的执行情况。图 7.3 所示为单周期 MIPS 处理器的时空图，横坐标表示时间，纵坐标为空间，表示当前指令所处的功能部件。假设指令执行过程中各功能段的时间延迟均为 T，则横坐标被分割成相同长度的时间段 T。单周期 CPU 中由于各功能段完全串联，无法进行并行处理，一条指令会依次进入 IF、ID、EX、MEM、WB 段，指令周期为 $5T$。当一条指令执行完毕后，第二条指令才能进入 IF 段取指令，同一时刻只有一个功能部件工作，各功能部件无法并行工作，所以执行每条指令的执行都是 $5T$。

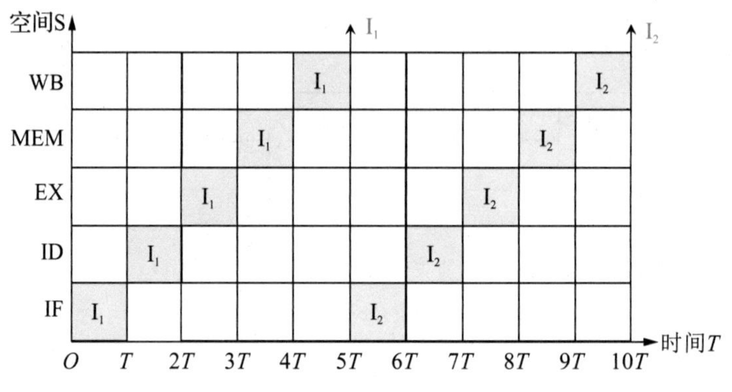

图 7.3　单周期 MIPS CPU 时空图

图 7.4 所示为 5 段 MIPS 流水线的时空图，图中第 1 个时钟节拍 I_1 指令进入 IF 段取指令，第 2 个时钟节拍 I_1 指令进入 ID 段译码取操作数，同时 I_2 指令进入 IF 段取指令，第 5 个时钟节拍流水线充满，每个功能段中均包含一条指令，至此每隔一个时钟周期 T 流水线将完成一条指令的执行。相比单周期 CPU，其性能提升 5 倍。如需要执行 n 条指令，则执行时间为 $(n+4)T$。当然这是理想情况，实际指令流水线存在很多的冲突（冒险），会使流水线暂停或阻塞，还需要通过其他机制进行处理，后文会进行详细介绍。

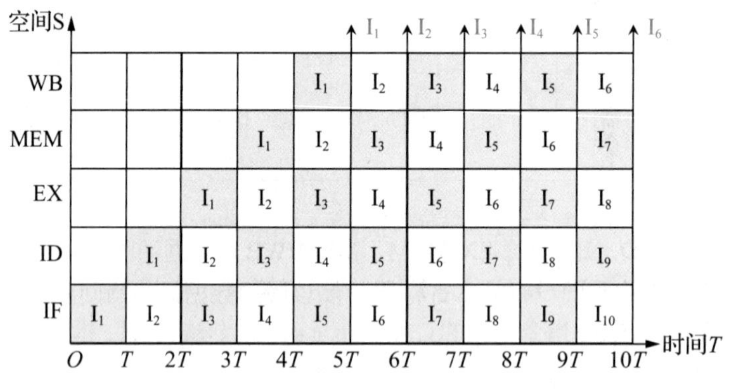

图 7.4　5 段 MIPS 流水线时空图

指令流水线将一条指令的执行划分成若干个阶段，每个阶段由一个独立的功能部件来完成，依靠各功能部件的并行工作来提高系统的吞吐率和处理速度。注意指令流水线并不能改变单条指令的执行时间，但当指令流水线充满时可大幅提高程序的执行效率。

只有大量连续任务不断输入流水线中，保证流水线的输出端有任务不断地从流水线中输出，才能充分发挥流水线的性能；而指令的执行正好是连续不断的，非常适合采用流水线技术。对于计算机中的其他部件级流水线，如浮点运算流水线、乘法运算流水线，同样也仅仅适合于提升浮点运算密集型、乘法运算密集型应用的性能，对于单个运算也是无法提升性能的。

7.2　流水线数据通路

简单的单周期 MIPS 处理器数据通路如图 7.5 所示，根据图中虚线所示，单周期 MIPS 处理器数据通路从左到右依次分成 5 个阶段：取指令（IF）段、译码取数（ID）段、指令执行（EX）段、访存（MEM）段、写回（WB）段。其中 IF 段包括程序计数器 PC、指令存储器以及计算下条指令的地址逻辑；ID 段包括操作控制器、取操作数逻辑、立即数符号扩展模块；EX 段主要包括算术逻辑运算单元 ALU、分支地址计算模块；MEM 段主要包括数据存储器读写模块；WB 段主要包括寄存器写入控制模块。

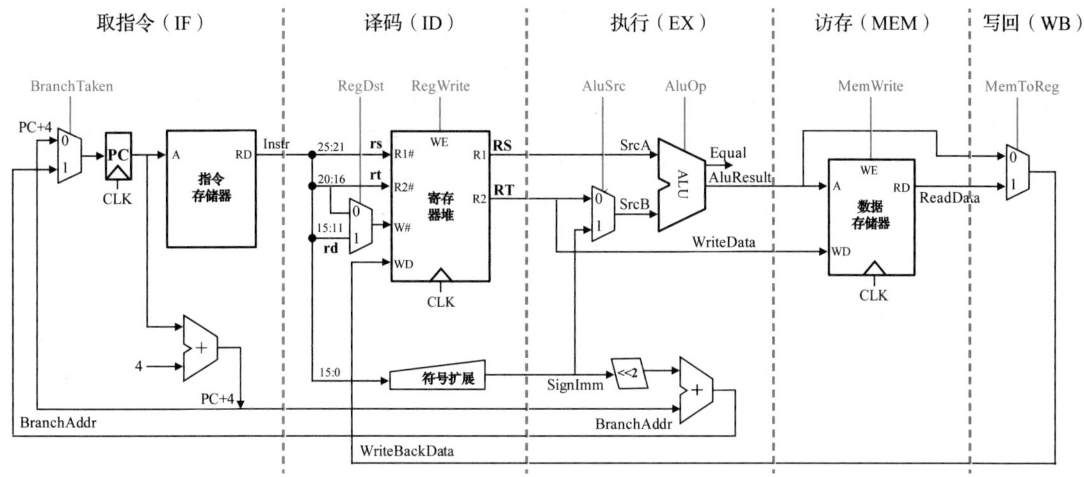

图 7.5　单周期 MIPS 处理器数据通路

7.2.1　单周期数据通路流水改造

要将单周期数据通路改造成流水线架构，只需在图中虚线位置加入长条形的流水寄存器部件，如图 7.6 所示。流水寄存器用于锁存前段加工处理完毕的数据和控制信号，通常这些数据和控制信号都会横穿流水寄存器传递到下一段，注意后文中所有横穿流水寄存器的线默认都是具有相同功能的数据或控制信号。这里总共增加了 4 个流水寄存器，根据其所连接的功能段的名称将它们分别命名为 IF/ID、ID/EX、EX/MEM、MEM/WB，数据通路被 4 个流水寄存器细分为 5 段流水线。注意 WB 段的后面没有流水寄存器，但该段的数据最终写回到了寄存器堆中。程序计数器 PC 也可以看作一个流水寄存器，为 IF 段取指令提供数据。

所有流水寄存器、程序计数器 PC、寄存器堆、数据存储器均采用统一时钟 CLK 进行同步，每来一个时钟，就会有一条新的指令进入流水线取指令 IF 段；同时流水寄存器会锁存前段加工处理完成的数据和控制信号，为下一段的功能部件提供数据输入。指令流水线各功能段通过流水寄存器完成一次数据传送。

增加流水寄存器后，同一时刻各功能段可并行独立工作，指令流水线充满后将会有 5 条指令进入流水线中并行执行。需要注意的是，ID 段的寄存器堆属于比较特殊的功能部件，其在 ID 段负责读取寄存器操作数的操作，读操作属于组合逻辑；同时，ID 段的寄存器堆还负责 WB 段的指令执行结果的写回操作，写入操作需要时钟配合，是时序逻辑。

仔细观察图 7.6 中的数据通路，会发现寄存器堆的写回数据通路还存在一定的问题，寄存器堆写寄存器编号 W# 端口的输入来源是根据 ID 段的指令字由 RegDst 信号控制多路选择器进行选择的；而写数据 WD 却来自 WB 段，也就是写入地址和写入数据分属不同的指令，这会造成数据紊乱。所以这里还需要对数据通路进行适当的改造，首先调整 ID 段多路选择器输出的写寄存器编号 WriteReg# 的输出位置，其不再送入寄存器堆的 W# 端，而是直接送入 ID/EX 流水寄存器中锁存，并逐段依次向后传递到 WB 段；最后由 WB 段的 MEM/WB 流水寄存器送回到寄存器堆的写寄存器编号 W# 端口，具体见图 7.7 蓝色粗线所示的数据通路，注意图中 ID 段的多路选择器略微调整了位置。另外数据通路修改后 ID/EX、EX/MEM、MEM/WB 流水寄存器都需要增加位宽来存放 WriteReg# 数据信息。

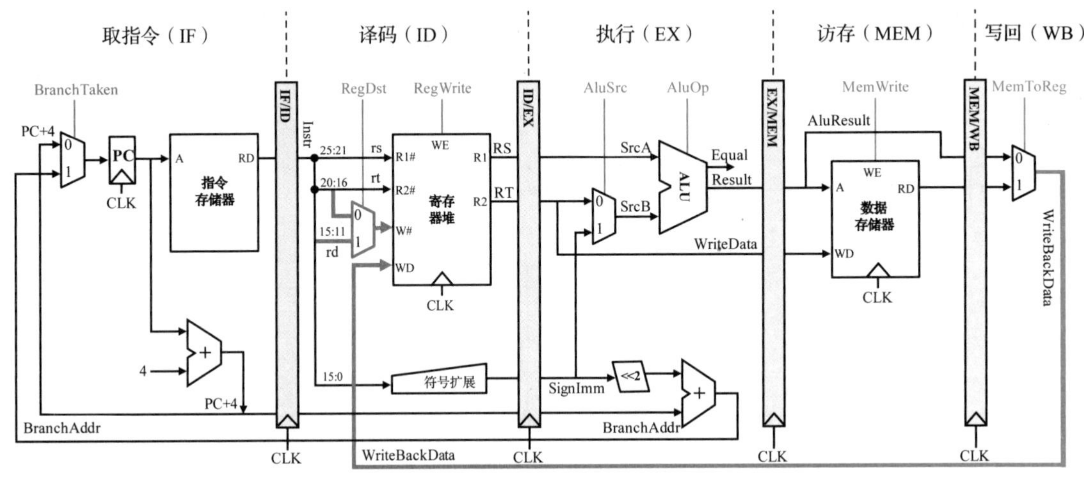

图 7.6　单周期数据通路流水线改造

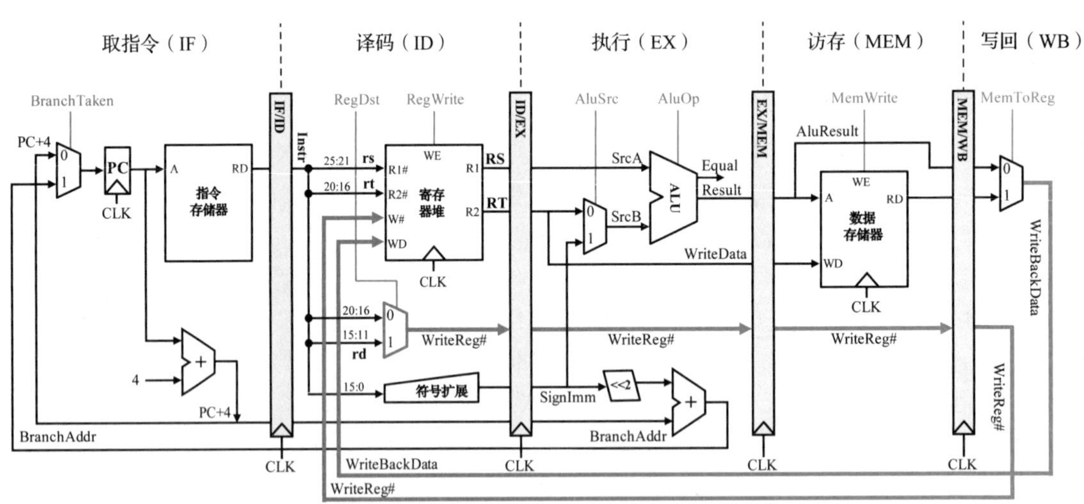

图 7.7　流水线中写回数据通路改造

不同的流水寄存器锁存传递的数据信息并不相同，图 7.7 中的 IF/ID 流水寄存器需要锁存从指令存储器取出的指令字以及 PC+4 的值；ID/EX 流水寄存器需要锁存从寄存器堆中取出的两个操作数 RS 和 RT（指令字中 rs、rt 字段对应寄存器的值）与写寄存器编号 WriteReg#，以及立即数符号扩展的值、PC+4 等后段可能用到的操作数；EX/MEM 流水寄存器需要锁存 ALU 运算结果、数据存储器待写入数据 WriteData、写寄存器编号 WriteReg# 等数据；MEM/WB 流水寄存器需要锁存 ALU 运算结果、数据存储器读出数据、写寄存器编号 WriteReg# 等数据。

7.2.2 流水线中的控制信号及传递

图 7.7 中仅仅给出了数据通过流水寄存器进行传递的情况，但各段所需要的 7 个操作控制信号又是从哪里来，如何产生呢？

这里首先对流水线数据通路中需要的主要控制信号进行一个简单的分类，具体如表 7.1 所示。从表中可以发现部分操作控制信号控制的功能段和信号来源并不一致，如 IF 段的分支跳转信号 BranchTaken 来源于 EX 段，ID 段的 RegWrite 信号来源于 WB 段。

表 7.1　控制信号分类

控制信号	位置	来源	功能说明
BranchTaken	IF	EX	分支跳转信号，为 1 表示跳转，由 EX 段的 Branch 信号与 equal 标志进行逻辑与生成
RegDst	ID	ID	写入目的寄存器选择，为 1 时目的寄存器为 rd 寄存器，为 0 时为 rt 寄存器
RegWrite	ID	WB	控制寄存器堆写操作，为 1 时数据需要写回寄存器堆中的指定寄存器
AluSrc	EX	EX	ALU 的第二输入选择控制，为 0 时输入寄存器 rt，为 1 时输入扩展后的立即数
AluOp	EX	EX	控制 ALU 进行不同运算，具体取值和位宽与 ALU 的设计有关
MemWrite	MEM	MEM	控制数据存储器写操作，为 0 时进行读操作，为 1 时进行写操作
MemToReg	WB	WB	为 1 时将数据存储器读出数据写回寄存器堆，否则将 ALU 运算结果写回

流水线数据通路由单周期数据通路改造而来，与单周期处理器使用了相同的操作控制信号，因此，流水线也可以复用单周期处理器中的操作控制器。5 段指令流水线中 ID 段负责指令译码生成操作控制信号，所以操作控制器应该设置在该段中，如图 7.8 所示。操作控制器的输入为 IF/ID 流水寄存器锁存指令字中的 OP 和 funct 字段，内部为组合逻辑电路；输出为 7 个控制信号，其中 RegDst 信号为 ID 段使用，其他 6 个后段使用的控制信号输出到 ID/EX 流水寄存器中，并依次向后传递。RegWrite 信号必须传递至 WB 段后才能反馈到 ID 段的寄存器堆的写入控制端 WE；条件分支译码信号 Branch 也需要传递到 EX 段，与 ALU 运算的标志 equal 信号进行逻辑与操作后反馈到 IF 段控制多路选择器进行分支处理。

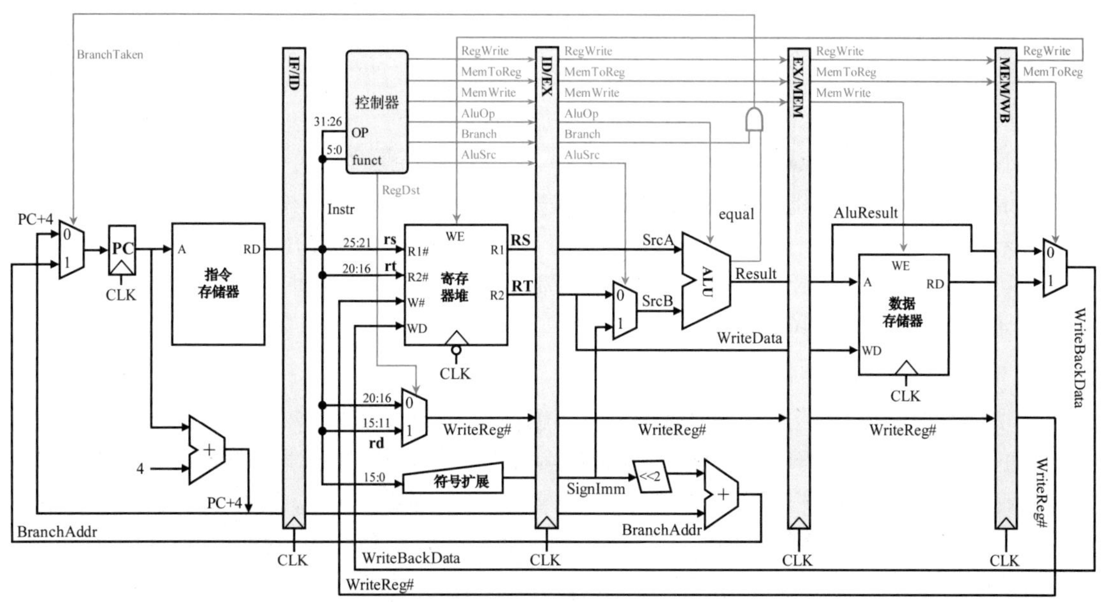

图 7.8　5 段流水控制信号与传递

与传统工业生产流水线不同，在指令流水线中，通过流水寄存器传递的不仅是当前指令、当前阶段待加工的数据，还需要向后段传递数据加工所需的操作控制信号。这些控制信号应与各功能段处理的指令同步，每一个操作控制信号均只在某一功能段内使用一次，操作控制信号使用完毕后就不再向后段继续传递，因此图 7.8 中 ID 段产生的控制信号在从前到后（从左到右）传递的过程中数目逐渐减少。

7.2.3 指令在流水线中的执行过程

在单周期处理器中，不同类型的指令使用的数据通路并不一样，经历的功能部件也不尽相同。同样在指令流水线中，不同指令需要使用的数据通路也不一样，具体如表 7.2 所示。这里假设所有指令都需要进入 EX 段执行，从表中可以看出 lw 指令需要进入 5 个功能段，而 sw 指令不需要进入 WB 段，add、addi 指令不需要进入 MEM 段，beq 指令不需要进入 MEM 段和 WB 段。

表 7.2 指令在流水线中的执行情况

序号	指令	取指令 IF	译码 ID	执行 EX	访存 MEM	写回 WB
1	lw	√	√	√	√	√
2	sw	√	√	√	√	
3	beq	√	√	√		
4	add	√	√	√		√
5	addi	√	√	√		√

但需要注意的是，由于流水线的结构特殊，所有指令都需要完整经过流水线的各功能段，只不过某些指令在某些功能段内没有任何实质性的操作，只是等待一个时钟周期，这也就意味着单条指令的执行时间还是 5 个功能段时间延迟的总和。假设表 7.2 中的 5 条指令按先后顺序执行，下面将通过图片集的方式展示该程序在流水线各功能段上执行的完整过程。

1. 取指令

图 7.9 所示为程序第一条 lw 指令进入 IF 段取指令的示意图，lw 指令在当前时钟节拍所使用的数据通路用蓝色表示。lw 指令字由程序计数器 PC 提供的地址访问指令存储器得到，并将指令存储器 RD 输出端的 lw 指令字送入 IF/ID 流水寄存器的输入端；另外程序计数器 PC 的值与 4 相加形成顺序指令地址 PC+4，送入 PC 输入端以便在下一个时钟周期可以取出下一条指令。注意虽然 lw 指令在后续功能段内并不会使用 PC+4，但 PC+4 还是会传送给 IF/ID 流水寄存器，以备其他指令（如 beq）使用。流水线中各功能段并不区分指令的功能，所有数据信息和操作控制信号都来自段首的流水寄存器输出，所以只要是后续功能段有可能要用到的数据和操作控制信号都要向后传递。时钟到来时指令字将锁存在 IF/ID 流水寄存器中，同时 PC 更新为 PC+4 的值；lw 指令进入 ID 段，IF 段取出下一条指令 sw。

2. 指令译码、取操作数

图 7.10 所示为 lw 指令进入 ID 段译码的示意图，具体数据通路用蓝色表示。ID 段由操作控制器根据 IF/ID 流水寄存器中的指令字生成后续各段需要的操作控制信号并向后传输，具体见图 7.8 所示；另外 ID 段还会根据指令字中的 rs、rt 字段读取寄存器堆中的 rs 和 rt 寄存器的值 RS、RT。符号扩展单元会将指令字中的 16 位立即数符号扩展为 32 位；多路选择器根据指令字生成指令可能的写寄存器编号 WriteReg#（有些指令并不需要写寄存器）。这 4 个数据将连同顺序指令地址 PC+4 一起传输给 ID/EX 流水寄存器，时钟到来时这些数据信息连同操作控制器产生的操

作控制信号都会锁存在 ID/EX 流水寄存器中；lw 指令进入 EX 段，同时 sw 指令进入 ID 段、beq 指令进入 IF 段。

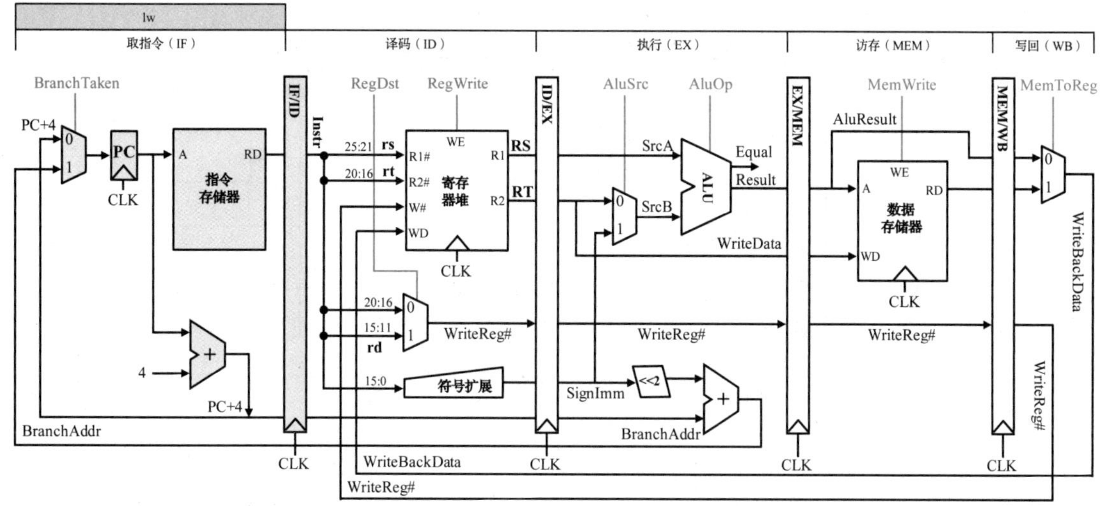

图 7.9　lw 指令进入 IF 段

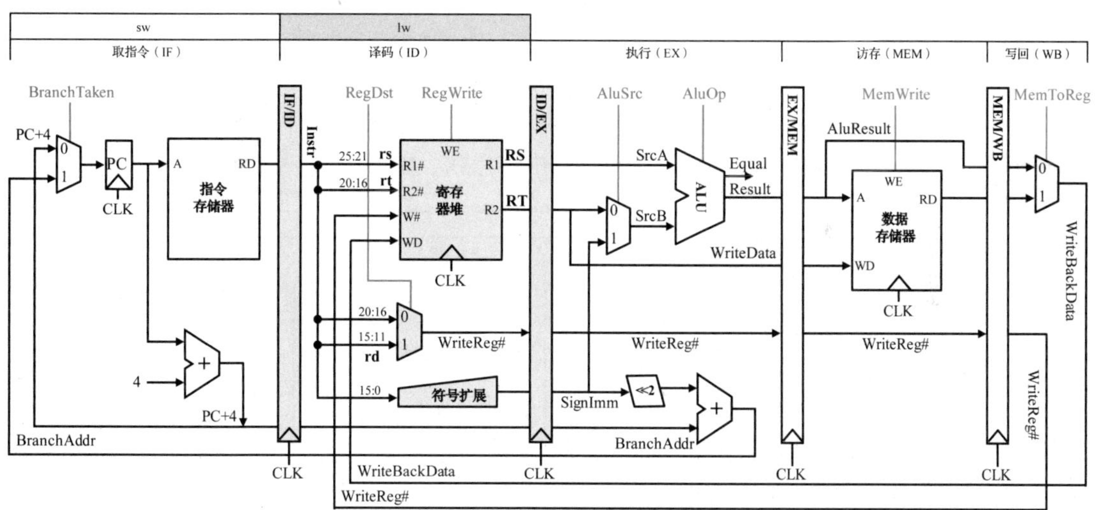

图 7.10　lw 指令进入 ID 段

3. 执行或访存地址运算

图 7.11 所示为 lw 指令进入 EX 段的示意图，具体数据通路用蓝色表示。对 lw 指令来说，EX 段主要用于计算访存地址，将 ID/EX 流水寄存器中的 RS 值与符号扩展后的立即数相加得到的访存地址送入 EX/MEM 流水寄存器。另外，EX 段还需要计算分支目标地址，生成分支跳转信号 BranchTaken。ID/EX 流水寄存器中 RT 的值会在 MEM 段作为写入数据使用，所以 RT 的值会作为写入数据 WriteData 送入 EX/MEM 流水寄存器；ID/EX 流水寄存器中的写寄存器编号 WriteReg# 也将直接传送给 EX/MEM 流水寄存器。同样时钟到来后这些数据信息连同后段需要的操作控制信号都会锁存在 EX/MEM 流水寄存器中；lw 指令进入 MEM 段，sw、beq、add 指令分别进入 EX、ID、IF 段。

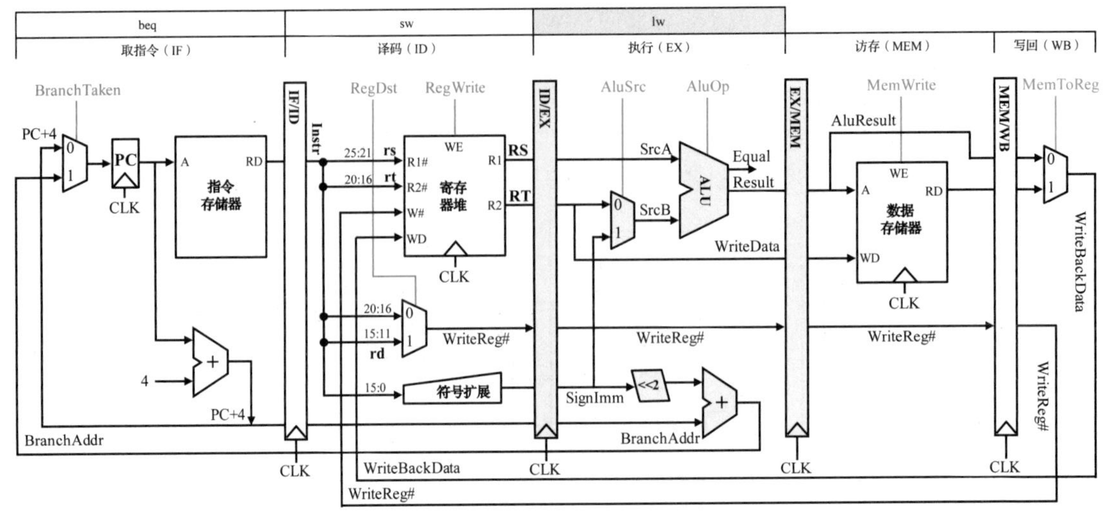

图 7.11　lw 指令进入 EX 段

4. 存储器访问

图 7.12 所示为 lw 指令进入 MEM 段的示意图，具体数据通路用蓝色表示。该阶段功能比较单一，主要根据 EX/MEM 流水寄存器中锁存的 ALU 运算结果——访存地址，写入数据和内存读写控制信号 MemWrite 对存储器进行读或写操作。EX/MEM 流水寄存器中的 ALU 运算结果、WriteReg#、数据存储器读出的数据都会被送入 MEM/WB 流水寄存器的输入端。同样时钟到来后这些数据信息连同后段需要的操作控制信号都会锁存在 MEM/WB 流水寄存器中；lw 指令进入 WB 段，sw、beq、add、addi 指令分别进入 MEM、EX、ID、IF 段，此时指令流水线充满。

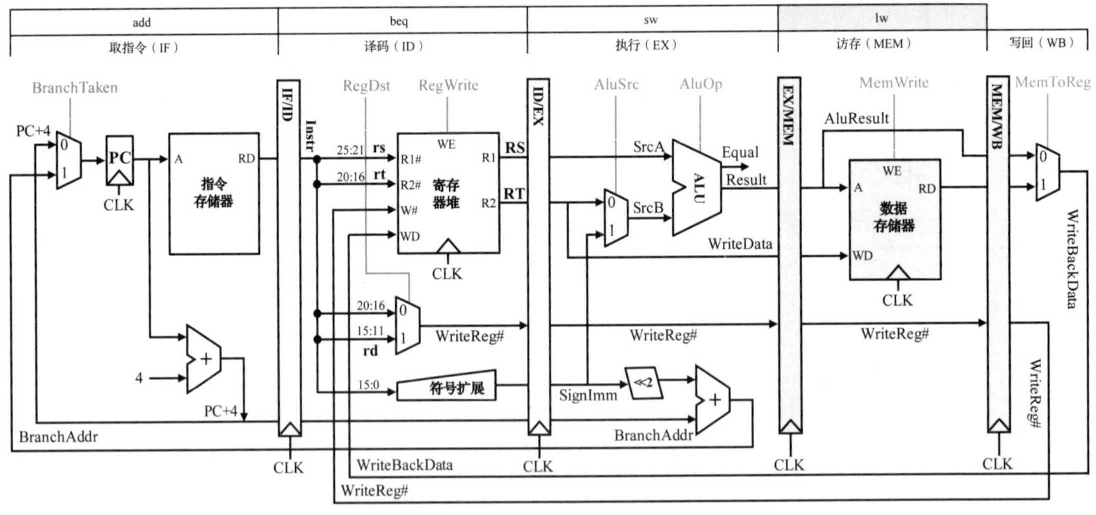

图 7.12　lw 指令进入 MEM 段

5. 结果写回

图 7.13 所示为 lw 指令进入 WB 段的示意图，具体数据通路用蓝色表示。WB 段从 MEM/WB 流水寄存器中选择 ALU 运算结果或内存访问数据写回到寄存器堆的指定寄存器 WriteReg# 中，时钟到来时寄存器堆会完成数据写入，lw 指令离开流水线。注意此时 sw 指令也进入了最后的 MEM 段，同时 beq 指令也进入了最后的 EX 段，同一时刻实际上有 3 条指令执行完毕，当然

这些指令即使执行完成也需要在流水线中继续向后传递直至 WB 段。

在指令流水线执行程序的过程中，会出现一些相互依赖的问题，例如 ID 段的 add 指令使用的源寄存器的值如果正好在 WB 段写回，就会争用寄存器堆，形成资源或结构冲突；还有 EX 段的条件分支指令 beq 如果成功分支，已经进入流水线 ID 段的 add 指令和 IF 段的 addi 指令就不应该继续执行，这就是分支冲突或结构冲突。下一节我们将重点讨论指令流水线的冲突处理。

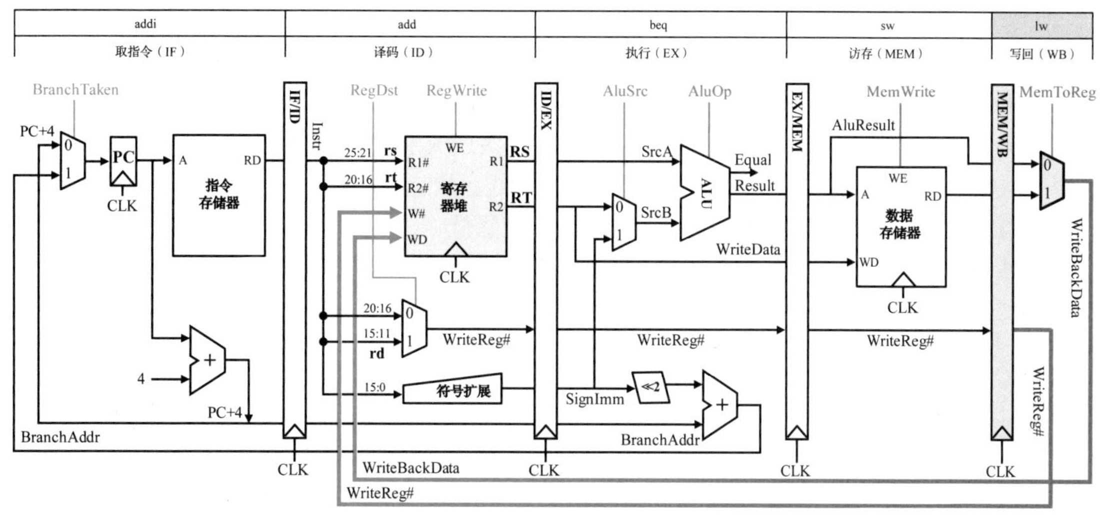

图 7.13　lw 指令进入 WB 段

7.3　流水线冲突与处理

7.3.1　流水线冲突

理想的流水线是所有待加工对象均需要通过相同的阶段，不同阶段之间无共享资源，且各段传输时间延迟一致，进入流水线的对象也不应受其他功能段的影响。但这仅仅适合工业生产流水线，计算机指令流水线存在大量的指令相关和数据依赖，通常会引起流水线的阻塞 / 暂停（Stall）。

所谓**指令相关**，是指在指令流水线中，如果某指令的某个阶段必须等到它前面的某条指令的某个阶段完成后才能开始，也就是两条指令间存在某种依赖关系，则两条指令存在指令相关。指令相关包括**数据相关**、**结构相关**、**控制相关**，指令相关会导致**流水线冲突（冒险）**（Hazard）。流水线冲突是指由于指令相关的存在，指令流水线出现“阻塞”或“暂停”，下一条指令不能在预期的时钟周期内加载到流水线中。流水线冲突包括结构冲突、控制冲突、数据冲突 3 种。

1. 结构冲突

多条指令在同一时钟周期都需使用同一操作部件引起的冲突称为结构冲突。假如流水线中只有一个存储器，数据和指令都存放在同一个存储器中，当 Load 类指令进入 MEM 段时，IF 段也需要同时访问存储器取出新指令，这时就会产生访存结构冲突。这样的结构冲突实际上在单周期 CPU 的设计中就存在，解决方法是采用独立的指令存储器和数据存储器（哈佛结构），现代 CPU 中指令 cache 和数据 cache 分离也是这种结构，指令流水线中也可以采用同样的解决方案。另外还有一种解决方案是阻塞程序计数器 PC，使 IF 段暂停一个时钟周期，下一个时钟到来时同步清空 IF/ID 流水寄存器，进入 ID 段的是一个空操作（全 0 的 MIPS 指令相当于空操作），等到 Load 指令访存操作结束以后，IF 段重新启动。相比哈佛结构，这种方案会使流水线暂停一个时钟周期，引起性能的损失。

2. 控制冲突

当流水线遇到分支指令或其他会改变 PC 值的指令时，在分支指令之后载入流水线的相邻指令可能因为分支跳转而不能进入执行阶段，这种冲突称为控制冲突，也称为**分支冲突**。由于分支指令是否分支跳转、分支目标地址的计算要等到 EX 段才能确定（具体在哪个功能段与设计有关），因此分支指令相邻的后续若干条指令已经被预取进入流水线。当分支指令成功跳转时，流水线预取的指令不能进入执行阶段，此时需要清空这些预取指令，同时修改程序计数器 PC 的值，取出分支目标地址处的指令。发生控制冲突时，流水线会清空预取指令，浪费了若干个时钟周期，这部分性能损失又称为**分支延迟**，会引起流水线性能降低。

通常 MIPS 中主要采用**分支延迟槽**（Branch Delay Slot）技术来解决控制冲突，也就是分支指令后的一条或几条指令无论分支跳转是否成功，都会进入执行阶段，这种方式减少了分支延迟损失。现代 MIPS 处理器普遍在 ID 段执行分支指令，加上分支延迟槽技术，就可以将控制冲突引起的分支延迟损失降为零。但如何将程序中的有效指令放置在延迟槽中且不影响程序功能是编译器要解决的难题，当然最坏的情况是在延迟槽中放置一条空操作指令。分支延迟槽技术会给编译器带来麻烦，也会使汇编程序代码的可读性变差。

另外还可以采用基于软件或硬件的方法提前进行分支预测，在 IF 段根据程序计数器 PC 中的指令地址查找历史分支信息统计表并预测当前指令的下一条指令的正确地址，以尽量减少控制相关导致的流水线性能下降。现代高性能处理器中的分支预测算法精度已经非常高了，新兴的 RISC-V 处理器就放弃了分支延迟槽技术，采用了动态分支预测技术，后面将进行详细介绍。

3. 数据冲突

当前指令要用到先前指令的操作结果，而这个结果尚未产生或尚未送达指定的位置，会导致当前指令无法继续执行，这称为数据冲突。根据指令读访问和写访问的顺序，常见的数据冲突包括先写后读冲突（Read after Write，RAW）、先读后写冲突（Write after Read，WAR）、写后写冲突（Write after Write，WAW）。假定连续的两条指令 I_1 和 I_2，其中指令 I_1 在指令 I_2 之前进入流水线，两条指令之间可能引起的数据冲突如下。

（1）先写后读冲突（RAW）

如果指令 I_2 的源操作数是指令 I_1 的目的操作数，这种数据冲突被称为先写后读冲突。当指令按照流水的方式执行的时候，由于指令 I_2 要用到指令 I_1 的结果，如果指令 I_2 在指令 I_1 将结果写寄存器之前就在 ID 段读取了该寄存器的旧值，则会导致读取数据出错。下面是一个发生先写后读冲突的 MIPS 程序实例，第 2 条 sub 指令使用的源操作数 \$1 寄存器是第 1 条 and 指令的目的操作数，存在先写后读冲突。

```
and $1, $2, $3              # 功能描述：$1 寄存器为目的操作数
sub $2, $1, $3              # 功能描述：$1 寄存器为源操作数
```

（2）先读后写冲突（WAR）

如果指令 I_2 的目的操作数是指令 I_1 的源操作数，这种数据冲突被称为先读后写冲突。前面的例程中 sub 指令的 \$2 号寄存器就存在这种冲突，当指令 I_2 去写该寄存器的时候，指令 I_1 已经读取过该寄存器了，所以这种数据相关对指令的执行不构成任何影响。

（3）写后写冲突（WAW）

如果指令 I_2 和指令 I_1 的目的操作数是相同的，这种数据冲突被称为写后写冲突。如果指令 I_2 的写操作发生在指令 I_1 的写操作之后，当指令按照流水的方式执行的时候，这种写后写冲突对指令的执行也没有影响。但在乱序调度的流水线中，有可能指令 I_2 的写操作发生在 I_1 指令的写操作之前，此时会发生写入顺序错误，目标单元中最终存储的是指令 I_1 的执行结果，而不是指令 I_2 的执行结果。

正常的程序都会存在较多的先写后读数据冲突，为了避免程序运行出错，最简单的处理方法就是推后执行与其相关的指令，直至目的操作数写入才开始取源操作数，以保证指令和程序执行的正确性。如果利用软件方法来解决就是在存在先写后读冲突的指令间插入若干条空操作指令直至这种冲突消失，这需要编译器的支持。如果采用硬件方法来解决就是采用插入“气泡”法，ID 段从寄存器堆中取源操作数时如果检测到与 EX、MEM 或 WB 段指令存在数据冲突，则 IF、ID 段正在处理的指令暂停一个时钟周期（PC、IF/ID 流水寄存器的值保持不变）；同时尝试在时钟到来时在 EX 段插入一个空操作气泡，先前进入 EX、MEM、WB 段的指令继续执行。下一个时钟到来时 EX 段中是一个空操作气泡，MEM、WB 段中仍然存在指令，如果 ID 段中的指令仍然存在数据相关，继续暂停 IF、ID 段，在 EX 段中插入“气泡”，直至数据冲突完全消失。

7.3.2 结构冲突处理

多条指令在同一时钟周期都须使用同一操作部件引起的冲突称为结构冲突，也称为资源冲突。在流水线设计中也会存在各种结构冲突，如计算 PC+4、计算分支目标地址、运算器运算都需要使用运算器，访问指令和访问数据都需要使用存储器。解决方案是增设加法部件避免运算冲突，增设指令存储器避免访存冲突；也可以通过插入“气泡”延缓取指令的方式解决访存结构冲突，但这种方式会造成流水线性能损失。另外 ID 段读寄存器与 WB 段写寄存器的操作也存在结构冲突，但由于 MIPS 寄存器堆的读写逻辑是完全独立的逻辑，读写地址和数据均通过不同的端口进入，读写逻辑可以并发操作，因此这种结构冲突并不存在。

7.3.3 控制冲突处理

分支指令会引起控制冲突，要解决控制冲突，在执行程序分支跳转时必须清除流水线中分支指令后续的若干条误取指令。以图 7.14 所示为例，EX 段正在执行一条 beq 指令，假设分支条件成立，也就是 ALU 的 equal 标志位为 1，分支指令译码信号 Branch 与 equal 信号进行逻辑与后得到分支跳转信号 BranchTaken 并送入 IF 段多路选择器选择控制端，选择分支目标地址送入程序计数器 PC，具体见图中左上角的粗线所示的路径。EX 段负责将 ID/EX 流水寄存器中的符号扩展立即数左移两位后和 PC+4 的值相加得到的分支目标地址送入 IF 段多路选择器的 PC 输入端，时钟到来时即可完成分支跳转，具体见图中左下角蓝色粗线所示的数据通路。

在 EX 段执行分支指令，其后续相邻的两条指令 add、addi 分别进入 ID、IF 段，由于程序不再顺序执行，因此这两条指令都属于误取进入流水线的指令，不应该继续在流水线中执行，需要从流水线中清除。

为了实现指令清空操作，可以将分支跳转信号 BranchTaken 作为流水线清空信号 Flush 直接连接 IF/ID、ID/EX 流水寄存器的同步清零控制端，这样时钟到来后 beq 指令进入 MEM 段，而 IF 段取分支目标地址处的新指令；同时 IF/ID、ID/EX 流水寄存器中的数据和控制信号全部清零。由于全零的 MIPS 指令是 sll \$0,\$0,0 指令，等同于空操作 nop 指令，不会改变 CPU 状态，因此

ID 段以及 EX 段的指令变成了空操作，误取的两条指令成功清除，如图 7.15 所示。

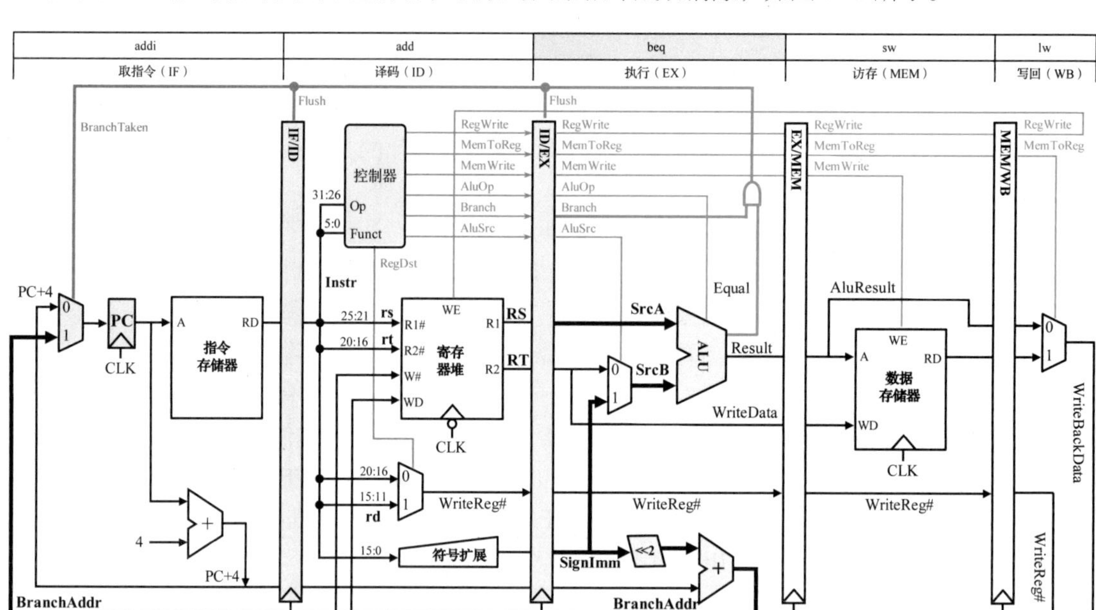

图 7.14　MIPS 流水线中的分支相关处理

New Instruction	nop	nop	beq	sw
取指令（IF）	译码（ID）	执行（EX）	访存（MEM）	写回（WB）

图 7.15　分支指令执行后的流水线状态

需要注意的是，这里流水寄存器清零信号必须是时钟敏感型的同步清零信号，而不是电平敏感型的异步清零信号。如果采用异步清零信号，会导致 ID/EX 流水寄存器中 beq 指令所需的数据和控制信号被立即清除掉，程序无法实现正常分支。

```
1  beq  $0, $0, 2          # 跳转到第 4 条指令，分支目标地址为 PC+4+8
2  add  $1, $2, $3         # 不应执行
3  addi $4, $5, $6         # 不应执行
4  bne  $1, $2, 2          # 跳转到第 7 条指令，假设两寄存器不相等
5  lw   $5, 4($1)          # 不应执行
6  sw   $6, 8($1)          # 不应执行
```

图 7.16 所示为 MIPS 5 段流水线执行上一段程序时处理分支指令的流水线时空图，注意每一格代表一个时钟周期，单元格中为当前功能段、当前周期正在处理的指令。假设 beq、bne 指令一定会产生分支，从图中可以清晰地看出执行分支指令会出现流水线清空误取指令的情况，图中蓝色格中的指令为误取指令，条纹格为清空指令形成的气泡。

上例中分支指令是在 EX 段执行的，分支跳转会造成流水线被阻塞，从而暂停两个时钟周期。分支指令的执行也可安排在其他功能段中，在 ID、EX、MEM、WB 段执行分支处理时流水线中的误取指令数分别为 1、2、3、4，显然越早执行分支指令，分支延迟损失越小。图 7.17 所示为在 ID 段执行分支指令的流水线时空图，对比图 7.16 可以看出，相比在 EX 段执行分支指令节约了两个时钟周期。现代 MIPS 处理器多在 ID 段执行分支指令，并配合分支延迟槽技术减少分支指令带来的流水损失。

CLKs	取指令IF	译码ID	执行EX	访存MEM	写回WB
1	beq				
2	add	beq			
3	addi	add	beq		
4	bne			beq	sw
5	lw	bne			beq
6	sw	lw	bne		
7	Next Instr			bne	

图 7.16 在 EX 段执行分支指令的流水线时空图

CLKs	取指令IF	译码ID	执行EX	访存MEM	写回WB
2	add	beq			
3	bne		beq		
5	lw	bne		beq	
5	Next Instr		bne		beq

图 7.17 在 ID 段执行分支指令的流水线时空图

综上所述，对于分支指令造成的控制相关，只需要在实际分支跳转时，将分支指令所在功能段左侧所有即将存放误取指令的流水寄存器同步清零即可；如果是在 EX 段执行分支指令，需要清除 IF/ID、ID/EX 流水寄存器；如果是在 ID 段执行，则只需要清除 IF/ID 流水寄存器。

7.3.4 插入气泡解决数据冲突

1. 程序中的数据相关

前面已经成功解决了流水线中的结构冲突和控制冲突，这里进一步解决数据相关引起的数据冲突，下面是一段存在数据相关的程序。

```
and $1, $1, $2     # $1 寄存器为目的操作数
sub $2, $1, $0     # $1 寄存器为源操作数，对应指令字段中的 rs 字段
add $3, $1, $1     # $1 寄存器为源操作数，对应指令字段中的 rs、rt 字段
or  $4, $5, $1     # $1 寄存器为源操作数，对应指令字段中的 rt 字段
and $5, $6, $1     # $1 寄存器为源操作数，对应指令字段中的 rt 字段
```

该程序包括 5 条指令，后 4 条指令的 rs、rt 字段均与第一条指令的目的寄存器 $1 存在数据相关。而在 MIPS 5 段流水线中，ID 段从寄存器堆中取操作数时才会发生数据相关，只需要考虑 ID 段指令与 EX、MEM、WB 段的 3 条指令之间的数据相关性。

ID 段和 WB 段的数据相关可以采用先写后读的方式解决，寄存器堆写入控制采用下跳沿触发，而所有流水寄存器采用上跳沿触发（假设完整时钟周期从 1 开始，到 0 结束，中间是下跳沿）。这样在一个时钟周期的中间时刻（下跳沿）可以完成寄存器堆的数据写入，在时钟周期的后半段就可以利用组合逻辑读取寄存器正确的值。解决了 ID 段和 WB 段之间的数据相关，就只需要考虑连续 3 条指令的数据相关性，在流水线实现时就只需要考虑 ID 段与 EX、MEM 两段之间的数据相关性。

假设该程序已有 3 条指令进入流水线，如图 7.18 中第 3 个时钟周期所示。流水线中应设置相应的硬件逻辑来检测 ID 段指令与 EX、MEM 段指令的数据相关性，这里 ID 段的 sub 指令与 EX 段 and 指令存在数据相关。由于 ID 段 sub 指令所需的 $1 寄存器还没有写回，如果 sub 指令

继续执行，将会取出错误的操作数值，因此只能阻塞 IF、ID 段指令的执行，并尝试在时钟到来时在 EX 段插入气泡以消除数据相关。下一个时钟内，IF、ID 段仍是原有指令，EX 段内变成空操作气泡，and 指令进入 MEM 段；此时 ID 段与 MEM 段仍存在数据相关，按原有处理逻辑继续阻塞 IF、ID 段指令的执行，继续在 EX 段内插入气泡。第 5 个时钟周期，and 指令进入 WB 段，EX 段、MEM 段内全是气泡，ID 段 sub 指令的数据相关消除，可正常取操作数。第 6 个时钟周期，sub 指令进入 EX 段。从图中可以看出，相邻的指令如果存在数据相关，需要先后插入两个气泡才能消除这种相关性。注意虽然插入气泡可以解决数据冲突，但会引起流水线阻塞暂停，影响指令流水线性能。

CLKs	取指令IF	译码ID	执行EX	访存MEM	写回WB
1	and $1, $1, $2				
2	sub $2, $1, $0	and $1, $1, $2			
3	add $3, $1, $1	sub $2, **$1**, $0	and **$1**, $1, $2		
4	add $3, $1, $1	sub $2, **$1**, $0		and **$1**, $1, $2	
5	add $3, $1, $1	sub $2, $1, $0			and $1, $1, $2
6	or $4, $5, $1	add $3, $5, $1	sub $2, $1, $0		

图 7.18　插入气泡解决数据相关的流水线时空图

2. 数据相关检测与处理逻辑

流水线中必须增加硬件逻辑来实现 ID 段与 EX、MEM 段指令的数据相关性检测，MIPS 指令包括 0～2 个源操作数，分别是 rs、rt 字段对应的寄存器，其中 0 号寄存器恒 0，不需要考虑相关性。要想确认 ID 段指令使用的源寄存器是否在前两条指令中写入，只需要检查 EX、MEM 段的寄存器堆写入控制信号 RegWrite 是否为 1，且写寄存器编号 WriteReg# 是否和源寄存器编号相同即可，因此流水线中的数据相关检测逻辑如下。

```
DataHazzard =  RsUsed & (rs≠0) & EX.RegWrite  & (rs==EX.WriteReg#)
             + RtUsed & (rt≠0) & EX.RegWrite  & (rt==EX.WriteReg#)
             + RsUsed & (rs≠0) & MEM.RegWrite & (rs==MEM.WriteReg#)
             + RtUsed & (rt≠0) & MEM.RegWrite & (rt==MEM.WriteReg#)
# rs、rt 分别表示指令字中的 rs、rt 字段，分别对应指令字中的 25~21、20~16 位
# RsUsed、RtUsed 分别表示 ID 段指令需要读 rs、rt 字段对应的寄存器
# EX.RegWrite 表示 EX 段的寄存器堆写使能控制信号 RegWrite，锁存在 ID/EX 流水寄存器中
# MEM.WriteReg# 表示 MEM 段的写寄存器编号 WriteReg#，锁存在 EX/MEM 流水寄存器中
```

有了数据相关检测逻辑，只需考虑如何暂停 IF、ID 段指令的执行以及如何插入气泡的问题。插入气泡可以参考控制相关中的流水清空信号 Flush，当发生数据相关时给 ID/EX 流水寄存器一个同步清空信号 Flush 即可；而要暂停 IF、ID 段指令的执行，只需保证程序计数器 PC 和 IF/ID 流水寄存器的值不变即可。要做到这一点，只需要控制寄存器使能端即可，当使能端为 1 时，寄存器正常工作，为 0 时则忽略时钟输入，寄存器值保持不变。只需要将数据相关检测逻辑生成的数据相关信号 DataHazzard 作为暂停信号 Stall 取反后送入对应的使能端即可。

进一步综合控制冲突处理逻辑可知，流水线清空信号 IF/ID.Flush、ID/EX.Flush，以及流水线阻塞暂停信号 Stall 的逻辑表达式如下。

```
Stall = DataHazzard                         # 数据相关时要阻塞暂停 IF、ID 段指令的执行
PC.EN = ~Stall                              # 程序计数器 PC 使能端输入
IF/ID.EN = ~Stall                           # IF/ID 流水寄存器使能端输入
```

```
IF/ID.CLR = BranchTaken                       # 出现分支跳转时要清空 IF/ID 流水寄存器
ID/EX.CLR = Flush = BranchTaken + DataHazzard  # 出现分支或数据相关时要清空 ID/EX 流水寄存器
```

需要注意的是，当 EX 段中是分支指令，且分支条件成立时，如果在 ID 段同时检测到数据相关，此时 IF/ID 流水寄存器将同时接收到阻塞信号 Stall 和清空信号 Flush，那么 IF/ID 流水寄存器应该如何动作呢？根据流水线控制冲突处理逻辑，此时 ID 段的指令不论是否相关都属于误取指令，所以不应该继续执行，应该优先进行同步清零的动作。在设计流水接口部件的时候要注意，同步清零信号不受使能端控制。

采用插入气泡的方式处理数据相关问题后，流水线数据通路如图 7.19 所示。图中相关处理逻辑的输入信号除 EX、MEM 段的 RegWrite、WriteReg# 信号外，还包括 ID 段的指令字 Instr、EX 段的分支跳转 BranchTaken 信号；输出信号则为阻塞暂停信号 Stall、流水清空信号 ID/EX.Flush，具体可根据前面的逻辑表达式设计组合逻辑电路。

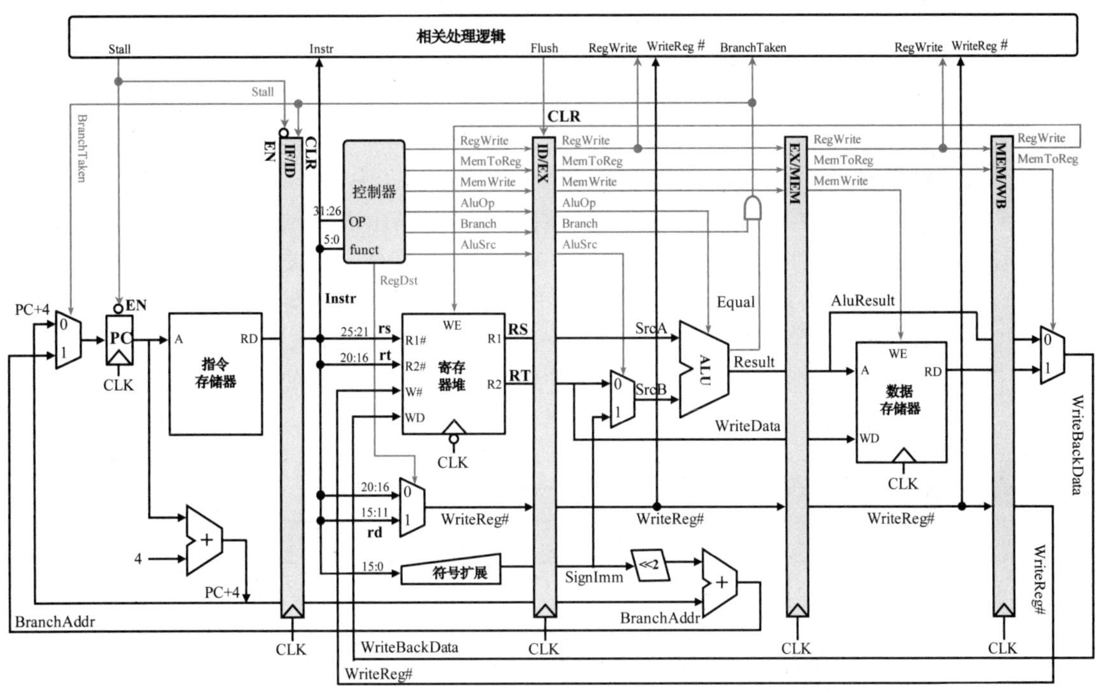

图 7.19 气泡流水线顶层视图

例 7.1 请给出如下程序在图 7.19 所示气泡流水线中运行的时空图。

```
1 lw  $5, 4($1)        # $5 为目的寄存器
2 add $6, $5, $7       # $5 依赖第 1 条指令的访存结果
3 sub $1, $2, $3       # 无数据相关
4 or  $7, $6, $7       # $6 依赖第 2 条指令的运算结果
5 and $9, $7, $6       # $7 依赖第 4 条指令的运算结果
```

解： 该程序第 2 条和第 1 条指令在 $5 寄存器中存在数据相关；第 3 个时钟周期，当第 2 条 add 指令进入 ID 段时，流水线检测到 ID 段 add 指令与 EX 段 lw 指令的数据相关性，此时 IF、ID 段暂停，在 EX 段插入一个气泡；第 4 个时钟周期，ID 段 add 指令与 MEM 段 lw 指令仍然存在数据相关，继续暂停 IF、ID 段，再次插入一个气泡，数据相关解除；另外，在第 7 个时钟周期 ID 段会检测到第 4 条 or 指令与 MEM 段 add 指令的数据相关，会插入一个气泡。第 9 个时钟周期，ID 段 and 指令和 EX 段 or 指令存在数据相关；第 10 个、第 11 个时钟周期均会在 EX 段

插入两个气泡。具体气泡流水线时空图如图 7.20 所示。

CLKs	取指令IF	译码ID	执行EX	访存MEM	写回WB
1	lw $5, 4($1)				
2	add $6, $5, $7	lw $5, 4($1)			
3	sub $1, $2, $3	add $6, **$5**, $7	lw **$5**, 4($1)		
4	sub $1, $2, $3	add $6, **$5**, $7		lw **$5**, 4($1)	
5	sub $1, $2, $3	add $6, $5, $7			lw $5, 4($1)
6	or $7, $6, $7	sub $1, $2, $3	add $6, $5, $7		
7	and $9, $7, $6	or $7, **$6**, $7	sub $1, $2, $3	add **$6**, $5, $7	
8	and $9, $7, $6	or $7, $6, $7		sub $1, $2, $3	add $6, $5, $7
9	Next Instr	and $9, **$7**, $6	or **$7**, $6, $7		sub $1, $2, $3
10	Next Instr	and $9, **$7**, $6		or **$7**, $6, $7	
11	Next Instr	and $9, $7, $6			or $7, $6, $7

图 7.20　气泡流水线时空图

第 7 个时钟周期的气泡流水线数据通路如图 7.21 所示。图中相关处理逻辑将 ID 段 or 指令使用的两个源寄存器编号与 EX、MEM 段的写寄存器编号 WriteReg# 进行比较，并结合 EX、MEM 段的寄存器写入控制信号 RegWrite 的值，判断是否存在数据相关；生成 ID/EX.CLR 需要的 Flush 清空信号，同时生成 Stall 暂停信号阻塞 PC 和 IF/ID 流水寄存器，锁存 IF、ID 两段指令不变，具体数据通路如图中粗线所示。时钟上跳沿到来后，ID/EX 流水寄存器同步清零，EX 段中插入了一个气泡，此时数据相关消失，相关处理逻辑自动撤除阻塞暂停信号 Stall、清空信号 Flush，流水线重新恢复正常。

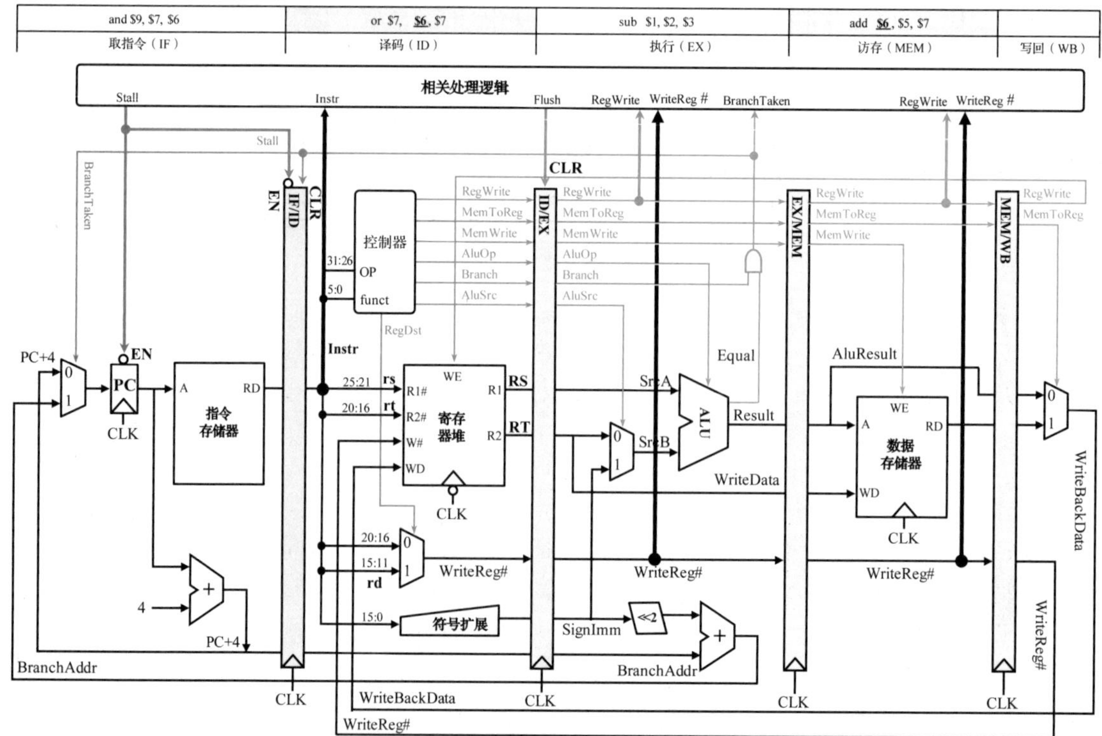

图 7.21　气泡流水线数据通路

7.3.5 使用重定向解决数据冲突

1. 重定向原理

气泡流水线通过延缓ID段取操作数动作的方式解决数据冲突问题，但大量气泡的插入会严重影响指令流水线的性能。还有一种思路是先不考虑ID段所取的寄存器操作数是否正确，等到指令实际使用这些寄存器操作数时再考虑其正确性问题。

如不考虑ID段取的操作数的正确性，对应指令进入EX段可能和前两条指令，也就是与MEM、WB段均存在数据相关。如存在数据相关，EX段的寄存器操作数RS、RT就是错误数据，正确数据应来自MEM、WB段指令的目的操作数，而这些指令已经通过了EX段完成了运算。除Load类访存指令外，目的操作数都已实际存放在EX/MEM、MEM/WB流水寄存器中，可以直接将正确的操作数从其所在位置**重定向**（Forwarding）到EX段合适的位置（也称为**旁路** Bypass），如图7.22中的弧线所示，可以将EX/MEM流水寄存器中的AluResult或WB段的WriteBackData直接送到EX段的RS处，作为SrcA送入ALU中参与运算。当然rt寄存器也可以采用这种方式处理，重定向方式无须插入气泡，可以解决大部分的数据相关问题，避免插入气泡引起的流水线性能下降，大大优化流水线性能。

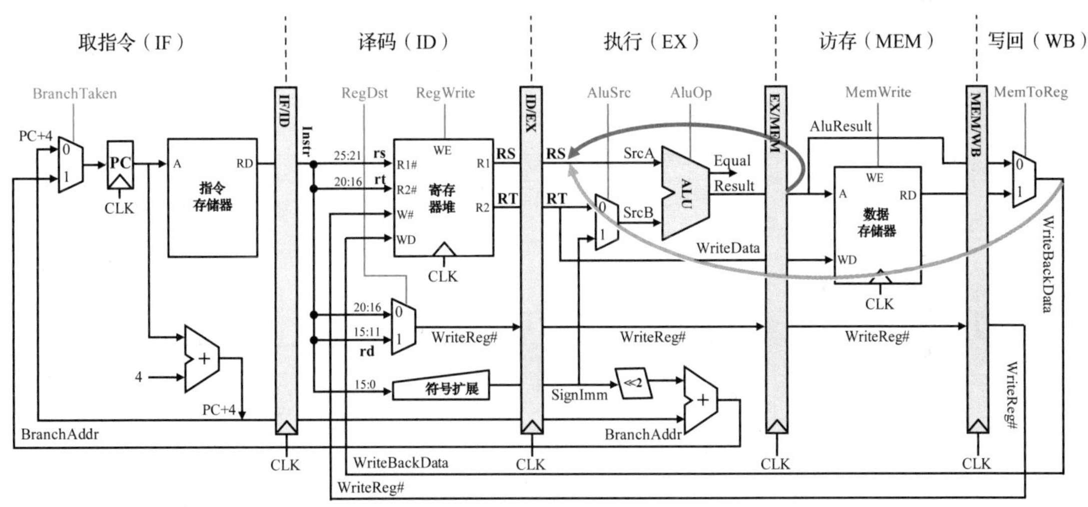

图7.22 数据重定向示意图

以ID/EX.RS为例，此输出会送到ALU的第一个操作数端SrcA，但可能不是最新的值，所以应在ID/EX.RS的输出端增加一个多路选择器FwdA。此多路选择器的默认输入来源为ID/EX.RS，还可能来自EX/MEM.AluResult的重定向，也可能来自MEM/WB.AluResult或MEM/WB.ReadData，如图7.23所示。为了简化实现，直接将WB段的多路选择器的输出WriteBackData重定向到FwdA，多路选择器FwdA的选择控制信号为Rs_F。

ID/EX.RT输出端也可以再增加一个多路选择器FwdB进行同样的重定向处理，FwdB选择控制信号为Rt_F，数据重定向的详细通路如图7.23中蓝线所示。这里两个多路选择器的选择控制可以根据数据相关检测情况自动生成，既可以直接在EX段生成；也可以在ID段进行数据相关检测时自动生成，然后经过ID/EX流水寄存器传递。为了和气泡流水线数据相关检测机制一致，这里将采用第二种方法实现。

需要注意的是，如果相邻两条指令存在数据相关，且前一条指令是访存指令时（称为**Load-Use**相关），这种数据相关不能采用重定向方式进行处理，如图7.24所示。图中EX段and指令和 MEM 段 lw 指令在 $2 寄存器处存在 Load-Use 相关，这时 $2 号寄存器的值必须等待数据存储器读操作完成后才会出现在 RD 引脚上。如果直接将该引脚的输出值重定向到 EX 段，虽然在功能上可以实现，但这样做的后果是 EX 段的关键路径延迟变成了 MEM 段访存延迟加 EX 段运算器运算延迟，而流水线频率取决于流水线中最慢的功能段，使流水线频率大大降低。

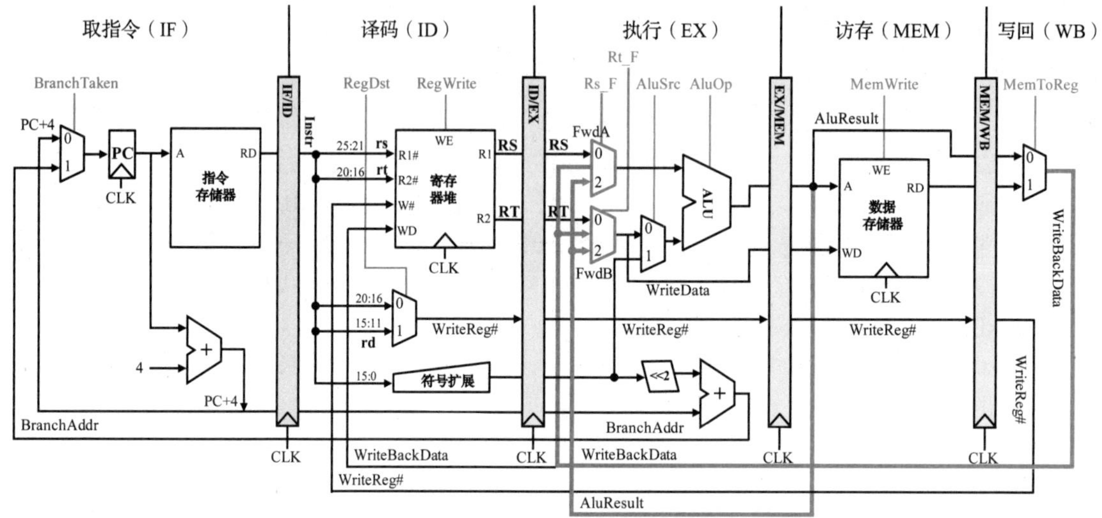

图 7.23 数据重定向数据通路

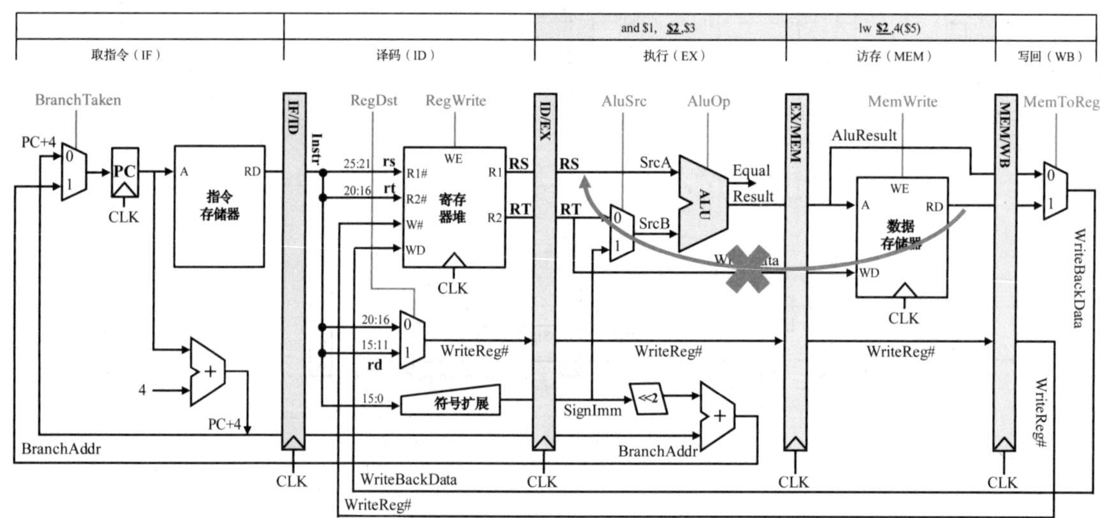

图 7.24 Load-Use 相关

所以对于 Load-Use 相关，不能采用重定向方式解决数据冲突，必须在发生 Load-Use 相关的两条相邻指令之间强制插入一个气泡以消除这种相关，插入气泡既可以在 EX 段完成，也可以在 ID 段实现。同样为了和前面的实现方案统一，这里仍然在 ID 段实现，如图 7.25 所示。当 ID 段检测到 Load-Use 相关后在 EX 段插入一个气泡，这样当 and 指令进入 EX 段时，lw 指令已经抵达 WB 段，内存读出的数据已经锁存在 MEM/WB 流水寄存器中，然后就可以采用重定向方式解决这种数据相关了。

需要注意的是，本节介绍的数据重定向机制都是基于 EX 段执行指令的，现代 MIPS 处理器将分支指令提前到 ID 段执行，此时还应该增加到 ID 段的重定向通路。图 7.26 所示的 ID 段的

beq 指令与 EX、MEM 段的指令均存在数据相关，似乎可以将后段对应的数据直接进行重定向来解决这种数据相关。

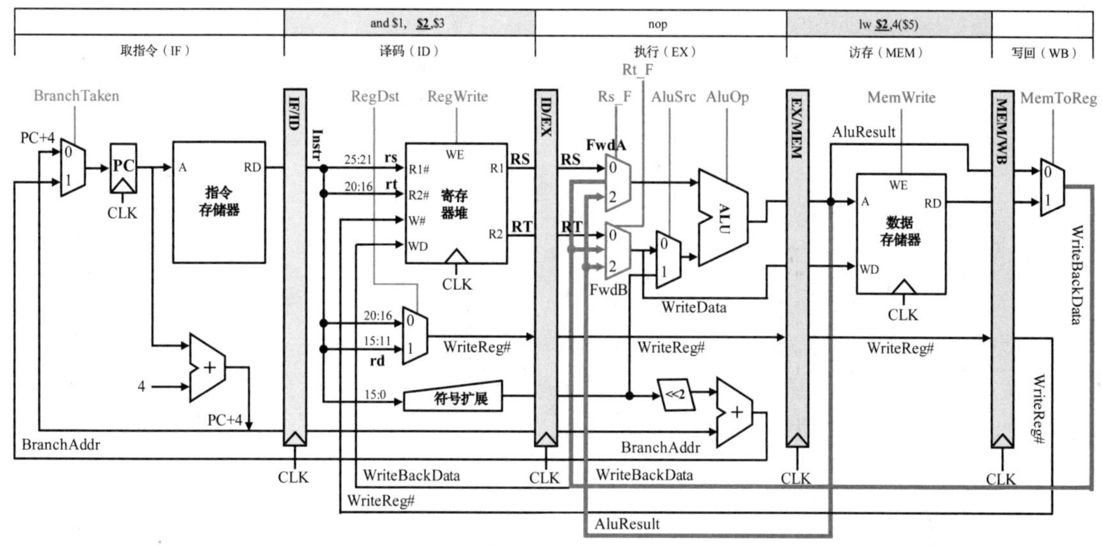

图 7.25　插入气泡消除 Load-Use 相关

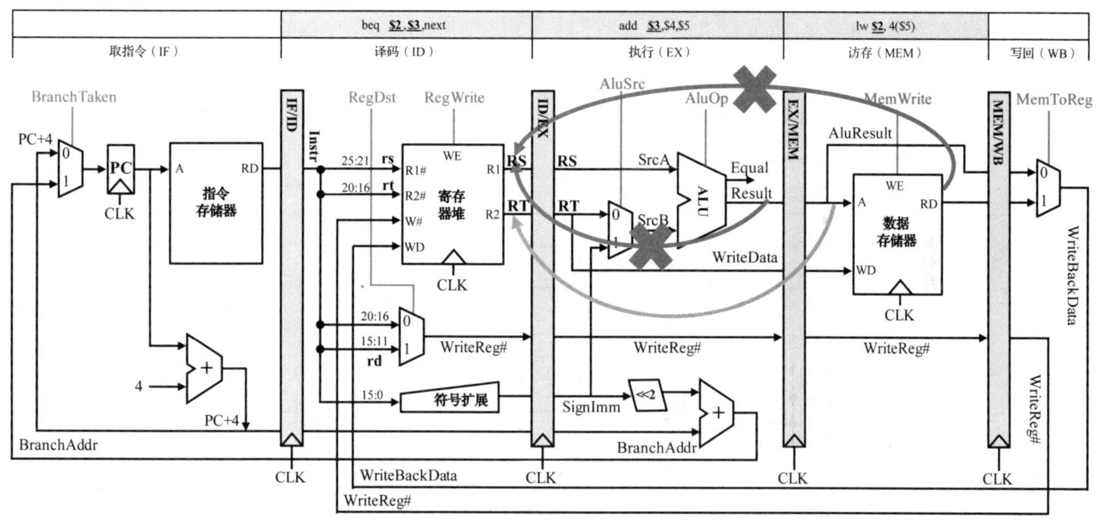

图 7.26　ID 段执行分支的重定向问题

但实际上这种重定向只是在逻辑上可行，EX 段的 ALU 运算结果需要经过 ALU 的运算延迟才能得到，MEM 段数据存储器 RD 端口的数据也需要经历完整的访存周期才能得到，都不能直接重定向到 ID 段。这两类重定向都会大大增加 ID 段的关键路径延迟时间，影响流水线的时钟频率，此时唯一能进行重定向的数据只有 EX/MEM.AluResult。ID 段分支指令与 EX 段的数据相关、ID 段分支指令与 MEM 段的 Load-Use 相关，以及 EX 段与 MEM 段的 Load-Use 相关，都需要插入一个气泡。

2. 采用重定向机制的数据相关检测与处理

采用重定向机制后，流水线中的相关处理逻辑必须进行适当的修订，由于重定向中 Load-Use 相关仍然需要通过插入气泡方式进行消除，因此相关处理逻辑应该能检测出 Load-Use 相关，其逻辑表达式如下。

```
LoadUse =  RsUsed & (rs≠0) & EX.MemRead & (rs==EX.WriteReg#)
+ RtUsed & (rt≠0) & EX.MemRead & (rt==EX.WriteReg#)
```

注意单周期 CPU 实现中为了简化电路，只实现了 MemWrite 写信号，没有实现 MemRead 信号，但由于该信号和 MemToReg 信号是同步的，因此可以用 MemToReg 信号代替 MemRead 信号

其他数据相关都可以采用重定向方式以无阻塞的方式解决，相关处理逻辑只需要在 ID 段生成两个重定向选择信号 RsFoward、RtFoward 并传输给 ID/EX 流水寄存器即可，以 RsFoward 为例，其赋值逻辑如下。

```
IF (RsUsed & (rs≠0) & EX.RegWrite & (rs==EX.WriteReg#))
  RsFoward = 2                # ID 段与 EX 段数据相关
else IF (RsUsed & (rs≠0) & MEM.RegWrite & (rs==MEM.WriteReg#))
  RsFoward = 1                # ID 段与 MEM 段数据相关
else RsFoward = 0             # 无数据相关
```

当发生 Load-Use 相关时，需要暂停 IF、ID 段指令的执行，并在 EX 段中插入气泡，需要控制 PC 使能端 EN、IF/ID 使能端 EN、ID/EX 清零端 CLR；而 EX 段执行分支指令时会清空 ID 段、EX 段中的误取指令，会使用 IF/ID 清零端 CLR、ID/EX 清零端 CLR。综合两部分逻辑，可以得到相关处理逻辑阻塞信号 Stall、清空信号 Flush，各控制端口的逻辑如下。

```
Stall = LoadUse                              # 存在 Load-Use 相关时要暂停 IF、ID 段指令的执行
IF/ID.CLR = BranchTaken                      # 出现分支跳转时要清空 IF/ID 流水寄存器
ID/EX.CLR = Flush = BranchTaken + LoadUse    # 分支跳转或存在 Load-Use 相关时要清空 ID/EX 流水寄存器
PC.EN = IF/ID.EN~Stall                       # 程序计数器 PC 使能端输入
```

采用插入重定向方式处理数据相关问题后，重定向流水线顶层视图如图 7.27 所示。图中相关处理逻辑输入除 EX、MEM 段的 RegWrite、WriteReg# 信号外，还包括 ID 段的指令字 Instr、EX 段的分支跳转 BranchTaken 信号，输出为暂停信号 Stall、ID/EX.Flush、RsForward、RtForward，整体逻辑为组合逻辑电路。

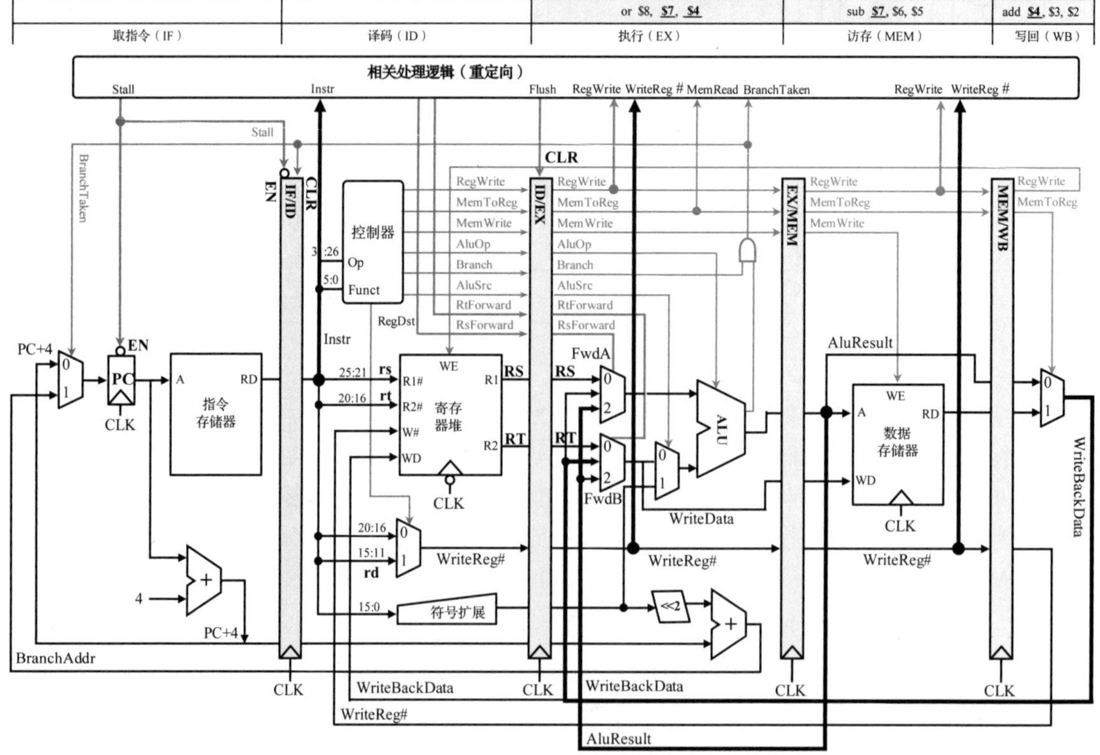

图 7.27　重定向流水线顶层视图

图 7.27 中 EX 段的 or 指令使用了 rs=7 和 rt=4 两个源寄存器，这两个寄存器分别和 MEM、WB 段的两条指令数据相关。此时 EX.RsFoward=2、EX.RtForward=1，多路选择器 FwdA 选择 MEM 段的 AluResult 输出到 ALU，多路选择器 FwdB 选择 WB 段的 WriteBackData 输出。注意 EX 段的 WriteData 也使用了重定向后的正确数据，所以 MEM 段不再需要考虑数据的相关问题。

例 7.2　下面的程序与例 7.1 中的程序完全相同，请给出该程序在图 7.27 所示重定向流水线中运行的时空图。

```
1  lw  $5, 4($1)                  # $5 为目的寄存器
2  add $6, $5, $7                 # $5 依赖第 1 条指令的访存结果
3  sub $1, $2, $3                 # 无数据相关
4  or  $7, $6, $7                 # $6 依赖第 2 条指令的运算结果
5  and $9, $7, $6                 # $7 依赖第 4 条指令的运算结果
```

解：该程序第 2 条和第 1 条指令在 $5 寄存器中存在 Load-Use 相关；第 3 个时钟节拍，当第 2 条 add 指令进入 ID 段时，流水线检测到 ID 段与 EX 段 lw 指令的 Load-Use 相关，此时将 IF、ID 段阻塞暂停，在 EX 段中插入一个气泡即可消除该数据相关。

后续多条指令虽然存在数据相关，但并不是 Load-Use 相关，所以不需要插入气泡，指令可以无阻塞地通过流水线，具体的重定向流水线时空图如图 7.28 所示。相比气泡流水线，同样的程序，重定向流水线减少了 4 个气泡，大大提高了指令流水线的执行效率。

CLKs	取指令IF	译码ID	执行EX	访存MEM	写回WB
1	lw $5, 4($1)				
2	add $6, $5, $7	lw $5, 4($1)			
3	sub $1, $2, $3	add $6, **$5**, $7	lw **$5**, 4($1)		
4	sub $1, $2, $3	add $6, $5, $7		lw $5, 4($1)	
5	or $7, $6, $7	sub $1, $2, $3	add $6, $6, $7		lw $5, 4($1)
6	and $9, $7, $6	or $7, $6, $7	sub $1, $2, $3	add $6, $6, $7	
7		and $9, $7, $6	or $7, $6, $7	sub $1, $2, $3	add $6, $6, $7
8			and $9, $7, $6	or $7, $6, $7	sub $1, $2, $3

图 7.28　重定向流水线时空图

7.3.6　动态分支预测技术 *

1. 动态分支预测原理

采用重定向机制后，指令流水线中的数据相关基本不需要插入气泡就可解决，只有少数 Load-Use 相关还需要插入一个气泡，流水线性能得到极大的提升。此时流水线中的控制冲突对流水线性能影响最大，基于加快经常性事件的原理，应优先考虑减少分支指令引起的分支延迟损失。为减少分支延迟损失，应尽可能提前执行分支指令，例如将分支指令放在 ID 段完成。

进一步降低分支延迟的主要方法有**静态分支预测**与**动态分支预测**两种。静态分支预测主要是基于编译器的编译信息对分支指令后续指令地址进行预测，预测信息是静态的、不能改变的，与分支的实际执行情况无关，通常是采用一些简单的策略进行预测或处理，具体如下。

预测分支失败。这是默认逻辑，与无分支预测的指令流水方案相同。

预测分支成功。其逻辑效果和第一种相同。

延迟分支。由编译器将一条或多条有用的指令或空指令放在分支指令后，作为分支指令的延迟槽，不论分支指令是否跳转，都要按顺序执行延迟槽中的指令。如果将分支指令放在 ID 段执行，分支延迟槽技术可以完全消除分支延迟，但这需要编译器进行有效的指令调度，取决于编译器能否将程序中的有效指令放入延迟槽且不影响程序功能，对编译器有较高的要求。

动态分支预测依据分支指令的分支跳转历史，不断地对预测策略进行动态调整，具有较高的预测准确率，现代处理器中均支持动态分支预测技术。分支行为之所以可以预测是因为程序中分支指令的**分支局部性**，例如，do…while 循环生成的机器代码中主要利用条件分支指令进行循环控制，该条件分支指令在循环执行期间均会发生分支跳转，只有在最后一次执行（循环退出）时才会顺序执行；同样 while 循环、for 循环生成的条件分支指令也都有类似的局部性行为。动态分支预测正是利用了分支指令的分支局部性进行预测。

最简单的动态分支预测策略是分支预测缓冲器（Branch Prediction Buffer)，其用于存放分支指令的分支跳转历史统计信息。BTB 表的每个表项主要包括 valid 位、分支指令地址、分支目标地址、历史跳转信息描述位（分支预测历史位）、置换标记 5 项，如表 7.3 所示，其中 valid 位用于标记当前表项是否有效。BTB 表本质上是一个全相联的 cache，表项为 8 或 16 个，用于缓存经常访问的分支指令的分支跳转历史统计信息，BTB 表中的指令通常是程序中循环体对应的分支指令。

表 7.3 分支历史表 BTB 格式

序号	valid	分支指令地址	分支目标地址	分支预测历史位	置换标记
0	1（高电平有效）	xxxx	xxxx	11 预测跳转	xxxx
1	1	xxxx	xxxx	10 预测跳转	xxxx
2	1	xxxx	xxxx	01 预测不跳转	xxxx
3	1	xxxx	xxxx	00 预测不跳转	xxxx
4	0（无效）	xxxx	xxxx	xx	xxxx
5	0	xxxx	xxxx	xx	xxxx
6	0	xxxx	xxxx	xx	xxxx
7	0	xxxx	xxxx	xx	xxxx

每一条分支指令执行时，都会将分支指令地址、分支目标地址、是否发生跳转等信息送入 BTB 表。BTB 以分支指令地址为关键字，在 BTB 表内进行全相联并发比较，如果数据缺失，表示当前分支指令不在 BTB 表中，需要将该分支指令的相关信息载入，并设置合适的分支预测历史位初值，以方便后续预测，注意载入过程中可能涉及淘汰。如果数据命中，表明当前分支指令历史分支信息已存放在 BTB 表中，此时需要根据本次分支是否发生跳转的信息调整对应表项中的分支预测历史位，以提高预测准确率，并且处理与淘汰相关的置换标记信息。

分支预测历史位本质上是当前分支指令历史跳转情况的统计信息，是进行分支预测的依据，最早分支预测历史位仅采用一位数据表示，为 1 时表示预测跳转，为 0 时表示预测不跳转。研究表明，双位预测可在较低的成本下实现很高的预测准确率，所以现在普遍采用双位预测，一个典型的双位预测状态转换图如图 7.29 所示。当状态位为 00、01 时预测不跳转，为 10、11 时预测跳转，当前分支指令是否发生跳转将会决定状态的变迁。注意，预测位初始值的设置也很重要，对于无条件分支指令，初始值如果是 00，则预测失败次数是两次，实际设计时应适当动态调整预测位初始值。

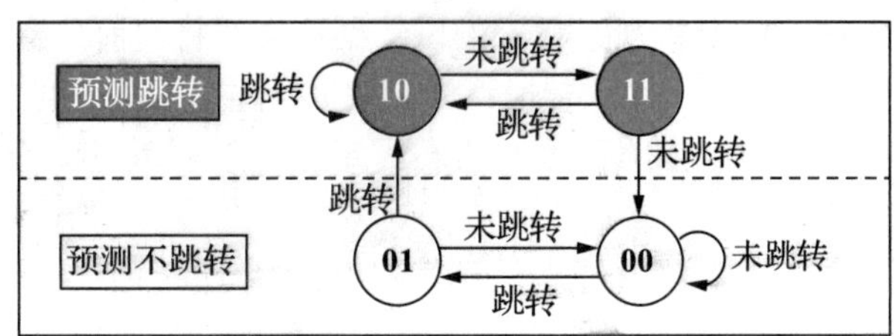

图 7.29 双位预测状态转换图

BTB 表会放在 IF 段中，利用 PC 的值作为关键字进行全相联比较，此过程应与指令存储器取指令操作并发进行，不需要取出指令即可进行分支预测。BTB 表命中表示当前指令是分支指令，可以根据 BTB 表中当前指令的历史预测位决定下条指令的地址是 PC+4 还是 BTB 表中的分支目标地址。注意这个分支目标地址不能在 IF 段取指令后计算获得，而是由 BTB 表中的表项提供的。如果 BTB 表缺失，表明当前指令可能不是分支指令或者是不经常使用的分支指令，则按照 PC+4 取下条指令。

注意分支指令在 EX 段中执行时，如果 IF 段预测正确，指令流水线不会停顿；如果预测失败，则分支指令在实际执行时还是应该清空误取的指令，并重新修正 PC 地址以取出正确的指令。由于双位预测的准确率高，动态分支预测技术可以消除指令流水线中的大多数分支延迟损失，因此新兴的 RISC-V 处理器中普遍采用动态分支预测技术。

2. 动态分支预测硬件实现

动态分支预测逻辑必须用硬件实现，内部是一个全相联的 cache 结构，其主要逻辑引脚及功能说明如表 7.4 所示。

表 7.4 分支历史表 BTB 逻辑引脚说明

序号	valid	I/O 类型	位宽	功能说明
1	CLK	输入	1	时钟控制信号，BTB 表载入新表项或更新预测位时需要时钟配合
2	PC	输入	32	程序计数器地址，是在 BTB 表中全相联查找的关键字
3	EX.Branch	输入	1	EX 段分支指令译码信号，只有为 1 时分支指令才会更新 BTB 表
4	EX.BranchTaken	输入	1	决定 EX 段分支指令是否跳转，1 为跳转，0 为不跳转
5	EX.PC	输入	32	EX 段指令对应的 PC 地址
6	EX.BranchAddr	输入	32	EX 段分支指令的分支目标地址
7	PredictJump	输出	1	预测跳转信息位，向右依次传输给 EX 段，为 1 表示预测跳转
8	JumpAddr	输出	32	预测跳转信息位为 1 时输出跳转指令的分支目标地址

PC 为 IF 段程序寄存器 PC 的输出值，IF 段利用 PC 值在 BTB 表中进行全相联比较。一旦数据命中，就根据对应表项中的分支预测历史位的值输出预测跳转信息位 PredictJump，预测历史位为 10、11 时 PredictJump=1，表示程序要跳转执行，同时 BTB 表还要输出该指令的分支目标地址 JumpAddr。如果未命中，当前指令无法预测下条指令的地址，PredictJump=0，程序顺序执行。PredictJump 位最终用于选择顺序地址 PC+4 与分支目标地址中的一路并送入程序计数器的 PC 输入端。这一部分逻辑由 IF 段执行，不会改写 BTB 表中的内容，是组合逻辑电路。

表中带 EX 前缀的 4 个输入都是从流水线 EX 段反馈回来的数据和操作控制信号，是 BTB 表的写入逻辑，属于时序逻辑，由 EX 段负责。当 EX 段执行分支指令时，也就是 EX.Branch=1

时，BTB 表会根据 EX.PC 进行全相联查找，如果数据缺失要将当前分支指令的信息载入 BTB 表，如果 BTB 表已满，还需要进行淘汰置换；如果数据命中，则只需要根据 EX 段指令实际分支跳转情况 EX.BranchTaken 的值依照预测位状态更新分支预测历史位的值即可，以提高预测准确率。

图 7.30 所示为动态分支预测 BTB 逻辑的具体实现，注意图中指令存储器取指令和 BTB 分支预测逻辑是并发工作的，只需要知道指令地址即可进行分支预测，BTB 表的引入并不会增加 IF 段的关键延迟时间。图中黑线为多位宽的数据，蓝线为操作控制信号。当 EX 段从段首的 ID/EX 流水寄存器处接收到从 IF 段传送来的预测跳转信息 PredictJump，实际跳转 BranchTaken 和预测跳转不符时表明 IF 段预测错误，将预测失败信号 PredictErr 置 1，该信号反馈回 IF 段控制 PC 输入端的多路选择器重新取指令，具体取哪一个地址的指令由实际跳转情况 EX.BranchTaken 选择。当 EX.BranchTaken 为 1 时应该选择从 EX.BranchAddr 处取指令，否则从 EX.PC+4 处取指令。

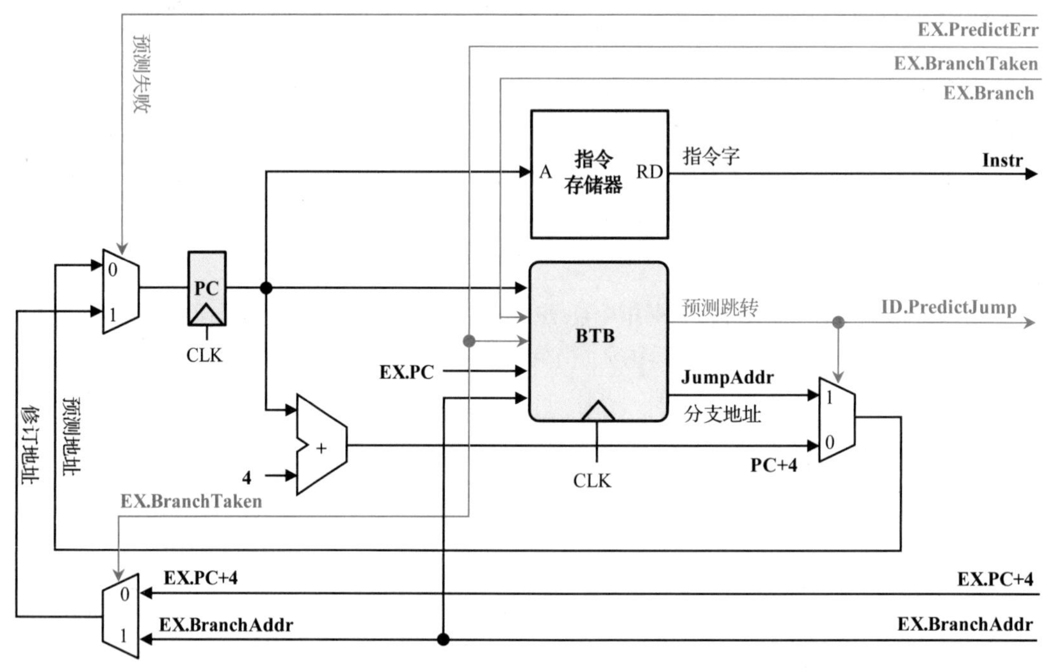

图 7.30　动态分支预测 BTB 逻辑实现

将图 7.30 所示的硬件逻辑加入 MIPS 指令流水线中就可以得到图 7.31 所示的支持动态分支预测的 5 段 MIPS 流水线。注意新的流水线数据通路的 IF 段中增加的 PredictJump 信号需要通过流水寄存器逐级传递到 EX 段，并最终与分支信号 BranchTaken 进行比较，不相等时表示预测失败。由于 EX 段只有检测到分支预测错误才会清空流水线中的误取指令，因此这里将预测失败信号 PredictErr 接入相关处理逻辑中的原 BranchTaken 引脚即可复用原电路，其他逻辑并没有任何变化。

相关处理逻辑各输出信号以及各流水寄存器使能信号和清空信号逻辑如下。

```
Stall = LoadUse                              # 数据相关时要暂停 IF、ID 段指令的执行
IF/ID.CLR = PredictErr                       # 预测失败时要清空 IF/ID 流水寄存器
ID/EX.CLR = Flush = PredictErr + LoadUse     # 预测失败或存在 Load-Use 相关时要清空 ID/EX 流水寄存器
PC.EN = ~Stall                               # 程序计数器 PC 使能端输入
IF/ID.EN = ~Stall                            # IF/ID 流水寄存器使能端输入
```

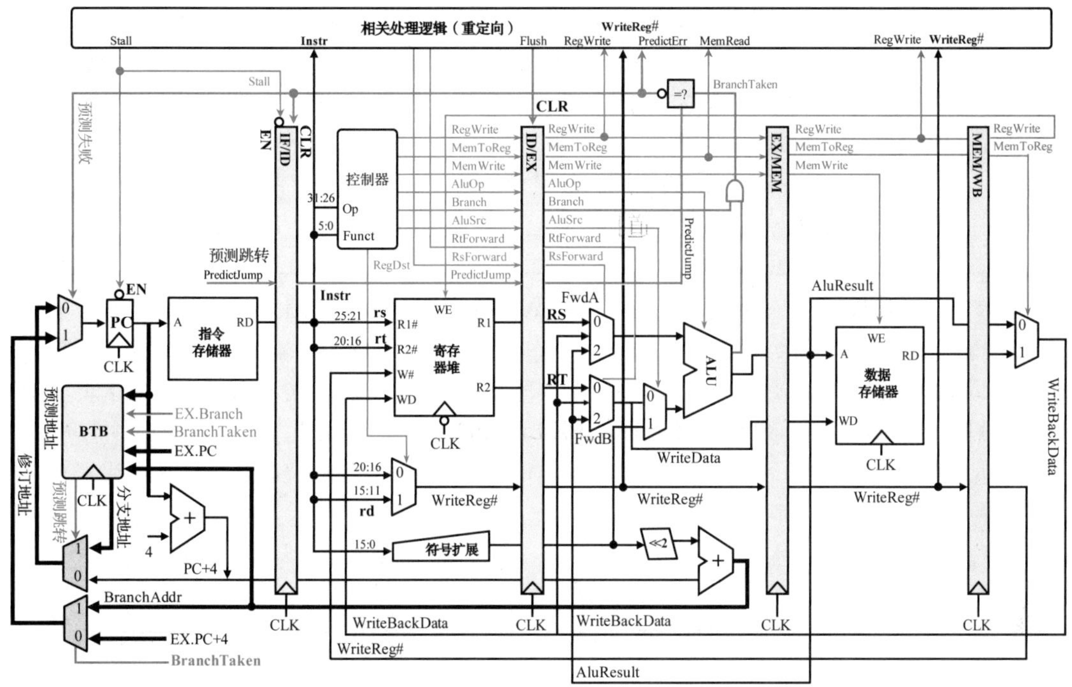

图 7.31　支持动态分支预测的 MIPS 5 段流水线

采用动态分支预测方式后，分支指令在 IF 段进行预测，并根据预测情况取下条指令，同时将预测跳转信息 PredictJump 向后段传送。当分支指令进入 EX 段时，将预测跳转信息与实际跳转情况进行比较判断来预测是否成功，BTB 表会根据预测是否成功来更新表中对应指令的历史预测位。如果成功预测，流水线无须停顿，继续运行；如果预测失败，需要清空流水线中的误取指令，流水线停顿两个时钟周期。采用 BTB 后流水线运行的情况如表 7.5 所示。

表 7.5　采用 BTB 后流水线运行的情况

指令在 BTB 中	预测情况	下条指令地址	实际情况	预测情况	流水停顿周期
命中	预测跳转	分支目标地址	跳转	预测成功	0
命中	预测跳转	分支目标地址	未跳转	预测失败	2
命中	预测不跳转	顺序地址	跳转	预测失败	2
命中	预测不跳转	顺序地址	未跳转	预测成功	0
缺失		顺序地址	跳转		2
缺失		顺序地址	未跳转		0

7.3.7　流水线性能分析

指令流水线充满后每隔一个时钟周期即可完成一条指令，理想情况下指令流水线 CPI 应该是 1，但由于流水阻塞或清空会损失一些周期，因此指令流水线的实际 CPI 比理想情况下的 CPI 略高，且与具体执行程序的相关性存在密切的关系。

而流水线的最小时钟周期取决于各功能段中最慢功能段的关键延迟，如公式 7-1 所示：

$$T_{\text{min\_clk}} = \max(T_{\text{if\_max}}, T_{\text{id\_max}}, T_{\text{ex\_max}}, T_{\text{ex\_max}}, T_{\text{mem\_max}}, T_{\text{wb\_max}}) \tag{7-1}$$

以图 7.31 所示的流水线数据通路为例，假设采用 65nm CMOS 工艺，各功能段关键延迟的计算如表 7.6 所示（假设存储器读写延迟一致）。

表 7.6　流水线各功能段关键延迟

序号	功能段	标识	功能段延迟	65nm CMOS 工艺实际值
1	IF	T_{if_max}	$T_{clk\_to\_q}+T_{mem}+T_{setup}$	300ps = 30 + 250 + 20
2	ID	T_{id_max}	$2(T_{clk\_to\_q}+T_{RF\_read}+T_{setup})$	400ps = 2 × (30 + 150 + 20)
3	EX	T_{ex_max}	$T_{clk\_to\_q}+2T_{mux}+T_{alu}+T_{setup}$	300ps = 30 + 2 × 25 + 200 + 20
4	MEM	T_{mem_max}	$T_{clk\_to\_q}+T_{mem}+T_{setup}$	300ps = 30 + 250 + 20
5	WB	T_{wb_max}	$T_{clk\_to\_q}+T_{mux}+T_{setup}$	75ps = 30 + 25 + 20

注意 ID 段采用先写后读方式解决 ID 段与 WB 段的数据相关问题，在时钟周期的后半段进行取操作数的过程，所以关键延迟应该是取操作数逻辑延迟的两倍。而读取寄存器操作数之前必须等待写回值稳定，所以还需要经历一个寄存器延迟 $T_{clk\_to\_q}$，再考虑寄存器读延迟 T_{RF_read} 和流水寄存器建立时间 T_{setup}。

从表中可以看出，ID 段由于先写后读的操作成为 5 个功能段的“瓶颈”，流水线最小时钟周期应该是 400ps，最大时钟频率为 2.5GHz，这个时钟周期并没有达到单周期处理器时钟周期 925ps 的 1/5，所以指令流水线实际性能提升并不是理想的 5 倍，实际大约为 2.3 倍。

例 7.3　SPECINT2000 基准测试程序包含的取数据、存数据、条件分支指令、跳转指令、R 型算术逻辑运算指令比例分别为 25%、10%、11%、2%、52%。假设 40% 的取数据指令存在 Load-Use 相关，而 1/4 的条件分支指令分支预测会失败，跳转指令不预测，不考虑其他冲突，请计算该程序在 MIPS 指令流水线中执行的 CPI。如果流水线时钟周期是 400ps，求测试程序执行时间。

解： 程序的 CPI 等于各指令 CPI 的加权平均值，取数据指令如果不存在 Load-Use 相关，只需要一个时钟周期；如果存在 Load-Use 相关，需要插入一个气泡来消除这种相关性。此时 CPI = 2，所以取数据指令的 CPI = 1 × 0.6 + 2 × 0.4 = 1.4。

假设条件分支指令在 EX 段执行，如果预测失败，则会引起流水线清空，造成两个时钟周期的损失，此时 CPI = 3；考虑预测失败因素，分支指令的 CPI = 1 × 0.75 + 3 × 0.25 = 1.5。

跳转指令不进行预测，一定会造成两个时钟周期的流水线性能损失，所以 CPI=3。其他指令的 CPI = 1。

因此对于基准测试程序，在 MIPS 指令流水线上的 CPI 为：

$$\mathrm{CPI} = 1.4 \times 25\% + 1 \times 10\% + 1.5 \times 11\% + 3 \times 2\% + 1 \times 52\% = 1.195$$

故测试程序执行时间为：

$$T_{total} = \text{指令条数} \times \mathrm{CPI} \times T_{min\_clk} = 1000 \times 10^{8} \times 1.195 \times 400 \times 10^{-12} = 47.8\mathrm{s}$$

执行相同的测试程序，相比单周期处理器的 92.5s、多周期处理器的 133.9s，指令流水线明显具有性能优势，其性能相比单周期处理器约提升两倍，但远没有达到预期。这一方面是因为程序中的相关性引起了流水线性能损失；另一方面是因为寄存器延迟 $T_{clk\_to\_q}$ 和流水寄存器建立时间 T_{setup} 叠加到了每一个功能段，且各功能段的关键延迟不相等，流水线受限于最慢功能段。在实际设计时应充分考虑这个问题，尽可能地将流水功能段划分得更细，如 7.5 节将介绍的超流水线技术。

7.4　流水线的异常与中断

中断和异常会改变程序的执行顺序，也会引发流水线的控制冲突，可以采用与分支指令类似的方式进行处理，本节主要讨论指令流水线的中断异常处理机制。

1. 中断类别

流水线中的中断及异常处理与单周期 MIPS 有较大的不同，主要区别是同一时刻有多条指令进入流水线，每条指令都可能触发异常。表 7.7 所示为流水线各功能段可能出现的指令异常，从表中可以看出 IF 和 MEM 段主要是与访存相关的异常，WB 段没有异常。注意这里的异常是因为异常指令执行而同步产生的，所以又称为**同步中断**，同步中断必须立即处理，处理完毕后异常指令可能需要重新执行；而外部 I/O 中断请求和硬件故障异常与指令无关，通常称为**异步中断**，不一定要立即响应，可以在处理器方便的时候进行处理。

表 7.7　5 段流水线中各段指令异常分类

序号	取指令 IF	译码 ID	执行 EX	访存 MEM	写回 WB
1	缺页或 TLB 异常	未定义指令	算术运算溢出	缺页或 TLB 异常	无异常
2	未对齐指令地址	除数为零	自陷异常	未对齐数据地址	
3	存储保护违例			存储保护违例	

2. 异步中断处理

当流水线检测到异步中断请求时，由于中断请求与指令无关，那到底在流水线中的哪一段进行中断响应呢？在单周期处理器中，CPU 响应外部中断请求的时机是指令执行结束后的公操作阶段，该时刻之后的指令都不再执行。对流水线来说，也需要给出一个功能段，该段指令之后的指令都不会执行，实际上只需要保证该段之后的指令均不改变 CPU 的状态（寄存器、存储器的值）即可。5 段流水线中只有 MEM、WB 段有可能修改 CPU 状态，假设分支指令在 EX 段执行，则异步中断处理可以选择在 IF、ID、EX、MEM 段进行，但考虑 IF 段、ID 段中可能存在误取指令，并不是程序执行的正常路径，所以选择 EX、MEM 段实现更加容易实现。当然实际进行中断处理时还需要考虑当前段的指令是否是气泡，否则无法保存正确的程序断点。

确定了中断响应的功能段后，当流水线检测到异常时，如果当前段不是数据相关引起的气泡，则进行中断响应，具体流程如下。

- **保存断点**：将当前段的顺序地址 PC + 4 作为断点送入 CP0 协处理器的 EPC 寄存器中。
- **设置中断原因**：将 CP0 中的 CAUSE 寄存器设置为外部中断。
- **关中断**：设置 CP0 中 STATUS 寄存器中的中断使能位为 0。
- **中断识别**：将正确的中断程序入口地址送入 IF 段程序计数器 PC。
- **指令清空**：将当前段指令之后的所有指令从流水线中清空。

中断服务程序的最后一条指令是 eret 指令，该指令会开中断，并将 EPC 寄存器的值送入 IF 段的程序计数器 PC，所以执行完中断服务程序后又可以回到原程序继续执行。

3. 同步中断处理

对于同步中断，可以先考虑最简单的情况，假设同一时刻只有一条指令出现异常，此时同步中断异常处理流程和异步中断处理流程大同小异，具体流程如下。

- **保存断点**：由于大多数异常指令需要重新执行，因此应将异常指令地址送入 EPC 寄存器；如果是自陷指令，断点还应该是顺序地址 PC + 4。
- **设置中断原因**：将 CP0 中的 CAUSE 寄存器设置为具体异常类别。
- **关中断**：设置 CP0 中 STATUS 寄存器中的中断使能位为 1。
- **中断识别**：将正确的异常处理程序入口地址送入程序计数器 PC。
- **指令清空**：将异常指令及其后的所有指令从流水线中清空。

执行异常处理程序时操作系统会查看异常发生的原因并采取相应的操作，对于未定义指令、硬件故障异常或算术溢出异常，操作系统会终止用户程序并返回原因；对于其他可修复的异常，操作系统会尝试纠正异常，如出现缺页异常时操作系统会进行页面调度，完成异常处理后，会返回 EPC 寄存器存放的断点继续执行异常指令。注意在所有异常处理中，最重要也经常发生的是缺页和 TLB 异常。

同一时刻各功能段可能同时产生指令异常，这时就存在优先级的问题，指令异常处理顺序应该严格遵循指令在程序中的先后顺序。按时间先后顺序，各段异常指令处理的优先级应该是 MEM>EX>ID>IF；如果同时还有异步中断请求，则其优先级最低。

在大多数 MIPS 处理器中，通常是最先发生异常的指令被中断，但这也会带来新的问题。下面这段程序，每条指令都对应一个异常，按照先后顺序，应该处理第 1 条 lw 指令引起的缺页异常，但是当 lw 指令进入 EX 段的时候，第 2 条未定义指令已经在 ID 段译码产生了异常，此时第 1 条指令还没有进入 MEM 段，未产生异常，这里流水线的多指令并发导致异常产生的顺序发生了紊乱。

```
1  lw  $5, 4($1)                   # 缺页异常
2  xxx $5, $6, $7                  # 未定义指令
3  add $1, $2, $3                  # 运算溢出
```

如果此时立即处理 ID 段的异常，程序就会发生错误。为解决这种问题，可以不立即进入异常处理程序，各段检测到异常时只是记录异常的原因并和断点一起存放在特殊寄存器中，通过流水寄存器逐级传递直至 WB 段，这样 WB 段的硬件逻辑检测到的异常一定是按实际顺序最先发生异常的指令。WB 段一旦检测到异常就可以将流水线中的所有指令清空，然后执行异常服务处理程序。

7.5 指令级并行技术

指令流水线提升了指令执行的并行性，这种并行性又称为**指令级并行**（Instruction–level Parallelism，ILP），要想进一步提升指令级并行性，主要可以采用超流水线技术和多发射技术两种方式。

超流水线（Superpipelined）技术主要通过增加流水线功能段数目，尽可能减少各段关键延迟时间，从而提高流水线主频的方式来提升流水线性能，例如 Pentium pro 的流水线就多达 14 段。

多发射（Multiple Issue）技术类似工业流水线中增加产能的方式，通过复制内部功能部件，如增加指令译码逻辑、寄存器堆端口数、运算器、重定向通路等，使各流水线功能段能同时处理多条指令，处理器一次可以发射多条指令到流水线中进行处理。一个四发射处理器，如果采用 5 段流水线，流水线充满后同一时刻流水线中将会有 20 条指令并行执行。当然，这必然会引起更多的相关性问题，其冲突（冒险）问题更难处理。

如果将这些冲突全部交给编译器静态解决，就是**静态多发射**，如传统的超长指令字（Very Long Instruction Word）技术，由编译器将多条无相关的常规指令存储在一个超长的指令字中，将它们同时发射到流水线中处理。这种方式硬件不处理冲突，完全由编译器处理冲突，对同时发射的指令是有严格要求的；有时候也只能采取插入空指令的方式解决冲突，编译器生成的代码可移植性较差，程序从一个处理器移植到另一个处理器上运行时，可能需要重新编译。

动态多发射技术由硬件动态处理多发射流水线运行过程中出现的各种冲突，虽然多发射流水线也需要编译器对程序进行高效的调度以优化流水线性能，但即使编译器不处理，程序也可以在流水线上正确运行，这种技术也称为**超标量**（Superscalar）技术。

采用超流水线技术的 CPU 在流水线充满后每隔一个时钟周期可以执行一条机器指令，

CPI=1，但其主频更高；而多发射流水线每个时钟周期可以处理多条指令，CPI<1，相对而言多发射流水线成本更高，控制更加复杂。结合二者的优势，也曾经出现过使用超流水线技术的多发射处理器。

习题 7

7.1 解释下列名词。

流水线技术 指令流水线 运算流水线 流水寄存器 流水时空图 数据冲突 结构冲突 控制相关 先写后读冲突 先读后写冲突 写后写冲突 气泡 重定向 延迟槽 动态分支预测 超标量技术 超流水线技术 动态多发射技术 静态多发射技术 同步中断 异步中断

7.2 选择题（考研真题）。

（1）[2013] 某 CPU 主频为 1.03GHz，采用 4 级指令流水线，每个流水段的执行需要 1 个时钟周期。假定 CPU 执行了 100 条指令，在其执行过程中，没有发生任何流水线阻塞，此时流水线的吞吐率为________。

A. 0.25×10^9 条指令 / 秒　　B. 0.97×10^9 条指令 / 秒

C. 1.0×10^9 条指令 / 秒　　D. 1.03×10^9 条指令 / 秒

（2）[2009] 某计算机的指令流水线由 4 个功能段组成，指令流经各功能段的时间（忽略各功能段之间的缓存时间）分别为 90ns、80ns、70ns 和 60ns，则该计算机的 CPU 时钟周期至少是________。

A. 90ns　　B. 80ns　　C. 70ns　　D. 60ns

（3）[2018] 若某计算机最复杂指令的执行需要完成 5 个子功能，分别由功能部件 A ～ E 实现，各功能部件所需时间分别为 80ps、50ps、50ps、70ps 和 50ps，采用流水线方式执行指令，流水段寄存器延迟时间为 20ps，则 CPU 时钟周期至少为________。

A. 60ps　　B. 70ps　　C. 80ps　　D. 100ps

（4）[2016] 在无转发机制的 5 段基本流水线中，下列指令序列存在数据冲突的指令对是________。

I1: ADD R1, R2, R3;　　(R2)+(R3) → R1　　I2: ADD R5, R2, R4;　　(R2)+(R4) → R5

I3: ADD R4, R5, R3;　　(R5)+(R3) → R4　　I4: ADD R5, R2, R6;　　(R2)+(R6) → R5

A. I1 和 I2　　B. I2 和 I3　　C. I2 和 I4　　D. I3 和 I4

（5）[2019] 在采用“取指、译码 / 取数、执行、访存、写回” 5 段流水线的处理器中，执行如下指令序列，其中 s0、s1、s2、s3 和 t2 表示寄存器编号。

```
I1: add s2, s1, s0        // R[s2] ← R[s1]+R[s0]
I2: load s3,0(t2)         // R[s3] ← M[R[t2]+0]
I3: add s2, s2, s3        // R[s2] ← R[s2]+R[s3]
I4: store s2,0(t2)        // M[R[t2]+0] ← R[s2]
```

下列指令对中，不存在数据冒险的是________。

A. I1 和 I3　　B. I2 和 I3　　C. I2 和 I4　　D. I3 和 I4

（6）[2010] 下列选项中，不会引起指令流水线阻塞的是________。

A. 数据旁路（转发）　　B. 数据相关　　C. 条件转移　　D. 资源冲突

（7）[2011] 下列给出的指令系统特点中，有利于实现指令流水线的是________。

Ⅰ. 指令格式规整且长度一致　　Ⅱ. 指令和数据按边界对齐存放

Ⅲ. 只有 Load/Store 指令才能对操作数进行存储访问

A. 仅Ⅰ、Ⅱ　　B. 仅Ⅱ、Ⅲ　　C. 仅Ⅰ、Ⅲ　　D. Ⅰ、Ⅱ、Ⅲ

（8）[2017] 下列关于指令流水线数据通路的叙述中，错误的是________。

A. 包含生成控制信号的控制部件

B. 包含算术逻辑运算部件（ALU）

C. 包含通用寄存器组和取指部件

D. 由组合逻辑电路和时序逻辑电路组合而成

（9）[2017] 下列关于超标量流水线特性的叙述中，正确的是________。

Ⅰ. 能缩短流水线功能段的处理时间

Ⅱ. 能在一个时钟周期内同时发射多条指令

Ⅲ. 能结合动态调度技术提高指令执行并行性

A. 仅Ⅱ　　B. 仅Ⅰ、Ⅲ　　C. 仅Ⅱ、Ⅲ　　D. Ⅰ、Ⅱ和Ⅲ

（10）[2020] 下列给出的处理器类型中，理想情况下 CPI 为 1 的是________。

Ⅰ. 单周期 CPU　Ⅱ. 多周期 CPU　Ⅲ. 基本流水线 CPU　Ⅳ. 超标量流水线 CPU

A. Ⅰ和Ⅱ　　B. Ⅰ和Ⅲ　　C. Ⅰ、Ⅲ、Ⅳ　　D. Ⅲ、Ⅳ

7.3 简述指令流水线的特点。

7.4 简述采用插入气泡方式解决数据冲突的主要过程。

7.5 简述采用重定向方式解决数据冲突的主要过程。

7.6 流水线方式缩短的是指令的执行时间还是程序的执行时间？

7.7 简述流水线中断和非流水线中断处理的差异。

7.8 如果采用气泡流水线执行下述程序，请给出类似图 7.18 所示的流水线时空图。注意时空图中最后一个时钟周期第 5 条指令进入 ID 段。

```
addi $s0, $s0, 4
lw   $s1, ($s0)
add  $s2, $s2, $s1
and  $s3, $s1, $s2
sub  $s4, $s2, $s2
```

7.9 如果采用重定向流水线执行 7.8 中程序，请给出类似图 7.18 所示的流水线时空图。注意时空图中最后一个时钟周期第 5 条指令进入 ID 段。

7.10 假设重定向流水线中所有分支跳转指令均在 EX 段执行，无分支预测、无分支延迟槽技术，尝试计算下述程序的执行周期。

```
addi $s0,$0,100          # i=100
while_loop:
    beq $s0,$0,done      # while (i>0)
    addi $s0,$s0,-1      # i=i-1
    j while_loop         # 继续循环
done:
```

7.11 假设重定向流水线中所有分支跳转指令均在 EX 段执行，采用动态分支预测技术，beq、j 指令都可以进行预测，计算最优情况下 7.10 中程序的执行周期。

7.12 假设重定向流水线中所有分支跳转指令均在 EX 段执行，设无分支预测、无分支延迟槽技术，尝试计算下述程序的执行周期。

```
addi $s0,$0,0            # i=0
addi $s1,$0,0            # sum=0
for_loop:
    slti $t1,$s0,10      # $t1=(i<10)?1:0
```

```
    beq $t1,$0,done          # for(i=0;i<10;i++)
    addi $s1,$s1,$s0         # sum=sum+i
    addi $s0,$s0,1           # i++
    j for_loop               # 继续 for 循环
done:
```

7.13 假设重定向流水线中所有分支跳转指令均在 EX 段执行，采用动态分支预测技术，beq、j 指令都可以进行预测，计算最优情况下 7.12 中程序的执行周期。

7.14 对于表 7.6 所示的 MIPS 指令流水线时间参数，如果可以优化流水线一个功能部件的关键延迟以提升处理器整体性能，应该选择哪个部件进行优化？如果这种优化与成本是线性关系，如何优化才能使处理器性能达到最优，且成本最低？

7.15 某 16 位计算机中，带符号整数用补码表示，数据 cache 和指令 cache 分离。表 7.8 中给出了指令系统中的部分指令格式，其中 Rs 和 Rd 表示寄存器，mem 表示存储单元地址。另外，（x）表示寄存器 x 或存储单元 x 的内容。

表 7.8 16 位计算机指令功能

名称	指令的汇编格式	指令功能
加法指令	ADD Rs，Rd	(Rs)+(Rd) → Rd
算术 / 逻辑左移	SHL Rd	2*(Rd) → Rd
算术右移	SHR Rd	(Rd)/2 → Rd
取数指令	LOAD Rd, mem	(mem) → Rd
存数指令	STORE Rs, mem	(Rs) → mem

该计算机采用 5 段流水线方式执行指令，各流水段分别是取指令（IF）、译码 / 读寄存器（ID）、执行 / 计算有效地址（EX）、访问存储器（M）和结果写回寄存器（WB），流水线采用“按序发射，按序完成”方式，没有采用转发技术处理数据相关问题，并且同一个寄存器的读和写操作不能在同一个时钟周期内进行。请回答下列问题。

（1）若 int 型变量 x 的值为 −513，存放在寄存器 R1 中，则执行指令“SHR R1”后，R1 的内容是多少？（用十六进制表示）

（2）若某个时间段中，有连续的 4 条指令进入流水线，在其执行过程中没有发生任何阻塞，则执行这 4 条指令所需的时钟周期数为多少？

（3）若高级语言程序中某赋值语句为 x=a+b，x、a 和 b 均为 int 型变量，它们的存储单元地址分别表示为 [x]、[a] 和 [b]。该语句对应的指令序列及其在指令流水线中的执行过程如图 7.32 所示，则这 4 条指令执行过程中，I3 的 ID 段和 I4 的 IF 段被阻塞的原因各是什么？

```
I1   LOAD    R1，[a]
I2   LOAD    R2，[b]
I3   ADD     R1，R2
I4   STORE   R2，[x]
```

	时间单元													
指令	1	2	3	4	5	6	7	8	9	10	11	12	13	14
I1	IF	ID	EX	M	WB									
I2		IF	ID	EX	M	WB								
I3			IF				ID	EX	M	WB				
I4							IF				ID	EX	M	WB

图 7.32 指令序列及其执行过程示意图

（4）若高级语言程序中某赋值语句为 x=x*2+a，x 和 a 均为 unsigned int 型变量，它们的存储单元地址分别表示为 [x]、[a]，则执行这条语句至少需要多少个时钟周期？要求模仿图 7.32 画出这条语句对应的指令序列及其在流水线中的执行过程示意图。

7.16 某程序中有如下循环代码段 p："for(int i = 0; i <N; i++) sum+=A[i];"。假设编译时变量 sum 和 i 分别分配在寄存器 R1 和 R2 中，常量 N 在寄存器 R6 中，数组 A 的首地址在寄存器 R3 中。程序段 p 的起始地址为 08048100H，对应的汇编代码和机器代码如表 7.9 所示。

表 7.9 程序段 p 对应的汇编代码和机器代码

编号	地址	机器代码	汇编代码	注释
1	08048100H	00022080H	loop: sll R4,R2,2	(R2)<<2 → R4
2	08048104H	00083020H	add R4,R4,R3	(R4)+(R3) → R4
3	08048108H	8C850000H	load R5,0(R4)	((R4)+0) → R5
4	0804810CH	00250820H	add R1,R1,R5	(R1)+(R5) → R1
5	08048110H	20420001H	add R2,R2,1	(R2)+1 → R2
6	08048114H	1446FFFAH	bne R2,R6,loop	if(R2)!=(R6) goto loop

执行上述代码的计算机 M 采用 32 位定长指令字，其中分支指令 bne 采用图 7.33 所示格式。

31　　26	25　　21	20　　16	15　　　　0
OP	Rs	Rd	OFFSET

图 7.33 分支指令 bne 的格式

图 7.33 中，OP 为操作码；Rs 和 Rd 为寄存器编号；OFFSET 为偏移量，用补码表示。请回答下列问题，并说明理由。

（1）M 的存储器编址单位是什么？

（2）已知 sll 指令实现左移功能，数组 A 中每个元素占多少位？

（3）bne 指令的 OFFSET 字段的值是多少？已知 bne 指令采用相对寻址方式，当前 PC 的内容为 bne 指令地址，通过分析表 7.9 中的指令地址和 bne 指令内容，推断出 bne 指令的转移目标地址计算公式。

（4）若 M 采用"按序发射、按序完成"的 5 级指令流水线——IF（取指令）、ID（译码及取数）、EX（执行）、MEM（访存）、WB（写回寄存器），且硬件不采取任何转发措施，分支指令的执行均引起 3 个时钟周期的阻塞，则 p 中哪些指令的执行会因数据相关而发生流水线阻塞？哪条指令的执行会发生控制冒险？为什么指令 1 的执行不会因为与指令 5 数据相关而发生阻塞？

实践训练

在 Logisim 中将原单周期 MIPS 处理器升级成能运行完全无相关程序的理想流水线，再进一步将其扩展成能处理分支相关的流水线，并逐步实现气泡流水线、重定向流水线、流水线中断、动态分支预测等。

第 8 章　总线系统

现代计算机系统采用总线技术将 CPU、主存以及输入输出设备等计算机功能部件连接起来，并通过总线在各功能部件之间传送地址信息、数据信息、控制信息，方便各功能部件之间协同工作，从而实现数据的处理、传输和存储，总线技术对计算机系统的性能有较大的影响。本章结合总线技术的发展历史介绍总线的基本概念、总线传输机制、现代计算机总线的互连结构及常用总线。

8.1　总线概述

早期总线是指连接多个计算机硬件功能部件的一组公共的并行传输信号线缆，用于在各功能部件之间进行信息传输，如图 8.1 所示。所有功能部件均通过特殊的硬件接口直接连接到共享总线上，这种方式相对点对点的分散连接方式可有效减少连接线路的数目以及硬件端口数，使传输控制更简单，有效降低了设计复杂度和成本，增加新设备更容易、可扩展性高。

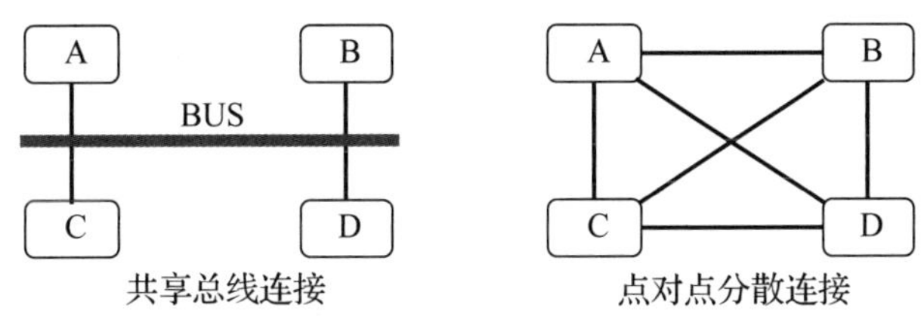

图 8.1　总线连接与分散连接

总线的主要功能是在连接的功能部件之间进行数据传输。由于总线被与之连接的多个功能部件共享，为避免信号冲突，同一时刻只允许一个功能部件向总线发送信息；但可以有多个设备同时接收数据。各功能部件只能分时地使用共享总线，相比分散连接方式，其传输效率较低。

现代总线是指连接多个计算机内部功能部件或多个计算机的通信系统，总线既包括相关的硬件（总线控制器、总线接口）、软件，也包括相关的通信协议。现代计算机总线除了包括传统的并行总线，如早期的 ISA、EISA 总线和仍在使用的 PCI 总线，还包括串行传输的串行总线，如 USB、PCIe、SATA 等总线；连接方式既可以是常见的多端口总线，也可以是菊花链结构，甚至还可以是交换网络结构。

8.1.1　总线分类

总线发展至今结构日益多样化，可以从不同的角度对其进行分类，如下所示。

总线按数据传送方向可分为**单向**和**双向**传输总线，单向传输总线是指只能从一端传输到另一端而不能反向传输的总线，双向总线则可以实现两个不同方向的互相传递。

总线按时序控制方式可以分为**同步总线**和**异步总线**，同步总线传输双方采用公共时钟进行同步，异步总线采用应答机制进行同步。

总线按信号线的功能可以分为**数据总线**、**地址总线**、**控制总线**。

总线按信号传输的模式可分为**并行传输**总线和**串行传输**总线。并行传输总线包含多位传输线，同一时刻可以传输多位数据；而串行传输总线同一时刻只能传输一个比特位的数据，相同频率下并行传输总线传输性能更好。但并行传输不仅存在线间串扰和时钟偏移的问题，还存在高频障碍，所以现代计算机总线发展出很多高速的串行传输总线，如 QPI、PCIe。为了进一步提升串行传输总线的性能，可采用多条独立串行总线并发的方式，如 PCIe 的 x4、x8、x16 模式就分别表示 4、8、16 条独立串行总线并发。

按总线在计算机系统中所处的位置，可以将其分为以下 4 类。

1. 片内总线

片内总线是指芯片内部各组成部分之间的连接线，也称为**片上总线**。如 CPU 芯片内部寄存器之间、寄存器与运算器之间的数据通路连接及控制器与执行部件之间的控制信号连接均属于片内总线。另外，由于处理器设计的复杂性，多家设计公司之间普遍采用 IP（Intellectual Property）核的方式进行分工合作，逐渐形成了芯片内部片上互连总线的标准，如常见的 ARM 公司的 AMBA 总线以及开源的 Wishbone 总线都属于片内总线。

2. 系统总线

系统总线是 CPU 直接连接主存、I/O 模块等主要功能部件的信息传输线，与 CPU 引脚直接相连，随着总线结构的变化，系统总线也被称为**主机总线**、**CPU 总线**、**前端总线**等。系统总线是 CPU 与其他功能模块进行数据交换的主要通道，通常采用同步方式进行传输，早期系统总线多为并行传输总线，最新的高速系统总线普遍采用串行传输模式。

系统总线的传输能力对计算机整体性能影响非常大，是衡量计算机整体性能的关键指标。在 Intel 486 以前，CPU 工作频率、系统总线的频率和主板工作频率（外频）均相等；后来随着 CPU 性能的提升，系统总线的频率逐渐跟不上 CPU 主频，这时候 CPU 主频 = 外频 × 倍频，可以通过修改外频或倍频的方式对 CPU 进行超频。为了支持更高速的图形设备及提升系统总线性能，系统总线也采用了双倍速率（Double Data Rate，DDR）以及 4 倍速率（Quad Date Rate，QDR）等技术，此时系统总线时钟频率是外频的 2 倍或 4 倍。

现代计算机还普遍采用多层次的分离总线结构来提升系统总线的性能，最初所有功能模块均连接在单一的系统总线上，如 ISA/EISA 总线；后来出现了高速与低速设备分离的双总线结构，如 VESA 这样的局部总线。但 VESA 很快被 PCI 总线代替，计算机系统总线变成了三级总线结构；再后来又出现了高速前端总线 FSB 连接的南北桥结构；目前最新的系统总线主要是 Intel 公司的 QPI 或 AMD 公司的 HT 总线。这些最新的总线不再采用并行传输方式，而是采用高速串行的互连结构，可以达到极高的数据传输速率。以 HT 总线为例，其工作频率可以达到 3.2GHz，双向峰值可以达到 25.6GB/s。

3. I/O 总线

I/O 总线主要用于连接计算机内部的中低速 I/O 设备，通过桥接器与高速总线相连接，目的是将低速设备与高速总线相分离，以提升总线系统性能，目前常见的有 PCI 总线、连接磁盘设备的 PATA 和 SATA 总线等。随着计算机性能的飞速发展，早期的系统总线，如 ISA、EISA 总线都演变成了 I/O 总线。

4. 外部总线

外部总线主要用于连接计算机与外部设备，使其在计算机系统或计算机与其他系统（如控制仪表、移动通信等）之间进行数据通信，也称为**通信总线**。由于系统之间不同部件的特性差异较大，如连接方式、传输距离、速度、工作方式等，因此这类总线种类繁多。常见的外部总线有 EIA-RS-232C、RS485 串行传输总线、IEEE-488 并行传输总线、USB 总线、IEEE1394、eSATA 等。相对外部总线，系统总线和 I/O 总线也可以称为**内部总线**。

8.1.2　总线组成

总线系统通常包括一组连接各功能部件的传输线缆和总线控制器。**总线控制器**负责总线控制权的仲裁以及总线资源的分配和管理，如果是扩展总线控制器还需要进行总线协议转换。图 8.2 所示的系统总线中总线控制器就是 CPU 内部的总线接口单元 BIU，所有设备都必须通过总线接口与总线连接，这里 DRAM 通过内存控制器、I/O 设备通过 I/O 接口与总线相连。**总线接口**是总线与其连接部件之间的物理和逻辑界面，主要用于负责设备寻址、设备控制、数据输入输出、速度缓冲、串并转换等，相关内容将在第 9 章进行详细介绍。

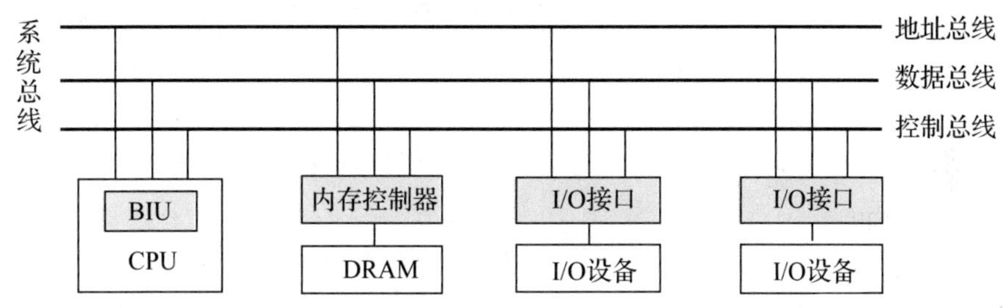

图 8.2　总线互连方式

1. 总线的功能

通常并行传输总线线缆数目较多，系统总线包含 50 ～ 100 条线缆。除了给连接部件供电的电源线与地线外，根据传输信息的类型和功能不同，这些总线线缆又可分为 3 类：数据总线、地址总线、控制总线。

（1）数据总线

数据总线用来在各功能部件之间传输数据信息，这里的数据既可以是真正的数据，也可以是指令代码或状态信息，有时甚至可以是一个控制信息。数据总线是双向传输总线，其位宽与计算机字长、存储字长有关。数据总线的条数称为数据总线宽度，它是衡量计算机系统性能的一个重要指标。

（2）地址总线

地址总线主要用于给出数据总线上的源数据或目的数据在主存单元或 I/O 端口中的地址，是单向传输总线。地址线的位数决定了 CPU 可直接寻址的内存空间大小，如地址线为 32 根，则其最大寻址空间为 2^{32}=4G 字节。

（3）控制总线

控制总线用于传输控制命令和时序信号，可用于总线控制权的协商、发送设备控制命令及应答信号，还可用于控制地址总线和数据总线的使用。控制总线的传送方向由具体控制信号决定，既有 CPU 送往功能部件的读写控制信号，也有功能部件发送给 CPU 的状态信号、请求信号等。它对某一根信号线来说是单向传输的，而对整体来说又是双向传输的。控制总线的位数要根据系统的实际需要而定。常见的控制信号如下。

- **存储器读**：将主存指定单元的数据读取到数据总线。
- **存储器写**：将数据总线上的数据写入地址总线指定的主存单元。

- **I/O 读**：将地址总线指定的 I/O 端口的数据读取到数据总线。
- **I/O 写**：将数据总线上的数据写入地址总线指定的 I/O 端口。
- **传输应答**：表示数据已被接收或已传输到总线上。
- **总线请求**：表示某部件需要获得总线控制权。
- **总线许可**：表示申请总线控制权的部件已获得了控制权。
- **总线正忙**：表示当前总线正在使用。
- **中断请求**：表示某部件产生了中断请求。
- **中断响应**：表示中断请求已被接收。
- **时钟信号**：用于同步各种操作。
- **复位信号**：用于初始化各模块。

2. 总线复用技术

总线的信号线分为专用和复用两种。专用信号线只用于传输一种信号，系统总线的 3 种总线就是专用总线。而复用总线是指一组传输线具有多种用途，用于分时传送不同类型的信息。最常见的是地址总线和数据总线复用，即地址总线和数据总线共用一组物理线缆，某一时刻该总线传输地址信号，另一时刻传输数据信号。总线复用技术可以减少引脚数目，PCI 总线就是典型的复用总线。

同一功能的线缆也可以复用，例如 DRAM 芯片的行列地址线就是复用的，在不同的时钟周期分别传送行、列地址，大大减少了芯片的引脚数。串行总线也可以看作一个非常极端的总线复用，所有的信息都是通过同一根线缆或两根线缆（差分模式）进行传递的。

总线复用的优势是可以提高总线的利用率，减少引脚数目和布线空间，降低成本；缺点是控制模块复杂，另外分时传送机制还会引起总线性能下降。在具体设计过程中是采用专用方式还是采用复用方式，需要根据部件的功能和性能要求来确定，在需要采用并行传送方式来实现部件功能或提高传输性能的场合，就不宜采用总线复用方式。

3. 总线设备分类

可以拥有总线控制权并主动进行总线传输控制的设备称为**主设备**，而被主设备寻址访问的设备称为**从设备**。主设备既可以发送数据给从设备，也可以接收从设备的数据，在总线传输的过程中，主设备是主动的，能主动发起总线传输；而从设备只能被动响应。同一时刻只允许有一个活动主设备控制总线，如果主设备采用广播方式发送数据，则可以有多个从设备存在。

CPU、协处理器、DMA 控制器（Intel 8237）都可以获得总线控制权，从而作为主设备，其中 CPU 和协处理器还可以互为主从设备。在出现总线主控技术（Bus Mastering）之前，I/O 设备只能充当从设备。**总线主控技术**是指高速 I/O 设备内置了 DMA 控制器，无须第三方 DMA 控制器就可直接获得总线控制权，在不需要 CPU 干预的情况下直接与主存进行数据交互。采用总线主控技术的 I/O 设备可以作为主设备，这种方式又称为第一方 DMA 控制，此时传统的第三方 DMA 控制器也退出了历史舞台，MCA、EISA、PCI 等总线均支持总线主控技术。表 8.1 所示为几种常见的主从设备组合，从表中可以看出内存只能是从设备。

表 8.1　主从设备举例

主设备	从设备	功能说明
CPU	内存	取指令、取数据、写数据
CPU	I/O 设备	初始化数据传输

续表

主设备	从设备	功能说明
DMA 控制器	内存	第三方 DMA 数据传输
I/O 设备	内存	总线主控 I/O 设备的第一方 DMA 数据传输
CPU	协处理器	CPU 提交指令给协处理器
协处理器	CPU	协处理器从 CPU 取操作数

8.1.3　总线标准

总线结构最大的优势就是成本低廉、可扩展性高，包括 CPU 在内的所有设备都必须通过总线接口（I/O 接口）连接到总线上，不同厂商的设备要连接到同一总线上必须遵循相同的总线标准。总线标准化有利于不同厂商分工协作生产出标准化的计算机，使相同功能的部件可以互换使用，极大地推动了计算机的发展，如 IBM 公司的 PC/XT 总线标准就直接开启了兼容机的时代。后来又发展出了 16 位的 ISA 总线标准，32 位的 EISA、VESA、PCI 总线标准。

总线标准是关于总线及总线接口的物理特性、电气特性、功能特性和时间特性的详细规范和协议，具体包括以下几点。

机械规范。规定总线的物理连接方式，包括总线的线数，总线的插头，插座的形状、尺寸，引脚线排列方式的规范；随着工艺的发展，总线插头体积逐渐缩小。

电气规范。定义总线信号的传递方向及有效电平范围。例如是单向还是双向传输，总线的电平是单端方式还是差分方式。单端方式采用一条信号线和一条公共接地线来传递信号，根据信号线电平的不同来表示不同的数据；一般用高电平表示逻辑“1”，低电平表示逻辑“0”。而差分方式在两根信号线上分别传输信号，两信号振幅相等，相位相反，通过两个电压的差值来判断数据的值；一般采用负逻辑，即用高电平表示逻辑“0”，低电平表示逻辑“1”。

功能规范。约定总线中每一根线的功能。如约定地址总线、数据总线和控制总线的功能。地址总线的宽度决定了其对存储器空间的寻址范围；数据总线的宽度决定了一次数据传送的位数。控制总线包括 CPU 发出和接收的各种控制信号线，如读写控制信号线、中断请求与响应信号线等。另外，总线中还包括时钟信号线、电源线和地线。

时序规范。明确每根线的信息在什么时间有效，也就是明确总线上各信号有效的时序关系。只有当逻辑和时序都没有问题时，计算机系统才能正常工作。

当 I/O 设备或功能部件的接口特性与所连接的总线标准不一致时，这些部件就不能通过总线直接相连，需要增加适当的桥接转换接口，才能实现不同总线之间的互连互通。

8.1.4　总线与三态门

由于总线设备输出的二进制信号较弱，当总线比较长且设备较多时，很难驱动总线进行正常工作。为了保证总线数据传输的可靠性，所有总线上连接的设备均通过总线接口芯片与总线连接，而对这些接口芯片通常采用三态门进行控制。三态门可以控制设备与总线的连接，在设备不需要和总线连接时可以使其和总线断开，降低总线负载；三态门具有信号缓冲放大的功能，可以增强信号的驱动能力；三态门还可以控制总线的传输方向。

三态门逻辑符号如图 8.3（a）所示，它包括一个输入数据端口 A、控制使能端口 Enable，输出端口 Q 的值除高、低电平两种状态外，还包括第三种状态——高阻态 Z。高阻态相当于断开状态，三态门因此而得名。控制使能端用来控制三态门的通断，当 Enable = 1 时，内部等效开关连接，输出 Q = A；当 Enable=0 时，内部等效开关断开，输出 Q = Z，对应的等效电路如图 8.3（b）和图 8.3（c）所示。三态门又称三态缓冲器，通常采用宽高比很大的 MOS 管实现，其输出信号驱动能力较高。

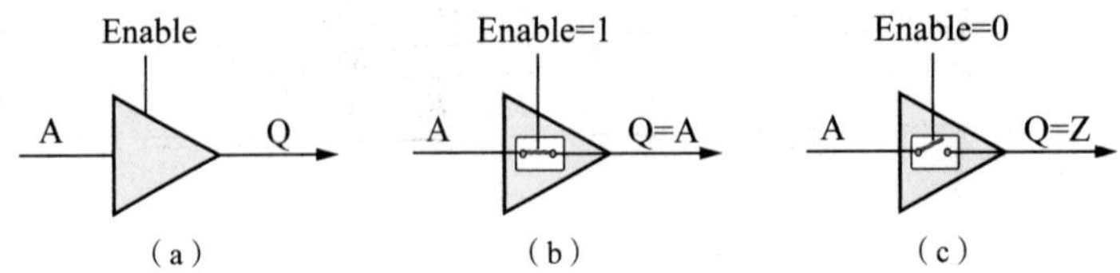

图 8.3　三态门及其等效电路

三态门首先可以用于总线的输出控制。总线上的所有部件均可向总线输出数据，但为避免数据冲突，同一时刻仅允许一个部件向总线输出数据。通常可以将所有总线功能部件的输出端甚至输入端均通过三态门与总线相连，这里三态门作为部件与总线之间的缓冲器，既可以将部件与总线进行隔离，也可以解决总线负载驱动的问题，如图 8.4 所示。

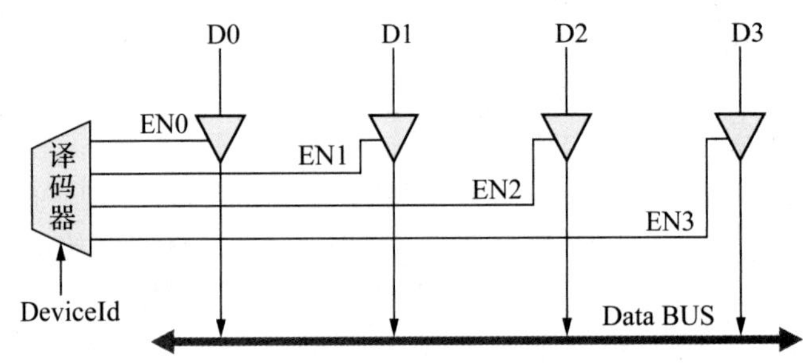

图 8.4　基于三态门的输出缓冲

当总线上某个部件在向总线输出数据时，其他部件输出端的三态门的输出就应该是高阻态，以免有多个部件同时向总线输出信息，造成数据冲突，所以同一时刻最多只能有一个三态门的使能信号有效。为达到这样的目的，可以利用译码器对输出部件进行译码，译码器的输出分别连接到不同部件的三态门的控制使能端，这样同一时刻只有对应的部件会被选中，其他部件的输出都是高阻态。

三态门还可以用于构成有向总线。图 8.5 所示为基于三态门的单向总线和双向总线的工作原理。图 8.5（a）所示为单向总线的工作原理，当 EN_{AB} 为高电平时，部件 A 可向 B 传送信息，而部件 B 不能向 A 传送信息。图 8.5（b）所示为双向总线的工作原理，当时 EN_{AB}=1 时，实现部件 A 向部件 B 的信息传送；当 EN_{BA}=1 时，实现部件 B 向部件 A 的信息传送。显然 EN_{AB} 和 EN_{BA} 不能同时为 1，因此，图 8.3（b）实现的是半双工通信。

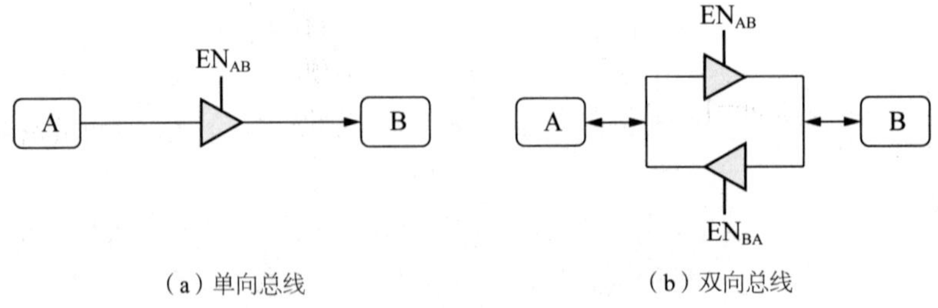

（a）单向总线　　（b）双向总线

图 8.5　基于三态门的单 / 双向总线

8.1.5 总线性能指标

总线的性能指标主要包括如下参数。

（1）**总线宽度**：它是指数据总线的根数，用位（bit）表示，如 8 位、16 位、32 位等。在并行传输总线中数据总线宽度直接决定了可并发传输的位数。

（2）**总线时钟频率**：它是总线时钟周期的倒数，同步传输总线中传输双方拥有完全同步的时钟信号，时钟频率越快，传输速率越快；早期总线的时钟频率和 CPU 是同频的，后来 CPU 发展太快，总线时钟开始独立于 CPU 时钟。

（3）**总线传输周期**：指一次总线操作完成所需要的时间，包括总线申请阶段、寻址阶段、传输阶段和结束阶段 4 个阶段的时间，简称**总线周期**；通常包括多个总线时钟周期，总线的时钟频率越高，总线周期就越短；另外如果采用地址复用技术，则会增加总线周期。通常一个总线周期只能传输一个总线宽度的数据。

（4）**单时钟传输次数**：指一个总线时钟周期内传输数据的次数，通常该值为 1；DDR 技术在时钟上、下跳沿分别传输一次数据，该值为 2；QDR 技术下其值为 4（总线内部时钟为两个相位相差 90° 的时钟）。目前该值最高的是 AGP x8 总线，单时钟可以传输 8 次。总线的实际工作频率 = 总线时钟频率 × 单时钟传输次数。

（5）**总线带宽**：指在总线上的最大数据传输速率，通常不考虑总线传输周期中总线申请和寻址等阶段的开销，单位是 MB/s 或 GB/s（$1MB=10^6$ 字节，$1GB=10^9$ 字节）；注意通信领域和磁存储领域并没有使用 1024 作为基本单位。总线带宽计算公式如下：

同步总线带宽 = 总线宽度 × 总线时钟频率 × 单时钟传输次数

根据总线带宽公式，计算常见总线的带宽如表 8.2 所示。

表 8.2 常见总线带宽

总线标准	总线宽度	总线时钟频率	单时钟传输次数	总线带宽
ISA-8	8	8.3 MHz	1	8 MB/s
ISA-16	16	8.3 MHz	1	16 MB/s
EISA	32	8.3 MHz	1	33 MB/s
MCA	32	10 MHz	1	40 MB/s
VESA	32	33 MHz	1	133 MB/s
PCI-32	32	33/66 MHz	1	133/266 MB/s
PCI-64	64	66 MHz	1	533 MB/s
AGP	32	66 MHz	1	266 MB/s
AGP*8	32	66 MHz	8	2133 MB/s
ATA133	16	66 MHz	1	133 MB/s
SCSI-3	16	80 MHz	4	640 MB/s
FSB	64	400 MHz	4	12.8 GB/s

注意表中的 33/66MHz 时钟周期为 30/15ns，实际是循环小数，总线带宽大多是近似计算，是理论峰值性能，实际总线数据传输速率与总线复用技术、定时机制、是否采用突发模式有关系。

（6）**总线负载能力**：指总线上能同时连接的设备数，如 PCI 总线插槽通常只能外接 3 个扩展设备。

通常计算机系统都会追求总线的高带宽和较强的负载能力，但部分总线性能指标有可能是互相矛盾的。例如并行总线时钟频率提高后，会引起线间串扰和时钟偏移问题，降低传输可靠性，从而影响总线带宽，另外还可能影响总线的负载能力。在实际设计过程中会根据实际需求，以及当时的技术、工艺水平进行合理的折中考虑。

例 8.1　某 32 位同步总线时钟频率为 400MHz，每个总线时钟周期可以传输一个机器字，为优化总线性能，将总线宽度增加到 64 位，并采用了 QDR 技术，一个总线时钟周期可以传输 4 次，则总线的带宽是多少，提高了多少倍？

解：由同步总线带宽计算公式，可得：

数据传输速率 = 4B × 400MHz × 1 = 1.6 GB/s

总线改进后的带宽 = 8B × 400MHz × 4 = 12.8 GB/s

提高了 8 倍。

8.2　总线传输机制

8.2.1　总线传输过程

一次完整的总线传输过程依时间先后顺序可细分为以下 4 个阶段。

（1）请求阶段：需要使用总线的主设备通过控制总线发出总线请求信号，由总线控制器决定将下一个总线使用权分配给哪一个请求者，申请总线的主设备收到总线许可信号后才能使用总线。请求阶段可进一步细分为传输请求和总线仲裁两个阶段。

（2）寻址阶段：获得总线使用权的主设备通过总线发出目标从设备的存储器地址或 I/O 端口地址以及有关控制命令，启动相应的从设备，与地址总线中的地址相匹配的从设备会进行自动响应。

（3）传输阶段：也称数据阶段，主要用于实现主设备和从设备之间的数据传输，既可以是主设备向从设备发送数据，也可以是主设备从从设备获取数据，通常一次传输只能传输一个计算机字长的数据。

（4）结束阶段：传输阶段结束后进入结束阶段，主设备应撤销总线请求，释放总线控制权，以便总线控制器重新分配总线使用权。

通常把总线上一对主从设备之间的一次信息交换过程称为一个**总线事务**，总线事务类型通常根据它的操作性质来定义。典型的总线事务类型有“存储器读”“存储器写”“I/O 读”“I/O 写”“中断响应”“DMA 响应”等。

总线事务一般包括一个寻址阶段和一个数据阶段，在寻址阶段发送一次地址信息和控制命令，从设备确认该地址并向主设备反馈应答信号。在数据阶段，主、从设备之间一般只能传输一个计算机字长的数据信息，总线传输效率较低。

突发（猝发）传送事务（Burst Mode）则由一个寻址阶段和多个数据阶段组成。其中寻址阶段发送的是连续数据单元的首地址，在数据阶段传送多个连续单元的数据，因此突发传送事务也称为**成组传送事务**。在突发传送事务中，每个总线周期仍只传送一个计算机字长的信息，但不释放总线，直到一组信息全部传送完毕再释放总线。普通模式总线传输和突发模式总线传输的对比时序图如图 8.6 所示，从图中可明显看出突发模式的性能优势。

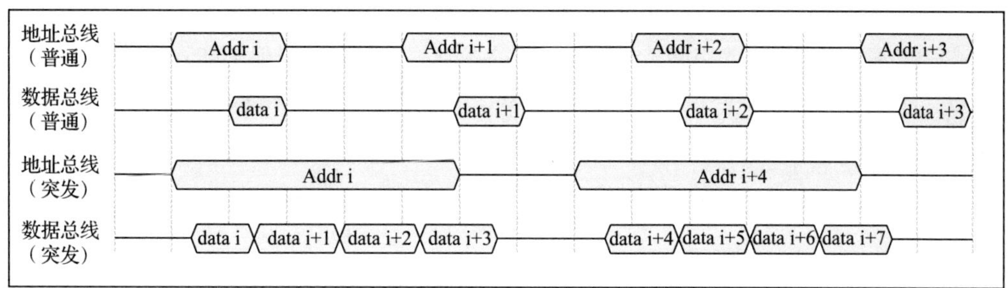

图 8.6　普通模式总线传输和突发模式总线传输对比

不同类型的总线所支持的事务类型不同，如 ISA 总线支持 8 种事务类型，而 Pentium Pro 处理器的总线事务类型多达 11 种。

8.2.2　总线的信息传送

1. 信息的传送方式

总线上的信息以电信号的形式传送，用电位的高低或脉冲的有或无代表信息位的“1”或“0”。通常，总线信息的传送主要有并行传送、串行传送、并串行传送和分时传送 4 种。

（1）并行传送

并行传送是指一个信息的所有位同时传送，每位都有各自的传输线，互不干扰，一次传送整个信息，如图 8.7（a）所示。一个信息有多少位，就需要多少条传输线。并行传送一般采用电位传输法，位的次序由传输线排列而定。

并行传送的优点是传送速度快；缺点是线数多，成本高，传输距离较长时会产生时钟偏移问题。因此其只适合近距离传输，计算机中系统总线普遍采用并行传输方式。当传输频率过高时还会引起线间串扰问题，存在高频障碍，因此现代总线逐渐向高频串行总线发展，发展出 PCIe、SATA 等高速串行总线。

（2）串行传送

串行传送是指将数据逐位按顺序以脉冲方式传送，一次只能传送一个比特位的数据，串行传送只需要一条传输线（差分方式需要两条）。串行传送成本低且传输距离远，最远可达几千米，同等频率下比并行方式的传输速率低。由于信息在 CPU 内部通常都是并行处理的，因此要将信息以串行方式传送，在发送端和接收端分别需要增加并串转换和串并转换电路，如图 8.7（b）所示。

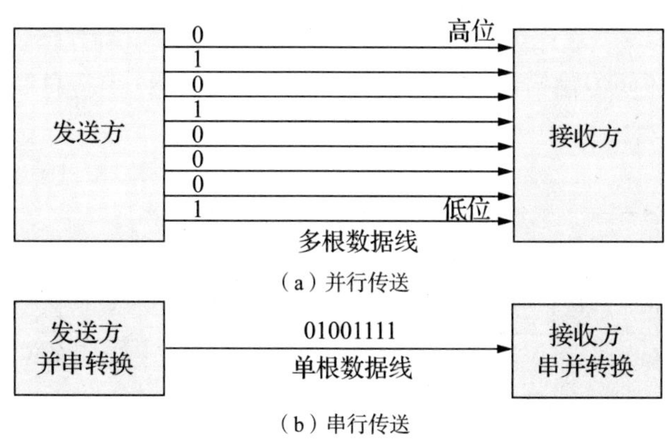

图 8.7　信息的传送方式

根据传送方向的不同，串行传送可以进一步分为单工、半双工和全双工 3 种，如图 8.8 所示。单工方式只能进行固定方向的单向传送；半双工方式能进行双向传送但不能同时进行双向传送；全双工方式能够同时进行双向传送，要实现全双工必须包括两组传输线，且双方都应该设置发送器和接收器。

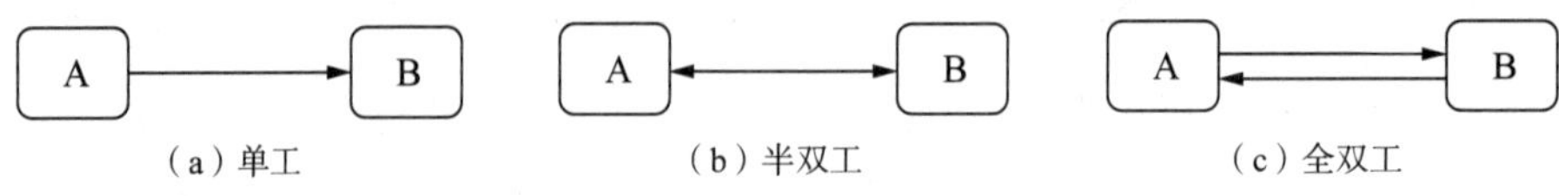

（a）单工　　（b）半双工　　（c）全双工

图 8.8　3 种数据传输方式

根据定时方式的不同，串行传送分为同步串行通信和异步串行通信两种。

同步串行通信传输双方采用统一时钟，除数据传输线外还应包括时钟线，时钟由发送方提供，这样接收方可以使用相同的时钟采样数据传输线中的每个信息位；传输线上的一个高电平代表几个数据位取决于采样频率。

同步串行通信方式将多个字节数据组成一个信息帧进行传输，信息帧大小为几十到几千个字节不等，每帧的开始用一个或两个特殊的同步字符来指示传送开始，结尾也有相同的结束字符指示传送结束。如果传输数据中出现与同步字符相同的数据，则要进行预处理，信息帧中还包含 CRC 校验字节，如图 8.9 所示。接收方检测到同步字符就开始接收数据，直至检测到结束字符；传输线路上应始终保持连续的信息流，如果没有数据传输，则线路上要用同步字符填充。这种方式数据同步简单，但传输距离较长时仍存在时钟偏移引起的同步故障，常见的同步串行通信总线有 SPI（Serial Peripheral Interface）和 I^2C（Inter IC）总线。

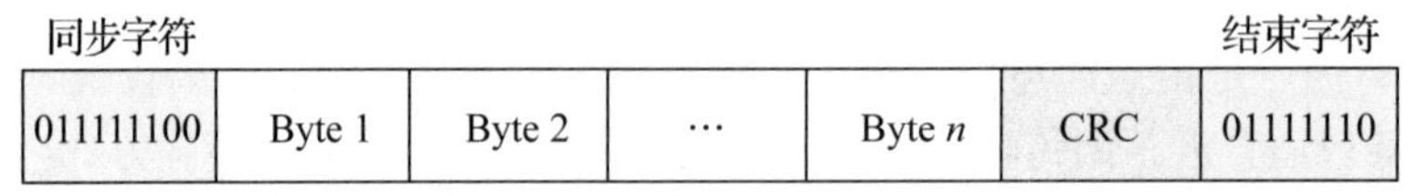

图 8.9　同步串行传输帧格式

异步串行通信传输双方各自都有独立的时钟，但传输双方应该按约定的速率发送和接收数据，传输时利用信息帧中的起、停信号来进行数据同步。异步串行通信是按字符传输的，一个信息帧传输一个字符，信息帧长度固定，从前往后依次是起始位（低电平表示）、5～8 位有效数据、奇偶校验位（也可没有）、1～2 个停止位（高电平表示），如图 8.10 所示。重新开始新的信息帧传输之前停止位一直保持高电平，这样可以保证重新开始的时候起始位处一定有一个下跳沿，标志新的传输开始。接收方检测到下跳沿后就可以按约定的速率采样数据，如果采样到停止位时为高电平，表示帧数据有效，一次传输结束。这种启停式控制方式不会因传输双方的时钟信号偏移而使传输错误。常见的 RS-232C 和 RS-485 串行总线均采用这种异步方式通信。

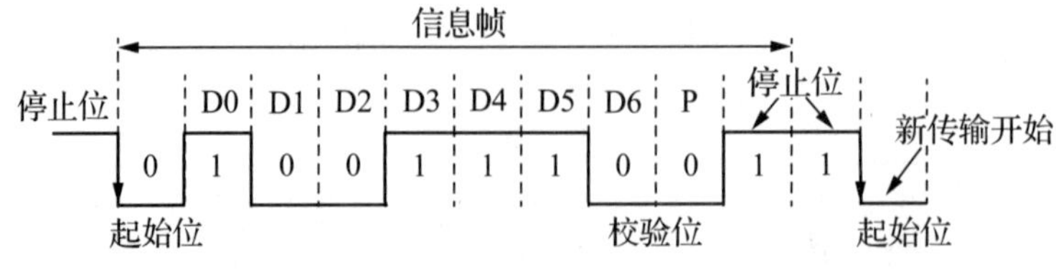

图 8.10　异步串行传输帧格式

串行通信通常用波特率来描述传输速率。所谓波特率是指每秒传送的二进制位数，单位为

bit/s（bits per second），注意信息帧中的启停位、校验位均计算在内，波特率是衡量串行传输速度的重要指标。而另外一个指标数传率是指单位时间内总线传输的有效数据位，有效数据位不包括启停位和校验位，所以数传率是小于波特率的。异步传输时传输双方波特率相同才能正常通信，常见标准波特率有 1200Kbit/s、2400Kbit/s、4800Kbit/s、9600Kbit/s、14.4Kbit/s 等。

例 8.2 若异步串行传输的信息帧由 1 个起始位、7 个数据位、1 个奇偶校验位和 1 个停止位等 10 个数位构成，线路每秒传送 120 个字符，分别计算波特率和数传率。

解：波特率 = 10 位 / 字符 × 120 字符 / 秒 = 1200 bit/s = 1200 波特

数传率 = 120 × 7 位 / 秒 = 840 bit/s

高速串行总线中传送多个连续“1”或多个连续“0”时，可能会因为信号转换中的电压位阶关系而造成接收数据错误，所以必须考虑直流平衡（DC Balance）问题。通常会将传输数据进行特殊编码后再进行传输，如常用的 8bit/10bit 编码方式会在 5 个连续的“1”或“0”后插入一位“0”或“1”，使发送的“0”“1”数量保持基本一致，以保证信号的直流平衡。目前在 USB3.0、IEEE1394b、SATA、PCIe、Fiber Channel、InfiniBand 等高速串行总线中都采用了 8bit/10bit 编码方式，这种方式编码效率为 80%。为了进一步提高编码效率，目前在一些高速串行总线中还采用了更高编码效率的 64bit/66bit、128bit/130bit 方案。

串行传输解决了高频传输的问题，但同时传输的数据只有 1 位，带宽有限，所以高速串行总线普遍采用多组串行通路并发来提高总线带宽，如 PCIe x1、x4、x16 中的数字就是并发通路数，串行总线带宽公式如下：

串行总线带宽 = 总线时钟频率 × 编码效率 × 并发通路数

根据该公式，可计算常见串行总线的峰值带宽，如表 8.3 所示。

表 8.3 常见串行总线带宽

总线标准	总线宽度	传输方向	总线时钟频率	编码效率	总线带宽
PCIe 1.0	1	全双工	2.5 GHz	8bit/10bit	250 MB/s
PCIe 3.0 x16	1 × 16	全双工	8 GHz	128bit/130bit	15.8 GB/s
IEEE1394b	1	半双工	4 GHz	8bit/10bit	400 MB/s
USB 3.0	1	半双工	5 GHz	8bit/10bit	500 MB/s
SATA-3	1	半双工	6 GHz	8bit/10bit	600 MB/s

例 8.3 现在 Intel 公司最新 CPU 中已经集成了 PCIe 3.0 的显卡接口，其工作频率高达 8GHz，最大并行通路为 40 路，总线编码方式为 128bit/130bit，支持全双工传输，尝试计算 PCIe 总线带宽。

解：根据串行总线带宽公式有：

单向带宽 = 总线时钟频率 × 编码效率 × 并发通路数

= 8 GHz × (128/130) × 40 / 8 = 39.4 GB/s ≈ 40 GB/s

全双工模式总线带宽 = 2 × 39.4 GB/s = 78.8 GB/s ≈ 80 GB/s

（3）并串行传送

并串行传送将被传送信息分成若干组，组内采用并行传送，组间采用串行传送。它是对传送速度与传输线数进行折中的一种传送方式。例如，在 Intel 8088 CPU 中，CPU 内部数据通路为 16 位，CPU 内部采用并行传送；但系统总线只有 8 位，CPU 与主存或外部设备通信只能采用并串行传送，即将一个 16 位字分成两个连续的 8 位字节进行串行传送。例 8.3 中的 PCIe 3.0 x40

也是一种并串行传送。

（4）分时传送

分时传送有两种含义：一是采用总线复用技术，在某个传输线上既传送地址信息，又传送数据信息，其目的是减少线缆数目，为此必须划分时间片，以便在不同的时段分别完成传送地址和传送数据的任务；二是指共享总线的部件分时使用总线，总线资源是系统的公共资源，挂在总线上的部件可以有很多，但同一个时刻总线使用权只能由一个主设备控制，当多个部件要求使用总线时，只能由总线控制器按时间片分时提供服务。

2. 数据传送模式

当前的总线标准大多能支持以下 4 类数据传送模式。

（1）读、写操作

读操作是由从设备到主设备的数据传送，而写操作是由主设备到从设备的数据传送。一般情况下，主设备先以一个总线时钟周期发出命令和从设备地址，经过一定的延迟再开始数据传送。为了提高总线利用率，减少延时损失，在分离事务通信中将总线传输过程分为两个阶段：第一个阶段主设备完成寻址阶段任务后让出总线控制权供其他主设备使用；从设备准备好数据后重新申请总线，完成第二个阶段的数据传送任务。

（2）块传送操作

只需给出数据块的起始地址，然后逐个地读出或写入数据块中的每一个字即可。这种方式就是**突发传送模式**，其数据块长度一般固定为数据线宽度（存储器字长）的 4 倍。

（3）写后读、读修改写操作

只给出地址一次，就可完成先写后读或先读后写操作。前者用于达到校验目的，后者用于在多个程序系统中对共享存储资源的保护。这两种操作和突发模式的块传送一样，主设备控制总线直至整个操作完成。

（4）广播、广集操作

一般而言，数据传送只在一个主设备和一个从设备之间进行。但有的总线允许一个主设备对多个从设备进行写操作，这种操作称为广播。与广播相反的操作称为广集，它将选定的多个从设备数据在总线上完成逻辑与或逻辑或的操作，以检测多个中断源。

8.2.3 总线仲裁

总线仲裁也称总线控制、总线裁决 / 判优，早期计算机中只有 CPU 一个总线主设备，由 CPU 全权控制总线的使用。当总线上存在多个主设备时，由于每个主设备都能控制总线，因此存在共享总线的争用问题，需要有一个总线控制器来解决总线使用权的分配仲裁问题。决定申请总线的多个主设备中哪一个获得总线控制权的过程就是**总线仲裁**。在进行仲裁的时候要综合考虑不同主设备的优先级问题，还要兼顾公平性，也就是要保证最低优先级的主设备也能有机会获得总线使用权，另外还要尽可能地缩短总线仲裁时间。

获得总线控制权的主设备称为**活动主设备**，活动主设备获得总线使用权后即可开始使用总线，进入寻址阶段和传输阶段；数据传输完毕后，进入总线结束阶段，结束阶段需要向总线控制器发送总线使用结束的信号，这样总线控制器就可以再次分配总线使用权。

总线仲裁分为**集中式仲裁**和**分布式仲裁**两种。集中式仲裁将总线仲裁的逻辑集中在一起，如设置一个单独的总线控制器或者将它放在 CPU 中。分布式仲裁方式将总线仲裁的逻辑分散在总线上连接的各个主设备中。

1. 集中式仲裁

集中式仲裁包括链式查询、计数器定时查询及独立请求 3 种方式。

（1）链式查询方式

该方式又称为菊花链（Daisy）查询方式，具体控制方式如图 8.11 所示，总线仲裁需要 3 根控制线。

总线请求信号 BR（Bus Request）：用于向总线控制器传送总线使用申请信号，该信号有效时表示总线上至少有一个主设备请求使用总线。

总线许可信号 BG（Bus Grant）：总线控制器向设备发出的总线许可应答信号，该信号将各个设备像菊花链一样串行连接，菊花链因此得名；该信号有效时，表示总线控制器正在响应某个设备的总线请求。

总线忙信号 BS（Bus Busy）：BS=0 表示总线空闲，主设备获得总线使用许可后会立即将 BS 置为 1，表示总线正在使用中。

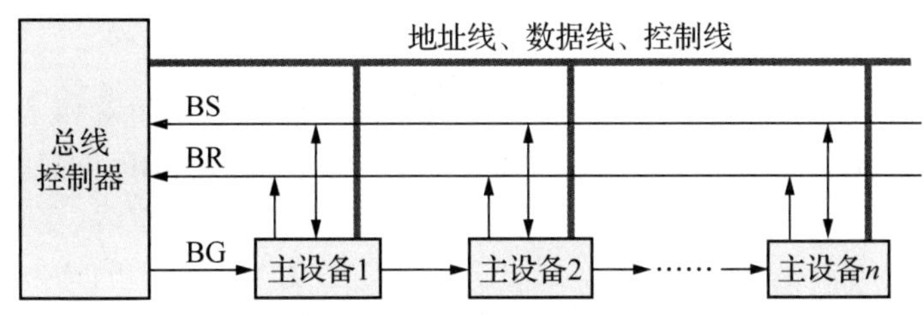

图 8.11　链式查询方式

在链式查询方式中，总线上所有的主设备共用一根总线请求线 BR。各主设备通过将 BR 置为“1”的方式向总线控制器申请总线使用权。总线控制器通过总线忙信号 BS 来判断总线是否处于空闲状态，如果总线空闲，则通过将总线许可信号 BG 置为“1”的方式进行响应，总线许可信号 BG 沿着菊花链串行传送，若 BG 信号到达的设备没有总线请求，则将该信号立即传送到下一个设备；若当前设备有总线请求，则撤销其发出的总线请求信号 BR，并将总线忙信号 BS 置为“1”，表示它占用了总线，设备获得了总线使用权后，总线许可信号 BG 不再向后传递。

链式查询的优点是结构简单、控制线少、扩充容易；缺点是各设备优先级固定，设备离总线控制器越近优先级越高，当优先级高的设备频繁请求使用总线时，会使优先级较低的设备长期不能使用总线，这种现象又称饥饿现象。采用链式查询方式，BG 信号每向后传递一次就需要一个时钟周期，仲裁速度慢。另外链式查询方式还存在单点故障，一旦某个设备接口的链路出现故障，则该设备之后的所有设备都不能正常工作。

（2）计数器定时查询方式

计数器定时查询方式采用一个计数器控制总线使用权，其工作原理如图 8.12 所示。

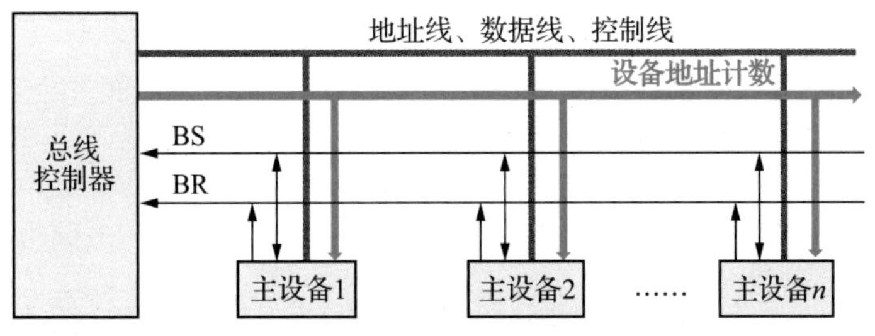

图 8.12　计数器定时查询方式

与链式查询方式相比，该方式用一组计数地址线代替了总线许可信号 BG。在计数器定时查询方式中，当总线控制器收到总线请求信号 BR 且总线空闲时，设备地址计数器开始计数，计数值通过一组计数地址线发向各设备，每个主设备的总线接口处均有一个地址判别逻辑。当计数地址线的值与请求使用总线设备的地址一致时，对应主设备获得总线控制权，并将总线忙信号 BS 置为“1”，总线控制器检测到 BS 信号后立即终止计数器的计数工作。

地址计数器的初始值可以由程序设定，通过设置不同的初始值，可以动态地改变设备的优先级。如果计数器初始值固定为零，则设备的优先级和链式查询方式完全一致；如果计数器初始值总是上次获得总线使用权的设备地址，并且采用循环计数方式，则所有设备的优先级都是一样的。

计数器定时查询方法可以灵活地调整设备优先级，能有效避免发生单点故障，但控制起来较复杂，所有设备都需要增加复杂的地址识别逻辑，还需要更多的控制信号线，具体数目为 $2+\lceil\log_2 n\rceil$，其中 n 是设备的数目。它同样一个时钟周期只能计数一次，所以其响应速度和链式查询方式一样慢。

（3）独立请求方式

在独立请求方式中，每个主设备均有一组专属的总线请求信号线 BR_i 和总线许可信号 BG_i，如图 8.13 所示。当主设备需要使用总线时，通过专属的总线请求线 BR_i 向总线控制器独立发送总线请求信号，并在总线控制器中排队；总线控制器按一定的优先次序决定响应哪个设备的总线请求，并通过该设备的专属总线许可信号 BG_i 向该设备发送总线许可信号；设备接收到总线使用许可信号就获得了总线使用权，可以开始进行寻址、数据传输等操作。

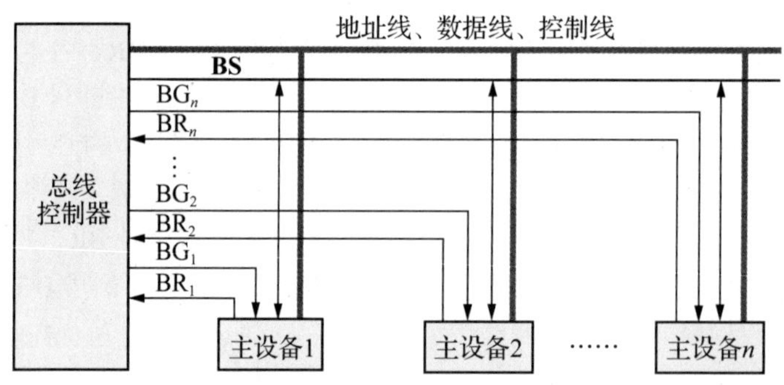

图 8.13　独立请求方式

独立请求方式的优先级策略最为灵活，既可以采用固定的优先级，也可以采用公平的循环菊花链算法，还可以采用 FIFO、LRU 等动态优先级算法；另外总线许可信号不再需要逐个地对设备进行串行查询，其属于并行仲裁，响应时间最快。但独立请求方式的总线控制器最为复杂，且所需控制线数最多，共需要 $2n+1$ 根。由于控制总线信号线数目也是有限的，为平衡成本和性能，在一些总线中还使用了分组链式的仲裁方式。总线仲裁时包括多个菊花链，每个菊花链具有一对独立的总线请求和许可信号，如摩托罗拉公司的 VME 总线。

2. 分布式仲裁

分布式仲裁控制逻辑分散在总线的各设备中，不需要中央仲裁器，每个主设备都有自己的仲裁号和仲裁器。分布式仲裁分为自举分散式仲裁、并行竞争仲裁、冲突检测分散式仲裁 3 类。

（1）自举分散式仲裁

这种仲裁方式包括 n 根设备专属的总线请求信号线 BR_i 和共享的总线忙信号 BS，信号功能和集中式仲裁中的相同，每个主设备的仲裁器只连接并监测比自己优先级高的总线请求信号。自举分散式仲裁如图 8.14 所示，根据定义，图中 4 个主设备的优先级依次是 4>3>2>1。

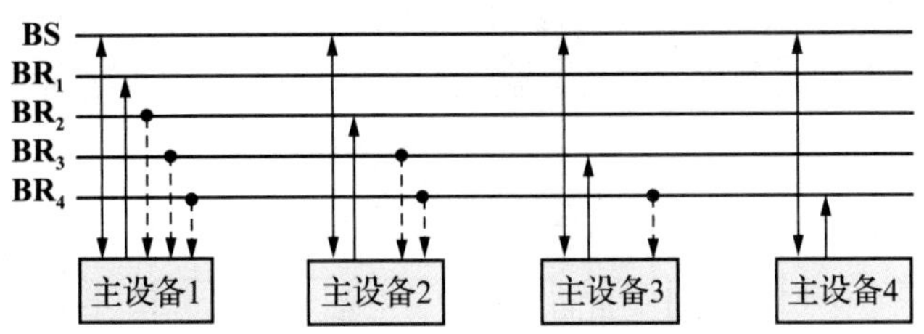

图 8.14 自举分散式仲裁

当总线空闲（BS=0）时开始总线仲裁，每个需要请求使用总线的主设备在检测到总线空闲时，通过专属的总线请求信号线 BR_i 发出总线请求，总线仲裁期间每个需要请求使用总线的主设备都将监测所有更高优先级设备的请求信号。如果发现其他高优先级的设备没有发出总线请求信号，则可获得总线控制权，并立即将总线忙信号 BS 置为“1”，以阻止其他设备使用总线；反之则该设备不使用总线。

自举分散式仲裁逻辑简单，但仲裁信号线较多，实际应用中，可以使用数据总线作为总线请求线，如 SCSI 总线。

（2）并行竞争仲裁

并行竞争仲裁方式不再使用单根的总线请求信号线，而是采用编码的方式表示设备的仲裁号，仲裁号越大，优先级越高。当某个主设备需要请求使用总线时，要把它的仲裁号通过“线或”的方式发送到共享的仲裁线上，所有发出总线请求的主设备均并行将设备仲裁号与“线或”的仲裁号从高位到低位逐位比较。如果发现某位比“线或”的仲裁号的对应位小，则取消其发送到仲裁线上的仲裁号，放弃本次申请。经过一段时间延迟，所有位都比较完毕后，仲裁线上的仲裁号就变成了竞争获胜设备的仲裁号，对应设备获得总线控制权。

并行竞争仲裁和自举分散式仲裁方式原理类似，但所需的连接线更少，n 根仲裁线可以表示 2^n 个仲裁号。而在自举分散式仲裁中，n 根请求线只能表示 n 个优先级，只能对 n 个设备进行仲裁。Furturebus+ 总线中采用了并行竞争仲裁方式。

（3）冲突检测分散式仲裁

冲突检测分散式仲裁中，每个设备独立地请求使用总线。当某个设备要申请使用总线时，应先检查一下是否有其他设备在使用总线，若有则等待；若无，则置总线忙信号为 1，并获得总线的使用权。当多个同时申请使用总线的设备发生冲突时，发生冲突的设备停止总线申请，各自延迟一个时间段后再重新发出新的总线请求，直到总线空闲获得使用权为止。

由于检测到冲突需要一定的时间（最久为端到端线路传播时间延迟的两倍），因此在这种仲裁方式下，获得总线使用权的设备还需要坚持监听一段时间，防止多个设备同时监听到总线闲并请求使用总线而发生冲突，网络通信协议中的以太网协议就采用了这种方式。

8.2.4 总线定时

主设备获得总线使用权后，就可以开始使用总线与从设备传送信息，实现具体的总线事务。而具体总线事务的每一个步骤、总线上的每一个信号、何时开始、何时结束就是总线的定时问题。常见总线通信定时方式有同步方式、异步方式、半同步方式和分离事务通信方式 4 种。

1. 同步定时

同步定时方式下通信双方均在统一总线时钟控制下进行信息传输，总线事务中的每一个操作都与总线时钟信号相关，所有操作都是按照相关协议事先安排好且时间固定的。图 8.15 所示为同步方式下存储器读操作的简化时序图，不同传输阶段的主、从设备的具体操作如下。

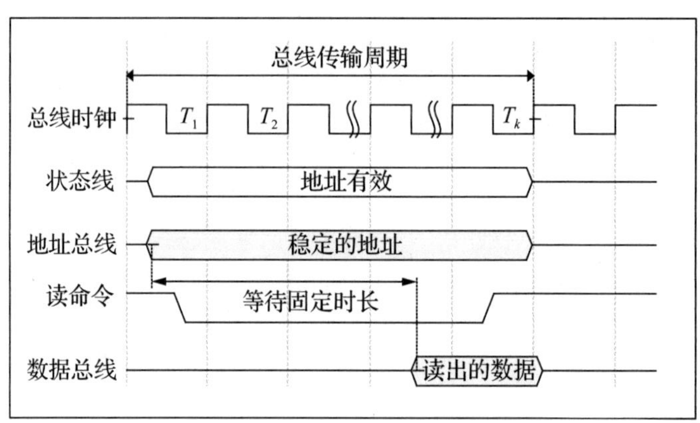

图 8.15　同步方式下存储器读操作时序

寻址阶段：主设备在第一个时钟周期内将目标从设备（存储器）的地址送入地址总线，同时设置相关状态线，表明当前地址有效；当前地址是内存地址而不是 I/O 地址，并通过控制总线给出读请求命令后开始等待，这里等待时间是固定的。

数据阶段：从设备通过状态线发现地址总线数据有效且地址总线上的地址与自己的地址区间相匹配，则根据读命令开始准备数据，延迟固定的节拍后（这里是一个存储周期），将读出的数据送入数据总线；而主设备在等待了固定节拍后默认数据总线上的数据有效，自动取走数据总线上的数据，当然这种默认机制会带来一定的可靠性问题。

结束阶段：主设备撤销相关地址、命令和状态信号，从设备撤销数据总线的数据输出，至此主从设备完成一次同步的读数据操作，主设备可以通过将总线忙信号 BS 置 0 的方式让出总线使用权。

存储器同步写流程也基本相同，主设备将地址、状态、数据、命令全部准备好，等待若干固定节拍后假定存储器已经完成写操作，撤除所有地址、数据、命令信息即可，如图 8.16 所示，图中写入操作的总线传输周期长度是固定的。

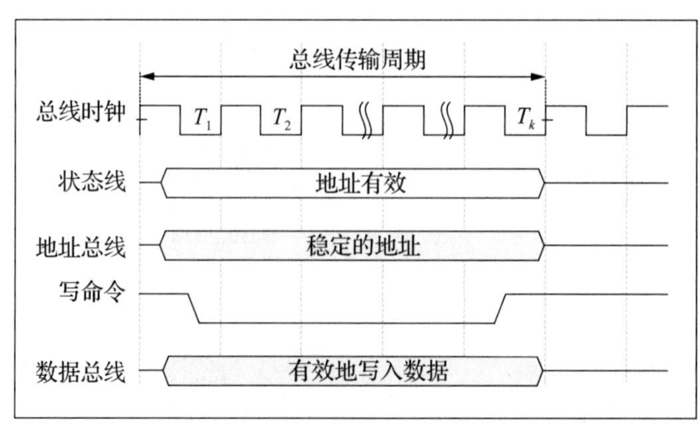

图 8.16　同步方式下存储器写操作时序

由上可知，同步定时中主、从设备的操作在时间点上都是固定的，不同的总线事务在不同的节拍进行什么操作，这些都是事先按协议约定好的，这种协议可以利用主、从设备中不同的简单有限状态机实现。总线接口逻辑相对比较简单，总线速度非常快。

同步定时的最大优点是主、从设备协调简单，传输速率高。但由于是强制性同步，同步时钟频率取决于总线上最慢的设备。由于时钟信号干扰以及时钟偏移会造成同步误差，因此总线不能太长。此外同步定时中主、从设备都是默认对方正常工作的，可靠性不高。同步定时适合于总线长度短、设备速度相近且传输可靠性高的应用场合，如直接与 CPU 相连的系统总线。

例 8.4　假定某总线的时钟频率为 1GHz，每次总线传输需要 1 个时钟周期，总线的数据总线宽度为 64 位，存储器的存储周期为两个时钟周期，求同步方式下 CPU 从该存储器中读一个存储字时总线的数据传输速率为多少。

解：总线时钟周期 = $1/f$ = 1/1 GHz = 1 ns。

则同步方式下存储器读操作步骤及所需的时间分别如下。

（1）寻址阶段：需要一个总线周期时间 1ns。

（2）存储器读数据并传输到数据总线：需要一个存储周期 2 ns。

（3）CPU 从数据总线取走数据：需要一个总线周期 1ns。

则同步方式下从主存读一个存储字的总时间 T = 4 ns。

数据传输速率 = 8B / 4ns = 2 GB/s。

2. 异步定时

异步定时方式不需要统一时钟信号，主、从设备之间通过握手协议进行异步通信。总线上的部件通过总线传送信息时，发送方发送一个信息后，必须等待接收方返回应答信号，才能进行下一步的操作。这种方式使得高速设备可以和慢速设备通信，有效规避了同步定时中的时钟偏移问题，总线传输距离更长。

图 8.17 所示为异步方式下存储器读操作时序。寻址阶段 CPU 发送地址及相关地址状态信号到总线上，同时发出读命令，然后开始等待从设备的应答信号；数据阶段从设备（存储器）识别到地址并匹配，准备好数据后将读出的数据放置在数据总线上，同时向主设备反馈一个应答信号，表示数据总线上的数据就绪，主设备收到了应答信号后立即取走数据。结束阶段主设备进行相关信号撤除工作，而从设备（存储器）检测到读命令信号撤除后也会自动撤除数据和应答信号。

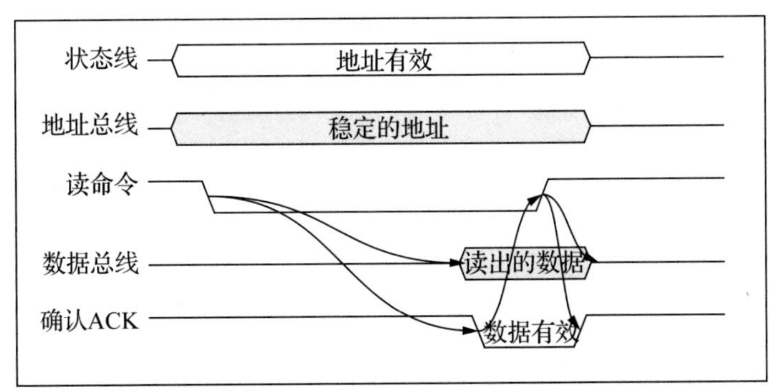

图 8.17　异步方式下存储器读操作时序

存储器写操作时序如图 8.18 所示，同样，主设备给出地址、状态、命令、数据信息后，等待从设备反馈写入完成的确认应答信号给出后才可进入结束阶段撤除相关信号，而从设备检测到主设备信号撤除后会撤除确认应答信号。

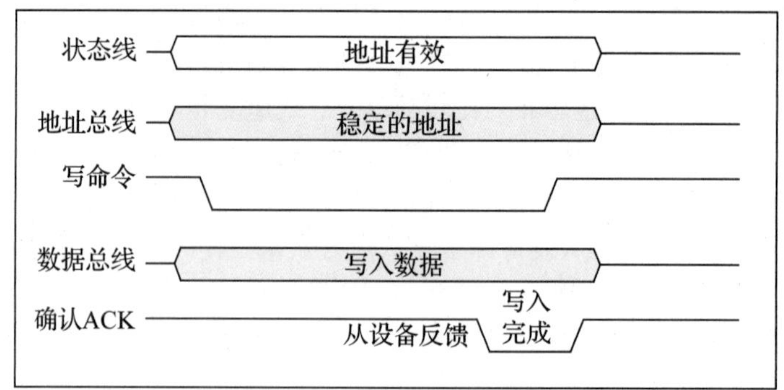

图 8.18　异步方式下存储器写操作时序

异步方式取消了同步定时的时钟信号，增加了用于握手协议的应答信号，主设备等待从设备的时间并不是固定的，从设备给出应答信号后主设备才能进行后续操作，这种方式使不同速度的设备间可以进行通信。

根据异步定时中请求和应答信号的建立和撤销是否互相依赖，异步定时可分为非互锁、半互锁及全互锁 3 种，图 8.19 所示为这 3 种方式的示意图。

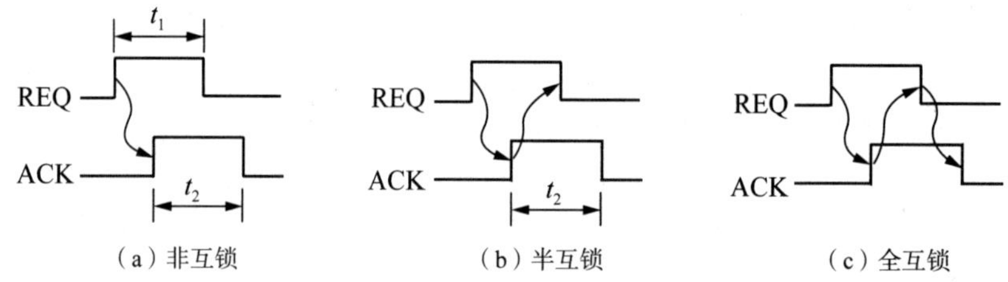

图 8.19　异步通信的 3 种方式

非互锁方式：主设备首先发出 REQ 请求信号，从设备收到后会进行响应，完成请求后给出应答信号 ACK，注意这里应答信号有可能是主设备请求的数据，也有可能是确认信号，如图 8.19（a）所示；主设备的请求信号经过 t_1 时间后会自动撤销，应答信号也会在 t_2 时间后自动撤销。这种方式中应答信号的建立依赖于请求信号的建立，只需要一次握手，存在可靠性的问题，既有可能从设备没有收到主设备的请求，也有可能主设备没有收到从设备的响应。同步定时实际上可以看作一种非互锁方式的通信。

半互锁方式：半互锁方式中请求信号的撤销依赖于应答信号的建立，需要两次握手，如图 8.19（b）所示。主设备只有明确收到从设备的应答信号 ACK 后才能撤销请求信号 REQ，而从设备应答信号 ACK 发出后再经过 t_2 时间会自动撤销。半互锁方式中请求信号的撤销依赖于应答信号的建立，而应答信号的撤销与请求信号无依赖关系，因此称为半互锁。主设备没有收到应答信号会一直保持请求，相对非互锁方式可靠性高；但从设备并不关心主设备是否收到应答信号。

全互锁方式：全互锁方式中应答信号的撤销依赖于请求信号的撤销，需要 3 次握手，如图 8.19（c）所示。从设备只有检测到主设备请求信号 REQ 复位后才能撤销应答信号 ACK。只有在主、从设备都明确请求响应完成才能解锁，ACK 撤销后主设备才可以继续发送新的请求，大大提高了通信的可靠性。

图 8.20 所示为全互锁方式的存储器读操作时序图，此操作中存储器为从设备，发出读操作

的 CPU 为主设备，地址总线和数据总线复用，主设备首先发出存储器读请求信号 ReadReq，并将存储地址放在数据总线上，后续每一步操作说明如下。

（1）存储器收到 CPU 的读请求信号 ReadReq 后就接收来自数据总线上的地址信息，然后发出应答信号 ACK，表示收到读请求信息和地址信息。

（2）主设备收到确认信息后撤销读请求信息和地址信息。

（3）存储器发现主设备撤销读请求信息和地址信息后撤销应答信号 ACK。

（4）存储器将数据送入数据总线上，同时向 CPU 发送数据准备好信号 DataRdy。

（5）CPU 从数据总线上读取数据后，向存储器发出应答响应信号 ACK，表明数据接收成功。这里主从设备均采用同一根控制总线传输应答信号。

（6）存储器收到主设备发出的应答信号后，撤销数据总线上的数据和数据准备好信号 DataRdy。

（7）主设备发现数据准备好且信号 DataRdy 撤销后，也撤销应答信号 ACK。主从设备完成一次数据的异步传输。

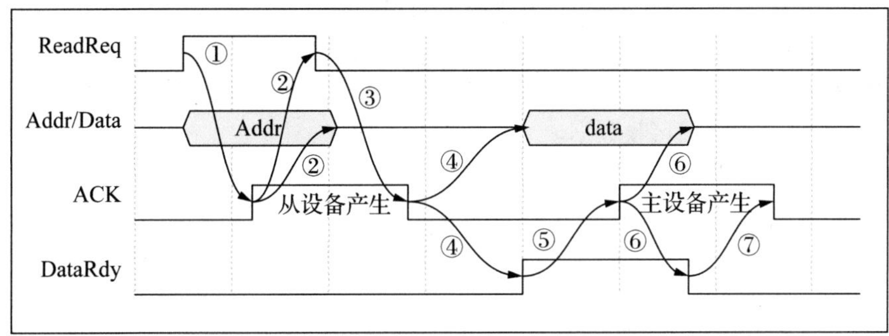

图 8.20　全互锁异步方式下存储读操作时序

3. 半同步定时

异步应答方式对噪声非常敏感，为解决这个问题，可以在异步总线中引入时钟信号，规定握手信号总在时钟触发时被采样，这种方式就是半同步定时方式。半同步方式和组合逻辑电路中解决毛刺问题的思路相同。图 8.21 所示为半同步通信方式下存储器读操作时序图。

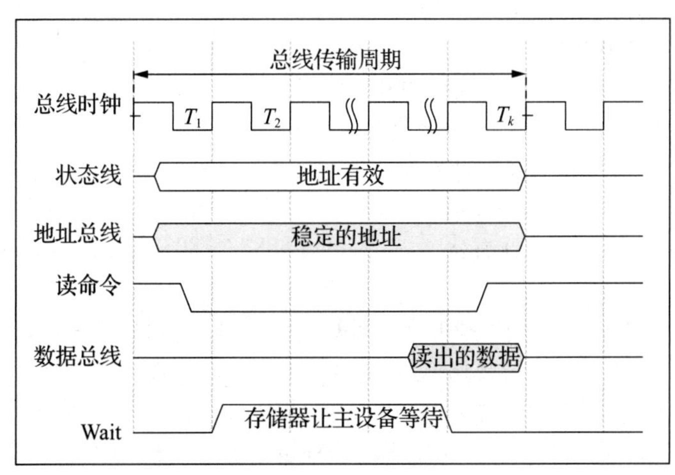

图 8.21　半同步通信方式下存储器读操作时序

图 8.21 中在同步存储器读时序的基础上引入了一个等待信号 Wait，表示存储器还没有准备好数据。存储器在接收到主设备的读请求后，如果还没有准备好数据，则将 Wait 信号置位，插入等待周期，让主设备等待；当数据准备好并发送到数据总线时，存储器撤销 Wait 信号，主设备检测到 Wait 信号消失时取走数据总线上的数据。这种方式中主设备等待的时间并不是固定的，而是从设备根据自己情况决定的。

半同步定时同时具有同步和异步定时的优势，既保留了同步定时所有信号都由公共时钟定时的特点，又保留了异步通信允许不同速率的设备协同工作的特点，可以有效解决异步传输中的噪声敏感问题。

4. 分离事务通信方式

图 8.21 中存储器准备数据的过程中总线并不能进行任何操作，白白浪费了若干时钟周期，如果此时能够释放总线，主设备等待的时钟周期就可以用于处理其他总线事务。分离事务通信协议（Split Transaction Protocol）就采用了这种思想，该协议中总线的交互过程如下。

（1）主设备向从设备发出读请求信号，给出地址和请求命令。

（2）当从设备进行应答后，主设备立即释放总线控制权。

（3）从设备准备数据，此时总线用于处理其他总线事务。

（4）从设备准备好数据后，将作为主设备重新申请使用总线并将数据放置在数据总线上。

（5）原主设备通过总线接收数据。

这种方式大大提高了总线利用率，但控制方式更加复杂。PCIe 总线就支持分离事务通信协议。另外，SCSI 总线也有类似机制。

8.3 总线结构

计算机系统总线的性能是衡量计算机系统性能的重要指标，而计算机系统总线的结构与其性能密切相关。如何将性能各异的功能部件和设备通过总线连接在一起，使计算机系统性能最优，就是总线结构要解决的问题。本节将以个人计算机为例介绍单总线结构、双总线结构、三总线结构和高性能总线。

8.3.1 单总线结构

在单总线结构的计算机中只有一条系统总线，CPU、DRAM、显卡、磁盘、键盘等所有部件和 I/O 设备都通过总线 I/O 接口连接在系统总线上，构成一个完整的计算机系统，此时系统总线连接所有功能部件，又可称为**全局总线**。**局部总线**就是相对这个概念而来的，单总线结构如图 8.22 所示。I/O 设备必须通过总线 I/O 接口与系统总线相连，设备既可以集成在主板上与系统总线直接相连，如图中的集成显卡；也可以通过子板插卡的方式连接在主板扩展槽上与系统总线相连，方便用户扩充设备，如独立显卡。从 Intel 8088 到 80386 阶段的 ISA、EISA、MCA 总线都是典型的单总线结构。

在图 8.22 所示的单总线结构中，BIOS ROM、计时器 8254 芯片、DMA 控制器 8237 芯片、中断控制器 8259 芯片都直接连接在系统总线上。除 CPU 外，DRAM 和所有 I/O 设备都必须进行编址，以便 CPU 可以通过地址和命令直接访问。编址方式既可以采用统一编址方式，也可以采用独立编址方式，如 BIOS ROM 就与内存 DRAM 进行统一编址，而 I/O 设备既可以统一编址，也可以独立编址，如果采用独立编址方式则需要通过专用的输入输出指令进行访问，Intel x86 指令集就采用这种方式。

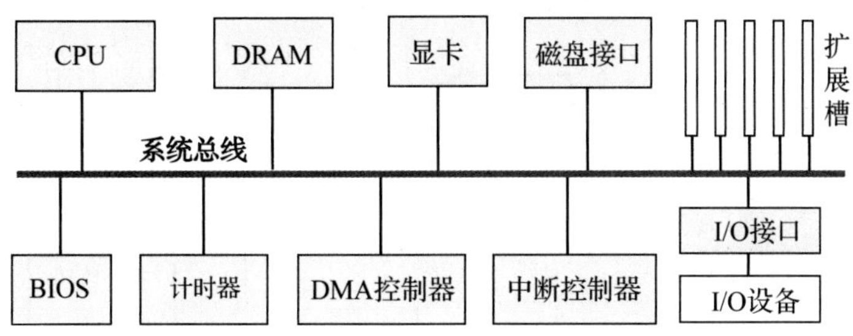

图 8.22　单总线结构示意图

CPU 通常具有总线仲裁器的功能，注意 DMA 控制器出现后，CPU 不再是唯一的主设备，DMA 控制器也可以作为主设备申请系统总线使用权。协调设备与主存进行 DMA 传输，这种方式又称为第三方 DMA。

单总线结构简单，使用灵活，扩充新设备容易。但任何部件之间的信息传递都要争用共享的系统总线，高速设备的高速特性得不到发挥，系统总线负载重，计算机系统性能差。为了克服单总线系统中分时使用总线、通信速度慢、系统性能差的缺点，后续又发展出了多总线结构的概念，其主要的思想是根据部件的特性和对数据传输的需求将不同的部件连接在不同层次和特性的总线上。

8.3.2　双总线结构

图 8.23 所示是一种以主存为中心的双总线结构，为降低系统总线负载，提升 CPU 与主存（DRAM）之间的访问性能，额外增加了一条 CPU 与内存控制器之间的高速存储总线（也称主存总线），这里内存控制器为双端口存储控制器，同时连接存储总线与系统总线。CPU 通过存储总线访问主存，而访问外部设备则通过系统总线进行，外部设备与主存之间、CPU 和主存之间的数据传送可并行进行。需要注意的是这里的 CPU 实际上是 CPU 芯片与板载外部 cache 控制器的抽象，CPU 通过后端总线 BSB 与板载外部 cache 控制器相连，由 cache 控制器连接存储总线和系统总线。

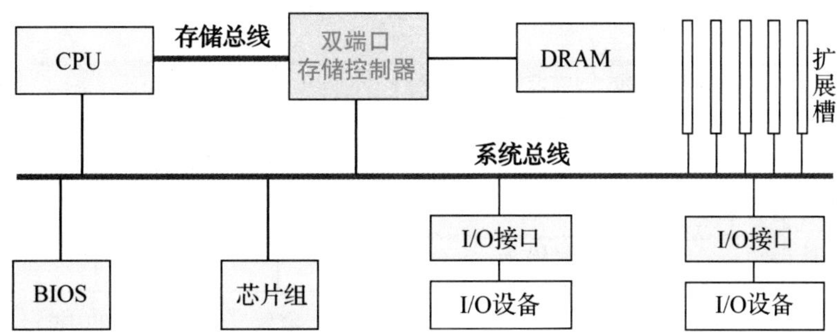

图 8.23　以主存为中心的双总线结构

图 8.24 所示是另外一种采用桥接器的双总线结构。该结构将计算机中的慢速设备从系统总线上分离到单独的 I/O 总线上，将 CPU、主存以及一些高速设备（显卡、SCSI、高速网卡等）直接连接在局部总线（系统总线）上，而将慢速的 I/O 设备全部挂接在分离的 I/O 总线上。I/O 总线与系统总线之间通过桥接器相连，桥接器是一种特殊的设备，用于连接两种不同的总线，

本质上是扩展总线控制器，用于在系统总线上扩展 I/O 总线。它既可以用于 I/O 总线仲裁，也可用于实现两种不同总线之间的操作转发。

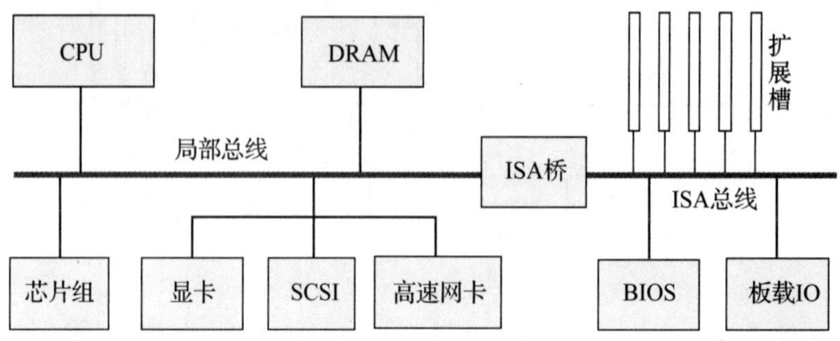

图 8.24　采用桥接器连接的双总线结构

采用桥接器连接的双总线结构中，高速设备和慢速设备通过 ISA 桥接器进行分离，进一步提升了高速设备的性能，降低了慢速设备性能对总线性能的影响。Intel 80486 中普遍采用的 VESA 局部总线就是第一个采用这种结构的总线，但 VESA 局部总线只能支持 3 个高速设备插槽，频率直接与 CPU 相关，无法适应 CPU 更新换代的需求，很快就被与 CPU 无关的 PCI 总线所替代。

两种不同的双总线结构采用了不同的思路，前者将 CPU 和主存之间的高速访问从系统总线中分离出来，后者则将慢速的外部设备通信从系统总线中分离出来，二者的基本思想都是将总线中的慢速活动与高速活动相分离。双总线结构相比单总线结构，吞吐能力更强，CPU 的工作效率较高，但都需要增加额外的硬件设备。

8.3.3　三总线结构

PCI 总线出现以后，个人计算机总线演变成三总线结构，分别是 HOST 总线、PCI 总线、ISA 总线，如图 8.25 所示。CPU、DRAM、PCI 桥连接在 HOST 总线（又称 CPU 总线、系统总线）上；HOST 总线通过 PCI 桥连接 PCI 总线，高速设备直接连接在 PCI 总线上。为了提高 PCI 总线的负载能力，支持更多的 PCI 设备，图中增加了 PCI/PCI 桥来扩展 PCI 总线。PCI 总线通过 PCI/ISA 桥与更慢速的 ISA 总线连接在一起，用于连接传统的慢速的串口、并口设备及 PS/2 鼠标与键盘等，这里的 ISA 总线也称为遗留总线（Legacy Bus）。

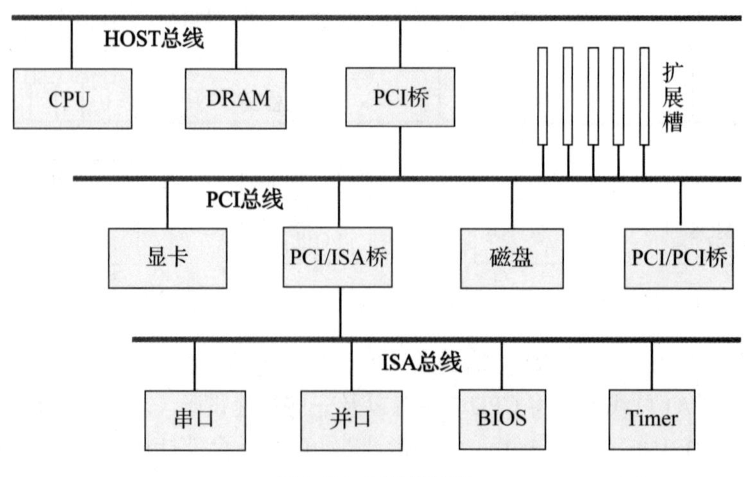

图 8.25　三总线结构

这种结构进一步将不同速率的传输活动进行细分，将最快的 CPU、DRAM 放在系统总线上，将显卡、磁盘、网卡等高速设备连接在 PCI 总线上，而将传统的慢速设备连接在 ISA 总线上，使计算机系统性能进一步提升。

有些教科书上还介绍了主存总线、DMA 总线、I/O 总线组成的三总线结构，多见于专用的 CPU 结构。而个人计算机中并没有专门的 DMA 总线这种结构，设备与主存之间的 DMA 传输都是通过系统总线进行完成的。

8.3.4　高性能总线结构

随着计算机技术不断发展，CPU 性能不断提升，高速外部设备（如高速网络、高速视频图形设备等）也不断涌现，PCI 总线也逐渐遇到瓶颈，后续又诞生了 AGP 图形加速总线、PCIe 总线等。总线的结构也在不断变化，逐渐向高性能方向发展，其总体发展趋势包括以下几种。

（1）采用分层次的多总线结构，不同层次总线之间采用桥接方式连接和缓冲。

（2）将 I/O 设备与主存之间的通信与处理器的活动分离开来。

（3）高速设备靠近 CPU，慢速设备远离 CPU。

（4）桥接芯片高度集成，形成了经典的南北桥架构。

以下是几种常见的微机总线结构。

1．采用前端总线的南北桥结构

图 8.26 所示为 64 位的 Pentium 4 微机的总线基本结构，采用前端总线 FSB（Front Side Bus）架构；与前端总线相对应的是**后端总线** BSB（Back Side Bus）。BSB 是指早期 CPU 连接板载二级 cache 的总线，后端总线因为二级 cache 集成到 CPU 中后消失。这里**前端总线**就是系统总线，用于连接 CPU 和北桥芯片 MCH（Memory Controller Hub），北桥芯片则通过 IHA（Intel Hub Architecture）总线连接南桥芯片 ICH（I/O Controller Hub）。

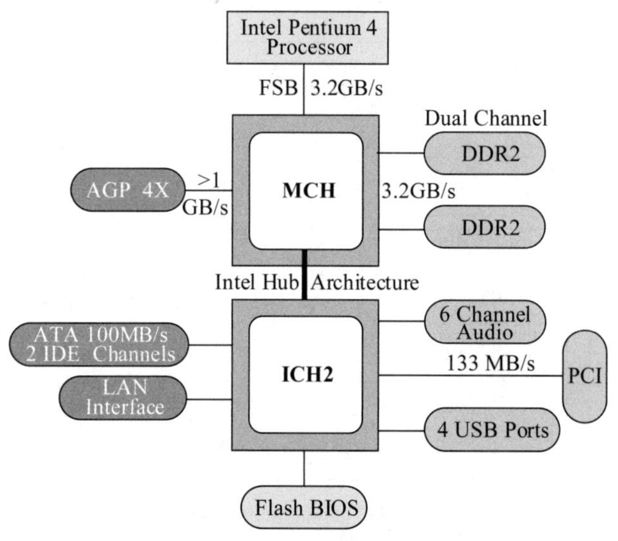

图 8.26　采用前端总线的计算机系统总线结构

这里前端总线采用并行同步方式进行数据传输，包括地址总线 32 ～ 40 根（决定最大内存容量）、数据总线 64 根，地址总线和数据总线都包括各自独立的选通信号，用于标识数据有效；另外还包括 4 根用于区分读、写请求的不同阶段的请求信号，以及其他控制信号，如图 8.27 所示。

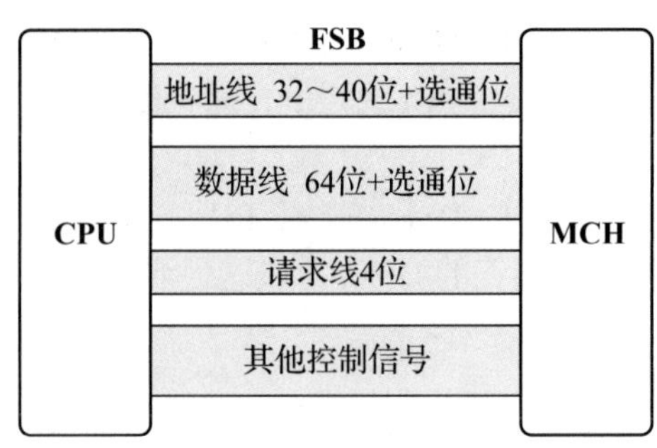

图 8.27 前端总线内部结构

这个阶段计算机的外频为 100MHz ～ 500MHz，前端总线按外频的整倍数（2 倍、4 倍）运行，通常以前端总线的吞吐率来衡量计算机系统的性能。当外频为 100MHz 时，如果采用 QDR 技术，则前端总线带宽为 100MHz×4×8Byte=3.2GB/s。内存同样以外频的整数倍工作。图中内存控制器支持双通道的 RDRAM 或 DDR2 内存，内存通道性能为 100MHz×2 倍 ×8Byte×2 通道 =3.2GB/s。

北桥芯片用于连接高速的 CPU、AGP 显卡、内存和南桥芯片，内部集成了 AGP 总线控制器、双通道内存控制器、前端总线 FSB 接口、IHA 总线接口，这种高度集成的设计可以有效减少总线长度，避免信号干扰，提升总线性能。早期北桥芯片内部各模块采用总线方式进行连接，MCH Hub 因此得名，从 Pentium Ⅲ开始，北桥芯片采用交换互连 switch 结构，使多组部件同时进行传输成为可能，进一步提升了传输性能。

南桥芯片集成了 IHA 总线 Hub 接口、实时时钟控制器 RTC、中断控制器、GPIO 端口、IDE 存储接口、电源管理模块、网络接口、音频接口、PCI 总线控制器、USB 总线控制器、SMBUS、SMI、LPC 总线接口、BIOS 等设备，用于中速设备的互连，而 PCI 总线的功能则演变成了扩展 I/O 总线、扩展外部设备。南桥芯片内部结构如图 8.28 所示。

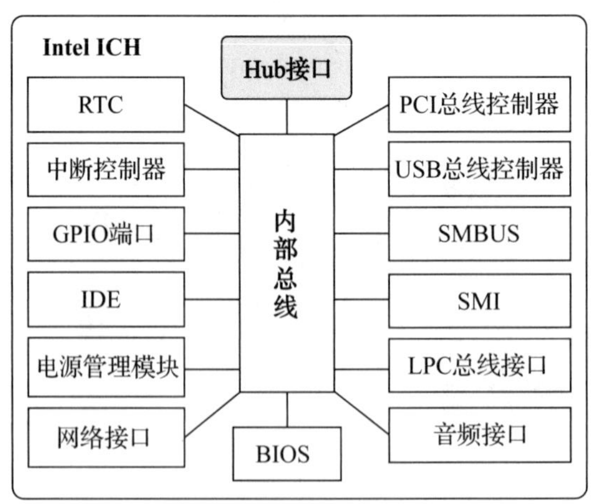

图 8.28 南桥芯片内部结构

2. 采用 QPI 总线南北桥结构

图 8.29 所示为采用 QPI（Quick Path Interconnect）总线的 Intel Core i7 处理器的总线结构，该结构中内存控制器不再放在北桥芯片内部，而是直接集成到了 CPU 中，CPU 直接连接 DDR3 内存，这样可以进一步提升主存访问性能。CPU 通过 QPI 总线直接与北桥芯片 IOH（I/O Hub）

连接，而北桥芯片则通过 DMI（Direct Media Interface）总线连接南桥芯片 ICH（I/O Controller Hub）。

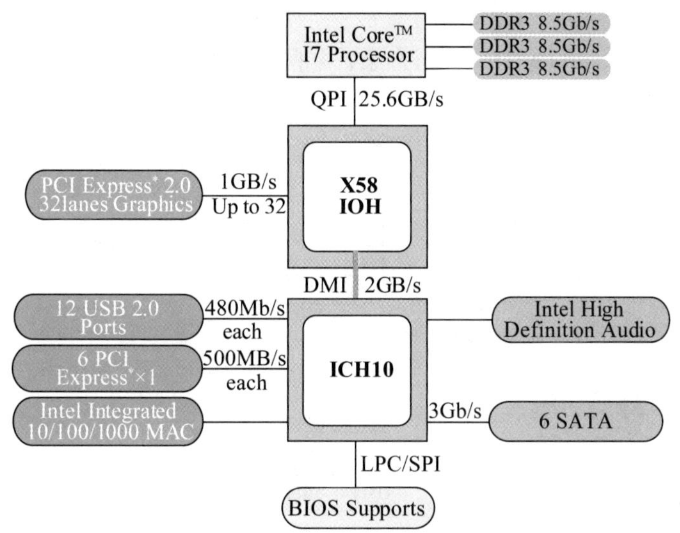

图 8.29　采用 QPI 总线的计算机系统总线结构

Intel 公司的 QPI 总线称为快速通道互连，代替了前端总线技术，主要用于多 CPU 互连或 CPU 与高速系统组件之间的互连，直接对标 AMD 的 HT 总线。它是一种基于包传输的高速串行同步点对点连接协议，实现 4 个 CPU 全互连需要 6 组单独的 QPI 总线。它采用差分信号与专门的同步时钟进行全双工传输，一个传输方向上有 42 根线，包括 20 对差分串行数据传输线和一对差分时钟信号，是典型的并串行发送，双向共 84 根线，如图 8.30 所示。一个方向每次并发传输的 20 位数据中有 4 位是 CRC 校验位有效数据 16 位，以提高系统的可靠性，一个 QPI 数据包为 80 位，需要 4 次才能传输完一个数据包。

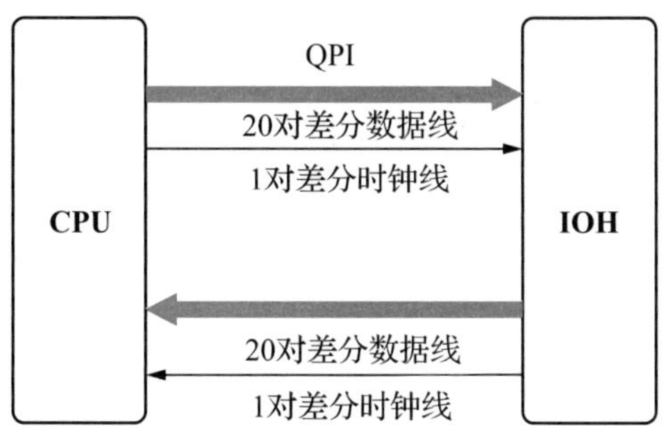

图 8.30　QPI 总线

QPI 总线总带宽 = 每秒传输次数（QPI 频率）× 单次传输的有效数据（2Byte）× 双向。若 QPI 为 6.4GT/s，则总带宽 = 6.4GT/s × 2Byte × 2 = 25.6GB/s，相比 1600MHz 的前端总线的 12.8GB/s 增加了一倍。

北桥芯片 IOH 用于连接高速的 CPU、PCI Express 2.0 显卡和南桥芯片 ICH，北桥芯片内部集成了 PCI Express 总线控制器，用于连接 CPU 的 QPI 总线接口、南桥芯片的 DMI 总线接口。北桥芯片内部的多个模块采用交换结构（Switch）进行连接，大大提升了系统性能。DMI 总线替代了 IHA 总线连接北桥芯片和南桥芯片，南桥芯片集成了 DMI 总线接口、SATA 存储接口、网络接口、音频接口、PCIe 总线控制器、USB 总线控制器、BIOS 接口，用于中速设备的互连。

3. 无北桥芯片的 CPU+PCH 结构

随着 CPU 的进一步发展，GPU 也被集成进了 CPU 芯片中，北桥芯片逐渐消失，形成了 CPU + PCH（Platform Controller Hub）的方案，如图 8.31 所示。PCI Express 3.0 接口集成到了 CPU 中，而 CPU 通过 DMI 总线直接与南桥芯片 PCH 相联。

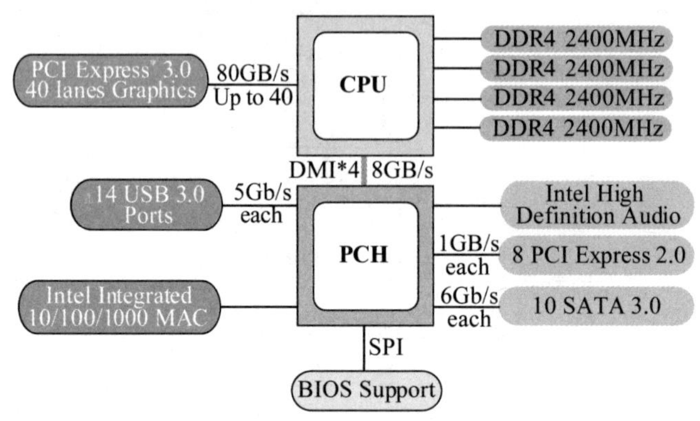

图 8.31　CPU+PCH 方案

影响计算机系统性能的主要因素不仅是 CPU，当 CPU 的速度提高到一定程度后，外围其他功能部件的性能也往往会成为影响计算机系统性能的重要因素，特别是系统总线的速度和互连方式。这也是为什么 CPU 厂商每推出一款新的 CPU 后，还要推出与之相配套的外围芯片组来保证 CPU 性能。

8.4　常用总线

计算机发展到今天已经出现了大量的总线标准，但总的趋势是不断追求高性能、高带宽，高速设备离 CPU 越来越近甚至集成到 CPU 中，如内存控制器和显卡控制器接口等，慢速设备离 CPU 越来越远。另外要注意的是由于并行传输的高频障碍问题，现代高速总线中普遍采用多路并行的高速串行传输技术，如前端总线 FSB 演变成了 QPI 串行总线，PCI 总线演变成了 PCIe，磁盘总线从 PATA 演变成了 SATA，SCSI 接口演变成了 SAS；还有高速的 USB 3.0 和 InfiniBand 总线均采用高速串行方式进行传输。下面按照总线分类分别简单介绍个人计算机中常用的一些总线标准。

8.4.1　常用片内总线

1. AMBA 总线

AMBA（Advanced Microcontroller Bus Architecture）标准是 ARM 公司 1996 年发布的片内总线开放标准，定义了高性能嵌入式微控制器的通信标准，方便用户将 RISC 处理器集成在其他 IP 芯核和外部设备中。它是有效连接 IP 核的“数字胶”，是 ARM 复用策略的重要组件。AMBA 总线包括 AHB（Advanced High-performance Bus）、ASB（Advanced System Bus) 和 APB（Advanced Peripheral Bus）3 组总线。AHB 用来开发高带宽处理器中的片上总线，应用于高性能、高时钟频率的系统模块，构成高性能的系统骨干总线；ASB 是第一代 AMBA 系统总线，同 AHB 相比，它数据宽度要小一些；APB 是本地二级总线，通过桥和 AHB、ASB 相连，主要用于中低速设备的互连。目前 AMBA 标准已经升级为 4.0 版本，称为 AXI（Advanced eXtensible Interface），是一种面向高性能、高带宽、低延迟的片内总线。

2. Wishbone 总线

Wishbone 总线标准是 Silicore 公司于 1999 年提出的开源并行总线标准，用于芯片内部软核、固核以及硬核之间的互连。可大大降低芯片内部系统组件集成的难度，提高系统组件的可重用性、可靠性和可移植性，大大提高芯片开发速度。该总线采用简单的同步时序，支持点对点、数据流、共享总线、交叉开关 4 种连接方式，对开发工具和目标硬件没有特殊要求。Wishbone 总线标准简单、开放、高效、易于实现且完全免费，在芯片设计中被广泛使用。

8.4.2 常用系统总线

1. ISA

ISA（Industrial Standard Architecture）总线标准是 IBM 公司 1984 年为推出 PC/AT 机而建立的系统总线标准，也称 PC/AT 总线。它是对 PC/XT 总线的扩展，以满足 8/16 位数据总线的要求。在 80286 至 80486 时代应用非常广泛，后来 ISA 由系统总线演变成 I/O 总线，成为遗留总线，甚至被 LPC 总线替代。ISA 总线的数据线为 16 位、地址线为 24 位，共有 98 个引脚；总线时钟频率为 8.3MHz，独立于 CPU 工作频率；总线带宽为 16MB/s，采用单总线结构；主存和外部设备都连接在此总线上，不支持总线主控，只有 CPU 和第三方 DMA 控制器可以控制总线。

2. MCA

MCA（Micro Channe1 Architecture）总线是 IBM 公司 1987 年配合 IBM PS/2 系列微机推出的，目的是解决快速微处理器和 ISA 总线之间的性能差异。MCA 总线采用单总线设计，通过使用多路复用器来处理存储器和 I/O 接口的数据传输，包含 55 个引脚，支持 16/32 位并行传输，支持突发传输模式，工作频率为 10MHz，总线带宽为 40MB/s；受 IBM 公司专利的影响，并没有成为流行的总线标准。

3. EISA

EISA（Extended Industry Standard Architecture）总线标准是 1988 年由 Compaq 等 9 家公司在 ISA 总线基础上推出的新一代总线标准。198 个引脚的 EISA 总线完全兼容 ISA 总线信号，数据线和地址线均扩展为 32 位，支持总线主控和突发传输模式，工作频率为 8.33MHz，总线带宽约为 33MB/s。

4. VESA

VESA（Video Electronics Standards Association）总线是 1992 年由视频电子标准协会推出的一种局部总线，是系统总线结构的一次重大革新，代表总线正式进入双总线时代。此时 CPU 与主存、cache 通过 CPU 总线连接，通过局部总线控制器将高速设备与 CPU 总线相连，还可以通过扩展总线控制器连接 ISA/EISA 总线，此时 ISA/EISA 总线从系统总线演变成了 I/O 扩展总线。VESA 总线包括 112 个引脚、32 位数据线，时钟频率为 33MHz，总线带宽为 133MB/s；与 CPU 同步工作，可支持 386SX、386DX、486SX、486DX 及奔腾微处理器。由于 VESA 总线的功能和时序依赖于处理器引脚，几乎是处理器信号的延伸和扩展，因此只是昙花一现，很快被与 CPU 无关的 PCI 总线取代。

5. PCI

PCI（Peripheral Component Interconnect）总线是 Intel 公司 1991 年推出的一种与处理器无关

的局部总线。PCI 总线将多级总线结构引入个人计算机，不同总线之间通过相应的桥芯片来转接。其由于独特的处理器无关特性，从奔腾 CPU 开始流行了相当长的时间。PCI 总线包括 62 个引脚，包含 32 位数据总线，采用了总线复用技术来减少引脚数目。支持总线主控、集中式仲裁，采用同步方式进行并行数据传输，时钟频率为 33/66MHz，最大数据传输速率为 133/266MB/s。后续又出现了 94 针的 64 位 PCI 总线，另外还衍生出了应用于工业计算机的 Compact PCI 总线标准，以及 1999 年推出的应用于服务器的 PCI-X 总线标准，频率为 133MHz，采用 QDR 技术，总线带宽可达 4.26GB/s。

6. FSB 与 BSB

FSB（Front-side Bus）是 Intel 公司在 20 世纪 90 年代提出的高速 CPU 总线概念，采用同步并行方式进行传输，主要用于连接 CPU 与北桥芯片 MCH；而将 CPU 连接板载二级 cache 的总线称为后端总线 BSB（Back-side Bus），后端总线速度大于前端总线，但由于板载二级 cache 的消失而不复存在。常见前端总线频率有 100MHz、133MHz、200MHz、400MHz、500MHz，其直接影响 CPU 与内存数据的交换速度，总线带宽计算方式请参考 8.1.5 小节。目前前端总线结构已经被 AMD 公司的 HT 总线以及 Intel 公司的 QPI 和 DMI 总线架构取代。

7. IHA

IHA（Intel Hub Architecture）总线是 Intel 公司 1999 年在 Intel 810 北桥芯片组中引入的连接南桥芯片（ICH）的并行传输总线，也称为 Hub-Link 总线。IHA 总线带宽为 266 MB/s，北桥芯片 MCH 需要连接 AGP 和内存，而南桥芯片需要连接 PCI、USB、声卡、IDE 存储接口和网卡。其后续 2.0 版本可以支持 1GB/s 的传输速率。

8. HT

HT（Hyper Transport）总线是 AMD 公司 2001 年推出的 CPU 高速串行总线，用于芯片间的高速连接，主要用于处理器与处理器、处理器与芯片组、芯片组的南北桥、路由器控制芯片等的点对点连接，得到了业界的广泛支持。HT 总线已经从 1.0 发展到 4.0 版本。HT 总线采用点对点的全双工传输线路，引入抗干扰能力强的低电压差分信号技术，命令信号、地址信号和数据信号共享一个数据路径，支持 DDR 技术，最多支持 32 路串行传输链路并发，是典型的并串行传送方式。HT 3.1 的传输频率高达 3.2GHz，如果采用 DDR 技术，常见的 16 路 HT 总线双向带宽 $= 2 \times 3.2\text{GHz} \times 2 \times 16 / 8 = 25.6\text{GB/s}$。

9. QPI

QPI（Quick Path Interconect）总线是 Intel 公司为对抗 AMD 的 HT 总线而推出的新一代 CPU 总线，它代替了前端总线技术，主要用于多 CPU 互连或 CPU 与高速系统组件之间的互连。它是一种基于包传输的高速串行同步点对点连接协议，采用差分信号与专门的同步时钟进行全双工传输，一个传输方向上有 42 根线，包括 20 对差分串行数据传输线和一对差分时钟信号，是典型的并串行发送，双向共 84 根线。QPI 总线总带宽也可以达到 25.6GB/s，具体如图 8.29 所示。

10. DMI

DMI（Direct Media Interface）总线是 Intel 公司 2004 年推出的用于连接主板南北桥的总线，取代了之前并行的 Hub-Link 总线。DMI 总线本质上是 PCIe 总线，共享了 PCIe 总线的很多特性，采用多通道全双工串行点对点的连接方式；单通道工作频率为 2.5GHz，采用 8bit/10bit 编码方式，包括 4 条通道，可并发同步传输，总线带宽为双向 2GB/s。

DMI 总线首次出现在 Intel 9XX 系列北桥芯片组中，北桥芯片功能集成进 CPU 后，显卡采用 PCIe x16 的通道直连 CPU，前端总线被取消，DMI 总线不再用于连接南北桥芯片，而是用于连接 CPU 与南桥芯片组 PCH。从 Intel 100 系芯片组开始，DMI 总线进一步升级到 3.0，工作频率为 8GHz，采用 128bit/130bit 编码方式，编码效率为 98.46%，此时双向 DMI 总线带宽 = 2×(总线时钟频率 × 编码率 × 并发通路数)/8 = 2×(8GHz×128/130×4)/8 = 7.88GB/s≈8GB/s，具体如图 8.31 所示。

8.4.3 常用 I/O 总线

1. AGP

AGP（Accelerated Graphics Port）总线是 Intel 公司 1996 年推出的显卡专用局部总线，基于 PCI 2.1 版规范扩充修改而成，采用点对点通道方式，目的是提升图形处理性能，解决 PCI 总线的传输瓶颈问题。AGP 总线直接连接在北桥芯片上，工作频率为 66.7MHz，总线位宽为 32 位，最大数据传输速率为 266MB/s，是传统 PCI 总线带宽的 2 倍；采用 DDR 技术，最大数据传输速率可达 533MB/s；后来又依次推出了 AGP 2x、4x、8x 多个版本，总线带宽可达 2.1GB/s。

2. PCI Express

PCI Express 是 Intel 公司在 2001 年提出的高速串行计算机扩展总线标准，原名 3GIO，旨在替代 PCI、PCI-X 和 AGP 总线标准，也称为 PCI-e 或 PCIe。PCIe 总线颠覆了传统总线结构，改并行总线为串行总线，改共享连接为专用的点到点连接。每个设备都有独立的连接链路，支持热插拔，支持 1 到 40 条通路并发，如常见的 PCIe x8 表示 8 条通路并发；而每条通路由两对差分信号线组成双单工串行传输通道，没有专用的数据、地址、控制和时钟线，总线上将各种事务组织成信息包来传送。

PCIe 1.0 工作频率高达 2.5GHz，其传输速率可以用 2.5GT/s（Giga Transmission per second）表示。PCI-1.0 x4 采用 8bit/10bit 编码方式，编码效率为 0.8，其单向带宽 =2.5GHz×(8/10)×4/8=1GB/s，双向为 2GB/s，同理 PCIe x16 双向可以达到 8GB/s。PCIe 2.0 工作频率为 5GHz，传输速率提高了一倍；而 PCIe 3.0 频率为 8GHz，编码方式为 128bit/130bit，PCIe 3.0 x40 双向带宽约为 80GB/s。

3. LPC

LPC（Low Pin Count）总线是 Intel 公司 1997 年推出的一款用于代替南桥芯片中遗留 ISA 总线的并行总线，用于连接南桥和 Super I/O 芯片、FLASH BIOS 等老旧设备，该总线免费授权给业界使用。Intel 公司将 ISA 总线的地址数据复用，数据位宽由 16 位变成 4 位，信号线数量大幅减少，工作频率为 33MHz，由 PCI 总线时钟同步驱动，在保持 ISA 总线最大传输速率 16MB/s 不变的情况下减少了 25 ～ 30 个信号管脚，有效减少了 Super I/O 芯片、Flash 芯片的引脚和体积，简化了主板的设计，这也是 LPC 得名的原因。

4. SPI

SPI（Serial Peripheral Interface）是摩托罗拉公司 2000 年推出的一种同步串行总线接口。SPI 总线是一种适合短距离传输的高速全双工同步串行总线，可以实现多个 SPI 外部设备的互连，传输速率最高可达 50Mbit/s，只需要 3 ～ 4 根线，节约了芯片的管脚，方便 PCB 的布局。正是出于这种简单易用的特性，如今越来越多的芯片集成了这种通信协议。SPI 是事实标准，并没有官方标准，不同厂商的实现会有不同。

5. I²C

I²C（Inter-Integrated Circuit）总线是飞利浦公司1982年开发的半双工同步串行总线，用于短距离连接微控制器与低速外部设备芯片，是微电子通信控制领域广泛采用的一种总线标准。I²C通过串行数据（SDA）线和串行时钟（SCL）线两根线在连接器件间传递信息，具有接口线少、控制方式简单、器件封装形式小、通信速率较高等优点。在主从通信中，可以有多个I²C总线器件同时接到I²C总线上，通过地址来识别通信对象，最初传输速率为100 kbit/s，目前大约为3.4Mbit/s。

6. SMBus总线

SMBus（System Management Bus）总线标准是Intel公司1995年提出的应用于移动PC和桌面PC系统中的低速率通信总线标准，基于I²C总线标准构建，也只包括两条线缆；最初用于笔记本智能电池管理，现在用于控制主板上的设备并收集相应的信息。

7. ATA/IDE

IDE（Integrated Drive Electronics）也称为ATA（Advanced Technology Attachment），是由康柏、西部数据等公司于1986年联合推出的硬盘标准接口，其字面意思是指把“硬盘控制器”与“盘体”集成在一起。这种方法可有效减少与缩短硬盘接口的电缆数目与长度，增强数据传输的可靠性，方便硬盘制造和连接；除了硬盘外，IDE接口还可用于连接光驱等存储设备。它使用一个40芯并行线缆与主板进行连接，一条线缆只能连接两个设备，与现在流行的串行SATA相比，它也可以称为并行ATA（PATA）。从诞生至今，ATA接口共推出了7个不同的版本，位宽从早期40芯发展到80芯，总线带宽也从16.6MB/s发展到ATA 133的133MB/s。IDE接口价格低廉、兼容性强，但数据传输速率慢、线缆长度过短、连接设备少，目前已经退出历史舞台，被SATA接口代替。

8. SATA

SATA（Serial Advanced Technology Attachment） 是2001年 由Intel、IBM、Dell、APT、Maxtor和Seagate等公司共同推出的硬盘接口规范。SATA接口简单，只有7根传输线缆，支持热插拔，传输速率快，SATA1.0工作频率为1.5GHz，总线带宽为150MB/s，而SATA3.0已经高达600MB/s。SATA接口采用点对点的串行连接方式，大大减少了引脚数目和接口体积，连接线缆变少，SATA总线使用嵌入式时钟信号，具备较强的纠错能力，大大提高了数据传输的可靠性。后来还衍生出了小尺寸的mSATA（mini SATA）和连接外部存储设备的eSATA（external SATA）接口。

9. SCSI

SCSI（Small Computer System Interface）是ANSI X3T9技术委员会1986年发布的连接计算机与高速外部设备的并行总线协议；与同年发布的IDE接口完全不同，IDE接口是针对硬盘的标准接口；而SCSI并不是专门为硬盘设计的接口，而是一种广泛应用于小型机上的高速数据传输技术。SCSI接口实际上是一个I/O处理器（IOP），可以分担CPU的很多工作，数据位宽为8～16位，SCSI-1、2、3的引脚数分别是25、50、68个。最快的Ultra 640的传输频率为160MHz，总线带宽为640MB/s，既可支持同步传输，也可支持异步传输；采用菊花链结构，可以连接8～16个设备。SCSI接口具有应用范围广、多任务、带宽大、CPU占用率低以及支持热插拔等优点，但高昂的价格使它主要应用于中、高端服务器和高档工作站中，目前已经被串行SCSI协议SAS取代。

10. SAS 总线

SAS（Serial Attached SCSI）也称串行 SCSI，是由 ANSI INCITS T10 技术委员会开发及维护的新的存储接口标准。与并行 SCSI 方式相比，串行方式能提供更快速的通信传输速率以及更简易的配置，此外 SAS 接口与 SATA 兼容，且二者可以使用相同的连接电缆。

11. Fiber Channel

Fiber Channel（光纤通道）是 ANSI INCITS T11 技术委员会 1988 年发布的高速串行数据传输协议，采用开关矩阵方式进行连接。2019 年推出的第七代光纤通道协议总线带宽已经可以达到 25.6GB/s。光纤通道具有支持热插拔、高带宽、可远程连接、连接设备数量大、价格昂贵等特点。光纤通道和 SCSI 接口一样，最初也不是为硬盘设计开发的接口技术，而是专门为网络系统设计的，后来才逐渐应用到存储系统中，用于企业级磁盘以及存储系统的互连。

8.4.4　常用外部总线

1. RS-232-C 与 RS-485

RS-232-C 是美国电子工业协会（Electronic Industry Association，EIA）1960 年制定的一种串行物理接口标准。RS 是“推荐标准”的缩写，RS-232-C 总线标准设有 25 条信号线，包括一个主通道和一个辅助通道，在多数情况下主要使用主通道；对于一般双工通信，仅需一条发送线、一条接收线及一条地线即可实现，常见的计算机上的串口只有 9 个引脚。RS-232-C 总线标准规定的数据传输速率为 50bit/s、75bit/s、100bit/s、150bit/s、300bit/s、600bit/s、1200bit/s、2400bit/s、4800bit/s、9600bit/s、19200bit/s。由于电容负载以及单端信号共地噪声和共模干扰等问题，因此 RS-232-C 总线标准一般用于 20m 以内的通信。

对于远距离串行通信，通常采用半双工的 RS-485 串行总线标准。RS-485 采用平衡发送和差分接收，因此具有抑制共模干扰的能力。另外，因为总线收发器灵敏，所以传输距离远，最远可达上千米。RS-485 非常适用于多点互连，可以省去许多信号线，方便联网构成分布式系统。

2. IEEE-488

IEEE-488 总线标准是 HP 公司 1960 年发布的 8 位并行总线接口标准，也就是常说的并口，用于微机、数字仪表、外部设备，包括 24 个引脚。它按照位并行、字节串行双向异步方式传输信号，连接方式为总线方式，仪器设备直接并联于总线上不需要中介单元，但总线上最多可连接 15 台设备。最大传输距离为 20m，信号传输速率一般为 500KB/s，最大传输速率为 1MB/s。

3. USB

USB（Universal Serial Bus）总线为通用串行总线，是由 Intel、 Compaq、Digital、IBM、Microsoft 等 7 家知名公司 1994 年共同推出的一种新型外部接口总线标准。USB 接口连接简单，支持热插拔、独立供电，采用分层的星形树状拓扑结构连接，可以通过 USB 集线器扩展，最多可以支持 127 个设备；支持控制传输、等时同步传输、中断传输、数据块传输，适合连接不同性能的外部设备，目前几乎所有外部设备都可以通过 USB 进行连接。USB 1.0 为 4 线总线，包括电源线和地线各一根、差分传输数据线缆两根，最新的 USB 3.0 为 9 根线缆。USB 总线带宽由 USB1.0 的 1.5MB/s 发展到 USB2.0 的 60MB/s，最新的 USB 3.0 总线带宽已达 500MB/s。

4. IEEE 1394

IEEE 1394 俗称火线（FireWire）接口，是 Intel 和苹果公司在 1986 年发布的一种高速异步串行总线标准，通常用于视频的采集，常见于 Intel 高端主板和数码摄像机。IEEE 1394 包括 4 条信号线与两条电源线，连接与安装简单，价格便宜，但传输距离只有 4.5m，数据传输速率一般为 100MB/s。最新的 1394b 可以达到 400MB/s，采用和 USB 一样的树形结构，不同的是 1394b 总线上的所有设备都可以作为主设备。

5. Thunderbolt

Thunderbolt（雷电）接口是 Intel 和苹果公司 2011 年发布的高速串行接口标准，旨在替代并统一目前计算机上数量繁多、性能参差不齐的扩展接口，例如 SCSI、SATA、USB、FireWire 和 PCIe。该技术主要用于连接个人计算机和其他设备，包括 20 个引脚，融合了 PCIe 数据传输技术和 DisplayPort 显示技术，两条通道可同时传输这两种协议的数据，每条通道都提供双向 10Gb/s 带宽，最新版本已经达到了 40Gb/s。

6. InfiniBand

InfiniBand 是由 InfiniBand 贸易协会（InfiniBand Trade Association，IBTA）于 2000 年组织 Compaq、HP、IBM、Dell、Intel、Microsoft 和 Sun 七家公司，共同研发的高速 I/O 标准。发展它的初衷是把服务器中的总线网络化，以解决 PCI 总线传输距离受限制、扩展受限、总线带宽不足等问题。它采用全双工、交换式串行传输方式，主要用于服务器与外部设备以及服务器之间的通信。基于 InfiniBand 技术的网络卡的单端口带宽最大可达到 20Gb/s，基于 InfiniBand 的交换机的单端口带宽最大可达 60Gb/s，单交换机芯片可以达到 4800Gb/s 的带宽。作为一种互连业界的标准技术，InfiniBand 具有高可靠、高可用、适用性广和可管理的特性，能够满足数据中心和高性能计算对互连环境的要求，是板级互连和主机间互连技术的适合的选择。

习题 8

8.1 解释下列名词。

总线 片内总线 系统总线 I/O 总线 外部总线 总线控制器 总线接口 地址总线 数据总线 控制总线 总线复用 主设备 从设备 总线主控 总线标准 三态门 总线宽度 总线时钟 总线传输周期 总线带宽 DDR QDR 总线事务 突发传输 串行传送 并行传送 波特率 数传率 全双工 半双工 数据传输模式 广播与广集 总线仲裁 集中式仲裁 分布式仲裁 总线定时 同步定时 异步定时 总线事务分离 总线结构 全局总线 局部总线 桥接器 北桥芯片 南桥芯片 FSB 总线 QPI 总线 DMI 总线 PCI 总线 PCIe 总线 AMBA 总线 USB 总线

8.2 简要回答下列问题。

（1）计算机系统为什么采用总线结构?

（2）比较单总线、双总线、三总线结构的性能特点。

（3）总线的信息传送方式有哪几种？各有什么特点?

（4）集中式总线控制方式下，确定总线使用权优先级的方法有哪几种？它们各有什么特点?

（5）什么是突发传输模式？采用突发传输模式有什么优点?

（6）影响总线性能的因素有哪些?

（7）总线结构和交换结构相比，有哪些优势和劣势?

8.3　单选题（考研真题）。

（1）[2011] 在系统总线的数据线上，不可能传输的是________。

A. 指令　　B. 操作数

C. 握手（应答）信号　　D. 中断类型号

（2）[2014] 一次总线事务中，主设备只需给出一个首地址，从设备就能从首地址开始的若干连续单元读出或写入多个数据。这种总线事务方式称为________。

A. 并行传输　　B. 串行传输　　C. 突发传输　　D. 同步传输

（3）[2009] 假设某系统总线在一个总线周期中并行传输 4 字节信息，一个总线周期占用两个时钟周期，总线时钟频率为 10MHz，则总线带宽是________。

A. 10MB/s　　B. 20MB/s　　C. 40MB/s　　D. 80MB/s

（4）[2012] 某同步总线的时钟频率为 100MHz，宽度为 32 位，地址 / 数据线复用，每传输一个地址或数据占用一个时钟周期。若该总线支持突发（猝发）传输方式，则一次“主存写”总线事务传输 128 位数据所需要的时间至少是________。

A. 20ns　　B. 40ns　　C. 50ns　　D. 80ns

（5）[2014] 某同步总线采用数据线和地址线复用方式，其中地址 / 数据线有 32 条，总线时钟频率为 66MHz，每个时钟周期传送两次数据（上跳沿和下跳沿各传送一次数据），该总线的最大数据传输速率（总线带宽）是________。

A. 132 MB/s　　B. 264 MB/s　　C. 528 MB/s　　D. 1056 MB/s

（6）[2015] 下列有关总线定时的叙述中，错误的是________。

A. 异步通信方式中，全互锁方式最慢

B. 异步通信方式中，非互锁方式的可靠性最差

C. 同步通信方式中，同步时钟信号可由多设备提供

D. 半同步通信方式中，握手信号的采样由同步时钟控制

（7）[2016] 下列关于总线设计的叙述中，错误的是________。

A. 并行总线传输比串行总线传输速度快

B. 采用信号线复用技术可以减少信号线数量

C. 采用突发传输方式可提高总线数据传输速率

D. 采用分离事务通信方式可提高总线利用率

（8）[2018] 下列选项中，可提高同步总线数据传输速率的是________。

Ⅰ. 增加总线宽度　　Ⅱ. 提高总线工作频率

Ⅲ. 支持突发传输　　Ⅳ. 采用地址 / 数据线复用方式

A. 仅Ⅰ、Ⅱ　　B. 仅Ⅰ、Ⅱ、Ⅲ

C. 仅Ⅲ、Ⅳ　　D. Ⅰ、Ⅱ、Ⅲ和Ⅳ

（9）[2013] 下列选项中，用于设备和设备控制器 (I/O 接口) 之间互连的接口标准是________。

A. PCI　　B. USB　　C. AGP　　D. PCI-Express

8.4　假设一个同步总线的时钟频率为 100MHz，总线带宽为 32 位，每个时钟周期传输一个数据，该总线的最大数据传输速率为多少？若要将总线带宽提高一倍，有哪几种可行方案？

8.5　采用异步通信方式传送 ASCII 时，若数据位为 8 位，校验位为 1 位，停止位为 1 位，当波特率为 4800bit/s 时，字符传送的速率是多少？每个数据位的时间长度是多少？数据位的传送速率是多少？

8.6　有 4 个设备 A、B、C、D，响应优先级为 D>B>A>C，画出串行链式排队电路。

8.7　有 4 个设备 A、B、C、D，响应优先级为 A>B>C>D，画出独立请求方式的排队电路。

8.8　某 16 位地址 / 数据复用的同步总线中，总线时钟频率为 8MHz，每个总线事务只传输一个数据，需要 4 个时钟周期。该总线的可寻址空间、数据传输速率各是多少？

8.9　某 32 位同步总线中，总线时钟信号的频率为 50MHz，总线事务支持突发传输模式，每个时钟周期可以传送一个地址或数据。存储器读总线事务的时序为地址阶段（1 个时钟周期）、等待阶段（3 个时钟周期）、8 个数据阶段（8 个时钟周期）；存储器写总线事务的时序为地址阶段（1 个时钟周期）、等待阶段（两个时钟周期）、8 个数据阶段（8 个时钟周期）、恢复阶段（两个时钟周期）。通过总线读存储器、写存储器的数据传输速率分别是多少？

8.10　某 64 位同步总线支持突发传输模式，每个时钟周期可以传送一个地址或数据，总线周期由 1 个时钟周期的地址阶段、若干个数据阶段组成。若存储器每存取一个数据需要两个时钟周期，突发长度小于等于 4。请计算在下列两种情况下，总线和存储器能提供的数据传输速率各是多少。

（1）每个总线事务传输 32 位数据。

（2）每个总线事务包含 4 个数据期。

8.11　假定有一个具有以下特性的总线系统：

（1）存储器和总线系统支持 4 ～ 16 个 32 位字的数据块访问；

（2）总线时钟频率为 200MHz，64 位同步总线，每 64 位数据的传输需要一个时钟周期，向存储器发送一个地址需要一个时钟周期；

（3）每个总线操作之间需要两个总线周期（设一次存取之前总线总是空闲的）；

（4）数据块的最初 4 个字的访问时间为 200ns，随后每 4 个字都能在 20ns 的时间内被读取，假定总线传输数据的操作可以与读后续 4 个字的操作重叠进行。

读操作中，分别用 4 个字的数据块和 16 个字的数据块传输 256 个字，计算两种情况下总线带宽和每秒总线事务的次数（说明：一个总线传输操作包含一个地址和紧随其后的数据）。

09 第 9 章　输入输出系统

本章知识导图

输入输出（I/O）系统主要用于实现 CPU 与外部设备、外部设备与主存之间的信息交换。输入输出系统是典型的软、硬件协同系统，既包括 I/O 设备、I/O 接口、总线、I/O 管理部件等 I/O 硬件系统，也包括驱动程序、软件访问接口、用户程序等 I/O 软件系统。本章主要介绍输入输出设备及其特性、I/O 接口及其内部结构，以及 CPU 与 I/O 设备进行信息交换的常见控制方式。

9.1　输入输出设备与特性

输入输出设备是计算机与人或者机器系统进行数据交互的装置，用于实现计算机内部二进制信息与外部不同形式信息的转换，简称**外部设备**或外设。输入设备负责将数据、文字、图像、声音、电信号等转换成计算机可以识别的二进制信息，如键盘、鼠标、扫描仪、摄像头等；而输出设备则负责将计算机处理结果转换成数字、文字、图形、图像、声音或电信号，如显示器、打印机等；还有些设备既能输入也能输出，称为输入输出设备，如磁盘、网卡等。

外部设备品种繁多，结构性能差异巨大，既有机械式的，也有电子式的；既有数字信号的，也有模拟信号的；既有慢速的串口设备，也有高速的千兆网络设备；从操作系统的角度看，还可以分为顺序访问的字符设备和随机访问的块设备。为了更高效地与这些结构、性能迥异的外部设备进行快速可靠的数据交换，应该注意输入输出设备具有以下 3 个方面的特性。

1. 异步性

CPU 与外部设备速度相差巨大，不能采用公共的时钟同步等待慢速的外部设备，二者必须采用异步的方式进行数据交换。在慢速的外部设备准备或处理数据的过程中，CPU 应该还能够执行其他进程或任务。只有外部设备完成数据处理时，CPU 才需要暂时中断正在执行的任务，转去执行为外部设备服务的中断程序，中断服务完毕后仍返回断点继续运行。输入输出的异步性使 CPU 和外部设备可以并行工作，将相互的依赖降低到最低限度。

2. 实时性

不论是慢速还是高速设备，准备好数据后 CPU 都应及时处理。低速的键盘、鼠标按下后如果不及时响应就会大大影响用户体验；高速设备的数据如果得不到及时处理就会丢失；现场测试和实时控制设备的信息如果不能及时处理，可能导致严重的灾难。为此必须按各设备实际工作速度来控制数据交换的时刻和流量，这就是输入输出的实时性。

3. 独立性

不同外部设备发送和接收信息的方法各不相同，其数据格式及命令参数也不尽相同。为简化 CPU 与外部设备连接和控制的复杂性，从硬件层面上各类外部设备都应采用标准总线接口与 CPU 进行连接；从软件层面上不同设备也应该采用相同的访问调用接口，使输入输出与具体的设备类型无关，这便是输入输出的独立性。

9.2 I/O 接口

一个计算机系统中包括多个 I/O 设备，所有设备均通过 I/O 接口（总线接口）与总线相连，CPU 使用设备地址经总线与 I/O 接口通信来访问 I/O 设备。I/O 接口是连接总线与 I/O 设备的物理和逻辑界面，既包括物理连接电路，也包括软件交互的逻辑接口。总线标准化直接使接口标准化，采用标准接口进行设备连接有利于增强输入输出系统的独立性，降低连接的复杂度。

9.2.1 I/O 接口的功能

为实现 CPU 与外部设备的连接和信息的交换，I/O 接口应具有如下主要功能。

（1）**设备寻址**：接收来自总线的地址信息，经过译码电路，选择对应外部设备中的寄存器或存储器。计算机系统会对不同外部设备中的寄存器、存储器进行统一的端口地址或主存地址分配，不同外部设备，甚至同一外部设备中的不同寄存器的端口地址均不相同，因此对这些外部设备的访问可能需要根据访问的内容选择不同的地址。

（2）**数据交互**：实现外部设备、主存与 CPU 之间的数据交换，这也是接口最基本的功能。

（3）**设备控制**：传送 CPU 命令。接口能存储和识别 CPU 传送来的命令，并将命令传送到外部设备。这些命令主要有控制（启、停、复位等）、测试、读、写等。

（4）**状态检测**：反映外部设备的工作状态。进行输入输出操作时，接口随时采集并保存外部设备的工作状况，以备 CPU 查询。这些状态有设备忙、设备就绪、设备故障、中断请求等。

（5）**数据缓冲**：匹配 CPU 与外部设备的速度差距。CPU、主存传送信息的速度远高于外部设备，为消除速度差异，通常采用设置数据缓冲寄存器暂存数据的方式，方便 CPU 通过总线快速访问外部设备；也有些设备采用先进先出缓冲区方式。

（6）**格式转换**：实现数据格式转换或逻辑电平信号转换。外部设备的数据位宽和总线不同时，需要进行并串或串并的转换；如果信号电平与总线规范不同，信息交换的过程中还必须进行电平转换。

除上述功能外，接口还应有中断、时序控制和数据检错、纠错等功能。

9.2.2 I/O 接口的结构

外部设备通过 I/O 接口连接总线，早期设备均通过接口直接连接在系统总线上与 CPU、主存相连，现代计算机普遍采用分离的层次总线结构，将不同速度的设备连接在不同层次的 I/O 总线上，I/O 总线再通过扩展总线控制器、桥芯片或者通道处理器与 CPU 进行数据交互。

I/O 接口内部主要包括**总线接口**和**内部接口**两部分，如图 9.1 所示。连接总线的总线接口必须按总线标准进行设计，这部分逻辑为接口的标准部分。而连接设备的内部接口逻辑因设备而异，是非标准的。虽然不同类型的 I/O 接口的内部电路、控制方式、复杂性差异较大，但一般 I/O 接口都应包括如下基本的功能部件。

（1）数据缓冲寄存器（DBR）：用于缓冲数据，以匹配 CPU 与外部设备之间的速度差异。CPU 执行输入操作时，DBR 存放从 I/O 设备读取的数据，该数据将被 CPU 通过总线读取并送入 CPU 寄存器中；执行输出操作时 DBR 暂存 CPU 送来的数据，该数据最终会被输出至具体外部设备。

（2）设备状态寄存器（DSR）：用于反馈设备状态，常见的状态信息如设备忙、设备就绪、设备错误等。在程序查询方式中，CPU 通过读取状态寄存器来判断设备的状态，以确定程序下一步进行什么操作。

（3）设备命令寄存器（DCR）：用于接收CPU发送的设备控制命令，如设备复位、设备识别、读写控制等，不同设备所能支持的命令不同，简单设备甚至没有命令寄存器，如简单的键盘输入和字符终端输出设备。有时状态和命令寄存器是合二为一的。

（4）设备存储器：这部分并不是必需的，常用于设备自身的运算和处理，如显卡中的显存。

（5）地址译码器：用于识别地址总线上的地址是否是当前I/O接口连接的外部设备。

（6）数据格式转换逻辑：进行串并或并串传送的转换。

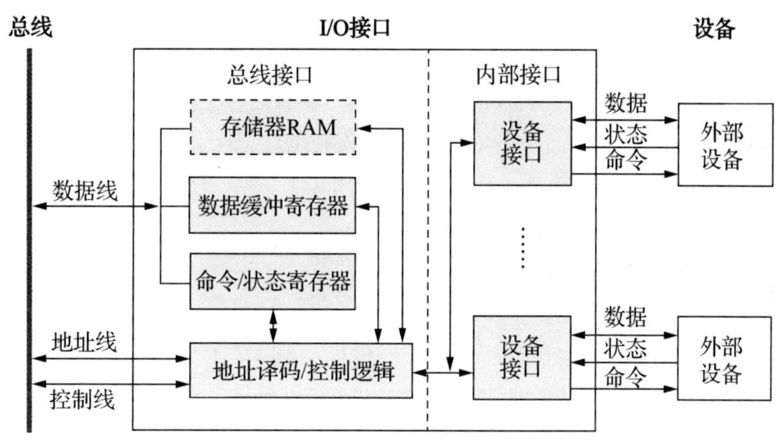

图9.1　I/O接口通用结构

CPU使用设备地址访问I/O接口中的寄存器、存储器，从而间接与外部设备进行数据交互，这些寄存器、存储器都有唯一的设备地址与之对应。CPU访问设备时会将设备地址加载在地址总线上，由接口内的地址译码逻辑识别当前地址是否访问当前接口。数据交互直接通过数据总线完成，注意命令/状态寄存器中的数据也是通过数据总线与CPU进行交互的，这意味着数据总线也是可以传输设备控制命令和状态信息的。控制总线用于传输总线控制命令和时序信号，主要用于负责总线控制权协商、应答以及中断响应。现代总线普遍支持总线主控技术，I/O接口也可成为主设备来直接发起DMA请求以获得总线控制权，负责设备和内存之间的数据交互，因此I/O接口也可以向总线发送地址和控制命令信号，所以图9.1中3类总线均是双向传输的。

9.2.3 I/O接口的编址

所有I/O接口中的命令寄存器、状态寄存器、数据缓冲寄存器以及存储器都由CPU进行统一的设备地址分配，并通过对应的设备地址访问。不同体系结构的CPU中的I/O编址方式不同，通常可分为统一编址和独立编址两类。

统一编址：也称内存映射编址（Memory-mapped），这种方式中外部设备地址与内存地址统一编址，二者在逻辑上处于同一个地址空间，通过不同的地址区域来区分是访问内存还是外部设备。图9.2所示为一个假想的地址空间示意图，低64KB是ROM区域，中间是RAM区域，I/O设备被分配到最高的64KB地址区域中。统一编址不需要设置专用的I/O指令，采用Load/Store访存指令就可以访问外部设备，具体访问什么设备取决于地址。下面给出了一段MIPS汇编代码进行示例。

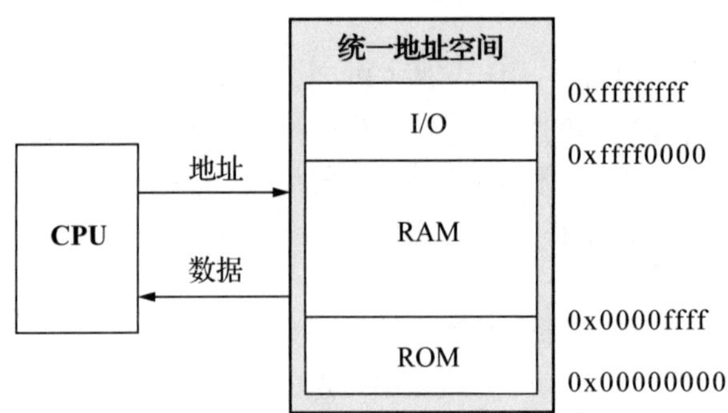

图 9.2　I/O 设备统一编址地址空间

```
lw    $t0, 0x00000004        # 从 ROM 读取一个字
sw    $t0, 0x00000004        # 写 ROM （会产生总线错误）
lbu   $t0, 0x00010001        # 从内存读取一个字节
sb    $t0, 0xff000002        # 写一个字节到内存
lbu   $t0, 0xffff0000        # 从 I/O 设备读一个字节
sb    $t0, 0xffff0004        # 写一个字节到 I/O 设备
```

I/O 接口中的不同寄存器、存储器都会在统一地址空间中分配到一个唯一的地址与之对应，通常计算机系统中大部分 I/O 接口的地址都是固定的，在设计软、硬件时都需要遵循相应的约定；而通过扩展卡扩展的设备以及热插拔设备的 I/O 地址则是在计算机启动过程中动态分配的。需要注意 I/O 地址虽然映射到了主存空间中，使用访存指令进行访问，但由于接口中的数据是动态变化的，因此不能使用 cache 进行缓存，否则 CPU 无法了解设备状态的实时变化。在 C 语言中接口数据变量应该声明为 volatile 型，表明该变量是会经常自动变化的，以防止出现不恰当的编译优化。

统一编址的优势是编程更加灵活，无须专用的 I/O 指令，但主存空间由于被设备地址占用而减少。另外，外部设备地址和主存地址等长，所以接口中的译码逻辑相对复杂。通常 MIPS、ARM 等 RISC 处理器普遍采用这种方式。

独立编址：也称端口映射编址（Port-mapped），这种方式中 I/O 地址空间与主存地址空间相互独立，I/O 地址空间不再占用主存地址空间，此时 I/O 地址又称为 **I/O 端口**。不同设备中的不同寄存器和存储器都有唯一的端口地址，必须使用特殊的 I/O 指令访问外部设备。Intel x86 处理器普遍采用这种编址方式，如 80386 处理器的主存地址空间为 00000000 ～ FFFFFFFF，共 4GB；而 I/O 地址空间是 0000H ～ FFFFH，共 64KB；两部分地址区间是重叠的，用 MOV 指令访问内存，用 IN/OUT 指令访问外部设备。不同指令会生成不同的总线控制信号来标识地址总线上的地址是主存还是 I/O 地址，如 ISA 总线中用 MemR#、MemW#、IOR#、IOW# 4 条信号线来区分。下面的代码是 x86 汇编语言访问 I/O 端口的实例。

```
OUT DX, AL          I/O 写：将 AL 寄存器中的字节写入 DX 寄存器对应的 I/O 端口地址中
IN  AL, DX          I/O 读：从 DX 寄存器对应的 I/O 端口地址读取一个字节
MOV [BX],AL         内存写：将 AL 寄存器中的值送到 BX 寄存器对应的内存地址单元中
```

在 x86 架构的个人计算机中，I/O 端口地址通常也是固定的，同样热插拔设备的端口地址也是在启动过程中动态分配的，目前常见的 I/O 端口地址分配如表 9.1 所示。

表 9.1 个人计算机中常见 I/O 端口

I/O 地址范围（十六进制）	IRQ 中断号	设备
0000 ～ 000F	00000004	DMA 控制器
0020 ～ 0021	无	中断控制器
0040 ～ 0043	00000000	计时器
0060 ～ 0064		PS/2 鼠标、键盘
0070 ～ 0071	00000008	CMOS 实时时钟
02F8 ～ 02FF	00000004	串口
F060 ～ F07F	FFFFFFFE	SATA 控制器
03D0 ～ 03DF	FFFFFFFB	显卡控制器

64KB 的 I/O 地址空间相对较小，地址译码逻辑简单，但随着外部设备中内置存储器空间的不断增大，如显卡中的显存空间，I/O 地址空间变成非常受限的资源，一旦 I/O 端口地址冲突就会引起设备异常。PCI 总线出现后，不论采用哪种编址方式，外部设备接口中的存储器都必须通过内存映射的方式映射到主存空间，图 9.3 所示是 Windows 系统中 SATA 控制器的 I/O 地址空间分配，包括 I/O 地址范围和内存地址范围两部分。

图 9.3 Windows 系统中的 I/O 编址

9.2.4 I/O 接口的软件

根据 I/O 接口编址的定义，可以利用专用的 I/O 指令或访存指令访问并控制具体设备；但在现代计算机中，用户并不能直接访问设备，必须通过操作系统间接访问设备。操作系统提供了多层次的 I/O 软件来支撑输入输出系统，可以有效屏蔽复杂的设备细节，使用户输入、输出更加方便。通常操作系统中的 I/O 软件主要包括如下 3 个层次，具体如图 9.4 所示。

（1）与操作系统无关的 I/O 库。典型的如 C 语言中的标准 I/O 库 stdio.h，具体函数如 printf()、scanf()、getchar()、putchar()、fopen()、fseek()、fread()、fwrite()、fclose() 等。用户程序主要通过调用 I/O 库来访问设备，这部分是与操作系统无关的，最直接的好处是方便程序在不同操作系统之间移植。I/O 库通常工作在用户态下，最终会调用系统调用函数访问具体设备，但 I/O 库在系统调用库之上增加了缓冲机制，尽量减少对下层系统调用库的调用，从而提升性能。

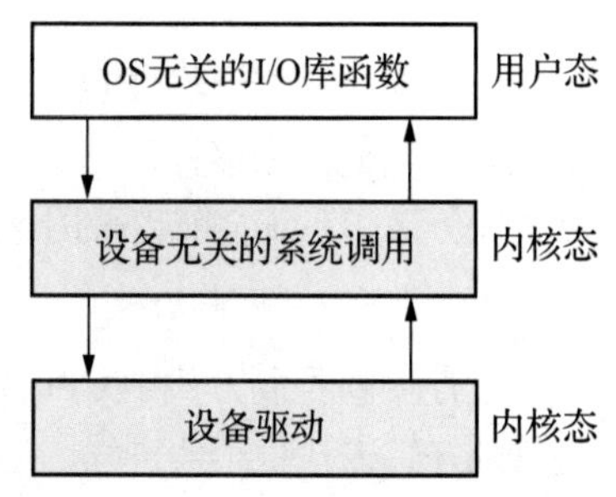

图 9.4 操作系统中的 I/O 软件层次

（2）与设备无关的操作系统调用库。如 UNIX 操作系统中常见的 open()、read()、write()、seek()、ioctl()、close() 函数，这部分系统调用与设备无关，屏蔽了设备的具体访问细节，向用户提供了统一的 I/O 调用接口。系统调用库会通过访管指令进入内核态。用户程序也可以直接调用系统调用库来访问设备，但这种方式由于要从用户态切换到内核态，因此会产生较大的开销，也不便于程序的移植。

（3）独立的设备驱动程序。设备驱动程序是与设备相关的I/O软件部分，不同的设备对应不同的驱动程序，设备驱动程序必须遵循具体设备的I/O接口约定。设备驱动程序通过具体的I/O指令或访存指令访问I/O接口中的数据缓冲寄存器DBR、命令寄存器DCR、状态寄存器DSR，与具体设备进行数据和命令交互。具体交互方式在后文中会有详细介绍，通常设备驱动程序中还包括设备的中断服务程序。

9.2.5 I/O接口的分类

I/O接口可以从不同的角度进行分类。

（1）按数据传送方式可分为并行接口和串行接口。并行接口中多位数据并发传送，数据传送速度快但传输距离受限，如SCSI、IDE接口。串行接口中数据和控制信息是逐位传输的，主要用于串行外部设备或计算机的远程终端设备的连接。相同频率下，串行接口的速度慢，但传送距离更长，常见的如SAS、SATA、USB等。

（2）按接口的灵活性可分为可编程接口和不可编程接口。可编程接口常常具有多种不同的工作方式和功能，可根据实际需要，通过编程手段灵活选择。不可编程接口的功能固定。

（3）按通用性可分为通用接口和专用接口。通用接口可供多种外部设备使用，通用性强。如USB接口就可以连接可外接键盘、鼠标、磁盘、摄像头、打印机等不同类别的外部设备。专用接口是为某类外部设备或某种功能专门设计的，如SATA接口就只能用来连接存储设备。

（4）按总线传输的通信方式可分为同步接口和异步接口。同步接口与总线之间的信息传输由统一的时钟信号同步。异步接口与总线之间的信息传输采用应答方式控制。

（5）按访问外部设备的方式可分为直接传送方式接口、程序控制方式接口、程序中断控制方式接口、DMA接口及通道处理机接口等。

9.3 数据传输控制方式

CPU与外部设备之间的信息交换随外部设备性质的不同而采用不同的控制方式。随着计算机技术的发展，控制方式也经历了由简单到复杂、由低效率到高效率、由CPU集中控制到各部件分散控制的发展过程，具体表现在下列几种传输控制方式中。

1. 程序控制方式

程序控制方式是指输入输出完全依靠CPU执行程序实现，当CPU要与设备进行数据交换时，首先设置接口命令寄存器启动设备；设备准备的过程中，CPU通过读取接口中的状态寄存器查询设备是否已就绪，根据查询结果决定下一步操作究竟是进行数据传送还是等待。这种控制方式的接口设计简单，但是CPU与外部设备只能串行工作，CPU会浪费大量的时间进行查询和等待，系统效率较低。程序控制方式多见于早期单任务操作系统中，现代计算机在操作系统启动引导至多任务操作系统之前也采用这种方法与设备交互。

2. 程序中断控制方式

程序中断控制方式中CPU启动外部设备后不再查询外部设备状态，而是将当前进程放入等待队列并转去执行其他进程，当外部设备准备好后主动向CPU发送中断请求。CPU会在适当的时机响应中断请求，暂停正在执行的程序并调用相应的中断服务程序，由中断服务程序唤醒等待进程，完成 CPU 与外部设备之间的一次信息传输。中断服务程序执行完毕后，CPU 又返回被中断的程序继续执行。这种 I/O 方式中，CPU 与外部设备可并行工作，CPU 利用率得到提高。

这种方式每传送一次数据就要发生一次中断，而中断服务存在现场保护、恢复的辅助开销，如每次中断只传输一个字节或机器字，辅助开销将远大于实际数据传输的 CPU 开销，传输效率十分低下，通常可以采用更大的数据块为单位进行传输来降低中断开销的影响。

3. 直接存储器访问方式

程序控制和程序中断控制方式都需要 CPU 执行程序进行实际的数据传输，主要任务是将 I/O 接口中的数据送入 CPU 寄存器，再由寄存器送入内存，数据交换需要 CPU 寄存器进行中转。采用中断技术后，这部分开销成为 I/O 传输技术发展的主要瓶颈，由此出现了直接存储器访问方式（Direct Memory Access，DMA）。该方式由硬件（即 DMA 控制器，简称 DMAC）临时代替 CPU 控制总线，控制设备和内存之间进行直接的数据交换，信息传送不再经过 CPU 寄存器中转。它不但具有程序中断控制方式的优点，即在设备准备阶段，CPU 与外部设备能并行工作；还有效消除了数据实际传输过程中 CPU 的寄存器中转开销，大大提高了传输速率和 CPU 利用率。

4. 通道方式

外部设备种类越来越多，数量也越来越多，因此对外部设备的管理与控制也就愈来愈复杂。除 DMA 数据传输外，I/O 设备还存在很多辅助的慢速操作，大多采用中断控制方式实现，这些操作都会影响 CPU 的效率。为进一步减少 CPU 被 I/O 操作中断的次数，提高 CPU 效率，出现了通道技术，由通道分担 CPU 的 I/O 管理，能有效提高系统效率。

通道拥有独立的通道指令系统，可以通过执行通道程序来完成 CPU 指定的 I/O 任务，通道指令一般包含被交换数据在内存中的位置、传送方向、数据块长度，以及被控制的 I/O 设备的地址信息、特征信息（如是磁带还是磁盘设备）等。当通道执行完相应通道程序后，会发出中断请求表示 I/O 管理结束，CPU 响应中断请求，执行相应的中断处理程序进行处理。

5. 外围处理机方式

外围处理机（PPU）方式是通道方式的进一步发展，通常用于大中型计算机系统中。由于 PPU 基本上独立于 CPU 工作，其结构更接近一般处理机，甚至就是一般的通用微小型计算机。它可以实现 I/O 处理器功能，还可以完成码制变换、格式处理及数据块检错、纠错等操作。

综上所述，I/O 控制方式可用图 9.5 表示。

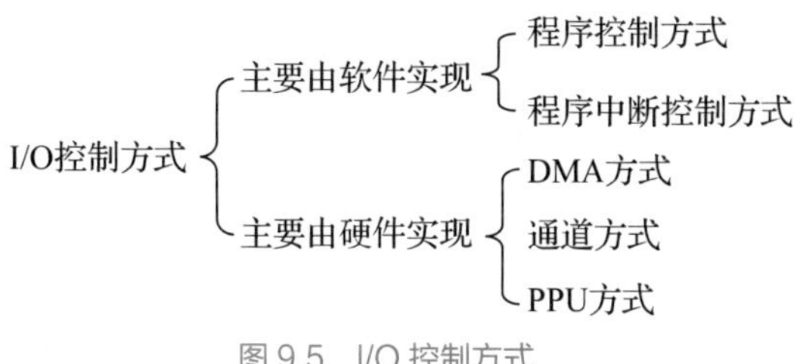

图 9.5　I/O 控制方式

通过对不同传输控制方式特点的分析可知，程序控制方式和程序中断控制方式适用于数据传送速率较低的外部设备；而 DMA 方式、通道方式和 PPU 方式适用于数据传送速率比较高的外部设备。

9.4　程序控制方式

程序控制方式（Programed I/O，PIO）是最原始、最简单的方式。其基本思想是 CPU 直接执行一段输入输出程序来实现 CPU 与外部设备的数据交换。程序控制方式又可细分为程序查询和直接传送两种。程序查询方式又称为**轮询方式**（Polling），程序查询方式每次传送前都要查询设备状态，只有当设备准备就绪后才可进行后续操作，因此其属于有条件传送方式。而直接传送方式是一种无条件传送方式，无须查询设备状态即可与设备进行数据交互，可以看作程序查询方式的特殊情况，通常适合非常简单的开关、LED 显示等设备。

程序查询方式中输入输出程序主要通过与 I/O 接口中的命令寄存器 DCR、状态寄存器 DSR 和数据缓冲寄存器 DBR 进行数据交互来实现设备控制和传输。注意不同 I/O 接口中 DCR、DSR、DBR 的寄存器位宽、数目及寄存器各位的功能定义均不相同，编写设备驱动程序时必须遵循厂商的约定。不同类型的设备，其程序查询的输入输出流程有所不同。

9.4.1 简单设备程序查询流程

程序查询方式

以简单键盘输入设备为例，该设备没有命令寄存器，按键按下时键盘控制器会将键盘的键值 ASCII 数据存放在键盘数据缓冲寄存器 DBR 中，并同时将状态寄存器 DSR 中对应的“数据就绪 Ready”位置为“1”，表示当前有按键数据。当 CPU 需要从键盘获取按键数据时，首先通过总线读取 DSR 寄存器，然后查询并判断 DSR 中的 Ready 位的状态，如果为“0”，则继续查询直至该位为“1”；如果为“1”，则通过总线读取 DBR 中的按键编码，完成操作后 DSR 中的 Ready 位会自动归“0”。具体访问流程如图 9.6（a）所示，如果需要获取多个按键，只需将这个流程加上循环控制即可。

表 9.2 所示为某设备的具体 I/O 地址编码，注意这里分别给出了统一编码的内存映射地址和独立编码的端口映射地址。图 9.6（a）所示流程可以分别用 MIPS 和 x86 汇编代码实现。

表 9.2　设备 I/O 地址

设备	寄存器（8 位）	内存映射地址	端口映射地址	备注
键盘设备	数据缓冲寄存器 DBR	0xffff0004	0x0004	
键盘设备	设备状态寄存器 DSR	0xffff0000	0x0000	最低位为 Ready 位
字符显示设备	数据缓冲寄存器 DBR	0xffff000c	0x000c	
字符显示设备	设备状态寄存器 DSR	0xffff0008	0x0008	最低位为 Ready 位

MIPS 代码实现如下。

```
         lui  $t0, 0xffff0000          # 载入键盘 DSR 内存映射地址至 $t0
keyPoll: lbu  $t2, ($t0)               # 载入键盘 DSR 的值至 $t2
         andi $t2, $t2, 1              # 获取最低位 Ready 位
         beq  $t2, $0, keyPoll         # 如果 Ready==0 则继续查询
         lui  $t0, 0xffff0004          # 载入键盘 DBR 内存映射地址至 $t0
         lbu  $s0, ($t0)               # 读取键盘 DBR 中的字符数据至 $s0
```

x86 代码实现如下。

```
         MOV  DX, 0x0000               # 载入键盘 DSR 端口地址至 DX
keyPoll: IN   AL, DX                   # 载入键盘 DSR 的值至 AL
         TEST AL, 1                    # 测试就绪位 Ready
         JZ   keyPoll                  # 如果 Ready==0 则继续查询
         MOV  DX, 0x0004               # 载入键盘 DBR 端口地址至 DX
         IN   AL, DX                   # 读取键盘 DBR 中的字符数据到 AL
```

而对于简单的字符终端输出设备，其程序查询方式也是类似的，当 CPU 需要输出字符到字符显示终端时，也是首先读取 DSR 的值，查询就绪位 Ready，如果 Ready 位为“1”，表示字符

终端可以接收 CPU 的字符数据，此时 CPU 将字符数据写入 DBR 寄存器，字符终端接收到数据后会立即将 Ready 位复位为“0”，完成显示处理后才会重新将其置位为“1”，表示可以接收新的字符。如果为“0”，则表示设备还没有准备好，CPU 将继续查询 DSR 状态直至字符终端就绪。字符终端的具体访问流程如图 9.6（b）所示。同样，如果要连续输出多个字符，也需要将相应流程加上循环控制，对应的 MIPS 及 x86 汇编代码实现如下。

MIPS 代码实现如下。

```
          lui  $t0, 0xffff0008         # 载入字符终端 DSR 内存映射地址至 $t0
ttyPoll:  lbu  $t2, ($t0)              # 载入字符终端 DSR 的值至 $t2
          andi $t2, $t2, 1             # 获取最低位 Ready 位
          beq  $t2, $0, ttyPoll        # 如果 Ready==0 则继续查询
          lui  $t0, 0xffff000C         # 载入字符终端 DBR 内存映射地址至 $t0
          sb   $s0, ($t0)              # 将 $s0 中的字符数据输出至 DBR
```

x86 代码实现如下。

```
          MOV  DX, 0x0008              # 载入字符终端 DSR 端口地址至 DX
ttyPoll:  IN   AL, DX                  # 载入字符终端 DSR 的值至 AL
          TEST AL, 1                   # 测试就绪位 Ready
          JZ   ttyPoll                 # 如果 Ready==0 则继续查询
          MOV  DX, 0x000C              # 载入字符终端 DBR 端口地址至 DX
          OUT  DX, AL                  # 将 AL 中的字符数据输出至 DBR
```

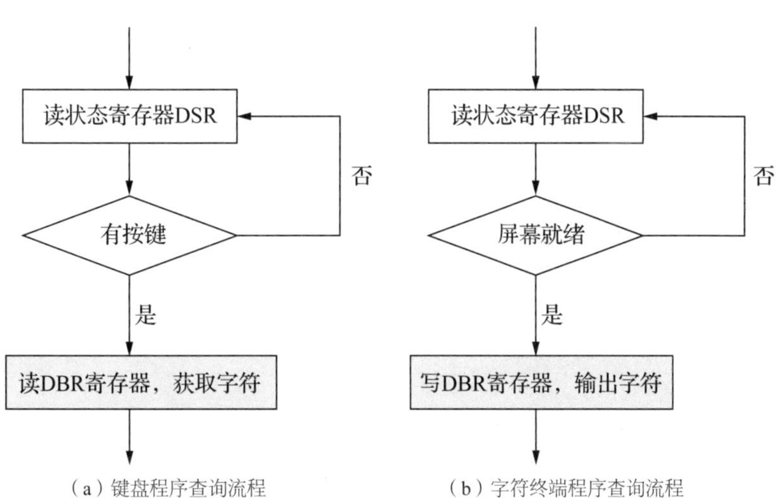

图 9.6　简单输入或输出设备程序查询流程

将键盘输入程序和字符终端输出程序串联在一起并加上循环控制就可以实现键盘输入回显的功能，该程序还可以进一步扩充以实现更复杂的输入输出交互功能。

这里键盘和字符终端设备都属于典型的字符设备，功能相对比较单一，只支持顺序访问，所以无须设置命令寄存器，程序查询流程比较简单，每次传输只传输一个字或字节。而复杂的输入输出设备需要支持双向数据交互，甚至要以数据块为单位进行交换，其控制流程相对复杂。

9.4.2　复杂设备程序查询流程

CPU 与复杂设备进行数据交互时，首先要查询设备的状态，只有设备就绪后，才可以通过总线向 I/O 接口发送命令与参数来启动设备，以明确告知设备要具体执行什么操作；设备收到

命令后即刻去准备或处理，这个过程可能需要较长的时间，也就是常说的设备准备阶段。设备准备好后会将状态寄存器中相关位置位，表示命令执行完毕或准备就绪。而CPU在启动设备后就开始不断查询设备状态，当设备就绪时即可进行实际的数据传输，具体处理流程如图9.7所示。

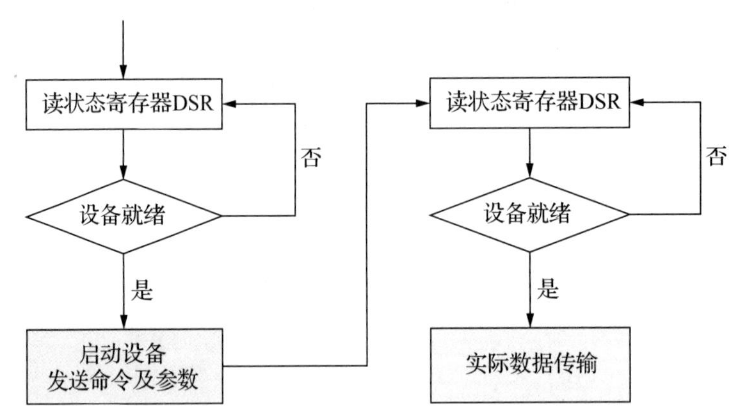

图9.7　复杂输入输出设备查询流程

注意图中明显需要两次循环查询设备状态的过程，第一次循环如果发现设备不正常，也可以直接向设备发送复位命令。两次查询过程中查询的状态位有可能并不一样，具体取决于实际的接口定义。

9.4.3　程序查询特点

程序查询方式中CPU通过直接执行输入输出程序与外部设备进行数据交换，对于简单设备则无须发送命令，当设备就绪后就可以直接进行数据传输；而复杂设备需要先发送设备命令和参数启动设备，让设备进入准备阶段，开始准备数据或处理工作。此时CPU要不断查询I/O接口中的状态寄存器DSR，当设备就绪时才能进行下一操作，否则继续查询。通常将这种反复查询的过程称为轮询，对于字符设备，一次轮询只能传输一个字节或字，而块设备一次轮询可以传输一个数据块。

轮询主要有两种策略，分别是忙等待（Busy-waiting）和定时轮询（Polling）。忙等待策略也称为独占式查询，具体如图9.8（a）所示。当用户程序发出设备命令和参数后，CPU开始不停地反复查询设备状态直至设备就绪，这个阶段CPU不能执行其他任务，称为忙等待状态，一旦设备就绪后CPU即可查询感知；然后开始进入实际数据传输阶段。这种方式中CPU浪费了大量的时间进行轮询操作。通常在单任务操作系统中可采用这种方式，此时CPU也不需要执行其他任务；另外对于超高速设备，由于设备响应快，这种方式也是可以接受的。

定时轮询不需要反复查询，CPU启动设备后会启动一个定时中断；然后挂起当前用户进程P1并放入I/O等待队列，调度用户进程P2运行。定时时间到后CPU会执行定时中断服务程序，该程序的主要作用是查询设备状态，如果设备准备好则唤醒等待进程P1，否则将继续定时查询，如图9.8（b）所示。当然也可以直接唤醒P1进程让用户程序去查询，如果在独占查询循环体中增加一个sleep()函数，就可以实现这种模式。定时查询可以有效避免轮询等待CPU时间的浪费，但其中断服务还是需要占用一定的CPU时间。定时轮询方式中CPU可以执行其他任务，有效节约了CPU时间，适用于外部设备不支持中断的多任务操作系统。

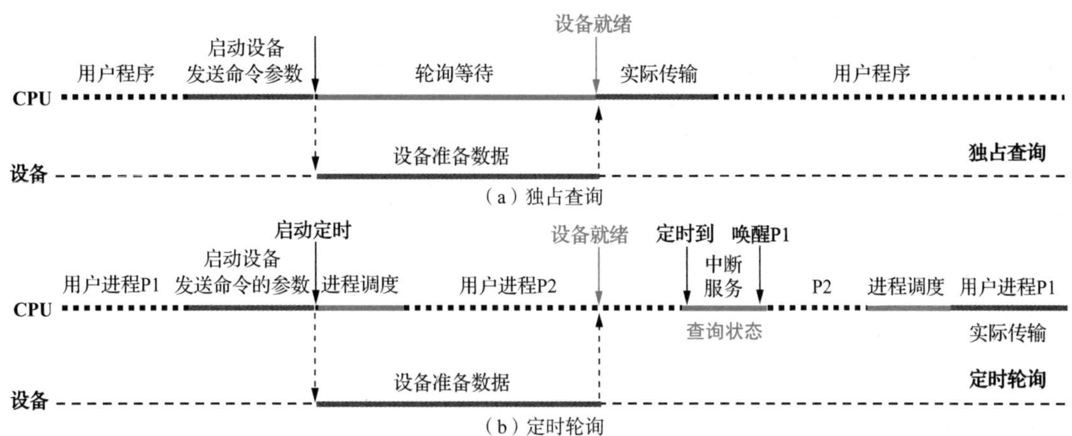

图 9.8　不同程序查询方式的程序运行轨迹

采用定时轮询后，定时时间间隔比较关键，如果过短，则用于定时查询的中断服务开销浪费较多；如果时间间隔过长，外部设备数据有可能得不到及时处理。合理地设置时间间隔，就可以保证外部设备的数据信息得到及时处理而不至于丢失数据，既提高了 CPU 利用率，又保证了输入输出的实时性。如键盘和鼠标的输入速度相对 CPU 来说是非常慢的，只要以比人反应速度快的频率定时轮询，就可以保证不丢失数据信息，其他设备也类似。

例 9.1　假设某程序查询方式的输入输出系统采用定时轮询方式，每次定时中断服务开销需要 400 个时钟周期，CPU 的时钟频率为 200MHz，包括鼠标和硬盘两个外部设备，求两种不同外部设备进行 I/O 操作时的 CPU 时间占用率。

（1）鼠标以字节为单位进行数据传输，假设每秒必须进行 50 次轮询才能保证不会错过任何鼠标操作，每次轮询成功后的实际数据传输需要 13 个时钟周期。

（2）硬盘以 512 字节的扇区为单位传输数据，启动阶段发送命令和参数需要 90 个时钟周期，实际传输阶段需要 1555 个时钟周期，CPU 访问硬盘的速率为 20MB/s。

（3）如果硬盘以字节为单位进行数据传输，其他参数不变，会发生什么情况？

解：（1）假设时钟周期为 T，CPU 每秒用于鼠标 I/O 操作的时间为 $(400T + 13T) \times 50 = 20650T$。

鼠标 I/O 的 CPU 时间占用率 $= 20650T/1\text{s} = 20650/200 \times 10^6 \approx 0.0001 \approx 0.01\%$。

由此可见，对鼠标进行定时轮询操作基本不影响 CPU 的性能。

（2）硬盘要达到预定速率。

每秒传输的次数为：20MB / 512B = 39062.5 次（数传率、频率均以 10 为基数）。

传输次数也是轮询次数的理论最低值，理想情况下每次传输只定时轮询一次，则每个扇区传输的开销 = 启动开销 $90T$ + 中断开销 $400T$ + 数据传输开销 $1555T = 2045T$；各部分占比分别为 4.4%、19.6%、76%，其中数据传输开销占大头。

总 CPU 占用率 $= 2045T \times 39062.5/1\text{s} = 2045 \times 39062.5/200 \times 10^6 = 0.3994 = 39.94\%$。

注意：该占用率只是定时轮询方式的理论极限低值，实际占用率与轮询频率相关。显然这个占用率还是很高的，会影响计算机系统的性能。

（3）如果以字节为单位进行传输，则每个字节传送都需要启动开销、中断开销、数据传输开销，假设从接口读出一个字节并转存至内存的开销是 15 个时钟周期，则 512 字节的传输开销为 $=(90T + 400T + 15T) \times 512 = 258560T$。

这个开销是块传输的 100 倍以上，根据第（2）问的计算，采用字节为单位进行传输无法达到规定的数据传输速率。利用块为单位进行传输可以有效节约数据传输过程中的启动开销、中断开销，所以在高速设备中普遍采用块为单位进行数据交换。

慢速设备比较适合定时轮询；而快速设备定时轮询的开销较大，CPU 执行程序进行实际数据传输的开销更大。从计算过程看，传输速率越高，轮询频率越高，CPU 占用率越高，所以硬盘设备在高速传输时不太适合采用程序查询方式进行传输。

程序控制方式的 I/O 接口设计简单，实现容易，常见于早期单任务操作系统中。另外，现代多任务操作系统在多任务引导成功之前必须使用程序控制方式与外部设备进行数据交互，如键盘、磁盘、显示器等都必须支持程序控制方式。

9.5 程序中断控制方式

由于 CPU 与外部设备速度相差巨大，设备数据准备阶段相对 CPU 来说是非常长的时间段，反复不停地查询设备状态会浪费大量的 CPU 时间，这是程序查询方式最大的问题。为解决这个问题，产生了程序中断控制（Interrupt-driven I/O）的输入输出方式。

程序中断控制方式执行流程如图 9.9 所示，假设是一个读请求，用户进程 P1 需要进行 I/O 读操作，则输入输出流程如下。

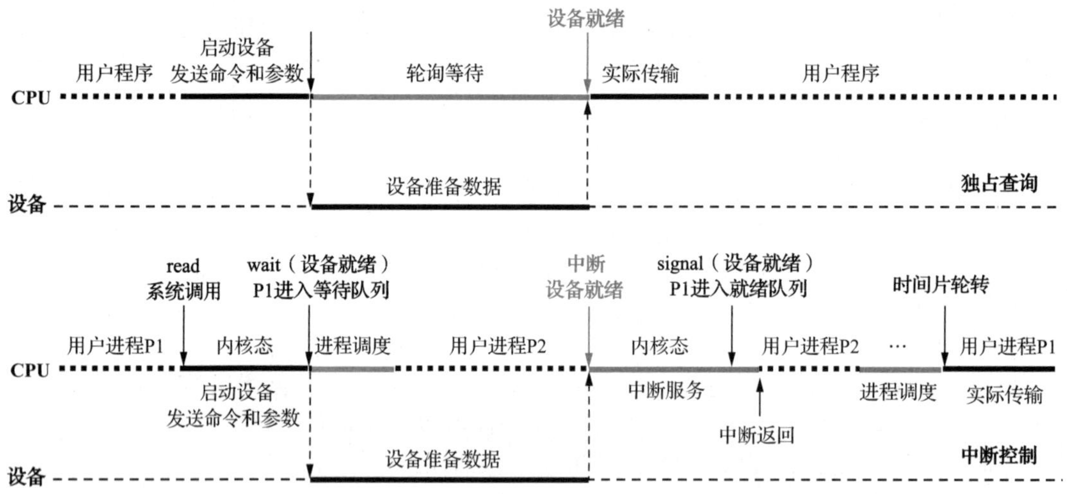

图 9.9　程序查询与中断控制方式的程序运行轨迹对比

（1）用户系统调用：用户进程 P1 通过系统调用 read() 函数从设备读取数据，该系统调用会使操作系统进入内核态。

（2）驱动启动设备：由设备驱动程序负责将读命令以及相关参数通过 I/O 接口发送给 I/O 设备，也就是启动设备的过程。

（3）操作系统进程调度：操作系统将用户进程 P1 放入 I/O 等待队列，并通过进程调度进行上下文切换，调度用户进程 P2 运行，P2 的执行和设备准备阶段是并行的。

（4）设备中断请求：当设备准备好数据后，立刻主动向 CPU 发出中断请求，告知 CPU 数据准备就绪，主动中断请求是中断控制方式的核心，可以避免不必要的轮询。

（5）CPU 中断服务：CPU 暂停当前进程的执行，转去执行设备中断服务程序。中断服务程序的主要任务是唤醒 I/O 等待队列中的 P1 进程，具体可以采用信号灯的方式实现。可以利用中断服务程序完成实际的数据传输，当然也可以将数据传输的任务交给用户程序完成，后者适合比较耗时的批量数据传输。

（6）CPU 恢复运行：中断服务程序的最后一条指令是中断返回指令，该指令执行完毕后就会返回断点继续执行；而用户进程 P1 由于已经被设置为就绪状态，因此总会获得 CPU 时间片轮转运行，从而完成后续 I/O 操作，操作系统最终返回用户态。

相比独占式程序查询方式，中断控制方式不需要轮询设备状态。另外，设备主动请求中断的方式比定时查询方式更具有实时性，不需要考虑定时轮询频率的问题，可有效消除 CPU 轮询开销，大大提高了 I/O 效率，是现代计算机中普遍采用的一项重要技术。

但也需要注意，中断控制方式也是有时间开销的，相对程序查询方式，它的额外开销是用于进程调度的两次上下文切换时间以及中断服务程序本身的开销，其提高 I/O 效率的前提是这些额外开销小于设备准备时间，当设备准备数据时间较长的时候是没有问题的。但对于极高速外部设备，设备准备数据的时间很短，当这个时间比两次上下文切换加中断服务的开销还短时，使用中断控制方式的效率反而比忙等待轮询方式的效率更低，中断就会成为瓶颈。所以程序查询方式并不一定只适合慢速设备，在一些高速设备中也被普遍采用，例如最新的 NVMe SSD 硬盘在处理同步 I/O 时，就不再采用中断控制方式，而是采用程序查询方式进行数据交互。

例 9.2　某外部设备传送信息的最高频率为 40×10^3 次 / 秒，而相应的中断处理程序的执行时间为 40μs，问：该外部设备是否可以采用中断控制方式工作？为什么？

解：外部设备传送一次数据的时间 = $1/40 \times 10^3$s = 25μs，即每次信息处理的时间都不能超过 25μs。由题目条件可知，采用中断控制方式执行一次 I/O 操作的时间最少是 40μs。因此，如果采用中断控制方式实现 I/O 将导致部分数据丢失，故不能采用中断控制方式，可以考虑使用程序查询方式。

9.5.1 中断的基本概念

计算机系统运行时，若系统外部、内部或现行程序本身出现某种非预期的随机事件，CPU 将暂停现行程序的执行，转向为该事件服务；待事件处理完毕，再恢复执行原来被暂停的程序，这个过程称为中断。产生非预期事件的原因很多，如除数为零、运算溢出、堆栈溢出、程序中断点、打印机缺纸、校验错、定时时间到、地址越界、虚存缺页等。这些中断事件对 CPU 来说大多都是随机发生的，CPU 不能预知这些事件发生的时刻；中断技术把有序的程序运行和无序的随机中断事件统一起来，大大增强了系统的处理能力和灵活性。

1. 中断的作用

中断技术发明于 20 世纪 50 年代，其最初的目的是处理外部设备的数据传送，使异步于 CPU 工作的外部设备与 CPU 并行，以提高整个系统的工作效率。随着计算机的发展，中断技术被不断赋予新的功能，其主要功能如下。

（1）提升并行性：实现 CPU 和外部设备并行，中断技术使设备准备阶段 CPU 可以由操作系统调度执行其他任务或进程。

（2）程序调试：方便在程序中设置断点来观察程序执行的中间结果。

（3）故障处理：方便及时处理各种随机出现的软、硬件故障与异常，这些故障与异常会通过中断信号的方式告知 CPU，以便 CPU 能及时调用相应的处理程序进行处理，从而将故障的危害降到最低程度，以提高系统的可靠性。

（4）实时处理：计算机在现场测试和控制、人机对话等应用中都具有很强的实时性，中断技术的主动告知特性能确保这些应用中的数据被及时处理。

（5）人机交互：如键盘、鼠标等都是通过中断控制方式实现人机对话的，中断技术是多任务操作系统的基础。

（6）实现多任务：进程时间片轮转必须借助定时中断技术实现中断。

（7）多处理器交互：可以通过中断控制方式实现多处理器之间的信息交换和任务切换。

2. 中断的基本类型

（1）内部异常与外部中断

中断根据来源的不同，可分为内部异常和外部中断，如图 9.10 所示。**内部异常**是指发生在 CPU 内部的中断，通常是由 CPU 执行指令引起的，如未定义指令、越权指令、段页故障、存储保护异常、数据未对齐、除零异常、运算溢出、自陷调用、程序断点等。与外部中断不同的是，这类中断往往具有可预测性或可再现性。如果未定义指令，再次执行时仍将产生异常。根据异常被报告的方式以及导致异常的指令是否能够被重新执行，异常又可细分为故障（Fault）、自陷（Trap）和终止（Abort）3 类，其中前两种属于程序性异常，终止异常大多属于硬件性故障。Fault 指令在异常被处理后需要重复执行，其程序断点和其他中断不同。关于这 3 类内部异常在第 6 章已经详细介绍过，此处不再详述。

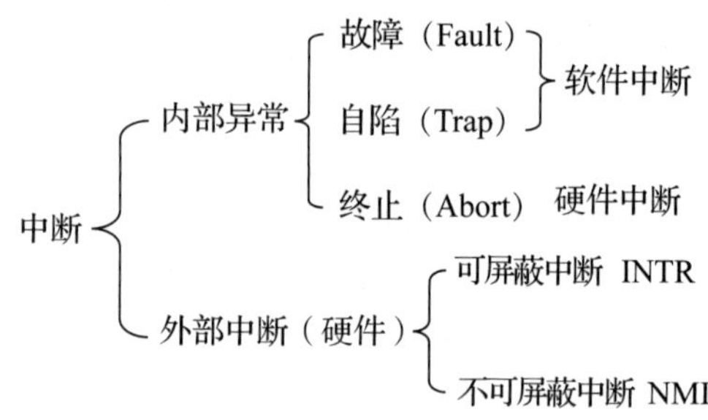

图 9.10　根据中断来源的分类

外部中断是指由 CPU 外部事件引起的中断，这类中断大部分由外部设备发出，如定时器时钟中断、I/O 信息传送请求中断、I/O 传送结束处理中断、I/O 接口和外部设备故障中断等。这类中断事件往往与执行的程序无关，与程序的执行异步发生，且不具备可预测性和可重复性。因此，CPU 在每条指令执行结束后，会主动去检测外部设备是否在上一个指令周期发出过中断请求，并根据检测的结果决定是否改变 CPU 的执行流程。

（2）硬件中断和软件中断

硬件中断是由硬件引起的中断，外部中断以及内部异常中的终止异常属于硬件中断；**软件中断**是由程序执行指令引起的中断，内部异常中的故障和自陷都是软件中断。

（3）自愿中断和强迫中断

自愿中断不是随机事件，是在程序中事先安排好的，常见的如内部异常中的自陷、x86 中的 INT n 调用、MIPS 中的 SYSCALL 调用等。而**强迫中断**是随机产生的，没有在程序中事先安排好。

（4）可屏蔽中断和不可屏蔽中断

外部中断可分为可屏蔽和不可屏蔽两类，**可屏蔽中断**请求通过 CPU 的 INTR 引脚发送给 CPU，与中断允许位 IE/IF 进行逻辑与后送入内部中断逻辑；关中断时可屏蔽中断无法得到 CPU 的响应，其中断优先级最低。**不可屏蔽中断**请求则通过 CPU 的 NMI 引脚发送，用于响应最紧急和最重要的事件，如计时器中断、掉电等，不可屏蔽中断优先级高于可屏蔽中断，不可屏蔽中断在关中断模式下也需要响应。

（5）向量中断和非向量中断

向量中断的中断服务程序入口地址是中断硬件提供的，设备发送中断请求时，通过硬件获取中断入口地址，也就是向量地址。**非向量中断**的中断入口地址不能直接由硬件得到。

（6）单级中断和多重中断

单级中断执行中断服务程序时不再响应其他中断请求。而多重中断的中断服务程序可以被更高优先级的中断请求中断，多重中断也称**嵌套中断**。注意二者都可以有多个中断源和中断优先级，区别在于多个中断之间能否嵌套。图 9.11（a）所示的单级中断控制方式中只有在 1 号中断服务子程序完成并返回主程序后才能响应更高优先级的 0 号中断请求。而图 9.11（b）所示的多重中断中 1 号中断服务子程序在执行过程中被更高优先级的 0 号中断服务子程序再次打断，先执行完成 0 号中断服务子程序后再返回来执行完 1 号中断服务子程序，最后返回主程序。对单级中断而言，先被 CPU 响应的中断服务程序先完成；对多重中断而言，先被 CPU 响应的中断服务程序不一定先完成。

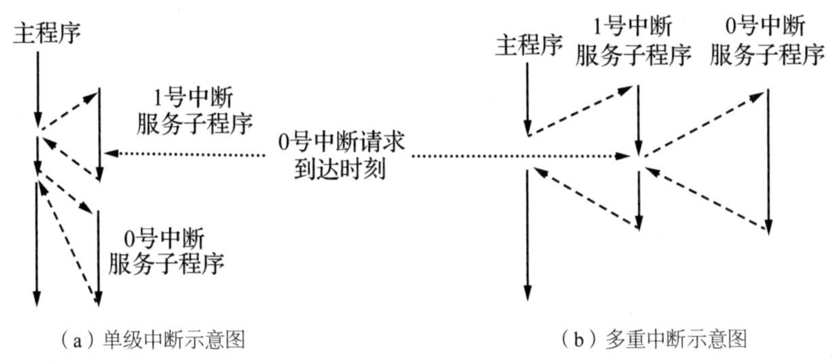

图 9.11　单级中断和多重中断的处理示意图

3. 中断优先级与中断屏蔽

中断优先级就是指 CPU 响应并处理中断请求的先后次序。计算机系统中通常包括多个中断源，当同时有多个中断产生时，就存在中断优先级的问题，优先级高的先响应，优先级低的后响应。多重中断中优先级高的中断请求可以中断 CPU 正在执行的低优先级中断服务程序。中断优先级包括两层含义：响应优先级和处理优先级。

响应优先级是指 CPU 对各设备中断请求进行响应的先后次序，其在硬件线路上是固定的，不便于变动。通常可以根据中断事件的重要性和迫切性来划分中断响应优先级，一般的划分规律如下。

（1）不可屏蔽中断 > 内部异常 > 可屏蔽中断。

（2）内部异常中硬件终止属于最高级，其次是指令异常或自陷等程序故障。

（3）DMA 中断请求优先于 I/O 设备传送的中断请求。

（4）在 I/O 传送类中断请求中，高速设备优先于低速设备，输入设备优先于输出设备，实时控制设备优先于普通设备。

处理优先级是指中断嵌套的实际优先级处理次序，通常可以利用中断屏蔽技术动态调整，从而使低优先级的中断也可以中断高优先级的中断服务程序，使中断处理更加灵活。如果不使用中断屏蔽技术，处理优先级和响应优先级相同。现代计算机中一般使用了中断屏蔽技术，在中断控制器中设置了中断屏蔽寄存器（Interrupt Mask Register，IMR）。IMR 中的每一位对应一个设备中断源，为“1”时表示屏蔽对应设备发送的中断请求信号，为“0”时表示允许发送，IMR 的值又称为中断屏蔽字，具体如图 9.12 所示。

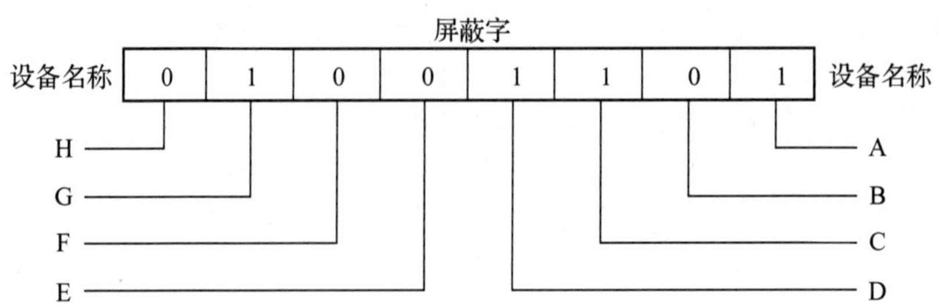

图 9.12　中断屏蔽字

CPU 可以为每个设备分配不同的中断屏蔽字，CPU 执行某设备的中断服务程序时，会将该设备的中断屏蔽字载入 IMR 中，所有中断请求信号都会与 IMR 中对应位的非值进行逻辑与，然后被送入中断优先级排队电路（优先编码器）进行优先级仲裁，如图 9.13 所示。被屏蔽的中断请求将无法传送到中断优先级排队电路，未被屏蔽的中断请求仍然通过中断优先级排队电路按固定的响应优先级先后次序被处理。通过将高响应优先级的中断进行屏蔽的方式可以提升低优先级设备的处理优先级，避免低优先级的中断服务程序被高优先级的中断服务程序打断。

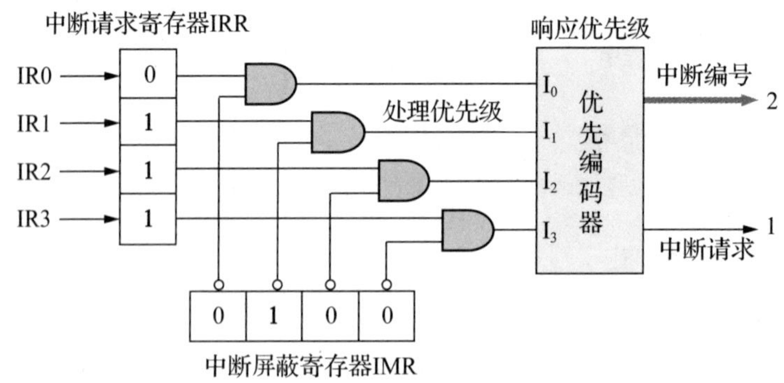

图 9.13　中断屏蔽技术原理

通过配置各设备的中断屏蔽字，可以动态改变处理优先级次序。但要注意，由于 IMR 的值只有在执行中断服务程序的时候才会被更新，因此中断屏蔽只对 CPU 运行中断服务程序时的中断嵌套有用，其并不能改变 CPU 运行主程序时的中断响应优先级；即使在 CPU 运行中断服务程序时，同时到达的多个未屏蔽中断请求的处理优先级也只能按中断优先级排队电路的响应优先级进行处理，下面通过一个例子来说明。

例 9.3　某计算机系统有 A、B、C 三个外部中断源，中断优先级排队电路中的响应优先级次序为 A>B>C，支持多重嵌套中断。假设 CPU 在执行主程序时 A、B、C 三个设备的中断请求在同一时刻产生，请分别给出在表 9.3 所示的左右两种屏蔽字的情况下 CPU 运行的轨迹图。

表 9.3　各设备中断屏蔽字

设备名	原始屏蔽字			设备名	修改后的屏蔽字		
	A	B	C		A	B	C
A	1	1	1	A	1	0	0
B	0	1	1	B	1	1	0
C	0	0	1	C	1	1	1

解： 根据中断屏蔽字的定义，屏蔽字中为 1 的比特数越多优先级越高，所以处理优先级是 A>B>C，和响应优先级一致。右侧的屏蔽字根据中断屏蔽字的定义，实际中断处理优先级为 C>B>A。两种情况下 CPU 运行的轨迹图如图 9.14 所示。

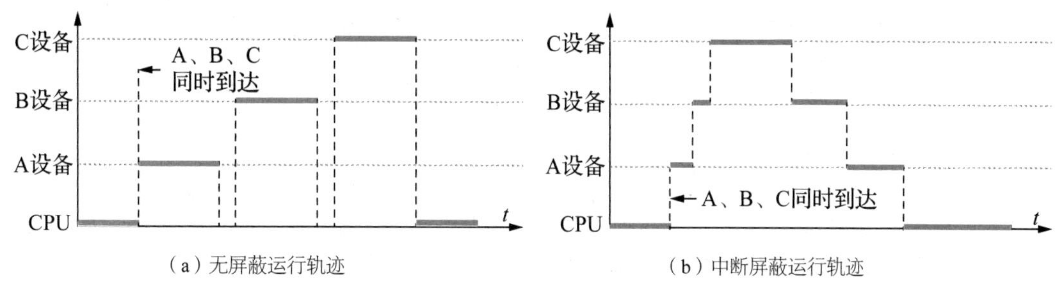

（a）无屏蔽运行轨迹　　（b）中断屏蔽运行轨迹

图 9.14　CPU 运行轨迹图

图 9.14（a）所示的运行情况中，CPU 执行主程序至某时刻，会同时收到 3 个中断请求，主程序优先级最低，所有中断请求都可以进入中断优先级排队电路。由于 A 设备中断的响应优先级最高，因此 CPU 暂停执行主程序转去执行 A 设备中断服务程序；执行 A 中断服务程序时会清除 A 中断请求并载入 A 中断屏蔽字 111，会屏蔽掉 B、C 中断请求，所以 A 中断服务程序会执行完毕，然后返回主程序断点执行。主程序执行完一条指令，由于 B、C 中断仍未处理，根据响应优先级会首先执行 B 中断；基于同样的原理，B 中断执行完毕同样会返回主程序执行一条指令，再次被 C 中断，C 中断服务程序执行完毕后会返回主程序继续执行。

再来看看图 9.14（b）所示的运行情况，处理优先级变成了 C>B>A。CPU 执行主程序收到 3 个中断请求时，虽然 C 的处理优先级最高，但当前执行的是主程序，中断屏蔽字为全零，3 个中断请求都会被送入中断优先级排队电路中处理。此时应根据响应优先级优先响应 A 中断请求，CPU 暂停主程序，执行 A 中断服务程序。执行 A 中断服务程序时会清除 A 中断请求并载入 A 中断屏蔽字 100，B、C 所有中断均未被屏蔽，而此时还有 B、C 两个中断请求未处理，其中 B 的响应优先级更高，所以 A 中断服务程序会被 B 中断服务程序打断。B 中断服务程序同样会载入 B 中断屏蔽字 110，此时 C 中断请求未处理且并没有被屏蔽，B 中断服务程序被 C 中断服务程序中断，此时所有中断请求均被响应；C 中断服务程序执行完毕后，返回 B 中断服务程序，B 中断服务程序执行完毕后返回 A 中断服务程序，A 中断服务程序执行完毕后再返回主程序。

9.5.2　中断请求

1. 中断请求信号的传送

中断技术的关键是设备主动向 CPU 报告中断请求，但数目众多的外部中断源各自的中断请求信号如何与 CPU 进行有效的连接是一个关键问题。图 9.15 所示为 4 种常见的传输方式，不同方式的中断优先级仲裁和中断识别方法也是各不相同的。

（1）独立请求方式

每个中断源均拥有单独的中断请求（Interrupt Request，INTR）线缆和中断应答（Interrupt Acknowledge，INTA）线缆与 CPU 连接，CPU 收到中断请求后利用 INTA 信号进行中断应答，表示 CPU 正在进行中断处理，收到中断应答的中断源会清除当前中断请求，如图 9.15（a）所示。独立请求方式下 CPU 可进行灵活的中断优先级处理，中断识别非常简单，可通过简单的优先级编码电路硬件实现，其中断识别方法又称为独立请求法。该方式方便实现向量中断，可快速找到中断服务程序的入口地址；不足的是 CPU 中断请求引脚资源有限，系统扩展困难。

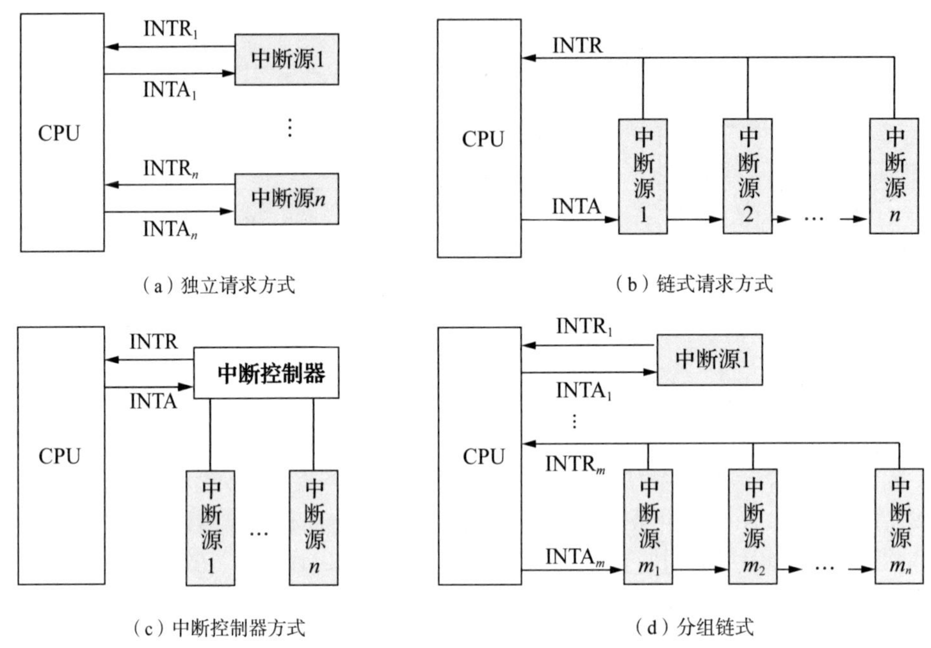

图 9.15　中断请求信号的传输方式

（2）链式请求方式

多个中断源用一根公共的中断请求线 INTR 向 CPU 传送中断请求，如图 9.15（b）所示。这种方式下，系统扩展容易，但中断源识别过程较为复杂，通常分为硬件查询法和软件查询法两种。硬件查询法中 CPU 收到中断请求后会给出中断应答信号 INTA，该信号会通过串行电路从左往右传递，离 CPU 最近的中断请求设备会将中断源编号通过数据总线发送给 CPU，并阻断 INTA 信号向后传递，所以离 CPU 越近的中断源优先级越高。软件查询法通过公共中断服务程序轮询每个中断源 I/O 接口中的寄存器，判断对应设备是否发出了中断请求，如果发出了请求则转至对应的中断服务程序，如果没有则继续查询下一个中断源。软件查询法中的中断优先级与轮询顺序有关，先查询的设备优先级高。

（3）中断控制器方式

所有中断源都通过独立请求的方式与中断控制器相连，中断控制器分担了 CPU 的中断控制功能，负责实现外部中断的优先级仲裁逻辑与中断识别，如图 9.15（c）所示。当有中断请求时，由中断控制器通过 INTR 向 CPU 发送中断请求，CPU 通过 INTA 进行中断响应时由中断控制器将中断源编号通过数据总线发送给 CPU。中断控制器方式是个人计算机中常见的方式，如 x86 中的可编程中断控制器 Intel 8259 芯片，该控制器支持中断屏蔽技术，内部采用独立请求方式进行中断仲裁，可支持 8 个中断源；如果需要支持更多中断源，还可以将多个 8259 芯片进行级联。

（4）分组链式

分组链式是独立请求和链式请求的折中，如图 9.15（d）所示。该方式包括多组中断请求信号，每一中断请求信号又可以采用链式请求的方式进行共享，形成二维结构。对于要求快速响应的中断请求甚至可以采用独立请求方式，方便快速识别。二维结构综合了独立请求方式和链式请求方式的优点，中断优先级仲裁逻辑和中断识别方法也可以综合利用两种不同方式中的方法，二维结构适用于中断源较多的系统。

2. 中断请求的硬件支撑

要实现多中断源的中断请求处理需要相关硬件支撑，以下部件是实现中断技术首先需要考虑的。

（1）中断请求寄存器（Interrupt Request Register，IRR）：由于每个外部设备中断源发出中断请求的时间是随机的，而且中断请求要满足一定条件才能被响应，请求从发出到响应可能需要经过一定的时间，因此需要将不同外部设备的中断请求暂存在 IRR 中，IRR 中的每一位对应一个外部设备中断请求，值为“1”时表明对应的外部设备向 CPU 发出了中断请求，IRR 的内容又称为**中断字**。中断处理时，根据中断字确定中断源，然后转入相应的中断服务程序。

（2）中断屏蔽寄存器（Interrupt Mask Register，IMR）：用于动态改变中断处理优先级。IMR 的每一位对应一个设备，用于对应设备中断源的屏蔽。IMR 中的每一位取反后和 IRR 中的对应位进行逻辑与操作，这样为“1”的位对应设备的中断请求就被屏蔽掉了，而为“0”的位则不会被屏蔽，经过中断屏蔽处理的中断请求最终会被送入中断优先级排队电路。

（3）中断服务寄存器（Interrupt Service Register，ISR）：在多重中断中用于存放正在被服务的中断请求，包括已经得到中断响应但中断服务未结束的所有中断请求，每一位对应一个设备。在 Intel 8259 中断控制器中有两种屏蔽模式，普通屏蔽模式下，当新的中断请求优先级比 ISR 中存储的最高优先级还高时才能产生新的中断请求送入 CPU。这样可以通过屏蔽高优先级中断的方法避免当前中断被高优先级中断打断，但无法实现低优先级中断打断高优先级中断。特殊屏蔽模式下则不判断 ISR 中的优先级，这样未被屏蔽的中断都可以打断当前中断，可以实现低优先级中断打断高优先级中断。

（4）中断优先级排队电路（Priority Resolver，PR）：用于多个外部可屏蔽中断请求的优先级排队，输入为经过中断屏蔽后的多个中断请求信号，输出为有效请求中最高优先级的中断编号和中断请求信号。

（5）中断允许触发器（Interrupt Enable/Flag，IE/IF）：也称**中断使能位**、**中断标志位**，用于开、关中断的控制，为“1”时表示开中断；为“0”时表示关中断，此时不响应外部可屏蔽中断请求。它通常设置在 CPU 内部，可以通过开、关中断指令或其他指令进行置位和复位操作。

图 9.16 所示为一个典型的个人计算机中常见的 8259 中断控制器与 CPU 连接的示意图，图中外部设备中断请求 IR0~IR7 来自 I/O 总线中的 IRQ 信号。常见的 ISA 总线中有 16 个中断请求 IRQ 信号，可以利用两个中断控制器级联支持，这些中断请求都属于可屏蔽外部中断请求；这些中断请求会首先缓存在中断控制器的 IRR 寄存器中，经过中断屏蔽处理后送入中断优先级排队电路中处理。中断控制器也可以通过数据总线反馈中断号，通过控制器总线传送中断请求信号 INTR，接收 CPU 的中断应答信号 INTA。注意：中断控制器本身也是一个 I/O 设备，CPU 可以通过总线访问其 I/O 接口配置其功能，设置 IMR 寄存器的值，因此，Intel 8259 中断控制器也被称为**可编程中断控制器**（Programming Interrupt Controller，PIC）。

中断控制器工作流程如图 9.17 所示。当 IR_i 有中断请求时，会将中断请求锁存在 IRR[i] 中，如果 IMR[i] 为“0”，则当前中断没有被屏蔽。假设 i 的值代表优先级，值越大优先级越高，则如果 i 大于 ISR 寄存器中的最高优先级，则 IR_i 中断请求在优先级排队中胜出，中断优先级排队逻辑会产生中断请求信号 INTR 送入 CPU。

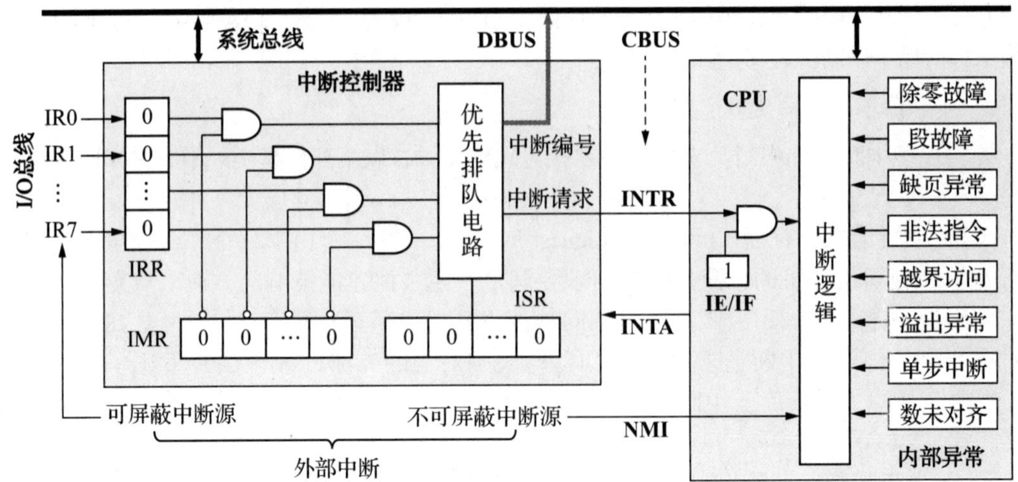

图 9.16　中断请求的硬件支撑

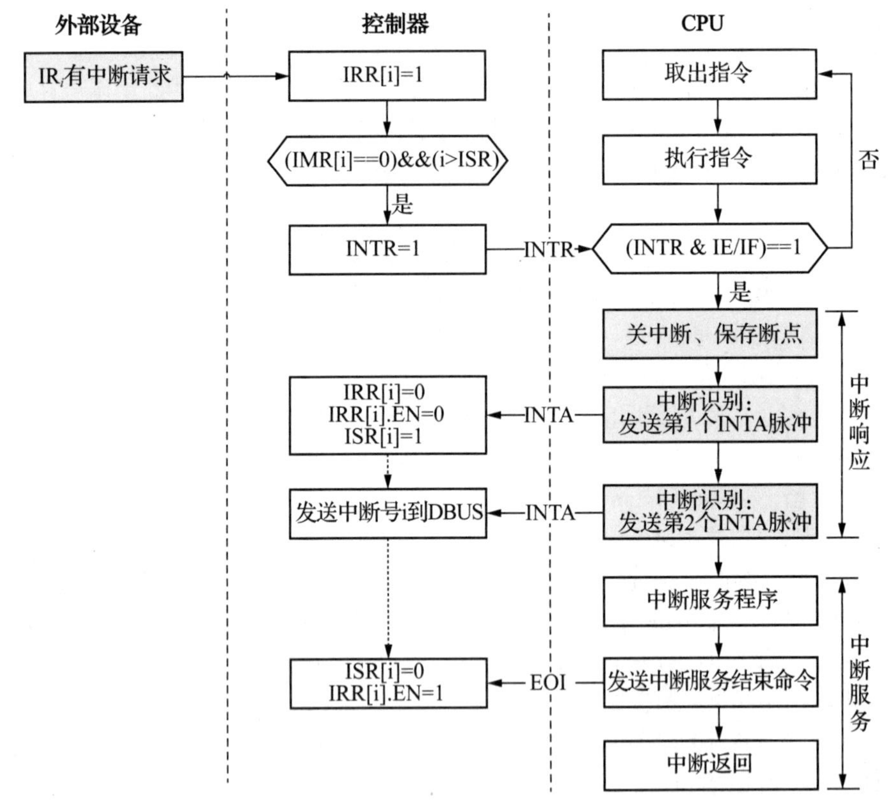

图 9.17　中断控制器工作流程

当 CPU 收到中断控制器的中断请求 INTR，且 IE/IF=1 时，如果没有其他更高优先级的中断异常需要处理，就可以通过发送 INTA 应答脉冲的方式响应中断请求，这个阶段就是中断响应阶段，会进行关中断、保存断点、中断识别的操作，也会使总线进入中断响应周期。

CPU 会先后在两个总线周期分别发出两个 INTA 脉冲信号，第一个 INTA 脉冲信号告知中断控制器 CPU 已经接收中断请求，中断控制器会清除中断请求 IRR[i] 并设置 IRR[i] 触发器使能位为零，不再接收相同类型的中断请求，同时还需要设置 ISR[i]=1，表明 IR_i 正在服务；第二个

INTA 脉冲信号请求中断控制器将优先级排队电路输出的中断编号通过数据总线发送给 CPU，从而实现中断识别的功能。

CPU 完成中断识别后即可开始执行中断服务程序，当中断服务程序执行完毕时会通过中断控制器 I/O 接口发送中断结束命令 EOI，中断控制器收到 EOI 命令后会将 ISR[i] 置“0”，表示当前中断处理完毕；同时还会恢复 ISR[i] 触发器的使能信号，表示又可以接收新的 IR_i 中断请求。

9.5.3 中断响应

实现了中断请求的基本逻辑后，下一步就是实现 CPU 响应中断请求了。

1. 中断的响应条件

根据前面的硬件分析可知，CPU 响应某个外部设备中断请求需要满足一定的条件，这些条件包括以下几点。

（1）对应的中断请求未被屏蔽。

（2）当前没有更高优先级的其他中断请求。

（3）如果 CPU 正在执行中断服务，则中断请求应符合嵌套条件。

（4）中断使能位处于使能状态，也就是开中断状态，内部异常和不可屏蔽中断不受此限制。

（5）CPU 已执行完一条指令的最后一个状态周期（中断时机）。内部异常指令无法执行完毕，所以其中断时机不受此项制约。

2. 中断响应过程

CPU 一旦响应中断，就进入中断响应阶段，在这个时间段内，CPU 要完成下列工作。

（1）关中断：即临时禁止中断请求，主要是为了保证保存断点和后续保护现场操作的完整性，只有这样才能使中断服务程序完成后正确返回断点继续执行。注意开、关中断可以通过指令实现，也可以通过硬件自动实现，中断响应阶段的关中断操作是通过硬件自动完成的。

（2）保存断点：即将程序计数器 PC 和处理器的状态寄存器 PSW 的内容压入堆栈或放入特定的单元保存，x86 中需要保存 CS、IP、PSW 寄存器至内存堆栈中；而 MIPS 中没有状态寄存器，只需要保存 PC 至 EPC 寄存器中。注意内部异常和外部中断的断点有差异，内部异常指令并没有执行成功，异常处理后要重新执行，所以其断点是当前指令的地址。而外部中断的断点则是下一条指令的地址，如果指令顺序执行，断点是顺序指令地址，否则将是分支目标地址。

（3）中断识别：通过硬件或软件方法查找中断源，清除当前中断请求，将对应的中断服务程序入口地址送入程序计数器 PC，完成中断识别后即可正式执行中断服务程序。

上述 3 个任务可能需要 0 ～ n 个时钟周期才能完成，由于中断响应过程中 CPU 不能执行其他任务，因此中断响应的过程可以看作由 CPU 执行**中断隐指令**完成的，需要占用 CPU 时间。注意中断隐指令并不存在，只是一种虚拟的说法，本质上就是硬件的一系列自动操作。

9.5.4 中断识别

中断识别的任务是确定中断是由哪个中断源发出的，识别出中断源后还需要获取中断服务程序入口地址，这样才能执行中断服务程序。关于中断源的识别在前面介绍中断请求信号传送的时候已经进行了介绍，如果采用独立请求传送方式则采用硬件编码电路进行识别，也称为独立请求法；如果采用链式查询方式，可以采用硬件串行查询法和软件查询法，这里不再详述。

中断识别分为**非向量中断**和**向量中断**两种。非向量中断主要应用于共享中断请求信号的软件查询法，CPU 响应中断请求时，直接跳转到固定地址执行中断查询程序；该程序负责轮询各设备接口是否有中断请求，如当前设备没有中断请求则继续轮询下一个设备，有则跳转至对应设备的中断服务程序。从某种角度来说，非向量中断只有一个公共的中断服务程序，不同设备的中断服务子程序只是公共中断服务程序的一个分支路径，所以也可以说非向量中断并不需要进行中断识别。本小节主要讨论较为常见的向量中断。

1. 中断号

在向量中断中每一个设备的中断源都有一个唯一的中断编号与之对应，称为**中断号**。中断号在中断处理过程中起到很重要的作用，方便中断的识别和处理，CPU 可以通过中断号快速查找中断服务程序的入口地址，实现程序的转移。

中断号由计算机系统统一分配，通常是固定不变的，如 x86 计算机中就包含 0 ～ 255 共 256 个中断号，8086 各中断号的功能如表 9.4 所示。注意其中 00 ～ 05 号中断主要是内部异常和不可屏蔽中断；08 ～ 0F 中断是 8259 中断控制器负责的可屏蔽外部中断；10 ～ 1F 是 BIOS 中断调用，属于自陷中断。注意不同的 x86 处理器中中断号的分配方案也是有一定差异的，如 Pentium PRO 处理器中的可屏蔽外部中断号区间为 20 ～ FF，内部异常还增加了未定义指令、两次异常、存储越界、段故障、缺页故障、数据未对齐等异常。

表 9.4　8086 中断号分配

中断号	中断功能	中断号	中断功能	中断号	中断功能
00	除零异常	08	定时器	10 ～ 1F	BIOS 中断调用
01	单步中断	09	键盘	10	视频显示 I/O 调用
02	不可屏蔽中断	0A	保留	11	设备配置检查调用
03	断点中断	0B	串口 2	12	存储器容量检查
04	溢出异常	0C	串口 1	13	磁盘 I/O 调用
05	打印屏幕	0D	硬盘	1B	Ctrl+Break 控制
06 ～ 07	保留	0E	软盘	28 ～ 3F	DOS 保留
08 ～ 0F	可屏蔽外部中断	0F	打印机	60 ～ 67	用户软中断保留

对于不同类型的中断源，获取它们的中断号的方法是不同的。可屏蔽的外部中断的中断号是在中断响应周期内从中断控制器处获取的；系统调用等自陷指令的中断号是由中断指令直接给出的；不可屏蔽中断 NMI 以及异常的中断号则是由系统预先设置好的。

2. 获得中断服务程序入口地址

获得中断号后，就可以将中断号作为索引到一个查找表中去查找中断程序入口地址，这个查找表就是所谓的中断向量表。

（1）中断向量：通常将中断服务程序的入口地址和程序状态字称为**中断向量**。部分计算机的中断服务程序需要载入程序状态字才能运行，如果中断向量并不包含程序状态字，那么中断向量就是中断服务程序的入口地址。

（2）中断向量表：中断向量的集合就是**中断向量表**，简单地说就是中断向量的一维数组，可以利用中断号对其进行索引访问；其通常存放在主存中，在操作系统引导过程中初始化。

（3）向量地址：用于访问中断向量表中一个表项的地址码，也称为**中断指针**。

中断向量、中断向量表和向量地址之间的关系如图 9.18 所示。图 9.19 所示为 8086 的中断向量表。

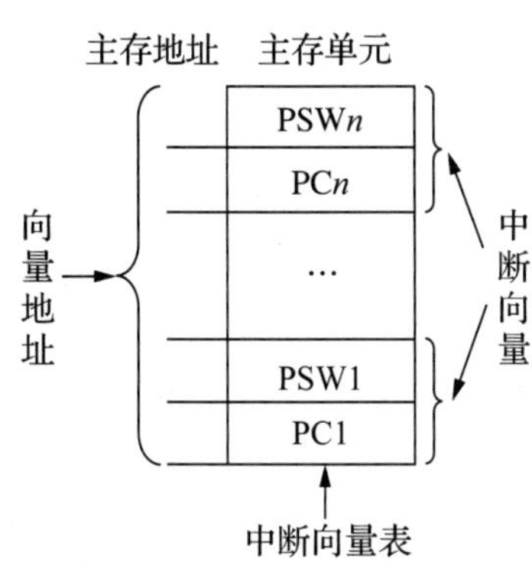

图 9.18 中断向量、中断向量表和向量地址之间的关系

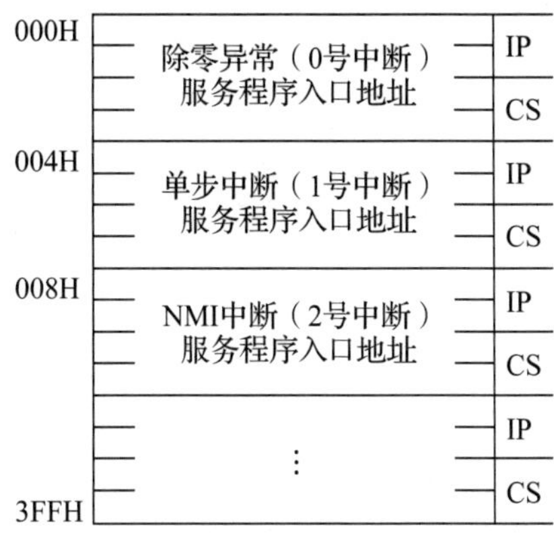

图 9.19 8086 中断向量表

在 8086 中，中断向量表占用主存 0000H ～ 03FFH 共 1K 字节的存储空间；256 个中断号对应 256 项，每一项占 4 字节，用来存放中断服务程序的入口地址信息。其中高地址的 2 个字节存放中断服务程序所在段的首地址，低地址的 2 个字节存放中断服务程序入口地址的段内偏移地址。中断号为 n 的中断服务程序的入口地址存放在中断向量表起始地址为 $n\times4$ 的 4 个单元中，只要用 $n\times4$ 地址字单元的内容更新 IP 寄存器（程序计数器 PC），用地址为 $n\times4+2$ 地址字单元的内容更新 CS 寄存器，就可跳转到相应的中断服务程序。

基于上面的概念，很容易理解向量中断法的中断响应方式：先将各个中断服务程序的中断向量组织成中断向量表；中断响应时，通过识别中断源获得中断号，然后计算得到对应于该中断的中断向量地址；再根据向量地址访问中断向量表，从中读出中断服务程序的入口地址和程序状态字 PSW，并载入程序计数器 PC 中和条件状态寄存器中，CPU 就可以跳转至中断服务程序了。

9.5.5 中断处理

完成中断隐指令的执行后，CPU 就正式开始执行中断服务程序。

1. 中断服务与子函数的差异

注意中断服务程序的执行和子函数的调用类似，但也有明显的差异。

（1）调用方式不一样，子函数在程序中显式调用，而中断服务程序大多是随机调用。

（2）保存并修改 PC 的方式不同，前者由中断隐指令通过硬件完成，后者由子函数调用指令（MIPS 中的 jal 指令，x86 中的 call 指令）负责实现；中断服务程序入口地址由中断识别给出，而子函数入口地址由指令给出。

（3）现场的内容不同，中断服务程序的现场包含的寄存器更多，这是因为中断服务程序没有调用者，所以还需要保存 ABI（Application Binary Interface）中约定的由调用者函数保存的寄存器；为减少不必要的指令开销，将现场定义为所有会被中断服务程序改写的寄存器。而子函数只需要保存可能被改写的被调用者保存的寄存器。

（4）返回主程序的方式不同。函数调用返回与中断服务程序返回使用的指令不同，如 x86 中函数使用 ret 指令返回，中断返回则是 iret 指令；MIPS 中函数返回使用 jr $ra 指令，而中断返回则是 eret 指令。

2. 单级中断处理流程

单级中断处理流程如图 9.20（a）所示，从图中可以看出，没有中断时 CPU 不断地进行取指令、执行指令的操作，在执行指令周期结束时会进行中断判断，这就是中断的响应时机。此刻如果存在中断请求（开中断时才能收到外部可屏蔽中断请求），则进入中断响应周期，其中断处理流程如下。

（1）中断响应：这部分工作是由硬件自动完成的，也就是所谓的中断隐指令。首先清除中断使能位并关中断，保证后续操作的完整性；然后保存程序断点以便中断服务结束后能正确返回断点。断点除了程序计数器 PC，还可能包括状态寄存器，断点保存位置通常是内存堆栈，也有可能是特殊的寄存器，如 MIPS 中的 EPC 寄存器。最后是中断识别阶段，将中断服务程序入口地址送入程序计数器 PC，该阶段还会向中断控制器发出中断响应，并清除当前中断请求。完成中断响应后 CPU 即开始正式执行中断服务程序。

（2）保护现场：也称为中断服务的预处理部分，主要用于保存中断服务程序主体中会被改写的寄存器，使用内存堆栈压栈的方式进行。需要注意的是，一些寄存器可能会被隐藏地修改，如 MIPS 中的 EPC 寄存器，这些寄存器也可能需要作为现场进行保存。如果需要改写的寄存器较多，那么这部分的时间开销还是较大的，有些 CPU 中会利用硬件技术批量保存现场以提升性能。

（3）中断服务：中断服务部分用于进行实际的中断事件处理，如数据传输、唤醒等待进程等操作。整个中断服务都是关中断进行的，所以中断服务程序执行时间不能太长，否则其他外部设备中断可能因为长时间得不到响应而丢失数据。为了解决这个问题，Linux 操作系统中通常将中断服务任务分为顶半（Top Half）和底半（Bottom Half）两部分。其中由实际中断服务程序完成的称为顶半操作，关中断执行，只完成简单的寄存器交互，并将底半操作送入就绪队列等待进程调度。底半操作开中断运行，负责完成耗时较长的任务，如实际数据传输工作。

（4）恢复现场：恢复现场的任务和保护现场的正好相反，采用出栈指令实现。注意恢复的顺序和保护的顺序正好相反，为先进后出。

（5）开中断：恢复现场后即可开中断，将中断使能位设置为“1”。注意这里的开中断是执行指令实现的，开中断后，CPU 又可以接收新的中断请求。

（6）中断返回：中断服务程序的最后一条指令总是中断返回指令，该指令的功能就是将保存的断点恢复到程序计数器 PC 或状态寄存器 PSW 中，恢复被中断服务程序的执行。从恢复现场到中断返回阶段的任务也称为中断服务的后处理部分。

3. 多重中断处理流程

多重中断处理流程如图 9.20（b）所示，该流程大致和单级中断类似，下面给出具体步骤，为了简化描述这里只给出了与单级中断有差异的部分。

（1）中断响应。

（2）保护现场：需要增加中断屏蔽字的保护，可以通过总线访问中断控制器的 I/O 接口获取当前中断屏蔽字压栈，同时还需要设置当前中断服务程序的屏蔽字；注意保护现场的过程是在关中断的情况下进行的，这样可以保证现场保护的完整性。

（3）开中断：利用开中断指令开中断，目的是使当前中断服务程序可以被更高优先级的中断请求中断，这是和单级中断不同的地方。

（4）中断服务。

（5）关中断：利用关中断指令关中断，保证恢复现场任务的完整性。

（6）恢复现场：需要增加恢复中断屏蔽字的任务。

（7）发送 EOI：CPU 通过总线访问中断控制器 I/O 接口发送中断结束命令 EOI（End of Interrupt），通知中断控制器当前中断处理完毕，请求中断控制器清除 ISR 寄存器中最高优先级的中断位。

（8）开中断、中断返回。

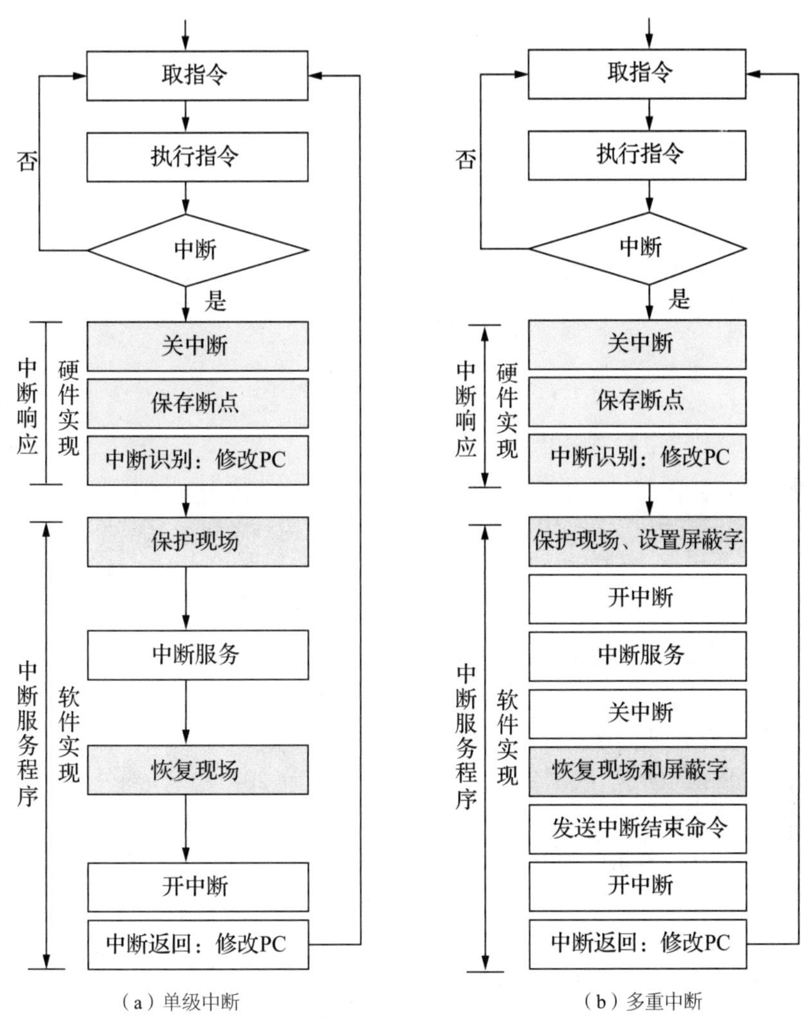

图 9.20　中断处理流程

4. 多重中断服务程序实例

下面给出一个 80x86 计算机中多重中断嵌套的中断服务程序实例，具体代码如下。

```
#代码                      # 功能说明                          #时钟周期数
PUSH AX                    # 保护现场                          2
…                          # 保护现场（只保护会被改写的寄存器）  2
PUSH DX                    # 保护现场                          2
IN AL 8259_IMR_PORT        # 访问 8259 中断屏蔽寄存器 IMR       12
PUSH AX                    # 保护中断屏蔽寄存器至内存堆栈        2
MOV AL,Curr_Dev_IMR        # 设置当前设备的中断屏蔽字            2
OUT 8259_IMR_PORT,AL       # 输出新屏蔽字到 8259 的 IMR          10
```

```
STI                     # 开中断，允许中断嵌套                  3
…                       # 中断服务主体程序                      …
…                       # 可传输数据，处理故障，唤醒等待进程      …
…                       # 执行过程中可被更高优先级中断暂时中断    …
CLI                     # 关中断命令                            3

POP AX                  # 原中断屏蔽字出栈                      11
OUT 8259_IMR_PORT,AL    # 恢复中断屏蔽字                        2
POP DX                  # 恢复现场                              4
…                       # 和保护现场的顺序相反                  …
POP AX                  # 恢复现场                              4
                                                                2
MOV AL,20H              # 设置中断结束命令 EOI                  2
OUT 8259_CMD_PORT,AL    # 发送中断结束命令 EOI 至 8259          10
STI                     # 开中断                                3
IRET                    # 中断返回                              22
```

例 9.4　假设例 9.1 的计算机系统采用中断驱动方式进行输入输出，CPU 的时钟频率为 200MHz，硬盘以 512 字节大小的扇区为单位传输数据，启动阶段发送命令和参数需要 90 个时钟周期，每次中断服务的开销为 400 个时钟周期（包括中断响应、中断处理，不包括数据传输），实际传输阶段需要 1555 个时钟周期，CPU 访问硬盘的速率为 20MB/s。

（1）求中断驱动 I/O 方式中的 CPU 占用率。

（2）如果硬盘速率提高到 60MB/s，会发生什么情况？

解：（1）设时钟周期为 T，根据中断控制方式的定义，每个块传输的开销包括启动开销 $90T$、中断服务开销 $400T$、数据传输开销 $1555T$，合计 $2045T$，各部分占比分别为 4.4%、19.6%、76%，其中数据传输开销最大。

每秒传输的次数为：20MB / 512B = 39062.5 次（数传率、频率均以 10 为基数）。

总 CPU 占用率 = $2045T \times 39062.5/1\text{s} = 2045 \times 39062.5/200 \times 10^6 = 39.94\%$。

这和定时查询方式的理论最低值完全一样，但有一点要注意，定时查询方式仅仅适合于外部设备不支持中断的情况，且其查询频率的设置很关键，实际是很难达到理论最低值的。

（2）如果硬盘速率提高到 60MB/s，则 CPU 占用率将超过 100%，造成这个情况的原因是频率过快，每秒传输次数提升 3 倍，需要时间开销 = $2045T \times (60\text{MB} / 512\text{B}) = 1.198\text{s}$，也就是即使 CPU 完全服务于 I/O 操作也无法达到，采用中断控制方式会丢失数据，此时已经不能采用中断控制方式。

如果采用忙等待的程序查询方式，可以省去中断服务开销。

CPU 占用率约为：$(90+1555)T \times (60\text{MB}/512\text{B})/1\text{s} \approx 96.4\%$，勉强可以实现。

程序中断控制方式使 CPU 和外部设备可以并行工作，与程序查询方式相比，系统的效率有所提高；但输入输出过程会引入额外的中断开销和操作系统进程调度的两次上下文切换开销，高速传输时并不一定比程序查询方式更好。中断技术更适用于处理计算机中的各种随机事件。

从例 9.4 可以看出对于磁盘这样的高速设备的数据输入输出过程，其最大的 CPU 开销是实际数据传输过程的开销，也就是 CPU 通过总线不断访问 I/O 接口和内存，通过寄存器中转实现设备与内存的数据交换的过程。该例中这个开销高达 70%，基于加快经常性事件的原理，优化实际传输开销才是提高计算机系统效率的关键。

9.6 DMA 方式

直接内存访问（Direct Memory Access，DMA）就是为了减少 I/O 过程中 CPU 用于实际传输的开销而引入的。该方式在总线上设置了 DMA 控制器电路（DMAC），由 DMAC 临时接管总线代替 CPU 控制外部设备和内存之间的批量数据交换；CPU 不再参与实际数据传输过程，数据直接通过系统总线在外部设备和内存之间进行交换，完全消除了程序查询和程序中断控制方式中 CPU 进行实际数据传输的开销，系统效率得到了巨大提高。

9.6.1 DMA 的基本概念

DMA 方式中由 DMA 控制器暂时接管总线控制外部设备与内存之间的直接数据交换，数据无须由 CPU 寄存器中转。在 DMA 传送前 CPU 需要访问 DMAC 接口以设置 DMA 传输参数，具体包括主存地址、数据块长度、传输方向等；然后向设备的 I/O 接口发送命令和参数来启动设备。传输过程中 CPU 可以继续执行其他程序，设备需要进行 DMA 操作时由 DMAC 向 CPU 申请总线控制权用于数据传输；一个数据块传送结束后，DMAC 会通过中断方式请求 CPU 对数据缓冲区和 DMA 控制器进行后处理。

DMA 方式主要用于高速设备的块数据传输，常见的磁盘、显卡、网卡、声卡均支持 DMA 访问，这类设备的数据传输多采用数据块方式。DMA 甚至还可以用于内存数据的内部搬移，这种操作经常发生。如果利用 CPU 程序进行大批量的内存数据搬移，需要经过寄存器中转，会消耗大量的 CPU 资源，采用 DMA 方式则可以大大提高搬移效率。

DMA 方式是程序中断传送技术的进一步发展，在传输结束阶段复用了中断技术，它在硬件逻辑机构的支持下，以更快的速度、更简便的形式传送数据，和中断技术存在如下明显的区别。

（1）二者均采用了“请求 - 应答”机制，但中断技术中请求的是 CPU 时间，响应的时机是指令周期结束时刻；DMA 方式请求的是总线控制权，响应时机可能是任何一个机器周期结束的时刻。

（2）中断技术中通过 CPU 执行程序进行实际数据传送，存在程序执行现场的保护和恢复问题；而 DMA 方式依靠额外硬件来实现数据传输，其不改变 CPU 现场，不影响系统性能。

（3）DMA 方式仅仅用于数据的传输；而中断技术不仅可以实现数据传输，还可以用于处理各种随机事件，提高计算机的灵活性。

9.6.2 内存争用问题

DMA 控制的关键是 DMAC 接管总线控制权，外部设备与主存交换数据时，CPU 仍可执行主程序。虽然大多时候 CPU 执行程序需要的指令和数据都可以在 cache 中获取，但还是可能存在 DMAC 与 CPU 争用主存的问题。为避免由此而引起的内存访问冲突，可以采用 DRAM 刷新控制器与 CPU 的内存争用一样的解决方法，常用的方式有停止 CPU 访问内存、DMAC 与 CPU 交替访问内存及周期挪用 3 种，图 9.21 所示为这 3 种方式的时间图。

1. 停止 CPU 访问内存

即当外部设备使用 DMA 方式传送数据时，由 DMAC 向 CPU 发出接管系统总线的请求，要求 CPU 放弃总线控制权。DMAC 获得总线控制权以后，连续占用若干个总线周期进行数据传送。在一批数据传送完毕后，DMAC 通知 CPU 可以使用内存，并把总线控制权交还给 CPU，在整个 DMA 传送过程中，停止 CPU 对内存的访问。图 9.21（a）所示为这种传送方式的时间图。

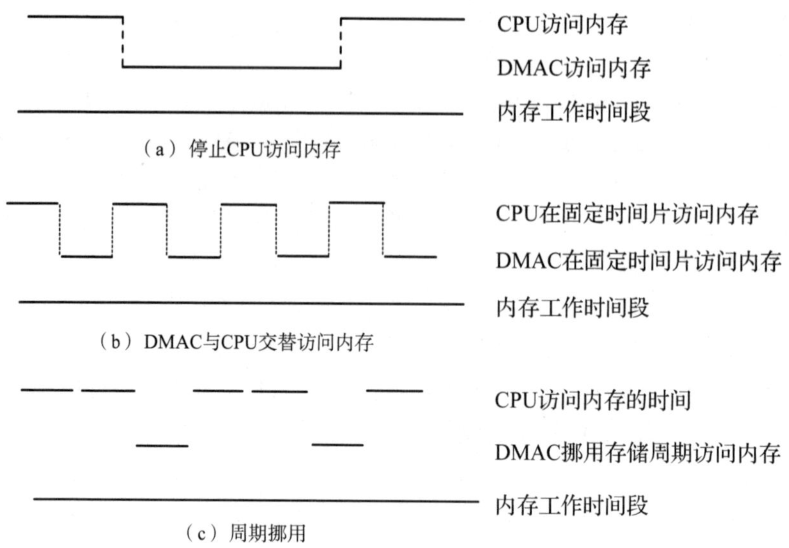

图 9.21　DMA 传送方式

这种传送方法的优点是控制简单；缺点是 CPU 可能较长时间不能访问内存，由于外部设备与内存速度差异较大，相当一部分内存的工作周期可能会被浪费，内存的效率不能被充分发挥。如软盘读一个字节约要 32μs，而 RAM 的存储周期为 1μs 左右，因此，在通过 DMA 方式从软盘读取一个字节的过程中，内存将有 31 个存储周期空闲，使用效率只有约 3.125%，另外 CPU 可能长时间不能访问内存。因此，当外部设备速度与内存速度接近或 CPU 在 DMA 期间不访问内存的应用可以采用这种方式。

2. DMAC 与 CPU 交替访问内存

该方式将内存的存储周期分成两段，一段专用于 DMAC 访问内存，另一段专用于 CPU 访问内存；时间上不会发生冲突，可使 DMA 传送方式和 CPU 同时发挥最高的效率。图 9.21（b）所示为这种传送方式的时间图。这种方式不需要总线使用权的申请、建立和交还等过程，总线使用权是分时控制的；但这种方法会增加内存存储周期，且由于 CPU 及外部设备的速度与内存不匹配，因此可能有多个供 DMA 使用的内存时间片被浪费。

3. 周期挪用

周期挪用方式下，只有当 DMAC 需要访问内存时，CPU 才暂停一个存储周期供 DMAC 访问主存，一个数据（字或机器字）传送结束后，总线控制权被交还给 CPU，这种技术也称周期窃取（Cycle Stealing）。图 9.21（c）所示为周期挪用方式的时间图。

周期挪用可能发生在指令周期下任何一个机器周期的结束时刻，DMA 操作期间不会修改 CPU 寄存器，所以没有现场保护的问题。如果挪用周期期间 CPU 并不访问内存，则这种方式对 CPU 的执行没有性能影响；如果挪用周期期间 CPU 刚好也要访问内存，即形成访存冲突，此时，DMA 优先访问内存。周期挪用法已成为 DMA 传送方式的主要方法。

9.6.3 DMA 控制器

DMA 控制器的基本结构如图 9.22 所示，内部主要包括各类寄存器、DMA 控制逻辑等，其各部分的作用分别如下。

（1）地址寄存器。它用于存放交换数据的内存地址。在 DMA 预处理阶段由 CPU 设置，每次 DMA 传送后自动递增，指向下一个内存单元。

（2）字计数器。它用于记录数据块的长度，也在预处理阶段设置。传送开始后，每传送 1 个字或字节就自动减 1。当计数值为 0 时，数据传送完毕，发出 DMA 中断请求信号。

（3）数据缓冲寄存器（DBR）。DMAC 作为从设备时其可用来接收 CPU 传输的数据，DMAC 作为主设备时其可以用来暂存传输数据。当然，若不经过该寄存器直接通过数据总线实现设备和内存之间的数据交换，则性能更好。

（4）命令寄存器（DCR）。它用于接收 CPU 的控制命令。

（5）状态寄存器（DSR）。它负责向 CPU 反馈 DMA 控制器状态。

（6）DMA 控制逻辑。它包括控制和时序电路，以及状态标志，用来修改内存地址计数器和字计数器，指定数据传输方向，并对 DMA 请求信号和 CPU 响应信号进行协调和同步；控制逻辑还应该支持中断机制，一组数据交换完毕时，向 CPU 发出 DMA 中断请求，通知 CPU 进行结束处理。

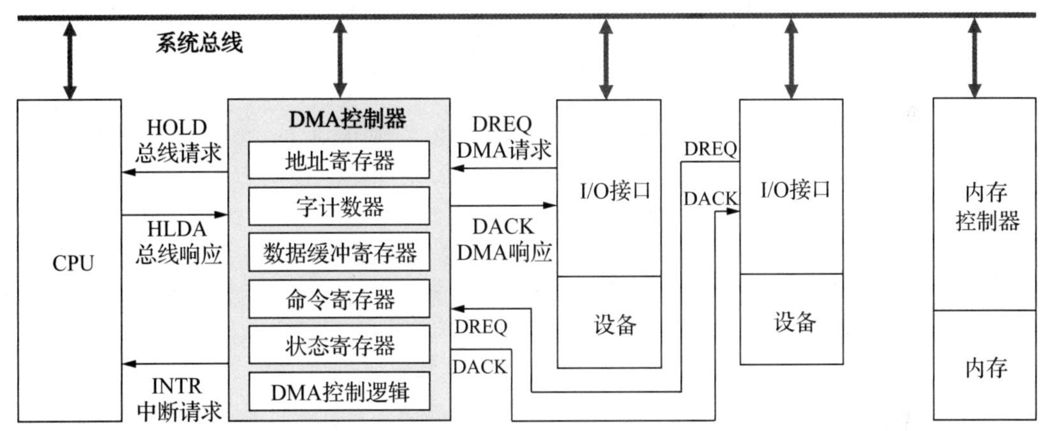

图 9.22 DMA 控制器基本结构

图 9.22 中 DMAC 作为一个 I/O 设备连接在系统总线上，既可以充当从设备，也可以充当主设备，注意在系统总线上有可能有多个 DMAC。在现代个人计算机中，CPU、DMAC、I/O 接口、内存均通过系统总线相连，并不存在所谓的专用数据通路连接设备和内存。

DMAC 需要申请总线控制权时，会通过系统总线中的 HOLD 信号向 CPU 发出总线使用请求。CPU 中的总线控制器如果允许，可以向 DMAC 发出总线授权信号 HLDA。支持 DMA 传输的 I/O 设备通过 DREQ（DMA 请求）、DACK（DMA 应答）两条单独的连线与 DMAC 相连。一个 DMAC 支持多个通路，每个通路包括各自独立的内存地址寄存器和字计数器等，可以同时为多个设备提供 DMA 服务。

图 9.22 中 DMAC 又称为第三方 DMA，也就是设备和内存之间的数据交互需要通过第三方 DMAC 进行控制，当 DMAC 上连接的设备过多时，第三方 DMAC 会成为性能瓶颈。现代总线技术普遍支持总线主控技术，I/O 设备也可以作为主设备获得总线控制权，所以 DMAC 逐渐集成到 I/O 接口中，为专属设备进行服务，这种 DMAC 方式称为第一方 DMA。

9.6.4 DMA 传输流程

下面详细介绍 DMA 传输过程中各功能部件的一般工作流程，图 9.23 所示为一个 DMA 读操作的实际例子。

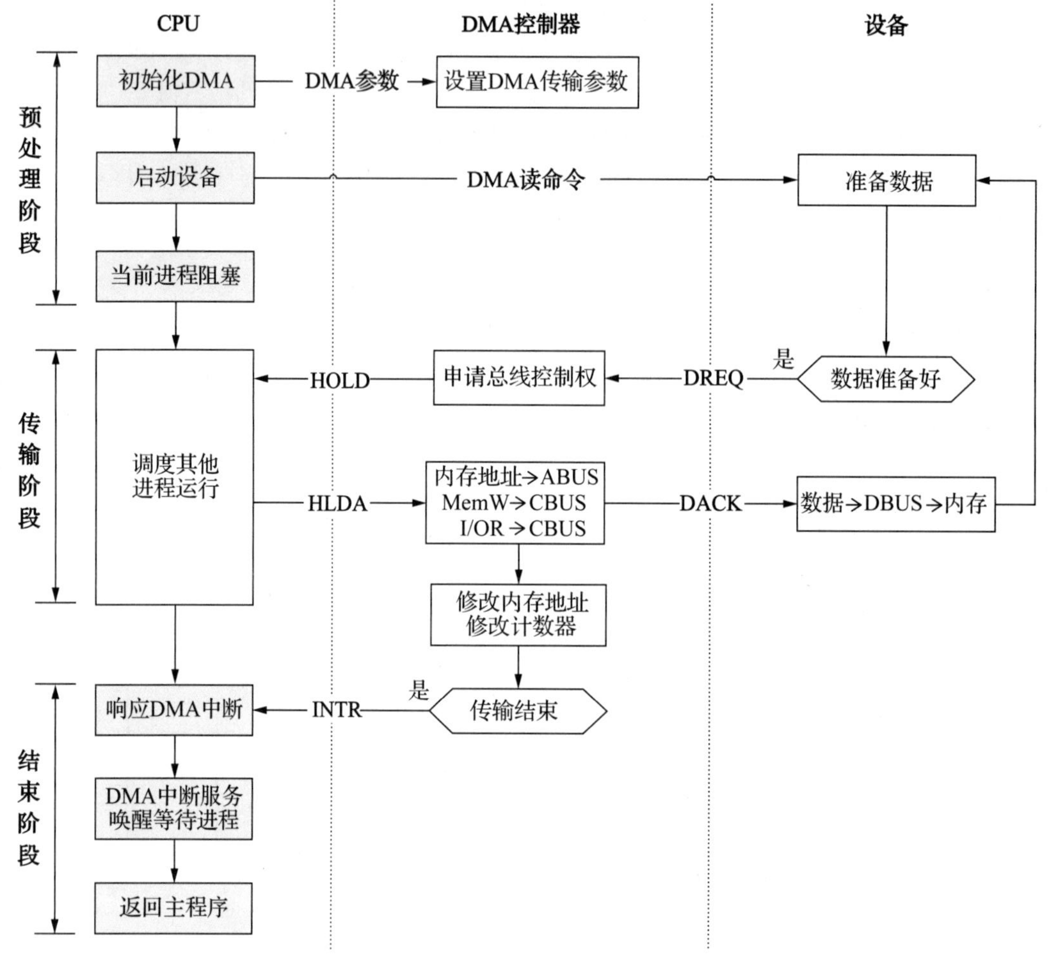

图 9.23　DMA 读操作详细流程（周期挪用）

1. DMA 准备阶段

DMA 准备阶段也称为预处理阶段，由 CPU 执行程序完成，主要任务是初始化 DMA 和启动设备。

（1）初始化 DMA：CPU 将内存地址、数据块长度、数据传输方向等 DMA 传输参数通过系统总线经 DMAC 的 I/O 接口传输给 DMAC，此时 DMA 控制器是总线的从设备，接收 CPU 传输过来的 DMA 参数。

（2）启动设备：CPU 通过系统总线向设备 I/O 接口发送 DMA 读、写命令以及相关参数，这里的参数也包括设备地址、传输块大小、传输方向等，也就是传统的启动设备的过程。

（3）其他进程运行：完成以上工作后，CPU 将当前进程主动挂起，通过进程调度转去执行其他进程，以充分利用 CPU 资源。

2. 数据传输阶段

数据传输阶段不需要 CPU 参与，由 DMA 控制器负责实现设备与内存的数据交互。

（1）设备准备数据：当设备接收到 CPU 的 DMA 命令后就可以开始准备数据。

（2）设备发送 DMA 请求：数据准备好后就通过 DREQ 控制线向 DMAC 发出 DMA 请求。

（3）DMAC 申请总线：DMAC 收到 DMA 请求后立即将 HOLD 信号置“1”，向 CPU 申请总线控制权。

（4）总线仲裁和授权：同一时刻可能有多个主设备同时申请总线，所以总线使用申请需要 CPU 总线控制器进行总线仲裁，CPU 在机器周期结束后响应总线使用申请，让总线驱动器处于高阻状态，让出总线控制权，并发出总线授权信号 HLDA 通知 DMAC。

（5）DMA 数据传输：DMAC 收到 HLDA 信号即获得总线控制权，此时 DMAC 将内存地址放置在地址总线上；如果是读命令，则将内存写和 I/O 读的控制信号送入控制总线，并向设备发出 DMA 应答信号 DACK。设备收到 DACK 信号后会将一个机器字的数据放置在数据总线上，在内存写信号的控制下，数据最终会写入内存中，从而完成一次数据交换。如果是写命令，传输方向和控制信号正好相反。注意这里数据是直接通过总线交换的，并没有通过 DMAC 进行中转；当然也可以通过 DMAC 中的数据缓冲寄存器进行中转，该方式相对而言性能会差一些。

（6）传输控制：设备传输完一次数据后会继续重复第 1 步到第 5 步的工作，准备下一个数据并再次发出 DMA 请求，直至所有数据传输完毕，DMAC 在每次传输时还需要负责维护内存地址和传输计数器；当数据传输结束时，DMAC 会通过 INTR 信号线发送一个 EOP（End Of Process）的 DMA 中断请求信号，告知 CPU 传输完成。

3. DMA 结束阶段

DMA 结束阶段也称为后处理阶段，由 CPU 执行中断服务程序实现。数据传送完成或发生传输故障时，DMAC 都会向 CPU 发送 DMA 中断请求信号，报告 DMA 操作结束；CPU 响应中断并执行中断服务程序，再通过查询 DMA 接口状态判断传输是否正常结束。如果发生错误则需要执行错误诊断程序及相关处理程序，如果传输正常则唤醒等待进程。

例 9.5　某磁盘采用 DMA 方式与 CPU 交换信息，其传输速率为 20MB/s。若 DMA 的预处理阶段需要 200 个时钟周期，DMA 完成传输后的中断处理阶段需要 400 个时钟周期。如果 DMA 平均传输的数据块长度为 512B，问：磁盘工作时，200MHz 的处理器进行 DMA 传输时的 CPU 占用率是多少？如果采用 4KB 的传输单位呢？（不考虑 DMAC 与 CPU 争用内存对 CPU 性能的影响。）

解：DMA 处理包含 3 个时间段，其中需要 CPU 参与的时间段是预处理阶段和传输完成后的后处理阶段。一次 DMA 传送需要经历一次预处理阶段和一次后处理阶段，假设时钟周期为 T。

要达到 20MB/s 的传输速率，每秒需要执行的 DMA 次数为 20MB/512B = 39062.5 次。

而每次 DMA 操作所需要的 CPU 时间为：$(200+400)T = 600T$。

则 DMA 操作所占用 CPU 时间的比例为：$600T \times 39062.5/1\text{s} = 600 \times 39062.5/(200 \times 10^6) \approx 11.72\%$。

如果采用 4KB 的大块传输，则传输次数降低为原来的 1/8。

DMA 操作占用 CPU 时间的比例为：$600T \times (20\text{MB}/4\text{KB})/1\text{s} \approx 1.46\%$。

从以上计算过程可看出，传输数据块越大，CPU 占用率越低。另外，CPU 占用率还与数据传输速率有关系，传输速率越高，CPU 占用率越高。相比定时查询方式和中断控制方式，DMA 方式大大提升了计算机系统数据传输的效率。

9.7　通道方式

9.7.1　通道的基本概念

DMA 传输方式有效避免了实际数据传输对 CPU 的占用，大大提高了高速数据传输的效率。但很多设备在进行 DMA 读、写操作之前，还存在许多复杂的辅助管理操作，如磁盘寻道操作。

这些操作往往是慢速的操作，通常采用程序中断的方式进行实现，所以 CPU 还是会经常被各种 I/O 操作中断。为进一步减少 I/O 操作中的中断次数和 CPU 占用时间，提高系统的效率，通常把对外部设备的管理、操作控制以及数据传输从 CPU 中分离出来，交由专门的 I/O 处理器（IOP）负责，使 I/O 控制更加智能化，这种 I/O 控制器就是通道控制器。

通道有自己独立的指令系统，可以代替 CPU 独立地执行一系列的 I/O 操作指令，实现 CPU 和外部设备之间的数据传输，是 CPU 的 I/O 代理，可以协助 CPU 进行控制和管理外部设备，大大减少 CPU 被 I/O 操作中断的次数。

一般来说，通道具有以下功能。

（1）根据 CPU 要求，组织设备与系统连接。

（2）通过设备控制器向设备发出操作命令。

（3）指出数据在设备中的位置和在内存缓冲区内的位置。

（4）检查设备和设备控制器的工作状态。

（5）向 CPU 反映设备、设备控制器及通道本身的状态信息。

（6）进行必要的信息格式变换，例如将若干字节装配成字，或将一个字拆卸成若干个字节。

设备控制器介于通道与设备之间，是通道对外部设备实行具体控制的部件。它把通道发布的命令转换为设备能接收的控制信号，向通道反映设备的状态，将设备的各种电平信号转换成通道能够识别的标准逻辑信号。

9.7.2 通道的类型

根据设备共享通道的情况及信息传送速度的要求，通道可分为字节多路通道、选择通道和成组多路通道 3 类。

1. 字节多路通道

这种通道规定与其连接的各设备以字节为单位交叉使用通道。每个设备占用通道时，只传送一个字节的信息。这种工作方式称为字节交叉方式。但从宏观上看，多个设备同时享用了通道。

一个字节多路通道可包括若干子通道，如图 9.24 所示。每个子通道服务于一个设备。子通道的任务是提供字节缓冲、记录设备状态、传送通道命令、保存传送参数等。为了减少设备数量，所有子通道共用一套控制逻辑。通道控制逻辑在某子通道完成一个字节的传送后，切断与它的连接，转为其他子通道服务。子通道在完成某设备的全部传送任务后，根据 CPU 的要求选择新的设备。子通道的数量决定了字节多路通道输入输出并行传送的最大数目，例如，IBM370 系列计算机的字节多路通道有 256 个子通道，可支持 256 路信息的并行传送。

字节多路通道通常用于连接低速设备，如打印机等。

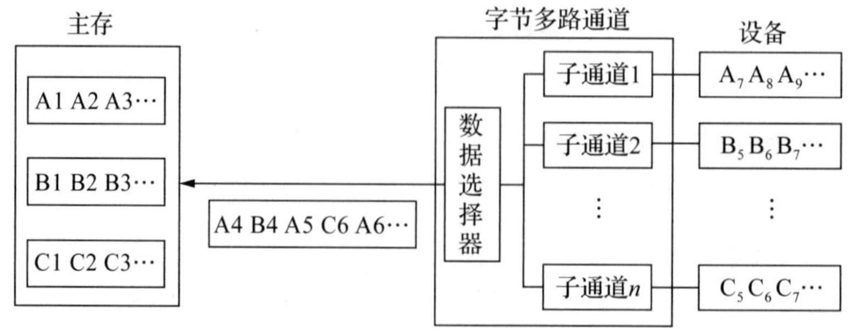

图 9.24 字节多路通道传送

2. 选择通道

传输速率很高的设备，如磁盘、磁带等，不适合使用字节多路通道。这是由于它们的传输速率可达每秒几十兆字节，传送两个字节之间的空闲时间很少，故只宜为一个设备单独服务。

选择通道中设备以成组数据连续传送方式占用通道，直到指定数量的数据全部传送完毕，通道才转为其他设备服务。选择通道在物理上可以连接多个设备，但这些设备不能同时工作。选择通道只有一个子通道，它适用于大批量数据的高速传送。图 9.25 所示为选择通道组织框图，图 9.26 所示为选择通道数据传送示意图。早期的 IDE 磁盘接口就用的是选择通道模式，主、从磁盘只能交替使用通道。

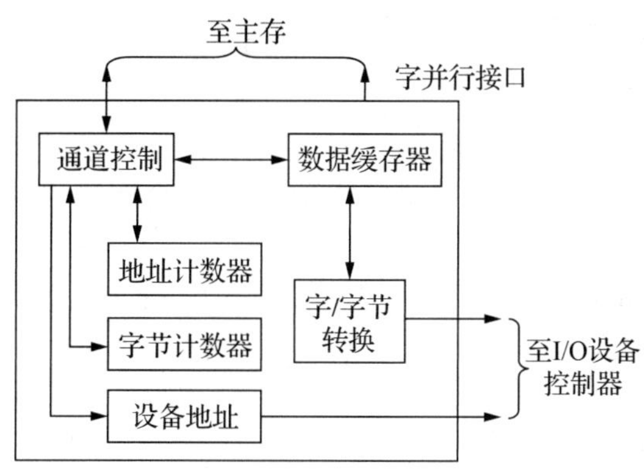

图 9.25　选择通道组织框图

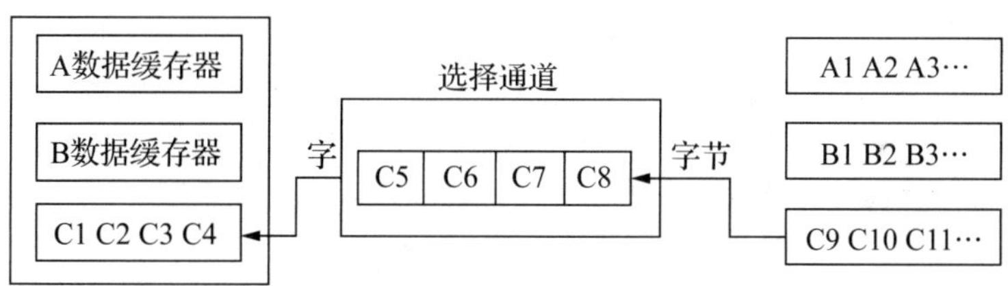

图 9.26　选择通道数据传送示意图

3. 成组多路通道

选择通道虽然能高速传送数据，但花费在设备辅助操作的时间不能被有效地利用，如磁盘启动后，磁头找到指定扇区的平均时间为 20 ～ 30ms，磁带磁头定位时间更长，可达几分钟。在这样长的时间里，通道会处于等待状态。为了利用这段时间，把上述字节多路通道和选择通道的特点结合起来，可形成一种新的通道形式，称为成组多路通道。

成组多路通道规定多个设备以数据组（块）为单位交叉使用通道。某设备占用通道时，连续传送一组数据，然后将通道让给其他设备。数据组的大小因设备而异，有 256B、512B 或 1KB 等。通道在某设备执行辅助操作时，暂时断开与该设备的连接，挂起与该设备对应的通道程序，转为其他设备服务。等到该设备完成了辅助操作，并且其他设备完成一组数据的传送后，通道才转为该设备服务。

成组多路通道也包含若干个子通道。当几个子通道同时要求通道为自己服务时，其用优先级排队方法裁决。成组多路通道适用于中高速设备，如磁盘、磁带等。它能充分发挥传送效率；但在一批数据传送过程中，要多次与设备断开和连接，因此通道的硬件结构比较复杂。早期的 SCSI 总线就采用了这种模式，当 SCSI 磁盘进行寻道等慢速辅助操作时，会首先与通道断开连接，等到数据准备好时再次连接通道。

9.7.3 CPU 对通道的控制

CPU 对通道的控制通过以下两种途径进行。

1. 执行 I/O 指令

当需要进行数据传输时，CPU 按通道的格式准备好数据和命令，编制好通道程序，设置好各种通道参数（如通道的操作类型、通道号、设备号等），然后通过执行特权 I/O 指令“START I/O”来启动通道。通道被启动后，从特定主存单元中读出通道程序并执行，注意特权 I/O 指令不是用户在一般输入输出程序中使用的 I/O 指令。CPU 启动通道后，通道和外部设备将独立工作。

2. 处理来自通道的中断请求

CPU 对通道的控制除表现在向通道发控制命令外，还表现在要处理下列来自通道的任务。

（1）当通道和外部设备发生异常或通道处理结束时，CPU 接收来自通道的“中断”请求，对故障进行测试和处理，以及对通道传输进行后期处理。

（2）收集外部设备和通道自身的状态信息，并送入内存固定单元中存放，供 CPU 测试外部设备和通道的状态时使用。

9.7.4 通道结构的发展

随着通道结构的进一步发展，出现了两种计算机 I/O 系统结构。一种是通道结构的 I/O 处理器，通常称为输入输出处理器（IOP）。IOP 可以和 CPU 并行工作，提供高速的 DMA 处理能力，实现数据的高速传送。但是它并不独立于 CPU 工作，而是 CPU 的一个部件，这类 IOP 广泛应用于中小型及微型计算机中。另一种是外围处理机（PPU）。PPU 基本上独立于 CPU 工作，它有自己的指令系统，能完成算术与逻辑运算、存储器的读写、与外部设备交换信息等操作，PPU 方式一般用于大型、高效率的计算机系统中。

9.8 常见 I/O 设备*

9.8.1 键盘

键盘是最常用的输入设备，主要功能就是及时发现被按下的按键，并将该按键信息送入计算机。键盘是一组安装在一起的按键开关，内部排列成行列结构，主要由若干按键开关、盘架、编码器及接口电路组成。

1. 按键开关

按键开关的作用是将按键动作转换成电信号，每个按键代表一种输入字符或控制信号，按下某个按键或某几个按键，就代表输入一个信息或选定某种操作。按键主要分为触点式和无触点式两种。触点式按键采用有触点的开关，借助机械簧片直接使两个导体接通或断开，从而产生电信号，常见的如机械键盘、薄膜键盘；无触点式按键利用电容、电压、电流的变化来产生输出信号，常见的有静电电容键盘。

目前市场上的主流键盘主要是薄膜键盘、机械键盘、静电电容键盘 3 类。

薄膜键盘内部是一片双层胶膜，胶膜中间夹有多条银粉线，按键对应的位置会有碳心触点，按下按键后，碳心接触特定的几条银粉线，不同按键组合会产生不同的信号。薄膜按键噪声低、防水性好、成本低廉、工艺简单，目前占据了绝大部分市场。

机械键盘根据按键轴的不同，可以分为茶轴、青轴、黑轴以及红轴 4 类，不同键轴采用的弹簧不一样，轴内设计也不一样，会有不同的反馈压力和声音，所以使用手感也不同。机械键盘寿命长，手感可保持不变，其由于键盘段落感强和特殊的手感，即使价格相对高昂，也受到了很多计算机用户的追捧。

静电电容键盘是利用电容容量的变化来判断按键的开和关的，没有物理接触点，按键过程不需要开关的闭合，所以电容按键磨损最小，寿命更长，更加稳定，但其编码电路更加复杂。静电电这容键盘常用于大型医疗设备以及比较昂贵的高端游戏外部设备，售价远超前两类键盘。

2. 编码器

编码器的作用是判断哪一个或哪几个按键被按下，并将按键动作转换成相应的二进制代码输入计算机，这就是键盘输入设备工作的基本原理。需要注意的是，当多个按键被同时按下的时候可能会发生冲突，不同键盘编码器能支持同时按下按键的数目不同，薄膜键盘通常可以做到同时按下 3 个按键无冲突，机械键盘可以做到同时按下 6 个按键甚至全键盘无冲突。

从工作原理上分，键盘可分为全编码键盘和非编码键盘两类。

（1）全编码键盘

全编码键盘带有产生输出编码的硬件电路，其每一个按键都对应一个指定的编码，按下按键就会产生相应的代码输出，并且可以一直保持到被按下键抬起或下一个按键动作的开始。其硬件结构复杂，且其复杂性随按键数的增加而增加；但响应速度快，占用 CPU 时间少。

（2）非编码键盘

非编码键盘按键时的输出为该按键所在位置的位置码，非编码键盘利用简单的硬件和一套专门的键盘程序来识别按键的位置，即位置码；然后由处理器执行查表程序，将位置码转换为相应的 ASCII。非编码键盘的按键排列形式与全编码键盘相同，亦为行列矩阵结构。但是，非编码键盘要先对键盘矩阵结构的行与列位置进行扫描，以确定有无按键的动作。非编码键盘采用软件扫描法实现按键的编码转换，常用扫描方法有行反转扫描法、行扫描法及行列扫描法 3 种。

9.8.2 鼠标

鼠标是继键盘之后的一种新的计算机输入设备，它是美国斯坦福研究所的科学家恩格尔巴特于 1964 年发明的。鼠标能在屏幕上实现快速精确的指针定位，可用于屏幕编辑、选择菜单和屏幕作图。随着图形用户界面的发展，鼠标成为计算机中的标配输入设备。

鼠标可分为机械式、光电式两类，目前光电式鼠标已经完全取代机械式鼠标。尽管不同类型的鼠标在结构上存在不同，但它们的控制原理基本相同，都是将鼠标的移动距离和方向变为脉冲信号送给计算机，计算机再把脉冲信号转换成鼠标指针的坐标数据，从而达到指示位置的目的。

1. 机械式鼠标

机械式鼠标底部有一个可自由滚动的球，在球的前方及右方装有两个夹角为 90° 的内部编码器滚轴，移动鼠标时小球随之滚动，同时带动两个编码器滚轴；前方的滚轴代表前后滑动，右方的滚轴代表左右滑动，两轴一起移动则代表非垂直及水平方向的滑动。编码器由此识别鼠标移动的距离和方位，产生相应的电信号，以确定鼠标指针在屏幕上的正确位置。若按下鼠标按键，则编码器会将按下的次数及按下时鼠标指针的位置通过中断请求的方式传送给计算机。计算机及软件接收到此中断请求后，可以通过中断服务响应来进行定位和处理工作。

2. 光电式鼠标

早期光电式鼠标利用发光二极管（LED）发出的光投射到鼠标板上，反射光经过光学透镜聚焦投射到光敏管上。由于鼠标板在x、y方向上皆印有间隔相同的网格，当鼠标在该板上移动时，反射的光有强弱之分，在光敏管中就变成强弱不同的电流，经放大、整形变成可表示位移的脉冲序列。鼠标的运动方向可由相位相差 90° 的两组脉冲序列求出。目前市场上主流的光电式鼠标采用了“光眼”（Optical Sensor）技术，每秒可感应 1500 个信号，并可将它们转变为数位信号，有效提高了鼠标的感应精度，可在任何非反光的表面使用，无须专门的鼠标板。

9.8.3 打印机

打印机用于将计算机处理结果打印在相关介质上。其主要技术指标包括打印分辨率、打印速度、打印噪声等。

打印机按印字方法可分为**击打式**和**非击打式**两种。击打式打印机利用机械击打色带的方式印刷字符，打印速度较慢、噪声大，常见的如针式打印机。非击打式打印机在印字过程中无击打动作，采用静电效应、电灼、热敏效应、激光扫描、喷墨等非机械手段印刷字符。非击打式打印机的特点是速度快、噪声小、结构复杂、打印分辨率高，常见的有喷墨打印机、激光打印机等。

1. 针式打印机

针式打印机利用打印针撞击色带和打印介质，进而打印出点阵，再由点阵组成字符或图形来完成打印任务。其打印头上装有排列整齐的一列或两列打印钢针，每根钢针受电磁铁控制，打印头安装在字车上可沿水平方向移动。打印时打印头随字车从左向右运动，每移动一步，被选中的电磁铁驱动对应的打印针撞击色带和纸，在纸上印出需要的几个小圆点；然后字车向右移动一步，继续打印其他列的点阵，直到最末一列上的点阵打印完为止，从而完成一个字符的印刷；再继续右移打印同一行的其他字符，一行字符全部打印完毕后打印机走纸，打印头换行返回最左侧重新开始打印下一行。

针式打印机由打印机械装置和控制驱动电路两大部分组成。打印机械装置主要包括字车传动机构、打印针控制机构、色带驱动机构、走纸机构和打印机状态传感器，这些机构都为精密机械装置，可分别支持打印头横向运动、打印针的击针运动、色带转动和打印纸纵向运动，这些运动都由软件控制驱动系统驱动一些精密机械来执行。

（1）字车传动机构。打印头通过字车传动系统实现横向左、右移动，再由打印针撞击色带来印字。字车传动机构采用步进电动机进行控制，一般用钢丝绳或同步齿形带进行传动。

（2）打印针控制机构。打印针控制机构实现打印针的出针和收针动作，通常利用电磁原理控制打印针的动作。

（3）色带驱动机构。打印针撞击色带并在打印纸上印出点阵信息。打印头左右移动时，色带也应同时循环往复移动，以保证色带均匀磨损，从而延长使用寿命，保证打印颜色均匀。

（4）走纸机构。它用于实现打印纸的纵向移动。当打印完一行后，由它走纸换行。走纸方式一般有摩擦走纸、齿轮馈送和压纸滚筒馈送等，走纸机构也是通过步进电动机转动实现的。

（5）打印机状态传感器。其通常包括原始位置传感器、纸尽传感器、计时传感器等。

现代针式打印机在控制驱动电路中还广泛采用了微处理器、ROM 和 RAM。其中 ROM 主要用来存储针式打印机的管理程序、字符点阵信息，也就是所谓的字库。而 RAM 则主要作为打印机接收 CPU 信息的数据缓冲区，一部分在针式打印机上电初始化后用来存储来自 ROM 的字符集，另一部分在程序执行过程中供动态参数的交换使用。

针式打印机的打印质量与使用的针数有关，针数越多，打印质量越好。针式打印机噪声较大、打印分辨率较低、印针易损坏，但其在银行存折打印、财务发票打印、记录科学数据连续打印、条形码打印、多层复写打印方面仍具有不可取代的地位。

2. 喷墨打印机

喷墨打印机和针式打印机机械结构类似，但其打印头采用喷墨的方式成像，当打印机喷头快速扫过打印纸时，无数喷嘴会喷出无数的小墨滴，从而组成图像中的像素。打印头上一般有 48 个或更多个独立喷嘴喷出各种不同颜色的墨水，不同颜色的墨滴落于同一点上可形成不同的复合色。一般来说，喷嘴越多，打印速度越快。

喷墨打印机采用的技术根据喷墨方式的不同可分为连续式喷墨技术与随机式喷墨技术。相对针式打印机，喷墨打印机打印噪声小，打印速度更快，可实现高质量的彩色打印，利用特殊的相片纸可方便地快速打印彩色照片，但其最大的劣势是打印件防水性比较差。现在比较流行的 3D 打印机和喷墨打印机原理类似，只不过喷嘴喷出的材料不同、打印的维度不同而已。

3. 激光打印机

激光打印机是一种非击打式高速打印机，它是激光扫描技术和电子照相技术相结合的产物，由激光扫描系统、电子成像部分、字符发生器和控制电路等组成。其中字符发生器、控制电路、输纸机构都与击打式打印机类似。图 9.27 所示为一种激光打印机的结构原理图。

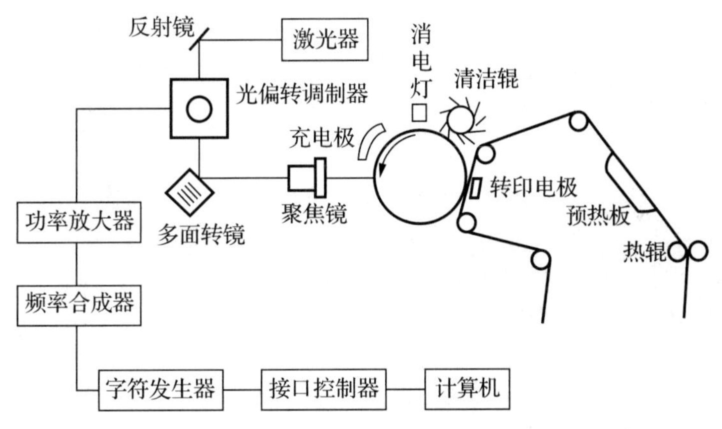

图 9.27　激光打印机原理

激光扫描系统中的偏转调制器对激光器发射的激光束进行传播方向和强度的控制，调制后的激光束沿光导鼓轴线横向运动，而光束的纵向运动由光导鼓旋转实现。这样调制后的激光束就可以在光导鼓上形成字符和图形的静电潜像。

激光打印机的核心技术就是电子成像技术，其融合了影像学与电子学的原理和技术，核心部件是一个可以感光的硒鼓。在记录信息前要将硒鼓表面均匀地充上正电荷或负电荷。在激光束的作用下，硒鼓表面将有选择性地进行曝光，被曝光部分产生放电现象，而未曝光部分仍保留电荷，从而形成静电潜像。显影器将潜像变成可见的墨粉像，有电荷的地方会吸附墨粉；然后由转印电极将墨粉像转印到打印纸上，再通过预热板和热辊将墨粉像熔凝在纸上，从而达到定影的效果，这也是激光打印纸张有热度的原因。最后用消电灯照射硒鼓以消除残余电荷，清洁辊清除硒鼓表面的残余墨粉，以便进行下一次打印过程。总体来说，激光打印的过程就是**充电→曝光→显影→转印→定影→消电→清洁**。

如果是彩色激光打印机，则需要多种不同颜色的硒鼓，打印时利用多个不同颜色的硒鼓分别进行套色印刷形成指定的颜色，相对而言其控制方式更加复杂。

激光打印机成像质量高，打印速度最快、噪声最小，随着技术的发展目前价格也十分低廉，成为目前市场上的主流产品。

4. 打印机语言

计算机通过打印机语言控制打印机，打印机语言是控制打印机工作的命令，告诉打印机如何组织被打印的文档，这些命令嵌入在打印数据中传给打印机。打印机语言决定着打印机输出版面的复杂程度，是衡量打印机性能的一个重要指标。

目前打印机语言主要分为两类：一类是**页描述语言**（Page Descriptional Language，PDL）；另一类是**嵌入式语言**（Escape Code Language，ECL）。PDL 命令复杂，功能强大，可以用来输出复杂的页面和图像，通常用于高质量输出。目前激光、喷墨打印机普遍采用的 HP 公司的 PCL（Printer Command Language）和 Adobe 公司的 PostScript 语言都属于页描述语言。

嵌入式语言（ECL）的名字来自它使用命令的方式，它的每一个命令都以 ESC 特征码为前缀，以此表明该字符串是一个命令而不是打印数据。嵌入式语言相对简单，适用于描述相对比较简单的文档；但它不支持精密印刷，只能使用不同的字体和大小输出文本，不能处理特殊效果，针式打印机普遍采用该语言。

9.8.4 显示器

显示输出也是计算机最基本的一种输出形式，显示器将输出信息显示在屏幕上。不论哪种类型的显示器，都采用点阵方式进行工作，显示器的主要性能参数如下。

（1）**分辨率**：是指显示器所能表示的像素个数，像素个数越多分辨率越高；一般以显示屏水平和垂直两个方向上的像素乘积来表示；分辨率 1024 像素 ×768 像素表示水平方向上有 1024 个像素，垂直方向上有 768 个像素；目前常用的显示分辨率有 1024 像素 ×768 像素、1280 像素 ×1024 像素、1920 像素 ×1080 像素等，而 4096 像素 ×2160 像素和 7680 像素 ×4320 像素分辨率就是目前常说的 4K 和 8K 分辨率，注意不同分辨率的显示器的长宽比例也是不一样的，常见的比例有 4∶3、16∶9、21∶9 等。

（2）**屏幕尺寸**：通常以对角线的长度表示，以英寸（1 英寸 = 2.54cm）为单位，常见的如 21、23、27、32 英寸。

（3）**灰度级**：灰度级是指黑白显示器中像素点的亮度差别，在彩色显示器中则表示颜色的差别；灰度级越多，图像的层次感越强，图像也就越逼真；8 位灰度可以表示 256 级灰度或颜色，现代彩色显示器的颜色位数可达 32 位。

（4）**刷新**：像素光点只能保持很短的时间，需要在光点消失之前将其再次显示，这个过程称为刷新；单位时间刷新的次数称为**刷新频率**，也称为**帧频**或**帧率**，刷新频率过低人眼都可以感受到闪烁，目前主流液晶显示器的刷新频率在 60Hz ～ 240Hz。

（5）**显存**：也称为刷新存储器，用于暂存当前屏幕显示信息和不断刷新屏幕显示；显存容量取决于显示分辨率和灰度级，**显存容量 = 分辨率 × 灰度级位数**；刷新屏幕所需的显存带宽则与显存容量和帧频有关，**显存带宽 = 分辨率 × 灰度级位数 × 刷新频率**。

例 9.6 若显示器工作方式为：分辨率是 1024 像素 ×768 像素，24 位真彩色，刷新频率（刷新速度）为 72Hz。请回答下列问题。

（1）显存容量至少需要多少 KB？

（2）若保留 50% 带宽用于其他非刷新功能，则显存的总带宽应为多少？

（3）为了提高显存的带宽，应采取哪些技术措施？

解：（1）显存容量 = 分辨率 × 灰度级位数 =1024 × 768 × 24/8=2304KB。

（2）刷新屏幕所需带宽为 1024 × 768 × 24/8KB × 72/s=165888KB/s ≈ 170MB/s。

若保留 50% 带宽用于其他非刷新功能，则显存总带宽应为 170MB/s × 2 ≈ 340MB/s。

（3）为了提高刷新存储器的带宽，可采取以下技术措施。

- 使用高速度的 DRAM 芯片组成刷新存储器。
- 刷新存储器采用多体交叉结构。
- 提高刷新存储器内显示控制器的内部总线宽度。
- 刷新存储器采用双端口存储器结构，将刷新端口与更新端口分开。

显示器根据显示信息内容的不同可分为字符显示器、图形显示器和图像显示器 3 类。

字符显示器采用像素点阵的方式显示 ASCII 文本信息，此时显存中并不需要存放像素信息，只需要存储比较简单的 ASCII 编码和灰度信息即可。这种显示器成本低廉，在一些超市、银行终端设备还可见到。图形显示器输出的是矢量的图形，显示简单，占用显示器带宽少，没有颜色、饱和度、明度等变化，一般用在工程控制、金融等领域（如股票市场的 K 线图）。图像显示器主要输出图像、像素图，也可以输出矢量图，其显示复杂，颜色丰富，占用显示器带宽多，也是目前主流的显示器。

显示器根据显示器件的不同可分为阴极射线显示器、液晶显示器、发光二极管显示器 3 种。

阴极射线显示器又称 **CRT 显示器**（Cathode Ray Tube，CRT）是一种使用阴极射线管的显示器，主要包括电子枪、偏转线圈、荫罩、高压石墨电极和荧光粉涂层及玻璃外壳 5 部分，其具有可视角度大、无坏点、响应时间短的特点。其由于体积庞大，可靠性低，除少数特殊的场合外，已被更加轻薄、功耗更低的液晶显示器取代。

液晶显示器（Liquid Crysta1 Display，LCD）的显示原理与 CRT 不同，它是基于液晶的电光效应的显示器件。其基本原理是在电场的作用下改变液晶晶体分子的排列，使液晶具有透光或不透光特性，从而达到在屏幕上显示图像的目的。其特点是体积小、质量轻、功耗低、辐射小。

发光二极管显示器（Light-emitting Diode，LED）是利用发光二极管组成的显示器，与液晶显示器相比，其在亮度、功耗、可视角度、刷新频率等方面更具优势，目前已基本取代液晶显示器。

9.8.5 硬盘存储器

硬盘存储器是磁表面存储器的一种。磁表面存储器是在金属或塑料的表面涂上一层薄薄的磁性材料，再在磁性材料上存储信息的存储器。计算机系统中常见的有磁盘、磁带和早期的磁鼓存储器等。磁表面存储器存储容量大、位价格低，采用非破坏性方式读出，可长期保存和反复使用，但存储结构包括机械部件，所以存取速度较慢，对工作环境（如电磁场、温度、湿度、灰尘等）要求较高。它主要作为外存储器（或称辅存）使用。

1. 读写原理

磁表面存储器利用磁性材料剩磁的两种磁化方向（S → N 或者 N → S）来记录信息，包括写入和读出两个过程。磁表面存储器读、写信息的基本原理如图 9.28 所示。

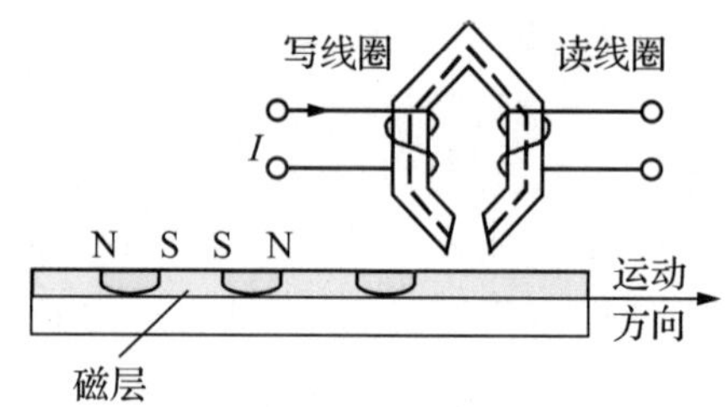

图 9.28 磁表面存储器读、写信息的基本原理

写入信息时，在读 / 写线圈中通上脉冲电流（电流的方向不同，则写入的信息不同），磁头气隙处的磁场把它下面一小块区域的磁层向某一方向磁化（S → N 或 N → S），形成某种剩磁状态，从而记下一位二进制信息。磁层上这块被磁化的小区域称为**磁化单元**。随着磁层的运动，读 / 写线圈中的一串电流脉冲就会在磁层上形成一串磁化单元，注意图中磁化方向为水平方向，这种磁记录称为**水平磁记录**。目前在硬盘中广泛使用的是**垂直磁记录**，其存储密度更高。

读出信息时，某一磁化单元移动到磁头处，通过磁电变化在读 / 写线圈中感应出不同方向的电流，经读出放大器放大和整形之后，还原出写入的信息。

2. 记录方式

磁层上的信息是靠磁头线圈中通上不同方向的电流脉冲形成的，因此，写入信息时需要把二进制信息变成对应的写电流脉冲序列。将写入电流波形的组成方式称为记录方式。在磁表面存储器中，由于写电流的幅度、相位、频率变化不同，形成了不同的**记录方式**。几种基本的记录方式为归零制、不归零制、调相制和调频制、见“1”就翻不规零制和改进调频制等。

3. 硬盘存储器

硬盘存储器由 IBM 公司于 1956 年首次研制成功，目前已成为计算机系统中的重要辅助存储设备之一，几乎所有的计算机都带有硬盘存储器。

（1）硬盘存储器内部结构

硬盘存储器的机械结构如图 9.29 所示。信息的载体是一组安装在主轴电机上的圆形金属或玻璃盘片，盘片表面涂有一层磁性材料。盘面上下两面各有一个磁头，磁头安装在磁头臂上，磁头臂在步进电动机的驱动下沿磁盘半径方向做弧线偏摆运动；盘片在主轴电动机的作用下进行高速旋转。硬盘存储器**转速**就是主轴电机的速度，单位为转 / 分钟，常见转速有 5400 转 / 分钟、7200 转 / 分钟、10000 转 / 分钟等。磁头的偏摆运动和盘片的旋转运动使磁头可以移动到磁盘的任何一个记录位置进行数据读写操作。

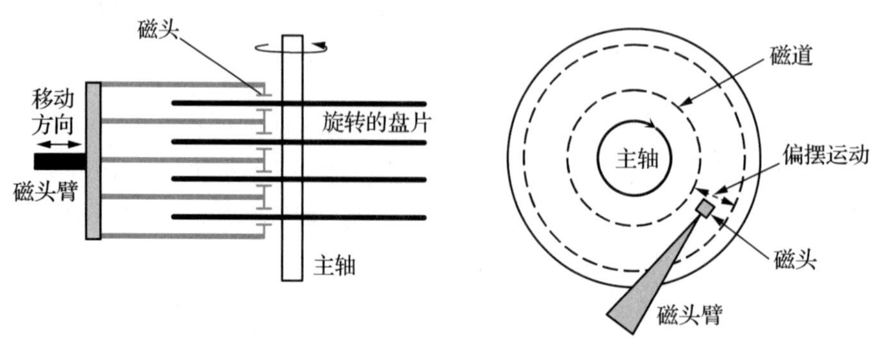

图 9.29 硬盘存储器机械结构的侧视图与俯视图

自从 20 世纪 70 年代初 IBM 公司的 3340 磁盘驱动器采用温彻斯特技术以来，硬盘存储器的性能有了突破性发展。20 世纪 80 年代，温彻斯特磁盘机（简称**温盘**）在计算机中得到广泛应用。温盘的主要特点：采用轻质薄膜磁头，磁头能在磁盘高速旋转所形成的气垫上保持飞行状态，不接触磁盘表面，但与盘面的间隙又很小，从而提高了记录密度。采用温彻斯特技术后，磁道宽度减少到 0.001 英寸（25.4μm）。另外，它采用了密封技术，经过高效过滤的空气在其内部循环，使磁盘机内部保持严格的净化条件，保证了磁盘的性能和使用寿命。

硬盘存储器主要由磁记录介质、磁盘控制器和磁盘驱动器组成。磁盘控制器包括控制逻辑、并串转换电路及串并转换电路；磁盘驱动器包括写驱动器、读出放大器、读写开关和读写磁头等。写入时，从主机来的并行数据经并串转换电路变成按位串行的数据，由写驱动器逐位进行功率放大后送入读写磁头线圈，使磁头的气隙处产生磁场，在磁盘的磁层上形成磁化单元，数据成功写入磁盘。

读出时，磁头先找到指定磁道，因磁盘旋转，磁道相对磁头运动，被磁化的存储单元形成的空间磁场在磁头线圈中产生感应电势；此感应电势经读出放大器被还原成数据，然后一位一位地送入串并转换电路，转换成并行数据供主机使用。

（2）硬盘数据信息编址和记录格式

盘片的上下两面都能记录信息，通常把盘片表面称为**记录面**。记录面上的一系列同心圆称为**磁道**。目前的硬盘盘片表面可包括几十万个磁道，每个磁道又分为若干个**扇区**（Sector）。

磁道的编址是从外向内依次进行的，最外一个同心圆叫 0 磁道；最里面的一个同心圆叫 n 磁道，n 磁道里面的圆面积并不用来记录信息。磁盘记录面经这样编址后，就可用 n 磁道 m 扇区的磁盘地址找到实际磁盘上与之相对应的记录区。在磁道上，信息是按区存放的，每个区中存放一定数量的字或字节，各个区存放的字或字节数是相同的。为进行读或写操作，要求定出磁道的起始位置，这个起始位置称为“索引”。索引标志在传感器检索下产生脉冲信号，再通过磁盘控制器的处理，便可定出磁道起始位置。

当要访问某一个扇区时，磁头须从当前所处的磁道运动到指定的目标磁道，再等待被访问的扇区旋转到磁头下。所有盘面上的磁头装在同一个小车上做同步运动，即每一瞬间各盘面上的磁头均处于各自同一序号的磁道上，这些序号相同的磁道组成了一个柱面。与磁道编号一样，0 磁道所在的柱面为 0 柱面，1 号磁道所在的柱面为 1 号柱面，以此类推。访问时，先要选择柱面，其次要选择磁头（也就是选择盘面）和扇区。因此，寻址用的地址信息应该为：柱面号、磁头号、扇区号。

每条磁道以扇区为界分为若干个记录（或扇段），每个记录中信息的数量相同，记录是磁盘地址的最小单位。只要知道磁道号和扇区号，就可以定位记录。除磁道号和扇区号外，还有记录面号，用于区分要访问的记录面。所有这些记录面上，半径相等的磁道的集合称为**圆柱面**（Cylinder）。一个磁盘组的圆柱面数等于其中一个记录面上的磁道数。

请注意磁道号（圆柱面号）与记录面号的顺序。如果有一个较大的文件，在某磁道号、某记录面的所有扇区内记录不下时，应先改变记录面号（即换成与该磁道号对应的另一记录面存放），这样可避免磁头的机械运动给存取速度带来影响。只有当该磁道号对应的所有记录面都存不下时，才改变磁道号。

（3）磁盘存储器的技术指标

磁盘存储器的主要技术指标是存储密度、存储容量、平均定位时间和数据传输率。

① **存储密度**。

存储密度是指磁盘单位面积上所能存储的二进制信息量。它包括道密度和位密度两个指标。

道密度（TPI）是指沿磁盘半径方向单位长度上的磁道数，单位为道／英寸。希捷 ST14000DM001 硬盘道密度为 436KTPI（千道／英寸）。

位密度（BPI）是指磁道单位长度上记录的二进制代码的位数，单位是位／英寸。因同一盘片上每条磁道的记录数相同，而各磁道的周长不同，所以外圈与内圈的记录密度不同，位密度一般是指内圈所能达到的记录密度。希捷 ST14000DM001 硬盘位密度为 2426KBPI（千位／英寸）。

② 存储容量。

一个磁盘存储器所能存储的信息量称为磁盘存储器的存储容量，单位是字节，通常可以使用下式计算：

磁盘存储容量 = 盘片数 ×2× 磁道数 × 扇区数 / 磁道 × 扇区容量。

也可根据磁盘的内圈直径、外圈直径以及磁盘的位密度和道密度计算磁盘的存储容量。

③ 平均定位时间。

定位时间是指从发出磁盘读写命令起，磁头从当前位置移动到指定的记录位置，并开始读写操作所需要的时间。它包括：将磁头定位到指定磁道上所需的时间，称为寻道时间；找到指定磁道后至指定的记录移到磁头下的时间，称为等待时间。因寻道时间和等待时间都是随机变化的，所以往往用平均值表示。平均定位时间等于平均寻道时间与平均等待时间之和。平均寻道时间一般为 4 ～ 10ms；平均等待时间取决于磁盘的转速，通常用磁盘旋转半圈所用的时间来表示，5400 转、7200 转、10000 转磁盘的平均等待时间分别为 5.56ms、4.16 ms、3ms。

如果把一些信息离散存放，那么每读写一个字都要经历一次找道与一次等待，传输效率很低。为此，通常把信息集中起来，组成较大的单位，称为信息块。每块由连续的几个记录组成，读写一个记录就只花一次寻道时间和一次等待时间。

④ 数据传输速率。

读写磁头定位之后，可以根据磁盘的转速与存储密度来决定信息的传输速率。单位时间（s）从磁盘中读出或写入信息的数量，称为数据传输速率，单位是 bit/s。设某磁盘的位密度为 M bit/英寸，转速为 V 英寸 /s，则该盘的数据传输速率为 MV bit/s。

9.8.6 磁盘阵列

为提高存储系统的容量、性能和可靠性，美国加州大学伯克利分校的戴维 • A. 帕特森（D.A.Patterson）教授提出了一种多磁盘存储系统，称为廉价冗余磁盘阵列或独立冗余磁盘阵列（Redundant Array of Independent Disk，RAID），简称磁盘阵列。它将多个磁盘按照一定的方式进行组织与管理，构成一个大容量、高性能、高容错的存储系统。该存储系统具有以下基本特征。

① 在操作系统或硬件的支持下，多个磁盘构成一个更大的逻辑存储空间，从而扩充存储系统容量。

② 连续数据被分割成相同大小的数据块，相邻的数据块分布在不同的磁盘上，在进行数据访问时，多个磁盘并发工作，从而提升存储系统访问性能。

③ 采用校验编码提高多磁盘系统可靠性，在某个磁盘出现故障后，磁盘阵列仍可正常工作。

根据不同的数据组织与管理形式，RAID 又被划分成多个级别，不同级别的 RAID 具有不同的特性。

1. RAID 0

连续数据块采用交叉编址的方式依次存放在不同的磁盘上，不同磁盘上相同位置的数据块构成一个条带（Stripe），条带中的每个数据块称为条带单元，如图 9.30（a）所示。

RAID 0 具有如下技术特点：

① 无数据冗余、无数据校验功能，因此它不具备容错能力，可靠性低；

② 采用交叉编址的方式进行数据分布，多磁盘可并行工作，可有效提升存储性能；

③ 磁盘利用率高，所有磁盘存储空间都用于保存有效数据。

RAID 0 主要应用于对访问性能要求高，但对数据的可靠性要求不高的场合。

2. RAID 1

RAID 1 采用镜像冗余的方法将每份数据分配到两个不同的磁盘中，以提高数据的安全性和可靠性。RAID 1 的数据分布如图 9.30（b）所示。

RAID 1 具有如下技术特点：

① 两个磁盘中的数据完全相同，互为镜像，读请求可由两磁盘中的任意一个提供，所以读性能最大可提升一倍；写请求需同时写入两个磁盘中相应的数据块；

② 当一个磁盘被损坏时，数据仍可从另一磁盘获取，因此具有很高的可靠性；

③ 存储系统中磁盘的利用率只有 50%。

由于 RAID 1 的读性能优于写性能，因此 RAID 1 主要应用于对数据的可用性要求高，且读操作所占比例较高的场合。

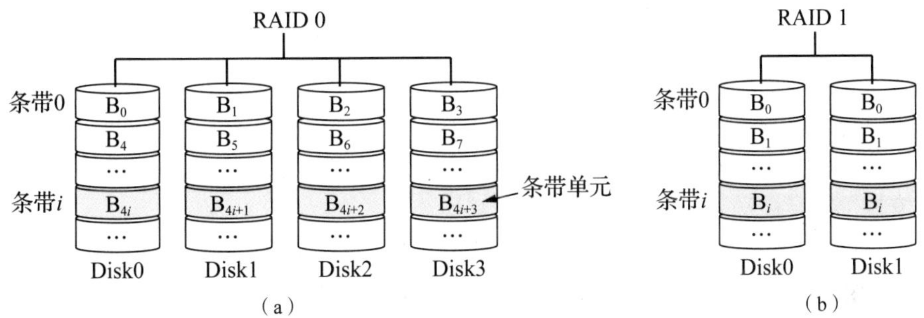

图 9.30　RAID 0 与 RAID 1 的数据分布

将 RAID 1 和 RAID 0 两个级别进行组合可以构成 RAID 10，如图 9.31 所示。两个磁盘首先构建成 RAID 1，再采用分条技术构建 RAID 0 得到 RAID 10，该阵列级别的性能和可靠性均优于 RAID 1 和 RAID 0，也可以采用类似方法得到 RAID 01 级别。

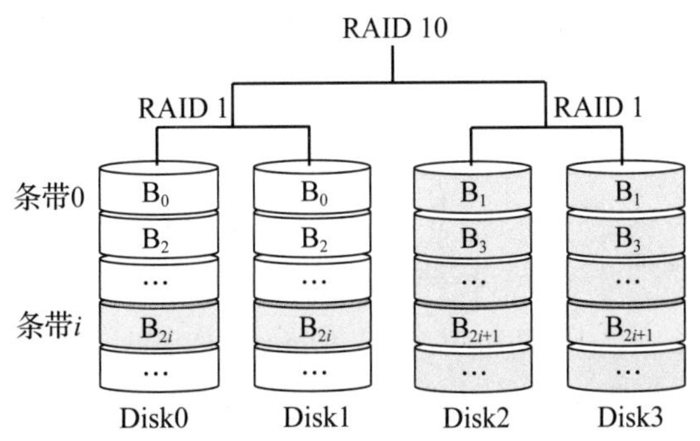

图 9.31　RAID 10 的数据分布

3. RAID 2

RAID 2 采用基于海明校验的多磁盘按位交叉存取技术，即按照海明码校验技术对各数据盘上的相应数据位进行计算，并将计算出的校验位存储在多个校验盘的对应位上。其中校验盘的数量与采用的海明校验技术有关，如果使用的是能纠正一位错误并能检测出两位错误的海明校验码，则校验盘的数量 r 与数据盘的数量 k 应该满足下列公式：

$$2^r - 1 \geqslant k + r \tag{9-1}$$

例如数据盘 k=4 时，校验盘的数量 r=3，该条件下 RAID 2 的数据分布如图 9.32 所示，图中填充斜纹的磁盘为校验盘。

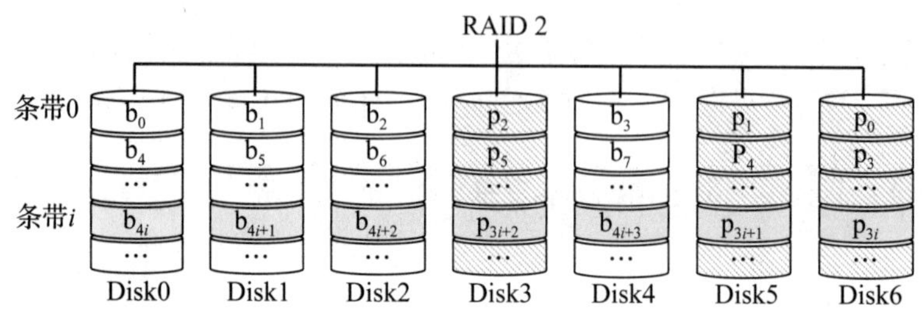

图 9.32 RAID 2 的数据分布 (k=4, r=3)

RAID 2 具有如下技术特点。

① 按位交叉存储，条带单元大小为 1 个比特位。

② 采用海明校验技术，校验盘数量与使用的数据盘的数量成正比，具有纠错和检错功能，数据的可靠性高，但控制起来较复杂。

③ 每个 I/O 请求都会访问到多个磁盘：在写入时，需要计算每个条带数据位的校验位信息，并会把新写入的数据和校验位一起写入磁盘阵列；在读取时，要同时读取所有的磁盘，数据位和相应的校验位都会被送至控制器进行即时校验。

④ 由于按位存取，在 I/O 过程中所有磁盘上的磁头在任何时刻都处于同一位置，所有磁盘都并行工作；如果忽略接口带宽瓶颈，顺序访问性能随磁盘数目线性增长，但随机访问性能与单盘相同。

受成本的影响，目前 RAID 2 很少被使用。

4. RAID 3

RAID 3 与 RAID 2 类似，也采用按位交叉存取和驱动器轴同步旋转技术。RAID 3 与 RAID 2 一样采用简单的奇偶校验方式，只需一块校验盘。RAID 3 的数据分布如图 9.33 所示。

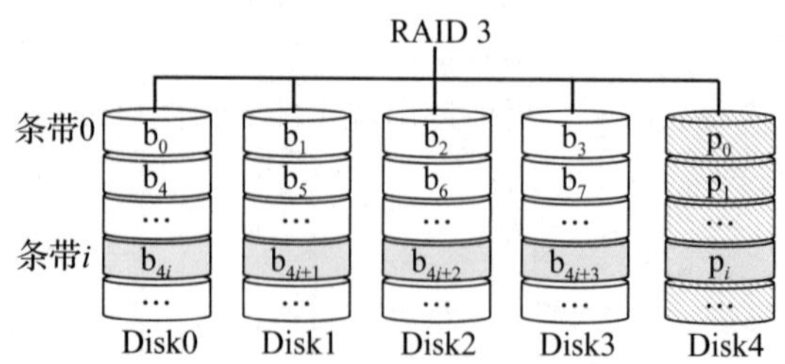

图 9.33 RAID 3 的数据分布

图中 Disk0 ～ Disk3 用于保存数据，Disk4 为校验盘。当某一磁盘损坏时，该盘上的数据可通过奇偶校验盘和其余数据磁盘上的数据进行恢复。

条带 i 校验信息位 p_i 的计算公式如下：

$$p_i = b_{4i} \oplus b_{4i+1} \oplus b_{4i+2} \oplus b_{4i+3} \tag{9-2}$$

假设 Disk0 损坏，可以利用如下公式恢复数据：

$$b_{4i} = p_i \oplus b_{4i+1} \oplus b_{4i+2} \oplus b_{4i+3} \tag{9-3}$$

RAID 3 只需要一个校验盘，其存储利用率更高，控制更简单，但各磁盘仍然按位交叉编址，所以磁盘仍然时常同步并行工作，其性能特点与 RAID 2 类似。

5. RAID 4

RAID 4 与 RAID 3 类似，也采用奇偶校验方式和单个校验盘。但 RAID 4 的条带单元更大，通常为一个磁盘扇区，这样处理随机访问时，各磁盘驱动器不再需要同步旋转，而是独立工作，因此 RAID 4 也称为独立存取技术。RAID 4 的数据分布如图 9.34（a）所示。

RAID 4 的技术特点如下。

① 采用奇偶校验技术，但采用较大的条带单元。

② 各盘采用独立存取技术，顺序访问和随机访问性能均可随着盘的数目线性提升。

③ 磁盘利用率高。

④ 校验盘成为写访问的瓶颈，写任何一个数据块都需要更新校验盘数据，所以校验盘写入次数远多于数据盘，磨损最快，故障率最高。

RAID 4 不适合应用于有大量写操作的场合。

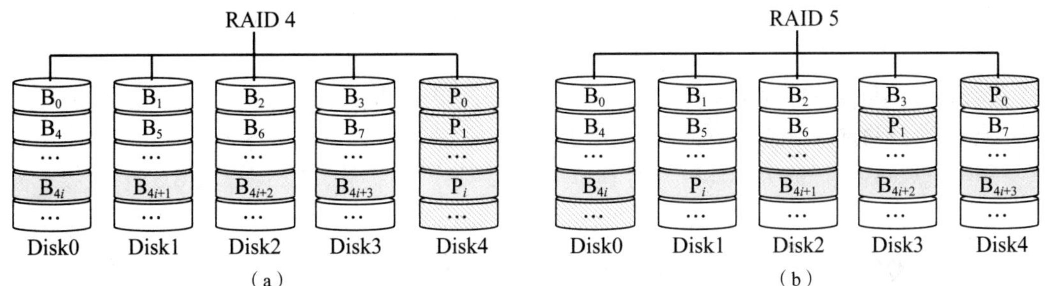

图 9.34 RAID 4 与 RAID 5 的数据分布

6. RAID 5

RAID 5 的数据分布如图 9.34（b）所示。RAID 5 对 RAID 4 进行了针对性改进，其将校验数据以循环方式放在每个磁盘中，有效避免了校验盘成为写访问瓶颈的问题，这也使所有磁盘的磨损率一样，从而进一步提高了磁盘阵列系统的可靠性。RAID 5 对大、小数据的读与写都具有较好的性能，是应用最为广泛的阵列级别。

RAID 5 只能支持一块磁盘故障，目前还出现了能支持两块磁盘同时故障的 RAID 6。其核心思想是一个条带中有两种不同的校验算法，不同校验算法的校验码存放在不同的磁盘上，这样即使有两块磁盘同时出错也能将数据恢复，从而进一步提高了磁盘阵列系统的可靠性。

9.8.7 光盘存储器

光盘存储器是指利用光学原理存取信息的存储器。它的主要特点是存储容量大、寿命长和可靠性高。随着多媒体技术的普及和家用计算机的发展，图形、图像、声音和音乐等庞大的数据信息需要有足够的存储空间和相应的存取速度。因此，光盘已受到越来越多用户的喜爱。

1. 光盘存储器的类型

按照访问模式的不同，光盘存储器可以分为以下几类。

（1）只读型光盘（ROM）

这种光盘盘片上的信息由生产厂商预先写入，用户只能读取盘上的信息。

（2）一次写入型光盘（Write Once Read Many，WORM）

与半导体 PROM 的读写功能一样，这种光盘可由用户一次性写入信息，写入的信息将永久保存在光盘上，以后只能读出。若要再次写入，则只能写到盘片的空白记录区上，故其又称为追记型光盘。

（3）可擦重写型光盘（ReWrite）

对于这种光盘，用户不仅可以写入信息，而且必要时可以擦除原存信息进行重写。可擦重写型光盘从记录介质的读、写、擦机理等角度可分成以下两类。

① 主要用多元半导体元素配制成的记录介质：利用激光与介质薄膜相互作用时，激光的热和光效应使介质在晶态与玻璃态之间的可逆相变来实现反复写、擦的操作；这是结构相变介质，用此介质制成的光盘称为相变光盘。

② 用稀土－过渡金属（RE-TM）合金制成的记录介质：这种介质具有垂直于薄膜表面的磁化轴，它利用光致退磁效应以及偏磁场作用下磁化强度取向的"正"或"负"来区别二进制中的"0"或"1"；这是磁性相变介质，用此种介质制成的光盘称为磁光盘（MO）。

它们都是利用介质的两个稳定状态来表示二进制的"0"和"1"。但擦和写需两束激光，分两次动作完成，即先用擦除激光将某一信息道上的信息擦除，然后用写激光将新信息写入。

（4）直接重写型光盘（OverWrite）

这种光盘可以用一束激光、一次动作录入信息。即在写入新信息的同时，将原存信息自动擦除，不用进行两次动作，使用起来更加方便。

按照光盘盘片直径的大小其可分为 14 英寸、12 英寸、8 英寸、5.25 英寸、3.5 英寸、2.5 英寸和 1.8 英寸，目前常用的是 5.25 英寸。

按照容量的不同，主流光盘存储器可以分为以下几类。

① CD（Compact Disc）。

CD 作为一种数字光盘存储格式，由飞利浦公司与索尼公司联合开发，并于 1982 年发布。CD 初期只被用来存储和播放数字音乐（CD-DA），经过修改后被用来存储数据（CD-ROM），同时衍生出多种格式，例如一次写入光盘 CD-R、可重复写入光盘 CD-RW 等。

CD 的典型存储容量是 650MB，使用 780nm 波长的红色激光进行数据读取，1 倍速时数据传输速率为 150KB/s。

② 数字化视频光盘（Digital Video Disc，DVD）。

DVD 由东芝公司于 1996 年首先发布，DVD 初期主要用来替代家用录像系统（Video Home System，VHS）的视频磁带，使影视节目进入数字时代。其画面质量极好，受到了广大用户的欢迎。而今，其主要应用是取代 CD-ROM，进而成为数字多用途光盘（Digitai Versatile Disk）。DVD 同样具有多种格式，包括一次写入光盘 DVD-R、DVD+R，可重复写入光盘 DVD-RW、DVD+RW 等。

DVD 的主要特点如下。

- 大容量。

与 CD-ROM 相比，它的存储容量更大。DVD 直径为 8cm 或 12cm，有单面单层、单面双层、双面单层和双面双层 4 种格式。直径 12cm 单面单层的 DVD 盘的存储容量为 4.7GB，约为 CD（650MB）的 7 倍。直径 12cm 双面双层 DVD 盘的存储容量可达 17GB。DVD 使用 650nm 波长的红色激光进行数据读取。

- 质量高。

DVD 采用 MPEG-2 国际通用压缩标准，其 1 倍速时数据传输速率为 1353KB/s。

- 兼容性好。

DVD 驱动器不仅可以使用 DVD，还可以兼容 CD、VCD、CD-R 和 CD-RW 等多种光盘。

③ 蓝光光盘（Blu-ray Disc，BD）。

蓝光光盘格式由蓝光光盘联盟开发，并由索尼公司在 2000 年发布第一代蓝光光盘原型。蓝光光盘被开发用来存储高清晰度的视频节目，也可以用来存储通用数据。因为使用 405nm 波长的蓝色激光缩小了光盘上记录点大小，蓝光光盘将最大容量扩展至 128GB。1 倍速时蓝光光盘数据传输速率为 4.5MB/s。

光盘存储密度主要取决于激光光斑的直径，而激光光斑的直径则与激光波长和透镜的孔径系数有关，激光波长越短，光斑越小。

2. 光盘存储器的记录原理

光盘存储技术源于 1972 年飞利浦公司发布的激光式电视唱片。它采用聚焦成 1μm 以下直径的氩激光束，在涂有记录介质的光盘上以烧蚀微孔的方式录制电视节目，用类似密纹唱片的复制工艺制备 1mm 厚的唱片复制品；用小功率氦氖激光扫描信息轨道，按反射强度的变化再现已录刻的信息。由于 CD、DVD、BD 记录原理类似，下面使用 CD 为例进行说明。

（1）CD-ROM

CD-ROM 是直径为 120mm、厚度为 1.2mm 的单面记录盘片。盘片的膜层结构如图 9.35（a）所示。盘基为聚碳酸酯，反射层多为铝，保护层为聚丙烯酸酯。数据是以刻痕凹坑的形式保存在盘片上（二进制形式）的，即用高反射率盘表面和极细微的深色凹坑来表示二进制数据“0”和“1”，如图 9.35（b）所示。读出时，当激光束聚焦点照射在凹坑上时将发生衍射，反射率低；而聚焦点照射在镀银凸面上时大部分光将返回。根据反射光的光强变化进行光电转换，即可读出记录信息。

CD-ROM 的制作过程是先用光刻技术制成主盘，再在主盘上用喷镀银、电镀镍和镍膜剥离的工艺生成负像副盘；副盘就是印模，用印模大量复制出成品视频录像盘、数字音响盘等只读型光盘。一个印模一般可以复制 5000 片以上的成品盘。

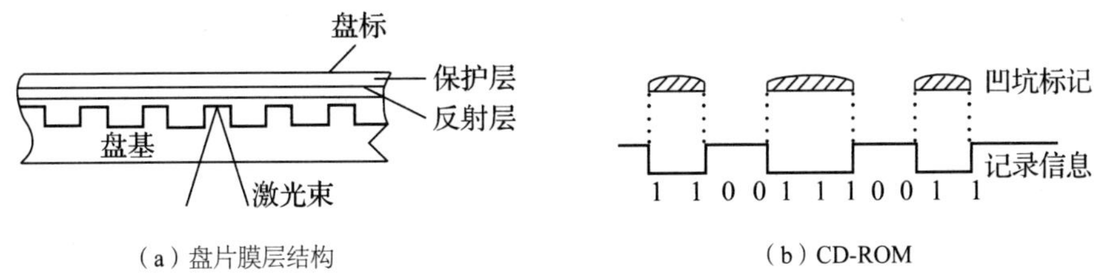

（a）盘片膜层结构　　（b）CD-ROM

图 9.35　CD-ROM 存储原理

（2）CD-WORM

CD-WORM 是利用激光光斑在记录介质的微小区域内产生不可逆的物理和化学变化以进行记录的盘片。其记录方式有烧蚀型、起泡型、熔绒型、合金化型和相变型等。此类光盘一般采用高分子聚合物（如丙烯树脂）作为衬盘材料，再在它上面蒸附或溅射 Te 系合金薄膜。

以烧蚀型 CD-WORM 为例，写入信息时，将调制后聚焦成不到 1μm 的激光束照射到光盘介质上，将盘面微小区域加热，烧蚀出坑形微孔（约 1μm^2），从而改变其对光的反射率。以介质上有孔和无孔来分别表示二进制的“1”和“0”。

读出时，用相当于写入功率1/10的聚焦激光照射光盘。光电探测器则根据反射光的强弱将其变换成电信号0和1。由于激光功率小，因此不会在盘面上形成新的微孔。

（3）CD-RW

以磁光盘为例。这种光盘用GdCo薄膜作为记录介质。GdCo薄膜在室温附近的矫顽力（H_c）很大；但当温度高于室温时，H_c将随温度的升高按指数规律很快减小。

① 写入过程。写入前，用一高强度的磁场对介质进行初始磁化，使各磁畴单元均具有相同的磁化方向。写入信息时，磁光读写头的脉冲使激光聚焦在介质表面，光照微斑因升温而迅速退磁。此时，通过读写头中的线圈加一个反偏磁场，使微斑反向磁化，而介质中无光照的相邻磁畴单元的磁化方向仍保持不变，从而实现磁化方向相反的反差记录。

② 读出过程。1877年克尔（Kerr）发现，若用直线偏振光扫描录有信息的信道，光束到达磁化方向上向上的微斑，经反射后，光的偏振方向会绕反射线右旋一个角度。反之，若扫到磁化方向上向下的微斑，反射光的偏振方向则左旋一个角度。利用克尔效应检测盘面记录单元的磁化方向，即可将信息读出。

③ 擦除过程。用原来的写入光束扫描信道，并施加与初始磁场方向相同的偏置磁场，则各记录单元的磁化方向将复原。

由于翻转磁畴磁化方向的速率有限，故磁光盘需进行两次动作才能完成信息的写入，即第一次擦除信息，第二次写入新信息。

习题9

9.1 解释下列名词。

接口 中断 单级中断 多重中断 中断屏蔽 中断响应优先级 中断处理优先级 中断响应 中断识别 中断隐指令 中断号 中断向量 向量中断 向量地址 中断向量表 程序查询I/O 程序中断I/O DMA 第三方DMA 周期挪用 磁道 扇区 道密度 位密度 平均定位时间 条带

9.2 单选题（考研真题）。

（1）[2012] 下列选项中，在I/O总线的数据线上传输的信息包括________。

Ⅰ. I/O接口中的命令字　Ⅱ. I/O接口中的状态字　Ⅲ. 中断类型号

A. 仅Ⅰ、Ⅱ　B. 仅Ⅰ、Ⅲ　C. 仅Ⅱ、Ⅲ　D. Ⅰ、Ⅱ、Ⅲ

（2）[2014] 下列有关I/O接口的叙述中，错误的是________。

A. 状态端口和控制端口可以合用同一寄存器

B. I/O接口中CPU可访问的寄存器，称为I/O端口

C. 采用独立编址方式时，I/O端口地址和主存地址可能相同

D. 采用统一编址方式时，CPU不能用访存指令访问I/O端口

（3）[2017]I/O指令实现的数据传送通常发生在________。

A. I/O设备和I/O端口之间　B. 通用寄存器和I/O设备之间

C. I/O端口和I/O端口之间　D. 通用寄存器和I/O端口之间

（4）[2009] 下列选项中，能引起外部中断的事件是________。

A. 键盘输入　B. 除数为零　C. 浮点运算下溢　D. 访存故障

（5）[2010] 单级中断系统中，中断服务程序内部的执行顺序是________。

Ⅰ. 保护现场　Ⅱ. 开中断　Ⅲ. 关中断　Ⅳ. 保存断点

Ⅴ. 中断事件处理　Ⅵ. 恢复现场　Ⅶ. 中断返回

A. Ⅰ→Ⅴ→Ⅵ→Ⅱ→Ⅶ　　B. Ⅲ→Ⅰ→Ⅴ→Ⅶ

C. Ⅲ→Ⅳ→Ⅴ→Ⅵ→Ⅶ　　D. Ⅳ→Ⅰ→Ⅴ→Ⅵ→Ⅶ

（6）[2012] 响应外部中断的过程中，中断隐指令完成的操作，除保护断点外，还包括________。

Ⅰ. 关中断　Ⅱ. 保存通用寄存器的内容　Ⅲ. 形成中断服务程序入口地址并送入 PC

A. 仅Ⅰ、Ⅱ　B. 仅Ⅰ、Ⅲ　C. 仅Ⅱ、Ⅲ　D. Ⅰ、Ⅱ、Ⅲ

（7）[2017] 下列关于多重中断系统的叙述中，错误的是________。

A. 在一条指令执行结束时响应中断

B. 中断处理期间 CPU 处于关中断状态

C. 中断请求的产生与当前指令的执行无关

D. CPU 通过采样中断请求信号检测中断请求

（8）[2015] 在采用中断 I/O 方式控制打印输出的情况下，CPU 和打印控制接口中的 I/O 端口之间交换的信息不可能是________。

A. 打印字符　B. 主存地址　C. 设备状态　D. 控制命令

（9）[2018] 下列关于外部 I/O 中断的叙述中，正确的是________。

A. 中断控制器按所接收中断请求的先后次序进行中断优先级排队

B. CPU 响应中断时，通过执行中断隐指令完成对通用寄存器的保护

C. CPU 只有在处于中断允许状态时，才能响应外部设备的中断请求

D. 有中断请求时，CPU 立即暂停执行当前指令，转去执行中断服务程序

（10）[2013] 下列关于中断 I/O 方式和 DMA 方式比较的叙述中，错误的是________。

A. 中断 I/O 方式请求的是 CPU 处理时间，DMA 方式请求的是总线使用权

B. 中断响应发生在一条指令执行结束后，DMA 响应发生在一个总线事务完成后

C. 中断 I/O 方式下数据传送通过软件完成，DMA 方式下数据传送由硬件完成

D. 中断 I/O 方式适用于所有外部设备，DMA 方式仅适用于高速外部设备

（11）[2010] 假定一台计算机的显示存储器用 DRAM 芯片实现，若要求显示分辨率为 1600 像素 × 1200 像素，颜色深度为 24 位，帧频为 85Hz，显存总带宽的 50% 用来刷新屏幕，则需要的显存总带宽至少约为________。

A. 245Mbit/s　B. 979Mbit/s　C. 1958Mbit/s　D. 7834Mbit/s

（12）[2015] 若磁盘转速为 7200 转 / 分钟，平均寻道时间为 8ms，每个磁道包含 1000 个扇区，则访问一个扇区的平均存取时间大约是________。

A. 8.1ms　B. 12.2ms　C. 16.3ms　D. 20.5ms

9.3　简要回答下列问题。

（1）CPU 与外部设备之间如何连接？

（2）CPU 与外部设备信息交换的控制方式有哪些？它们各有什么特点？

（3）什么是程序查询 I/O 方式？简要说明其工作原理。

（4）比较单级中断和多重中断处理流程的异同点。

（5）中断隐指令完成什么功能？

（6）为什么在保护现场和恢复现场的过程中，CPU 必须关中断？

（7）CPU 响应中断的条件有哪些？

（8）什么是中断优先级？它具有哪两层含义？划分优先级的原则是什么？

（9）计算机中断系统中使用屏蔽技术有什么好处？

（10）计算机中断响应后，如何调出中断服务程序？

（11）DMA 方式传送数据前，CPU 应该先进行哪些操作？

（12）比较中断 I/O 和 DMA 的异同点。

9.4　A、B、C 是与 CPU 连接的 3 个设备，在硬件排队线路中，它们的优先级是 A>B>C>CPU，为改变中断处理的次序，它们的中断屏蔽字如表 9.5 所示（设“0”表示允许中断，“1”表示中断屏蔽）。请按图 9.36 所示的时间轴给出的设备中断请求时刻，画出 CPU 执行程序的轨迹（A、B、C 中断服务程序的时长为 20μs）。

表 9.5　中断屏蔽表

设备名	中断屏蔽字		
	A	B	C
A	1	1	1
B	0	1	0
C	0	1	1

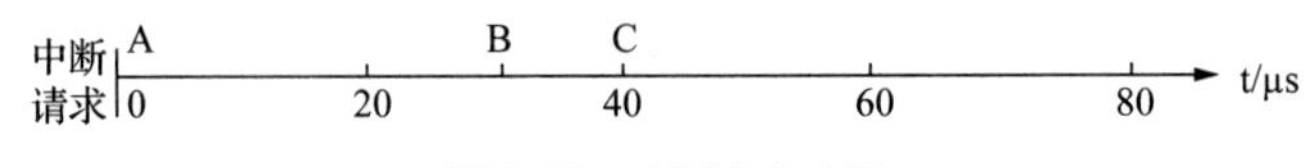

图 9.36　中断请求时刻

9.5　设某计算机有 4 级中断：L0、L1、L2、L3。其中断响应优先次序为 L0>L1>L2>L3，现在要求将中断处理次序改为 L1→L3→L0→L2。请回答下列问题。

（1）表 9.6 所示的中断屏蔽字该如何设置（“0”表示允许中断，“1”表示中断屏蔽）？请将答案填入表 9.6 中。

表 9.6　更新后的中断屏蔽表

设备名	中断屏蔽字			
	L0	L1	L2	L3
L0				
L1				
L2				
L3				

（2）若这 4 级中断同时都发出中断请求，按更改后的次序画出进入各级中断处理程序的过程示意图。

9.6　某计算机的 CPU 主频为 500MHz，与之连接的外部设备的最大数据传输速率为 20KB/s，外部设备接口中有一个 16 位的数据缓冲器，相应的中断服务程序执行时间为 500 个时钟周期，通过计算分析该设备是否可采用中断 I/O 方式。若该设备的最大数据传输速率为 2MB/s，该设备是否可采用中断 I/O 方式？

9.7　假定 CPU 主频为 50MHz，CPI 为 4。设备 D 采用异步串行通信方式向主机传送 7 位 ASCII 字符，通信规程中有 1 位奇校验位和 1 位停止位，从 D 接收启动命令到字符送入 I/O 端口需要 0.5ms。请回答下列问题，需要说明理由。

（1）每传送一个字符，在异步串行通信线上共需传输多少位？在设备 D 持续工作过程中，每秒最多可向 I/O 端口送入多少个字符？

（2）设备 D 采用中断方式进行输入输出，示意图如图 9.37 所示。

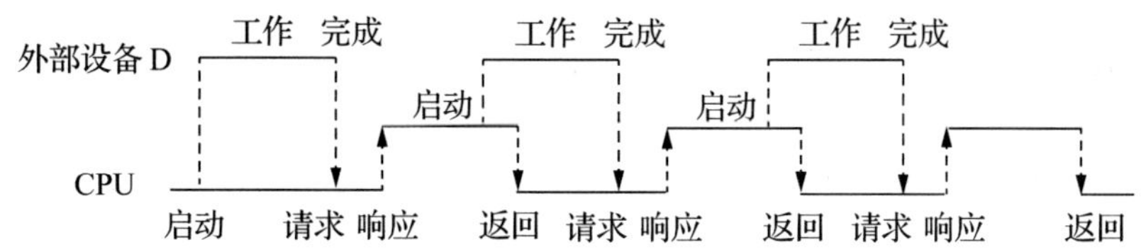

图 9.37 设备中断响应流程

I/O 端口每收到一个字符就申请一次中断，中断响应需 10 个时钟周期，中断服务程序共有 20 条指令，其中第 15 条指令启动设备 D 工作。若 CPU 需从设备 D 读取 1000 个字符，则完成这一任务所需时间大约是多少个时钟周期？ CPU 用于完成这一任务的时间大约是多少个时钟周期？在中断响应阶段 CPU 进行了哪些操作？

9.8 假定计算机的主频为 500MHz，CPI 为 4。现有设备 A 和 B，它们的数据传输速率分别为 2MB/s 和 40MB/s，对应 I/O 接口中各有一个 32 位数据缓冲寄存器。请回答下列问题并给出计算过程。

（1）若设备 A 采用定时查询 I/O 方式，每次输入输出都至少执行 10 条指令。设备 A 最多间隔多长时间查询一次才能不丢失数据？ CPU 用于设备 A 输入输出的时间占 CPU 总时间的百分比至少是多少？

（2）在中断 I/O 方式下，若每次中断响应和中断处理的总时钟周期数至少为 400，则设备 B 能否采用中断 I/O 方式？为什么？

（3）若设备 B 采用 DMA 方式，每次 DMA 传送的数据块大小为 1000B，CPU 用于 DMA 预处理和后处理的总时钟周期数为 500，则 CPU 用于设备 B 输入输出的时间占 CPU 总时间的百分比最多是多少？

实践训练

（1）在 MARS 仿真器中利用虚拟仿真键盘设备和字符终端显示设备分别实现程序查询方式和程序中断方式输入输出，比较二者的不同。

（2）在 Logisim 中为自己设计的单周期 MIPS CPU 或单总线 MIPS CPU 增加中断机制，使其能接收外部按键中断。

参考文献

[1] 戴维·A. 帕特森，约翰·L. 亨尼斯. 计算机组成与设计硬件/软件接口（原书第5版）[M]. 王党辉，译. 北京：机械工业出版社，2015.

[2] 兰德尔·E. 布莱恩特. 深入理解计算机系统（原书第3版）[M]. 龚奕利，贺莲，译. 北京：机械工业出版社，2016.

[3] 派特，派特尔. 计算机系统概论（原书第2版）[M]. 梁阿磊，蒋兴昌，林凌，译. 北京：机械工业出版社，2007.

[4] 艾伦·克莱门茨. 计算机组成原理 [M]. 沈立，王苏峰，肖晓强，译. 北京：机械工业出版社，2017.

[5] 安德鲁·特南鲍姆，托德·奥斯汀. 计算机组成——结构化方法（原书第6版）[M]. 刘卫东，宋佳兴，译. 北京：机械工业出版社，2014.

[6] 威廉·斯托林斯. 计算机组织与体系结构性能设计（第7版）[M]. 张昆藏，译. 北京：清华大学出版社，2006.

[7] 戴维·莫尼·哈里斯. 数字设计和计算机体系结构（原书第2版）[M]. 陈俊颖，译. 北京：机械工业出版社，2016.

[8] 莫里斯·马诺. 逻辑与计算机设计基础（原书第5版）[M]. 邝继顺，译. 北京：机械工业出版社，2017.

[9] 威廉·斯托林斯. 操作系统精髓与设计原理（第8版）[M]. 郑然，邵志远，谢美意，译. 北京：人民邮电出版社，2019.

[10] 斯威特曼. MIPS 体系结构透视（中文版，第2版）[M]. 李鹏，等译. 北京：机械工业出版社，2008.

[11] 白中英，戴志涛. 计算机组成原理（第六版 立体化教材）. 北京：科学出版社，2019.

[12] 唐朔飞. 计算机组成原理（第2版）[M]. 北京：高等教育出版社，2008.

[13] 袁春风. 计算机组成与系统结构（第2版）[M]. 北京：清华大学出版社，2015.

[14] 王爱英. 计算机组成与结构（第4版）[M]. 北京：清华大学出版社，2007.

[15] 蒋本珊. 计算机组成原理（第4版）[M]. 北京：清华大学出版社，2019.

[16] 高小鹏. 计算机组成与实现 [M]. 北京：高等教育出版社，2019.

[17] 张功萱，顾一禾，邹建伟，等. 计算机组成原理（修订版）[M]. 北京：清华大学出版社，2016.

[18] 秦磊华，吴非，莫正坤. 计算机组成原理 [M]. 北京：清华大学出版社，2011.

[19] 任国林. 计算机组成原理（第2版）[M]. 北京：电子工业出版社，2018.

[20] 刘卫东，李山山，宋佳兴. 计算机硬件系统实验教程 [M]. 北京：清华大学出版社，2013.

[21] 袁春风. 计算机系统基础（第2版）[M]. 北京：机械工业出版社，2018.

[22] 胡伟武. 计算机体系结构基础 [M]. 北京：机械工业出版社，2017.

[23] 张晨曦，王志英. 计算机系统结构教程（第2版）[M]. 北京：清华大学出版社，2009.

[24] 王道论坛. 2021 计算机组成原理考研复习指导 [M]. 北京：电子工业出版社，2020.